"十三五"国家重点图书出版规划项目

世界兽医经典著作译丛

食品中抗菌药物残留的化学分析

[加] Jian Wang, James D. MacNeil　编著
[英] Jack F. kay

于康震　沈建忠　主译

CHEMICAL ANALYSIS OF ANTIBIOTIC RESIDUES IN FOOD

中国农业出版社

本书译者名单

主译 于康震　沈建忠

译者（按姓氏笔画排序）

于康震　王立琦　王战辉　王鹤佳
江海洋　孙　雷　苏富琴　李　娟
沈建忠　陈冬梅　贺利民　袁宗辉
夏　曦　徐士新　陶燕飞　黄耀凌
曹兴元　曾振灵　靳　珍

致 谢

非常感谢 Mass spectrometry Reviews 的主编 Dominic M. Desiderio 博士邀请我们编撰有关抗生素残留分析的著作，同时感谢各章作者和该领域的顶尖科学家以渊博的学识和多年的研究经验为本书做出的巨大贡献，感谢作者的家人在撰写本书期间给予的支持和鼓励。

编 者

Jian Wang（王简）博士于 2000 年获得加拿大阿尔伯塔大学博士学位，2001 年在加拿大农业及农业食品部从事博士后研究。2002 年以来，他一直担任加拿大食品检验局卡尔加里实验室首席科学家。他的研究重点是运用液相色谱－串联质谱（LC－MS/MS 和 UPLC/QqTOF）进行方法开发，分析各种食品中化学污染物残留，包括抗生素、农药、三聚氰胺和三聚氰酸。他还开发了统计学方法，应用 SAS 软件对方法学验证和质控数据进行不确定度评估。

James D. MacNeil（詹姆斯 D. 麦克尼尔）博士于 1972 年获得加拿大达尔豪斯大学博士学位后，一直担任政府科学家至 2007 年退休。在 1982—2007 年期间，他担任兽药残留中心（现归于加拿大食品检验局）的主管。MacNeil 博士是 FAO/WHO 食品添加剂联合专家委员会（JECFA）成员，食品中兽药残留法典委员会（CCRVDF）分析和取样方法工作组联合主席，J. AOAC Int. 期刊"药物、化妆品和法医"栏目编辑，参与 IUPAC 项目和各种方法学验证的磋商，在兽药残留领域发表了多篇论文。他曾是 AOAC International 期刊兽药残留方法方面的裁判审稿人，并于 2008 年由加拿大食品检验局授予名誉科学家称号。MacNeil 博士还是圣玛丽大学化学系的兼职教授。

Jack F. Kay（杰克 F. 凯伊）博士于 1980 年获得苏格兰格拉斯哥的斯克莱德大学博士学位，1991 年以来一直从事兽药残留分析工作。他任职于英国兽药理事会，对残留监控计划提供科学建议，监管研究与发展（R&D）项目。Kay 博士参与起草了欧盟委员会决议 2002/657/EC，是国际标准化组织（ISO）关于 ISO 17025 体系认证的评审员。MacNeil 博士退休后，他接任 CCRVDF 采样和分析方法工作组联合主席，指导了法典委员会指南 CAC/GL 71－2009 的完成，现负责将此项工作扩展覆盖多残留方法的性能指标。他协助 JECFA 完成关于蜂蜜中 MRLs 设定的前期要求，现在为 CCRVDF 进一步发展完善此项工作。他还是斯克莱德大学数学与统计学院荣誉高级研究员。

CONTRIBUTORS

Bjorn Berendsen Department of Veterinary Drug Research, RIKILT—Institute of Food Safety, Unit Contaminants and Residues, Wageningen, The Netherlands

Alistair Boxall, Environment Department, University of York, Heslington, York, United Kingdom

Andrew Cannavan, Food and Environmental Protection Laboratory, FAO/IAEA Agriculture & Biotechnology Laboratories, Joint FAO/IAEA Division of Nuclear Techniques in Food and Agriculture, International Atomic Energy Agency, Vienna, Austria

Martin Danaher, Food Safety Department, Teagasc, Ashtown Food Research Centre, Ashtown, Dublin 15, Ireland

Leslie Dickson, Canadian Food Inspection Agency, Saskatoon Laboratory, Centre for Veterinary Drug Residues, Saskatoon, Saskatchewan, Canada

Rick Fedeniuk, Canadian Food Inspection Agency, Saskatoon Laboratory, Centre for Veterinary Drug Residues, saskoon, Saskatchewan, Canada

Lynn G. Friedlander, Residue Chemistry Team, Division of Human Food Safety, FDA/CVM/ONADE/HFV-151, Rockville, Maryland

Kevin J. Greenlees, Office of New Animal Drug Evaluation HFV-100, USFDA Center for Veterinary Medicine, Rockville, Maryland

Jack F. Kay, Veterinary Medicines Directorate, New Haw, Surrey, United Kingdom; also Department of Mathematics and Statistics, University of Strathclyde, Glasgow United Kingdom (honorary position)

Bruno Le Bizec, Food Safety, LABERCA (Laboratoire d'Etude des Résidus et Contaminants dans les Aliments), ONIRIS—Ecole Nationale Vétérinaire, Agroalimentaire et de l'Alimentation Nantes, Atlantique, Nantes, France

Peter Lees, Veterinary Basic Sciences, Royal Veterinary College, University of London, Hatfield, Hertfordshire, United Kingdom

James D. MacNeil, Scientist Emeritus, Canadian Food Inspection Agency, Dartmouth Laboratory, Dartmouth, Nova Scotia, Canada; also Department of Chemistry, St. Mary's University, Halifax, Nova Scotia, Canada

Ross A Potter, Veterinary Drug Residue Unit Supervisor, Canadian Food Inspection Agency (CFIA), Dartmouth Laboratory, Dartmouth, Nova Scotia, Canada

Philip Thomas Reeves, Australian Pesticides and Veterinary Medicines Authority, Regulatory

Strategy and Compliance, Canberra, ACT (Australian Capital Territory), Australia

Jacques Stark, DSM Food Specialities, Delft, The Netherlands

Sara Stead, The Food and Environment Research Agency, York, North Yorkshire, United Kingdom

Alida A. M. (Linda) Stolker, Department of Veterinary Drug Research, RIKILT—Institute of Food Safety Unit Contaminants and Residues, Wageningen, The Netherlands

Jonathan A. Tarbin, The Food and Environment Research Agency, York, North Yorkshire, United Kingdom

Pierre-Louis Toutain, UMR181 Physiopathologie et Toxicologie Experimentales INRA, ENVT, Ecole Nationale Veterinaire de Toulouse, Toulouse, France

Sherri B. Turnipseed, Animal Drugs Research Center, US Food and Drug Administration, Denver, Colorado

Jian Wang, Canadian Food Inspection Agency, Calgary Laboratory, Calgary, Alberta, Canada

前 言

食品安全对消费者至关重要。为确保食品安全和促进国际贸易，政府机构和国际组织制定了食品生产商和贸易合作伙伴需要满足、尊重和遵循的一系列标准、指南和法规。有关食品动物中兽药（包括抗菌药物）使用的国内和国际监管体系，其主要目的是确保批准的药物按规定使用后不会残留。为此，这就要求分析方法能够快速、准确地检测、定量和确证食品中抗菌药物的残留，以保证满足监管标准，避免市场上出现不符合这些标准的食品。

目前，抗菌药物残留分析方法包括便携式现场快速检测技术或快速筛选方法，以及实验室中使用的基于质谱的分析技术。《食品中抗菌药物残留的化学分析》一书涵盖了多个学科领域，包括监管标准的制定、药物代谢动力学、先进的质谱技术、监管分析及实验室质量管理。本书介绍了抗菌药物残留分析的最新进展，并能使读者了解监管的相关背景及其基础知识。其他内容还包括监管分析中残留标示物和动物靶组织的选择、方法开发和验证的指导原则、测量不准确度的评定和实验室质量保证与质量控制。此外，本书还涉及与兽用抗菌药物使用相关的环境问题。对于初级分析工作者，本书不仅提供了分析方法的来源，还能使其理解哪些方法最适用于满足监管要求以及这些要求的基础。

本书的章节包括抗菌药物化学性质（第1章）、药物代谢动力学、代谢与分布（第2章）、食品安全法规（第3章）、样品制备（第4章）、筛选方法（第5章）、LC-MS化学分析（第6章和第7章）、方法开发与验证（第8章）、测量不准确度（第9章）和质量保证与质量控制（第10章）。

本书编辑和作者均为在食品安全法规的制定和食品中抗菌药物残留的化学分析领域国际公认的专家和知名科学家，积累了丰富的实践经验。本书代表了该领域的科学前沿。本书力求实践应用和理论知识的平衡，可作为读者或实验室分析工作人员进行食品中抗菌药物残留分析时的参考用书。

JIAN WANG
JAMES D. MACNEIL
JACK F. KAY
Canadian Food Inspection Agency, Calgary, Canada
St. Mary's University, Halifax, Canada
University of Strathclyde, Glasgow, Scotland

目 录

致谢
前言

1 抗菌药物的分类及性质 1
  1.1 引言 1
    1.1.1 命名 1
    1.1.2 化学结构 1
    1.1.3 分子式 2
    1.1.4 组分 2
    1.1.5 pK_a 2
    1.1.6 紫外特征 2
    1.1.7 溶解性 2
    1.1.8 稳定性 2
  1.2 抗菌药物的分类和性质 3
    1.2.1 术语 3
    1.2.2 基本概念 3
    1.2.3 药物代谢动力学 4
    1.2.4 药物效应动力学 4
      1.2.4.1 抗菌谱 4
      1.2.4.2 杀菌和抑菌活性 5
      1.2.4.3 杀菌作用类型 5
      1.2.4.4 最低抑菌浓度和最小杀菌浓度 6
      1.2.4.5 作用机理 6
    1.2.5 抗菌药物的联合使用 6
    1.2.6 临床毒性 6
    1.2.7 剂型 6
    1.2.8 从业人员的健康与安全 6
    1.2.9 环境问题 7

1.3 主要抗菌药物种类 7
1.3.1 氨基糖苷类 7
1.3.2 β-内酰胺类 12
1.3.3 喹噁啉类 18
1.3.4 林可胺类 19
1.3.5 大环内酯类和截短侧耳素类 21
1.3.6 硝基呋喃类 25
1.3.7 硝基咪唑类 27
1.3.8 酰胺醇类 28
1.3.9 聚醚类抗生素（离子载体类） 30
1.3.10 多肽类、糖肽类和链阳菌素类 32
1.3.11 磷酸糖脂类 37
1.3.12 喹诺酮类 38
1.3.13 磺胺类 40
1.3.14 四环素类 42
1.4 食品动物限用和禁用抗菌药物 48
1.5 小结 48
致谢 49
参考文献 49

2 药物代谢动力学、分布、生物利用度与抗菌药物残留的关系 60
2.1 引言 60
2.2 药代动力学原理 60
2.2.1 药代动力学参数 60
2.2.2 药效剂量选择的原则 62
2.2.3 给药剂量与残留浓度的关系 63
2.2.4 剂量和残留浓度与靶动物群体的关系 64
2.2.5 个体和群体治疗及休药期的建立 64
2.2.6 药物理化性质对残留和休药期的影响 65
2.3 药物的使用、分布和代谢 66
2.3.1 氨基糖苷类和氨基环醇类 66
2.3.2 β-内酰胺类：青霉素类和头孢菌素类 67
2.3.3 喹噁啉类：卡巴氧和喹乙醇 68
2.3.4 林可胺类和截短侧耳素类 69
2.3.5 大环内酯类、三酰胺内酯类和氮杂内酯类 69
2.3.6 硝基呋喃类 70
2.3.7 硝基咪唑类 70
2.3.8 酰胺醇类 70
2.3.9 聚醚类 71
2.3.10 多肽类 72
2.3.11 喹诺酮类 72

2.3.12 磺胺类和二氨基嘧啶类 ... 74
  2.3.13 多黏菌素类 ... 76
  2.3.14 四环素类 ... 76
 2.4 残留指导原则的制定 ... 78
 2.5 风险的定义、评估、特征描述、管理和交流 ... 79
  2.5.1 法规要求简介 ... 79
  2.5.2 风险评估 ... 81
   2.5.2.1 危害评估 ... 84
   2.5.2.2 暴露评估 ... 85
  2.5.3 风险特征描述 ... 86
  2.5.4 风险管理 ... 87
   2.5.4.1 休药期 ... 87
   2.5.4.2 根据血浆药代动力学数据预测休药期 ... 89
   2.5.4.3 国际贸易 ... 89
  2.5.5 风险交流 ... 89
 2.6 残留违规行为的意义和预防 ... 89
  2.6.1 监管和非监管机构的作用 ... 89
  2.6.2 残留检测计划 ... 91
   2.6.2.1 监控程序 ... 91
   2.6.2.2 执法程序 ... 92
   2.6.2.3 监督程序 ... 92
   2.6.2.4 探索性程序 ... 92
   2.6.2.5 进口的食品动物产品残留检测 ... 93
   2.6.2.6 牛奶中的残留检测 ... 93
 2.7 其他考虑 ... 93
  2.7.1 注射部位残留和"Flip-Flop"药物代谢动力学 ... 93
  2.7.2 生物等效性和残留消除规律 ... 95
  2.7.3 销售和使用数据 ... 96
   2.7.3.1 2003—2008年英国抗菌药物销售情况 ... 96
   2.7.3.2 1999—2005年法国人用和兽用抗菌药物的比较 ... 97
   2.7.3.3 全球动物保健品销售及用于牛呼吸道病的抗菌药物销售 ... 98
 参考文献 ... 98

3 食品和饮水中的抗菌药物残留和食品安全法规 ... 107

 3.1 引言 ... 107
 3.2 食品中药物残留的证据 ... 107
 3.3 允许残留浓度的确定 ... 108
  3.3.1 毒理学——膳食中允许浓度的确定 ... 108
  3.3.2 食品中不得检出的药物残留浓度的确定 ... 109
  3.3.3 食品中允许存在的药物残留浓度的确定 ... 109
   3.3.3.1 法定容许量 ... 110

3.3.3.2 最高残留限量 ··· 111
3.3.4 国际协调 ·· 112
3.4 环境中的抗菌药物对人体的间接暴露 ··· 113
3.4.1 抗菌药物在地表水和地下水的迁移 ·· 114
3.4.2 农作物对抗菌药物的吸收 ·· 115
3.4.3 环境中抗菌药物对人类健康的风险 ·· 115
3.5 小结 ·· 115
参考文献 ··· 115

4 样品制备：提取与净化 ·· 120

4.1 引言 ·· 120
4.2 样品采集和预处理 ·· 121
4.3 样品提取 ··· 121
4.3.1 残留标示物 ·· 121
4.3.2 生物样品的稳定性 ··· 122
4.4 提取技术 ··· 122
4.4.1 液-液萃取 ··· 122
4.4.2 原始提取液稀释和直接进样 ·· 123
4.4.3 基于液-液萃取的提取技术 ··· 123
4.4.3.1 QuEChERS 技术 ··· 123
4.4.3.2 双极性萃取技术 ·· 124
4.4.4 加压溶剂萃取技术（包括超临界流体萃取）································· 124
4.4.5 固相萃取技术（SPE）··· 125
4.4.5.1 传统 SPE 技术 ·· 125
4.4.5.2 自动化 SPE 技术 ··· 127
4.4.6 基于固相萃取的提取技术 ··· 128
4.4.6.1 分散 SPE 技术 ·· 128
4.4.6.2 基质固相分散技术 ··· 128
4.4.6.3 固相微萃取技术 ·· 130
4.4.6.4 填充吸附微量萃取技术 ··· 131
4.4.6.5 搅拌棒吸附萃取技术 ·· 131
4.4.6.6 限进材料 ··· 132
4.4.7 基于 SPE 技术的净化方法 ·· 133
4.4.7.1 免疫亲和色谱 ··· 133
4.4.7.2 分子印迹聚合物 ·· 133
4.4.7.3 适配体 ·· 134
4.4.8 涡流色谱技术 ··· 134
4.4.9 其他 ··· 135
4.4.9.1 超滤技术 ··· 135
4.4.9.2 微波辅助萃取技术 ··· 136
4.4.9.3 超声波辅助萃取技术 ·· 137

4.5　小结 ·· 138
参考文献 ·· 140

5　生物分析筛选方法 ·· 149
5.1　引言 ·· 149
5.2　微生物抑制法 ·· 150
5.2.1　微生物抑制法的发展历史和基本原理 ·· 150
5.2.2　四平皿测试法和新荷兰肾脏测试法 ··· 151
5.2.3　用于牛奶检测的商品化微生物抑制法 ·· 152
5.2.4　用于肉、蛋、蜂蜜制品的商品化微生物抑制法 ·· 155
5.2.5　微生物抑菌法产品的发展与展望 ··· 156
5.2.5.1　灵敏度 ··· 156
5.2.5.2　检测时间 ·· 157
5.2.5.3　易用性 ··· 157
5.2.5.4　自动化 ··· 157
5.2.5.5　样品前处理 ··· 157
5.2.5.6　确证/分类鉴定 ··· 159
5.2.6　微生物抑制法的总结 ·· 160
5.3　快速检测试剂盒 ··· 160
5.3.1　免疫分析快速检测的原理 ··· 160
5.3.2　侧流免疫层析法 ·· 161
5.3.2.1　夹心法 ··· 161
5.3.2.2　竞争法 ··· 161
5.3.3　用于牛奶、动物组织及蜂蜜样品的商品化侧流免疫层析法 ·································· 162
5.3.4　基于受体的放射性免疫分析：Charm Ⅱ ·· 164
5.3.5　酶分析法的基本原理 ·· 166
5.3.5.1　The Penzyme Milk Test ·· 166
5.3.5.2　Delvo-X-PRESS ·· 167
5.3.6　快速检测试剂盒的总结 ·· 168
5.4　表面等离子体共振（SPR）生物传感器技术 ·· 168
5.4.1　SPR 生物传感器的基本原理 ··· 168
5.4.2　用于牛奶、动物组织、饲料和蜂蜜中的商品化 SPR 生物传感器 ························· 169
5.4.3　表面等离子体共振（SPR）技术的总结 ··· 171
5.5　酶联免疫吸附试验（ELISA） ·· 172
5.5.1　ELISA 的基本原理 ··· 172
5.5.2　自动化 ELISA 检测系统 ·· 172
5.5.3　其他免疫分析 ··· 172
5.5.4　检测抗菌药物残留的商品化 ELISA 试剂盒 ·· 173
5.5.5　ELISA 小结 ··· 173
5.6　筛选检测性能标准的一般要求 ··· 173
5.7　生物分析筛选方法的总结 ·· 175

缩略语 ··· 175
参考文献 ··· 177

6 化学分析：定量和确证方法 ·· 183
6.1 引言 ··· 183
6.2 单类和多类药物分析方法 ··· 183
6.3 色谱分离 ·· 197
6.3.1 色谱参数 ··· 197
6.3.2 流动相 ·· 198
6.3.3 传统的液相色谱 ··· 198
6.3.3.1 反相色谱 ··· 198
6.3.3.2 离子对色谱 ·· 199
6.3.3.3 亲水作用色谱 ··· 199
6.3.4 超高效或超高压液相色谱 ·· 200
6.4 质谱 ·· 202
6.4.1 离子化和接口 ··· 202
6.4.2 基质效应 ··· 204
6.4.3 质谱仪 ·· 206
6.4.3.1 单四极杆 ··· 207
6.4.3.2 三重四极杆 ·· 207
6.4.3.3 四极离子阱 ·· 210
6.4.3.4 线性离子阱 ·· 210
6.4.3.5 飞行时间 ··· 211
6.4.3.6 静电场轨道阱 ··· 213
6.4.4 其他质谱技术 ··· 215
6.4.4.1 离子迁移质谱 ··· 215
6.4.4.2 原位质谱 ··· 215
6.4.4.3 其他解吸电离技术 ··· 215
6.4.5 碎裂 ··· 217
6.4.6 质谱库 ·· 219
致谢 ··· 219
缩略语 ··· 219
参考文献 ··· 221

7 单残留定量和确证方法 ··· 229
7.1 引言 ··· 229
7.2 卡巴氧与喹乙醇 ··· 229
7.2.1 背景 ··· 229
7.2.2 检测方法 ··· 230
7.2.3 结论 ··· 232
7.3 头孢噻呋与脱呋喃甲酰头孢噻呋 ·· 232

| 7.3.1 背景 | 232
| 7.3.2 解离后分析 | 233
| 7.3.3 代谢物的分析 | 233
| 7.3.4 碱水解后分析 | 234
| 7.3.5 结论 | 234

7.4 氯霉素 235
    7.4.1 背景 235
    7.4.2 GC-MS 和 LC-MS 分析 236
    7.4.3 CAP 污染状况调查 237
    7.4.4 中草药和牧草（饲料）中 CAP 的 LC-MS 分析 237
    7.4.5 结论 237

7.5 硝基呋喃类 238
    7.5.1 背景 238
    7.5.2 硝基呋喃类药物的分析 239
    7.5.3 硝基呋喃代谢物的鉴定 240
    7.5.4 结论 240

7.6 硝基咪唑类药物及其代谢物 241
    7.6.1 背景 241
    7.6.2 分析 242
    7.6.3 结论 243

7.7 磺胺类药物及其 N^4-乙酰化代谢物 243
    7.7.1 背景 243
    7.7.2 N^4-乙酰化代谢物 243
    7.7.3 分析 244
    7.7.4 结论 245

7.8 四环素类药物及其 4 位差向异构体 245
    7.8.1 背景 245
    7.8.2 分析 246
    7.8.3 结论 248

7.9 其他药物 248
    7.9.1 氨基糖苷类 248
    7.9.2 残留标示物需进行化学转化的药物 251
        氟苯尼考 251
    7.9.3 其他 252
        7.9.3.1 林可胺类 252
        7.9.3.2 恩诺沙星 252
    7.9.4 存在的问题 253

7.10 小结 253

缩略语 255

参考文献 257

8 方法的开发与验证 ... 269

8.1 引言 ... 269
8.2 验证方法指南的来源 ... 269
    8.2.1 国际纯粹与应用化学联合会（IUPAC） ... 269
    8.2.2 国际分析化学家协会（AOAC） ... 270
    8.2.3 国际标准化组织（ISO） ... 270
    8.2.4 欧洲分析化学组织（Eurachem） ... 270
    8.2.5 兽药注册国际协调会（VICH） ... 270
    8.2.6 食品法典委员会（CAC） ... 270
    8.2.7 FAO/WHO食品添加剂联合专家委员会（JECFA） ... 271
    8.2.8 欧盟委员会 ... 271
    8.2.9 美国食品药品监督管理局（USFDA） ... 271
8.3 食品中兽药残留验证方法的发展 ... 271
    8.3.1 "单一实验室验证"和"标准方法"的发展 ... 272
    8.3.2 维也纳研讨会 ... 272
    8.3.3 布达佩斯和米什科尔茨研讨会 ... 272
    8.3.4 食品法典委员会指南 ... 272
8.4 方法性能特征 ... 273
8.5 方法开发 ... 273
    8.5.1 分析方法"适用性"的确定 ... 274
    8.5.2 筛选与确证 ... 275
    8.5.3 标准品的纯度 ... 275
    8.5.4 分析物在溶液中的稳定性 ... 275
    8.5.5 方法建立的计划 ... 276
    8.5.6 样品处理过程中分析物的稳定性 ... 276
    8.5.7 样品储存过程中分析物的稳定性 ... 276
    8.5.8 耐用性测试 ... 277
    8.5.9 关键控制点 ... 278
8.6 方法验证 ... 278
    8.6.1 方法学验证的要求 ... 278
    8.6.2 方法学验证过程的管理 ... 278
    8.6.3 试验设计 ... 279
8.7 性能特征的评估和确证 ... 279
    8.7.1 校正曲线和线性范围 ... 279
    8.7.2 灵敏度 ... 280
    8.7.3 选择性 ... 281
        8.7.3.1 定义 ... 281
        8.7.3.2 选择性试验 ... 281
        8.7.3.3 质谱分析的其他选择性试验 ... 282
    8.7.4 准确度 ... 284

8.7.5 回收率 285
8.7.6 精密度 285
8.7.7 回收率和精密度的测定 286
 8.7.7.1 试验设计 286
 8.7.7.2 校准曲线的基质影响 288
8.7.8 测量不确定度 288
8.7.9 检测限和定量限 289
8.7.10 判定限（$CC\alpha$）和检测能力（$CC\beta$） 290
8.8 有效数字 290
8.9 小结 291
参考文献 291

9 测量不确定度 297

9.1 引言 297
9.2 通用原则和方法 297
9.3 实例 299
 9.3.1 EURACHEM/CITAC 方法 299
 9.3.2 运用 Barwick-Ellison 方法和实验室内部验证数据评定测量不确定度 303
 9.3.3 运用嵌套试验设计和实验室内部验证数据评定不确定度 305
  9.3.3.1 回收率（R）及其不确定度 $[u(R)]$ 308
  9.3.3.2 精密度及其不确定度 $[u(P)]$ 309
  9.3.3.3 合成标准不确定度和扩展不确定度 309
 9.3.4 基于实验室间研究数据的测量不确定度评定 314
 9.3.5 基于能力验证数据的测量不确定度评定 319
 9.3.6 基于质量控制数据和有证标准物质的测量不确定度评定 320
  9.3.6.1 用有证标准物质计算不确定度 320
  9.3.6.2 使用实际残留样品和空白添加样品计算不确定度 323
参考文献 325

10 质量保证与质量控制 328

10.1 引言 328
 10.1.1 质量的定义 328
 10.1.2 实施质量体系的必要性 328
 10.1.3 实验室质量体系要求 329
10.2 质量管理 330
 10.2.1 全面质量管理 330
 10.2.2 质量体系的组成要素 330
  10.2.2.1 流程管理 330
  10.2.2.2 质量手册 330
  10.2.2.3 文档 331
 10.2.3 质量体系的技术要素 331

10.3 合格评定 ··· 331
  10.3.1 审核和检查 ··· 331
  10.3.2 认证和认可 ··· 332
  10.3.3 认可的优势 ··· 332
  10.3.4 食品法典委员会和欧盟法规的要求 ··· 332

10.4 指南和标准 ··· 332
  10.4.1 食品法典委员会 ··· 333
  10.4.2 与食品动物兽药使用相关的国家监管食品安全保证计划的设计和实施指南 ······ 333
  10.4.3 ISO/IEC 17025：2005 ··· 334
  10.4.4 食品和饲料中农药残留分析的方法验证和质量控制程序 ····························· 335
  10.4.5 分析化学中EURACHEM/CITAC的质量指南 ·· 335
  10.4.6 OECD良好实验室规范 ·· 335

10.5 实验室质量控制 ·· 335
  10.5.1 样品的接收、储存和分析过程中的可追溯性 ··· 335
    10.5.1.1 样品接收 ··· 336
    10.5.1.2 样品受理 ··· 336
    10.5.1.3 样品标识 ··· 336
    10.5.1.4 样品储存（分析前） ·· 336
    10.5.1.5 报告 ··· 337
    10.5.1.6 样品记录保存 ··· 337
    10.5.1.7 样品储存（出具报告后） ··· 337
  10.5.2 分析方法的要求 ··· 337
    10.5.2.1 简介 ··· 337
    10.5.2.2 筛选方法 ··· 337
    10.5.2.3 确证方法 ··· 337
    10.5.2.4 判定限、检测能力、执行限及样品合规 ··· 338
  10.5.3 分析标准和有证标准物质 ··· 338
    10.5.3.1 简介 ··· 338
    10.5.3.2 有证标准物质 ··· 339
    10.5.3.3 空白样品 ··· 339
    10.5.3.4 有证标准物质和质控样品的使用 ·· 339
  10.5.4 能力验证（PT） ·· 339
  10.5.5 实验室仪器和方法质控 ·· 341

10.6 小结 ·· 342

参考文献 ··· 342

1 抗菌药物的分类及性质

1.1 引言

20世纪30年代和40年代相继问世的磺胺类和青霉素G显著降低了多种传染病的发病率和死亡率，导致医学发生了变革。如今，抗菌药物广泛用于食品动物防治疾病，促生长和提高饲料转化率，保障了动物健康和促进了畜牧业经济发展。带动了头孢噻呋、氟苯尼考、泰妙菌素、替米考星、土拉霉素和泰乐菌素等一系列食品动物专用抗菌药物的开发[1,2]。但是，抗菌药物使用会导致食品中药物残留，并可诱导耐药致病菌的产生，对人类健康造成潜在影响[3]。本文未详述抗菌药物耐药性，有兴趣的读者可阅读Martinez和Silley的著作[4]。

诸多原因导致抗菌药物残留在动物源可食性组织（肉和内脏）和产品（牛奶和鸡蛋）、鱼及蜂蜜中。其主要表现在不同类抗菌药物和同一类抗菌药物使用有很大差异。比如，在一些国家，动物组织、牛奶、蜂蜜、虾和鱼中喹诺酮类药物残留有法定限量（最高残留限量，MRLs）。通过比较发现，在一些国家，大环内酯类药物批准用于产肉动物（鱼除外）呼吸道疾病治疗和促生长，也用于治疗蜜蜂美洲幼虫腐臭病。因此，其残留仅允许存在这些食品动物的可食性组织和蜂蜜中。尽管目前还没有制定蜂蜜中泰乐菌素最高残留限量，但一些国家采用了安全工作残留量，从而在泰乐菌素使用时允许痕量残留存在。不同国家批准使用的抗菌药物也存在很大差异。影响抗菌药物残留的另一个原因是它们的化学性质和理化特征，这些因素可影响药物代谢动力学行为。药物代谢动力学描述了体内药物浓度的时间过程，除在本章中介绍外，在第二章中有更深一步的探讨。

分析化学家在检测动物源性食品中抗菌药物残留时考虑到了许多参数，部分参数在本章进行了讨论。

1.1.1 命名

一种物质的命名，需要结合适当的参数，包括名称或其他标识，分子式、结构式和物质成分。

国际非专利名称（INNs）用来识别药品或活性成分。每个INN都是国际统一，全球认可的唯一名称。到2009年10月，大约有8 100种INNs已经指定，而且每年增加120~150种新的INN[5]。其中增加的一个INN是泰乐菌素，属于大环内酯类药物。

国际纯粹与应用化学联合会（IUPAC）命名法是选择最长的连续性碳链，系统标注连接的基团名称和所在的位置。仍以泰乐菌素为例，IUPAC的命名为［（2R，3R，4E，6E，9R，11R，12S，13S，14R）-12-｛［3，6-二脱氧-4-氧-（2，6-二脱氧-3-碳-甲基-α-L-核糖-吡喃己基）-3-（二甲基氨基）-β-D-吡喃葡萄糖基］氧｝-2-乙基-14-羟基-5，9，13-三甲基-8，16-二氧-11-（2-氧代乙基）氧环十六烷-4，6-二烯-3-基］甲基6-脱氧-2，3-二-甲基-β-D-异吡喃糖苷。

化学文摘号（CAS）是全球认可的化学物质的唯一标识。泰乐菌素的CAS号是1401-69-0。

同义词可成为一个化合物的独特标识，比如泰乐菌素有很多同义词，其中一个是泰农。

1.1.2 化学结构

绝大多数药物对机体的作用依赖于其化学结构，因此，药物结构微小变化会明显改变作用效果，甚至失去活性[6]。就抗菌药物来说，Ehrlich在20世纪初阐明了药物分子选择性作用于微生物，对动物相对安全。另外，药物分子结构上侧链不同其代谢动力学行为也不同。在分析方法研究中，药物化学结构可为提取、分离和检测提供依据。有些抗菌药物由不同的化学结构成分组成。以泰乐菌素为例，它是弗氏链霉菌（Streptomyces fradiae）产生的四个衍生物的混合物。本章中抗菌药物的化学结构见表 1.2 至表 1.15。

1.1.3　分子式

通过识别分子官能团，有助于了解化合物性质，包括分子的水溶性和脂溶性，气相色谱检测法中的断裂点，分子紫外吸收采用的指示剂如发色团的来源，化合物残留定量检测时是否需要衍生化，ESI 电离模式如质子化离子或加合离子。抗菌药物的分子式见表 1.2 至表 1.15。

1.1.4　组分

监管部门对新的非专利的抗菌药物（制剂）在批准上市前要进行化学和生产风险的评估。通常，需要制定一个成分标准用于新化学物质或已存在的非专利药物。该标准规定了活性成分的最小纯度，异构体中非对映异构体的比例（如果相关的话），杂质的最大允许浓度，以及关注的毒理学影响。风险评估考察生产过程（重点关注合成过程中产生杂质的毒理学资料），纯度和组分以确保按相关标准执行。药物活性成分和制剂中赋形剂采用药典和相关文本中的分析方法检测。监管部门对来源于不同生产厂商和同一生产厂商不同批次的抗菌药物进行总体风险评估，以确保其疗效和对动物、公众健康、环境健康的安全性得到一致认可。

1.1.5　pK_a

符号 pK_a 代表酸解离常数 K_a 的负对数，定义为 $[H^+][B]/[HB]$，其中 B 是酸 HB 的共轭碱。按惯例，酸解离常数（pK_a）用于弱碱（而不是 pK_b）和弱有机酸。因此，pK_a 值高的弱酸很难离子化，在血液 pH 条件下 pK_a 值高的弱碱离子化程度高。pK_a 值是电解质的主要指征，可决定电解质的生物学和化学特性。因为大多数药物是弱酸或弱碱，它们以离子和非离子形式存在取决于 pH。一定 pH 条件下离子和非离子形式的比率可由 Henderson‐Hasselbalch 方程计算。在生物学中，pK_a 在决定一个分子是否通过水溶性膜或脂溶性膜中起关键作用，与分配系数 $logP$ 相关。抗菌药物的 pK_a 既影响药物在体内的处置，也影响药物对微生物的作用。从化学角度来讲，离子化会增加药物进入水溶液的可能性（因为水是强极性溶液）。相反，有机分子不易离子化而是以非极性溶液形式存在。上述分配特点影响分析物的萃取和净化效率，在研究富集方法时需要重点考虑。本章中大多数抗菌药物的 pK_a 值见表 1.2 至表 1.15。pK_a 对抗菌药物生物学和化学性质的影响在本文后面讨论。

1.1.6　紫外特征

很多有机药物吸收紫外光后其分子中的不饱和键电子会发生能量跃迁。吸收强度可被定量地表述为吸光系数 ε，它在光谱分析法中具有很重要的意义。

1.1.7　溶解性

从体外角度来讲，水溶性和脂溶性决定了溶剂的选择，这也相应的影响萃取过程和分析方法的选择。如果化合物在溶液中稳定性差，溶解性也可间接影响分析周期。从体内角度来讲，化合物的溶解性影响它的吸收、分布、代谢和排泄。水溶性和脂溶性对于经口给予抗菌药物后胃肠道吸收的影响都很大。在制剂研发中选择药用盐时需要重点考虑。脂溶性影响药物分布相时的被动扩散，反之，水溶性在抗菌药物的排泄和/或肾脏代谢方面具有决定作用。

1.1.8　稳定性

食品中药物残留的稳定性是一个重要参数，因为它关系到以下几个方面：①储存期间生物样本中的残留；②分析参考标准物；③指定溶剂中的分析物；④在残留分析过程中因分析设备故障等原因突然中断制备的样品；⑤色谱不兼容固定相导致残留发生降解。

稳定性也是药物制剂产品的重要参数，因为所有制剂都会随时间分解[7]。因为正常条件下仅在相当长的保存期后才能检测到不稳定性，所以稳定性试验需要使用高应力条件（温度、湿度及光照，这些是已知可能导致降解的因素），当测定半衰期时采用这种方法减少所需的大量时间。确定产品保存期的高温加速稳定性研究在研发中常用来提前淘汰不合格制剂，促进成功产品早日上市。加速稳定性的策略基于阿伦尼乌斯方程：

$$k = Ae^{(-E_a/RT)}$$

其中 k 是化学反应的速率常数；A 为指前因子；E_a 是活化能；R 是气体常数；T 是绝对温度。

实际上，阿伦尼乌斯方程可归纳为：室温下大多数化学反应,温度每升高10℃反应速率增加一倍。在拿到实时稳定性数据之前,监管部门通常允许加速稳定性数据作为过渡。

1.2 抗菌药物的分类和性质

1.2.1 术语

通常,抗生素指由微生物产生的物质,在低浓度下杀灭或抑制其他微生物的生长,对宿主几乎没有伤害。抗菌药物指天然的、合成的或半合成的物质,在低浓度下杀灭或抑制微生物的生长,对宿主几乎没有伤害。无论是抗生素还是抗菌药物都对病毒没有活性。如今,抗生素和抗菌药物术语常交替使用。

微生物或细菌指原核生物,顾名思义,它是单细胞生物,没有真正的细胞核,包括典型细菌和非典型细菌(立克次氏体、衣原体、支原体和放线菌)。细菌的大小介于0.75~5μm,通常为球状(球菌)或杆状(杆菌)。细菌细胞壁上均有肽聚糖,它是抗菌药物(如青霉素、杆菌肽和万古霉素)的作用位点。细菌细胞壁组成的不同使得细菌可通过不同染色过程来区分。在这方面,1884年Christian Gram开发的革兰氏染色(后来改进)是生物学上最重要的区分染色法[8]。使用革兰氏染色过程,细菌可分为两大类:革兰氏阳性菌和革兰氏阴性菌。这种分类基于经脱色剂(甲醇或丙酮)洗脱后细胞保留甲基紫染料的能力。革兰氏阳性菌保留染色,而革兰氏阴性菌不保留。比如革兰氏阳性菌有杆菌、梭菌、棒状杆菌、肠球菌、丹毒丝菌、肺炎球菌、葡萄球菌和链球菌,革兰氏阴性菌有博氏杆菌、布鲁氏菌、大肠杆菌、嗜血杆菌、细螺旋体菌、奈瑟菌、巴斯德菌、变形杆菌、假单胞菌、沙门氏菌、猪痢疾蛇形螺旋体、志贺氏菌和弧菌。革兰氏阳性菌和革兰氏阴性菌对抗菌药物的不同敏感性在本章后面讨论。

1.2.2 基本概念

根据上述定义,抗菌治疗的关键是药物的选择性毒性,仅作用于微生物,不作用于哺乳动物细胞。抗菌治疗是否有效取决于细菌的敏感性,药物在体内的处置和给药方案。影响治疗效果的另外一个因素是宿主防御能力。换句话说,临床症状明显改善取决于抑制细菌生长,而不是细菌死亡。不管作用机制如何,食品动物使用抗菌药物均可导致残留。

药物应答反应的幅度和感染部位液体中药物的浓度之间存在一定的关系。这说明了抗菌药物的药物代谢动力学(PK)和药物效应动力学(PD)确定其临床疗效和安全性方面的重要性。PK描述了药物在体内的吸收、分布、代谢和排泄的时间规律(机体对药物的处置),以及药物的给药剂量与非蛋白结合药物浓度在作用部位的关系。PD则描述了作用部位非蛋白结合药物的浓度与药物应答反应(治疗效果)(药物对机体的作用)[9]。

为了阐述宿主动物、药物、致病菌之间的关系,采用化学治疗三角示意图(图1.1)来说明抗菌药物PK和PD。宿主动物和药物之间的关系反映了药物的PK特征,而药物对致病菌的作用反映了药物的PD特征。抗菌治疗的临床疗效是通过宿主动物和致病菌之间的关系来说明。

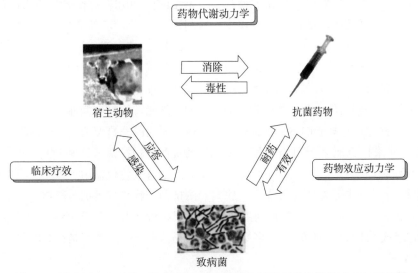

图1.1 描述了宿主动物、抗菌药物和致病菌之间关系的化学治疗三角示意图

1.2.3 药物代谢动力学

抗菌药物的代谢动力学将在第二章讨论。本节主要介绍药物代谢动力学概念，尤其强调了抗菌药物的 pK_a 值对致病菌的作用及药物在机体内处置的影响。

抗菌药物的吸收、分布、代谢和排泄主要取决于药物的化学结构和理化性质。药物的分子大小和形状、脂溶性和离子化程度影响最大，尽管离子化程度对两性化合物如氟喹诺酮类、四环素类和利福平等影响不大[10]。大多数抗菌药物为弱酸或弱碱，其离子化程度取决于药物的 pK_a 和生物环境的 pH。只有非离子型药物具有脂溶性，才能被动扩散通过细胞膜。这里列举巴格特和布朗的两个例子，证明了药物的 pK_a 对药物处置中分布相的影响[11]。但是，被动扩散的原则同样适用于药物在动物体内的吸收、代谢和排泄以及药物进入微生物。

第一个例子是泌乳动物经乳腺灌注一种弱酸性钠盐（pK_a 4.4），用于治疗乳房炎。正常乳腺牛奶的 pH 可低至 6.4，根据 Henderson - Hasselbalch 公式预测非离子型药物与离子型药物的比率是 1:100。炎性乳腺牛奶为碱性（pH 大于 7.4），非离子型与离子型的比率是 1:1 000，与血浆（pH7.4）中的比率一致。比较正常乳腺和炎性乳腺发现，后者离子型药物居多。第二个例子是脂溶性有机碱注射液。在药物吸收过程中，药物从全身循环（pH7.4）扩散进入胃液（pH5.5～6.5）。同样，瘤胃内的酸性溶液导致离子型药物增多，其浓度取决于有机碱的 pK_a。综上所述，弱酸性药物在碱性环境中解离程度高，反之，弱碱性药物在酸性环境中解离程度高。

感染部位抗菌药物浓度是 PK 的第二个重要指标。该浓度反映了药物的分布特点，更影响疗效。此外，给药方案的优化取决于感染部位药物浓度相关的质量信息的有效性。采样点的选择影响体内抗菌药物浓度的测定，因为不同采样点血浆蛋白结合程度不同。这些问题在下面讨论。

感染部位（生物相）往往远离采血部位。一些学者[12-14]报道血浆中游离（非蛋白结合）药物的浓度是临床抗菌治疗成功的最佳指标。大多数感染中生物相为细胞外液（血浆和组织液）。临床感染的大多数病原体存在于细胞外，使得游离药物的血浆浓度就是组织浓度，但是，也有一些明显的例外：

1. 胞内微生物，如引起猪增生性肠炎的胞内劳森菌（*Lawsonia intracellularis*），其接触不到血浆中的抗菌药物浓度。
2. 某些组织存在解剖屏障，阻碍抗菌药物的被动扩散，如中枢神经系统、眼部和前列腺。
3. 病理障碍，如脓肿可阻碍药物的被动扩散。
4. 某些抗菌药物可选择性在细胞内蓄积。例如，大环内酯类可在巨噬细胞内蓄积。
5. 某些抗菌药物可主动转运到感染部位。如氟喹诺酮类和四环素类可通过牙龈成纤维细胞主动转运进入龈液[16]。

关于血浆蛋白结合对采样点选择的影响，Toutain 等[14]报道了血浆蛋白结合率大于 80% 的抗菌药物浓度不可能代表组织浓度。高血浆蛋白率的抗菌药物包括克林霉素、氯唑西林、强力霉素和一些磺胺类药物[17,18]。

研究抗菌药物的最重要的 PK 参数将在第二章作介绍。

1.2.4 药物效应动力学

抗菌药物对微生物作用的 PD 包括三个主要方面：抗菌谱、杀菌和抑菌活性、杀菌作用类型（即浓度依赖型、时间依赖型或共同依赖型）。下面将逐一介绍。药效学参数——最小抑菌浓度（MIC）和最小杀菌浓度（MBC）和抗菌药物的作用机制也将一一阐述。

1.2.4.1 抗菌谱

根据病原微生物的种类对抗菌药物进行分类。凡仅抑制细菌的抗菌药物称窄谱或中谱抗菌药物。除能抑制细菌，同时也能抑制立克次氏体、支原体和衣原体（所谓的非典型菌）的药物称广谱抗菌药物。常见的抗菌药物抗菌谱见表 1.1。

也有人将仅作用于革兰氏阳性菌或革兰氏阴性菌的抗菌药物称窄谱抗菌药物，凡能作用一定范围的革兰氏阳性菌和革兰氏阴性菌的药物称广谱抗菌药物。但是这种分类通常不是绝对的。

表 1.1 常见抗菌药物的抗菌谱

抗菌药物	微生物种类				
	细菌	支原体	立克次氏体	衣原体	原虫
氨基糖苷类	+	+	−	−	−
β-内酰胺类	+	−	−	−	−
氯霉素	+	+	+	+	−
氟喹诺酮类	+	+	+	+	−
林可胺类	+	+	−	−	+/−
大环内酯类	+	+	+	+	+/−
噁唑烷酮类	+	+	−	−	−
截短侧耳素类	+	+	−	−	−
四环素类	+	+	+	+	−
链阳菌素类	+	+	−	−	+/−
磺胺类	+	+	−	+	+
甲氧苄啶	+	−	−	−	+

注：+/−指对某些原虫具有或没有活性。
来源：参考文献 2 得到 John Wiley & Sons. Inc. Copyright 2006，Blackwell Publishing 授权。

由于革兰氏阳性菌和革兰氏阴性菌的细胞壁成分不同，导致其对许多抗菌药物敏感性存在差异。革兰氏阳性菌细胞壁较厚，主要由若干层肽聚糖组成。革兰氏阴性菌外层膜具有亲脂性，可保护薄肽聚糖层。干扰肽聚糖合成的抗菌药物更易到达革兰氏阳性菌作用位点。革兰氏阴性菌外膜含有蛋白质通道（孔蛋白），允许亲水性小分子通过。外层膜含有脂多糖成分，可从死亡细胞壁上脱落。脂多糖含有高耐热小分子，称之为内毒素，可导致宿主动物发热、休克等毒性作用。

需氧微生物和厌氧微生物对抗菌药物的敏感性也不同。厌氧微生物分为兼性厌氧微生物和专性厌氧微生物。在有氧条件下，兼性厌氧菌通过有氧呼吸获得能量，在缺氧条件下进行无氧发酵。兼性厌氧菌有金黄色葡萄球菌（革兰氏阳性菌）、大肠杆菌（革兰氏阴性菌）、李斯特菌（革兰氏阳性菌）。与此相反，专性厌氧菌则会在有氧环境中死亡。一些抗菌药需要在有氧条件下才能进入细菌细胞，厌氧菌对其有耐受性。厌氧微生物可能产生多种毒素和酶，可引起组织广泛性坏死，并限制抗菌药物渗透进入感染部位或使之失活。

1.2.4.2 杀菌和抑菌活性

抗菌药物活性，亦称为抑菌或杀菌活性。抗菌药物的抑菌作用和杀菌作用取决于感染部位的药物浓度和感染的病原菌。抑菌药是指在 MIC 时可抑制病原菌生长，但需要更高浓度（如 MBC）才能杀灭病原菌，如四环素类、酰胺醇类、磺胺类、林可胺类、大环内酯类等（下文将进一步讨论 MIC 和 MBC）。杀菌药物是指当药物浓度与抑菌浓度相近时，即可呈现杀菌作用，如青霉素类、头孢菌素类、氨基糖苷类、氟喹诺酮类等。杀菌药可用于有效治疗免疫功能低下和免疫功能缺陷动物出现的感染。

1.2.4.3 杀菌作用类型

根据抗菌药的杀菌作用，抗菌药可分为时间依赖型、浓度依赖型和共同依赖型。时间依赖型抗菌药物，指的是与细菌学治愈最相关的接触周期（血药浓度超过 MIC 的时间）。浓度依赖型抗菌药是指杀菌活性与最大血药浓度和/或血药浓度-时间曲线下面积有密切关系。共同依赖型抗菌药是指杀菌效果由达到的浓度和接触时间共同决定的药物（见第 2 章）。

在 PD 研究中，常采用细菌生长抑制-时间曲线来定义杀菌作用类型和浓度-效应曲线的陡度。通常情况下，用初始细菌数的减少量（应答）对抗菌药物浓度绘制作图。抗菌药的杀菌作用类型（即浓度依赖型、时间依赖型或共同依赖型）主要取决于曲线的斜率。时间依赖性型抗菌药有 β-内酰胺类、大环内酯类、四环素类、甲氧苄啶-磺胺类合剂、氯霉素和糖肽类。浓度依赖性型药物有氨基糖苷类、氟喹诺酮类、甲硝唑等。曲线斜率大，增加药物浓度，抗菌应答敏感性低，反之亦然。

1.2.4.4 最低抑菌浓度和最小杀菌浓度

描述抗菌药物 PD 最重要的指标是 MIC 和 MBC。MIC 是指孵育 18h 或 24h 后，可以抑制可见细菌生长的最小抗菌药物浓度。它是衡量一个抗菌药物本身抗菌活性（药效）的手段。因为 MIC 是一个不基于与参考标准比较得到的绝对值，所以根据国际公认方法（比如 CLSI[19] 或 EUCAST[20]），规范影响结果的实验因素非常重要，如菌株、接种量和所使用培养基。MIC 是通过检测含有系列倍比稀释抗菌药物溶液培养肉汤，包括体内可达到的正常浓度来确定。设置阳性对照和阴性对照来证明接种物的活力，培养基的稳定性以及培养阶段无其他微生物污染。

MIC 测定后，必须确认结果，不管微生物对体内检测的抗菌药物是否敏感。这需要对药物的 PK（见第 2 章讨论部分）和其他因素有所了解。比如，由于抗生素后效应（PAE）和抗生素后白细胞增强效应（PALE），体外活性评估可能低估体内活性。PAE 指的是亚抑菌浓度时的持续抑菌效果，而 PALE 指的是接触抗菌药物后，噬菌敏感性增加和胞内杀灭能力增强[21]。

以上描述的 MIC 的测定过程可以延伸用于 MBC 的测定。MBC 是指可杀灭 99.9% 细菌的最小浓度。将来自用于 MIC 测定的肉眼不可见细菌繁殖的含有抗菌药物的试管的样品，接种于不含抗菌药物的琼脂上。当细菌在接种琼脂上未见生长时的抗菌药物最小浓度为 MBC。

1.2.4.5 作用机理

抗菌药物有五种主要的作用机理[22]，各种类型的作用机理如下：

1. 抑制细胞壁合成（β-内酰胺类、杆菌肽、万古霉素）
2. 损伤细胞膜功能（多黏菌素）
3. 抑制核酸的合成或功能（硝基咪唑类、硝基呋喃类、喹诺酮类、氟喹诺酮类）
4. 抑制蛋白合成（氨基糖苷类、酰胺醇类、林可胺类、大环内酯类、链阳菌素类、截短侧耳素类、四环素类）
5. 抑制叶酸和四氢叶酸合成（磺胺类、甲氧苄啶）

1.2.5 抗菌药物的联合使用

在某些情况下，抗菌药物需要联合使用。例如，两种或多种抗菌药物对混合感染有更好的效果。一个固有联合使用的例子是表现协同抗菌活性的磺胺类药物（由一种磺胺和一种二氨基嘧啶，如甲氧苄啶组成）。其他例子包括细胞壁合成的顺序抑制，一种抗菌药物协助另一种进入微生物，抑制灭活酶和预防耐药性细菌出现[2]。另一个联合使用抗菌药物的好处是，药物剂量减少，毒性作用降低。

治疗中联合使用抗菌药物也有一些不利之处，为了解释这种可能性，需要从药物代谢动力学和药物效应动力学两个方面来解释联合用药[23]。例如，氨基糖苷类和 β-内酰胺类的联合使用，前者表现出浓度依赖性杀菌作用，需要每日给药，后者表现为时间依赖性杀菌作用，需要更频繁给药，以确保在给药间歇的大多数时间血浆浓度保持在细菌 MIC 以上。一种方法可实现以上目的，将氨基糖苷类和普鲁卡因青霉素盐联合使用，前者需要高 C_{max}：MIC 比值，而普鲁卡因青霉素盐可延长吸收使得给药间歇大多数时间血浆浓度保持在 MIC 以上。类似的，某种抑菌药物可能会影响某些杀菌药物的药效。

1.2.6 临床毒性

当对动物进行兽用抗菌药物治疗时，可能会出现不良反应。这些作用可能反映了药物的药理学和毒理学性质，或者表现为过敏症或过敏反应。兽用抗菌药物主要不良反应在本章后面进行描述。

1.2.7 剂型

抗菌药物可形成一系列药剂类型供食品动物使用，其中最常见的是口服和静脉注射剂型。剂型是为了确保保质期内活性成分的稳定性（产品按标签要求储存），控制活性成分释放速率，也是为了达到理想的 PK 特征。当兽药与饲料或饮水混合时，兽用抗菌药必须稳定性好，应当（理想地）均匀分散于饲料中。抗菌药物产品，包括仿制药，应当按照良好操作规范（GMP）和管理部门批准的许可申请的说明来生产。仿制药应与参考产品（通常为原研药）具有生物等效性。

1.2.8 从业人员的健康与安全

从业人员的健康与安全考虑对于生产人员以及给食品动物用药的兽医和养殖户至关重要。英国兽药局报道，1985—2001 年，抗菌药物引起不良反应在人类所有可疑不良反应中占2%[24]。人类接触抗菌药物出现的主要问题是致敏和过敏反应，如接触β-内酰胺类药物[25]。在生产地，粉尘吸入和对活性成分过敏是主要原因，解决方法是穿戴防护服和使用个人防护设备。从业人员接触抗菌药物的其他问题包括皮炎、支气管哮喘、意外针刺和意外的自我给予注射剂。与特定种类抗菌药物有关的从业人员健康与安全在本章后面讨论。

1.2.9 环境问题

受动物生产系统的类型的影响，畜牧业使用的抗菌药物可能会进入环境（见 Boxall 的综述）[26]。就粪便和泥浆来说，进入土壤之前进行储存，在储存期间会发生不同程度的抗菌药物厌氧降解。例如，β-内酰胺类在一些粪便中很快分解，而四环素类可能会存在数月。与粪便和泥浆相比，土壤中抗菌药物的降解更多地涉及需氧微生物。在渔业中，直接在隔网或网箱中投入加药食物丸剂治疗鱼的细菌感染[27-29]。这使得网箱下的沉积物含有抗菌药物[30-32]。近来，有文献报道土壤微生物产生的四环素[33]和氯霉素[34]被植物吸收，这使得食品动物吃草时摄入自然来源的抗菌药物的可能性增加。各类抗菌药物对环境的影响在本章后面介绍，为接下来第3章中的讨论提供基础。

1.3 主要抗菌药物种类

抗菌药物有上百种，大多数可归为几大类。但是，只有一部分批准用于食品动物。原因有很多，其中之一是抗菌药物耐药性会从动物转移到人类。1969年，英国 Swann 报告建议已批准用于人或动物治疗目的的抗菌药物不能作为动物促生长剂[35]，该建议仅部分被采纳。随后，在一些国家，抗菌药物促生长使用被禁止。另外，国际卫生组织（WHO）、食品法典委员会（CAC）、世界动物卫生组织（OIE）和政府开始研究降低抗菌药物耐药性导致损失的策略，其中抗菌药物对人医来讲至关重要。当实际实施时，这些重要举措会进一步限制食品动物预防性和治疗性使用抗菌药物。

同类抗菌药物是指分子结构相近，作用方式相似的化合物。同类药物性质的差异往往是由于分子侧链不同，PK 和 PD 特征不同导致[36]。抗菌药物的主要种类在下面讨论。

1.3.1 氨基糖苷类

链霉素，第一个氨基糖苷类药物，是1944年从链霉菌（*Streptomyces griseus*）中分离出来的。此后20年，其他氨基糖苷类药物先后从链霉菌（新霉素、卡那霉素）和绛红小单孢菌（*Micromonospora purpurea*）（庆大霉素）中分离出来。其后开发出了半合成衍生物，包括阿米卡星、卡那霉素。

氨基糖苷类是浓度依赖型抗菌药物，对需氧革兰氏阴性菌和某些革兰氏阳性菌有杀菌活性，但对厌氧菌几乎没有杀菌活性。在有氧条件下，氨基糖苷类通过细胞带负电荷的外膜表面和氨基糖苷类阳离子之间相互作用主动转运进入革兰氏阴性菌细胞内，从而改变细菌细胞膜的通透性。氨基糖苷类药物与核糖体30S亚基结合，引起信使RNA误读，使得细菌蛋白质的合成中断，这进一步影响细胞膜渗透性，导致更多的氨基糖苷类药物进入，更多的细胞合成受阻，直至细胞死亡[37]。不同的氨基糖苷类药物作用稍有区别。链霉素及其二氢衍生物作用于核糖体上的单一位点，但其他氨基糖苷类作用于多个位点上。氨基糖苷类具有杀菌作用，有剂量依赖性，而且有显著的抗生素后效应。虽然从理论上讲，β-内酰胺类药物干扰细胞壁的合成，从而促进氨基糖苷类药物渗透进入细菌细胞，但是人医的药效和毒性研究认为这种类型的组合用于治疗存在争议[38]。然而，有一些动物用的制剂类型，例如，氨基糖苷类和普鲁卡因青霉素盐（见上面的讨论）合并使用确实可以增强杀菌活性。

细菌对氨基糖苷类药物的耐药性通过介导细菌酶（磷酸转移酶、乙酰转移酶、腺嘌呤转移酶）实现的，这些细菌酶可以灭活氨基糖苷类并阻止其与核糖体结合。编码这些酶的基因位于质粒上，这样便于将耐药性迅速转移到其他细菌中。

氨基糖苷类药物胃肠道吸收差，但肌注或皮下注射吸收良好。在滑膜、胸膜、腹膜、心包液中能达到有效浓度。宫内和乳房内给药也是有效的，但是有明显的组织残留。氨基糖苷类药物与血浆蛋白结合少，是极性大分子，脂溶性差，难以进入细胞或透过细胞屏障。这意味着在脑脊液或眼部体液中不易达到治疗浓度。它们的分布容积小，血浆半衰期相对较短（1～2h）[39]。氨基糖苷类药物通过肾消除。

因其毒性作用，氨基糖苷类药物一般用来治疗严重感染。毒性较大的药物例如新霉素只允许局部或口服使用；毒性较低的氨基糖苷类如庆大霉素，采用非胃肠道给药治疗革兰氏阴性细菌引起的败血症。新霉素和链霉素口服制剂可用于治疗牛犊细菌性肠炎，新霉素B眼用制剂在绵羊和牛上使用，新霉素制剂（有些与β-内酰胺类合用）用于治疗牛乳腺炎。由于耐药性和在肾组织中的持久残留，限制了在食品动物上使用链霉素、新霉素、大观霉素。氨基糖苷类可作为治疗药物使用，不能作为预防用药。一个例外是新霉素可作为奶牛泌乳末期干乳期用药。氨基糖苷类不能作为抗菌促生长剂使用。

所有氨基糖苷类药物都有耳毒性和肾毒性。链霉素的耳毒性最大，但肾毒性最小；新霉素的肾毒性最大。肾毒性与氨基糖苷类药物在近端肾小管上皮细胞中蓄积有关，药物聚集在溶酶体内，然后释放到细胞质中，导致细胞器损伤和细胞死亡。氨基糖苷类药物毒性风险因子包括长期治疗（7～10d）、每天多次使用、酸中毒、电解质紊乱、年龄（新生儿、老年）、肾脏疾病。由于氨基糖苷类药物的毒性与药物波谷浓度有关，每日一次高剂量给药波谷药物浓度低于引起毒性的阈值[40]。每天一次给药有效，因为氨基糖苷类是浓度依型性杀菌药物，具有很长的抗生素后效应。对于肾功能受损的动物，氨基糖苷类药物是禁忌使用或延长给药间隔使用[41]。

现有资料表明，氨基糖苷类残留在环境中以痕量水平长期存在（见第3章中讨论）。

JECFA评估了双氢链霉素、庆大霉素、卡那霉素、新霉素和大观霉素毒理学和残留消除数据（表1.2）。根据JECFA的风险评估，除卡那霉素外上述物质均制定了ADI值[42]。另外，根据JECFA的建议，建立了牛、羊、猪和鸡的肌肉、肝脏、肾脏、脂肪，以及牛奶和羊奶中双氢链霉素和链霉素的CAC MRL值；牛和猪的肌肉、肝、肾脏、脂肪，以及牛奶中庆大霉素的CAC MRL值；牛、羊、猪、鸡、山羊、鸭和火鸡的肌肉、肝脏、肾脏、脂肪，以及牛奶和鸡蛋中新霉素的CAC MRL值；牛、羊、猪和鸡的肌肉、肝脏、肾脏、脂肪，以及牛奶和鸡蛋中大观霉素的CAC MRL值[43]。经兽药残留法典委员会（CCRVDF）审阅后，JECFA建议CAC采纳的双氢链霉素和链霉素[44-47]、庆大霉素[48,49]、新霉素[50-53]、大观霉素[54,55]MRLs的相关残留研究资料见专著。

表1.2 氨基糖苷类和氨基环醇类

INN	IUPAC、分子式和CAS	化学结构式	pK_a
氨基糖苷类			
阿米卡星	(2S)-4-氨基-N-[(1R,2S,3S,4R,5S)-5-氨基-2-[(2S,3R,4S,5S,6R)-4-氨基-3,5-二羟基-6-(羟甲基)吡喃-2-基]氧基-4-[(2R,3R,4S,5S,6R)-6-(氨基甲基)-3,4,5-三羟基吡喃-2-基]氧基-3-羟基环己基]-2-羟丁酰胺 $C_{22}H_{43}N_5O_{13}$ 37517-28-5		HB^+ 8.1[56]

INN	IUPAC、分子式和CAS	化学结构式	pK_a
安普霉素	(2R,3R,4S,5S,6S)-2-[[(2S,3R,4aS,6R,7S,8R,8aR)-3-氨基-2-[(1R,2R,3S,4R,6S)-4,6-二氨基-2,3-二羟环己基]氧基-8-羟基-7-甲氨基-2,3,4,4a,6,7,8,8a-八氢-吡喃并[2,3-e]吡喃-6-基]氧基]-5-氨基-6-(羟甲基)噁烷-3,4-醇 $C_{21}H_{41}N_5O_{11}$ 37321-09-08		HB$^+$ 8.5[57]
双氢链霉素	2-[(1S,2R,3R,4S,5R,6R)-5-(二氨基-亚甲基氨基)-2-[(2R,3R,4R,5S)-3-[(2S,3S,4S,5R,6S)-4,5-二羟基-6-(羟甲基)-3-甲氨基吡喃-2-基]氧基-4-羟基-4-(羟甲基)-5-甲基四氢呋喃-2-基]氧基-3,4,6-三羟基环己基]胍 $C_{21}H_{41}N_7O_{12}$ 128-46-1		HB$^+$ 7.8[56]
庆大霉素	2-[4,6-二氨基-3-[3-氨基-6-(1-四基氨基乙基)吡喃-2-基]氧基-2-羟基环己基]-氧基-5-甲基-4-甲基氨基吡喃-3,5-二醇 $C_{21}H_{43}N_5O_7$(庆大霉素 C_1) 1403-66-3	Gentamicin C$_1$ R$_1$=R$_2$=CH$_2$ Gentamicin C$_2$ R$_1$=CH$_3$, R$_2$=H Gentamicin C$_3$ R$_1$=R$_2$=H	HB$^+$ 8.2[56]

(续)

INN	IUPAC、分子式和CAS	化学结构式	pK_a
卡那霉素	(2R,3S,4S,5R,6R)-2-(氨基甲基)-6-[(1R,2R,3S,4R,6S)-4,6-二氨基-3-[(2S,3R,4S,5S,6R)-4-氨基-3,5-二羟基-6-(羟甲基)吡喃-2-基]氧基-2-羟基环己基]-氧基吡喃-3,4,5-三醇 $C_{18}H_{36}N_4O_{11}$(卡那霉素A) 59-01-8	Kanamycin A $R_1=NH_2$, $R_2=OH$ Kanamycin B $R_1=R_2=NH_2$ Kanamycin C $R_1=OH$, $R_2=NH_2$	HB^+ 6.4[56] HB^+ 7.6[56] HB^+ 8.4[56] HB^+ 9.4[56]
新霉素B	(2R,3S,4R,5R,6R)-5-氨基-2-(氨基甲基)-6-[(1R,2R,3S,4R,6S)-4,6-二氨基-2-[(2S,3R,4S,5R)-4-[(2R,3R,4R,5S,6S)-3-氨基-6-(氨甲基)-4,5-二羟基吡喃-2-基]氧基-3-羟基-5-(羟甲基)-四氢呋喃-2-基]氧基-3-羟基环己基]氧基吡喃-3,4-二醇 $C_{23}H_{46}N_6O_{13}$ 1404-04-2		HB^+ 8.3[58]
巴龙霉素	(2R,3S,4R,5R,6S)-5-氨基-6-[(1R,2S,3S,4R,6S)-4,6-二氨基-2-[(2S,3R,4R,5R)-4-[(2R,3R,4R,5R,6S)-3-氨基-6-(氨基甲基)-4,5-二羟基吡喃-2-基]氧基-3-羟基-5-(羟甲基)四氢呋喃-2-基]氧基-3-羟基环己基]-氧基-2-(羟甲基)吡喃-3,4-二醇 $C_{23}H_{45}N_5O_{14}$ 1263-89-4		HB^+ 6.0[56] HB^+ 7.1[56] HB^+ 7.6[56] HB^+ 8.2[56] HB^+ 8.9[56]

INN	IUPAC、分子式和CAS	化学结构式	pK_a
链霉素A	2-［(1S，2R，3R，4S，5R，6R)-5-(二氨基-亚甲基氨基)-2-［(2R，3R，4R，5S)-3-［(2S，3S，4S，5R，6S)-4,5-二羟基-6-(羟甲基)-3-甲氨基吡喃-2-基］氧基-4-甲酰基-4-羟基-5-甲基四氢呋喃-2-基］氧基-3,4,6-三羟基环己基］胍 $C_{21}H_{39}N_7O_{12}$ 57-92-1		HB^+ 7.8[56] HB^+ 11.5[56] HB^+ >12[56]
妥布霉素	4-氨基-2-［4,6-二氨基-3-［3-氨基-6-(氨基甲基)-5-羟基吡喃-2-基］氧基-2-羟基环己基］氧基-6-(羟甲基)吡喃-3,5-二醇 $C_{18}H_{37}N_5O_9$ 32986-56-4		HB^+ 6.7[56] HB^+ 8.3[56] HB^+ 9.9[56]

氨基环醇类

大观霉素	十氢-4α,7,9-三羟基-2-甲基-6,8-双(二甲基氨基)-4H 吡喃并［2,3-b］^{1,4}苯并二氧杂环-4-酮 $C_{14}H_{24}N_2O_7$ 1695-77-8		HB^+ 7.0[56] HB^+ 8.7[56]

1.3.2 β-内酰胺类

青霉素是 Fleming 于 1929 年发现的由青霉菌培养物产生的一种抗菌物质。十年后，经纯化的青霉素由 Florey、Chain 和其他科学家成功用于治疗人的感染，从而掀起了化学治疗法的革命。因这一贡献，Fleming、Florey 和 Chain 三人共同获得 1945 年诺贝尔生理学或医学奖。

从化学结构来说，β-内酰胺类药物有多种。这类药物都具有杀菌活性，主要通过干扰细菌繁殖过程中肽聚糖的合成[59]。β-内酰胺类与细胞膜上的蛋白结合[青霉素结合蛋白（PBPs）]，该蛋白是一种催化肽聚糖分子的 N-乙酰胞壁酸-N-乙酰葡糖胺骨干上肽链之间交叉连接的酶。细菌缺乏交叉连接，细胞壁形成差，导致生长细胞裂解。革兰氏阳性菌和革兰氏阴性菌对 β-内酰胺类的敏感性差异是在于后者细胞壁上肽聚糖的含量较高，二者含有青霉素结合蛋白的量不同，使得某些 β-内酰胺类很难渗透穿过革兰氏阴性菌细胞壁的脂多糖层。细菌对 β-内酰胺类产生耐药性是由于细菌产生 β-内酰胺酶破坏 β-内酰胺环，以及修饰青霉素结合蛋白，导致 β-内酰胺类与肽链的结合力降低。许多革兰氏阴性菌对一些 β-内酰胺类具有天然的抵抗力，是因为 β-内酰胺类不能穿透细胞壁外层的脂多糖膜。

与氟喹诺酮类药物和氨基糖苷类药物相比，β-内酰胺类药物的杀菌作用较低，杀菌活性出现有一段滞后期。β-内酰胺类药物是时间依赖型，不是浓度依赖型。β-内酰胺类药物通常在血浆中完全离子化，分布容积较小，半衰期较短。虽然 β-内酰胺类药物不能通过生物膜，但在细胞外液中分布很广，通常经肾脏消除。

青霉素类，特征结构为 6-氨基青霉烷酸（6-APA），通过四氢噻唑环与 β-内酰胺环相连，通过侧链 C6 位不同区分彼此。青霉素类根据抗菌作用分为六大类。从青霉菌培养物分离纯化的青霉素（青霉素 G），是第一个用于临床的 β-内酰胺类药物。但其临床应用有很大局限，胃酸中不稳定，对 β-内酰胺酶敏感，对许多革兰氏阴性菌无效。它的半衰期较短，只有 30~60min。但青霉素 G 对大多数革兰氏阳性菌（除了耐药性葡萄球菌和肠球菌外）和一些革兰氏阴性菌仍然是最好的抗生素。现在，以深部肌肉注射方式使用的大部分青霉素都是普鲁卡因青霉素盐，因为普鲁卡因可以减缓其吸收。第一个在 6-APA 母核进行乙酰化修饰的是苯氧甲基青霉素（青霉素 V）[60]，其对酸稳定，口服保持活性。这使得通过在 6-APA 母核增加侧链生成大量半合成青霉素成为可能。第一代抗葡萄球菌的青霉素[61]，如甲氧西林，能耐葡萄球菌产生的 β-内酰胺酶。而氯唑西林通常用于治疗奶牛乳腺炎。广谱的青霉素，如氨苄西林，是下一代青霉素，其对包括大肠杆菌在内的革兰氏阴性菌有抗菌作用。这类抗生素对 β-内酰胺酶敏感。然而，阿莫西林和阿莫西林-克拉维酸（β-内酰胺酶抑制剂）广泛用于家畜和伴侣动物，用于治疗革兰氏阴性菌感染，特别是肠杆菌引起的感染。接下来发展的青霉素是抗假单胞菌的青霉素，如羟苄西林。这些抗菌药物一般不用于动物。最新一代青霉素是耐 β-内酰胺酶（革兰氏阴性菌产生的）的青霉素，如替莫西林，其现在还没注册用于动物。

青霉素 G 开发后不久，从真菌头孢霉菌中分离出了头孢菌素 C。头孢菌素类具有 7-氨基头孢烷酸母核，包含 β-内酰胺环，早期因其对革兰氏阴性菌有抗菌作用，引起了人们的兴趣。同时，这类抗菌药物对 β-内酰胺酶不敏感。多年以来，人们通过对头孢菌素母核分子的修饰，开发了几类（代）具有不同抗菌活性的半合成头孢菌素。第一代头孢菌素（如先锋霉素）用于治疗产 β-内酰胺酶的葡萄球菌感染，同时对革兰氏阴性菌也有抗菌作用性。虽然其不用于伴侣动物，但仍用于奶牛干乳期的治疗。第二代头孢菌素（如头孢氨苄）对革兰氏阳性菌和革兰氏阴性菌都有抗菌作用，其口服制剂广泛用于伴侣动物。产品还注册用于治疗奶牛乳腺炎。第三代头孢菌素（如头孢噻呋）对革兰氏阳性菌的抗菌作用减弱，但对革兰氏阴性菌的抗菌作用增强了。因其对人医的重要性，这类药物主要用于其他药物治疗失败的严重感染。这类药物用于治疗家畜和伴侣动物。第四代头孢菌素（如头孢喹肟）对革兰氏阳性菌和革兰氏阴性菌的抗菌活性均有所增强[62]，它们仅作为人用药，但一些国家将其注册用于牛和马。

其他天然 β-内酰胺药物还包括碳青霉烯类（来自链霉素菌）和单环 β-内酰胺类。虽然这些药物没有注册用于食品动物，但已作为伴侣动物标签外用药。碳青霉烯类对大部分的革兰氏阴性菌和阳性菌都有抗菌作用，并对大部分的 β-内酰胺酶有抵抗作用。单环 β-内酰胺类药物（如氨曲南）对大部分的 β-内酰胺酶有抵抗作用，抗菌谱较窄，对许多革兰氏阴性菌的抗菌活性较好。

β-内酰胺类药物几乎无毒性作用，安全范围大。主要的副作用是急性过敏性反应，该反应并不常见，主要与青霉素类有关。荨麻疹、血管神经性水肿和发热较常见。青霉素诱导的免疫溶血性贫血在马中有报道[63]。使用普鲁卡因青霉素盐会导致猪[64]的发热、昏睡、呕吐、厌食和发绀以及马的普鲁卡因毒作用，甚至死亡[65,66]。

在人医上，青霉素引起致敏作用和过敏反应在治疗过程中较常见。比较发现，从业人员接触青霉素或摄入含有青霉素残留的食物导致的不良反应几乎未见报道。

目前报道的环境中β-内酰胺类药物残留浓度可以忽略不计。这与β-内酰胺类药物排出后很快水解[67]和在粪便中很快消失[26]这一性质一致。

在JECFA实施的青霉素G[42,68]、普鲁卡因青霉素盐[69]和头孢噻呋[70]风险评估的基础上制定了相应的CAC MRLs。其中，青霉素G是所有食品动物的肌肉、肝脏、肾脏、和牛奶；普鲁卡因青霉素盐是猪鸡的肌肉、肝脏、肾脏；头孢噻呋（残留标示物为去呋喃甲酰头孢噻呋）是牛和猪的肌肉、肝脏、肾脏和脂肪[43]。JECFA建议CAC采纳的青霉素G、普鲁卡因青霉素盐和头孢噻呋MRLs的相关残留研究资料见专著[73,74]。

从分析角度看，β-内酰胺类药物（表1.3）在中性和弱碱性环境下稳定。这类药物在一些缓冲液中降解非常明显（详见第6章）。

表1.3　β-内酰胺类

INN	IUPAC、分子式和CAS	化学结构式	pK_a
青霉素类			
阿莫西林	(2S，5R，6R)-6-{[(2R)-2-氨基-2-(4-羟基苯基)乙酰基]氨基}-3,3-二甲基-7-氧代-4-硫杂-1-氮杂双环[3.2.0]庚烷-2-羧酸 $C_{16}H_{19}N_3O_5S$ 26787-78-0		HA2.6[56]; HB^+, HA7.3[56]; HA, HB^+ 9.5[56]
氨苄西林	(2S，5R，6R)-6-{[(2R)-氨基苯基乙酰基]氨基}-3,3-二甲基-7-氧代-4-硫杂-1-氮杂双环[3.2.0]庚烷-2-羧酸 $C_{16}H_{19}N_3O_4S$ 69-53-4		HA 2.5[56], HB^+ 7.3[56]
苄青霉素 （青霉素G）	(2S，5R，6R)-3,3-二甲基-7-氧代-6-[(2-苯基乙酰基)氨基]-4-硫杂-1-氮杂双环[3.2.0]庚烷-2-羧酸 $C_{16}H_{18}N_2O_4S$ 61-33-6		HA 2.7[56]
羧苄西林	(2S，5R，6R)-6-[(3-羟基-3-氧代-2-苯基丙酰基)氨基]-3,3-二甲基-7-氧代-4-硫杂-1-氮杂双环[3.2.0]庚烷-2-羧酸 $C_{17}H_{18}N_2O_6S$ 4697-36-3		HA 2.2[56], HA 3.3[56]

(续)

INN	IUPAC、分子式和CAS	化学结构式	pK_a
氯唑西林	（2S，5R，6R）-6-［［［3-（2-氯苯基）-5-甲基-4-异噁唑基］羰基］氨基］-3,3-二甲基-7-氧代-4-硫杂-1-氮杂双环［3.2.0］庚烷-2-羧酸 $C_{19}H_{18}ClN_3O_5S$ 61-72-3		HA 2.7[56]
双氯西林	（2S，5R，6R）-6-［［3-（2,6-二氯苯基）-5-甲基-1,2-噁唑-4-羰基］氨基］-3,3-二甲基-7-氧代-4-硫杂-1-氮杂双环［3.2.0］庚烷-2-羧酸 $C_{19}H_{17}Cl_2N_3O_5S$ 3116-76-5		HA 2.7[56]
美西林	（2S，5R，6R）-6-（氮杂环庚烷-1-基亚甲基氨基）-3,3-二甲基-7-氧代-4-硫杂-1-氮杂双环［3.2.0］庚烷-2-羧酸 $C_{15}H_{23}N_3O_3S$ 32887-01-7		HA 2.7[56] HB$^+$ 8.8[56]
甲氧西林	（2S，5R，6R）-6-［（2,6-二甲氧基苯甲酰基）氨基］-3,3-二甲基-7-氧代-4-硫杂-1-氮杂双环［3.2.0］庚烷-2-羧酸 $C_{17}H_{20}N_2O_6S$ 61-32-5		HA 2.8[56]
萘夫西林	（2S，5R，6R）-6-［（2-乙氧基萘-1-羰基）氨基］-3,3-二甲基-7-氧代-4-硫杂-1-氮杂双环［3.2.0］庚烷-2-羧酸 $C_{21}H_{22}N_2O_5S$ 985-16-0		HA 2.7[56]

(续)

INN	IUPAC、分子式和CAS	化学结构式	pK_a
苯唑西林	（2S，5R，6R）-3,3-二甲基-6-［（5-甲基-3-苯基,1,2-噁唑-4-羰基）氨基］-7-氧代-4-硫杂-1-氮杂二环［3.2.0］庚烷-2-羧酸 $C_{19}H_{19}N_3O_5S$ 66-79-5		HA 2.7[56]
喷沙西林	（2S，5R）-3,3-二甲基-7-氧代-6α-［苯乙酰基）氨基］-4-硫杂-1-氮杂双环［3.2.0］庚烷-2β-羧酸 2-（二乙氨基）乙基酯；（6α-［（苯基乙酰基）氨基］青霉烷酸 2-（二乙基氨基）乙基）酯 $C_{22}H_{31}N_3O_4S$ 3689-37-4		N/A[a]
苯氧基甲基青霉素（青霉素V）	（2S，5R，6R）-3,3-二甲基-7-氧代-6-［［2-（苯氧基）乙酰基］氨基］-4-硫杂-1-氮杂双环［3.2.0］庚烷-2-羧酸 $C_{16}H_{18}N_2O_5S$ 87-08-1		HA 2.7[56]
替莫西林	（2S，5R，6S）-6-［（羧基-3-噻吩基乙酰基）氨基］-6-甲氧基-3,3-二甲基-7-氧代-4-硫杂-1-氮杂双环［3.2.0］庚烷-2-羧酸 $C_{16}H_{18}N_2O_7S_2$ 66148-78-5		N/A[a]
替卡西林	（2S，5R，6R）-6-［［（2R）-3-羟基-3-氧代-2-噻吩-3-基-丙酰基］氨基］-3,3-二甲基-7-氧代-4-硫杂-1-氮杂双环［3.2.0］庚烷-2-羧酸 $C_{15}H_{16}N_2O_6S_2$ 34787-01-4		HA 2.9[56], HB^+ 3.3[56]

(续)

INN	IUPAC、分子式和CAS	化学结构式	pK_a
		β-内酰胺酶抑制剂	
克拉维酸	[2R-（2α，3Z，5α）]-3-（2-羟基亚乙基）-7-氧代-4-氧杂-1-氮杂双环[3.2.0]庚烷-2-羧酸 $C_8H_9NO_5$ 58001-44-8		2.7[74]
		头孢菌素类	
头孢乙腈	(6R，7R)-3-（乙酰氧甲基）-7-[（2-氰基乙酰基）氨基]-8-氧代-5-硫杂-1-氮杂双环[4.2.0]辛烷-2-烯-2-羧酸 $C_{13}H_{13}N_3O_6S$ 10206-21-0		HA 2.0[56]
头孢洛宁	(6R，7R)-3-[（4-氨甲酰基-1-鎓-1-基）甲基]-8-氧代-7-[（2-噻吩-2-基乙酰基）氨基]-5-硫杂-1-氮杂双环[4.2.0]辛烷-2-烯-2-羧酸酯 $C_{20}H_{18}N_4O_5S_2$ 5575-21-3		N/A[a]
头孢匹林	(6R，7R)-3-（乙酰氧甲基）-8-氧代-7-[（2-吡啶-4-基硫乙酰基）氨基]-5-硫杂-1-氮杂双环[4.2.0]辛烷-2-烯-2-羧酸 $C_{17}H_{17}N_3O_6S_2$ 21593-23-7		HA 1.8[56], HB+ 5.6[56]
头孢唑啉	(7R)-3-[（5-甲基-1,3,4-噻二唑-2-基）硫甲基]-8-氧代-7-[[2-（四唑-1-基）乙酰基]氨基]-5-硫杂-1-氮杂双环[4.2.0]辛烷-2-烯-2-羧酸 $C_{14}H_{14}N_8O_4S_3$ 25953-19-9		HA 2.8[56]

(续)

INN	IUPAC、分子式和CAS	化学结构式	pK_a
头孢哌酮	(6R，7R)-7-[[2-[[4-乙基-1，3-二氧哌嗪-1-羰基)氨基]-2-(4-羟基苯基)乙酰基]氨基]-3-[(1-甲基四唑-5-基)硫甲基]-8-氧代-5-硫杂-1-氮杂双环[4.2.0]辛烷-2-烯-2-羧酸 $C_{25}H_{27}N_9O_8S_2$ 62893-19-0		HA 2.6[56]
头孢喹肟	1-[[(6R，7R)-7-[[(2Z)-(2-氨基-4-噻唑基)-(甲氧亚氨基)乙酰基]氨基]-2-羧基-8-氧代-5-硫杂-1-氮杂双环[4.2.0]辛烷-2-烯-3-基]甲基]-5，6，7，8-四氢喹啉鎓内盐 $C_{23}H_{24}N_6O_5S_2$ 84957-30-2		N/A[a]
头孢噻呋	(6R，7R)-7-[[(2Z)-(2-氨基-4-噻唑基)(甲氧基亚氨基)乙酰基]氨基]-3-[[(2-呋喃基羰基)硫代]甲基]-8-氧代-5-硫杂-1-氮杂双环[4.2.0]辛烷-2-烯-2-羧酸 $C_{19}H_{17}N_5O_7S_3$ 80370-57-6		N/A[a]
头孢呋辛	(6R，7R)-3-(氨基甲酰氧甲基)-7-[[(2E)-2-呋喃-2-基-2-甲氧基亚氨基乙酰基]氨基]-8-氧代-5-硫杂-1-氮杂双环[4.2.0]辛烷-2-烯-2-羧酸 $C_{16}H_{16}N_4O_8S$ 55268-75-2		HA 2.5[56]
头孢氨苄	(6R，7R)-7-[[(2R)-2-氨基-2-苯基乙酰基]氨基]-3-甲基-8-氧代-5-硫杂-1-氮杂双环[4.2.0]辛烷-2-烯-2-羧酸 $C_{16}H_{17}N_3O_4S$ 15686-71-2		HA 2.5[56], HB+ 7.1[56]

(续)

INN	IUPAC、分子式和CAS	化学结构式	pK_a
头孢噻吩	(6R,7R)-3-(乙酰氧甲基)-8-氧代-7-[(2-噻吩-2-基乙酰基)氨基]-5-硫杂-1-氮杂双环[4.2.0]辛烷-2-烯-2-羧酸 $C_{16}H_{16}N_2O_6S_2$ 153-61-7		HA 2.4[56]

^a 作者未能在相关公开发表的文献中找到该物质的 pK_a。(N/A=数据未提供)。

1.3.3 喹噁啉类

喹噁啉-1,4-二-N-氧化物最开始研究是因为其拮抗维生素 K 活性。喹多克辛(喹噁啉-1,4-二氧化物)在动物养殖业中作为促生长剂使用,后因光敏性禁用。在 19 世纪 70 年代,卡巴氧、喹赛多和喹乙醇 3 种喹多克辛的合成衍生物作为抗菌促生长剂允许使用。这些药物对革兰氏阳性菌和一些革兰氏阴性菌有效,对衣原体和原虫也有效。通过抑制 DNA 合成发挥抗菌作用,这一作用机理还不完全清楚。基于对大肠杆菌的研究,Suter 等[75]推断喹噁啉类在胞内还原产生的自由基会损伤已有的 DNA 和干扰新的 DNA 合成。R 质粒介导的大肠杆菌对喹乙醇的耐药性已有报道。

卡巴氧作为饲料添加剂给猪使用,吸收非常好。以 50mg/kg 的剂量饲喂猪卡巴氧,猪胃和十二指肠中药物浓度就能有效预防钩端螺旋体(*Brachyspira hyodysenteriae*)引起的猪痢疾。卡巴氧的主要代谢物是乙醛、脱氧卡巴氧和喹噁啉-2-羧酸[76]。24h 后,尿液能排泄给药剂量的 2/3。猪口服喹乙醇能快速、广泛地吸收,经过体内氧化和还原代谢,24h 后尿液排泄的原型药物和喹乙醇的 N 氧化物分别占 70% 和 16%。

VanderMolen 等[77]和 Nabuurs 等[78]调查了喹噁啉类在猪的毒性作用。给予 50mg/kg 剂量的卡巴氧就能引起动物持续的粪便干燥、厌食、脱水和内环境紊乱。这些症状都可归因于醛固酮减少症,表明卡巴氧可诱导肾上腺损伤。断奶仔猪突然饲喂高剂量(331~363mg/kg)的卡巴氧,会导致厌食、挑食、后肢麻痹和死亡[79]。喹乙醇的毒性和卡巴氧毒性相当,喹赛多毒性稍低。

卡巴氧作为抗菌促生长剂以 10~25mg/kg 剂量添加到饲料中,能够增加猪的体重和提高饲料转化效率。商品化的卡巴氧主要用于断奶仔猪和生长猪阶段,育成期不使用。卡巴氧以 50~55mg/kg 剂量添加饲料,能有效的预防由厌氧肠道端螺旋体引起的猪痢疾和敏感微生物引起的细菌性肠炎。卡巴氧还用于治疗支气管败血波氏杆菌(*Bordetella bronchiseptica*)引起的鼻腔感染。喹乙醇在饲料中添加用于提高饲料转化效率和治疗弯曲杆菌引起的增生性肠炎。喹赛多作为饲料添加剂用于猪、小牛和家禽促生长。

职业接触喹噁啉类抗菌药物的农场工人可能会出现皮肤光敏反应。总体而言,光敏性就是光毒性反应的一种形式,药物吸收紫外线的能量,并释放它进入皮肤,造成细胞损害;或光变态反应,光导致药物发生结构变化,使得它作为半抗原与皮肤中的蛋白结合。喹乙醇在人和动物上引起光变态反应。当暴露在光线下,喹乙醇形成了反应性氧氮丙啶衍生物,此亚氨基-N-氧化物与蛋白质反应,形成光过敏原。1999 年,欧盟禁用卡巴氧和喹乙醇,因职业接触会引起人的毒性反应[80]。最近,由于一些国家仍在使用这些药物,兽药残留法典委员会第 18 次会议提到了由 JEFCA 确认的卡巴氧和喹乙醇相关的健康问题[81]。

除了以上提到的与职业接触相关的担忧外,喹噁啉类(表 1.4)在食品动物上的使用也导致食品安全问题。由于卡巴氧及其代谢物的遗传毒性和致癌性以及它们在猪可食组织的长期残留,这使得 JEFCA 没有制定日允许摄入量(ADI)[82,83]。在喹乙醇的研究中,JEFCA[84]认为喹乙醇有潜在的遗传毒性,其代谢物毒性还需进一步明确。基于以上原因,JEFCA 还不能确定食品中对人体没有危害风险的允许药物量,因此 CAC 还没有建立这类药物的最大残留限量

(更多内容参考第 3 章)。关于 JEFCA 认可的喹乙醇的详细的残留研究可以参考第 36 次[85]和第 42 次[86]委员会会议专著。

表 1.4　喹噁啉类

INN	IUPAC、分子式和 CAS	化学结构式	pK_a
卡巴氧	甲基（2E）-2-［（1, 4-二氧化喹噁啉-2-基）-亚甲基］肼甲酸酯 $C_{11}H_{10}N_4O_4$ 6804-07-5		N/A[a]
喹赛多	2-氰基-N-［（E）-（1-羟基-4-氧化-喹噁啉-2-亚甲基）甲基］亚氨基乙酰胺 $C_{12}H_9N_5O_3$ 65884-46-0		N/A[a]
喹乙醇	N-（2-羟乙基）-3-甲基-4-氧化-1-氧喹噁啉-1-鎓-2-甲酰胺 $C_{12}H_{13}N_3O_4$ 23696-28-8		N/A[a]
喹多克辛	喹噁啉-1, 4-二氧化物 $C_8H_6N_2O_2$ 2423-66-7		N/A[a]

[a] 作者未能在相关公开发表的文献中找到该物质的 pK_a。

1.3.4　林可胺类

林可胺类抗菌药包括林可霉素、克林霉素和吡利霉素；其中林可霉素和吡利霉素被批准用于食品动物。林可胺类是一种氨基酸和含硫半乳糖苷的衍生物，于 1962 年从林肯链霉菌亚种发酵产物中分离得到。克林霉素是林可霉素的一种半合成衍生物，吡利霉素是克林霉素的一种同系物。

林可胺类通过与核糖体 50S 亚基结合，抑制肽酰转移酶，干扰氨基酸形成多肽，从而抑制敏感细菌的蛋白质合成。根据感染部位药物浓度、细菌种属，林可胺类可表现为抑菌或杀菌作用。这类药物对多种革兰氏阳性菌和大多数厌氧菌能产生抗菌活性，但对大多数革兰氏阴性菌效果不理想。克林霉素尽管具有比林可霉素更广泛的抗菌谱，但未被批准用于食品动物。

一些能够灭活这些药物活性的酶是导细菌对林可胺类耐药的罪魁祸首。此外，就是大环内酯类、林可胺类和链阳菌素 B 族抗菌药物（MLSB 耐药性）之间的交叉耐药性。这种耐药性表现为，23S 核糖体 RNA 上的腺嘌呤残基甲基化，使得药物与 50S 核糖体亚基（目标）难以结合[87]。林可霉素和克林霉素之间的完整的交叉耐药就是由于这两种情况发生导致的。

林可霉素可有效作用于葡萄球菌、链球菌属（粪链球菌除外）、猪丹毒杆菌（*Erysipelothrix insidiosa*）、波蒙纳钩端螺旋体（*Leptospira pomona*）、支原体等。盐酸林可霉素加入饲料或饮水，可治疗和预防猪痢疾和预防鸡坏死性肠炎的发生。添加到鸡和猪的饲料中，促进动物生长和提高饲料利用率，也用于胞内劳森菌引起的猪增生性肠炎以及猪支原体引起的肺炎的治疗。林可霉素注射剂用于治疗猪关节感染和肺炎。

一些含林可霉素的复方产品被批准用于食品动物。复方林可霉素-大观霉素药物添加到家禽饮用水中用于治疗和预防呼吸系统疾病和增加体重。而另一种含有相同活性成分的药物添加到猪的饲料或饮水,用于动物肠道和呼吸系统疾病的治疗和预防,感染性关节炎的治疗以及增加体重。复方林可霉素-大观霉素注射液用于治疗猪和牛犊的细菌性肠道和呼吸系统疾病,猪的关节炎和羊传染性腐蹄病。复方林可霉素-磺胺嘧啶药物添加到猪饲料中可用于治疗萎缩性鼻炎及气喘病。复方林可霉素-新霉素药物主要用于治疗泌乳期的奶牛急性乳房炎。

吡利霉素乳房注入剂批准用于泌乳奶牛乳腺炎的治疗。吡利霉素对敏感菌如金黄色葡萄球菌、无乳链球菌、乳房链球菌、停乳链球菌和一些肠球菌有效。吡利霉素对从牛乳腺炎分离得到的金黄色葡萄球菌具有体外抗生素后效应,其亚抑菌浓度也能增强中性粒细胞对病原吞噬作用。许多种厌氧菌对吡利霉素极为敏感。

林可胺类(表1.5)禁用于马属动物,否则会出现严重或致命肠炎和腹泻的潜在危险。通常会导致正常菌群中不敏感的细菌,如梭菌属过度生长。反刍动物口服林可霉素会出现不良反应如厌食,酮症和腹泻。因此,反刍动物禁止使用林可胺类。

有文献表明,林可霉素在已有用药史的环境中使用没有风险。英国2006年的一项研究显示,在溪水中检测到林可霉素的最大浓度为 $21.1\mu g/L$,大大低于预测的无作用浓度 $379.4\mu g/L$[88]。

从食品安全的角度,JEFCA已制定了林可霉素[89]和吡利霉素[89]的ADI值。在JEFCA建议的基础上,CAC已经确定了林可霉素在猪和鸡的肌肉、肝脏、肾脏、脂肪和牛奶,以及吡利霉素在牛肌肉、肝脏、肾脏、脂肪和牛奶中的最大残留限量[43]。JEFCA提供给CCRVDF用于制定MRL相关残留资料详见有关林可霉素[91-93]和吡利霉素[94]的专著。

表 1.5 林可胺类

INN	IPUAC、分子式和CAS	化学结构式	pK_a
克林霉素	(2S,4R)-N-[2-氯-1-[(2R,3R,4S,5R,6R)-3,4,5-三羟基-6-甲基-磺酰基-2-基]丙基]-1-甲基-4-丙基吡咯烷-2-甲酰胺 $C_{18}H_{33}ClN_2O_5S$ 18323-44-9		HB+ 7.7[56]
林可霉素	(4R)-N-[(1R,2R)-2-羟基-1-[(2R,3R,4S,5R,6R)-3,4,5-三羟基-6-甲基磺酰基-2-基]丙基]-1-甲基-4-丙基吡咯烷-2-甲酰胺 $C_{18}H_{34}N_2O_6S$ 154-21-2		HB+ 7.5[56]
吡利霉素	甲基(2S-顺式)-7-氯-6,7,8-三脱氧-6[[(4-乙基-2-哌啶基)-羰基]氨基]-1-硫代-1-L-苏式-α-D-半乳辛吡喃糖苷 $C_{17}H_{31}ClN_2O_5S$ 79548-73-5		8.5[74]

1.3.5 大环内酯类和截短侧耳素类

大环内酯类抗菌药物分为从真菌分离的天然产品和它们的半合成衍生物。大环内酯结构特点是含有12~16个碳原子组成的内酯环；但是，12元环大环内酯类药物不用于临床。红霉素和竹桃霉素是从红色糖多孢菌（Saccharopolyspora erythreus）[原名红霉链霉菌（Streptomyces erythreus）]和抗生链霉菌（Streptomyces antibioticus）分离的14元环大环内酯类药物。克拉霉素和阿奇霉素是红霉素半合成衍生物。螺旋霉素和泰乐菌素是从生二素链霉菌（Ambofaciens streptomyces）和弗氏链霉菌分离的16元环大环内酯类药物。替米考星是通过化学改造脱藻糖乐采菌素的半合成16元环大环内酯类药物。土拉霉素是半合成的大环内酯类药物，是由13元环（10%）和15元环（90%）组成的混合物（表1.6）。大环内酯类药物是一类结构紧密相关的复杂混合物，它们之间的区别在于结构中不同碳原子上化学取代基团、氨基糖和中性糖。例如，红霉素主要含有红霉素A（表1.6），但是红霉素B、C、D和E也可能存在。直到1981年红霉素A被化学合成。泰妙菌素和沃尼妙林两个截短侧耳素类药物在动物上使用，它们是具有双萜结构的短截北风菌素的半合成衍生物。

表1.6 大环内酯类和截短侧耳素类

INN	IPAUC、分子式和CAS号	化学结构式	pK_a
	大环内酯类		
阿奇霉素	[2R-(2R*, 3S*, 4R*, 5R*, 8R*, 10R*, 11R*, 12S*, 13S*, 14R*)]-13-[(2,6-二脱氧-3-C-甲基-3-O-甲基-α-L-核己吡喃糖基）氧]-2-乙基-3,4,10-三羟基-3,5,6,8,10,12,14-七甲基-11-[3,4,6-三脱氧-3-（二甲氨基）-β-D-木己吡喃糖基]氧]-1-氧杂-6-氮杂环十五烷-15-酮 $C_{38}H_{72}N_2O_{12}$ 83905-01-5		HB^+ 8.7[56], HB^+ 9.5[56]
碳霉素	[(2S, 3S, 4R, 6S)-6-[(2R, 3S, 4R, 5R, 6S)-6-[[(3R, 7R, 8S, 9S, 10R, 12R, 14E)-7-乙酰氧基-8-甲氧基-3,12-二甲基-5,13-二氧-10-(2-氧乙基)-4,17-二氧双环[14.1.0]十七烷-14-烯-9-基]氧]-4-(二甲氨基)-5-羟基-2-甲基氧-3-基]氧-4-羟基-2,4-二甲基氧-3-基]3-甲基丁酯 $C_{42}H_{67}NO_{16}$ 4564-87-8		HB^+ 7.6[56]

(续)

INN	IPAUC、分子式和CAS号	化学结构式	pK_a
红霉素A	(3R，4S，5S，6R，7R，9R，11R，12R，13S，14R)-6-[(2S，3R，4S，6R)-4-二甲氨基-3-羟基-6-甲基氧-2-基]氧-14-乙基-7，12，13-三羟基-4-[(2R，4R，5S，6S)-5-羟基-4-甲氧基-4，6-二甲基氧-2-基]氧-3，5，7，9，11，13-六甲基-1-氧环十四烷-2，10-二酮 $C_{37}H_{67}NO_{13}$ 114-07-8		HB$^+$ 8.6[56]
吉他霉素（白霉素A$_1$）	[(2S，3S，4R，6S)-6-[(2R，3S，4R，5R，6S)-6-[[(4R，5S，6S，7R，9R，10R，11E，13E，16R)-4-乙酰氧基-10-羟基-5-甲基氧-9，16-二甲基-2-氧-7-(2-氧乙基)-1-氧环十六烷-11，13-二烯-6-基]氧]-4-二甲基氨基-5-羟基-2-甲基氧-3-基]氧-4-羟基-2，4-二甲基氧-3-基]-3-甲基丁酯 $C_{40}H_{67}NO_{14}$ 1392-21-8		N/A^a
新螺旋霉素	2-[(1R，3R，4R，5E，7E，10R，14R，15S，16S)-16-[(2S，3R，4S，5S，6R)-4-(二甲氨基)-3，5-二羟基-6-甲基氧-2-基]氧-4-[(2r，5s，6r)-5-(二甲氨基)-6-甲基氧-2-基]-14-羟基-15-甲氧基-3，10-二甲基-12-氧-11-氧环十六烷-5，7-二烯-1-基]乙醛 $C_{36}H_{62}N_2O_{11}$ 102418-06-4		N/A^a
竹桃霉素	(3R，5R，6S，7R，8R，11R，12S，13R，14S，15S)-14-((2S，3R，4S，6R)-4-(二甲氨基)-3-羟基-6-甲基四氢-2H-吡喃-2-氧基)-6-羟基-12-((2R，4S，5S，6S)-5-羟基-4-甲氧基-6-甲基四氢-2H-吡喃-2-氧基)-5，7，8，11，13，15-六甲基-1，9-二氧杂螺[2.13]十六烷-4，10-二酮 $C_{35}H_{61}NO_{12}$ 3922-90-5		HB$^+$ 8.5[56]

1 抗菌药物的分类及性质 | 23

(续)

INN	IPAUC、分子式和CAS号	化学结构式	pK_a
罗红霉素	(3R,4S,5S,6R,7R,9R,11S,12R,13S,14R)-6-[(2S,3R,4S,6R)-4-二甲基氨基-3-羟基-6-甲基氧-2-基]氧-14-乙基-7,12,13-三羟基-4-[(2R,4R,5S,6S)-5-羟基-4-甲氧基-4,6-二甲基氧-2-基]氧-10-(2-甲氧乙氧基-甲氧氨基)-3,5,7,9,11,13-六甲基-1-氧环十四烷-2-酮 $C_{41}H_{76}N_2O_{15}$ 80214-83-1	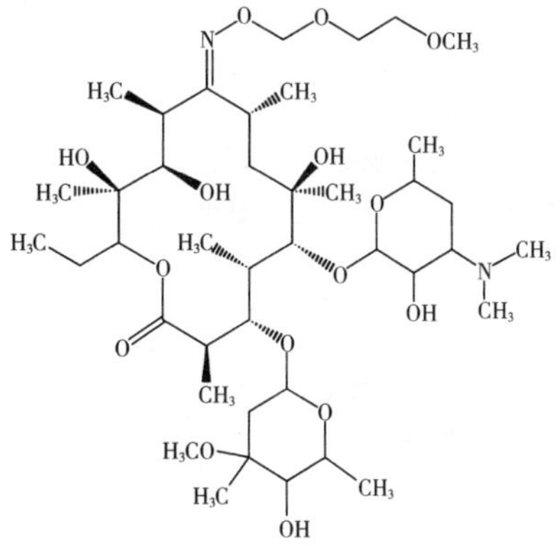	N/A[a]
螺旋霉素	(4R,5S,6R,7R,9R,10R,11E,13E,16R)-10-{[(2R,5S,6R)-5-(二甲基氨基)-6-甲基四氢-2H-吡喃-2-基]氧}-9,16-二甲基-5-甲氧基-2-氧-7-(2-氧乙基)氧环十六烷-11,13-二烯-6-基-3,6-二脱氧-4-O-(2,6-双脱氧-3-C-甲基-α-L-核糖-吡喃己基)-3-(二甲氨基)-α-D-吡喃葡萄糖苷 $C_{43}H_{74}N_2O_{14}$（螺旋霉素I） 8025-81-8	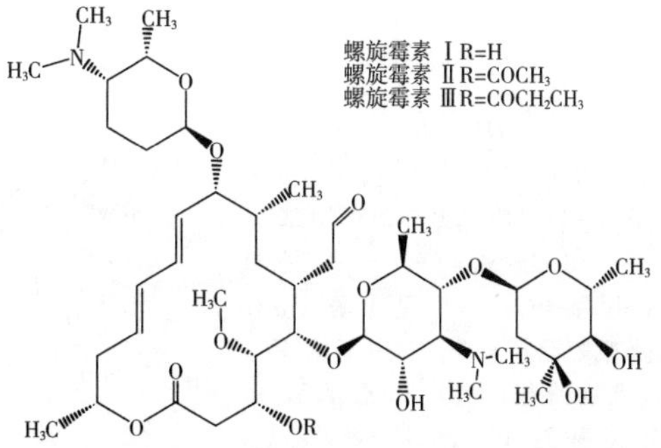 螺旋霉素 I R=H 螺旋霉素 II R=COCH$_3$ 螺旋霉素 III R=COCH$_2$CH$_3$	8.2[15]
替米考星	(10E,12E)-(3R,4S,5S,6R,8R,14R,15R)-14-(6-脱氧-2,3-双-O-甲基-b-d-异-吡喃己基甲基)-5-(3,6-双脱氧-3-二甲氨基-b-d-吡喃己糖苷)-6-[2-(顺式-3,5-二甲基哌啶)乙基]-3-羟基-4,8,12-三甲基-9-氧十六烷-10,12-二烯-15-内酯 $C_{46}H_{80}N_2O_{13}$ 108050-54-0	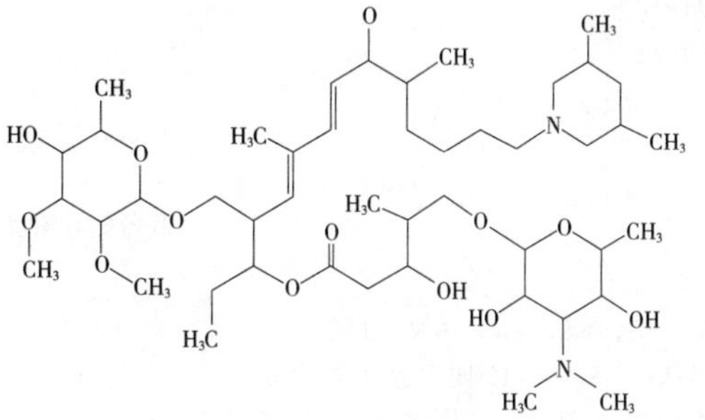	HB$^+$ 8.2[56], HB$^+$ 9.6[56]
土拉霉素	(2R,3S,4R,5R,8R,10R,11R,12S,13S,14R)-13-[[2,6-双脱氧-3-C-甲基-3-O-甲基-4-C-[(丙氨基)甲基]-α-L-核糖吡喃己基]氧]-2-乙基-3,4,10-三羟基-3,5,8,10,12,14-六甲基-11-[[3,4,6-三脱氧-3-(二甲氨基)-β-D-木吡喃己基糖基]-氧基]-1-氧-6-氮杂环十五烷-15-酮 $C_{41}H_{79}N_3O_{12}$ 217500-96-4	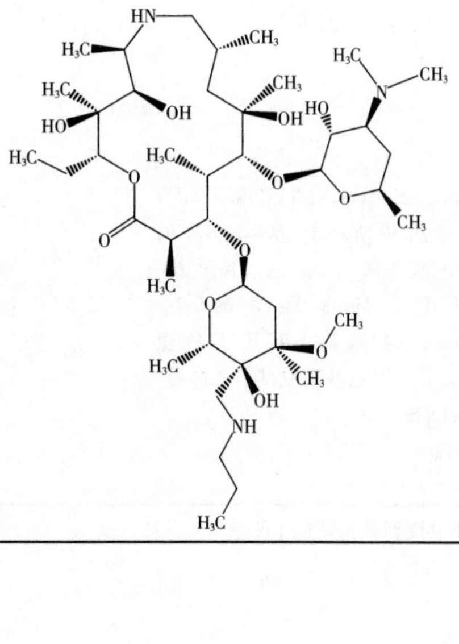	8.5[120] 9.3[120] 9.8[120] (90%异构体A)

(续)

INN	IPAUC、分子式和CAS号	化学结构式	pK_a
泰乐菌素	[（2R，3R，4E，6E，9R，11R，12S，13S，14R）-12-｛[3,6-双脱氧-4-O-（2,6-二脱氧-3-C-甲基-α-L-核糖-吡喃己基）-3-（二甲基氨基）-β-D-吡喃葡萄糖基]氧｝-2-乙基-14-羟基-5，9，13-三甲基-8，16-二氧-11-（2-氧乙基）氧环十六烷-4，6-二烯-3-基]甲基-6-脱氧-2，3-双-O-甲基-β-D-异吡喃糖苷 $C_{46}H_{77}NO_{17}$ 1401-69-0	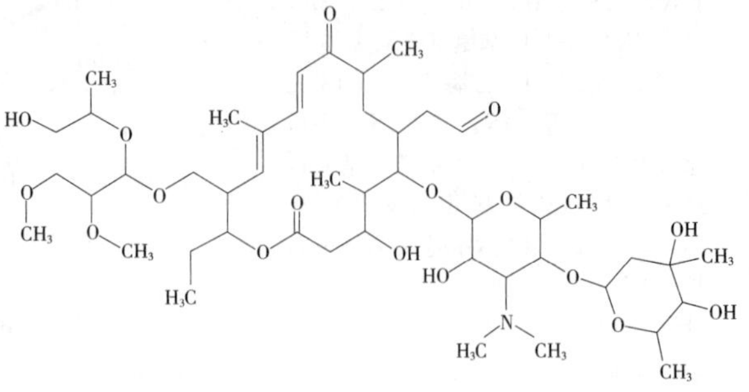	HB$^+$ 7.7[56]
泰万菌素（酒石酸乙酰异戊酰泰乐菌素）	（4R，5S，6S，7R，9R，11E，13E，15R，16R）-15-｛[（6-脱氧-2，3-双-O-甲基-β-D-异吡喃基）氧］甲基｝-6-（｛3，6-二脱氧-4-O-[2,6-二脱氧-3-C-甲基-4-O-（3-甲基丁酰）-α-L-核糖-吡喃己基]-3-（二甲基氨基）-β-D-吡喃糖基｝氧）-16-乙基-5，9，13-三甲基-2，10-二氧-7-（2-氧乙基）氧环十六烷-11，13-二烯-4-乙酰基（2R，3R）-2，3-丁二酸酯 $C_{53}H_{87}NO_{19}$ 63409-12-1	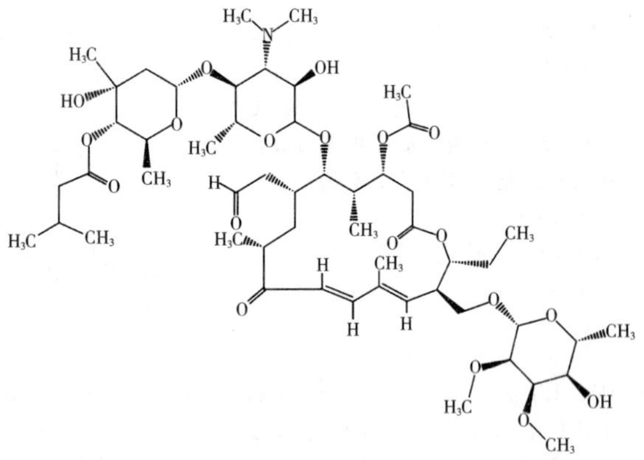	N/A^a

截短侧耳素类

泰妙菌素	（4R，5S，6S，8R，9aR，10R）-5-羟基-4，6，9，10-四甲基-1-氧代-6-乙烯基十氢-3a,9-丙醇-环戊二烯[8]环辛烯-8-基｛[2-（二乙氨基）乙基]磺酰基｝乙酸脂 $C_{28}H_{47}NO_4S$ 55297-95-5	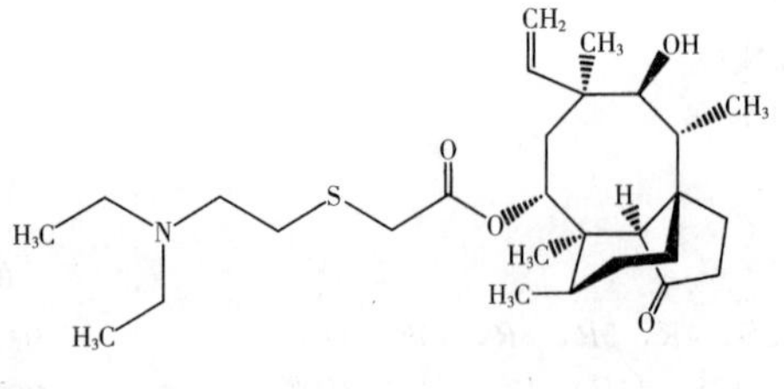	7.6[87]
沃尼妙林	（3aS，4R，5S，6S，8R，9R，9aR，10R）-6-乙烯基-5-羟基-4，6，9，10-四甲基-1-氧十氢-3a,9-丙醇-3aH-环戊二烯8环辛烯-8-基[（R）-2-（2-氨基-3-甲基丁酰氨基）-1，1-二甲基乙基磺酰基]乙酸酯 $C_{31}H_{52}N_2O_5S$ 101312-92-9	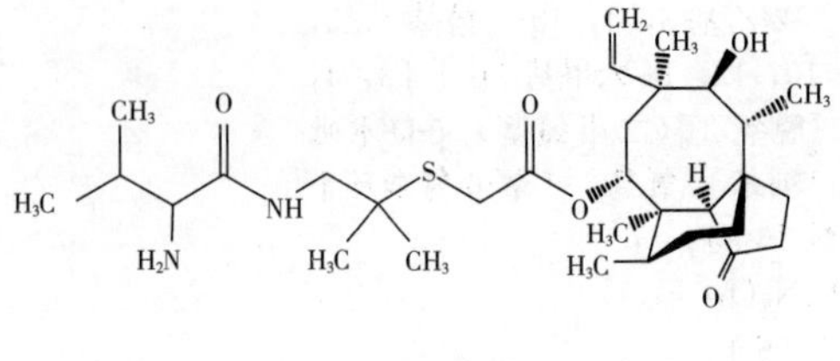	N/A^a

^{a} 作者未能在相关文献中找到该药物的 pK_a。

大环内酯类药物主要是通过抑制蛋白质合成发挥抑菌活性。大环内酯类药物与核糖体50S大亚基结合，阻滞转肽或易位反应，抑制蛋白质的合成，进而影响细胞生长。这些药物能抑制大多数需氧菌和厌氧革兰氏阳性菌、革兰氏阴性球菌、嗜血杆菌、胸膜肺炎放线杆菌、百日咳、弯曲杆菌、巴氏杆菌、幽门螺杆菌。然而，这些药物对大多数革兰氏阴性杆菌没有活性。大环内酯类药物对非典型分支杆菌、分支杆菌、支原体、衣原体、立克次氏体有抑制活性。它们主要是抑菌作用，但在高浓度药物也能缓慢杀灭敏感细菌。在人医中，红霉素是使用最广泛的大环内酯类抗菌药物，在多数感染中用作青霉素的替代药物，尤其是治疗对青霉素过敏的患者。大环内酯类药物在较高pH（7.8~8.0）活性更高。

细菌对大环内酯类产生抗药性是由于核糖体结构的改变，使得大环内酯类药物结合力减弱。结构变化主要是核糖体RNA发生甲基化，通过耐药质粒表达的酶的作用引起。大环内酯类、林可胺类和链阳菌素产生交叉耐药性的原因是因为这些药物与核糖体上同一个结合位点结合。

大环内酯类有多种剂型，包括饲料添加剂、水溶性粉、片剂和注射剂，主要用来治疗动物的全身和局部感染。红霉素和/或泰乐菌素用于预防牛肝脓肿，以及治疗牛白喉、子宫炎、细菌性肺炎、蹄皮炎和呼吸道疾病。这些药物也用于预防和治疗猪的萎缩性鼻炎、感染性关节炎、肠炎、猪丹毒、呼吸综合征、细菌性呼吸道感染和产仔母猪钩端螺旋体病。红霉素用于预防羔羊肠毒血症，红霉素和泰乐菌素主要治疗绵羊肺炎和上呼吸道疾病。红霉素可预防鸡和火鸡传染性鼻炎、慢性呼吸道疾病和感染性滑膜炎，治疗火鸡的肠炎。泰乐菌素在美国批准用于治疗蜜蜂幼虫腐臭病，在一些国家也用于提高猪和鸡的饲料转化率。红霉素用于治疗犬的弯曲杆菌肠炎和脓皮病。虽然红霉素用于马驹治疗马红球菌引起的肺炎，但是现在更常用阿奇霉素联合利福平治疗该病。

如上文所述，两个截短侧耳素类药物在兽医临床中使用。泰妙菌素剂型有用于猪和鸡的预混剂、水溶性粉和猪用注射剂。泰妙菌素用于预防和治疗猪和家禽的痢疾、肺炎、支原体感染。在欧盟，沃尼妙林被批准口服给药治疗和预防猪喘气病、猪痢疾和猪增生性回肠炎。

虽然大环内酯类药物在动物的严重不良反应发生率较低，但是在一些剂型和某些动物也会发生。例如，一些肠道外制剂肌内注射时刺激性会导致严重的疼痛，静脉注射后注射部位会引起血栓性静脉炎，乳房内灌注后会有炎症反应。大环内酯类药物会引起大多数动物胃肠功能紊乱，马属动物更严重。例如，使用红霉素治疗梭菌引起的马肠炎可引起死亡。

大环内酯类药物引起人的不良反应主要是拌料和注射肠道外制剂。农场工人接触含有螺旋霉素和泰乐菌素的饲料会患皮炎和支气管哮喘[95]。另外，被含有替米考星的针头意外扎上可造成轻微的局部反应[96]，而意外自体注射替米考星可导致严重心脏反应和死亡[97-99]。

在环境中可检测到痕量水平的兽用大环内酯类药物[100]。一项兽药吸附行为的调查发现，泰乐菌素在土壤中迁移快，不能在土壤中长期存在，而红霉素在土壤中迁移慢，能长期存在[101]。大环内酯类也被证明在一些堆肥中迅速分散[102-104]。

JECFA制定了红霉素[105]、螺旋霉素[106]、替米考星[107]、泰乐菌素[108]的每日允许摄入量和红霉素、螺旋霉素、泰乐菌素基于微生物终点的ADI值。CAC还建立了红霉素在鸡和火鸡的肌肉、肝脏、肾脏、脂肪和鸡蛋的MRL值；螺旋霉素在牛、猪、鸡的肌肉、肝、肾、脂肪的MRL值。替米考星在牛、羊、猪、鸡和火鸡的肌肉、肝、肾、脂肪（或脂肪/皮肤）的MRL值；泰乐菌素在牛、猪和鸡的肌肉、肝脏、肾脏和鸡蛋中的MRL值[43]。JECFA认可的红霉素[109]、螺旋霉素[110-113]、替米考星[114,115]和泰乐菌素[116,117]残留研究资料见相关专著。

在最新的综述[118]中从分析角度讨论了大环内酯类药物的性质，在本书4~6章进行了阐述。部分大环内酯类药物对pH敏感，在酸性条件下易降解[119]。例如，在pH为4的水中红霉素完全转化为一水合红霉素[67]。在水生环境中红霉素以降解形式存在。在检测环境样品时，通过调节pH将红霉素全部转化为一水合红霉素再进行检测。酸性条件下泰乐菌素A也是不稳定的，它可在蜂蜜中缓慢降解为泰乐菌素B[117]。

1.3.6 硝基呋喃类

呋喃类属于五元杂环化合物，呋喃环的5位存在的硝基，使2位取代的呋喃类化合物具有抗菌活性。尽管硝基呋喃类因致癌性在食品动物中禁用，但呋喃妥因、呋喃唑酮、呋喃西林和硝呋齐特仍用于小动物和马属动物临床。

目前关于呋喃类药物的抗菌作用机制尚未完全阐明。硝基呋喃类药物经还原后具有高度活性，可抑制多种细菌的酶系统，包括抑制丙酮酸氧化脱羧生成乙酰辅酶A的反应。硝基呋喃类（表1.7）具有抑菌作用，对敏感菌在高浓度时也具有杀灭作用。染色体或质粒均可介导对呋喃妥因的耐药，通常包括抑制呋喃类还原酶的活性。

呋喃妥因按照安全剂量给药，由于在体内快速消除，很难达到有效的血药浓度，因此，该药不能用于治疗全身感染。然而，在小动物临床，它可用于治疗下泌尿道感染，偶尔也用于马。呋喃妥因给药后约40%以原型随尿液排出而发挥抗菌作用，并且在酸性尿液中抗菌活性更高。呋喃妥因对多种革兰氏阴性和革兰氏阳性菌均有活性，包括大肠杆菌、克雷伯氏菌、肠杆菌、肠球菌、金黄色葡萄球菌和表皮葡萄球菌、枸橼酸杆菌、沙门氏菌、志贺氏菌和棒状杆菌。

对大多数变形杆菌属，沙雷氏菌属或不动杆菌属有较弱或无抗菌活性，对假单胞菌属无抗菌活性。

在小动物和马属动物临床，呋喃西林作为广谱外用抗菌药物用于预防和治疗细菌性皮肤感染和表面创口混合感染。它对多种革兰氏阳性菌和革兰氏阴性菌具有抑菌作用，高浓度时对敏感菌有杀灭作用。呋喃西林的剂型包括霜剂、软膏、粉剂、水溶剂和外用溶液。由于吸收少，局部给药时，呋喃西林的全身毒性较低。

呋喃唑酮偶尔用于治疗小动物的肠道感染。它对贾第鞭毛虫、霍乱弧菌、滴虫、球虫及多种大肠埃希菌、肠杆菌属、弯曲杆菌、沙门氏菌和志贺氏菌有活性。硝呋齐特可用于治疗急性细菌性肠炎。

有关硝基呋喃类药物的环境毒性资料很少。这主要是由于食品动物禁用硝基呋喃类药物，而且小动物和马属动物临床应用该类药物也极少，因此，硝基呋喃类排放到环境中的量极少或可忽略不计。此外，呋喃唑酮见光不稳定[121]，并且在海水养殖的沉淀物中降解迅速[122]。

表1.7 呋喃类药物

药名	IUPAC、分子式和CAS	化学结构	pK_a
呋喃它酮	5-（4-甲基吗啉）-3-（5-硝基-2-呋喃亚甲基氨基）-2-噁唑烷酮 $C_{13}H_{16}N_4O_6$ 139-91-3		HB^+ 5.0[56]
呋喃唑酮	3-{[（5-硝基-2-呋喃基）亚甲基]氨基}-1,3-噁唑 $C_8H_7N_3O_5$ 67-45-8		N/A[a]
硝呋酚酰肼	4-对羟基苯甲酸［（5-硝基-2-呋喃基）亚甲基］酰肼 $C_{12}H_9N_3O_5$ 965-52-6		N/A[a]
呋喃妥因	1-［（5-硝基呋喃-2-基）亚甲基氨基］咪唑烷-2,4-二酮 $C_8H_6N_4O_5$ 67-20-9		HA 7.0[56]
呋喃西林	［（5-硝基呋喃-2-基）亚甲基氨基］脲 $C_6H_6N_4O_4$ 59-87-0		HA 9.3[56]

根据评估，JECFA 得出以下结论：呋喃西林具有致癌性，但不具有遗传毒性，呋喃唑酮是具有遗传毒性的致癌物质[121]。因此，JECFA 并没有建立 ADI 的值，CAC 也没有制定呋喃类药物的最大残留限量值。由于硝基呋喃类药物具有致癌性，包括澳大利亚、加拿大、欧盟和美国等许多国家规定其禁用于食品动物。

1.3.7 硝基咪唑类

1955 年，人类首次发现一种 2-硝基咪唑类化合物——氮霉素，次年，证实了其具有抗毛滴虫活性。随后，人们开展了对多种硝基咪唑类药物的化学合成和生物学活性评价。甲硝唑属于 5-硝基咪唑类化合物，1960 年报道了其具有抗毛滴虫活性。随后又合成了其他 5-硝基咪唑类化合物如二甲硝唑，异丙硝唑，洛硝哒唑和替硝唑。除了抗原虫活性，这些化合物还显示出对厌氧菌具有浓度依赖性抗菌活性。虽然在澳大利亚、加拿大、欧盟和美国，硝基咪唑类药物禁用于食品动物，但在人医临床和小动物临床，该类药物仍在应用。

5-硝基咪唑类药物的抗菌机理如下：在生物体内，5-硝基咪唑的 5-硝基被还原，生成不稳定的羟胺类衍生物并共价结合到细胞内的各种大分子上，这些不稳定中间体与 DNA 相互作用导致双螺旋结构的破坏和 DNA 链的断裂，从而抑制 DNA 的合成，导致细胞死亡。通过这种机制，硝基咪唑类药物具有抗原虫活性和抗专性厌氧菌活性，包括产青霉素酶的拟杆菌。但它对兼性厌氧菌和专性需氧菌无效。

除非 5-硝基被还原形成不稳定中间体的能力降低，否则 5-硝基咪唑类药物很少出现耐药。

甲硝唑用于治疗犬、猫、马属动物和鸟类的原虫感染及敏感厌氧菌引起的感染，对毛滴虫、阿米巴虫、贾第鞭毛虫和肠袋虫感染也有效。例如，该药可用于治疗患贾第鞭毛虫病的犬、猫，消除脱落的贾第鞭毛虫卵囊，并可以治疗相关的腹泻。甲硝唑也用于腹膜炎，脓胸，易感厌氧菌引发的牙周病的治疗以及预防结肠术后感染。甲硝唑与抗菌药物组成的复方制剂对需氧菌感染的治疗也有效。例如：一种甲硝唑和红霉素复方片剂应用于犬猫临床。在一些国家，甲硝唑（作为唯一活性成分）的口服和注射剂型已作为商品出售。二甲硝咪唑是一种可溶性粉剂，通过饮水给药，用于非食用禽类和非产蛋禽类，对由鸡组织滴虫导致的黑头病有较好治疗作用。

甲硝唑以推荐剂量给药极少产生临床毒性。但是，犬、猫及马高剂量用药时会导致一系列神经系统症状，包括癫痫、歪头、麻痹、共济失调、垂直性眼球震颤、震颤和僵直。动物给予甲硝唑后常会出现尿液呈红棕色的现象，这种情况无需治疗。

环境中硝基咪唑类药物的残留未见报道（表 1.8）。

表 1.8 硝基咪唑类药物

药名	IUPAC、分子式和 CAS	化学结构	pK_a
二甲硝咪唑	1,2-二甲基-5-硝基-1H-咪唑 $C_5H_7N_3O_2$ 551-92-8		N/A^a
异丙硝哒唑	1-甲基-2-(1-甲基)-5-硝基-1H-咪唑 $C_7H_{11}N_3O_2$ 14885-29-1		HB$^+$ 2.7[56]
甲硝唑	2-(2-甲基-5-硝基咪唑-1-基)乙醇 $C_6H_9N_3O_3$ 443-48-1		HB$^+$ 2.6[56]

(续)

药名	IUPAC、分子式和CAS	化学结构	pK_a
罗哒唑	1-甲基-5-硝基咪唑-2-甲醇氨基甲酸盐（酯） $C_6H_8N_4O_4$ 7681-76-7		N/A[a]
磺甲硝咪唑	1-（2-乙磺酰）-2-甲基-5-硝基咪唑 $C_8H_{13}N_3O_4S$ 19387-91-8		N/A[a]

JECFA 尚未建立甲硝唑、二甲硝咪唑、异丙硝哒唑的每日允许摄入量（ADI）的值。1989 年 JECFA 曾建立洛硝哒唑的 ADI[123]，但又于 1995 年撤销[124]。

1.3.8 酰胺醇类

1947 年，Ehrlich 和他的同事报道了从一种革兰氏阳性土壤放线菌——委内瑞拉链霉菌中分离出了氯霉素（当时称为氯胺苯醇）[125]。目前，该药可通过化学合成方式进行商品化生产。氯霉素是第一个被开发的广谱抗生素，具有时间依赖性，对大多数革兰氏阳性菌和革兰氏阴性需氧菌有抑菌作用，高浓度时对一些敏感菌具有杀灭作用。沙门氏菌对氯霉素敏感，但多数铜绿假单胞菌株对其耐药。该药对所有专性厌氧菌有效，并且能抑制立克次氏体和衣原体的生长。酰胺醇类其他药物还包括甲砜霉素和氟苯尼考。甲砜霉素的抗菌活性比氯霉素低。氟苯尼考的抗菌谱和氯霉素相似，但抗菌活性高于氯霉素，目前尚未批准用于人医临床。

氯霉素类药物通过被动转运或易化扩散进入细菌，结合到 70S 细菌核糖体的 50S 亚基上，破坏肽酰转移酶的活性，从而干扰利用氨基酸合成新肽段。氯霉素也能抑制哺乳动物骨髓细胞中的线粒体蛋白质的合成，但对其他类型细胞无显著影响。

氯霉素有苦味的游离碱和二酯两种形式——中性的棕榈酸酯用于内服药，水溶性琥珀酸钠用于注射液，其他还有局部外用和眼部用两种剂型。非反刍动物内服氯霉素碱后吸收迅速。然而，反刍动物瘤胃中微生物可使氯霉素的硝基被还原，使氯霉素失活，因而生物利用度很低。氯霉素琥珀酸钠可以静脉注射或肌肉注射，经水解活化为游离碱。氯霉素具有亲脂性，在生理 pH 时不解离，很容易穿过细胞膜。该药广泛分布于几乎所有的组织和体液中，包括中枢神经系统，脑脊液和眼内。氯霉素的主要代谢途径是经肝脏代谢为非活性代谢产物——氯霉素葡糖苷酸，5%～15% 的氯霉素以原型随尿液排出。氟苯尼考也能渗入身体大部分组织中，但相比氯霉素，其不易进入脑脊液和眼内。在牛，约 64% 的氟苯尼考以药物原型随尿液排出。甲砜霉素在体内极少代谢，大部分以药物原型随尿排出。

氯霉素对人体具有两种不同的毒性反应。最严重的是不可逆的再生障碍性贫血，这种罕见的特异质反应可能会有免疫学因素参与，发生率为 1∶（25 000～60 000），但氯霉素引发再生障碍性贫血的机制尚不清楚。到目前，有关氯霉素诱导再生障碍性贫血的剂量-反应关系和阈剂量的实验尚未建立。再生障碍性贫血与红细胞、白细胞和血小板数量减少（全血细胞减少症）有关，可能导致出血性疾病和继发感染，这往往是不可逆并且是致命的。相比之下，再生不良性贫血可能会导致白血病。因为甲砜霉素和氟苯尼考无对硝基基团，因此不会引发人体的再生障碍性贫血。

氯霉素对人体毒性的第二种形式包括剂量依赖性和可逆性骨髓抑制。这种毒性使红细胞和粒细胞的前体不能正常成熟，血清中铁的浓度升高，苯丙氨酸的浓度降低。停用氯霉素后，这些毒性反应通常也会随之消失。长期服用甲砜霉素或氟苯尼考也可能会引发剂量依赖性骨髓抑制。

细菌对氯霉素产生耐药性主要通过以下四种机制：

（1）核糖体 50S 亚基突变；
（2）细胞膜对氯霉素的通透性降低；
（3）产生灭活酶——氯霉素乙酰转移酶（CAT）；
（4）新增外排途径。

第三种机制是导致氯霉素耐药的常见原因。这一机制涉及 CAT 催化乙酰辅酶 A 的一个或两个乙酰基与氯霉素分子中的羟基共价结合，乙酰化产物不能与 70S 细菌核糖体的 50S 亚基结合从而使氯霉素失去抗菌活性，这种耐药机制可能涉及内源性乙酰转移酶或其替代物。乙酰转移酶由质粒编码，在细菌接合时被转移。氟苯尼考不易产生耐药性，因为其羟基被氟基取代，乙酰转移酶对其没有作用。革兰氏阴性菌对氟苯尼考产生耐药性是因为新增了主动外排途径[126]。澳大利亚的一项研究表明：氯霉素的交叉耐药性十分重要。该研究发现自 2003 年氟苯尼考进入澳大利亚市场以来，从猪体内分离到的大肠杆菌中有 60% 对其耐药。有人认为，因为别无选择，氯霉素持续使用了 20 多年，可能因此已经筛选出了携带 *cml* A 基因的菌株（1982 年后澳大利亚禁止将氯霉素用于食品动物）。

氯霉素用于治疗小动物和马属动物的各种局部和全身感染。许多国家考虑到人的安全，该药禁用于食品动物（在第三章中讨论）。氯霉素主要用于治疗慢性呼吸道感染、细菌性脑膜炎、脑脓肿、眼炎、眼内感染、蹄皮炎、皮肤感染和外耳炎。该药对沙门氏菌和拟杆菌感染有效，对下泌尿道感染疗效差，说明只有少量药物以原型随尿排出。氟苯尼考对曼氏杆菌、巴氏杆菌和嗜组织菌引起的牛呼吸道疾病的治疗效果良好。一些国家也批准该药用于猪和鱼。欧洲和日本允许使用甲砜霉素。

2004 年一篇文献报道，在实施国家残留例行监测计划过程中收集到的食品样本中检测到氯霉素残留，推测这有可能是由于环境暴露导致的[127]，进而对两个方面进行了考虑：土壤中天然合成的氯霉素或者是历史上使用过氯霉素后导致的环境中的残留。结果发现，尽管不能完全排除食品会被环境中的氯霉素污染，但这基本不可能。最近，Berendsen 和他的同事们宣称，动物源[34]性食品中部分氯霉素的残留可能来源于自然环境中的植物自发合成氯霉素，食品动物在放牧时食用了这种植物而导致了氯霉素的残留。

如上所述，为了保护消费者的健康，只有少数国家允许食品动物使用氯霉素。人类流行病学研究表明，应用氯霉素治疗不仅会诱发再生障碍性贫血，而且体内氯霉素还具有遗传毒性，对人体可能会造成不良影响[127]（在第三章中会进一步探讨）。一些国家允许在食品动物中使用甲砜霉素和氟苯尼考。JECFA 已经建立了甲砜霉素的 ADI[128]，并且给出了甲砜霉素的最大残留限量的建议值，但是，当不能提供评估要求的其他残留数据时，这个建议值是没有意义的[129]。JECFA 出版了用以评估甲砜霉素残留研究的两个评论报道[130,131]。CAC 目前没有给出氟苯尼考或甲砜霉素的最大残留限量[43]。

三种氯霉素类化合物性质见表 1.9。

表 1.9　氯霉素类药物

药名	IUPAC、分子式和 CAS	化学结构	pK_a
氯霉素	2,2-二氯-N-［1,3-二羟基-1-（4-硝基苯乙基）丙-2-基］乙酰胺 $C_{11}H_{12}Cl_2N_2O_5$ 56-75-7	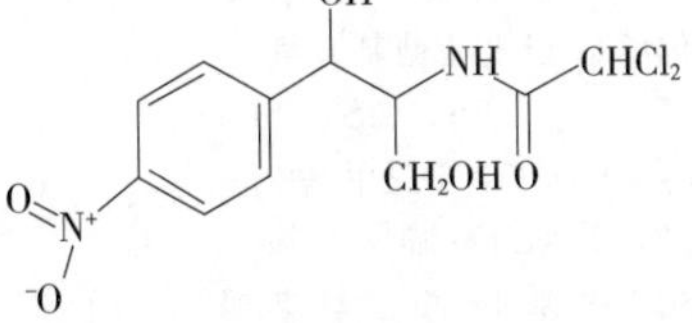	N/A[a]
氟苯尼考	2,2-二氯-N-［(1S, 2R)-1-（氟甲基）-2-羟基-2-（4-（甲基磺酰基）苯基］乙基］乙酰胺 $C_{12}H_{14}Cl_2FNO_4S$ 73231-34-2	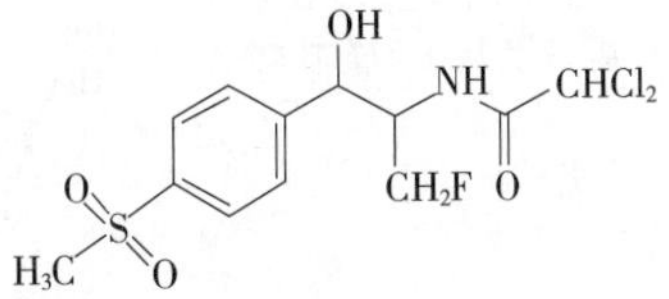	N/A[a]

(续)

药名	IUPAC、分子式和CAS	化学结构	pK_a
甲砜霉素	2,2-二氯-N-{(1R,2R)-2-羟基-1-(羟甲基)-2-[4-(甲磺酰基)苯基]乙基}-乙酰胺 $C_{12}H_{15}Cl_2NO_5S$ 15318-45-3	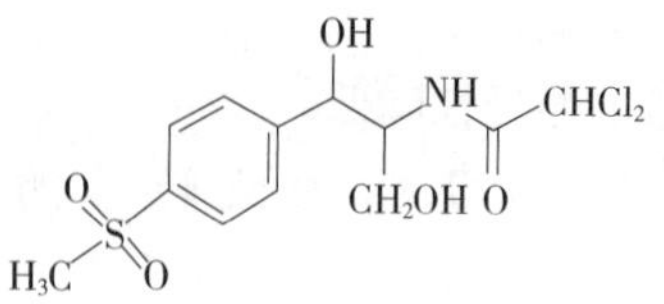	N/A[a]

[a] 作者在公开报道的文献中尚未发现该物质的 pK_a 值资料。

1.3.9 聚醚类抗生素（离子载体类）

聚醚类离子载体抗生素包括拉沙菌素、马杜霉素、莫能菌素、甲基盐霉素、盐霉素和生度米星。这类药物由于具有抗菌和抗球虫活性，广泛应用于兽医临床。人们于1951年发现首个离子载体抗生素——拉沙菌素，该药是拉沙里链霉菌的发酵产物，属于二价聚醚离子载体类。随后，1967年人们发现肉桂链霉菌的发酵产物，单价聚醚离子载体类药物莫能菌素。1972年和1975年分别报道了白色链霉菌的发酵产物盐霉素和金色链霉菌的发酵产物甲基盐霉素，二者都属于单价聚醚离子载体类。1983年和1988年分别发现了放线杆菌的发酵产物马杜霉素和玫瑰红黄马杜拉放线菌的发酵产物生度米星，均为单价单糖苷聚醚离子载体类。

表1.10 聚醚类抗生素（离子载体类）

药名	IUPAC、分子式和CAS	化学结构	pK_a
拉沙菌素A	6-[7R-[5S-乙基-5-(5R-乙基四氢-5-羟基-6S-甲基-2H-吡喃-2R-基)四氢-3S-甲基-2S-呋喃基]-4S-羟基-3R,5S-二甲基-6-氧代壬基]-2-羟基-3-甲基苯甲酸 $C_{34}H_{54}O_8$ 25999-31-9	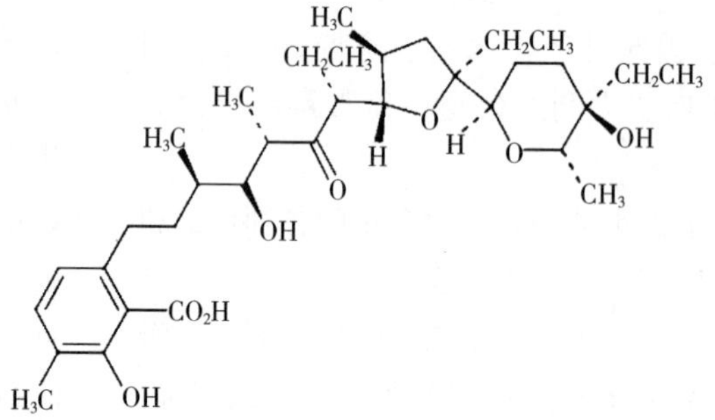	4.4[153]
马杜霉素	(2R,3S,4S,5R,6S)-6-[(1R)-1-[(2S,5R,7S,8R,9S)-2-[(2S,2'R,3'S,5R,5'R)-3'-[(2,6-二脱氧-3,4-二氧-甲基-b-L-阿拉伯糖基-己吡喃糖基)氧]-八氢-2-甲基-5'-[(2S,3S,5R,6S)-四氢-6-羟基-3,5,6-三甲基-2H-吡喃-2-基][2,2'-双环呋喃]-5-基]-9-羟基-2,8-二甲基-1,6-二氧杂螺[4.5]十二烷-7-基]乙基]四氢-2-羟基-4,5-二甲氧基-3-甲基-2H-吡喃-2-乙酸 $C_{47}H_{80}O_{17}$ 61991-54-6	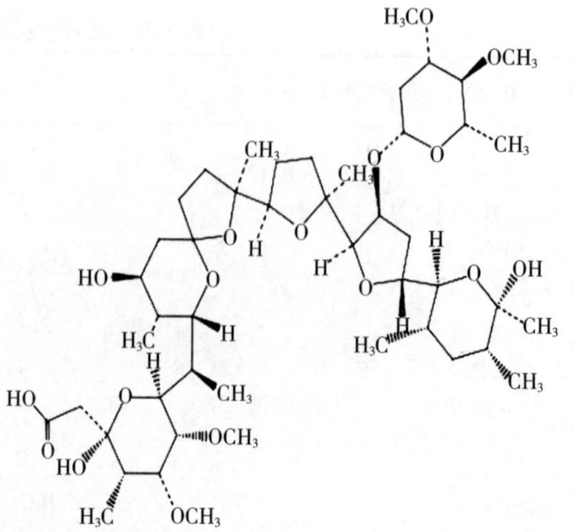	4.2[154]

(续)

药名	IUPAC、分子式和CAS	化学结构	pK_a
莫能菌素	2-[5-乙基四氢-5-[四氢-3-甲基-5-[四氢-6-羟基(羟甲基)-3,5-二甲基-2H-吡喃-2-基]-2-呋喃基]-2-呋喃基]-9-羟基-β-甲氧基-α,γ,2,8-四甲基-1,6-二氧杂螺[4.5]癸烷-7-丁酸 $C_{36}H_{62}O_{11}$ 17090-79-8		6.7[153]
甲基盐霉素	(αβ,2β,3α,6α)-α-乙基-6-[5-[5-(5α-乙基四氢-5β-羟基-6α-甲基-2H-吡喃-2β-基)-3′,4,4′,5,5′α,6′-1六氢化-3′β-羟基-3′β,5α,5′β-三甲基螺]-呋喃-2(3H),2′-[2H]吡喃-6′(3′H),2′-[2H]吡喃]6′α-基]2α-羟基-1α,3β-二甲基-4-氧代庚基]-四氢-3,5-二甲基-2H-吡喃-2-乙酸 $C_{43}H_{72}O_{11}$ 55134-13-9		7.9[153]
盐霉素	(2R)-2-((5S)-6-{5-[(10S,12R)-2-((6S,5R)-5-乙基-5-羟基-6甲基全氢噁唑-2H-吡喃-2基)-15-羟基-2,10,12-三甲基-1,6,8-三螺环[4.1.5.3]十三碳-13-烯-9-基](1S,2S,3S,5R)-2-羟基-1,3-二甲基-4-氧代庚基}-5-甲基全氢噁唑-2H-吡喃-2-基)丁酸 $C_{42}H_{70}O_{11}$ 53003-10-4		4.5[153] 6.4[153]
生度米星	(2R,3S,4S,5R,6S)-四氢-2,4-二羟基-6-[(1R)-1-[(2S,5R,7S,8R,9S)-9-羟基-2,8-二甲基-2-[(2R,6S)-四氢-5-甲基-5-[(2R,3S,5R)-四氢-5(2S,3S,5R,6S)-四氢-6-羟基-3,5,6-三甲基-2H-吡喃-2-基]-3-[[2S,5S,6R]-四氢-5-甲氧基-3-甲基-2H-吡喃-2-基]氧基]-2-呋喃基}-2-呋喃基]-1,6-二氧杂螺[4.5]癸-7-基]乙基]-5-甲氧基-3-甲基-2H-吡喃-2-乙磺酸 $C_{45}H_{76}O_{16}$ 113378-31-7		4.2[154]

聚醚类离子载体类药物与抗生素的作用机理明显不同（表1.10）。离子载体类药物分子结构富含烷基，外部具有脂溶性，内部呈笼状，能够结合、屏蔽一价金属离子（如钠、钾）和二价金属离子（如镁、钙）。离子载体类具有高亲脂性，它们能够携带阳离子穿过敏感细菌的细胞膜[132]。由于细菌肽聚糖层是多孔的，使该类药物迅速扩散通过细胞膜，穿透细胞质膜，因此对革兰氏阳性菌最有效。细胞内钾离子交换成细胞外质子，细胞外钠离子交换成细胞内质子，扰乱了离子梯度[133]。因为钾离子梯度大于钠离子梯度，这些交换的结果是细菌体内质子的积聚[134]。细胞稳态紊乱导致激活ATP依赖性通道，耗尽细胞的能量，导致细胞死亡[133,135]。因为离子载体类药物选择性的影响革兰氏阳性菌，因此，瘤胃微生物更多由革兰氏阴性菌群构成，从而导致食物发酵方式的变化，挥发性脂肪酸中乙酸和丁酸比例下降，丙酸的比例升高，其结果是降低了每单位食物的能耗[136]。人们认为离子载体类药物的抗球虫活性是因为它能改变细胞膜的完整性，以及细胞外子孢子和裂殖子的内部渗透压，由于球虫体内没有调节渗透压的细胞器，体内渗透压紊乱时会导致细胞死亡[137]。

离子载体类药物的抗性是由细胞外多糖介导，它能使细胞膜排除离子载体[138]。人们认为这个过程涉及生理选择而不是本身的突变，因为没有给药离子载体的牛体内存在大量耐瘤胃细菌。目前为止，瘤胃细菌对离子载体类药物的抗性基因尚未确定。离子载体类药物的抗性不仅限于细菌，也常见于鸡艾美耳球虫[137]。

2006年欧盟禁止拉沙菌素、莫能菌素和盐霉素作为促生长剂使用，在其他国家，离子载体通过改变胃肠道微生物功能用于提高生产性能。瘤胃发酵效率天然不足，进食的碳和能量以≤12%转化率转化为甲烷和热量，这对动物是无用的[139]，进食的蛋白质≤50%降解成氨，随尿流失。离子载体介导的生产性能的改善是由于瘤胃消化过程中产生的挥发性脂肪酸比例的改变。育肥牛给予莫能菌素后，体重增加≤10%，食物转化效率增加≤7%，食物消耗降低≤6%。离子载体类药物对瘤胃中氮的保留也有显著影响，这种现象称为"蛋白质节约效应"。莫能菌素可降低育肥牛由于瘤胃中碳水化合物迅速发酵和乳酸堆积所引起的急性和亚急性瘤胃酸中毒的发生率。莫能菌素通过缓释胶囊给药发挥抗膨胀效应，后者通过双重机制调节——抑制产黏液菌（slime-producing bacteria）和降低瘤胃总产气量[140]。莫能菌素也用于降低由于嗳气和吸入L-色氨酸的发酵副产物——3-甲基吲哚引发急性肺炎的发病率[141]。莫能菌素的这种作用是由于它直接抑制乳酸菌产生3-甲基吲哚。离子载体类药物也被批准用于家禽、牛、绵羊、山羊和兔的球虫病治疗。

离子载体类药物对多种动物具有毒性，其中包括兔、犬、猫、鸽子、鹌鹑、鸡、火鸡、鸵鸟、山羊、猪、绵羊、牛、骆驼和马，有时会有致命性的影响[142]。引起毒性常见的原因主要包括给药剂量错误，意外食入，包括食入饲料厂配制的污染饲料，反刍动物摄入经离子载体药物治疗后家禽的废物，或与其他药物同时给药，特别是泰妙菌素。离子载体类药物的毒性机制通常是使细胞电解质失衡，骨骼肌和心肌受影响最严重。马属动物对离子载体药物毒性尤其敏感，对莫能菌素的半数致死量为2~3mg/kg，犬对莫能菌素的半数致死量为20mg/kg，鸡对莫能菌素的半数致死量是为200mg/kg[143]。盐霉素污染的食物会引发猫多发性神经病变[144]。

Kouyoumdjian与他的同事[145]报道了一例17岁患有肌红蛋白病和肾衰的男孩，摄入莫能菌素钠11d后死亡。该病例中的现象与那些意外中毒动物的现象相似。

有关莫能菌素在环境中的浓度、生态行为及转化的文献较少。与四环素类和大环内酯类相比，莫能菌素与土壤吸附能力不强，在科罗拉多州的河水和水体沉积物中[146]以及安大略南部的河水中均已检测到莫能菌素[147]。

JECFA制定了莫能菌素[148]和甲基盐霉素[149]的每日允许摄入量值。基于JECFA进行的残留评估，CAC设立了莫能菌素在牛、绵羊、鸡、山羊、火鸡和鹌鹑[43]的肌肉、肝脏、肾脏和脂肪中的最大残留限量[150]。基于JECFA的评估，CAC也设立了甲基盐霉素在猪和鸡的肌肉、肝脏、肾脏和脂肪中的最大残留限量及甲基盐霉素在牛的肌肉、肝脏、肾脏和脂肪中的临时最大残留限量[151]。

从残留分析的角度来看，离子载体在强酸性条件下不稳定。此外，弱酸性萃取剂不适用于这些物质[152]。

1.3.10 多肽类、糖肽类和链阳菌素类

多肽类包括杆菌肽A，黏菌素（多黏菌素E）、

新生霉素和多黏菌素 B。杆菌肽是一种复杂的混合物，1945 年首次被分离出，它是枯草芽孢杆菌产生的环状十肽。1947 年发现多黏菌素，它是多株多黏芽孢杆菌合成的。黏菌素（多黏菌素 E）组成一个多黏菌素家族，1951 年首次从多黏芽孢杆菌变种的肉汤中分离出来时被称为结肠霉素。多黏菌素是阳离子活性剂。1955 年首次报道了由放线菌雪白链霉菌产生的新生霉素。

糖肽类抗生素包括阿伏霉素，替考拉宁和万古霉素。阿伏霉素是由科罗拉多拟无枝梭菌产生的，替考拉宁是游动链球菌（Streptococcus teichomyetius）产生的六种结构类似化合物的混合物，万古霉素是东方拟无枝酸菌产生的。

链阳菌素类包括维吉尼亚霉素和原始霉素。维吉尼亚霉素是由维吉尼亚链霉菌的突变株产生的，它是 M 因子和 S 因子的天然混合物，当 M：S 比例大约是 4：1 时，其抗菌活性最佳[155-157]。原始霉素是奎奴普丁（链阳菌素 B）和达福普丁（链阳菌素 A）以 30：70 比例构成的混合物。上述化合物的每个单独成分都是链霉菌产生的天然原始霉素的半合成衍生物。

杆菌肽通过抑制肽聚糖前体通过细胞膜从而抑制细菌细胞壁的合成。它对革兰氏阳性菌有杀菌作用，但是对革兰氏阴性菌几乎无抗菌活性。多黏菌素的抗菌活性是由于其与细胞膜磷脂有很强的结合力，破坏了其结构，改变了细胞膜的通透性。这些药物具有杀菌作用，对多种革兰氏阴性菌表现出抗菌活性，如大肠杆菌、沙门氏菌和铜绿假单胞菌，但是对变形杆菌、沙雷氏菌和普罗维登斯菌无抗菌作用。糖肽类抗生素通过与细胞壁前体紧密结合从而抑制细胞壁合成。链阳菌素类通过抑制蛋白质的合成发挥抗菌活性。维吉尼亚霉素的 M 和 S 因子与 50S 核糖体亚基结合，抑制蛋白质合成过程中肽键的形成。奎奴普丁和达福普丁也抑制蛋白质合成，它们和 50S 核糖体亚基在相近的不同靶位点结合，从而干扰多肽链的形成。

多黏菌素的耐药性少见。然而，猪和鸡肠球菌对该类药物耐药性却很常见[158]。研究表明，猪和鸡给予杆菌肽后，可以降低肠道大肠杆菌之间耐药性质粒的转移频率。多种细菌对新生霉素具有了耐药性。在食品动物禁用阿伏霉素之前，发现该药可诱导出耐万古霉素（VRE）的肠球菌。除了肠球菌外，极少细菌对万古霉素耐药，也极少见细菌对替考拉宁耐药。

对于原始霉素，细菌对链阳菌素 A 和链阳菌素 B 的耐药性机制不同。细菌通过激活细菌细胞的药物外排泵和表达灭活链阳菌素 A 的乙酰转移酶产生耐药性，而细菌对链阳菌素 B 最常见的耐药机制是 23S rRNA 甲基化，另外一个不太常见的机制是用表达的酶使药物的环状结构裂解。

杆菌肽用于治疗皮肤、眼和耳部感染。杆菌肽已有各种外用剂型，包括创伤用粉剂和药膏及用于眼部和耳部的药膏。1999 年欧盟禁用杆菌肽促进动物生长。除欧盟外，杆菌肽也被用作猪、家禽和反刍动物的饲料添加剂。杆菌肽可以提高猪、肉鸡、小牛、绵羊和肉牛的生长率和饲料转化率。杆菌肽也用于控制生长期育肥猪的增生性肠病，减少母猪在怀孕期间仔猪患梭菌性肠炎的发病率和致死率。在家禽业，杆菌肽用于预防肉鸡坏死性肠炎，提高肉鸡和蛋鸡耐热应激的能力。新生霉素钠与其他药物联合使用，乳房内注射用于治疗奶牛乳房炎。

糖肽类药物禁用于食品动物。在人医临床，万古霉素用于治疗其他抗菌药物治疗无效的致命性的革兰氏阳性菌感染。公共卫生的重大焦点是世界范围内耐万古霉素肠球菌（VRE）的出现。阿伏霉素在农业上使用是否介导了人源 VRE 引发了激烈的争论。目前很多国家禁用阿伏霉素。替考拉宁是开发的一类新糖肽类抗生素，用于治疗耐药革兰氏阳性菌感染，尤其是耐万古霉素的细菌感染。

在一些国家，维吉尼亚霉素用于改善育肥牛和放牧牛、肉鸡、火鸡和猪的日增重及饲料转化率。然而，欧盟和澳大利亚分别于 1999 年和 2005 年禁止维吉尼亚霉素上述用途。维吉尼亚霉素也可降低育肥牛肝脓肿的发病率和致死率，降低饲喂高精料的牛羊发生乳酸性酸中毒的风险。该药用于饲喂过高谷物日粮的马，可以减少其患蹄叶炎的风险。

多黏菌素有明显的肾毒性和神经毒性，注射给药会引起剧痛。多黏菌素 B 是一种强效组胺释放剂；然而，多黏菌素导致过敏现象却很少见。新生霉素钠的不良反应发生率相对较高。

目前有限的资料表明，多肽类抗生素、糖肽类抗生素和链阳菌素对环境无害。

基于 1968 年实施的风险评估[42]，JECFA 设立了杆菌肽和新生霉素的每日允许摄入量值。由于动物给予杆菌肽和新生霉素后，在人用食品中不能存在可检测的药物残留，因此 CAC 没有制定最高残留限量值。

最近，基于微生物方法学的评价，JECFA制定了多黏菌素的每日允许摄入量值，提出多黏菌素在牛和羊的肌肉、肝脏、肾脏、脂肪中的最高残留限量值，以及在猪、兔、山羊、火鸡、鸡的肌肉、肝脏、肾脏和脂肪中及鸡蛋中最高残留限量值[159]。CAC采纳了这些MRL参考值[43]。JECFA关于黏菌素残留的研究结果发表在专刊上[160]。多肽、糖肽和链阳菌素的性质见表1.11。

表 1.11 多肽、糖肽及链阳菌素类药物

药名	IUPAC、分子式和CAS	化学结构	pK_a
		多 肽	
杆菌肽 A	(4R)-4-[[(2S)-2-[[2-[(1S)-1-氨基-2-甲丁基]-4,5-二氢-1,3-噻唑-5-羰基]氨基]-4-甲戊酰基]氨基]-5-[[(2S)-1-[[(3S,6R,9S,12R,15S,18R,21S)-3-(2-氨基-2-氧乙基)-18-(3-氨基乙基)-15-5-2-基-6-(羧甲基)-9-(3H-咪唑-4-甲基)-2,5,8,11,14,17,20-(乙氧)-12-(苯甲基)-1,4,7,10,13,16,19-七七环戊二烯-21-基]氨基]-3-甲基-1-氧代戊-2-基]氨基]-5-氧代戊酸 $C_{66}H_{103}N_{17}O_{16}S$ 1405-87-4		N/A[a]
多黏菌素 E	N-[(2S)-4-氨基-1-[[(2S,3R)-1-[[(2S)-4-氨基-1-氧代-1-[[(3S,6S,9S,12S,15R,18S,21S)-6,9,18-三(2-氨基乙基)-3-(1-羟乙基)-12,15-二(2-甲丙基)-2,5,8,11,14,17,20-(7-氧)-1,4,7,10,13,16,19-heptazacyclotricos-21-基]氨基]丁-2-基]氨基]-3-羟基-1-氧代丁-2-基]氨基]-1-氧代丁-2-基]-5-甲基庚酰胺 $C_{52}H_{98}N_{16}O_{13}$ 1066-17-7		N/A[a]
恩拉霉素	IUPAC命名（无） $C_{107}H_{138}Cl_2N_{26}O_{31}$ 11115-82-5		N/A[a]
新生霉素	N-[7-[[3-O-(氨基羰基)-6-脱氧-5-C-甲基-4-O-甲基-β-L-来苏-己吡喃糖]氧基]-4-羟基-8-甲基-2-氧代-2H-1-苯并吡喃-3-基]-4-羟基-3-(3-甲基-2-丁烯基)苯甲酰胺 $C_{31}H_{36}N_2O_{11}$ 303-81-1		HA 4.3[56], HA 9.1[56]

药名	IUPAC、分子式和CAS	化学结构	pK_a
多黏菌素B	N-［4-氨基-1-［［1-［［4-氨基-1-氧代-1-［［6,9,18-三（2-氨基乙基）-15-苄基-3-（1-羟乙基）-12-（2-甲基丙基）-2,5,8,11,14,17,20-（7-氧）-14,7,10,13,16,19-heptazacyclotricos-21-基］氨基］丁-2-基］氨基］-3-羟基-1-氧代丁-2-基］氨基］-1-氧代丁-2-基］-6-甲基辛酰胺 $C_{56}H_{98}N_{16}O_{13}$ 1405-20-5		HB$^+$ 8.9[56]
硫肽菌素B	IUPAC命名（无） $C_{72}H_{104}N_{18}O_{18}S_5$ 37339-66-5		N/A^a
糖 肽			
阿伏霉素	IUPAC命名（无） $C_{89}H_{102}ClN_9O_{36}$（α-阿伏霉素） $C_{89}H_{101}Cl_2N_9O_{36}$（β-阿伏霉素） 37332-99-3	α-阿伏霉素 R = H β-阿伏霉素 R = Cl	N/A^a
替考拉宁	RistomycinA：34-O-［2-（乙酰基氨基）-2-脱氧-β-D-吡喃葡萄糖基］-22,31-二氯-7-脱甲基-64-O-脱甲基-19-脱氧-56-O-［2-脱氧-2-［（8-甲基-1-氧代壬基）氨基］-β-D-吡喃葡萄糖基］-42-O-α-D-吡喃甘露糖 $C_{88}H_{95}Cl_2N_9O_{33}$ （替考拉宁A$_2$—1） $C_{88}H_{97}Cl_2N_9O_{33}$ （替考拉宁A$_2$—2） $C_{88}H_{97}Cl_2N_9O_{33}$ （替考拉宁A$_2$—3） $C_{89}H_{99}Cl_2N_9O_{33}$ （替考拉宁A$_2$—4） $C_{89}H_{99}Cl_2N_9O_{33}$ （替考拉宁A$_2$—5） 61036-62-2	A$_2$-1：R=（Z）-4-癸酸 A$_2$-2：R=8-甲基壬酸 A$_2$-3：R=n-癸酸 A$_2$-4：R=8-甲基癸酸 A$_2$-5：R=9-甲基癸酸	N/A^a

(续)

药名	IUPAC、分子式和CAS	化学结构	pK_a
万古霉素	（3S，6R，7R，11R，23S，26S，30aS，36R，38aR）-44-［2-O-（3-氨基-2，3，6-三脱氧-3-C-甲基-α-L-来苏-己吡喃糖基）-β-D-吡喃葡萄糖氧基］-3-（氨基甲酰甲基）-10，19-二氯-2，3，4，5，6，7，23，25，26，36，37，38，38a-十三脱氢7，22，28，30，32-五羟基-6-（N-甲基-D-亮氨酰）-2，5，24，38，39-pentaoxo-1H，22H-23，36-（桥亚胺）-8，11；18，21-dietheno-13，16：31，35-二（次甲基）^{1,6,9} oxadiazacyclohexadecino［4，5-m］^{10,2,16} benzoxadiazacyclotetracosin-26-羧酸 $C_{66}H_{75}Cl_2N_9O_{24}$ 1404-90-6		HA2.2[56] (COOH), HB$^+$7.8[56] (NHCH$_3$) HB$^+$8.9[56] (NH$_2$), HA 9.6[56] (苯酚), HA 10.4[56] (苯酚) HA12.0[56] (苯酚)
链阳菌素类药物			
奎奴普丁	N-［（6R，9S，10R，13S，15aS，18R，22S，24aS）-22-［对-（二甲基氨基）苄基］-6-ethyldocosahydro-10，23-二甲基-5，8，12，15，17，21，24-heptaoxo-13-苯基-18-［［（3S）-3-奎宁环基硫］甲基］-12H-吡啶并［2，1-f］吡咯并-［2，1-l］^{1,4,7,10,13,16} oxapentaazacyclononadein-9-基］-3-羟基吡啶甲酰胺 $C_{53}H_{67}N_9O_{10}S$ 120138-50-3		N/A^a
达福普丁	（3R，4R，5E，10E，12E，14S，26R，26aS）-26-［［2-（二乙氨基）乙基］磺酰基］-8，9，14，15，24，25，26，26a-八氢-14-羟基-3-异丙基-4，12-二甲基-3H-21，18-次氮基-1H，22H-吡咯［2，1-l］^{1,8,4,19} dioxadiazacyclotetracosine-1，7，16，22（4H，17H）-丁酮 $C_{34}H_{50}N_4O_9S$ 112362-50-2 $C_{87}H_{117}N_{13}O_{19}S_2$（二聚体） 126602-89-9（二聚体）		N/A^a

药名	IUPAC、分子式和CAS	化学结构	pK_a
维吉尼亚霉素	维吉尼亚霉素 S_1： IUPAC命名（无） $C_{43}H_{49}N_7O_{10}$ 23152-29-6 维吉尼亚霉素 M_1： 8，9，14，15，24，25-六氢-14-羟基-4，12-二甲基-3-（1-甲基乙基）（3R，4R，5E，10E，12E，14S）-3H-21，18-硝基-1H，22H-吡咯并-[2，1-c]^{1,8,4,19}-二氧杂二氮杂环十四碳因-1，7，16，22（4H，17H）-四酮 $C_{28}H_{35}N_3O_7$ 21411-53-0		N/A[a]

1.3.11 磷酸糖脂类

黄霉素是唯一批准用于食品动物的磷酸糖脂类抗生素（表1.12），该药于20世纪50年代中期发现，由斑贝链霉菌、加纳链霉菌、喷泉链霉菌和埃德尔链霉菌等链霉菌产生。黄霉素是一些具有相似成分的混合物，其中默诺菌素 A 为主要成分。黄霉素作用机理独特，它通过抑制糖苷转移酶的活性及阻止肽聚糖分子的细胞质骨架的形成从而抑制细胞壁的合成[161]。黄霉素主要对革兰氏阳性菌有抗菌活性，由于不能穿透革兰氏阴性杆菌细胞膜外的磷脂多糖屏障，因此对革兰氏阴性菌几乎无作用。黄霉素胃肠道吸收较差，如果肠道外给药，大部分与血浆蛋白和宿主细胞膜结合。黄霉素经尿液以原型缓慢排出[162]。有关细菌对黄霉素耐药的资料较少，但似乎多种肠球菌对黄霉素天然耐药。

30多年来，在全球多个国家，也包括澳大利亚和欧洲各国，黄霉素仅用作动物饲料中的促生长剂。然而，2006年欧盟将其列入禁用清单。尽管黄霉素也能促进反刍动物生长，但主要广泛应用于猪和家禽。黄霉素的促生长机制尚未阐明，它对瘤胃微生物菌群的作用机理似乎不同于离子载体类药物，因为该药通常不改变挥发性脂肪酸的比例[163]。黄霉素的一个值得注意的特征是它能抑制大肠杆菌、沙门氏菌和肠球菌的携带耐药基因的质粒转移[162,164]。此外，研究表明，该药可以减少实验动物感染沙门氏菌[161]。黄霉素的药动学和药效学资料表明该药不适宜作为医用抗生素。

作者未见有关描述环境中黄霉素残留的报道。

JECFA至今尚未对黄霉素毒理学或残留消除数据作出评估，也没有制定该药的最大残留限量值。

表 1.12 磷酸糖脂类

药名	IUPAC、分子式和CAS	化学结构	pK_a
黄磷脂素 （斑贝霉素， 默诺菌素 A）	尚无 IUPAC 命名 $C_{69}H_{107}N_4O_{35}P$ 11015-37-5		N/A[a]

[a] 作者未能在相关文献中找到该药物的 pK_a。

1.3.12 喹诺酮类

喹诺酮类药物是一类合成的广谱抗菌药,目前已发展到第四代(表1.13)。第一代药物与后面几代相比抗菌谱窄。1962年,临床上首次使用喹诺酮类抗菌药——萘啶酸,该药是Lesher及其同事发现的氯喹的一种衍生物。目前,萘啶酸和其他第一代喹诺酮类药物如氟甲喹和恶喹酸主要用于水产养殖。第三、四代喹诺酮类药物的喹诺酮环状结构中都有氟原子,主要在C6位。一些氟喹诺酮类药物如达氟沙星、二氟沙星、恩诺沙星(脱乙基生成环丙沙星)、麻保沙星、奥比沙星和沙拉沙星为动物专用药;此外,一些氟喹诺酮类药物仅用于人医临床,禁用于动物。

表1.13 氟喹诺酮类

药名	IUPAC、分子式和CAS	化学结构	pK_a
环丙沙星	1-环丙基-6-氟-1,4-二氢-4-氧代-7-(1-哌嗪基)-3-喹啉羧酸 $C_{17}H_{18}FN_3O_3$ 85721-33-1		HA 6.2[56], HB+ 8.7[56]
丹诺沙星	(1S)-1-环丙基-6-氟-1,4-二氢-7-(5-甲基-2,5-二氮杂双环[2.2.1]庚-2-基)-氧代-3-喹啉羧酸 $C_{19}H_{20}FN_3O_3$ 112398-08-0		N/A[a]
二氟沙星	6-氟-1-(4-氟苯基)-1,4-二氢-7-(4-甲基-1-哌嗪基)-4-氧代-3-喹啉羧酸 $C_{21}H_{19}F_2N_3O_3$ 98106-17-3		HA 6.1[56], HB+ 7.6[56]
恩氟沙星	1-环丙基-7-(4-乙基-1-哌嗪基)-6-氟-1,4-二氢-4-氧代-3-喹啉羧酸 $C_{19}H_{22}FN_3O_3$ 93106-60-6		HA 6.0[74], HB+ 8.8[74]

(续)

药名	IUPAC、分子式和CAS	化学结构	pK_a
氟甲喹	9-氟-6，7-二氢-5-甲基-1-氧代-1H，5H-苯并[ij]喹啉-2-羧酸 $C_{14}H_{12}FNO_3$ 42835-25-6		HA 6.4[56]
马波沙星	9-氟-2，3-二氢-3-甲基-10-（4-甲基-1-哌嗪基）-7-氧代-7H-吡啶并（3,2,1-ij）（4,2,1）苯并噁二嗪-6-羧酸 $C_{17}H_{19}N_4O_4F$ 115550-35-1		N/A[a]
萘啶酸	1-乙基-1，4-二氢-7-甲基-4-氧代-1,8-萘啶-3-羧酸 $C_{12}H_{12}N_2O_3$ 389-08-2		HA 6.0[56]
诺氟沙星	1-乙基-6-氟-1，4-二氢-4-氧代-7-（1-哌嗪基）-3-喹啉羧酸 $C_{16}H_{18}FN_3O_3$ 70458-96-7		HA 6.3[56], HB^+ 8.4
奥比沙星	1-环丙基-7-[（3S，5R）-3,5-二甲基哌嗪-1-基]-5,6,8-三氟-4-氧代-1,4-二氢喹啉-3-羧酸 $C_{19}H_{20}F_3N_3O_3$ 113617-63-3		HA～6[56], HB^+～9[56]
噁喹酸	5-乙基-5，8-二氢-8-氧代-1,3-二氧杂环戊烯[4,5-g]喹啉-7-羧酸 $C_{13}H_{11}NO_5$ 14698-29-4		H/A[a]

(续)

药名	IUPAC、分子式和CAS	化学结构	pK_a
沙拉沙星	6-氟-1-（4-氟苯基）-4-氧代-7-哌嗪-1-基-喹啉-3-羧酸 $C_{20}H_{17}F_2N_3O_3$ 98105-99-8		N/A[a]

[a] 作者未能在相关文献中找到该药物的pK_a。

氟喹诺酮类属于浓度依赖型抗菌药物。喹诺酮类药物主要分布于巨噬细胞和中性粒细胞的细胞质中，因此通常用于治疗胞内病原引起的感染。感染组织与健康组织的巨噬细胞和中性粒细胞相比，其细胞数量上的优势可以解释感染组织中氟喹诺酮类药物浓度较高的原因[62]。氟喹诺酮类药物具有抗菌后效应，在局部药物浓度低于靶病原的最小抑菌浓度时仍能抑制细菌生长。氟喹诺酮类药物通过膜孔蛋白进入细菌，抑制多种革兰氏阴性菌DNA回旋酶及革兰氏阳性菌的拓扑异构酶Ⅳ，从而抑制DNA复制。氟喹诺酮类药物可导致细胞呼吸中止及破坏细胞膜的完整性。虽然哺乳动物拓扑异构酶Ⅱ是多种氟喹诺酮类药物作用的靶位，但是抑制该酶所需浓度大约是抑制细菌类似酶活性所需浓度的100倍。

细菌对喹诺酮类药物耐药性发展迅速；最常见的机制是革兰氏阴性菌DNA回旋酶突变（拓扑异构酶Ⅱ）。革兰氏阳性菌耐药机制与之类似，其通过拓扑异构酶Ⅳ突变获得耐药性。突变导致酶与喹诺酮类药物结合力降低，抗菌活性下降。第二种耐药机制是增加药物外排泵蛋白的表达，主动将药物转运出细菌，降低菌体内药物浓度。质粒介导的革兰氏阴性菌耐药性是通过质粒表达的蛋白质与DNA聚合酶结合，保护它不与喹诺酮类药物反应。然而，目前尚不清楚该机制的临床重要性。耐氟喹诺酮的弯曲杆菌和鼠伤寒沙门氏菌DT-104型从动物向人的转移是关注的焦点。因此，一些国家建立了人和动物抗生素耐药性的监测和监督体系，在很多国家，均限制和禁止食品动物应用已批准使用的以及标签外应用氟喹诺酮类药物。

氟喹诺酮类药物对多种革兰氏阴性菌有抗菌活性，其中包括大肠杆菌、肠杆菌、克雷伯氏菌、巴氏杆菌、变形杆菌和沙门氏菌。铜绿假单胞菌对不同氟喹诺酮类药物的敏感性存在差异。氟喹诺酮类药物对革兰氏阳性菌、衣原体、分支杆菌和支原体也具有抗菌活性。在一些国家和地区，氟喹诺酮类药物被批准用于治疗鸡和火鸡的大肠杆菌病，火鸡的禽霍乱，溶血性曼氏杆菌、败血性巴氏杆菌、睡眠嗜血杆菌及其他敏感病原引起的牛呼吸道疾病。氟喹诺酮类药物的给药方式如下：鸡和火鸡：内服；牛：注射；犬猫：片剂内服或注射。

在快速生长期给药氟喹诺酮类药物会引起未成年猫、犬和马属动物的关节病和负重关节软骨糜烂。高剂量恩诺沙星给药可以引起猫的视网膜变性。因此，未成年动物不应使用氟喹诺酮类药物，猫不应给予高剂量氟喹诺酮类药物。

有关兽医使用喹诺酮类药物导致环境残留的文献少见。在鱼塘的沉积物中可检测到微量恶喹酸、氟甲喹和沙拉沙星[27]。英国的一项监测研究发现，在土壤中可检测到微量的恩诺沙星[87]，同时对土壤中达氟沙星和沙拉沙星吸附性研究表明这些药物结合稳定。

基于FAO/WHO食品添加剂联合专家委员会对恶喹酸[165]、氟甲喹[166]、恩诺沙星[167]、达氟沙星[168]及沙拉沙星[169]的毒性及残留消除数据的评估，CAC制定了氟甲喹在牛、羊、猪、鸡和鳟鱼体内的最大残留限量（MRL）参考值[43]；达氟沙星在鸡和火鸡体内的MRL[43]；但是没有制定恶喹酸[165]和恩诺沙星[167]的MRL。FAO/WHO食品添加剂联合专家委员会对恶喹酸[170]、氟甲喹[171-174]、恩诺沙星[175]、达氟沙星[176]及沙拉沙星[177]的残留研究结果已发布。

1.3.13 磺胺类

磺胺类是第一类有效用于预防和治疗人类全身性细菌感染的化学药物。1933年Foerster报道了百浪多息的首个临床病例研究，2年后，研究表明这种化合物是磺胺类药物的前药。1939年，Domagk因为发现百浪多息的化学治疗作用而被授予诺贝尔生理学或医学奖。有趣的是，1906年，Gelmo在研究偶氮染料的时候已经合成出磺胺。

磺胺类包括多种抗菌药物，其中有磺胺嘧啶、磺胺甲嘧啶（磺胺二甲嘧啶）、磺胺噻唑和磺胺甲噁唑等。研究证实，增效磺胺（磺胺与二氨基嘧啶类抗菌剂如甲氧苄啶联合应用）比单独使用磺胺类药物疗效更佳。目前（截至2011年），批准用于食品生产中的磺胺类药物相对较少，这是多种因素造成的，其中包括一些磺胺类药物具有毒性作用以及缺少某些磺胺类药物在临床上使用的记载资料。

磺胺类药物是对氨基苯甲酸（PABA）的结构类似物，竞争性的抑制二氢叶酸合成酶，从而抑制二氢叶酸的合成。与哺乳动物细胞可以利用外源叶酸不同，对磺胺类药物敏感的微生物必须自身合成叶酸，反之，二氢叶酸合成减少引起合成DNA所需的甲酰四氢叶酸（四氢叶酸）合成的减少。药物效应包括抑制蛋白质合成，破坏代谢过程，抑制敏感菌的生长和繁殖。磺胺类药物具有抑菌作用，在有脓汁存在时无效。然而，磺胺类药物在未表现出抗菌效应时，细菌可利用已储存的叶酸、亚叶酸、嘌呤、胸腺嘧啶脱氧核苷和氨基酸。磺胺类药物对革兰氏阳性菌和革兰氏阴性菌、某些衣原体、弯曲杆菌、诺卡氏菌、放线杆菌及某些原生动物，包括球虫和弓形虫均有抑制作用。对磺胺类药物耐药的细菌包括铜绿假单胞菌、克雷伯氏菌、变形杆菌、梭状芽孢杆菌及钩端螺旋体。

虽然二氢叶酸还原酶能催化细菌和哺乳动物叶酸合成，但是二氨基嘧啶类如甲氧苄啶和奥美普林能更有效抑制细菌酶活性。单独使用这些药物具有抑菌作用，然而，与磺胺类药物联合使用时，对二氢叶酸合成酶和二氢叶酸还原酶的双重抑制而发挥杀菌作用。磺胺类药物与二氨基嘧啶类联合应用时对革兰氏阳性和革兰氏阴性菌均具有抗菌活性，包括放线菌、百日咳杆菌、梭菌、棒状杆菌、梭杆菌、嗜血杆菌、克雷伯氏菌、巴氏杆菌、变形杆菌、沙门氏菌、志贺氏菌、空肠弯曲杆菌和大肠杆菌、链球菌、葡萄球菌。假单胞菌属和分支杆菌对增效磺胺耐药。

分离的动物源性细菌对磺胺类药物普遍耐药，可能与染色体或质粒介导的耐药机制有关。染色体突变导致药物穿透细胞壁能力下降，二氢叶酸合成酶结构改变使得磺胺类药物与其亲和力下降或PABA合成过多消除了由二氢叶酸合成酶抑制作用造成的代谢障碍。磺胺类耐药更常见于质粒介导机制，这种机制导致药物穿透细胞壁能力下降或二氢叶酸合成酶结构改变。磺胺类药物之间存在交叉耐药性。

细菌对二氨基嘧啶类耐药迅速，是由于染色体突变或质粒介导机制导致。染色体突变使得细菌利用外源性叶酸或胸腺嘧啶脱氧核苷，抵抗了药物作用。质粒介导的耐药机制是二甲基嘧啶对二氢叶酸还原酶的亲和力下降。

与大多数抗菌药相比，磺胺类和增效磺胺在兽医临床广泛应用。磺胺类药物用于治疗或预防急性或局部感染，包括放线杆菌病、球虫病、乳房炎、子宫炎、大肠杆菌病、蹄叶炎、多发性关节炎、呼吸道感染及弓形虫病。磺胺类药物也用于蜜蜂疾病的治疗，包括芽孢杆菌幼虫引起的美洲幼虫腐臭病及蜂房蜜蜂球菌引起的欧洲幼虫腐臭病。磺胺类药物与乙胺嘧啶联合应用治疗原虫疾病如利什曼病和弓形虫病。磺胺类药物对处于急性感染早期的快速繁殖期细菌抗菌效果最好。

磺胺类作为食品动物饲料添加剂通过拌料和饮水给药，也有口服控释丸剂及子宫注入剂。磺胺类药物混合糖粉或糖浆后投于蜂房的育雏室。磺胺类的不溶性是其重要特性。极不易溶的磺胺类药物如邻苯磺胺噻唑，胃肠道吸收很慢，多用于治疗肠道感染。口服三磺嘧啶合剂，每个磺胺类药物的肠道浓度都受到溶解度的限制，因此疗效反映了三种成分各自单独的抗菌活性。磺胺的钠盐易溶于水，可通过静脉给药。

磺胺类药物不良反应常见，但通常轻微和可逆。多饮水和多排尿可以有效降低给药后泌尿系统功能紊乱如出现磺胺结晶尿和血尿。磺胺类药物治疗后的动物可能会出现骨髓抑制和皮肤反应。

关于环境中磺胺类药物和磺胺增效剂的文献很少。Berger及其同事报道，粪便储存过程中，N^4-乙酰磺胺二甲嘧啶重新转化为有活性的原型磺胺二甲嘧啶[178]，由于N^4-乙酰化作用是兔[179]和人类服用磺胺类后的主要代谢途径，因此在人医临床和兔病临床应重点关注该类药物的使用。通过对径流水中[180]及土壤中磺胺类药物的迁移的研究表明，这些物质吸附性较差，这与磺胺二甲基嘧啶和磺胺二甲氧嘧啶在土壤中保留短暂，迁移性强的现象相吻合[101]。英国有研究报道地表水中的磺胺嘧啶和甲氧苄啶的浓度水平并不能代表其对环境的危害程度[26]。

JECFA 制定了磺胺甲嘧啶（磺胺二甲嘧啶）的 ADI[182]。CAC 制定了磺胺二甲嘧啶在牛、羊、猪和鸡的肌肉、肝脏、肾脏和脂肪中的 MRL 值[43]。JECFA 已出版对该类药物残留研究的评估报告[183]。

1.3.14 四环素类

四环素类药物属于一个抗生素大家族，它的首批成员来自放线杆菌的链霉菌属（详情见表 1.15）。1944 年从金色链霉菌中分离出金霉素，几年后，分别从龟裂链霉菌和金霉素链霉菌中分离出土霉素和地美环素。金霉素氢解后生成四环素。20 世纪 60 年代初，人们开发出了多西环素，它是土霉素的半合成衍生物。2005 年又新合成出替加环素。

四环素类属于广谱抗生素，能抑制蛋白质合成，药物可逆地与敏感菌的核糖体 30S 亚基结合，阻碍氨基酰 tRNA 与 mRNA-核糖体复合体上的受体结合，阻止氨基酸增加到肽链上。四环素类呈抑菌活性，但是对敏感菌具有杀灭作用。四环素类药物对快速繁殖期细菌更有效。四环素类药物对革兰氏阳性和革兰氏阴性细菌均有抗菌活性，也包括某些厌氧菌。敏感菌包括大肠杆菌、克雷伯氏菌、巴氏杆菌、沙门氏菌和链球菌。四环素对衣原体、支原体、某些原虫和立克次氏体也有活性。

细菌至少通过三种机制对四环素耐药。一种机制是细菌外排四环素，由编码细胞膜蛋白的抗性基因介导，使细菌主动泵出药物。另一种机制是通过蛋白的过量表达阻止四环素与细菌核糖体结合。最少见的机制是四环素乙酰化被灭活。

表 1.14　磺胺类药物及增效剂二氨基嘧啶的性质

药名	IUPAC、分子式和 CAS	化学结构	pK_a
		磺胺类药物	
氨苯砜	4-[(4-氨基苯)磺酰基]苯胺 $C_{12}H_{12}N_2O_2S$ 80-08-0		HB^+ 1.3[56], HB^+ 2.5[56]
酞磺胺唑酮	2-[[[4-[(2-噻唑基)磺酰基]苯基]氨基]羰基]苯甲酸 $C_{17}H_{13}N_3O_5S_2$ 85-73-4		N/A^a
苯酰磺胺	N-[(4-氨基苯基)磺酰基]苯甲酰胺 $C_{13}H_{12}N_2O_3S$ 127-71-9		N/A^a
磺胺醋酰	N-((4-氨基苯基)磺酰基)乙酰胺 $C_8H_{10}N_2O_3S$ 144-80-9		HA 2.0[56], HB^+ 5.3[47]

1 抗菌药物的分类及性质

（续）

药名	IUPAC、分子式和 CAS	化学结构	pK_a
磺胺氯哒嗪	4-氨基-N-（6-氯哒嗪-3-基）苯磺酰胺 $C_{10}H_9ClN_4O_2S$ 80-32-0		HA 6.1[56]
磺胺嘧啶	4-氨基-N-嘧啶-2-基-苯磺酰胺 $C_{10}H_{10}N_4O_2S$ 68-35-9		HA 6.5[56]
磺胺二甲氧嘧啶	4-氨基-N-（2,6-二甲氧基-4-基）苯磺酰胺 $C_{12}H_{14}N_4O_4S$ 122-11-2		HB^+ 2.0[56], HA 6.7[56]
磺胺邻二甲氧基嘧啶	4-氨基-N-（5,6-二甲氧基-4-嘧啶基）苯磺酰胺 $C_{12}H_{14}N_4O_4S$ 2447-57-6		N/A[a]
磺胺胍	4-氨基-N-[氨基（亚氨基）甲基]苯磺酰胺 $C_7H_{10}N_4O_2S$ 57-67-0		HB^+ 2.4[56]
磺胺甲基嘧啶	4-氨基-N-（4-甲基嘧啶-2-基）苯磺酰胺 $C_{11}H_{12}N_4O_2S$ 127-79-7		HB^+ 2.3[56], HA 7.0
磺胺二甲基嘧啶 （磺胺二甲嘧啶）	4-氨基-N-（4,6-二甲基嘧啶-2-基）苯磺酰胺 $C_{12}H_{14}N_4O_2S$ 57-68-1		HB^+ 2.4[56], HA 7.4[56]

药名	IUPAC、分子式和CAS	化学结构	pK_a
磺胺甲二唑	4-氨基-N-（5-甲基-1,3,4-噻二唑-2-基）苯磺酰胺 $C_9H_{10}N_4O_2S_2$ 144-82-1		HA 5.4[56]
磺胺甲基异噁唑	4-氨基-N-（5-甲基-3-异噁唑基）-苯磺酰胺 $C_{10}H_{11}N_3O_3S$ 723-46-6		HA 5.6[56]
长效磺胺	4-氨基-N-(6-methoxypyridazin-3-基)苯磺酰胺 $C_{11}H_{12}N_4O_3S$ 80-35-3		HA 7.2[56]
磺胺甲氧二嗪 （磺胺对甲氧嘧啶）	4-氨基-N-（5-甲氧基-2-嘧啶基）苯磺酰胺 $C_{11}H_{12}N_4O_3S$ 651-06-9		HA 6.8[56]
磺胺间甲氧嘧啶	4-氨基-N-（6-甲氧基-4-嘧啶基）苯磺酰胺 $C_{11}H_{12}N_4O_3S$ 1220-83-3		HA 5.9[56]
磺胺噁唑	4-氨基-N-（4,5-二甲基,3-噁唑-2-基）苯磺酰胺 $C_{11}H_{13}N_3O_3S$ 729-99-7		N. A.*
磺胺	4-氨基苯磺酰胺 $C_6H_8N_2O_2S$ 63-74-1		HB^+ 2.4[56]

药名	IUPAC、分子式和 CAS	化学结构	pK_a
磺胺苯吡唑	4-氨基-N-（1-苯基-1H-吡唑-5-基）苯磺酰胺 $C_{15}H_{14}N_4O_2S$ 526-08-9		HA 5.7[56]
磺胺吡啶	4-氨基-N-吡啶-2-基-苯磺酰胺 $C_{11}H_{11}N_3O_2S$ 144-83-2		HB^+ 1.0[56], HB^+ 2.6[56], HA 8.4[56]
磺胺喹噁啉	4-氨基-N-2-喹噁啉苯磺酰胺 $C_{14}H_{12}N_4O_2S$ 59-40-5		N/A^a
磺胺噻唑	4-氨基-N-（1,3-噻唑-2-基）苯磺酰胺 $C_9H_9N_3O_2S_2$ 72-14-0		HA 7.1[56]
磺胺二甲异嘧啶	4-氨基-N-（2,6-二甲基嘧啶-4-基）苯磺酰胺 $C_{12}H_{14}N_4O_2S$ 515-64-0		HA 7.6[56]
磺胺异噁唑（磺胺异噁唑）	4-氨基-N-（3,4-二甲基-1,2-噁唑-5-基）苯磺酰胺 $C_{11}H_{13}N_3O_3S$ 127-69-5		HA 5.0[56]

药名	IUPAC、分子式和CAS	化学结构	pK_a
		抗菌增效剂	
奥美普林	5-(4,5-二甲氧基-2-甲基苄基)-2,4-二氨基嘧啶 $C_{14}H_{18}N_4O_2$ 6981-18-6		N/A[a]
甲氧苄胺嘧啶	5-[(3,4,5-三甲氧基苄基)甲基]嘧啶-2,4-二胺 $C_{14}H_{18}N_4O_3$ 738-70-5		HB^+ 6.6[56]

表 1.15　四环素类

药名	IUPAC、分子式和CAS	化学结构	pK_a
金霉素	(4S,4aS,5aS,6S,12aS,Z)-2-[氨基(羟基)亚甲基]-7-氯-4-(二甲基氨基)-6,10,11,12a-四羟基-6-甲基-4a,5,5a,6-tetrahydrotetracene-1,3,12(2H,4H,12aH)-三酮 $C_{22}H_{23}ClN_2O_8$ 57-62-5		HA 3.3[56], HA 7.4[56], HB^+ 9.3[56]
4-差向金霉素	(4R,4aS,5aS,6S,12aS)-7-氯-4-(二甲氨基)-1,4,4a,5,5a,6,11,12a-八氢-3,6,10,12,12a-五羟基-6-甲基-1,11-二氧代-2-并四苯甲酰胺一水合物 $C_{22}H_{23}ClN_2O_8$ 14297-93-9		HA 3.7[56], HA 7.7[56], HB^+ 9.2[56]
去甲金霉素	(2E,4S,4aS,5aS,6S,12aS)-2-[氨基(羟基)亚甲基]-7-氯-4-(二甲基氨基)-6,10,11,12a-四羟基-1,2,3,4,4a,5,5a,6,12,12a-decahydrotetracene-1,3,12-三酮 $C_{21}H_{21}ClN_2O_8$ 127-33-3		HA 3.3[56], HA 7.2[56], HB^+ 9.3[56]
强力霉素	(4S,4aR,5S,5aR,6R,12aS)-4-(二甲基氨基)-3,5,10,12,12a-五羟基-6-甲基-1,11-二氧代-1,4,4a,5,5a,6,11,12a-octahydrotetracene-2-甲酰胺 $C_{22}H_{24}N_2O_8$ 564-25-0		HA 3.2[56], HA 7.6[56], HB^+ 8.9[56], HA 11.5[56]

(续)

药名	IUPAC、分子式和CAS	化学结构	pK_a
甲烯土霉素	(2Z, 4S, 4aR, 5S, 5aR, 12aS)-2-(氨基-羟基亚甲基)-4-二甲基氨基-5, 10, 11, 12a-四羟基-6-亚甲基- 4, 4a, 5, 5a-tetrahydrotetracene-1, 3, 12-三酮 $C_{22}H_{22}N_2O_8$ 914-00-1		HA 3.5[56], HA 7.6[56], HB+ 9.5[47]
米诺环素	(2E, 4S, 4aR, 5aS, 12aR)-2-(氨基-羟基-亚甲基)- 4, 7-双(二甲基氨基)-10, 11, 12a-三羟基-4a, 5, 5a, 6- 四氢-4H-四苯- 1, 3, 12-三酮 $C_{23}H_{27}N_3O_7$ 10118-90-8		HA 2.8[56], HA 5.0[56], HA 7.8[56], HB+ 9.5[56]
土霉素	[4S-(4α, 4aα, 5α, 5aα, -6β, 12aα)]-4-(二甲基氨基)-1, 4, 4a, 5, 5a, 6, 11, 12a-八氢-3, 5, 6, 10, 12, 12a-六羟基-6-甲基-1, 11-二氧代-2-并四苯甲酰胺 $C_{22}H_{24}N_2O_9$ 79-57-2		HA 3.3[56], HA 7.3[56], HB+ 9.1[56]
4-差向土霉素	[4S-(4α, 4aα, 5α, 5aα, -6β, 12aα)]-4-(二甲基氨基)-1, 4, 4a, 5, 5a, 6, 11, 12a-八氢-3, 5, 6, 10, 12, 12a-六羟基-6-甲基-1, 11-二氧代-2-并四苯甲酰胺 $C_{22}H_{24}N_2O_9$ 14206-58-7		N/A[a]
四环素	[4S-(4α, 4aα, 5aα, 6β, -12aα)]-4-(二甲基氨基)-1, 4, 4a, 5, 5a, 6, -11, 12a-八氢-3, 6, 10, 12, 12a-五羟基-6-甲基-1, 11-二氧代-2-并四苯甲酰胺 $C_{22}H_{24}N_2O_8$ 60-54-8		HA 3.3[56], HA 7.7[56], HB+ 9.7[56]
4-差向四环素	[4S-(4α, 4aα, 5aα, 6β, -12aα)]-4-(二甲基氨基)-1, 4, 4a, 5, 5a, 6, -11, 12a-八氢-3, 6, 10, 12, 12a-五羟基-6-甲基-1, 11-二氧代-2-并四苯甲酰胺 $C_{22}H_{24}N_2O_8$ 79-85-6		HA 4.8[56], HA 8.0[56], HB+ 9.3[56]

四环素衍生物属于两性物质，与酸和碱都能形成盐。盐酸盐最常见，有多种剂型，其中包括饲料添加剂、可溶性粉剂、片剂、丸剂、子宫注入剂、乳房注入剂和注射液。由于四环素价格低廉，通常作为一线抗生素使用，特别是对反刍动物和猪的疾病治疗。四环素类可用于治疗急性子宫感染、放线杆菌病、边虫

病、细菌性肠炎、梭菌病、白喉、传染性角膜结膜炎、肺炎、蹄叶炎、牛的皮肤和软组织感染、绵羊的细菌性关节炎、细菌性肠炎和弧菌性流产、猪萎缩性鼻炎、细菌性肠炎、猪丹毒、钩端螺旋体病、乳腺炎和肺炎。四环素类药物也可治疗鸡细菌性肠炎、禽霍乱、慢性呼吸道疾病和传染性鼻窦炎、鲑疖病、细菌性出血性败血病和绿脓杆菌病、蜜蜂的美洲和欧洲幼虫腐臭病。美洲幼虫腐臭病的病原对土霉素的耐药性较严重。四环素也用于改善牛、鸡、猪、绵羊和火鸡的饲料利用率。

多数动物快速静脉注射四环素会引起急性毒性反应。马静脉注射多西环素会导致心血管功能障碍、虚脱和死亡。食品动物肌肉注射长效土霉素制剂可能会引起注射部位局部刺激。四环素给药导致一些动物肠道的不敏感菌株过度生长，如对马，可导致结肠炎和严重腹泻。如果母畜妊娠后期或在仔畜牙齿生长期使用四环素类药物，可能会引起幼龄动物牙齿出现四环素沉积。

有关环境中四环素残留的研究文献相对较少。这些药物吸附持久，迁移性低[101]，解释了其在土壤环境中的主要位于地表[184]，在径流水中残留较低的现象[180]。人们对水产养殖中使用的土霉素在环境中的残留情况进行了广泛研究（Boxall引用[26]），发现德国的野生动物和鱼场周围的沉积物中可检测到土霉素残留[184]。从德国[184]和英国[88]集约化畜牧生产的地区收集的土壤样本检测出四环素，这可能源于粪便污染。

JECFA制定了四环素、土霉素和金霉素的ADI[185]。CAC也制定了四环素、土霉素和金霉素对牛、羊、猪和家禽的MRL值；制定了土霉素对鱼和虾的MRL值[43]；JECFA发布了多个有关四环素类药物的残留研究报告，支持CAC对该类药物制定新的MRL值[186-191]。

从残留分析的角度来看，四环素类药物在酸性条件下相对稳定，见光或接触大气中的氧迅速分解[152]。干燥样品在氮气保护下保存在暗室中，标准溶液保存在琥珀色瓶中均能减少降解。在水溶液和样品制备过程中，四环素易发生构象降解生成4-差向异构体。例如，Lindsey及他的同事报道了在蒸发这一步骤使用磷酸缓冲溶液使四环素发生降解。

1.4 食品动物限用和禁用抗菌药物

由于公共卫生问题，一部分抗菌药物禁用于食品动物疾病治疗，相关药物可以在药品监管部门的网站上找到。1994年，美国《动物治疗药物使用诠释法》（AMDUCA）规定允许兽医在一定条件下标签外用药。然而，泌乳期的奶牛禁用氯霉素、呋喃唑酮、磺胺类药物（除了批准使用的磺胺二甲氧嘧啶、磺溴嘧啶和磺胺乙氧哒嗪）、氟喹诺酮类药物，食品动物禁用糖肽类药物。在欧盟，禁用氯霉素、氨苯砜、呋喃唑酮、硝基呋喃（呋喃唑酮除外），禁用抗菌药物类促生长剂。在加拿大，氯霉素及氯霉素盐、氯霉素衍生物、5-硝基呋喃和硝基咪唑类药物禁用于食品动物。2006年禁止销售卡巴氧。在澳大利亚，卡巴氧、氯霉素、硝基呋喃类药物（包括呋喃唑酮和呋喃西林）、氟喹诺酮类药物、庆大霉素、双氢链霉素及部分磺胺类药物禁止用于食品动物。目前，美国批准卡巴氧用于猪，澳大利亚批准喹乙醇用于猪。

一些国家已经采取行动减少抗菌药物的农业应用，这可能会导致部分抗菌药物类促生长剂停止使用。20世纪70年代初，英国禁止青霉素和四环素类药物用于动物促生长。此后不久，欧洲其他国家纷纷效仿英国。1986年瑞典禁止所有抗生素用于动物促生长。在欧盟，1998年撤回了阿伏霉素的使用批准；1999年停止了杆菌肽、螺旋霉素、泰乐菌素和维吉尼亚霉素的生产；2006年停止了阿维拉霉素、黄霉素、莫能菌素和盐霉素的生产。美国《动物治疗药物使用诠释法》规定，禁止食品动物标签外用药以提高动物增重、饲料转化率及其他生产用途。在澳大利亚，2000年撤销了阿伏霉素的注册，2005年停止了维吉尼亚霉素作为促生长剂的使用。

1.5 小结

食品动物生产中使用抗菌药的根本目的是为了保障动物的健康和福利以及畜牧业的经济效益。由于批准上市的新兽药较少，为了尽可能延长已上市药物的临床应用，因此谨慎使用抗菌药物至关重要。谨慎使用抗生素，能使耐药性的产生降至最低程度，同时最大程度的提高临床疗效。新兽药产品上市前，制药公司需要排除可能与旧药出现交叉耐药性的药物，这些药物将不再用于食品动物。从食品安全角度来看，就像药物残留监控计划结果反映的一样，对食品动物负责的使用抗菌药对确保食品安全至关重要。

总之，本章讨论了用于食品动物的主要抗生素分类,特别是详述了化疗三角中的药效学部分(图1.1)。体外最小抑菌浓度和/或最小杀菌浓度是评价抗菌药物对分离菌株的抗菌效力的指标。体外抗生素的杀菌动力学是确定药物抗菌效应是浓度依赖型、时间依赖型或者是混合依赖型的基础。尽管这些信息是抗菌药物治疗的基础,但如果孤立考虑,这些信息不足以预测药物在体内的临床疗效。药物的给药方案和药代动力学特征都是决定感染部位药物浓度的重要因素(生物相)。第 2 章就上述问题进行了详细论述。

致谢

作者感谢 APVMA 科学研究院的 Mary Barton 教授和 Peter Lees 教授对本文的审阅。非常感谢 Dr. Cheryl Javro 在制作图表时给予的帮助。

参考文献

[1] Barton MD, Peng H, Epidemiology of Antibiotic Resistant Bacteria and Genes in Piggeries, report to Australian Pork Ltd., 2005.

[2] Giguère S, Antimicrobial drug action and interaction: An introduction, in Giguère S, Prescott JF, Baggot JD, Walker RD, Dowling PM, eds., Antimicrobial Therapy in Veterinary Medicine, 4th ed., Blackwell, Ames, IA, 2006, pp. 3-9.

[3] Joint FAO/OIE/WHO Expert Workshop, Joint FAO/OIE/WHO Expert Workshop on Non-Human Antimicrobial Usage and Antimicrobial Resistance: Scientic Assessment, Geneva, Dec. 1-5, 2003 (available at http://www.who.int/foodsafety/publications/micro/en/report.pdf; accessed 11/20/10).

[4] Martinez M, Silley P, Antimicrobial drug resistance, in Cunningham F, Elliott J, Lees P, eds., Handbook of Experimental Pharmacology. Comparative and Veterinary Pharmacology, Vol. 199, Heidelberg, Springer-Verlag; 2010, pp. 227-264.

[5] World Health Organisation, The Use of Stems in the Solution of International Nonproprietary Names (INN) for Pharmaceutical Substances, Document WHO/EMP/QSM/2009.3; 2009 (available at http://www.who.int/medicines/services/inn/StemBook2009.pdf; accessed 11/20/10).

[6] Lees P, Cunningham FM, Elliott J, Principles of pharmaco-dynamics and their applications in veterinary pharmacology, J. Vet. Pharmacol. Ther. 2004; 27: 397-414.

[7] Pugh J, Kinetics and product stability, in Aulton ME, ed., Pharmaceutics The Science of Dosage Form Design, 2nd ed., Churchill Livingstone, London, 2002, pp. 101-112.

[8] Hanlon G, Fundamentals of microbiology, in Aulton ME, ed., Pharmaceutics. The Science of Dosage Form Design, 2nd ed., Churchill Livingstone, London, 2002, pp. 599-622.

[9] Birkett DJ, Pharmacokinetics Made Easy, 2nd ed., McGraw-Hill Australia, Sydney, 2002.

[10] Baggot JD, Principles of antimicrobial drug bioavailability and disposition, in Giguère S, Prescott JF, Baggot JD, Walker RD, Dowling PM, eds., Antimicrobial Therapy in Veterinary Medicine, 4th ed., Ames, IA, Blackwell, 2006, pp. 45-79.

[11] Baggot JD, Brown SA, Basis for selection of the dosage form, in Hardee GE, Baggot JD, eds., Development and Formulation of Veterinary Dosage Forms, 2nd ed., Marcel Dekker, New York, 1998, pp. 7-143.

[12] Schentag J, Swanson DF, Smith IL, Dual individualization: Antibiotic dosage calculation from the integration of invitro pharmacodynamics and invivo pharmacokinetics, J. Antimicrob. Chemother. 1985; 15 (Suppl. A): 47-57.

[13] Cars O, Efficacy of beta-lactam antibiotics: Integration of pharmacokinetics and pharmaco-dynamics, Diagn. Microbiol. Infect. Dis. 1997; 27: 29-33.

[14] Toutain P-L, del Castillo JRE, Bousquet-Mélou A, The pharmacokinetic-pharmacodynamic approach to a rational dosage regimen for antibiotics, Res. Vet. Sci. 2002; 73 (2): 105-114.

[15] Giguère S, Macrolides, azalides and ketolides, in Giguère S, Prescott JF, Baggot JD, Walker RD, Dowling PM, eds., Antimicrobial Therapy in Veterinary Medicine, 4th ed., Blackwell, Ames, IA, 2006, pp. 191-205.

[16] Yang Q, Nakkula RJ, Walters JD, Accumulation of ciprofloxacin and minocycline by cultured human gingival fibroblasts, J. Dent. Res. 2002; 81: 836-40.

[17] Hardman JG, Limbird LE, Molinoff PB, Ruddon RW, Gilman AG, Design and optimization of dosage regimens: Pharmacokinetic data, in Hardman JGG, Gilman A, Limbird LL, eds., Goodman and Gilman's Pharmaco-

logical Basis of Therapeutics, 9th ed., McGraw-Hill, New York, 1996, pp. 1712-1792.

[18] McKellar QA, Sanchez Bruni SF, Jones DG, Pharmacokinetic/pharmacodynamic relationships of antimicrobial drugs used in veterinary medicine, J. Vet. Pharmacol. Ther. 2004; 27: 503-514.

[19] CLSI—Clinical Laboratory Standards Institute (previously NCCLS), Performance Standards for Antimicrobial Disk Susceptibiliy Tests: Approved Standard, 10th ed., 2009.

[20] EUCAST—European Committee on Antimicrobial Susceptibility Testing (2010) (available at http://www.eucast.org/; accessed 10/11/10).

[21] Prescott JF, Walker RD, Principles of antimicrobial drug selection and use, in Prescott JF, Baggot JD, Walker RD, eds., Antimicrobial Therapy in Veterinary Medicine, 3rd ed., Iowa State Univ. Press, Ames, IA, 2000, pp. 88-104.

[22] Chambers HF, General principles of antimicrobial therapy, in Brunton LL, Lazo J, Parker K, eds., Goodman and Gilman's Pharmacological Basis of Therapeutics, 11th ed., McGraw-Hill, New York, 2006, pp. 1095-1111.

[23] Walker RD, Giguère S, Principles of antimicrobial drug selection and use, in Giguère S, Prescott JF, Baggot JD, Walker RD, Dowling PM, eds., Antimicrobial Therapy in Veterinary Medicine, 4th ed., Blackwell, Ames, IA, 2006, pp. 107-117.

[24] Woodward KN, Veterinary pharmacovigilance. Part 4. Adverse reactions in humans to veterinary medicinal products, J. Vet. Pharmacol. Ther. 2005; 28: 185-201.

[25] Woodward KN, Hypersensitivity in humans and exposure to veterinary drugs, Vet. Hum. Toxicol. 1991;33: 168-172.

[26] Boxall ABA, Veterinary medicines and the environment, in Cunningham F, Elliott J, Lees P, eds., Handbook of Experimental Pharmacology. Comparative and Veterinary Pharmacology, Vol. 199, Springer, Heidelberg, 2010, pp. 291-314.

[27] Samuelsen OB, Lunestad BT, Husevåg B, Hølleland T, Ervik A, Residues of oxolinic acid in wild fauna following medication in fish farms, Dis. Aquat. Organ. 1992; 12: 111-119.

[28] Samuelsen OB, Torsvik V, Ervik A, Long-range changes in oxytetracycline concentration and bacterial resistance towards oxytetracycline in a fish farm sediment after medication, Sci. Total Environ. 1992; 114: 25-36.

[29] Hektoen H, Berge JA, Hormazabal V, Yndestad M, Persistence of antibacterial agents in marine sediments, Aquaculture 1995; 133: 175-184.

[30] Jacobsen P, Berglind L, Persistence of oxytetracycline in sediments from fish farms, Aquaculture 1988; 70: 365-370.

[31] Björklund HV, Bondestam, Bylund G, Residues of oxytetracycline in wild fish and sediments from fish farms, Aquaculture 1990; 86: 359-367.

[32] Björklund HV, Rabergh CMI, Bylund G, Residues of oxolinic acid and oxytetracycline in fish and sediments from fish farms, Aquaculture 1991; 97: 85-96.

[33] Boxall ABA, Johnson P, Smith EJ, Sinclair CJ, Stutt E, Levy LS, Uptake of veterinary medicines from soils into plants, J. Agric. Food Chem. 2006; 54: 2288-2297.

[34] Berendsen B, Stolker L, de Jong J, Nielen M, Tserendorj E, Sodnomdarjaa R, Cannavan A, Elliott C, Evidence of natural occurrence of the banned antibiotic chloramphenicol in herbs and grass, Anal. Bioanal. Chem. 2010; 397 (5): 1955-1963.

[35] Swann MM, Joint Committee on the Use of Antibiotics in Animal Husbandry and Veterinary Medicine, Her Majesty's Stationery Office, London, 1969.

[36] World Health Organisation, WHO Global Principles for the Containment of Antimicrobial Resistance in Animals Intended for Food, report of a WHO consultation, Geneva, June 5-9, 2000 (available at http://whqlibdoc.who.int/hq/2000/WHO_CD S_ CSR_ APH_ 2000.4.pdf; accessed 11/20/10).

[37] Begg EJ, Barclay ML, Aminoglycosides—50 years on, Br. J. Clin. Pharmacol. 1995; 39: 597-603.

[38] Leibovici L, Vidal L, Paul M, Aminoglycoside drugs in clinical practice: An evidence-based approach, J. Antimicrob. Chemother. 2009; 63 (5): 1081-1082.

[39] Dowling PM, Aminoglycosides, in Giguère S, Prescott JF, Baggot JD, Walker RD, Dowling PM, eds., Antimicrobial Therapy in Veterinary Medicine, 4th ed., Blackwell, Ames, IA, 2006, pp. 207-229.

[40] Marra F, Partoni N, Jewesson P, Aminoglycoside administrations as a single daily dose: An improvement to current practice or a repeat of previous errors? Drugs 1996; 52: 344-376.

[41] Riviere JE, Renal impairment, in Prescott JF, Baggot JD, Walker RD, eds., Antimicrobial Therapy in Veterinary Medicine, 3rd ed., Iowa State Univ. Press, Ames, 2000, pp. 453-458.

[42] World Health Organisation, Specifications for the Identity and Purity of Food Additives and Their Toxicological Evaluation: Some Antibiotics, 12th Report Joint FAO/WHO Expert Committee on Food Additives, WHO Technical Report Series 430, 1969 (available at http://whqlibdoc.who.int/trs/WHO_TRS_430.pdf; accessed 11/9/10).

[43] Codex Veterinary Drug Residues in Food Online Database (available at http://www.codexalimentarius.net/vetdrugs/data/index.html; accessed 11/11/10).

[44] Heitzman RJ, Dihydrostreptomycin and streptomycin, in Residues of Some Veterinary Drugs in Animals and Foods, FAO Food and Nutrition Paper 41/7, 1995, pp. 17-29 (available at ftp://ftp.fao.org/ag/agn/jecfa/vetdrug/41-7-dihydrostreptomycin_streptomycin.pdf; accessed 11/20/10).

[45] Heitzman RJ, Dihydrostreptomycin and streptomycin, in Residues of Some Veterinary Drugs in Animals and Foods, FAO Food and Nutrition Paper 41/10, 1998, pp. 39-44 (available at ftp://ftp.fao.org/ag/agn/jecfa/vet drug/41-10-dihydrostreptomycin_streptom-ycin.pdf; accessed 11/20/10).

[46] Heitzman RJ, Dihydrostreptomycin and streptomycin, in Residues of Some Veterinary Drugs in Animals and Foods, FAO Food and Nutrition Paper 41/12, 2000, pp. 21-25 (available at ftp://ftp.fao.org/ag/agn/jecfa/vet drug/41-12-dihydrostreptomycin_stre pto-mycin.pdf; accessed 11/20/10).

[47] Heitzman RJ, Dihydrostreptomycin and streptomycin, in Residues of Some Veterinary Drugs in Animals and Foods, FAO Food and Nutrition Paper 41/14, 2002, pp. 37-41 (available at ftp://ftp.fao.org/ag/agn/jecfa/vet drug/41-14-streptomycins.pdf; accessed 11/20/10).

[48] MacNeil JD, Cuerpo L, Gentamicin, in Residues of Some Veterinary Drugs in Animals and Foods, FAO Food and Nutrition Paper 41/7, 1995, pp. 45-55 (available at ftp://ftp.fao.org/ag/agn/jecfa/vetdrug/41-7-gentam-icin.pdf; accessed 11/20/10.

[49] MacNeil JD, Gentamicin, in Residues of Some Veterinary Drugs in Animals and Foods, FAO Food and Nutrition Paper 41/11, 1998, pp. 61-63 (available at ftp://ftp.fao.org/ag/agn/jecfa/vetdrug/41-11-gentamicin.pdf; accessed 11/20/10).

[50] Livingston RC, Neomycin, in Residues of Some Veterinary Drugs in Animals and Foods, FAO Food and Nutrition Paper 41/7, 1995, pp. 57-67 (available at ftp://ftp.fao.org/ag/agn/jecfa/vetdrug/41-7-nomycin.pdf; accessed 11/20/10).

[51] Arnold D, Neomycin, in Residues of Some Veterinary Drugs in Animals and Foods, FAO Food and Nutrition Paper 41/9, 1997, pp. 73-74 (available at ftp://ftp.fao.org/ag/agn/jecfa/vetdrug/41-9-neomycin.pdf; accessed 11/20/10).

[52] Livingston RC, Neomycin, in Residues of Some Veterinary Drugs in Animals and Foods, FAO Food and Nutrition Paper 41/12, 2000, pp. 91-95 (available at ftp://ftp.fao.org/ag/agn/jecfa/vetdrug/41-12-neomycin.pdf; accessed 11/20/10).

[53] Reeves PT, Swan GE, Neomycin, in Residues of Some Veterinary Drugs in Animals and Foods, FAO Food and Nutrition Paper 41/15, 2003, pp. 53-63 (available at ftp://ftp.fao.org/ag/agn/jecfa/vetdrug/41-15-neomycin.pdf; accessed 11/20/10).

[54] Cuerpo L, Livingston RC, Spectinomycin, in Residues of Some Veterinary Drugs in Animals and Foods, FAO Food and Nutrition Paper 41/7, 1995, pp. 63-77 (available at ftp://ftp.fao.org/ag/agn/jecfa/vetdrug/41-6-spectino-mycin.pdf; accessed 11/20/10).

[55] Ellis RL, Livingston RC, Spectinomycin, in Residues of Some Veterinary Drugs in Animals and Foods, FAO Food and Nutrition Paper 41/11, 1998, pp. 119-132 (available at ftp://ftp.fao.org/ag/agn/jecfa/vetdrug/41-11-spect-inomycin.pdf; accessed 11/20/10).

[56] Prankerd RJ, Critical compilation of pK_A values for pharmaceutical substances, in Brittain HG, ed., Profiles of Drug Substances, Excipients, and Related Methodology, Vol. 33, Elsevier, Amsterdam; 2007.

[57] DrugBank: Apramycin (DB04626) (available at http://www.drugbank.ca/drugs/DB04626; accessed 11/23/10).

[58] Riviere JE, Craigmill AL, Sundlof SF, Handbook of Comparative Pharmacokinetics and Residues of Veterinary Antimicrobials, CRC Press, Boca Raton, FL, 1991.

[59] Kong KF, Schneper L, Mathee K, β-lactam antibiotics: From antibiosis to resistance and bacteriology, Acta Pathol. Microbiol. Immunol. J. 2009; 118: 1-36.

[60] Sheehan JC, Henery-Logan KR, A general synthesis of the penicillins, J. Biol. Chem. 1959; 81: 5838-5839.

[61] Fairbrother RW, Taylor G, Sodium methicillin in routine therapy, Lancet 1961; 1: 473-476.

[62] Hornish RE, Kotarski SF, Cephalosporins in veterinary medicine— ceftiofur use in food animals, Curr. Top. Med. Chem. 2002; 2: 717-731.

[63] Robbins RL, Wallace SS, Brunner CJ, Gardner TR, DiFranco BJ, Speirs VC, Immune-mediated haemolytic dis-ease after penicillin therapy in a horse, Equine Vet. J. 1993; 25: 462-465.

[64] Embrechts E, Procaine penicillin toxicity in pigs, Vet. Rec. 1982; 111: 314-315.

[65] Nielsen IL, Jacobs KA, Huntington PJ, Chapman CB, Lloyd KC, Adverse reactions to procaine penicillin G in horses, Austral. Vet. J. 1988; 65: 181-185.

[66] Chapman CB, Courage P, Nielsen IL, Sitaram BR, Hunting-ton PJ, The role of procaine in adverse reactions to procaine penicillin in horses, Austral. Vet. J. 1992; 69: 129-133.

[67] Göbel A, McArdell CS, Suter MJ-C, Giger W, Trace determinations of macrolide and sulphonamide antimicrobials, a human sulphonamide metabolite, and trimethoprim in wastewater using liquid chromatography coupled to electrospray tandem mass spectrometry, Anal. Chem. 2004; 76: 4756-4764.

[68] World Health Organization, Evaluation of Certain Veterinary Drug Residues in Food, 36th Report Joint FAO/WHO Expert Committee on Food Additives, WHO Technical Report Series 799, 1990, pp. 37-41 (available at http://whqlibdoc.who.int/trs/WHO_TRS_799.pdf; accessed 11/20/10).

[69] World Health Organization, Evaluation of Certain Veterinary Drug Residues in Food, 50th Report Joint FAO/WHO Expert Committee on Food Additives, WHO Technical Report Series 888, 1999; 250-33 (available at http://whqlib doc.who.int/trs/WHO_TRS_888.pdf; accessed 11/20/10).

[70] World Health Organization, Evaluation of Certain Veterinary Drug Residues in Food, 45th Report Joint FAO/WHO Expert Committee on Food Additives., WHO Techni-cal Report Series 864, 1996, pp. 26-32 (available at http://whqlibdoc.who.int/trs/WHO_TRS_864.pdf; accessed 11/22/10).

[71] Anonymous, Benzylpenicillin, in Residues of Some Veterinary Drugs in Animals and Foods, FAO Food and Nutrition Paper 41/3, 1990 pp. 1-18 (available at ftp://ftp.fao.org/ag/agn/jecfa/vetdrug/41-3-benzylpenicillin.pdf; accessed 11/20/10).

[72] MacNeil JD, Procaine penicillin, in Residues of Some Veterinary Drugs in Animals and Foods, FAO Food and Nutrition Paper 41/11, 1998, pp. 95-106 (available at ftp://ftp.fao.org/ag/agn/jecfa/vetdrug/41-11-procaine_benzylpenicillin.pdf; accessed 11/20/10).

[73] MacNeil JD, Ceftiofur, in Residues of Some Veterinary Drugs in Animals and Foods, FAO Food and Nutrition Paper 41/10, 1997, pp. 1-8 (available at ftp://ftp.fao.org/ag/agn/jecfa/vetdrug/41-10-ceftiofur.pdf; accessed 11/20/10).

[74] USP Veterinary Pharmaceutical Information Monographs—Antibiotics, J. Vet. Pharmacol. Ther. 2003; 26 (Suppl. 2), p.46 (clavulanic acid), p.89 (enrofloxacin), p.161 (pirlimycin).

[75] Suter W, Rosselet A, Knusel F, Mode of action of quindoxin and substituted quinoxaline-di-N-oxides on Escherichia coli, Antimicrob. Agents Chemother. 1978; 13: 770-783.

[76] de Graaf GJ, Jager LP, Baars AJ Spierenburg TJ, Some pharmacokinetic observations of carbadox medication in pigs, Vet. Q. 1988; 10: 34-41.

[77] Van der Molen EJ, Baars AJ, de Graff GJ, Jager LP, Comparative study of the effect of carbadox, olaquindox and cyadox on aldosterone, sodium and potassium plasma levels in weaned pigs, Res. Vet. Sci. 1989; 47: 11-16.

[78] Nabuurs MJA, van der Molen EJ, de Graaf GJ, Jager LP, Clinical signs and performance of pigs treated with different doses of carbadox, cyadox and olaquindox, J. Vet. Med. Ser. A 1990; 37: 68-76.

[79] Power SB, Donnelly WJ, McLaughlin JG, Walsh MC, Dromey MF, Accidental carbadox overdosage in pigs in an Irish weaner-producing herd, Vet. Rec. 1989; 124: 367-370.

[80] Commission Regulation No. 2788/98 of December 1998 amending Council directive 70/524/EEC concerning additives in feedingstuffs as regards the withdrawal of authorization for certain growth promoters, Off. J. Eur. Commun. 1998; L347: 32-32 (available at http://eur-lex.europa.eu/LexUriServ/LexUriServ.do?uri=OJ:L:1998:347:0031:0032:EN:PDF; accessed 11/23/10).

[81] ALINORM 09/32/31, Report 18th Session of the Codex Committee on Residues of Veterinary Drugs in Foods, Codex Alimentarius Commission, Joint FAO/WHO Food Standards Programme, Rome, 2009 (available at http://www.codexalimentarius.net/web/archives.jsp?year=09; accessed 11/07/10).

[82] World Health Organization, Evaluation of Certain Veterinary Drug Residues in Food, 60th Report Joint FAO/WHO Expert Committee on Food Additives, WHO Technical Report Series 918, 2003, pp. 33-41 (available at http://whqlibdoc.who.int/trs/WHO_TRS_918.pdf; accessed 11/20/10).

[83] Fernández Suárez A, Arnold D, Carbadox, in Residues of Some Veterinary Drugs in Animals and Foods, FAO Food and Nutrition Paper 41/15, 2003, pp. 1-9 (available at ftp://ftp.fao.org/ag/agn/jecfa/vetdrug/41-15-carbad-ox.pdf; accessed 11/20/10).

[84] World Health Organization, Evaluation of Certain Veterinary Drug Residues in Food, 42nd Report Joint FAO/WHO Expert Committee on Food Additives, WHO Technical Report Series 851, 1995, pp. 19-21 (available at ftp://ftp.fao.org/ag/agn/jecfa/vetdrug/41-15-carbadox.pdf; accessed 11/20/10).

[85] Anonymous, Olaquindox, in Residues of Some Veterinary Drugs in Animals and Foods, FAO Food and Nutrition Paper 41/3, 1991, pp. 85-96 (available at ftp://ftp.fao.org/ag/agn/jecfa/vetdrug/41-3-olaquindox.pdf; accessed 11/20/10).

[86] Ellis RL, Olaquindox, in Residues of Some Veterinary Drugs in Animals and Foods, FAO Food and Nutrition Paper 41/6, 1994, pp. 53-62 (available at ftp://ftp.fao.org/ag/agn/jecfa/vetdrug/41-6-olaquindox.pdf; accessed 11/20/10).

[87] Giguère S, Lincosamides, pleuromutilins, and streptogramins, in Giguère S, Prescott JF, Baggot JD, Walker RD, Dowling PM, eds., Antimicrobial Therapy in Veterinary Medicine, 4th ed., Blackwell, Ames, IA, 2006, pp. 179-190.

[88] Boxall ABA, Fogg L, Baird D, Telfer T, Lewis C, Gravell A, Boucard T, Targeted Monitoring Study for Veterinary Medicines, Environment Agency R&D Technical Report, Environment Agency, Bristol, UK, 2006.

[89] World Health Organization, Evaluation of Certain Veteri-nary Drug Residues in Food, 54th Report Joint FAO/WHO Expert Committee on Food Additives, WHO Techni-cal Report Series 900, 2001, pp. 13-29 (available at http://whqlibdoc.who.int/trs/WHO_TRS_900.pdf; accessed 11/20/10).

[90] World Health Organization, Evaluation of Certain Veterinary Drug Residues in Food, 62nd Report Joint FAO/WHO Expert Committee on Food Additives, WHO Technical Report Series 925, 2004, pp. 26-37 (available at http://whqlibdoc.who.int/trs/WHO_TRS_925.pdf; accessed 11/20/10).

[91] Röstel B, Zmudski J, MacNeil J, Lincomycin, in Residues of Some Veterinary Drugs in Animals and Foods, FAO Food and Nutrition Paper 41/13, 2000, pp. 59-74 (available at ftp://ftp.fao.org/ag/agn/jecfa/vetdrug/41-13-lincomycin.pdf; accessed 11/20/10).

[92] Arnold D, Ellis R, Lincomycin, in Residues of Some Veterinary Drugs in Animals and Foods, FAO Food and Nutrition Paper 41/14, 2002, pp. 45-53 (available at ftp://ftp.fao.org/ag/agn/jecfa/vetdrug/41-14-lincomycin.pdf; accessed 11/20/10).

[93] Kinabo LDB, Moulin G, Lincomycin, in Residues of Some Veterinary Drugs in Animals and Foods, FAO Food and Nutrition Paper 41/16, 2004, pp. 41-43 (available at ftp://ftp.fao.org/ag/agn/jecfa/vetdrug/41-16-lincom-ycin.pdf; accessed 11/20/10).

[94] Friedlander L, Moulin G, Pirlimycin, in Residues of Some Veterinary Drugs in Animals and Foods, FAO Food and Nutrition Paper 41/16, 2004, pp. 55-73 (available at ftp://ftp.fao.org/ag/agn/jecfa/vetdrug/41-16-pirlimycin.pdf; accessed 11/20/10).

[95] Veien NK, Hattel O, Justesen O, Nrholm A, Occupational contact dermatitis due to spiramycin and/or tylosin among farmers, Contact Dermatitis 1980; 6: 410-413.

[96] McGuigan MA, Human exposures to tilmicosin (MICOTIL), Vet. Hum. Toxicol. 1994; 36: 306-308.

[97] Crown LA, Smith RB, Accidental veterinary antibiotic injection into a farm worker, Tenn. Med. 1999; 92: 339-340.

[98] Von Essen S, Spencer J, Hass B, List P, Seifert SA, Unintentional human exposure to tilmicosin (Micotil® 300), J. Toxicol. Clin. Toxicol. 2003; 41: 229-233.

[99] Kuffner EK, Dart RC, Death following intravenous injection of Micotil® 300, J. Toxicol. Clin. Toxicol. 1996;

34: 574.

[100] Kolpin DW, Furlong ET, Meyer MT, Thurman EM, Zaugg SD, Barber LB, Buxton HT, Pharmaceuticals, hormones, and other organic wastewater contaminants in US streams 1999-2000: A national reconnaissance, Environ Sci Technol. 2002; 36: 1202-1211.

[101] Pope L, Boxall ABA, Corsing C, Halling-Sorensen B, Tait A, Topp E, Exposure assessment of veterinary medicines in terrestrial systems, in Crane M, Boxall ABA, Barrett K, eds., Veterinary Medicines in the Environment, CRC Press, Boca Raton, FL, 2009, pp. 129-153.

[102] Loke ML, Ingerslev F, Halling-Sorensen B, Tjornelund J, Stability of tylosin A in manure containing test systems determined by high performance liquid chromatography, Chemosphere 2000; 40: 759-765.

[103] Teeter JS, Meyerhoff RD, Aerobic degradation of tylosin in cattle, chicken and swine excreta, Environ. Res. 2003; 93: 45-51.

[104] Kolz AC, Moorman TB, Ong SK, Scoggin KD, Douglass EA, Degradation and metabolite production of tylosin in anaerobic and aerobic swine-manure lagoons, Water Environ Res. 2005; 77: 49-56.

[105] World Health Organization, Evaluation of Certain Veterinary Drug Residues in Food, 66th Report Joint FAO/WHO Expert Committee on Food Additives, WHO Techni- cal Report Series 939, 2006, pp. 33-44 (available at http://whqlibdoc.who.int/publications/2006/ 924120939 9 _ eng. pdf; accessed 11/21/10).

[106] World Health Organization, Evaluation of Certain Veteri- nary Drug Residues in Food, 43rd Report Joint FAO/WHO Expert Committee on Food Additives, WHO Technical Report Series 855, 1995, pp. 38-43 (available at http://whqlibdoc.who.int/trs/WHO _ TRS _ 855. pdf; accessed 11/21/10).

[107] World Health Organization, Evaluation of Certain Veteri- nary Drug Residues in Food, 47th Report Joint FAO/WHO Expert Committee on Food Additives, WHO Techni- cal Report Series 876, 1998, pp. 37-44 (available at http://whqlibdoc.who.int/trs/WHO _ TRS _ 876. pdf; accessed 11/21/10).

[108] World Health Organization, Evaluation of Certain Veterinary Drug Residues in Food, 70th Report Joint FAO/WHO Expert Committee on Food Additives, WHO Technical Report Series 954, 2009, pp. 94-107 (available at http://whqlibdoc.who.int/trs/WHO _ TRS _ 954 _ eng. pdf; accessed 11/21/10).

[109] Fernández Suárez A, Ellis R, Erythromycin, in Residue Evaluation of Certain Veterinary Drugs, FAO JECFA Monographs 2, 2006, pp. 29-51 (available at ftp://ftp.fao.org/ag/agn/jecfa/vetd rug/2-2006-erythromycin.pdf; accessed 11/22/10).

[110] Anonymous, Spiramycin, in Residues of Some Veterinary Drugs in Animals and Foods, FAO Food and Nutrition Paper 41/4, 1991, pp. 97-107 (available at ftp://ftp.fao.org/ag/agn/jecfa/vetdrug/41-4-spiramycin.pdf; accessed 11/22/10).

[111] Ellis RL, Spiramycin, in Residues of Some Veterinary Drugs in Animals and Foods, FAO Food and Nutrition Paper 41/7, 1995, pp. 89-103 (available at ftp://ftp.fao.org/ag/agn/jecfa/vetdrug/41-7-spiramycin.pdf; accessed 11/22/10).

[112] Marshall BL, Spiramycin, in Residues of Some Veterinary Drugs in Animals and Foods, FAO Food and Nutrition Paper 41/9, 1997, pp. 77-87 (available at ftp://ftp.fao.org/ag/agn/jecfa/vetdrug/41-9-spiramycin.pdf; accessed 11/22/10).

[113] Livingston RC, Spiramycin, in Residues of Some Veterinary Drugs in Animals and Foods, FAO Food and Nutrition Paper 41/10, 1997, pp. 77-78; available at ftp://ftp.fao.org/ag/agn/jecfa/vetdrug/41-10- spiramycin.pdf; accessed 11/22/10).

[114] MacNeil JD, Tilmicosin, in Residues of Some Veterinary Drugs in Animals and Foods, FAO Food and Nutrition Paper 41/9, 1997, pp. 105-118 (available at ftp://ftp.fao.org/ag/agn/jecfa/vetdrug/41-9-tilmicosin.pdf; accessed 11/22/10).

[115] Xu S, Arnold D, Tilmicosin, in Residue Evaluation of Certain Veterinary Drugs, FAO JECFA Monographs 6, 2009, pp. 159-195 (available at ftp://ftp.fao.org/ag/agn/jecfa/vetdrug/6-2009-tilmicosin.pdf; accessed 11/22/10).

[116] Anonymous, Tylosin, in Residues of Some Veterinary Drugs in Animals and Foods, FAO Food and Nutrition Paper 41/4, 1991, pp. 109-127 (available at ftp://ftp.fao.org/ag/agn/jecfa/vetdrug/41-4-tylosin.pdf; accessed 11/22/10).

[117] Lewicki J, Reeves PT, Swan GE, Tylosin, in Res-

[118] Wang J, Analysis of macrolide antibiotics, using liquid chromatography-mass spectrometry, in food, biological and environmental matrices, Mass Spectr. Rev. 2009; 28 (1): 50-92.

[119] Horie M, Chemical analysis of macrolides, in Oka H, Nakazawa H, Harada K, MacNeil JD, eds., Chemical Analysis for Antibiotics Used in Agriculture, AOAC International, Arlington, VA, 1995, pp. 165-205.

[120] Draxxin Injectable Solution, APVMA Product no. 59304, Public Release Summary, Australian Pesticides and Veterinary Medicines Authority, June 2007, p. 29 (available at http://www.apvma.gov.au/registration/assessment/docs/prs_draxxin.pdf; accessed 11/23/10).

idue Evaluation of Certain Veterinary Drugs, FAO JECFA Monographs 6, 2009, pp. 243-279 (available at ftp://ftp.fao.org/ag/agn/jecfa/vetdrug/6-2009-tylosin.pdf; accessed 11/22/10).

[121] World Health Organisation, Evaluation of Certain Veteri-nary Drug Residues in Food, WHO Technical Report Series 832, 1993, pp. 32-40 (available at http://whqlibdoc.who.int/trs/WHO_TRS_832.pdf; accessed 11/21/10).

[122] Samuelson OB, Solheim E, Lunestad BT, Fate and microbi- ological effects of furazolidone in marine aquaculture sediment, Sci. Total Environ. 1991; 108: 275-283.

[123] World Health Organization, Evaluation of Certain Veteri-nary Drug Residues in Food, 34th Report Joint FAO/WHO Expert Committee on Food Additives, WHO Technical Report Series 788, 1989, pp. 27-32 (available at http://whqlibdoc.who.int/trs/WHO_TRS_788.pdf; 11/08/10).

[124] World Health Organization, Evaluation of Certain Veterinary Drug Residues in Food, 42nd Report Joint FAO/WHO Expert Committee on Food Additives, WHO Technical Report Series 851, 1995, p. 27 (available at http://whqlibdoc.who.int/trs/WHO_TRS_851.pdf; accessed 11/08/10).

[125] Ehrlich J, Bartz QR, Smith RM, Joslyn DA, Burkholder PR, Chloromycetin, a new antibiotic from a soil actinomycete, Science 1947; 106: 417.

[126] Schwarz S, Kehrenberg C, Doublet B, Cloeckaert A, Molecular basis of bacterial resistance to chloramphenicol and florfenicol, FEMS Microbiol. Rev. 2004; 28: 519-542.

[127] Wongtavatchai J, McLean JG, Ramos F, Arnold D, Chloramphenicol, WHO Food Additives Series 53, JECFA (WHO: Joint FAO/WHO Expert Committee on Food Additives), IPCS (International Programme on Chemical Safety) INCHEM. 2004; pp. 7-85 (available at http://www.inchem.org/documents/jecfa/jecmono/v53je03.htm; accessed 11/21/10).

[128] World Health Organization, Evaluation of Certain Veterinary Drug Residues in Food, 52nd Report Joint FAO/WHO Expert Committee on Food Additives, WHO Technical Report Series 893, 2000, pp. 28-37 (available at http://whqlibdoc.who.int/trs/WHO_TRS_893.pdf; accessed 11/22/10).

[129] World Health Organization, Evaluation of Certain Veterinary Drug Residues in Food, 58th Report Joint FAO/WHO Expert Committee on Food Additives, WHO Technical Report Series 911, 2002; pp. 35-36 (available at http://whqlibdoc.who.int/trs/WHO_TRS_911.pdf; accessed 11/22/10).

[130] Francis PG, Thiamphenicol, in Residues of Some Veterinary Drugs in Animals and Foods, FAO Food and Nutrition Paper 41/9, 2000, pp. 89-104 (available at ftp://ftp.fao.org/ag/agn/jecfa/vetdrug/41-9-thiamphenicol.pdf; accessed 11/22/10).

[131] Wells RJ, Thiamphenicol, in Residues of Some Veterinary Drugs in Animals and Foods, FAO Food and Nutrition Paper 41/12, 1997, pp. 119-128 (available at ftp://ftp.fao.org/ag/agn/jecfa/vetdrug/41-12-thiamphenicol.pdf; accessed 11/22/10).

[132] Pressman BC, Biological applications of ionophores, Annu. Rev. Biochem. 1976; 45: 501-530.

[133] Russell JB, A proposed mechanism of monensin action in inhibiting ruminal bacterial growth: Effects on ion flux and protonmotive force, J. Anim. Sci. 1987; 64: 1519-1525.

[134] Chow JM, Van Kessel JAS, Russell JB, Binding of radio-labelled monensin and lasalocid to ruminal microorganisms and feed, J. Anim. Sci. 1994; 72: 1630-1635.

[135] Russell JB, Strobel HJ, Effect of ionophores on ruminal fermentation, Appl. Environ. Microbiol. 1989; 55: 1-6.

[136] Bergen WG, Bates DB, Ionophores: Their effect on pro-duction ef ciency and mode of action, J. Anim.

Sci. 1984; 58: 1465-1483.

[137] Lindsay DS, Blagburn BL, Antiprotozoan drugs, in Adams HR, ed., Veterinary Pharmacology and Therapeutics, 8th ed., Blackwell, Ames, IA, 2001, pp. 992-1016.

[138] Russell JB, Houlihan AJ, Ionophore resistance of ruminal bacteria and its potential impact on human health, FEMS Microbiol. Rev. 2003; 27 (1): 65-74.

[139] Blaxter K, The energy metabolism of ruminants, in Blaxter K, ed., The Energy Metabolism of Ruminants, Charles C. Thomas, Spring eld, IL, 1962, pp. 197-200.

[140] Galyean ML, Owens FN, Effects of monensin on growth, reproduction, and lactation in ruminants, in ISI Atlas of Science: Animal and Plant Sciences, ISI Press, Philadelphia, 1988, pp. 71-75.

[141] Honeyfield DC, Carlson JR, Nocerini MR, Breeze RG, Duration and inhibition of 3-methylindole production by monensin, J. Anim. Sci. 1985; 60: 226-231.

[142] Woodward KN, Veterinary pharmacovigilance. Part 3. Adverse effects of veterinary medicinal products in animals and on the environment, J. Vet. Pharmacol. Ther. 2005; 28: 171-184.

[143] Dowling PM, Miscellaneous antimicrobials: Ionophores, nitrofurans, nitroimidazoles, rifamycins, oxazolidinones, and others, in Giguère S, Prescott JF, Baggot JD, Walker RD, Dowling PM, eds., Antimicrobial Therapy in Veterinary Medicine, 4th ed., Blackwell, Ames, IA, 2006, pp. 285-300.

[144] Van der Linde-Sipman JS, van den Ingh T, Van Nes JJ, Verhagen H, Kersten JGTM, Benyen AC, Plekkringa R, Salinomycin-induced polyneuropathy in cats. Morphologic and epidemiologic data, Vet. Pathol. 1999; 36: 152-156.

[145] Kouyoumdjian JA, Morita MPA, Sato AK, Pissolatti AF, Fatal rhabdomyolysis after acute sodium monensin (Rumensin®) toxicity, Arq. Neuropsiquiatr. 2001; 59: 596-598.

[146] Kim S, Carlson K, Occurrence of ionophore antibiotics in water and sediments of a mixed-landscape watershed, Water Res. 2006; 40: 2549-2560.

[147] Lissemore L, Hao C, Yang P, Sibley PK, Mabury S, Solomon KR, An exposure assessment for selected pharmaceuticals within a watershed in Southern Ontario, Chemosphere 2006; 64: 717-729.

[148] World Health Organization, Evaluation of Certain Veterinary Drug Residues in Food, 70th Report Joint FAO/WHO Expert Committee on Food Additives, WHO Techni- cal Report Series 954, 2009, pp. 56-71 (available at http://whqlibdoc.who.int/trs/WHO_TRS_954_eng.pdf; accessed 11/21/10).

[149] World Health Organization, Evaluation of Certain Veterinary Drug Residues in Food, 70th Report Joint FAO/WHO Expert Committee on Food Additives, WHO Technical Report Series 954, 2009, pp. 71-83 (available at http://whqlibdoc.who.int/trs/WHO_TRS_954_eng.pdf; accessed 11/21/10).

[150] Freidlander LG, Sanders, P, Monensin, in Residues of Some Veterinary Drugs in Foods and Animals, FAO JECFA Monographs 6, 2009, pp. 109-135 (available at ftp://ftp.fao.org/ag/agn/jecfa/vetdrug/6-2009-monensin.pdf; accessed 11/08/10).

[151] San Martin B, Freidlander LG, Narasin, in Residues of Some Veterinary Drugs in Foods and Animals, FAO JECFA Monograph 6, 2009, pp. 137-158 (available at ftp://ftp.fao.org/ag/agn/jecfa/vetdrug/6-2009-narasin.pdf; accessed 11/08/10).

[152] Kim S-C, Carlson K, Quanti cation of human and veterinary antibiotics in water and sediment using SPE/LC/MS/MS, Anal. Bioanal. Chem. 2007; 387: 1301-1315.

[153] Hansen M, Krogh KA, Brandt A, Christensen JH, Halling-Sφrensen B, Fate and antibacterial potency of anticoccidial drugs and their main degradation products, Environ. Pollut. 2009; 157: 474-480.

[154] Hansen M, Anticoccidials in the Environment: Occurrence, Fate, Effects and Risk Assessment of Ionophores, dissertation, Univ. Copenhagen, 2009.

[155] Van Dijck PJ, Vanderhaeghe H, DeSomer P, Microbio-logic study of the components of Staphylomycin, Antibiot. Chemother. 1957; 7 (12): 625-629.

[156] Vanderhaeghe H, Parmentier G, La structure de la staphy-lomycie, Bull. Soc. Chim. Biol. 1959; 69: 716-718.

[157] Champney WS, Tober CL, Speci c inhibition of 50S ribosomal subunit formation in Staphylococcus aureus cells by 16-membered macrolide, lincosamide, and

streptogramin B antibiotics, Curr. Microbiol. 2000; 41: 126-135.

[158] Matos R, Pinto VV, Ruivo M, Lopes MFD, Study on the dissemination of the bcrABDR cluster in Enterococcus spp reveals that the BCRAB transporter is sufficient to confer high level bacitracin resistance, Int. J. Antimicrob. Agents 2009; 34: 142-147.

[159] World Health Organization, Evaluation of Certain Veterinary Drug Residues in Food, 66th Report Joint FAO/WHO Expert Committee on Food Additives, WHO Technical Report Series 939, World Health Organization, Geneva, 2006, pp. 18-32 (available at http://whqlibdoc.who.int/publications/2006/924 1209399 _ eng. pdf; accessed 11/9/10).

[160] Freidlander LG, Arnold D, Colistin, in Residues of Some Veterinary Drugs in Foods and Animals, FAO JECFA Monograph 2, 2006, pp. 7-28 (available at ftp://ftp.fao.org/ag/agn/jecfa/vetdrug/2-2006-colistin.pdf; accessed 11/9/10).

[161] Butaye P, Devriese LA, Haesbrouck F, Antimicrobial growth promoters used in animal feed: Effect of less well known antibiotics on Gram-positive bacteria, Clin. Microbiol. Rev. 2003; 16: 175-178.

[162] Pfaller, M, Flavophospholipol use in animals: Positive implications for antimicrobial resistance based on its microbiologic properties, Diagn. Microbiol. Infect. Dis. 2006; 52: 115-121.

[163] Edwards JE, McEwan NR, McKain N, Walker N, Wal-lace RJ, In fluence of flavomycin on ruminal fermentation and microbial populations in sheep, Microbiology 2005; 15: 717-725.

[164] Poole TL, McReynolds JL, Edrington TS, Byrd JA, Call-away TR, Nisbet DJ, Effect of flavophospholipol on conjuga-tion frequency between Escherichia coli donor and recipient pairs in vitro and in the chicken gastrointestinal tract, J. Antimicrob. Chemother. 2006; 58: 359-366.

[165] World Health Organization, Evaluation of Certain Veterinary Drug Residues in Food, 43rd Report Joint FAO/WHO Expert Committee on Food Additives, WHO Technical Report Series 855, 1995, pp. 36-38 (available at http://whqlibdoc.who.int/trs/WHO _ TRS _ 855. pdf; accessed 11/9/10).

[166] World Health Organization, Evaluation of Certain Veterinary Drug Residues in Food, 62nd Report Joint FAO/WHO Expert Committee on Food Additives, WHO Technical Report Series 925, 2004, pp. 18-20 (available at http://whqlibdoc.who.int/trs/WHO _ TRS _ 925. pdf; accessed 11/10/10).

[167] World Health Organization, Evaluation of Certain Veterinary Drug Residues in Food, 43rd Report Joint FAO/WHO Expert Committee on Food Additives, WHO Techni cal Report Series 855, 1995, pp. 17-24 (available at http://whqlibdoc.who.int/trs/WHO _ TRS _ 855. pdf; accessed 11/9/10).

[168] World Health Organization, Evaluation of Certain Veteri-nary Drug Residues in Food, 48th Report Joint FAO/WHO Expert Committee on Food Additives, WHO Technical Report Series 879, 1998, pp. 15-25 (available at http://whqlibdoc.who.int/trs/WHO _ TRS _ 879. pdf; accessed 11/10/10).

[169] World Health Organization, Evaluation of Certain Veteri-nary Drug Residues in Food, 50th Report Joint FAO/WHO Expert Committee on Food Additives, WHO Techni-cal Report Series 888, 1999, pp. 33-43 (available at http://whqlibdoc.who.int/trs/WHO _ TRS _ 888. pdf; accessed 11/10/10).

[170] Wells R, Oxolinic acid, in Residues of Some Veterinary Drugs in Animals and Foods, FAO Food and Nutrition Paper 41/7, 1998, pp. 69-88 (available at ftp://ftp.fao.org/ag/agn/jecfa/vetdrug/41-7-oxolinic _ acid. pdf; accessed 11/22/10).

[171] Francis PG, Wells RJ, Flumequine, in Residues of Some Veterinary Drugs in Animals and Foods, FAO Food and Nutrition Paper 41/10, 1995, pp. 59-70 (available at ftp://ftp.fao.org/ag/agn/jecfa/vetdrug/41-10-flumequine.pdf; accessed 11/22/10).

[172] Wells R, Flumequine, in Residues of Some Veterinary Drugs in Animals and Foods, FAO Food and Nutrition Paper 41/13, 2000, pp. 43-52 (available at ftp://ftp.fao.org/ag/agn/jecfa/vetdrug/41-13-flumequine.pdf; accessed 11/22/10).

[173] Rojas JL, Soback S, Flumequine, in Residues of Some Veterinary Drugs in Animals and Foods, FAO Food and Nutrition Paper 41/15, 2003; 43-52 (available at ftp://ftp.fao.org/ag/agn/jecfa/vetdrug/41-15-flumequine.pdf; accessed 11/22/10).

[174] Rojas JL, Reeves PT, Flumequine, in Residues of Some Veterinary Drugs in Animals and Foods, FAO JECFA Monograph 2, 2006 pp. 1-7 (available at

ftp: //ftp. fao. org/ag/agn/jecfa/vetdrug/2-2006-flumequine. pdf; accessed 11/22/10).

[175] Heitzman RJ, Enro oxacin, in Residues of Some Vet-erinary Drugs in Animals and Foods, FAO Food and Nutrition Paper 41/10, 1997, pp. 31-44 (available at ftp: //ftp. fao. org/ag/agn/jecfa/vetdrug/41-7-enrofloxacin. pdf; accessed 11/09/10).

[176] Heitzman RJ, Dano oxacin, in Residues of Some Vet- erinary Drugs in Animals and Foods, FAO Food and Nutrition Paper 41/10, 1997, pp. 23-37 (available at ftp: //ftp. fao. org/ag/agn/jecfa/vetdrug/41-10-danofloxacin. pdf; accessed 11/22/10).

[177] Heitzman RJ, Saro oxacin, in Residues of Some Veterinary Drugs in Animals and Foods, FAO Food and Nutrition Paper 41/10, 1998, pp. 107-117 (available at ftp: //ftp. fao. org/ag/agn/jecfa/vetdrug/41-11-sarafloxacin. pdf; accessed 11/22/10).

[178] Berger K, Petersen B, Buening-Pfaue H, Persistence of drugs occurring in liquid manure in the food chain, Arch. Lebensmittelhyg. 1986; 37 (4): 85-108.

[179] Reeves PT, Minchin RF, Ilett KF, Induction of sulfamet-hazine acetylation by hydrocortisone in the rabbit, Drug Metab. Dispos. 1988; 16: 104-109.

[180] Kay P, Blackwell PA, Boxall ABA, Transport of veterinary antibiotics in overland ow following the application of slurry to arable land, Chemosphere 2005; 59: 951-959.

[181] Blackwell PA, Kay P, Boxall ABA, The dissipation and transport of veterinary antibiotics in a sandy loam soil, Chemosphere 2007; 67: 292-299.

[182] World Health Organization, Evaluation of Certain Veterinary Drug Residues in Food, 42nd Report Joint FAO/WHO Expert Committee on Food Additives, WHO Technical Report Series 851, 1995, pp. 25-27 (available at http: //whqlibdoc. who. int/trs/WHO _ TRS _ 851. pdf; acce ssed 11/22/10).

[183] Anonymous, Sulfamethazine, in Residues of Some Veterinary Drugs in Animals and Foods, FAO Food and Nutrition Paper 41/2, 1994, pp. 66-81 (available at ftp: //ftp. fao. org/ag/agn/jecfa/vetdrug/41-2-sulfadimidine. pdf; accessed 11/22/10).

[184] Hamscher G, Abu-Quare A, Sczesny S, Hoper H, Nau G, Determination of tetracyclines and tylosin in soil and water samples from agricultural areas in lower Saxony, in van Ginkel LA, Ruiter A, eds., Proc. Euroresidue IV Conf., May 2000, National Institute of Public Health and the Environment (RIVM), Veldhoven, The Netherlands, 2000, pp. 8-10.

[185] World Health Organization, Evaluation of Certain Veterinary Drug Residues in Food, 45th Report Joint FAO/WHO Expert Committee on Food Additives, WHO Technical Report Series 864, 1996, pp. 38-40 (available at http: //whqlibdoc. who. int/trs/WHO _ TRS _ 864. pdf; accessed 11/11/10).

[186] Anonymous, Oxytetracycline, in Residues of Some Veterinary Drugs in Animals and Foods, FAO Food and Nutrition Paper 41/3, 1991, pp. 97-118 (available at ftp: //ftp. fao. org/ag/agn/jecfa/vetdrug/41-3-oxytetracycline. pdf; accessed 11/23/10).

[187] Sinhaseni Tantiyaswasdikul P, Oxytetracycline, in Residues of Some Veterinary Drugs in Animals and Foods, FAO Food and Nutrition Paper 41/8, 1996, pp. 125-130 (available at ftp: //ftp. fao. org/ag/agn/jecfa/vetdrug/41-8-oxytetracycline. pdf; accessed 11/23/10).

[188] Wells R, Tetracycline in Residues of Some Veterinary Drugs in Animals and Foods, FAO Food and Nutrition Paper 41/8, 1996, pp. 131-155 (available at ftp: //ftp. fao. org/ag/agn/jecfa/vetdrug/41-8-tetracycline. pdf; accessed 11/23/10).

[189] Sinhaseni Tantiyaswasdikul P, Oxytetracycline, in Residues of Some Veterinary Drugs in Animals and Foods, FAO Food and Nutrition Paper 41/9, 1997, pp. 75-76 (available at ftp: //ftp. fao. org/ag/agn/jecfa/vetdrug/41-9-oxytetracycline. pdf; accessed 11/23/10).

[190] Wells R, Chlortetracycline and tetracycline, in Residues of Some Veterinary Drugs in Animals and Foods, FAO Food and Nutrition Paper 41/9, 1997, pp. 3-20 (available at ftp: //ftp. fao. org/ag/agn/jecfa/vetdrug/41- 9-chlortetracycline _ tetracy cline. pdf; accessed 11/23/10).

[191] Roestel B, Tetracycline, oxytetracycline and chlortetracycline, in Residues of Some Veterinary Drugs in Animals and Foods, FAO Food and Nutrition Paper 41/11, 1998, p. 23 (available at ftp: //ftp. fao. org/ag/agn/ jecfa/vetdrug/41-11-chlortetracycline _ oxytetracycline _ tetracycli ne. pdf; accessed 11/23/10).

[192] AliAbadi F, MacNeil JD, Oxytetracycline, in Residues of Some Veterinary Drugs in Animals and Foods, FAO Food and Nutrition Paper 41/14, 2002, pp. 61-67 (available at ftp://ftp.fao.org/ag/agn/jecfa/vetdrug/41-14-oxytetracycline.pdf; accessed 11/23/10).

[193] Lindsey ME, Meyer M, Thurman EM, Analysis of trace levels of sulphonamide and tetracycline antimicrobials in groundwater and surface water using solid-phase extraction and liquid chromatography/mass spectrometry, Anal. Chem. 1998;73: 4640-4646.

2 药物代谢动力学、分布、生物利用度与抗菌药物残留的关系

2.1 引言

为了加强公众对接受过抗菌药物（AMDs）处理的动物食品的信心，主管部门采取保守办法，设置了有严格数据要求的标准。首先，确定药理学、毒理学、微生物学的最大无作用剂量［no observable (adverse) effect levels，NOAELs］。然后以最低 NOAELs 来计算每日允许摄入量（acceptable daily intake，ADI），ADI 是指人终生摄入某种药物或药物代谢物，对健康不产生明显危害的剂量。ADI 被用来计算选定的残留标示物的最高残留限量（maximum residue limits，MRLs，美国称为法定容许量，tolerances）。通常情况下，残留标示物为药物原型，但也可以是药物的一种代谢物或几种代谢物的总和，或者药物原型与代谢物的化学转换体。为了得到可靠的靶动物可食性组织的 MRLs，主管部门要求申请获得含一种或多种 AMDs 产品上市销售许可（marketing authorization，MA）的公司，提供在以推荐剂量给药的情况下，产品活性成分在靶动物中的药代动力学和代谢数据。药代动力学研究提供了药物的吸收、发布、代谢和排泄的定量数据，尤其是血浆或血液的药物浓度-时间曲线，以及主要代谢物的鉴定与定量分析。

本章总结了几类主要 AMDs 的重要药代动力学特征，特别包括了残留消除的相关内容。在欧盟管辖范围内，监控内容还包括每类化合物的残留标示物和靶组织。本章还简要回顾了以治疗为目的的用药情况，包括预防，治未病疗法和治疗，并提出对与先导药物生物等效的仿制药进行残留研究的要求。同时，对动物源产品中 AMD 残留的风险评估、风险特征描述、风险管理和风险交流进行了概述。

2.2 药代动力学原理

2.2.1 药代动力学参数

药代动力学是定量描述机体给药后，体内药物浓度随时间推移发生变化的一门学科。总而言之，这是根据机体血清/血浆药物浓度-时间数据所建立的数学模型，它进一步阐述了药物及其代谢物在生物体内吸收、分布、代谢和排泄的规律。本章不具体讨论药代动力学的推导、定义和应用（读者可参考文献 Toutain 和 Bousquet-Mélou[1-4]）。然而，这对了解 AMDs 在血浆和组织的药代动力学与食品动物中残留之间的关系是非常必要的。相关的药代动力学参数定义见表 2.1。

表 2.1 药代动力学参数定义和特征

参数	缩写	单位（常用单位）	估计/计算	定义/含义
曲线下面积	AUC	ATV^{-1} ($\mu g\ h\ mL^{-1}$)	根据原始数据，用梯形法计算获得或 AUC=F * dose/Cl	为血浆药物浓度-时间曲线面积积分；血浆（血液）暴露；体内药量受清除率和 F% 控制
达峰浓度	C_{max}	AV^{-1} ($\mu g\ mL^{-1}$)	一般从原始数据获得；进行简单的单房室模型计算得到	在给予给定剂量药物后的最大血药浓度
达峰时间	T_{max}	T (min, h)		达峰浓度（C_{max}）时间

参数	缩写	单位（常用单位）	估计/计算	定义/含义
清除率	Cl	VT^{-1}（mL/kg/min）	$Cl = dose/AUC = K_{10} * V_c$，此处，为中央室一级速率消除常数	采用血浆药物浓度计算药物消除速率；表示机体清除药物的能力；F，血浆药物暴露量的单一决定因素
稳态表观分布容积	V_{ss}	V（L/kg）	$V_{ss} = dose * AUMC/(AUC)^2$，此处 AUMC 为血药浓度-时间曲线一阶矩曲线下面积；$V_{ss} = Cl * MRT$，MRT 为平均驻留时间	稳态下机体药物含量和对应稳态下血浆药物浓度的比值；用于计算负荷剂量
消除相分布容积	V_{area}	V（L/kg）	$V_{area} = Cl/$末端斜率	消除相给定时间的机体药物含量与对应血药浓度的比值；用于根据末端消除相观察到的血药浓度计算药物驻留量
末端半衰期	$T_{1/2}$	T（min, h）	ln2/末端斜率	在末端相血药浓度下降一半所需时间；可以是由清除率和药物分布程度控制的血浆代谢时的消除半衰期；可以是受注射部位药物释放速率（多次）控制的吸收半衰期
极末端半衰期	$T_{1/2}$	T（h, day）	ln2/极末端斜率	在极末端相（在氨基糖苷类药物称为γ相）血药浓度下降一半所需时间；如果使用足够灵敏的分析技术，可以描述末端半衰期特征，不过这没有临床意义，但是其与残留消除相关；此最后阶段可以被看作是一个药物从深且小的隔间缓慢释放的过程，类似于注射部位的多次释放
生物利用度	F%	标量（百分率）	$F = (AUC_{EV}/AUC_{IV}) * 100$；何时非静脉（EV）给予的剂量等于静脉（IV）给予的剂量	表示非静脉给药后，药物被吸收，进入中央室的含量

注：A=含量；V=体积；T=时间。

当静脉给药时，药物直接进入药代动力学的中央室，不存在吸收相，血浆或血液药物浓度-时间曲线能通过合适的计算程序（如 WinNonlin）对数据进行回归曲线拟合来推导药物的三个基本特性：清除率（Cl）、表观分布容积（V）和消除半衰期（$T_{1/2}$）。三者是描述 PK 的参数，一般通过健康动物得到；当这些 PK 参数在一组动物中获得时，它们成为在统计学上具有特定值、分布（常呈正态分布）和其他特征的随机变量。所谓群体动力学的目的是为了精确地评估这些统计参数，并通过不同的协变量如年龄、性别和健康状态来解释变异（动物个体间和个体内）。考虑所有这些变异因素是因为这些因素与制定休药期（withholding time，WhT）息息相关。比如，没有什么可以保证健康动物对 AMD 的清除率与疾病动物的清除率相等或相似。

还有更多的药代动力学参数，如 C_{max}、T_{max}、曲线下面积（AUC）、吸收半衰期、末端半衰期和生物利用度，它们与药物化合物并不明确相关，但这些参数对含药物化合物的制剂是明确相关的，这是因为这些药物产品和特定的药物制剂，与给药方式和环境（如给药时动物是否饲喂或禁食）等情况相关。从残留的角度来看，这解释了为什么休药期不能作为药物化合物本身的参数，而是作为产品的特性，因为这取决于药物制剂的给药途径、给药方案和其他因素。相反，MRL 是指药物本身特性的一个浓度，本质上与药物的动力学特征无关，可以允许主管部门将 MRL 作为"法定常数"赋予其量值，使之具有全球相同的意义，并能对其进行国际协调。

不同 PK 参数与血浆药物浓度（常以 C_{max} 和 AUC 参数报道）之间的关系见表 2.1。简单来说，可以看出，对于给定剂量，如果 Cl_{tot} 值高，则 AUC 低，这对药物残留有影响，因为血浆 AUC（也称为暴露或体内药物含量）与组织中药物浓度（尽管以一个可能很复杂的方式）相关。清除率是一个真正的药代动力学参数，表示机体清除药物的能力，并决定给药后达到目标血浆浓度（对于给定的生物利用度）所需的给药剂量。末端半衰期，以时间为单位表示的药物浓度变化，为描述末端浓度-时间曲线提供了一个易于理解的参数。

末端半衰期是一种混合型的参数，需要了解其决定因素。末端半衰期既是由清除率和药物分布决定的混合 PK 参数，也是在有药物"flip-flop"曲线情况下，由生物利用度因素（吸收速率和程度）决定的药物制剂 PK 参数。在后者因素下,末端半衰期不反映药物自身的消除速率。无论什么生物学因素影响末端半衰期,在考虑选择最佳的给药时间间隔时应考虑 $T_{1/2}$。如果考虑 AMD 血浆浓度的药效阈值,那么很明显长的末端半衰期将导致血浆药物浓度下降到阈值浓度需要的时间更长。

更为重要的是,因与 AMD 残留相关,需要考虑所谓的极末端半衰期是否存在。当应用灵敏的分析技术时,在补充相,能测得低于微生物学有效血浆药物浓度的血药浓度,因此这没有临床意义。末端相消除非常慢(半衰期通常高于 24h),这反映了在较深部位的药物残留持久情况。实际上,末端相受药物从组织到血浆的再分布速率常数控制。氨基糖苷类药物就是这样的一个情况,其治疗显著的半衰期大约为 2h,而极末端相药物消除半衰期非常长(见 2.3.1 节),这解释了部分组织的残留持续时间长达几周甚至几个月。

此外,极末端相由于多次给药能导致药物累积,这解释了多次给药后的 WhT(要求组织药物浓度低于 MRL)比单次给药的 WhT 明显更长。多次给药后,只有在极末端相残留药物量的持续增加,而在治疗期间,没有与治疗作用相关的血浆药物浓度的增加(进一步解释见图 15,Toutain 和 Bousquet-Mélou[4])。

涉及 AMDs 的残留,法规机构要求进行实验动物和靶动物的药代动力学研究,设计这些研究来建立体液(通常为血液、血清或血浆)中药物原型及其生物学活性和无活性代谢物的浓度-时间曲线。对于实验动物,进行比较代谢研究的目的是要确定毒理学试验所用的实验动物是否暴露于药物代谢物,通过检测这些药物代谢物确定动物源食品中的兽药残留[5]。对于靶动物,代谢研究要求要确定兽药残留的性质和含量[6]。一般来讲代谢研究要用放射性标记的药物进行,从而能涵盖所有可能的残留。最后,为了描述残留标示物的消除规律来确定药物制剂的 WhTs,对动物使用临床用药物制剂并按照推荐给药方案给药,来确定靶组织的药物浓度-时间曲线[7]。理想情况下,对每种靶动物,每种给药途径,在推荐不同的剂量时需分别以最低和最高给药剂量,进行药代动力学和代谢研究。随后,采用最高推荐剂量,按照最长推荐给药时间用药进行残留消除研究。这是进行残留消除研究的最低要求。

2.2.2 药效剂量选择的原则

AMDs 的剂量选择原则在不同的地区是不同的,但都要求申请者在临床前研究中证明药物在靶动物的药代动力学特征和对微生物的药效学特性。后者包括药物的抗菌活性,该药物是否主要呈现抑菌或杀菌作用(在临床有效剂量下),其杀菌作用是否主要为浓度依赖型、时间依赖型或者混合依赖型。AMD 药物效应动力学可以通过一些指数予以量化,其中最重要的指数为最低抑制浓度(minimum inhibitory concentration,MIC)和最小杀菌浓度(minimum bactericidal concentration,MBC),而生长抑制-时间曲线则用于定义杀菌作用类型和浓度-药效关系的陡度。

最广泛使用的表示药效和效价的混合指数是 MIC。通过测定足够数量(通常为上百株菌株,因为菌株间效价存在差异)敏感菌菌株的 MIC,即可获得中位或几何平均 MIC_{50} 和 MIC_{90}。然后结合药效学和药代动力学数据来设定一个临时的剂量,药效学和药代动力学数据采用下面一个或多个参数:C_{max}:MIC_{90}(适用于一些浓度依赖型药物,如氨基糖苷类药物),AUC:MIC_{90}(适用于大多数浓度依赖和混合依赖型药物,如氟喹诺酮类、大环内酯类、四环素类药物)和 $T>MIC_{90}$(适用于大多数 β-内酰胺类药物)。后者指给药间隔的血浆/血清药物浓度超过 MIC_{90} 的比例,以给药间隔间百分比表示。

科学文献中到处都是这些指数的建议数值,比如氨基糖苷类药物的 C_{max}:MIC_{90}≥10:1,氟喹诺酮类药物的 AUC:MIC_{90}≥125h,β-内酰胺类药物的 $T>MIC_{90}$≥50%。事实上,这些数值还不能作为临床有效剂量的指导,是因为下面几个原因:

(1)在实际中,目标数值是"菌-药特异的"。

(2)所需药物剂量取决于宿主动物的免疫能力与细菌荷载量。

(3)所需药物剂量取决于治疗终点是临床治愈、细菌学治愈或避免耐药性的出现。

这些指数的进一步讨论,参见 Lees 等[8-10] 和 Toutain 等[11-13]。

采用如上所述的 PK-PD 原则确定临时剂量后,最终给药方案确定的方法在不同地区是不同的,这里就不详细讨论了。这里举一个例子:在欧盟,欧洲药品局/兽药产品委员会(EMA/CVMP,之前为欧洲药品评价局/兽药产品委员会,或 EMEA/CVMP)提出的原则建议,采用靶动物的临床相关疾病模型,进行剂量滴定/测定研究[14]。在这项研究中,应分别针对每个给药途径,每种推荐剂量和每种适应证进行试验，因此这些要求从成本和动物福利方面来讲是非常繁重的。某一个剂量只要比一个较低的剂量有更大的反应但与另一个较高的剂量相比却没有更强的反应（统计学意义）时，就要选择这个剂量，以剂量确定试验方式做进一步的试验，而这种试验是通过疾病模型或临床动物进行的。

给药剂量范围研究的问题/缺陷已经在其他地方讨论了[8,10,12,13]。简而言之，选择的剂量可通过合适的统计学分析证明是有效的，但可能不是最佳的。Lees等[8]和Toutain等[13]建议将PK-PD模型法（不要与PK-PD整合混淆）作为一个可替代的方法，其中采用计算程序，如采用S形Emax方程来评估全部范围的血药浓度-药效关系。这使得能够通过体外、半体外和体内技术获得细菌生长抑制和抑菌杀菌的特定浓度来确定药物浓度和剂量[15,16]。

2.2.3　给药剂量与残留浓度的关系

残留浓度及其消除规律无疑是与抗菌药物的给药剂量相关的，尽管关系可能比较复杂并有组织依赖性，但它们还是存在必然的联系。对于全身给予的药物，这一关系首次通过下面的方程式得到关联，剂量与血浆/血液药物浓度-时间曲线下面积的关系可表示为：

$$\text{Dose} = \frac{\text{Cl} \times \text{AUC}}{F} \quad (2.1)$$

此处Cl=全身清除率；AUC=血浆或血液药物浓度-时间曲线下面积；F=生物利用度，为吸收并进入中央室的给药剂量的比例。方程2.1经重排后，得到下面方程：

$$\text{AUC} = \frac{\text{Dose} \times F}{\text{Cl}} \quad (2.2)$$

这个方程表明，剂量和F值越高，Cl值越低，那么一定时间内血浆/血药中药物含量（暴露）就越大。如果在剂量范围研究中，F值和Cl值保持不变（即，如果药代动力学特征为线性变化），那么给药剂量加倍，AUC也以2倍系数增加。然而，如果Cl和/或F值不是PK参数，而作为剂量依赖的变量，如非线性药代动力学的情况，那么AUC的增加并不与给药剂量直接成正比关系。例如，当药物为高脂溶性低水溶性时，口服较高剂量，可能F值更低，Cl可能更低，这是因为消除途径饱和的结果。

其次，血浆中药物浓度（驱动浓度）和组织中药物浓度存在相关性，但二者很少相等，组织中的浓度取决于药物的性质（见2.2.6节）和动物特性。重要的是，一方面要注意组织总浓度造成的药理学/毒理学反应的重要性和结果是不同的，另一方面药物和代谢物也是如此。对于后者，平均组织浓度（不区分细胞外或细胞内液体或几个房室间细胞内分布的浓度）决定了人类消费者摄入的量。相比而言，对于前者，组织浓度（如果有的话）是有限的，可能实际上属于误导。大环内酯类、林可酰胺类和截短侧耳素类抗菌药物都说明了这一点。这些种类药物（化合物与化合物之间在浓度上存在很大不同），在肺脏组织都有很高的药物浓度，但在细胞内药物浓度最高。因此，如果细菌存在细胞外（如上皮细胞衬液），而此处是大多数细菌引起家畜肺部感染的位置，那么这种情况对于治疗很不利。这种情况就好比军队被限制于兵营，不能投入到外面的战场中为战斗做出贡献。

与药物残留相关的、有重要意义的药代动力学参数是极末端半衰期（见2.3.1节和2.7.1节）。对于许多种类的药物，静脉给药后，血浆浓度-时间半对数曲线显示为多房室模型，用λ_1，λ_2和λ_3斜率描述房室模型的三相。这些斜率分别表示快速分布、慢分布和最后，在达到假平衡分布（如，此时相同量的药物从中央室向外周室流转，反之，同时相同量的药物从外周室流向中央室）时，对应于净消除过程的末端相期间观察到的衰减。第三相可能出现在：①只有当血药浓度低于治疗浓度后仍继续采样时；②分析方法足够灵敏时（即有更低的低端定量限）。对于大多数药物，λ_2相是具有治疗意义的，因为它决定了提供临床治疗效果所需要的给药时间间隔。另一方面，因为药物从组织中流出，λ_3相（在文献中也称为伽马相）表示一些药物在没有治疗意义浓度下的缓慢降低。λ_3相表示药物从被称为药代动力学的深部位房室的消除。另外，也表示部分药物被缓慢吸收部分的"flip-flop"药物代谢动力学特征（见2.3.1节和2.7.1节）。在这两种情况下，通常用λ_3相值决定WhTs。

这里有两个方程可以用来表示末端半衰期：

$$T_{1/2} = \frac{\ln 2}{\text{Terminal} \times \text{slope}} = \frac{0.693}{\lambda_3} \quad (2.3)$$

这个数学方程表示了半衰期的含义，具体地讲，就是在血浆药物浓度达到假平衡除以2时的浓度所需的时间；λ_3是混合型参数，与V_{area}（末端相表观分布容积）和血浆清除率相关。方程2.3还可用下面更清晰、有用的方程表示：

$$T_{1/2} = \frac{0.693 \times V_{area}}{Cl} \quad (2.4)$$

方程 2.3 在概念上是有用的，它表明，当斜率（λ_z）平缓时，半衰期则长，因此 WhT 也长。方程 2.4 清晰、有用，表示 $T_{1/2}$ 取决于机体消除率 Cl 和与体内分布状况相关的 V_{area}。因此很清楚，如果 Cl 低，则 $T_{1/2}$ 也延长。

V_{area} 容积是一个比例常数，表示末端相血浆药物浓度与对应的机体药物总量的关系。因此它可通过计算来比较在给定时间内机体总残留药物量和 ADI 的关系。这里应强调的是 V_{area} 不表示一个特定的生理空间。如果要讨论有生理活性药物的再分配和 WhT，那么稳态表观分布容积（V_{ss}）是最适合考虑的表观分布容积，因为它具有生理学意义，其数值（常低于 V_{area}）直接表示平衡分布机制，而 V_{area} 也受血浆清除率影响。然而，V_{ss} 不能希望直接推测 WhT，因为 V_{ss} 值高（如远大于机体水体积）可能表示大多数或全部机体细胞的细胞内液有高浓度的药物。或者，这表示药物分布不均，在特定的一个组织或多个组织中有较高的药物浓度。一些药物因为 V_{ss} 高，而延长了 WhT，但是 V_{ss} 低不能保证 WhT 短（见 2.3.1 节），因为药物可能在一个组织有高的浓度，如肾脏（如氨基糖苷类药物），而药物总体分布是有限的。

许多因素能改变 V_{ss} 和/或 Cl，从而缩短或延长 $T_{1/2}$，具体讨论见其他文献[1-4,17]。这些因素包括改变的体液平衡、营养状态、体脂百分比、品种、激素状况、动物年龄和疾病状态。比如，肾脏和/或肝脏疾病能降低 Cl，从而延长治疗相的 $T_{1/2}$，而感染性疾病可以提高或降低 Cl 和/或 V_{ss}。相反，影响极末端相斜率的主要因素是药物从深部位房室到血浆的再分布。

2.2.4 剂量和残留浓度与靶动物群体的关系

抗菌药物的疗效和安全性取决于药效动力学（对微生物引起疾病的药效和效力）和药代动力学（将微生物暴露于药物下足够长时间以进行细菌学治疗）特性。因此，应根据这两种特性来选择合理的临床应用的给药方案。所以，管理部门要求制药公司提供健康和均一动物（即动物的选择应尽量降低动物间差异）的药代动力学数据。对于残留研究，要求有所不同，管理部门明确要求所用动物能代表靶动物群体的药物残留特性[7]。例如，如果有充足理由相信非反刍牛的代谢与成年牛有显著差异，那么就需要分别进行两个试验说明动物年龄可能影响药物代谢和残留消除。

同样，当靶动物包括反刍前和反刍牛时，那么要针对两类动物分别进行研究，建立制剂对不同靶动物各自不同的 WhT。然而，这里特别关注了 AMDs，而忽略了健康状况。根据 Nouws 的研究，疾病状态是影响 WhT 的重要因素[18]。Nouws 用不同的 AMDs，包括 β-内酰胺类、氨基糖苷类、四环素类、大环内酯类、氯霉素和磺胺类药物，对健康和紧急屠宰的反刍动物进行非胃肠或乳房内给药后，测定组织中药物残留浓度和持续时间。在那个时代，分析方法（微生物分析法）相当粗糙，也没有建立 MRL。然而，值得注意的是，通过比较健康动物和紧急屠宰动物的药代动力学模型，Nouws 得出结论，用健康牛来预测紧急屠宰反刍动物的肌肉和肾脏的 WhT，必须分别乘以系数 2~3 和 4~5[19]。目前没有用现代的分析方法更新这些数据的相关研究，但是可以肯定的是 AMDs 在健康动物和患病动物之间的残留消除情况是不相同的。

解决这个困难的方法是在尽量模拟临床疾病的基础上在临床病例或疾病模型动物上进行残留消除研究。因为一系列道德、经济和科学的原因，还没有尝试来满足这个理想状况。取而代之的是，在健康动物进行相关的残留研究（类似药代动力学研究）。通过采用一系列保守的假设来建立休药期还是可行的（见 2.5.4.1 节）。

管理部门另一个重要工作是，根据临床用药或特定的动物的需求，灵活地选择给药方案。笔者已在其他地方讨论了，根据 PK-PD 模型方法[8]和群体药代动力学研究替代传统的疾病模型的剂量滴定研究[20]，来优化临床和细菌学治疗的给药方案[13]。然而，考虑了 PK 和 PD 变异而确定的给药方案，却产生了休药期只有一个单值的问题。建议应该采用包括一系列剂量范围的给药方案来建立对应的 WhT 低限和高限。

2.2.5 个体和群体治疗及休药期的建立

特别在家禽和猪的养殖中，饲料和饮水中添加 AMDs 用作预防、治未病（在美国用于控制疾病）或治疗的用法非常广泛（见 2.7.3.2 节）。预防用药包括对已知处于风险状态（如动物圈舍相隔很近或者预见由于运输或反常天气引起的应激导致的不良后果）的健康动物使用抗菌药物，也包括对临床判断为健康、但与已发现有临床症状的动物有接触的动物给予抗菌药物。采用这样的群体给药程序，给单个动物的药物剂量可能有很大的不同。在一定程度上，通过饲料和饮水群体给药，产生的结果比较简单，但是对于较小动物，由于弱小而失去采食和饮水的机会多，导致药物摄入的差异加剧。甚至更糟糕的是，在动物群体中，严重疾病动物不愿采食和饮用加药的饲料和饮水。此外，每头动物的药物摄入是不连续的。从药物残留角度来看，这些药物摄入量的差异难免会直接引起组织的残留差异，因此在试验中建立 WhT 时，应该考虑试验设计中给药剂量是否严格受控。

相比而言，AMDs 治疗一般只涉及处理单个动物。AMDs 被制成制剂通过非肠道（通常为肌内注射或皮下注射）或口服给药，根据动物体重按照 mg/kg 给药。这样，尽管在临床诊疗条件下动物的体重通常靠估计而不是准确测定，但是相比而言，用药还是更加准确。

2.2.6 药物理化性质对残留和休药期的影响

药物开发时间长，费用高，因此制药工业需要优化发现药物的过程。对于人类用药，"Lipinski 的 5 规则"目的是通过计算或测定一系列的描述符，包括分子量、评价分子的亲脂性/亲水性的辛醇-水分配系数（以 logP 表示）、氢结合受体或供体的数量等，来预测新候选物的口服可能性。只要考虑一些临界值（实际上是 5），就可以预测化合物是否可能具有理想的药代动力学性质。对于兽药，残留和 WhT 问题是一个重要的因素，在药物开发的很早时期就应该提供文献证明这一因素。然而，组织中残留的成分与活性成分的理化特性的关系目前还没有进行系统的研究，因此需要建立与 Lipinski 规则相媲美的一般原则来指导药物开发。为了实现这个目标，有必要研究在静脉给药后的残留消除曲线，以了解药物自身性质对影响 WhT 的其他所有因素（主要为制剂）的关系。目前，已经公认，组织中药物浓度决定于药物的性质，即脂溶性、酸性/碱性，这些因素影响药物被动扩散通过细胞膜；对于一些药物，还能影响其主动从组织的吸收或排除。

药物的低、中或高脂溶性对 AMD 的药代动力学和组织残留可以产生很大的影响。表 2.2 根据脂溶性及其对药代动力学特征的影响，对药物进行了大体分类。高脂溶性药物为有机分子，在生理 pH 环境下是以非离子形式或仅部分离子化形式存在的。低脂溶性 AMD 通常为强酸（如青霉素类药物）或强碱（如多黏菌素），因此在生理 pH 环境下完全离子化。氨基糖苷类药物为弱碱性化合物，尽管极性高，但脂溶性差，这是因为分子中有糖基团存在。

药物残留研究既要关注药物原型，也要关注药物的代谢物，因此要注意，大多数（尤其是Ⅱ期）代谢物极性更强性，脂溶性差，生理活性低于药物原型。所以，大部分代谢物遵循低脂溶性药物处置（细胞膜渗透性差）和消除（尿和/或胆汁中浓度高）的一般原则。

表 2.2 抗菌药物的脂溶性对药代动力学特征（ADME）[a]的影响

低脂溶性药物		中到高脂溶性药物			高脂溶性药物
强酸	强碱或极性碱[b]	弱酸	弱碱	两性药物	
头孢菌素类，青霉素类	氨基环醇类，氨基糖苷类，多黏菌素类	磺胺类	二氨基嘧啶	大多数四环素，金霉素，土霉素	脂溶性四环素，多西环素，米诺环素，氟喹诺酮类，酮内酯类，林可胺类，大环内酯类，酰胺醇类，利福平，三酰胺内酯类
细胞膜渗透性差或几乎没有渗透性；从胃肠道吸收的量很有限或不吸收，除了对酸稳定的氨基环醇类药物，其吸收程度中等，且有种属差异；主要分布在细胞外液；而细胞内液、CSF、牛奶和眼部液体的浓度低，但是滑膜、腹膜和胸膜液的药物能达到有效浓度；部分青霉素类药物从 CSF 主动运输到血浆；一般以极性分子形式存在，从尿液以高浓度排泄；部分药物主动分泌到尿液和/或胆汁；通常生物转化（如在肝脏）轻微或没有		快速通过细胞膜；一般从 GIT 吸收程度中等但有种属依赖性；除了磺胺类药物因为在酸性环境下不易渗入细胞内液外，其他药物在细胞内、细胞间和细胞外液均能达到有效浓度；渗入 CSF 和眼部液体的能力取决于血浆蛋白结合能力（如大多数磺胺和二氨基嘧啶渗透性好）；弱酸性药物在血浆相关的体液中被碱性质离子捕获，如草食动物的尿；弱碱性药物在血浆相关的体液中被酸性物质离子捕获（如前列腺液、牛奶、细胞内液、食肉动物尿）；药物活性通常依赖于生物转化终止，但药物也可能以原型通过尿和/或胆汁排泄；部分药物主动分泌到胆汁			非常容易通过细胞膜；一般在单胃动物的 GIT 吸收良好；可渗入细胞内和细胞间液（如滑液和前列腺液以及支气管液）；也能很好地渗入 CSF，但四环素和利福平除外；药物失活依赖于高比例的摄入药物被代谢，如该现象可见于肝脏，也可见于其他位置（如肾脏、肠道细胞）；部分药物主动分泌到胆汁

注：[a] 吸收、分布、代谢和排泄。
[b] 多黏菌素类为强碱，而氨基糖苷类和氨基环醇类为弱碱，但极性强和脂溶性差，因为分子中存在糖基。

2.3 药物的使用、分布和代谢

2.3.1 氨基糖苷类和氨基环醇类

氨基糖苷类药物主要有链霉素（在兽医上没有广泛使用，因为其安全性低于双氢链霉素）、双氢链霉素、庆大霉素、阿米卡星、卡那霉素、安普霉素、妥布霉素、新霉素和巴龙霉素。氨基糖苷类药物的特点是含有一个糖苷基，链接一个或多个糖分子（一个氨基葡糖和/或二糖）。在氨基环醇类药物（如大观霉素）中，氨基连接在环多醇环上。氨基糖苷类药物的药代动力学特征取决于其强极性和低脂溶性的理化特性；药物的水溶性和脂溶性与药物各自的多聚阳离子性质和含糖基团（例如链霉素和双氢链霉素上的链霉糖）相关。

尽管氨基糖苷类药物在新生动物和患病动物（如被细小病毒感染的动物）的肠黏膜的生物利用度高，但药物从 GIT 的吸收程度很低（≤1%～2%给药剂量）。在 GIT 内，氨基糖苷类药物稳定，以原型随粪便排出。

当 ADMs 以水溶液的形式经非胃肠道途径给药（通常肌内注射）时，药物迅速吸收进入体循环。在 14～120min 内，血浆浓度达到最高[21]。血浆蛋白结合率低（<20%），但是药物主要分布在细胞外液（血浆+间质液）。氨基糖苷类药物很少渗入细胞、跨细胞液和牛奶，但是尿液中药物浓度很高，这是因为通过被动扩散的重吸收进入体循环的量非常有限。然而，药物可以通过其自由氨基，与刷状缘小泡和近曲小管细胞的细胞膜上的磷脂结合。因此产生的后果是双重的：①具有肾毒性，大多数离子化的化合物（如新霉素）的肾毒性都是明显的，因为这些药物表现最大的结合亲和力；②结合牢固，在肾小管周围毛细血管，药物很少或不能被重吸收。因此，药物在肾脏皮质的浓度，在几周后甚至几个月后仍远远超过 MRL。由于代谢 AMDs 的酶存在于肝脏、肾脏和肠道细胞内，因此氨基糖苷类药物几乎全部以原形排出体外。

Papich 和 Riviere 报道了氨基糖苷类药物的药代动力学特征（分布、清除率和半衰期），且这些特征在生理状态和病理（包括妊娠、肥胖、脱水、幼龄、败血症、内毒素血症、肾脏疾病）状态下存在显著差异[21]。后者的影响完全可以预见，因为机体的清除率几乎完全依赖肾脏排泄。Martin-Jimenez 和 Riviere 的结论是，可以通过群体动力学模型来预测氨基糖苷类药物在不同种属间的药代动力学特征[22]。

氨基糖苷类药物在小牛的表观分布容积相对高于成年牛，这是因为小牛相对于体重，有较高的细胞外液容积，而表观分布容积与血浆体积呈比例相关。表观分布容积在肥胖动物较低，这是因为氨基糖苷类药物渗入脂肪组织的能力非常低。总之，表观分布容积（$V_{d,area}$）范围为 0.15～0.45L/kg，与临床相关的末端半衰期（β相）为 0.1～2.0h。

对于部分氨基糖苷类药物，需要注意的是，无论从药代动力学方面还是从残留方面来看，这些药物都是化学混合物。例如，庆大霉素是四种化合物的混合物，C_1、C_{1a}、C_2 和 C_{2a}；残留分析通常测定这些化合物的总和。而新霉素的残留分析测定的是新霉素 B，卡那霉素的残留分析测定的是卡那霉素 A。

氨基糖苷类药物一般呈三房室模型；α，β 和 γ 相分别表示分布半衰期，与临床相关衰减相（治疗的给药方案），组织中药物的最后缓慢释放消除，特别是在肾皮质和肝脏。γ相（定义为 $λ_3$）决定药物的残留消除。α 相持续时间很短（≤60min），β 相一般时间比较短（≤5h），但是 γ 相在家畜中非常长，庆大霉素在猪为 11.0h，牛为 44.9h，马为 142h[21]。给予的药物大多数在短 β 相（定义为 $λ_2$）消除，这与肾小球滤过率（GFR）很好相关，因为在哺乳动物的肾单位几乎没有重吸收，也没有肾小管分泌。由于 GFR 不按照体重比例增加，大动物的消除半衰期往往更长，清除率随体重的增加而下降[22]。Riviere 还证明，给定动物的慢 γ 相取决于给药剂量和给药方式，也要考虑不同实验室的结果存在差异。

氨基糖苷类药物在肾皮质延长停留，增加了不符合要求的组织残留出现的可能性。这个问题还由于药物从肾脏组织的消除在不同动物间存在差异而表现复杂，因此原来建议，庆大霉素在成年牛的 WhT 为 18 个月，现在则建议完全避免使用庆大霉素，而仔猪的 WhT 为 40d[21]。与肾脏一样，肝脏中氨基糖苷类药物的浓度也很高[23,24]。

庆大霉素是被研究最多的氨基糖苷类药物，可以作为该类药物的代表。据报道，牛肌内注射的生物利用度为 93%，马为 87%，鲶为 60%，不同肌内注射部位结果相同。尽管皮下给药的吸收较慢，但结果也相近，而口服生物利用度几乎为 0。Oukessou 和 Toutain 报道，给药后，饲喂低蛋白日粮的绵羊比饲喂高蛋白日粮的绵羊，清除率和表观分布容积更低，血浆AUC更高[25]。Papich和Riviere报道了一系列动物和给药剂量的药代动力学参数和变量[21]。尽管在犊牛和成年肉牛，90%的药物在24h内从肾脏排出，然而药物在肾皮质组织的残留仍持续存在。另一方面，骨骼肌的药物残留很低。其他在家畜使用的氨基糖苷类药物有安普霉素（用于猪饲料，治疗猪大肠杆菌病）和双氢链霉素（配合青霉素类，主要是普鲁卡因青霉素，用于注射治疗）。

大观霉素是一种氨基环醇类药物，理化性质与氨基糖苷类药物相同；它是极性分子，脂溶性差，但不含氨基糖或糖苷键。与氨基糖苷类药物不同的是，大观霉素没有肾毒性。药物口服生物利用度低（<10%），表观分布容积小。牛在静脉和肌内给药后，末端半衰期短（1.2～2.0h）。大观霉素主要以可溶性粉剂用于猪和禽的饮水中或饲料添加剂；作为肌内注射制剂用于牛、禽类和猪。

2.3.2 β-内酰胺类：青霉素类和头孢菌素类

羧酸基团赋予所有β-内酰胺类药物中度到强度的酸性特点。比如，苄青霉素（$pK_a=2.7$）在全身体液的pH环境下，除了单胃动物的胃酸外，都以完全离子化形式存在，因而可以用于各种实际用途。在血液pH7.4环境下，离子：非离子分子超过50 000：1。因此，大多数β-内酰胺类药物不易穿过细胞膜，所以细胞内和细胞间液体的药物浓度相对低于血浆药物浓度。不同药物在GIT的吸收情况不同，如青霉素的生物利用度范围为1%～2%，该药物在水溶液中不稳定，特别在极端pH条件（如胃酸）下。药物口服后生物利用度增高的顺序依次为苯氧甲基青霉素、氨苄西林和阿莫西林。这与氨基青霉素在酸性条件下有更强的稳定性有关。氨基青霉素还含有碱性氨基基团，因此为两性化合物。这导致药物的口服生物利用度在不同动物之间存在差异，如阿莫西林，在马很低（5%～10%），犬为64%～77%，猪为23%[26]。药物含有酯，如匹氨西林，则在不同动物（如马）的吸收得以提高，但这些化合物不能用于食品动物。氨基青霉素在反刍前牛犊的吸收率低，生物利用度甚至低于反刍牛。单胃动物口服头孢菌素类药物，也有中等到良好的生物利用度。

β-内酰胺类药物制成水性溶液，经非肠道途径给药（肌内注射或皮下注射）时，能很快吸收，在0.2～1h达到最高浓度。因此，很多例子表明，静脉注射和肌内注射的血药浓度-时间曲线非常相近。

β-内酰胺类药物的分布和消除主要取决于药物的极性和非亲脂性特点。虽然单个药物有例外，但一般的规律是β-内酰胺类药物不易进入细胞到达能代谢AMDs的酶所处的位置，因此主要以药物原型排出。有限的药物代谢，包括打开不稳定的四元β-内酰胺环。例如，阿莫西林代谢成为阿莫西林噻唑酸。在肾脏，未结合的药物原型在肾小球滤过，极少被吸收排出到尿液。因此，通过这个机制，尿：血浆药物浓度达到100：1（为血浆游离药物浓度）。然而，许多青霉素类和头孢菌素类药物都是近曲小管中转运体的底物，转运体可促进特定有机酸从肾小球周围毛细血管主动分泌到肾小管液中。因此，通过肾小球的超滤和肾小管分泌的综合作用，尿：血浆药物浓度可达到400：1。

大多数青霉素类药物在多数动物中，与血浆蛋白结合率的范围在低（30%）到中等（60%）。因此，多数青霉素类药物（非蛋白结合部分）的清除率超过GFR，这种现象不分动物品种，同时多数药物清除快，末端半衰期短，为0.6～2h。此外，表观分布容积（0.15～0.40L/kg）约与细胞外体液容积相等。Papich和Riviere在这方面对许多文献进行了很好的总结[27]。同样，对于头孢菌素类药物，表观分布容积一般也约等于细胞外体液容积，末端半衰期≤2.0h。头孢维星是一个有趣的例外，药物在猫的半衰期为7d，犬为5d。这么长的半衰期主要是因为药物的血浆蛋白结合率高，这大大限制了肾小球的超滤，可能也减少了肾小管的分泌，从而导致肾脏分泌功能降低。因此，这个药物没有用于食品动物也就不足为奇了。如果该药物的药代动力学特性与犬和猫的药代动力学特性相近，那么组织的药物清除过程将旷日持久。

由于这类药物的脂溶性和在尿的浓度高的特性，通常可以推测β-内酰胺类药物很少或几乎没有被代谢。这个推论不适用于阿莫西林，在对猪饮水给药后，组织中可识别的代谢物有阿莫西林噻唑酸和阿莫西林哌嗪-2,5-二酮[28]。一个重要问题经常被报道，即阿莫西林的生物分析方法的样品前处理采用衍生化反应。大多数衍生过程导致阿莫西林和阿莫西林噻唑酸代谢物产生相同的反应物，因此在色谱分析中有着相同的保留时间。这就导致实际的阿莫西林残留浓度在测定中可能被高估[29]。

β-内酰胺类药物的药代动力学特征决定了其组织代谢特性。药物一般在肾脏的浓度高，脂肪浓度非常低，肌肉的浓度也低。例如，Martinez-Larrañaga 等报道，对猪以 20mg/kg 剂量连续口服给药 5d，2d 后阿莫西林的浓度（mg/kg）为 23.6（肌肉），24.7（皮肤和脂肪），49.1（肝脏）和 559.7（肾脏）[30]。对于肉鸡，将阿莫西林通过饮水给药，连续 5d，在最后给药后的 1h 或更短时间内的组织中药物浓度（μg/kg）分别为 138（肌肉），108（脂肪），484（皮肤和脂肪），2 178（肝脏）和 4 363（肾脏）[31]。脂肪中药物含量低的原因是血流量低，这由药物的脂溶性特性决定。对于肌肉，其含量低的原因是细胞内渗透性差，因此限制了药物进入到组织中的细胞外液。

在食品动物中，由于强制性的经济和福利原因要求减少给药方案中 AMD 的应用次数。最理想的方法是单次给药就获得微生物学和临床上的治愈。β-内酰胺类药物在对大多数敏感菌的杀灭作用上属于时间依赖型，另外，也要求在给药间隔时间内维持血浆药物浓度在 MIC 之上时间至少超过 50%，或实际上可能是在整个给药间隔时间内，即在达到微生物学治愈前，药物浓度不得低于 MIC。为了达到这个目的，在临床上 β-内酰胺类药物通过静脉给药是不切实际的。一个解决办法是使用溶解性较低的有机盐药物，如普鲁卡因、苯乙苄胺、苄星青霉素，而不是用水溶性的钠盐和钾盐药物。

苄星青霉素盐水溶解度特别低，肌内注射后，形成药物持久缓慢释放储库。实际上，在欧盟，所有苄星青霉素盐类产品不得用于食品动物，因为注射部位药物持久，消除速率不稳定，这将导致对人类健康的风险。另一方面，普鲁卡因盐的水溶性更好，因此可制成水性或油性混悬液而广泛应用。这些制剂有着"flip-flop"药代动力学特征，在对犊牛和成年牛经肌内或皮下注射后，末端半衰期为 8.9~17.0h。一些研究发现皮下注射比肌内注射有着更缓慢的吸收过程（表现在末端半衰期）。有报道表明，不同肌肉群有着不同的吸收率，颈部肌肉比臀部肌肉的吸收更慢[32,33]。这些制剂被设计为每日给药 1 次。研究者也开发了其他缓释制剂，如氨苄西林和阿莫西林三水合物的水性混悬剂。

β-内酰胺类药物的另一个主要临床用途是通过乳房内用药来治疗泌乳期和干乳期的奶牛乳房炎。泌乳奶牛（泌乳奶牛的牛奶：血浆 AMD 浓度比值见表 2.3）所用产品为快速释放制剂，使得牛奶中的药物浓度往往大大超过敏感菌的 MIC_{90}。这些制剂通常在 2 次或 3 次给药后，快速从乳房清除，使弃奶期很短。干乳期产品以固态油性制剂在干乳期使用，有时含防水剂，比如单硬脂酸铝，这使得药物在大部分或整个干乳期在乳腺的存在时间延长。

表 2.3　泌乳奶牛的牛奶：血浆 AMD 浓度比值[a]

药物	药物分类	脂溶性	pK_a	牛奶超滤：血浆超滤	
				理论比值	试验比值
碱性					
三甲氧苄啶	2:4 二氨基嘧啶	高	7.3	2.32:1	2.90:1
螺旋霉素	大环内酯类	高	8.2	3.57:1	4.60:1
双氢链霉素	氨基糖苷类	低	7.8	3.13:1	0.50:1
多黏菌素 B	多黏菌素	极低	10	3.97:1	0.30:1
酸性					
苄青霉素	青霉素类	低	2.7	0.25:1	0.13:1 0.26:1
磺胺二甲氧嘧啶	磺胺类	中/高	6	0.20:1	0.23:1
磺胺二甲嘧啶	磺胺类	中/高	7.4	0.58:1	0.59:1

注：[a] 强或极性碱、强酸性和弱酸性药物渗透进入牛奶困难；弱碱性药物进入牛奶的渗透性好，但链霉素除外，这是由于其分子中有糖基团而表现非常强的极性。

来源：Baggot 等（2006）[152]。

2.3.3　喹噁啉类：卡巴氧和喹乙醇

卡巴氧一直作为猪的饲料添加剂，用作促生长剂，临床上也可用来控制和治疗猪痢疾，肠炎和鼻感染。这两种药物口服后可被机体吸收，但关于它们的药代动力学方面的报道很少。卡巴氧的主要残留代谢物为喹噁啉-2-羧酸。卡巴氧（50ppm）作为促生长剂，饲喂猪，停药 4~5 周后，在肝脏和肾脏的残留超过 30μg/kg，62d 后为 10μg/kg[34]。卡巴氧有致突变性和致癌性，而喹乙醇有致突变性，但可能不是致癌物。尽管需要关注其药物残留安全，但有证据表明这些药物残留物可能没有致突变或致癌活性。有人认为，处理含这些药物产品的人员可能存在风险[35]。1999 年，欧盟禁止将卡巴氧和喹乙醇作为饲料添加剂。在美国，卡巴氧的残留标示物为喹噁啉-2-羧酸，其在猪肝脏的法定容许量为 30μg/kg。在澳大利亚，喹乙醇在猪肉和禽肉的 MRL 为 300μg/kg。

Anadón等关于喹乙醇在肉鸡的残留代谢药动学描述见表2.4[36]。药物吸收迅速（$T_{max}=0.22h$），末端半衰期为5.13h。喹乙醇的组织消除非常符合AMDs的一般规律：①其消除是组织依赖性的；②峰浓度（在肾脏）不一定在第一屠宰时间点上出现。

表2.4　鸡经口给药后组织的喹乙醇浓度
（Mean±SEM，$n=6$）[a]

组织	药物浓度（mg/kg）				
	1d	3d	6d	8d	14d
肌肉	3.33±0.84	1.69±0.51	0.38±0.08	0.18±0.04	0.03±0.01
肝脏	3.69±0.50	2.93±0.38	1.49±0.33	0.88±0.22	0.11±0.01
肾脏	1.43±0.23	2.23±0.65	1.92±0.28	1.34±0.18	0.12±0.01

注：[a]药物直接混在饲料中给药。
来源：Anadón等（1990）[36]。

2.3.4　林可胺类和截短侧耳素类

在兽医使用的林可胺类药物有林可霉素、吡利霉素和克林霉素，截短侧耳素类药物有泰妙菌素和沃尼妙林。药物的结合位点同大环内酯类药物相似，并与大环内酯类药物一样，属于亲脂性弱有机碱。根据药物的弱碱特性，可以推测药物在奶、细胞内液中的浓度较高，因此组织中的药物浓度一般超过血浆和间质液中的药物浓度。

林可霉素可制成预混剂和添加在猪和家禽饮水中的可溶性粉剂，也有用于猪的非肠道制剂。口服给药在反刍动物禁用，因为有引起梭菌属细菌过度繁殖的风险。然而，林可霉素被批准与大观霉素联用作为牛的非肠道用药，用于治疗肺部感染。这种联合用药还在绵羊、山羊和家禽上使用。在猪，药物在GIT的吸收非常迅速，但生物利用度差，范围为20%～50%。林可霉素在组织中分布良好，在肝脏和肾脏有较高浓度。相反，药物在肌肉和皮肤的浓度低。林可霉素的消除主要通过肝脏代谢，大约20%的药物以原型随尿排出。药物通过扩散进入体液和组织，如牛奶和前列腺，它们相对于血浆呈酸性。表观分布容积为1.0～1.3L/kg。

鸡口服用药7d后，粪和尿（混合物）约含80%药物原型，10%亚砜代谢物和5%N-去甲基林可霉素[37]。Hornish等还报道，药物剂量的11%～21%（一半为药物原型）随尿排出。其余随粪便排出，其中17%为药物原型，83%为未知代谢物。

吡利霉素仅用于乳房内注入剂，用于治疗泌乳奶牛的乳房炎。

泰妙菌素以碱分子存在，用于非肠道给药，以富马酸盐形式口服用于饮水中和可溶性预混制剂。沃尼妙林以盐酸盐形式配制成预混剂。这些药物用于治疗支原体引起的猪肺感染和猪痢疾，也可用于治疗禽的支原体和螺旋体感染，较少情况下还用于治疗牛支原体肺炎。泰妙菌素以单次剂量口服给药时吸收率也非常高，但预混剂的生物利用度很低[38]。药物在犊牛的半衰期很短（25min），口服给药后反刍前犊牛的吸收快。截短侧耳素类药物不能用于瘤胃有功能的犊牛。牛奶和肺部组织中的药物浓度远超血浆浓度数倍。

2.3.5　大环内酯类、三酰胺内酯类和氮杂内酯类

这类药物包括红霉素、泰乐菌素、螺旋霉素、泰万菌素、碳霉素、竹桃霉素、替米考星（所有大环内酯类）、阿奇霉素（一种氮杂内酯类药物）和土拉霉素（一种三酰胺内酯类药物）。后者是一个13元环（10%）和15元环（90%）的同分异构体组成的混合物，而红霉素是三个结构相关物质组成的混合物，分别命名为A，B和C。这类药物中有几种已被广泛用于食品动物。碳霉素、竹桃霉素和泰乐菌素一直以饲料预混剂的形式用于禽类、猪和牛，作为促生长剂或疾病预防和治疗药物。泰乐菌素和土拉霉素被制成非肠道制剂作为牛和猪的治疗用药，替米考星仅用于牛。

大环内酯类药物的弱碱性（pK_a为6～9）导致其在生理pH下部分离子化，但非离子化部分表现中到高的脂溶性，因此口服能被很好地吸收（红霉素碱除外），同时容易渗入胞内液和胞间液。然而，吸收会受到饲喂相关因素的影响。红霉素碱在酸性胃液中不稳定，因此通过肠溶制剂或作为丙酸酯月桂硫酸酯、琥珀酸乙酯或硬脂酸盐用药。这些酯或盐在进入机体后，能被水解，提高了药物的生物利用度。药物的弱碱性导致在酸性体液，如牛奶（表2.2和表2.3）中通过扩散吸收。药物的表观分布容积一般超过（有时远远超过）全身水体积。例如，据报道，泰乐菌素在2周龄至6周龄以上犊牛的表观分布容积范围为9～11L/kg[39]。阿奇霉素和土拉霉素的表观分布容积分别为20L/kg和11L/kg。大环内酯类药物分

布的一个特点是在部分组织的细胞内有很高的富集浓度，特别是肺和肺巨噬细胞。这类药物的基本性质表现为Henderson-Hasselbalch扩散性捕获机制，这是因为细胞吞噬溶酶体内酸性pH环境造成的。血浆蛋白结合率相对较低，为18%～30%。

红霉素A在犊牛和成年牛静脉注射后的末端半衰期较短（2.9～4.1h），但肌内注射（11.9h）或皮下注射（18.3～26.9h）的末端半衰期很长，这是因为商品制剂存在"flip-flop"药代动力学特征，也就是说，药物从注射部位非常缓慢的释放出来。组织（肝脏和肾脏）和体液（胆汁和前列腺液）中药物浓度远超过血浆的药物浓度。红霉素在肝脏被微粒体酶代谢脱甲基。90%的药物通过胆汁排出，其中大部分为代谢物。从尿中排出的药物原型不超过5%。

泰乐菌素经静脉注射给药后，所有动物的药物半衰期都很短，在牛、绵羊、山羊和猪的半衰期分别为1.1h、2.1h、3.0h和4.0h[40]。泰乐菌素容易渗入牛奶，从乳腺清除慢，因此不推荐对泌乳奶牛使用泰乐菌素。实际上，这个特性在其他大环内酯类药物中也有相同的表现，因为这是药物的碱性和脂溶性特性造成的。例如，替米考星以10mg/kg剂量单次皮下给药后，其在牛的半衰期约为1h，但在8～9d后，牛奶中的药物浓度仍远超过0.8mg/L。

土拉霉素在猪肌内注射，在牛皮下注射。药物在这两种动物的生物利用度为90%，表观分布容积为12L/kg。在大环内酯类药物中，泰万菌素、替米考星在肺组织中有很高的浓度，特别是土拉霉素，浓度更高。对于后一种药物，据报道，牛和猪的肺∶血浆浓度比值超过100∶1。肺组织的末端半衰期远超血浆，药物在犊牛肺和猪肺的半衰期分别为184h和142h，相比较，在血清的半衰期分别为90h和76h。几种大环内酯类、氮杂内酯类和三酰胺内酯类药物在白细胞内的浓度很高，体外试验表明药物从多形核中性粒细胞（PMNs）释放出来，因此这是一种体内药物转运至生物相的机制。实际上，考虑到抗生素药物从PMN流出的速率（相当慢）、全身PMN库（相对于体重是小的）以及质量平衡的原因，不可能存在一种AMD能在生物相（细胞间液）中动态地维持局部高浓度抗生素的转运机制，以保证中性粒细胞能优先迁移到感染部位。此外，通过微透析技术已经表明，急性炎症似乎对组织的渗透影响不大。正如Muller等报道的，"这些观察与报道形成鲜明对比，目标位置的抗生素通过巨噬细胞吸收增多，在目标位置优先释放，这个概念也可以作为药物制造业的一种营销策略"[41]。替米考星在牛的末端半衰期为1h，在猪为25h。

2.3.6　硝基呋喃类

在许多国家，包括欧盟成员和美国，硝基呋喃类药物和呋喃唑酮被禁止用于食品动物，因为它们具有基因毒性，呋喃唑酮具有致癌性。因此，从残留角度看，这些药物的非法使用更值得关注。这些药物是脂溶性弱酸，口服能很好吸收，给药同时进行饲喂能增加生物利用度。50%的药物被代谢，其余通过尿液排出。在酸性环境下，药物呈非离子化，因此尿液酸化能提高肾的重吸收，碱化能增加排出。

2.3.7　硝基咪唑类

硝基咪唑类药物是抗菌药和抗原虫药，具有中到高的脂溶性。单胃动物对该类药物的生物利用度高。这类药物的主要成员有甲硝唑、替硝唑、洛硝哒唑和二甲硝唑。它们以前被用于家禽和野生鸟类，治疗组织滴虫和鞭毛虫感染，也用于治疗猪痢疾。但这类药物可能具有致突变和致癌性[42,43]，故这类药物，除了甲硝唑和替硝唑外，都在市场上被撤销。美国和欧盟都禁止所有硝基咪唑类药物用于食品动物，见附录Ⅳ[44]（见2.5.3节）。

2.3.8　酰胺醇类

酰胺醇类AMDs包括氯霉素、氟苯尼考和甲砜霉素。所有酰胺醇类药物都为分子量较小的有机分子，不含酸性或碱性基团，所有药物的脂溶性高。

这类药物的最早成员为氯霉素，作为临床用药已经有60多年历史，它的药代动力学特性在许多动物，包括食品动物，都有广泛研究。然而，它的毒性可导致一种非常罕见的人类新生儿再生障碍性贫血（发生概率为1∶45 000～1∶10 000），这与浓度没有相关性。因此，在美国、欧盟、加拿大、澳大利亚以及实际上在大多数地区，氯霉素都对人类健康存在威胁，被禁止用于食品动物。然而，在欧盟，氯霉素仍在一些国家被合法或非法使用，因此仍需要药物监控措施，特别是对于从第三世界国家进口的动物及其产品（如蜂蜜、蟹肉等）。在欧盟，氯霉素（如同硝基呋喃类药物）被明确禁止用于食品动物，欧盟委员会指令

2002/657/EC 建立了最低要求执行限（minimum required performance limit，MRPL）概念[45]。MRPLs 的定义是"样品中分析物至少能被测定和确证的最低浓度"，这是评价食品销售相关行动的控制点。现在，氯霉素的 MRPLs 设定为 0.3μg/kg，硝基呋喃类药物为 1μg/kg[46]。

经静脉注射给药后，氯霉素在反刍动物的清除率快，末端半衰期短：绵羊为 1.7h，山羊为 1.2~4.0h（在食物匮乏期后，山羊的 $T_{1/2}$ 更长），牛为 2.5~7.6h。年轻犊牛（在 1 日龄为 7.6h，14 日龄为 4.0h）比 9 月龄动物（2.5h）的时间更长[40]。仔猪的半衰期（12.7~17.2h）也比成年猪（1.3h）更长。在仔猪，初乳喂养的动物半衰期（12.7h）更短，初乳缺乏仔猪的半衰期（17.2h）长。在鸡，大肠杆菌感染动物的半衰期比健康动物的更长，分别为 26.2h，8.3h[40]。

反刍动物口服氯霉素后吸收良好，但被瘤胃微生物迅速灭活，因此生物利用度极低。氯霉素在体内广泛分布，根据氯霉素的脂溶特性来预测，药物能很好地进入到胞内液和胞间液，容易扩散到牛奶。药物血浆蛋白结合率为 30%~45%。表观分布容积为 1.0~2.5L/kg。药物在牛经尿液排出极少。消除主要通过肝脏代谢，如水解（Ⅰ相）和葡萄糖苷酸化（Ⅱ相）反应。代谢物已经得到鉴定，包括脱氢氯霉素、硝苯氨丙二酮和硝硫氯霉素[47]。据报道，后两种化合物在鸡每日以 50mg/kg 剂量，连续口服 4d，12d 后屠宰，在其肾脏、肝脏和肌肉仍可检测到药物。药物的快速清除和半衰期短表明需要一个短的给药间隔。

甲砜霉素是一种半合成氯霉素衍生物。它可以引起可逆性骨髓抑制，但尚未见引起人类致死性再生障碍性贫血的报道。反刍前犊牛经口给药的生物利用度为 60%。与氯霉素相比，甲砜霉素的脂溶性稍差，水溶性稍强，因此不易通过细胞膜。药物在肝脏的代谢有限，消除主要以药物原型随尿液排出。有限的资料表明，甲砜霉素在反刍动物有较高的表观分布容积。甲砜霉素还以"饲料给药"方式用于猪和鸡，但是这种用法现在已被限制。

作为氯霉素的替代品，氟苯尼考现在被广泛用于食品动物，特别是犊牛、鸡和仔猪。氟苯尼考缺乏氯霉素的对硝基基团，这是造成再生障碍性贫血的基本分子结构。因此，使用氟苯尼考没有再生障碍性贫血的相关公共健康风险。

氟苯尼考与氯霉素相似，有很强的脂溶性，犊牛经口给药后吸收良好（生物利用度达 79%~89%），但是给药时同时喂奶，则生物利用度会有所降低。肌内注射和皮下注射的生物利用度也很高。犊牛经静脉注射给药后末端半衰期短（2.7~3.7h），但是由于吸收慢和"flip-flop"药物代谢动力学特征，导致肌内注射后末端半衰期更长（18h）。临床推荐肌内注射剂量为 20mg/kg。当犊牛以更高剂量 40mg/kg 皮下注射给药，末端半衰期甚至更长，因此有效的治疗往往是单次给药就可达到的。对于鱼类，如红鲷和鲑，半衰期分别为 4.3h 和 12.2h。后者的数值是在 10.8℃下测定的。对于虹鳟，在 10℃条件下，药物的平均滞留时间为 21h。

氟苯尼考在体内广泛分布，在肌肉、肾脏、尿液、牛奶、胆汁和小肠都有较高浓度，但是对血-脑屏障的渗透性不及氯霉素。药物在牛的表观分布容积与全身水容积（0.67~0.91L/kg）相近，与血浆蛋白结合率低（13%~19%）。在牛，约 2/3 的药物通过尿液以药物原型排出。无生物活性代谢物氟苯尼考胺的消除比药物原型更慢，因此在部分地区被作为残留标示物，肝脏为靶组织。例如，Anadón 等报道鸡肝脏残留浓度最高，肾脏、肌肉和皮肤及其脂肪的残留消除规律类似，残留浓度更低[48]。氟苯尼考胺在肾脏和肝脏的残留消除类似，肌肉和皮肤及其脂肪的残留浓度很低。在欧盟，残留标示物为氟苯尼考和所有代谢物的总和，并以氟苯尼考胺计。

氟苯尼考可制成系列制剂：有两种不同浓度规格的注射剂用于猪和牛，一种为猪的饮水用溶液剂，和一种猪和鱼用的饲料预混剂。

2.3.9 聚醚类

这是一类独特的化合物，对一系列严重感染疾病有很高的效力，包括原虫、细菌和病毒。这类药物的主要成员有拉沙菌素、马杜米星、莫能菌素、甲基盐霉素、赛杜霉素和沙利霉素。所有这些药物都是抗球虫药，在家禽养殖业中广泛使用。由于存在种属特异性毒性，这些药物不能用于马和珍珠鸡，沙利霉素和甲基盐霉素不能用于火鸡。部分聚醚类药物，在与红霉素、泰妙菌素、截短侧耳素、磺胺类和氯霉素等药物同时使用时，毒性可能会加剧，这是因为上述药物抑制了聚醚类药物的代谢。

所有聚醚类药物都可用于鸡饲料以预防球虫病。部分药物已经批准作为饲料添加剂用于山羊（莫能菌素）、牛（拉沙菌素、莫能菌素）、绵羊（拉沙菌素）、兔（拉沙菌素）、火鸡（拉沙菌素、莫能菌素）、鹌鹑（拉沙菌素）和北美鹑（莫能菌素、沙利霉素）。对于单个药物，有一些使用上的限制，包括甲基盐霉素仅用于肉鸡，莫能菌素不得用于人类消费的产奶山羊。部分聚醚类药物添加在饲料中作为猪和/或牛的促生长剂使用。然而，从2006年起，欧盟不允许这种用法。莫能菌素也被批准用于提高奶牛的奶产量。需要注意的是，这类药物可能会引起对非靶动物饲料的交叉污染，造成未设定MRL的动物性产品中的残留风险[49,50]。

已发布的关于聚醚类药物的药物代谢动力学数据非常有限。Dowling报道单胃动物的生物利用度高，反刍动物约为50%[51]。大多数聚醚类药物在肝脏被广泛代谢，许多代谢物分泌到胆汁中并随粪便排出。

2.3.10 多肽类

这类药物主要有多黏菌素类（见2.3.13节）、糖肽类、杆菌肽和链阳菌素类药物。糖肽类药物主要成员有万古霉素、替考拉宁和阿伏霉素。前两种药物用于人类临床治疗；阿伏霉素一直广泛用作家禽和猪的促生长剂，特别在欧盟。然而，现在已被欧盟禁止使用，这是因为在家畜中筛选出万古霉素耐药性肠球菌（vancomyucin-resistant enterococci，VRE），这些耐药菌可能将耐药性转移到人类病原。令人担忧的是，万古霉素是治疗耐药性革兰氏阳性菌所致严重人类感染的最后一道防线。可能要引起注意的是，VRE在北美人类医院引起了严重的问题，在那里，阿伏霉素却从未用于动物。在澳大利亚，阿伏霉素被列于MRL列表中。万古霉素被作为静脉输注剂用于马和犬，但没有用于家畜。1997年，美国已经禁止将万古霉素用于食品动物。

万古霉素是一种高分子量的多肽，而替考拉宁与其在结构上相似，并且实际上，替考拉宁是由五种相关化合物组成的混合物。万古霉素和替考拉宁经口给药后，吸收极少或不吸收，这一特性是因为低脂溶性和多肽结构造成的，因为它们在GIT能裂解产生氨基酸。替考拉宁经肌内注射后吸收良好，在人的半衰期长，为45~70h。万古霉素肌肉注射刺激性太大。因此，在人类进行静脉给药后，其末端半衰期为6h。这两种药物分布差，主要分布限于在细胞外液，并且大部分通过肾小球超滤以原型排出。

杆菌肽一直经口给药，作为家禽和猪的促生长剂（尽管欧盟不再允许这种用法），也可作为治疗肠炎的药物，尽管对猪痢疾没有效果。杆菌肽在GIT的吸收利用度极低，这一点是幸运的，因为该药物具有肾毒性。

链阳菌素类药物为自然生成（如维吉尼亚霉素）或半合成（奎奴普丁/达福普汀）的环状多肽。维吉尼亚霉素一直被作为促生长剂使用。这是该组药物中用于动物的唯一成员，该药物为两种化合物的复合物，维吉尼亚霉素S（环状六肽，次要成分）和维吉尼亚霉素M（大环酮内酯，主要成分）。维吉尼亚霉素作为猪和家禽的饲料添加剂，能导致粪肠球菌对奎奴普丁/达福普汀产生交叉耐药性，奎奴普丁/达福普汀一直是治疗人VRE感染的药物。维吉尼亚霉素口服给药后吸收差，通过胆汁排出。欧盟在2009年禁止该药作为促生长剂用于猪，但在一些国家仍作为促生长剂使用。维吉尼亚霉素还作为临床药物用于治疗猪痢疾和马蹄叶炎。

2.3.11 喹诺酮类

第一代喹诺酮类药物有萘啶酸和噁喹酸。后者目前仍作为鱼的治疗用药物，但这类药物的其他成员已经被氟喹诺酮类药物取代。用于食品动物的氟喹诺酮类药物主要有达氟沙星、恩诺沙星、氟甲喹、麻保沙星和沙拉沙星。这些药物都含有羧酸和碱性氨基团，因此呈两性。前者的pK_a为5.5~6.5，后者的pK_a为7.5~9.5，因此生理pH条件下，药物以两性离子形式存在（部分离子化，部分非离子化）。药物在等电点（接近血液pH）时，亲脂性最强。不同药物之间亲脂性不同，但多数为中等（环丙沙星、麻保沙星）或者高亲脂性（恩诺沙星）。这类化合物的两种药物，恩诺沙星和沙拉沙星，以前用于家禽养殖，但现在被美国和澳大利亚禁用，这是因为人们担忧空肠弯曲菌和沙门氏菌的耐药性。许多其他氟喹诺酮类药物在人医中被广泛使用。

达氟沙星、恩诺沙星、氟甲喹和麻保沙星在食品动物的药代动力学特性已被广泛研究[52]。所有该类药物经肌内注射给药，在所有动物的生物利用度都非常高。部分药物在牛的研究表明，肌内注射和皮下注射存在"flip-flop"药代动力学特征。药物血浆蛋白结合率相对较低到中等，恩诺沙星与血浆蛋白结合率与动物种属不同相关，药物在猪（27%）和鸡（21%）的结合率较低，在牛（36%～60%）中等。表观分布容积为1.0～4.0L/kg，远超过全身水体积；牛、绵羊、山羊和猪的消除半衰期为2.0～8.0h。据报道，兔的半衰期短（恩诺沙星为1.8～2.5h），鱼（恩诺沙星在鳟为24h，大西洋鲑为131.0h）和鸡（恩诺沙星为5.6～14.0h）的半衰期长。爬行类动物的半衰期更长（恩诺沙星在巨蜥和鳄鱼的半衰期分别为36h和55h）。对于恩诺沙星的游离血浆浓度，在表观分布容积和体重之间存在直接比例的异速关系，具体地说，较大体重动物表观分布容积较大[52]。

对于猪和反刍动物，一般通过肌内注射给药，每天1次。例如，Anadón等报道给猪肌内注射恩诺沙星（2.5mg/kg），生物利用度为74.5%，5d后恩诺沙星和代谢物环丙沙星在组织的残留浓度（mg/kg）分别为0.03和0.08（脂肪），0.06和0.04（肾脏），0.06和0.02（肝脏），0.06和<0.003（肌肉）[53]。达氟沙星、恩诺沙星和麻保沙星的高含量储库型制剂已经开发出来，经肌内注射或皮下注射后，能维持治疗水平浓度48h或更长时间，因此这些药物通常单剂量给药。对于大多数非肠道注射制剂，生物利用度75%～100%。

不管动物饲喂或不饲喂，氟喹诺酮类药物口服给药的生物利用度在大部分单胃动物包括猪都很高，但是这种给药方式没有用于反刍动物。然而，药物在成年绵羊有良好的生物利用度（61%），而在反刍牛，经口给药的生物利用度仅10%。在家禽，恩诺沙星经口给药的吸收良好，但在欧盟，恩诺沙星禁用于人类消费的产蛋动物。据报道，鱼经口使用恩诺沙星，生物利用度为40%～50%。在育肥鸡，氟甲喹经口用药后的生物利用度为57%[54]。研究者还报道，氟甲喹及其代谢物7-羟基氟甲喹的组织残留浓度在肾脏最高，其次为肝脏，而肌肉和皮肤及其脂肪更低。Anadón等研究也认为在肉鸡中麻保沙星及其N-去甲基代谢物的残留消除存在不同[55]。在经口给药后的第1天，血浆中麻保沙星及其N-去甲基代谢物的浓度分别为（0.047±0.003）mg/L和（0.032±0.004）mg/L，但是在随后的样品中没有检测到药物残留。可食性组织中的残留数据见表2.5。

氟喹诺酮类药物进入组织间液的分布可以通过血浆中游离的药物浓度进行预测[56]。与大环内酯类AMDs相同，氟喹诺酮类药物在白细胞中浓度高。肺脏、肝脏和肾脏中的药物浓度比血浆中的浓度高数倍。

对于恩诺沙星，与药代动力学和残留特性相关的，还需要考虑的因素是药物在肝脏经脱乙基，代谢成有抗微生物活性的代谢物环丙沙星。在奶牛和肉牛，恩诺沙星转化成环丙沙星的比例分别是25%和41%。残留检测测定的是恩诺沙星和环丙沙星的总量。在禽类、猪和鱼类，环丙沙星形成较少。然而，在肉鸡，在恩诺沙星给药后的第12天仍能检测到环丙沙星残留[57]。环丙沙星自身能代谢成微量无抗菌活性的代谢物。然而，由于代谢物也是残留所关注的，Anadón等对肉鸡组织中药物代谢物的消除进行了研究[58]。表2.6中的数据阐明了环丙沙星快速转化成氧环丙沙星和去乙烯环丙沙星（T_{max}<1.0h），药物原型和两种代谢物在肾脏和肝脏的蓄积，以及所有可食性组织的残留消除速率。

氟喹诺酮类药物的主要消除途径是通过肾脏的肾小球滤过，部分药物也通过肾小管排出[59]。更少量的药物随粪便排出。

表2.5 鸡口服麻保沙星（2mg/kg，每24h1次，连续3d）后，可食性组织中麻保沙星及其N-去甲基代谢物的残留

组织	给药后时间（休药期）	麻保沙星（μg/g）	N-去甲基麻保沙星（μg/g）
肌肉	1	32±3	119±23
	2	18±3	113±23
	3	<LOD	<LOD
	5	<LOD	<LOD
肾脏	1	985±72	499±60
	2	420±48	164±32
	3	40±4	69±13
	5	7±2	21.7±4.9
肝脏	1	735±45	554±66
	2	343±38	158±30
	3	28±7	99±15
	5	11±2	51±8
皮肤及其脂肪	1	43±6	266±58
	2	10±2	55±10
	3	<LOD	<LOD
	5	<LOD	<LOD

来源：Anadón等（2002）[55]。

表 2.6　肉鸡口服环丙沙星后环丙沙星及其代谢物的残留药物代谢动力学参数[a]

变量	环丙沙星			氧环丙沙星			去乙烯环丙沙星		
	1d	5d	10d	1d	5d	10d	1d	5d	10d
血浆浓度 (mg/kg)	0.14±0.02	N/D	N/D[b]	0.10±0.02	N/D	N/D	0.10±0.02	N/D	N/D
肾脏浓度 (mg/kg)	0.74±0.07	0.69±0.06	N/D	1.27±0.13	0.63±0.07	N/D	0.97±0.27	0.23±0.07	N/D
肝脏浓度 (mg/kg)	0.74±0.22	0.55±0.21	N/D	1.78±0.72	0.75±0.38	N/D	1.28±0.62	0.59±0.47	0.011±0.008
肌肉浓度 (mg/kg)	0.37±0.06	0.020±0.008	N/D	0.68±0.20	0.32±0.06	N/D	0.61±0.26	0.35±0.11	N/D
皮肤及其脂肪浓度 (mg/kg)	0.23±0.11	0.11±0.06	N/D[b]	0.51±0.32	0.026±0.011	N/D	0.95±0.23	0.28±0.08	0.010±0.006
血浆 C_{max} (mg/L)		2.63±0.20			1.73±2.02			1.57±0.14	
血浆 T_{max} (h)		0.36±0.07			0.62±0.08			0.75±0.16	

注：[a] 以 8mg/kg 剂量给药，连用 3d（mean±SD, $n=6$）。
[b] N/D 表示未检出。
来源：Anadón 等（2001）[58]。

2.3.12　磺胺类和二氨基嘧啶类

磺胺类药物是以氨苯磺胺为母核人工合成的 AMDs，自 1935 年起作为药物使用。之后，大量的衍生化合物被用于临床治疗。在兽药上，磺胺类药物主要以 2∶4 的比例与二氨基嘧啶类（三甲氧苄啶和奥美普林）联合使用。这样的联合用药有协同抗菌作用。然而，单独的一些磺胺类药物（如磺胺二甲氧嘧啶、磺胺喹噁啉和磺胺二甲嘧啶）作为可溶性粉剂或溶液剂加入饮水用于牛和禽类，或作为缓释片剂使用。对于后者，据报道，单次给药后可维持治疗浓度 2~5d。总体来讲，磺胺类药物的效力低，因此临床治疗多用高剂量（20~100mg/kg）。这就会带来机体的高代谢负荷，引起代谢途径饱和，导致清除率和末端半衰期的剂量依赖。

作为弱有机酸（氨苯磺胺 pK_a=10.1，磺胺多辛为 6.1），在大多数体液的生理 pH 条件下，药物主要呈非离子化形式。非离子化分子一般脂溶性好，但是药物之间不大相同（磺胺异噁唑脂溶性强，磺胺脒脂溶性差）。这就造成磺胺类药物一般容易穿过细胞膜，从血浆中通过扩散/离子捕获进入碱性体液（如胞内液，碱性尿）中。换句话说，药物很少渗入到比血浆更偏酸性的体液中，如前列腺液和牛奶（见表 2.3）。磺胺类药物的 pK_a 高，一般水溶性很差，在碱性条件下的水溶性比在酸性条件下更高，因此在酸性尿中，磺胺类药物的沉淀引起结晶尿和肾功能损害的可能已被大家认可，特别是那些效力低、水溶性差的磺胺类药物。因为磺胺类药物的 pK_a 高，血浆蛋白结合百分率就比较低。有些药物的蛋白结合范围广（磺胺二甲氧嘧啶在某些动物达 90%），而有些则低至 15%。此外，不同动物种属间的药物蛋白结合率也很不相同。以前广泛使用的是三种磺胺联合制剂，将它们联合使用有抗菌协同作用，但由于药物有各自单独的溶解性，使得联合用药时每种药物的使用剂量都较低。

二氨基嘧啶类属于脂溶性弱的有机碱，在生理

pH条件下部分离子化,相对于磺胺类药物而言,这些药物更容易进入细胞,但在酸性尿中重吸收较差。

作为弱有机酸,磺胺类药物一般在单胃动物口服吸收良好,但吸收速率和程度根据动物种属、药物(脂溶性越强生物利用度越大)和饲料不同而不一样。例如,饲喂马的同时经口给药,磺胺氯达嗪的吸收减少、延迟,并表现两个吸收峰[60]。双峰现象可能是因为药物通过吸附与饲料部分结合,在初始阶段,未结合药物被快速吸收,之后结合部分的药物在大肠发酵消化后释放出来再被吸收。那些脂溶性很低的磺胺类药物(如磺胺脒),在经口服给药后,只有很少一部分被吸收,而大部分以原型随粪便排出。这类药物以前曾被广泛用于GIT感染的治疗。

Williams等研究了疾病对磺胺喹噁啉吸收的影响,在报告中提出药物在感染堆型艾美耳球虫和柔嫩艾美耳球虫的鸡的生物利用度是未感染鸡的3.5倍[61]。

年龄和饮食也影响牛对磺胺类药物的吸收。哺乳犊牛口服磺胺嘧啶的吸收非常慢,反刍犊牛的生物利用度超过哺乳未反刍犊牛[62]。另一方面,三甲氧苄啶在反刍前犊牛的吸收良好,但在反刍动物则吸收不佳,这可能是由于药物被反刍动物的瘤胃微生物灭活。

磺胺类药物一般都分布在细胞外液和细胞间液,但是渗入细胞内的能力较差到中等,这是由于药物本身呈酸性的原因,细胞内也都呈酸性。

磺胺类药物的主要代谢途径是在苯环N-4位点的氨基乙酰化。反应主要在肝脏进行,但在肺脏也有。乙酰化很受关注,可能有下面几个原因:①一般食草动物比杂食动物和食肉动物的反应更迅速——乙酰化衍生物是牛、羊和猪尿中的主要代谢物;②这是种属依赖的,如在鸡和犬,乙酰化反应程度轻微;③乙酰化衍生物通常水溶性(特别在酸性环境下)比药物原型差,这可能导致肾结晶尿。那些含有嘧啶环的磺胺类药物(磺胺二甲嘧啶、磺胺甲嘧啶和磺胺嘧啶),可经过环内甲基羟化代谢。其他代谢途径包括葡萄糖醛酸化反应、硫酸结合反应、芳烃羟化和脱氨反应。所有已知代谢物的抗菌活性大大降低或失去抗菌活性。

磺胺类药物部分以药物原型从尿中排出(如果尿pH为碱性,如草食动物,则排出更容易),但主要通过经上面描述途径代谢成低脂性代谢形式排出。部分磺胺类药物也可通过载体介导的主动运输系统排出,即从肾小球周围毛细血管经过近曲小管细胞,进入肾小管管腔液。乙酰化磺胺类药物通常水溶性比药物原型差,这是引起结晶尿的主要原因,易导致肾小管的损伤,只有少部分药物通过胆汁和奶排泄。

Papich和Riviere报道了磺胺甲嘧啶(也被称作磺胺二甲嘧啶)和磺胺嘧啶的药物代谢动力学的详细信息的摘要[63]。这些药物在大多数动物的表观分布容积从低到中等($0.24 \sim 0.90$L/kg),但是水牛($V_d = 1.23$L/kg)和虹鳟(在10℃下$V_d = 1.2$L/kg,在20℃下$V_d = 0.83$L/kg)例外。牛的消除半衰期为$3.6 \sim 5.9$h,有部分证据表明半衰期随年龄不同而变化[64]。在山羊,磺胺二甲嘧啶半衰期与牛的相同,但在禁食成年羊的半衰期(7.03h)比平常采食成年羊(4.75h)的更长[65]。研究发现,母羊有着相近的半衰期,但低剂量(100mg/kg)经口给药后的末端消除半衰期比高剂量(391mg/kg)经口给药的更短,分别为4.3h和14.3h[66]。磺胺二甲嘧啶在猪的半衰期为$11.9 \sim 20.0$h,与年龄关系不大。

对于磺胺嘧啶,Nouws等发现药物在鲤的半衰期较长,10℃时为47.1h,在20℃时为33.0h[67]。然而,作为磺胺类药物,磺胺嘧啶在牛的消除半衰期为$3.4 \sim 7.0$h,与年龄没有明显关系[64]。磺胺二甲氧嘧啶是一种长效磺胺,在牛的消除半衰期为12.5h[68],在$1 \sim 2$周龄猪为16.2h,在较大动物($11 \sim 12$周龄)为9.4h[69]。Mengelers等报道健康和发热猪(支气管接种肺炎放线杆菌毒素)的消除半衰期相近,约13h[70]。绵羊中,磺胺甲基嘧啶在1周龄羔羊的消除半衰期($9 \sim 14$h)比$9 \sim 16$周龄绵羊的($4 \sim 7$h)更长。

在多种动物,包括牛和猪,三甲氧苄啶的表观分布容积为$1.8 \sim 4.0$L/kg,这大大超过了全身水容积,也表明了药物(呈弱碱)容易进入胞内液,达到高的组织浓度。在$1 \sim 13$周龄的牛,药物消除半衰期为$0.9 \sim 4.4$h,与年龄没有明显关系[62]。猪经静脉注射给药后,半衰期为3.3h。相同研究发现,经口给药后,猪有更长的半衰期,禁食和饲喂猪的末端半衰期分别为6.5h和10.6h,这说明药物可能存在"flip-flop"药物代谢动力学特征[71]。Nouws等报道三甲氧苄啶在鲤的消除半衰期较长,在10℃和20℃时,分别为 40.7h 和 20.0h[67]。

多个研究小组对不同的食品动物进行研究，发现磺胺类药物及其代谢物在肝脏和肾脏的组织浓度最高[72]。磺胺类药物的组织残留在一些地区受到特别关注，这是因为这类药物（主要是磺胺二甲嘧啶）一直比其他 AMDs 更易引起残留超标[63]，特别在猪。例如，一篇早期报告指出，磺胺二甲嘧啶及其代谢物是猪肉药物残留检测不合格的最常见原因，这与它被作为饲料添加剂使用有关[73]。通过饲料添加药物，在猪的肝脏和肾脏中测得高浓度的磺胺二甲嘧啶及其代谢物，而在脂肪中浓度则低[74]。当研究发现磺胺二甲嘧啶在小鼠和大鼠可能具有致癌性，这种关注更受重视。Bevill 报道：①引起磺胺二甲嘧啶残留的一个主要因素是药物在猪有相对长的末端半衰期（12.7h）；②残留超标的主要原因是没有执行 WhT，不当的饲料混合和饲料混合设备清洗不足，导致饲料的交叉污染[75]。意外接触，如运输过程中，也能引起屠宰时猪组织中的药物残留不符合规定[76]。20 世纪 70 年代后期，磺胺类药物在猪肾脏超标率曾高达 13%，之后大幅度下降。

2.3.13 多黏菌素类

在分离和研究的几种多黏菌素（A、B、C、D、E 和 M）中，只有成分 B 和 E 的多黏菌素在兽医上以硫酸盐形式使用。多黏菌素 B 是一种 B_1 和 B_2 的混合物。在临床上广泛使用的是多黏菌素 E，俗称黏菌素，以甲磺酸黏菌素常用。药物的阳离子结构能破坏细胞膜的磷脂，有类似消毒剂的作用。多黏菌素为高离子化分子，极性强，脂溶性极差。

根据药物的极低脂溶性，可以推测药物的清除快，包括肾小球超滤排出和尿排出均快速，尽管超滤有时受到较高的血浆蛋白结合率（70%～90%）限制。黏菌素几乎都以原型被排出，末端半衰期为 3～4h。在绵羊，黏菌素的表观分布容积为 1.29 L/kg。经口给药后，GIT 几乎不吸收药物。由于存在明确的神经毒性和肾毒性，多黏菌素 B 不能以任何能在血浆测到药物浓度的方式给药。然而，多黏菌素 B 被用作一些兽用疫苗的内毒素中和剂，不超过 60μg/剂量，不会引起安全（包括残留）问题。

硫酸黏菌素，以远高于治疗的剂量对实验动物进行试验，没有观察到任何神经毒性反应，黏菌素有多种产品可进行肠外和乳房内给药。黏菌素，除了对革兰氏阴性菌有杀菌活性，还能通过与内毒素的阴离子脂质部分结合，有直接的抗内毒素血症作用。硫酸黏菌素在食品动物中的主要临床应用是经口给药治疗仔猪的大肠杆菌病。由于经 GIT 吸收极少，可食性组织中残留不是一个主要关注点。然而，值得注意的是，与氨基糖苷类药物类似，多黏菌素进入体循环后能与肾组织牢固结合，使药物在肾脏的消除很慢。

2.3.14 四环素类

四环素类药物都是两性分子，既可以与酸也可以与碱成盐。药物可以以原型（如二水合土霉素）也可以以盐（如盐酸土霉素）的形式使用。由于药物的脂溶性中等（土霉素和金霉素）或高（多西环素和米诺环素），因此药物穿过细胞膜的能力为中等或强。前两种药物为天然四环素类药物，后两种为半合成药物。

经口给药后，四环素类药物的生物利用度因药物不同而不一样，土霉素和金霉素的生物利用度最低，而多西环素则最高，但是除了多西环素，所有四环素类药物的生物利用度相对较低（见表 2.7）。从治疗和残留角度看，这是非常重要的，因为低的生物利用度与动物间在吸收的药物量和血浆药物浓度-时间规律上的高度变异相关。这可能引起动物间残留消除的高度变异。

药物吸收后，四环素类药物部分与血浆蛋白结合。据报道，药物在家畜的血浆蛋白结合率为 46%～51%（金霉素）、28%～41%（四环素）、21%～76%（土霉素）和 84%～92%（多西环素）[77]。对于多西环素，蛋白结合率高引起了关于有效剂量的问题。猪经饮水给药的推荐剂量为 10mg/kg，其产生的 AUC_{24}/MIC 比值对多种呼吸道病原有效[78]。然而，Toutain 和及其合作者的研究结果被 Lees 等[9]引用，认为以 24h 的 AUC_{24}/MIC 为折点（即给药间隔期间的平均血浆药物浓度等于 MIC），采用群体药动学数据，并根据全身血浆浓度，推测全身用药的有效剂量为 20mg/kg。由于药物的蛋白结合率为 90%，预测的有效剂量应该是 200mg/kg，但这是完全不现实的。

表 2.7 四环素类药物经口给药的生物利用度
（数据为研究报道的平均值）

药物	动物	全身生物利用度（F%）
金霉素	鸡	1
	火鸡	6
	猪	6，11，19[a]
土霉素	猪	3～5
	鱼	6
	火鸡	9～48
四环素	猪	5，8，18，23[a]
多西环素	猪	21.2
	牛	70
	鸡	41.3
	火鸡	25，37，41，63.5[b]

注：[a] 此处 F% 值为试验和饲料依赖。
[b] 此处 F% 值为年龄依赖。
来源：Papich 和 Riviere（2009 年）[21]。

四环素类药物被广泛应用于食品动物。因此，金霉素、土霉素和多西环素被制成饲料添加剂/饮水添加剂，用于禽、猪、鱼和牛，其用途为以下几种或全部：促生长、预防、治未病和治疗。另外一个主要应用（特别是土霉素的非肠道给药制剂）是治疗包括犊牛和仔猪肺炎的一系列疾病。非肠道给药溶液制剂的含量规格不同，为 5%～30%，内含许多有机溶剂（广泛使用的有机溶剂有丙二醇、2-吡咯烷酮和 N-甲基吡咯烷酮）。当以较高含量规格（≥10%）使用时，制剂则会在肌内注射位点形成缓慢释放区，使得药物被缓慢吸收。肌内注射给药后，小部分以溶液状态存在的药物被迅速吸收，在 1～2h 血浆浓度达到峰值。然而，随着制剂中有机溶剂在体内的分散和吸收，更大量部分的土霉素形成沉淀。这就提供了一个储库，出现注射后药物的缓慢吸收，从而引发"flip-flop"药物代谢动力学特征，也引起急性炎症反应（见 2.7.1 节）。

关于牛和猪的研究已经有很多了，都证明高剂量和高含量土霉素溶液有延迟效应（吸收时间延长）。Craigmill 等对关于土霉素应用于牛的 25 篇发表的论文中的 41 组数据进行了分析[79]。Meta 分析结果表明，以 20mg/kg 剂量进行肌内注射后，C_{max} 平均值为 5.61μg/mL，$T_{1/2}$ 为 21.6h。这些制剂的优点是方便和经济（单次给药），以及能满足动物福利（避免多次注射）要求，并能维持血浆药物浓度等于或高于敏感菌的 MIC 达 48～96h。Nouws 选用 10 种当时可获得的商品制剂，研究了肌内注射后注射位点的药物刺激性以及土霉素释放的持续时间问题[80]。注射位点的描述见 2.7.1 节。

虽然四环素类药物有中等到高的脂溶性，但经口给药的生物利用度却较低。Papich 和 Riviere 认为这个原因是多方面的[77]。四环素类药物作为两性离子，在 GIT 液体的 pH 环境下，主要呈离子化形式。此外，进食能降低药物的生物利用度，因为四环素类药物能与多价阳离子螯合。试验已证实，进食，喂奶，含 Ca^{2+}、Mg^{2+}、Al^{3+} 和 Fe^{2+} 等离子，以及抗酸剂都会减少土霉素的吸收。尽管多西环素有相同的结构，但与金属离子的亲和性与土霉素不同，多西环素与锌的亲和性强，对钙的亲和性弱。在仔猪饲料中添加锌，会大大降低多西环素的生物利用度。

Nouws 和 Vree 报道，对牛经肌内注射土霉素，不同位置的肌肉对药物的吸收有中等程度的差异[81]。在臀部、颈部和肩膀位置进行肌内注射，生物利用度分别为 79%、86% 和 89%。同一研究小组还报道，仅用于猪的 10 种土霉素制剂[80]，牛、绵羊和猪都可使用的 5 种制剂[82] 的生物利用度和残留消除存在差异。

尽管四环素类药物与血浆蛋白的结合率从中到高不等，但药物在大多数组织的分布良好。表观分布容积一般与全身水容积相当（0.6～0.7L/kg）。若表观分布容积远超这个数值，则表示胞内液的药物浓度高于胞外液，或者药物与特定组织（包括骨组织）结合。多西环素和米诺环素穿过细胞膜的能力高过金霉素和土霉素，多西环素尤其易在细胞内富集。

四环素类药物的全身清除率与 GFR 相当，或高于 GFR。依具体药物而定，通过肾小球超滤消除的药物高达 60%，而大约 40% 药物随粪便排出，但是这些百分率取决于药物性质和给药方式。胆汁：血浆浓度比值可能高达 20:1。对于多西环素，从胆汁排出远超过从尿液排出。四环素类药物也被代谢成无活性的化合物，但多西环素例外，在牛和猪没有检测到多西环素的代谢物。除可能的药物代谢外，残留分析发现，药物的消除被阻碍，特别是金霉素，因为金霉素不仅转化成差向异构体，还存在酮-烯醇互变异构，这表现在色谱图上出现酮-烯醇互变异构体，影响了残留的定量[83]。在欧盟，四环素类药物的MRLs以药物原型加4-差向异构体的总量计。

四环素类药物的末端半衰期因动物品种、药物和制剂类型不同而不同。除了缓释、饲料添加剂和饮水添加剂外，大多数品种动物的半衰期可以充分证明药物可以每日给药1次或2次。然而，也有例外，据报道土霉素在静脉给药后的半衰期为0.7h（火鸡）和81.5h（虹鳟）[77]。与其他所有的AMDs情况一样，疾病可能改变四环素类药物的药代动力学特性，但这种改变的性质和方向是不易预测的。Pijpers等发现猪口服土霉素后，患肺炎猪的半衰期（14.1h）比健康猪的半衰期（5.9h）长[84]，这两个数值都高于Mevius等报道的静脉给药的半衰期（3.7h）[85]。相反，最近笔者的实验室研究发现，患肺炎牛的土霉素AUC值较健康动物的低[86]。其他研究也报道，发现了疾病动物表观分布容积的增加。

经四环素类药物治疗后，屠宰动物骨骼上结合的四环素残留物可存在长达数月。理论上，残留可能通过污染（机械去骨）的肉或骨肉粉传递到食物链。四环素类药物在组织中的蓄积被Toutain和Raynaud进行的牛组织中土霉素的蓄积试验（表2.8）所证实[87]。土霉素在肝脏和肾脏的浓度相对比外推的血清零时间点（4.2mg/L）的浓度高。血清中药物残留消除到0.1mg/L浓度所需要的时间达143h，比肝脏和肾脏中药物残留消除到0.1mg/kg浓度所需的时间短很多，但与肌肉中药物残留消除的时间相当。这些数据很好地说明了药物在组织的消除半衰期的重要性；尽管肾脏比肝脏的初始浓度几乎高3倍，但药物在肝脏的半衰期更长，因此肝

脏组织浓度降至0.1mg/kg所需时间更长。据报道，多西环素在肉鸡的数据也类似[88]。以20mg/kg剂量，连续经口给药4d后，在第1天和第5天的残留浓度（mg/kg）分别如下：肾脏1.92和0.17，肝脏1.93和0.12，以及肌肉1.18和0.06。其他四环素类药物，包括替加环素，推荐用于人，不得作为兽用药。

表2.8 牛肌内注射土霉素长效制剂后的药物残留分析[a]

组织	B_0[b] (mg/kg)	0时组织：血清比值[c]	$t_{1/2\beta}$[d] (h)	消除到0.1mg/kg时间（h）
肝脏	10.7	2.4:1	42.4	287
肾脏	28.9	6.4:1	23.6	193
肌肉	3.9	0.9:1	26.2	138

注：[a]制剂为20%w/v溶液，以20mg/kg剂量给药。
[b]外推0时间点浓度。
[c]血清初始浓度B_0：4.5mg/L。
[d]消除半衰期。
来源：Toutain和Raynaud（1983年）[87]。

2.4 残留指导原则的制定

所有发达国家和几个新兴经济体都建立了良好的，有法律约束力的程序，对兽药产品（VMPs）的上市许可（MAs）申请进行评估。主要机构及其法律地位见表2.9。这些机构包括有27个成员的欧盟，超国家组织，也有国家机构。MAs能通过四个途径获得：集中审批、分散审批、互认和一个单独的国家渠道。对于含AMDs的产品，所有主管部门都要求递交建立产品质量、安全和药效（QSE）的数据包。在VICH（兽药注册国际协调会；见第3章）主导下，在协调QES注册要求方面，在建立国际层面的指导原则上取得了相当大的进步。

表2.9 能批准抗菌药物上市许可的主要管理机构[a]

国家	主管部门	缩写	法律依据
美国	食品和药物管理局兽药中心	FDA/CVM[b]	1996年《联邦食品，药品和化妆品法（修订版）》及其相关法规
欧盟（27个成员）[c]	兽药委员会，欧洲药品管理局[d]	CVMP/EMA	欧盟指令2001/82/EC和欧洲议会和理事会根据欧盟指令2004/28/EC（EUDRALEX第五卷）修订的726/2004法规
新西兰	新西兰食品安全管理局	NZFSA/ACVM	《农用化合物和兽药法》（ACVM）

(续)

国家	主管部门	缩写	法律依据
澳大利亚	澳大利亚农药和兽药管理局	APVMA	1994年《农业和兽医化学物质登记法》(Agvet Code)
日本	农林水产省药事和食品卫生局	MAFF/PAFSC	《药事法》
加拿大	加拿大兽药管理局	VDD	《食品和药品法》(R.S.C.,1985,c.F-27)2008年6月16日最新修订

注：[a]在部分国家用于治疗和预防用VMPs和用于饲料添加剂的VMPs在立法和注册程序上是相同的（澳大利亚和美国），但在其他国家是不同的（欧盟和日本）。
[b]FDA建立食品动物使用的药物安全指导原则，美国农业部（USDA）执行FDA建立的标准。
[c]在欧盟，兽药上市许可可以由EMA（集中审批程序）或国家主管部门（分散审批和互认程序）批准，但MRL标准由欧盟建立。
[d]前身为欧洲药品评价局（EMEA）。注意：部分引用文件涉及EMEA。

2.5 风险的定义、评估、特征描述、管理和交流

2.5.1 法规要求简介

国家和超国家组织的管理部门负责立法，以确保供人类消费的动物性产品安全。这里的安全是指根据科学评估数据，来确定含药物及其代谢物（通常是微量的）残留的人类消费食品的安全，并最终定义为风险。当确定为风险时，则建立休药期，并与相关机构交流。休药期由兽医、农户和其他临床实践中使用兽药产品的相关人员执行。在大多数国家，残留检测计划已经很到位，能尽可能地保证符合休药期规定。通过这些机制，能确保公众食用用药后的动物源食品不含残留，以免药物残留可能对消费者构成健康危害。

食用AMDs残留量超过MRL，或尚未建立MRL的AMDs残留的组织，会对人类消费者造成健康风险，包括对宿主细胞的直接毒性、免疫毒性（过敏反应）、人类GIT微生物菌丛耐药性的发生和蔓延。此外，还有一个要求，就是要保证牛奶中AMDs浓度足够低，防止AMDs残留干扰奶制品的生产，如奶酪、黄油和酸奶。浓度低至 $1\mu g/kg$ 的抗菌药物能延迟这些奶制品的发酵启动。另外，AMDs可以降低酸度，延缓黄油生产中香味的产生，还能抑制奶酪的成熟。

安全评价的一个重要内容包括设计一系列的研究，以确保建立用于食品动物药物的休药期，保证受药物处理的动物生产的食品能安全地被人食用。表2.10总结了大量为满足人类食品安全要求所需的研究。从基础的药代动力学研究开始，安全评价过程还包括代谢研究、动物毒理学研究和微生物学研究（在某些情况下，还需要药理学和免疫毒理学数据），旨在确定一系列的NOELs（见表2.11）。VICH发布了VMPs毒性研究的协调指导原则，以及与安全相关的抗菌性能的数据要求，见表2.12。

表2.10 VICH关于毒理学试验的协调原则

原则编号	发布年份	名称
GL22	2001	繁殖毒性试验[a]
GL23	2001	遗传毒性试验[a]
GL27	2003	食品动物用新兽药产品关于细菌耐药性的注册预先核准信息[b]
GL28	2002	致癌试验[a]
GL31	2002	重复剂量（90d）毒性试验[a]
GL32	2002	发育毒性试验[a]
GL33	2004	一般测试方法[a]
GL36	2004	建立微生物学ADI的一般方法[b]
GL37	2003	重复剂量（慢性）毒性试验[a]

注：[a]人类食品中兽药残留的安全评价研究。
[b]抗菌药效力和耐药性的评价研究。
来源：原则见 http://www.vichsec.org。

安全性研究的系列标准（表2.10至表2.12）的目的是确定非致癌物质的未观察到有害作用的最高给药剂量。根据所有研究的试验数据，将推导到人的，引起实验动物最敏感反应的剂量，定义为毒理学NOEL。过敏反应并不是大多数AMD的一个重要不良反应。但青霉素是一个重要的例外。FAO/WHO食品添加剂联合专家委员会（JECFA）根据食品法典委员会（CAC）的要求对其进行评估，并没有建立青霉素的ADI，但推荐每日摄入量不超过 $30\mu g$，建立的可食性组织的MRL为 $0.05mg/kg$，奶为 $0.004mg/kg$[89]。

表 2.11 未观察到有害作用剂量：定义，指导原则和应用

NOEL（和指南）	定义/描述	应用
毒理学（VICH, GL22, 23, 28, 31, 32, 33, 37）	在剂量-反应研究中，通过一系列试验，确定可推导到人，对实验动物产生最敏感毒性反应的剂量	根据下面的公式计算毒理学 ADI：$ADI_{tox}=NOEL_{tox} \times SF$
药理学（VICH, GL33）	在剂量-反应研究中，通过一系列试验，确定最敏感的药理作用	对于部分药物（如糖皮质激素），在低于毒理 NOEL 的剂量下可发挥药理作用；用下面的公式测定药理学 ADI：$ADI_{pharm}=NOEL_{pharm} \times SF$
微生物学（VICH, GL27, 36）	GL27 简要描述了耐药微生物或耐药决定因子从动物性食品向人类转移的风险；GL36 简要描述了测定微生物 NOEL 的方法和检测系统	对所有抗菌药物都要求建立微生物学 ADI
免疫毒理学（VICH, GL33）	对于部分抗菌药物（如 β-内酰胺类），需要进行免疫毒理学试验	用于确定在敏感人群诱发过敏反应的可能性

表 2.12 监管部门对 AMDs 残留在满足人类食品安全方面要求进行的研究分类

研究类型	描述和目的
在实验动物进行的体内毒理学研究和体外遗传毒性研究	按照 VICH 批准的试验和指导原则（见表 2.10）进行研究，确定毒理学 NOEL
进行体外研究确定 AMDs 的抗菌谱和效力	确定微生物学 NOEL
在实验动物和靶动物进行药代动力学研究	确定血液/血浆药物浓度-时间曲线，推导关键药代动力学参数和变量
在实验动物和靶动物进行代谢研究	鉴定代谢物，确定残留标示物是代谢物还是药物原型
在靶动物进行残留消除研究	采用最高给药剂量，确定残留标示物在可食性组织或体液（奶、蜂蜜）的消除速率；对每种不同给药途径分别进行残留消除研究
验证分析方法	通过定量方法，对动物组织、奶、蛋和蜂蜜中的残留标示物进行鉴定和定量分析，如果定量方法没有很好的特异性，则要求用确证方法进行结构鉴定

最低 NOEL（毒理学、药理学或微生物学）用于推导每日允许摄入量（ADI），表示每人每日终生允许摄入的毫克数，可通过下面的简单公式计算：

$$ADI = NOEL \times SF$$

此处 SF 代表安全系数。SF 还可以被认为是不确定因子（uncertainty factor, UF），这也许更能准确反应这个术语所代表的含义，即变异的控制，但在本文中，笔者仍使用传统的术语。ADI 通常根据假设体重为 60kg 来推导。对于毒理学 NOEL，SF 值通常为 100 或更高（见第 3 章）。这个值表示两个单独的 10 倍系数，表示允许种属间和人群内存在的差异。这些 10 倍系数允许存在毒代动力学和毒效动力学的差异，将系数细分也分别考虑了各方面情况[90]。毒代动力学的系数为 $10^{0.6}$（也就是 4）和毒效学为 $10^{0.4}$（也就是 2.5），表示了种属间差异；表示人群内差异时，毒代动力学和毒效动力学的系数为 $10^{0.5}$（也就是 3.16）[91,92]。数值 3 并不是没有实验依据，不同的数据库已经表明，乘以 SF 缺省值 3，能 99% 覆盖增加的不确定性[93]。2009 年，MacLachlan 采用生理学的药代动力学（PBPK）模型（见 2.5.4.1 节）并根据食品动物生理差异来探索研究缺省比例因子常数，这有助于对泌乳奶牛和其他食品动物的药物残留评估[94]。

AMD 残留的安全性也与人类肠道菌群相关，如果 AMD 或有微生物活性的残留影响人的肠道菌群，那么管理部门还要求进行微生物 ADI 的推导。合适的 ADI 能防止两方面风险：肠道定植屏障的破坏和耐药性细菌的增加。VICH 原则 GL36 说明了要求进行研究的程序[6]。第一步，确定是否需要微生物学 ADI。评估是否需要微生物学 ADI 的数据可以来自试验，也可以从文献获得。如有需要，定植屏障的破坏和耐药细菌的可能变化应有文献记录。微生物学数据可以来自人类体内试验和悉生动物或者动物体外试验，以及被接受的、能代表人类肠道菌丛的细菌菌株。目前 VICH 指导原则不建议进行任何特定的试验，因为当前体内和体外试验系统的可靠性和有效性还没有完全确定。最后，无论考虑了未观察到有害作用浓度（NOAECs）的体外数据，还是根据 NOEL 的体内数据，推导得到的 ADI 都要除以不确定系数。在大多数地区，还要求定量确定 AMD 对用于食品生产（如奶酪、牛奶黄油、酸奶和酸奶发酵剂的培养等）的发酵剂的潜在风险。

最低 ADI（通常为毒理学或微生物学）被定义消费者能够终生每日摄入并对健康没有明显危害的药物及其代谢残留的总量。然而，一些残留能引起急性毒性，而不是慢性毒性。β-兴奋剂就是这样一个例子，

它能诱发短暂的药理反应，如心动过速，但是没有长期后果。对于这些药物，一些管理部门认可将急性参考剂量（ARfD）作为适宜的健康标准。

根据最低ADI（通常为毒理学或微生物学），以及代谢和残留消除研究，确定了各种组织的残留MRL，以每千克新鲜组织含有的微克数（μg/kg）表示。确定ADI的许多研究见表2.10和表2.12。

代谢研究应在确定毒理学NOEL的实验动物进行，并在每种食品动物都要进行。ADI是根据药物及其所有代谢物的总残留建立的，而MRL是针对单一量化的残留标示物，残留标示物在大多数情况下为药物原型，但在一些情况为单一代谢物或多种物质。为了建立每种组织的MRL，根据假定的标准膳食（又称食物篮）估计食品消费量，进一步讨论见2.5.2.2节内容。

标准膳食的组成在不同管理部门是不同的，因此甚至在ADIs完全相同情况下，MRL和WhTs也是不一样的。不同国家采用的MRLs标准不一致主要是由MRLs可接受风险、使用的条件和建立的方法不同造成的。这些不同国家标准间的差异不利于动物性产品的国际贸易，因为生产商被要求符合不同进口国不同的强制标准。食品法典委员会（CAC）建立兽药MRLs标准的目的是保护消费者，使兽药的使用遵循良好的兽药使用规范，促进公平的国际贸易。这些也是食品中兽药残留法典分委员会（CCVDRF）的目的。

尽管CAC的MRLs已经被许多国家采用，但这些标准不是强制的。

MRLs发布的网址如下：

美国：http://www.fsis.usda.gov/OPHS/red_book_2001/2001_Re-sidue_Limits_Veterinary_Drugs_App4.pdf。

加拿大：http://www.hc-sc.gc.ca/dhp-mps/vet/mrl-lmr/mrl-lmr_versus_new-nouveau_ehtml。

欧盟：http://ec.europa.eu/health/files/mrl/mrl_20101212_consol.pdf。欧盟MRL摘要报告在：http://www.ema.europa.eu/ema/index.jsp?curl=pages/medicines/landing/vet_mrl_search.jsp&murl=menus/medicines/medicines.jsp&mid=WC0b01ac058008d7ad。

CCRVDF的主要作用是建立国际间可接受的动物源产品中兽药及其代谢物的浓度。在专家科学意见协商一致的基础上，建立国际公认的标准、建议、实践守则和指南，从而促进世界农产品贸易。这里因为篇幅有限，不允许提供所有国家主管部门制订的MRL完整列表，但在表2.13中概述了欧盟采用的AMDs的残留标示物、靶组织、批准的MRLs以及限制规定（如有）。每种药物的MRL都发布在欧盟药品管理局网站的欧盟公共MRL评估报告（EPMARs）上。表2.14列出了美国批准的AMDs的法定容许量，为了进行比较，也给出了法定容许量与欧盟采用的MRL的比值。这些数据阐明了这两个辖区之间的相似与不同之处。

食品安全风险分析框架已经发展成为一种评估潜在危害和人类实际风险之间关系的方法[95]。风险分析包括三个组成部分：风险评估、风险管理和风险交流。

2.5.2 风险评估

风险评估中的风险是对消费者产生危害的可能性，其关系式为：风险＝危害×暴露。IPCS对这些术语的定义如下[96]：

危害是指一种物质的固有特性，当生物体、系统或（亚）种群暴露其中时，它具有产生毒副作用的潜能。

风险是指生物体、系统或（亚）种群在特定的条件下暴露于一种物质后产生毒副作用的可能性。

表2.13 欧盟已经确定MRLs的抗菌药物的残留标示物和靶组织

药理学分类	具体药物	残留标示物	动物种类[a]	靶组织和MRLs（μg/kg）[b]	其他规定
磺胺类	全部磺胺类	药物原形	全部	肌肉，脂肪，肝，肾，奶（均为100）	所有磺胺类的残留总和不超过100(μg/kg)
苄胺嘧啶类	巴喹普林甲氧苄啶	药物原形	牛,山羊,绵羊	奶 100	—
			牛	脂肪10，肝300，肾150，奶（30）	—
			猪	脂肪40，肝50，肾50	—
			除马以外的其他动物	肌肉，脂肪，肝，肾，奶（均为50）	非蛋类[c]
			马	肌肉，脂肪，肝，肾（均为100）	—

(续)

药理学分类	具体药物	残留标示物	动物种类[a]	靶组织和 MRLs（μg/kg）[b]	其他规定
青霉素类	阿莫西林	药物原形	全部	肌肉 50，脂肪 50，肝 50，肾 50，奶 4	—
	氨苄西林	药物原形	全部	肌肉 50，脂肪 50，肝 50，肾 50，奶 4	—
	青霉素 G	药物原形	全部	肌肉 50，脂肪 50，肝 50，肾 50，奶 4	—
	氯唑西林	药物原形	全部	肌肉 300，脂肪 300，肝 300，肾 300，奶 30	—
	双氯西林	青霉素 G	全部	肌肉 300，脂肪 300，肝 300，肾 300，奶 30	—
	萘夫西林		全部反刍动物	肌肉 300，脂肪 300，肝 300，肾 300，奶 3	仅限乳房内用药
	苯唑西林	药物原形	全部	肌肉 300，脂肪 300，肝 300，肾 300，奶 30	—
	喷沙西林		全部可食性哺乳动物	肌肉 50，脂肪 50，肝 50，肾 50，奶 4	—
	苯氧甲基青霉素		猪	肌肉，肝，肾（均为 25）	—
			家禽	肌肉，脂肪，肝，肾（均为 25）	—
头孢菌素类	头孢赛曲	药物原形	牛	奶 125	仅限乳房内用药
	头孢氨苄	药物原形	牛	肌肉 200，脂肪 200，肝 200，肾 1 000，奶 100	—
	头孢洛宁	药物原形	牛	奶 20	
	头孢吡啉	头孢吡啉＋去乙酰头孢吡啉	牛	肌肉 50，脂肪 50，肾 100，奶 60	
	头孢唑啉	药物原形	牛，绵羊，山羊	奶 50	—
	头孢哌酮	药物原形	牛	奶 50	—
	头孢喹肟	药物原形	牛	肌肉 50，脂肪 50，肝 100，肾 200，奶 20	
			猪	肌肉 50，脂肪 50，肝 100，肾 200	
			马	肌肉 50，脂肪 50，肝 100，肾 200	
	头孢噻呋	具有 β-内酰胺结构的所有残留物总和	全部可食性哺乳动物	肌肉 1 000，脂肪 2 000，肝 2 000，肾 6 000，奶 100	
喹诺酮类	达氟沙星	药物原形	除牛、绵羊、山羊、猪、家禽外全部	肌肉 100，脂肪 50，肝 200，肾 200	—
			牛、绵羊、山羊	肌肉 200，脂肪 100，肝 400，肾 400	
			家禽	肌肉 200，脂肪 100，肝 400，肾 400	
	二氟沙星	药物原形	除牛、绵羊、山羊、猪、家禽外全部	肌肉 300，脂肪 100，肝 800，肾 600	—
			牛、绵羊、山羊	肌肉 400，脂肪 100，肝 1 400，肾 800	
			猪	肌肉 400，脂肪 100，肝 800，肾 800	
			家禽	肌肉 300，脂肪 400，肝 1 900，肾 600	非蛋类[c]
	恩诺沙星	恩诺沙星＋环丙沙星	除牛、绵羊、山羊、猪、家禽、兔外全部	肌肉 100，脂肪 100，肝 200，肾 200	—
			牛、绵羊、山羊	肌肉 100，脂肪 100，肝 300，肾 200，奶 100	—
			猪、兔	肌肉 100，脂肪 100，肝 200，肾 300	
			家禽	肌肉 100，脂肪 100，肝 200，肾 300	非蛋类[c]
	氟甲喹	药物原形	除牛、绵羊、山羊、猪、家禽、有鳍鱼外所有动物	肌肉 200，脂肪 250，肝 500，肾 1 000	
			牛、猪、绵羊、山羊	肌肉 200，脂肪 300，肝 500，肾 1 500，奶 50	
			家禽	肌肉 400，脂肪 250，肝 800，肾 1 000	—
			有鳍鱼	肌肉 600	
	马波沙星	药物原形	牛	肌肉 150，脂肪 50，肝 150，肾 150，奶 75	
	噁喹酸	药物原形	除有鳍鱼外所有动物	肌肉 100，脂肪 50，肝 150，肾 150	非蛋和奶类[c]

(续)

药理学分类	具体药物	残留标示物	动物种类[a]	靶组织和 MRLs (μg/kg)[b]	其他规定
喹诺酮类	恶喹酸	药物原形	有鳍鱼	肌肉 100	—
	沙氟沙星	药物原形	鸡肉	脂肪 10，肝 100	—
			鲑	肌肉 30	—
大环内酯类	红霉素	红霉素 A	全部	肌肉 200，脂肪 200，肝 200，肾 200，奶 40，蛋 150	—
	螺旋霉素	螺旋霉素＋新螺旋霉素	牛	肌肉 200，脂肪 300，肝 300，肾 300，奶 200	—
			鸡	肌肉 200，脂肪 300，肝 400	—
		螺旋霉素 I	猪	肌肉 250，肝 2 000，肾 1 000	—
	替米考星	药物原形	除猪外所有动物	肌肉 50，脂肪 50，肝 1 000，肾 1 000，奶 50	—
			猪		
			牛，猪	肌肉 75，脂肪 75，肝 1 000，肾 250	—
	泰拉霉素	泰拉霉素等效物（见标注＃）		脂肪 100，肝 3 000，肾 3 000	非奶类[c]
	泰乐菌素	泰乐菌素 A	全部	肌肉 100，脂肪 100，肝 100，肾 100，奶 50，蛋 200	—
	泰万菌素	泰万菌素＋3-O-乙酰泰乐菌素	猪	肌肉 50，脂肪 50，肝 50，肾 50	—
			家禽	脂肪 50，肝 50	非蛋类[c]
酰胺醇类	甲砜霉素	药物原形	全部	肌肉 50，脂肪 50，肝 50，肾 50，奶 50	非蛋类[c]
	氟苯尼考	氟苯尼考＋其代谢物氟苯尼考胺	牛	肌肉 200，肝 3 000，肾 300	—
四环素类	金霉素	药物原形＋4-差向异构体	全部	肌肉 100，肝 300，肾 600，奶 100，蛋 200	—
	多西环素	药物原形	牛	肌肉 100，肝 300，肾 600	非奶类[c]
			猪	肌肉 100，脂肪 300，肝 300，肾 600	—
			家禽	肌肉 100，脂肪 300，肝 300，肾 600	非蛋类[c]
	土霉素	药物原形＋4-差向异构体	全部	肌肉 100，肝 300，肾 600，奶 100，蛋 200	—
	四环素	药物原形＋4-差向异构体	全部	肌肉 100，肝 300，肾 600，奶 100，蛋 200	—
萘环-安莎类	利福昔明	药物原形	牛	奶 60	—
截短侧耳素类	泰妙菌素	水解为 8-a-羟基姆替林代谢物的总和	猪，兔	肌肉 100，肝 500	
			鸡	肌肉 100，脂肪 100，肝 1 000	
			火鸡	肌肉 100，脂肪 100，肝 300，蛋 1 000	
	沃尼妙林	药物原形	猪	肌肉 50，肝 500，肾 100	
林可胺类	林可霉素	药物原形	全部	肌肉 100，脂肪 50，肝 500，肾 1 500，奶 150，蛋 50	—
	吡利霉素	药物原形	牛	肌肉 100，脂肪 100，肝 1 000，肾 400，奶 100	
			猪	肌肉 100，脂肪 50，肝 500，肾 1 500	
			鸡	肌肉 100，脂肪 50，肝 500，肾 1 500，蛋 50	
氨基糖苷类	安普霉素	药物原形	牛	肌肉 1 000，脂肪 1 000，肝 10 000，肾 20 000	非奶类[c]
	双氢链霉素	药物原形	全部反刍动物	肌肉 500，脂肪 500，肝 500，肾 1 000，奶 200	—
			猪，兔	肌肉 500，脂肪 500，肝 500，肾 1 000	
	庆大霉素	庆大霉素 C1，C1a，C2＋C2a	牛	肌肉 50，脂肪 50，肝 200，肾 750，奶 100	
			猪	肌肉 50，脂肪 50，肝 200，肾 750	
	卡那霉素	卡那霉素 A	除有鳍鱼外所有动物	肌肉 100，肝 600，肾 2 500，奶 150	
	新霉素（含新霉素 B）	新霉素 B	全部	肌肉 500，脂肪 500，肝 500，肾 5 000，奶 1 500，蛋 500	—

(续)

药理学分类	具体药物	残留标示物	动物种类[a]	靶组织和MRLs (μg/kg)[b]	其他规定
氨基糖苷类	巴龙霉素	药物原形	全部	肌肉500,肝1 500,肾1 500	非蛋和奶类[c]
	大观霉素	药物原形	除绵羊外所有动物	肌肉300,脂肪500,肝1 000,肾5 000,奶200	非蛋类[c]
			绵羊	肌肉300,脂肪500,肝2 000,肾5 000,奶200	—
	链霉素	药物原形	全部反刍动物	肌肉500,脂肪500,肝500,肾1 000,奶200	—
			猪,兔	肌肉500,脂肪500,肝500,肾1 000	—
多肽类	杆菌肽	杆菌肽A,B+C	牛	奶100	—
β-内酰胺酶抑制剂	克拉维酸	药物原形	牛	肌肉100,脂肪100,肝200,肾400,奶200	—
			猪	肌肉100,脂肪100,肝200,肾400	—
多黏菌素类	黏菌素	药物原形	全部	肌肉150,脂肪150,肝150,肾200,奶50,蛋300	—
正糖霉素类	阿维拉霉素	二氯异苺酸	猪,家禽,兔	肌肉50,脂肪100,肝300,肾200	非蛋类[c]
离子载体类	莫能菌素	莫能菌素A	牛	肌肉2,脂肪10,肝30,肾2,奶2	—
	拉沙菌素	拉沙菌素	家禽	肌肉20,脂肪100,肝100,肾50,蛋150	—
其他	新生霉素	药物原形	牛	奶50	—

注:[a]栏中的缩写:全部=所有可食动物种属。
[b]栏中注:蛋指家禽的蛋,鸡蛋;猪的脂肪为自然带皮脂肪;鲭和鲑的肌肉为自然带皮肌肉。
[c]不能用于其蛋和/或奶用于人消费的动物。
♯泰拉霉素残留标示物化学结构为:(2R,3S,4R,5R,8R,10R,11R,12S,13S,14R)-2-乙基-3,4,10,13-四羟基-3,5,8,10,12,14-六甲基-11-[[3,4,6-三脱氧-3-(二甲氨基)-β-d-木糖吡喃己基]氧基]-1-氧杂-6-氮杂环戊烷基-癸烷-15-酮。
数据来源:引自欧盟委员会法规37/2010[102]。

2.5.2.1 危害评估

对于食品中抗菌药物的残留来说,危害是指药物/药物代谢物的残留,暴露则是指日常饮食摄入量[97]。由于必须针对每个抗菌药物单独进行风险评估,因此,危害识别的数据库信息必须全面,每种药物的信息应该包括结构、纯度、理化性质、药理学(包括药物代谢动力学和药物代谢数据)及毒理学特征。数据可以来自人的流行病学调查资料、动物毒理学研究和体外试验(如致突变试验/遗传毒性试验)结果。

危害识别之后,再进行危害特征描述,此项工作通常基于2.5.1总结部分毒理学的剂量-反应关系研究。假设可以确定响应的阈剂量,此处的NOEL就是在最敏感动物或敏感菌株中不产生效应(副作用)的最高剂量。还有一些已经应用的其他方法,比如,确定一个基准剂量(BMD)[98]。BMD的确定是对所有剂量反应数据进行模拟,对低水平响应数据(如ED_{05},ED_{10},即产生最大效应为5%或10%的剂量)进行加权,然后根据安全因子/不确定因子来确定ADI。如在2.5.1讨论部分所述,不同的监管机构规定的ADI有所不同。

对于以非效应阈值作用机制为特征的药物,就不能通过NOEL来确定ADI。例如具有基因毒性的致癌物质,会使其作用的靶细胞发生基因改变。致突变试验是为了提供遗传毒性的证据。具有致突变作用的化合物在任何暴露条件下都会产生危害,因此许多国家都禁止将这些药物用于食品动物。有一些国家允许使用这些药物,但残留浓度要小到其构成的风险可忽略不计。另一方面,非基因毒性致癌物也会引起细胞增殖或机能亢进、功能障碍,或两者兼而有之。理论上讲,只有非基因毒性致癌物质才可以通过NOEL来确定ADI。

设定ADI是风险特征描述的最后一个步骤,也是监管部门所关注的,即高剂量毒理学研究所揭示的效应是否具有意义和适用性。即当毒理试验所用剂量高于残留量几个数量级时所确定的ADI是否能够反映摄入残留的情况。关于确定抗菌药物ADI的详细内容将在第3章阐述。

表 2.14 动物性可食产品中一些 AMD 残留的 FDA 法定容许量，以及欧盟 MRL 与美国法定容许量比值

化合物	动物种属，美国	法定容许量，美国（μg/kg）	欧盟 MRL 与美国法定容许量比值
阿莫西林	牛	10（肌肉，肾，肝，脂肪）	所有组织 5:1
氨苄西林	牛，猪	10（肌肉，肾，肝，脂肪）	所有组织 5:1
苯唑西林	牛	50（肌肉，肾，肝，脂肪）	所有组织 1:1
	火鸡	10（肌肉，肾，肝，脂肪）	所有组织 5:1
头孢噻呋	牛	1 000（肌肉），2 000（肝），8 000（肾）	肌肉 1:1，肝 1:1，肾 0.75:1
头孢匹林	牛	100（肌肉，肾，肝，脂肪）	0.5:1
氯唑西林	牛	10（肌肉，肾，肝，脂肪）	30:1
达氟沙星	牛	200（肌肉，肝）	肌肉 1:1，肝 2:1
双氢链霉素	牛，猪	2 000（肾），500（肌肉，肝，脂肪）	肌肉，肝，脂肪 1:1，肾 0.5:1
恩诺沙星	牛	100（肝）	肝 3:1
	鸡，火鸡	300（肌肉）	肌肉 0.33:1
红霉素	牛，猪	100（肌肉，肾，肝，脂肪）	所有组织 2:1
	鸡，火鸡	125（肌肉，肾，肝，脂肪）	所有组织 1.6:1
氟苯尼考	牛	300（肌肉），3 700（肝）	肌肉 0.66:1，肝 0.8:1
	猪	200（肌肉），2 500（肝）	肌肉 0.66:1，肝 0.8:1
庆大霉素	猪	100（肌肉），300（肝），400（肾，脂肪）	肌肉 0.5:1，肝 0.66:1，肾 1.88:1，脂肪 0.125:1
林可霉素	猪	100（肌肉），600（肝）	肌肉 1:1，肝 0.83:1
新霉素	牛，绵羊，猪	1 200（肌肉），3 600（肝），7 200（肾）	肌肉 0.4:1，肝 0.14:1，肾 0.69:1
吡利霉素	牛	300（肌肉），500（肝）	肌肉 0.33:1，肝 2:1
大观霉素	牛	250（肌肉），4 000（肾）	肌肉 1.2:1，肾 1.25:1
	鸡，火鸡	100（肌肉，肾，肝，脂肪）	肌肉 3:1，肾 50:1，肝 20:1，脂肪 5:1
链霉素	牛，猪	500（肌肉，肝，脂肪），2 000（肾）	肌肉，肝，脂肪 1:1，肾 0.5:1
磺胺类	牛，猪，家禽	100（肌肉，肾，肝，脂肪）	所有组织 1:1
泰妙菌素	猪	600（肝）	肝 0.83:1
替米考星	牛，绵羊	100（肌肉），1 200（肝）	肌肉 0.5:1，肝 0.83:1
	猪	100（肌肉），7 500（肝）	肌肉 0.5:1，肝 0.13:1
泰乐菌素	牛，猪，鸡，火鸡	200（肌肉，肾，肝，脂肪）	所有组织 0.5:1
四环素类	牛，绵羊，猪，家禽	2 000（肌肉），6 000（肝），12 000（脂肪，肾）	肌肉，肝 0.05:1，脂肪 0.025:1

数据来源：改编自 Croubels 等（2004）[35]。

2.5.2.2 暴露评估

三个因素可以决定暴露评估：食物消费量、食物中残留物的浓度、食物中的残留标示物与总残留的比例。大多数管理当局采用的"食物篮"（食物消费量）包括：

300g 肌肉（鱼的肌肉为自然带皮肌肉）；

50g 脂肪（猪和家禽的脂肪为自然带皮脂肪，家禽的脂肪规定量为 90g）；

100g 肝；

50g 肾（10g 家禽）；

100g 鸡蛋；

20g 蜂蜜；

1.5L 牛奶。

欧盟采用的食物篮模型包括哺乳动物的肌肉（300g）、肝（100g）、肾（50g）、脂肪（50g），以及适量的牛奶、鸡蛋和蜂蜜［家禽则为肾脏（10g）和脂肪（90g）］。欧盟 MRL 定义家禽和猪的脂肪，为自然带皮脂肪，而有鳍鱼的肌肉则为自然带皮肌肉。一般来说，对于极少消费或者消费量很少的食物（比如肾相对肌肉来讲），可以允许有一个更大的 MRL。此外，在

制订 MRL 时需要考虑植物源性食品或环境中的残留。

基于食物消费量，欧盟管理机构（EMA/CVMP）要求进行上市许可申请时，应用如下公式计算体重为 60kg 的人的每日理论最大摄入量（TMDI）：

$$TMDI = \sum \left(每日摄入量_i \times MRL_i \times \frac{TR_i}{MR_i} \right)$$

公式中，每日摄入量$_i$（kg）= 食物篮模型中定义的每日消费量；MRL_i = 肌肉、脂肪、肝脏、肾、鸡蛋和蜂蜜的 MRL（μg/kg）；TR_i = 总残留浓度（与药理活性或微生物活性有关）；MR_i = 在相同的组织和商品中残留标示物浓度（与药理活性或微生物活性有关）。

随后，JECFA（联合国粮农组织和世界卫生组织联合专家委员会）提出了一个 TMDI 替代方案，即估计膳食摄入量（EDI）[99]，EDI 已被澳大利亚采纳。EDI 与 TMDI 的不同之处在于，EDI 采用中位数残留浓度（median residue concentration，MRC）代替 MRL，在长期摄入的情况下，MRL 无法提供真实的残留摄入量估计值，此时采用中位数残留浓度则更为合理。由于 MRL 是残留标示物高百分比分布的上限（通常为第 95 百分位），相比而言，中位数残留浓度则是在延长时程描述统计的集中趋势的一个最佳点估计值。

对于一个体重为 60kg 的人，EDI 的计算公式为：

$$EDI = \sum \left(每日摄入量_i \times MRC_i \times MRL_i \times \frac{TR_i}{MR_i} \right)$$

公式中，每日摄入量$_i$（kg）= 食物篮模型中定义的每日消费量；MRC_i（kg）= 肌肉、脂肪、肝脏、肾、鸡蛋和蜂蜜的中位数残留浓度；TR_i = 总残留浓度；MR_i = 在相同的组织和商品中残留标示物浓度。

美国 FDA/CVM 假定，一个人一天消费 300g 肌肉后将不会消费肝脏或肾脏，但会消费牛奶和鸡蛋。因此，FDA 计算可食性组织（可包含合适比例的牛奶和鸡蛋）总残留量的安全浓度用下面这个公式：

$$SC = \frac{ADI \times 60kg}{FCF}$$

公式中，SC = 食物篮模型中定义的特定可食组织总残留物的安全浓度；ADI = 每日允许摄入量；FCF = 特定可食组织的每日消费量。

很明显，所有管理机构预测饮食暴露的方法都是非常保守的，所有指标均高于实际摄入量。这些保守的假设内容包括：食物每日消费量、所有动物以最大推荐剂量和疗程治疗、在休药期后屠宰被治疗动物，其所有可食性组织（包括牛奶和鸡蛋）均可检出 MRL（TMDI 计算法）或中位数残留浓度（EDI 计算法）的药物残留。用来计算暴露的这些保守假设是毒理学研究确定 NOELs 保守假设的补充。

2.5.3 风险特征描述

风险特征描述就是将危害识别和特征描述信息与暴露评估结果一并进行分析。对于在食品动物中应用的抗菌药物，其结果就是采用食物篮模型从 ADI 推算出来的 MRL[100]。风险特征描述中，可能要引用两个极端的例子。一个极端是任何浓度的残留都会对消费者的健康造成危害，这样就不能制订 MRLs，也就不允许在食品动物应用该抗菌药物。另一极端是药物的残留对人没有任何健康威胁，也就没必要制定 MRLs。后者适用于兽药产品的许多辅料。大多数抗菌药物介于这两个极端例子之间，但呋喃类，由于同时具有致突变性和致癌性，因此被禁用于食品动物。同样，硝基咪唑类（甲硝唑、洛硝唑）是可疑的诱变剂和致癌剂，因此在食品动物中也是禁用的。在欧盟，理事会法规文件（EEC）2377/90[44]和至今执行的新规定 EC470/2009[101]，规定了欧盟建立动物源食品中药理活性物质的残留限量程序，所有的药理活性物质均包括在如下附件之中：

- 附件Ⅰ——已经制定 MRLs。
- 附件Ⅱ——不需要制定 MRLs，就可保护公共健康。
- 附件Ⅲ——制定暂行 MRLs，最终版本尚待完成。
- 附件Ⅳ——禁用于所有食品动物的药理活性物质。

欧盟法规 470/2009[101]和 37/2010[102]已经引入了一个新的分类系统，即所有药理活性物质都按照字母顺序列在了附件中的两个列表中，第一个列表包含附件Ⅰ、附件Ⅱ和附件Ⅲ中列出的所有化合物，第二个列表包含附件Ⅳ中列出的禁用物质。在美国也有类似规定（参见 FDA 网站，联邦法规 21，556 部分[103]）。在美国，如果检测不到药物或其代谢物残留，则不需要制定法定容许量。

总之，建立一个药物的 MRLs，需要提供以下数据：给药方案（剂量、给药间隔、持续时间）和给药途径；实验动物和每种靶动物的药物代谢动力学数据和代谢情况；使用放射性标记药物的靶动物药物残留消除数据；残留物（包括残留标示物）的确证和定量分析方法；以及药物残留对食品加工过程影响的数据。本章不可能完全阐述上述的所有内容，读者可以参阅：①本章 2.3 节，抗菌药物的药物代谢动力学和代谢；②下一章和 MacNeil[104]描述了分析方法的要求和验证；③2010 年，Reeves[105]介绍了与残留相关的风险特征的统计。

目前，无论在不同的国家管理部门之间，还是 JECFA 与不同国家管理部门之间，设定 MRLs 的程序都不一致。从药物开发商的角度来看，不利的是，由于存在上市许可上的差异，可能就要增加几个类似的研究，主要是动物福利的复杂性和费用开支的增加。JECFA 提出的 MRL 制订程序基于三个前提：①用现有的分析方法，MRL 标准可以得到实施；②MRL 不需过高；③当含有抗菌药物的产品按照良好兽医规范（GVP）使用时，MRL 可以反映预期的残留浓度。对于第 3 点，JECFA 给出了每日估计摄入量（EDI）的概念。JECFA 认为在确定残留是否构成慢性（终生）风险时，使用 EDI 远比 TDMI 更合理。换言之，JECFA 的方法适用于慢性暴露，而非急性，这是 CVMP 所关心的重点[106]。

JECFA 建立 MRL 的关键方法是，使用动物性食品的药物中位数残留浓度（而非 MRL），通过日常食物篮模型来计算 EDI。JECFA 将统计学和迭代方法结合起来建立 MRL，在第 66 届 JECFA 会议上获得共识[107]。对最后一次给药后可食组织中的残留标示物的尾端消除曲线进行线性拟合分析。如果可行，从可分析数据可以计算出残留中值时间点实验动物群体残留浓度第 95 百分位数单侧容许限上限的 95%可信区间的上限。然后，JECFA 的方法通过 EDI 定义每日残留摄入量和 MRL 的关系表述如下：MRL 和中位数浓度均来自残留标示物消除数据的同一时间点。MRL 是描述群体第 95 百分位数的 95%可信区间上限曲线上的一个点。中位数是相同时间点拟合曲线上的对应点。所有的图表均来自数据的统计学分析。

实际上，MRL 是上述定义的容许浓度上的一个点，它等于或大于采用中位数浓度计算的 EDI，保证 EDI≤ADI。

相比之下，欧盟的方法是使用 MRL，而不是使用中位数浓度计算 TMDI。CVMP 认为 JECFA 的方法有其自身的局限性，它只考虑慢性的风险情况，以及一些技术原因，包括很难应用线性回归可信区间去估计残留浓度的容许量，并且 GVP 也只是一个比较宽泛的概念（进一步的详细信息请参阅参考文献 106。关于美国 FDA 的方法，进一步的细节和讨论请参阅参考文献 105 和 108）。

2.5.4 风险管理

2.5.4.1 休药期

在食品动物中使用抗菌药物，通过设定撤除/停用药物的时间（定义为从最后一次给药到允许动物屠宰的间隔时间）来管理风险，以提供可以安全消费的动物性食品、牛奶、鸡蛋、蜂蜜。休药期要由管理部门进行设定。遵守休药期可以为给药动物的动物性食品的残留药物浓度不会超过 MRLs 提供保障。制定休药期要利用残留消除试验数据：①非放射性标记的药物；②市场销售的产品组方；③产品标签规定的最高剂量、最短剂量间隔和最长给药持续时间。通常，每个屠宰时间点至少屠宰 4 头靶动物，需要至少 4 个屠宰时间点才能获得消除曲线。选择的动物应该是临床使用的典型靶动物，如牛犊或泌乳期成年牛。药物组织消除动力学数据表已经由 Craigmill 等[109]制作发表。

在应用统计学方法之前，欧盟使用了一个简单的方法来制定休药期。当实验动物所有组织中存在残留，并且已经消除到低于预期的 MRLs 时，再增加预期的延迟时间，用额外的任意安全时间范围来弥补生物源不确定性。安全时间范围（通常为 10%~30%），是通过对 62 个消除实验数据进行常规统计得到的休药期，再进行比较后确定的；试验结果表明合理的安全时间范围的中位值为 25%，但范围为−24%~233%，这表明一些研究选择 10%~30%的任意安全时间范围会不够严谨[110]。

第二种方法，并且是首选方法，是对数据库进行线性回归统计学分析。欧盟和美国 FDA 都假定残留浓度呈对数线性下降，应用最小二乘回归获得最适消除曲线。然后计算第 95 百分位数（欧盟）或第 99 百分位数（美国）单限容许限上限的 95%可信限（95/95%或 99/95%）。休药期就是残留浓度第 95 百分位数单侧容许限上限的 95%可信限（95/95%）下降到低于 MRL 的时间。换言之，这个休药期的定义就是在欧盟至少 95%的群体（美国为 99%），即涵盖 95%的动物数量。应该强调的是，监管部门设定的统计风险应当被看作是对遵守休药期的农场的保护，而不是保护消费者的不安全因素的补充,即使消费者间接受益于这个相当保守的统计方法。

Concordet 和 Toutain 休药期估计的方法,用回归法来估计群体第 99 百分位数(美国)或第 95 百分位数(欧盟)的 95% 可信限水平[111,112]。回归方法需要进行药物代谢动力学/残留研究,将消除曲线通过对数转换为一条直线。应用线性回归涉及的五个假设如下:

①屠宰时间点的试验不存在不确定性(x 轴)。
②消除曲线呈线性。
③每个屠宰时间点的残留浓度对数值呈正态分布。
④方差齐性,即假定常数方差。
⑤观察的独立性(详细内容见 Concordet 和 Toutain 概述[112]),可能不适用于每个例子。

作为回归的替代方法,Concordet 和 Toutain[111,112]提出了一个简单且容易理解的非参数方法,该方法允许采用低于 100/(1−a)% 控制风险。唯一的假设是浓度超过 MRL 的可能性随时间单向地降低。该方法需要几个假设,包括无主观因素的独立观察、屠宰时间选择在残留动力学的消除相。后者在控释制剂、缓释制剂尤其重要。该方法的详细信息请参阅 Concordet 和 Toutain 的文献[111]。该方法的优势在于所有动物/样品都对休药期的估计有贡献,包括那些低于分析方法定量下限(LLOQ)的浓度。该方法的局限性在于其统计效率低下,因此要比传统的回归方法需要更多的动物。

Martinez[113]等比较了 USFDA 与 Concordet 和 Toutain[111,112]使用的休药期建立方法(见表 4,Martinez[113]),结论为 USFDA 使用的回归方法,更适合于预防违规药物残留。除 95/95% 允许限之外,EMA/CVMP 的方法与 USFDA 使用的方法相似,由于该方法外推到群体极端百分比的不确定性,因此 USFDA 使用的方法是可取的。Fisch 进一步讨论了休药期的估算[114]。Fisch 建议应用贝叶斯(Bayesian)方法,在回归方法和非参数方法都不适用的情况下,可应用马尔可夫链蒙特卡罗(Markov chain Monte Carlo)方法。Martin-Jimenez 和 Riviere 在早期提出了应用群体药物代谢动力学数据可描述药物在体液中的分布和在可食性组织中的残留[115]。但是他们却没有给出足够可行的策略,事实上这仍然是一个问题。虽然如此,他们强调在未来的某个时间使用多室模型来描述血浆-组织关系具有一定的应用前景和价值。他们甚至设想了用亚群的合适可信区间来定义休药期的可能性,这取决于不同临床参数或药物产品参数。这样的模型要使用贝叶斯(Bayesian)方法从单一模型方法(有效性、安全性、残留物)库中获取信息。

在残留和休药期领域最有前途的研究是基于药物代谢动力学模型的生理模型(PBPK)研究,如土霉素在绵羊体内代谢的研究[116]。另一个例子是猪体内磺胺违规残留物浓度的预测[117]。PBPK 模型的原则是构建一个具有通用复杂结构的模型,包括有关的关键解剖(如多胃与单胃)、生理、理化和生化过程。例如,一个旨在探索肠道酶抑制剂在既定动物弃奶期的 PBPK 模型,不仅要明确不同的房室代表与食品安全有关的组织(肌肉、脂肪组织、肾、肝、其他胴体组织、奶),还要明确肠道内的清除成分。应将 PBPK 模型视为复杂的剂量学模型,为暴露评估建模提供极大的灵活性,可在不同的暴露途径和不同物种预测组织浓度 MacLachlan 在泌乳牛构建了这样一个模型,旨在探索亲脂性的外源性物质在不同生理状态的残留情况[94]。动物之间的外推是制订少数动物休药期的一个关键问题。应用 PBPK 模型来预测对鲑使用土霉素的休药期已经证实了用 PBPK 模型来预测食品动物组织残留和建立休药期的可能性[118]。最近,在鸡中使用咪达唑仑所建立的 PBPK 模型,然后考虑火鸡、野鸡、鹌鹑的种属特异性生理参数,很好地预测了每种动物组织的残留,尤其是肝脏和肾脏[118,119]。

不同的管理部门建立弃奶期的程序有差异。USFDA/CVM 要求使用的动物数量至少为 20,检测牛奶样品中的残留标示物要重复三次[120]。如果是治疗乳腺炎的药物,则假设超过 2/3 的牛奶来自治疗奶牛。对每头牛的对数残留浓度进行线性回归,然后在每个采样时间点根据回归曲线来估计对数残留浓度的分布。对动物之间的变异和测量误差变量进行估计并用于计算每个时间点的允许限量。第 99 百分位数的残留浓度 95% 可信限上限小于或等于 MRL 时第一个点设定为休药期。

EMA/CVMP 弃奶期使用"达安全浓度时间(TTSC)"方法[121]。TTSC 是计算每头奶牛挤奶时,第 95 百分位数的牛奶残留浓度的 95% 可信限上限与 MRL 相一致所需的时间。该方法假定个体达安全浓度的时间呈对数正态分布。如果数据不适合 TTSC 分析方法,则可以采用替代统计方法。因此,USFDA/

CVM 和 EMA/CVMP 的分布假设，分别是与残留浓度和达安全浓度时间相关联的。TTSC 的优点在于不对残留的对数线性消除做出假设。

2.5.4.2 根据血浆药代动力学数据预测休药期

Gehring 等[122]与 Riviere 和 Sundlof[123]建议采用下面的公式得到近似的休药期：

$$休药期 = 1.44 \times \ln\frac{C_0}{\text{MRL}} \times T_{1/2}$$

式中，C_0=结束给药时药物在靶组织中的浓度；$T_{1/2}$=半衰期。虽然此方程所得的结果只是一个近似的估算值，但在休药期和半衰期之间建立了联系。如果残留标示物是一种代谢物，那么休药期就采用代谢物的半衰期来进行估算。假设药物在体内均匀分布，抗菌药物的治疗血浆浓度为 10mg/L，MRL 为 0.01mg/L，公式则为：

$$休药期 = 1.44 \times \ln(10/0.01) \times T_{1/2} = 9.947 \times T_{1/2}$$

因此，如果 C_0/MRL 为 1 000，则休药期应略小于 10 倍的半衰期（$T_{1/2}$）。这个"10倍规则"就是基于药物经过 10 个半衰期以后，99.9%的药物已经完全消除这一理论。如果 MRL 低于 C_0，则会得到一个更长的休药期值。如果半衰期过短（如青霉素），休药期也会相应变短。同样，如果组织半衰期（如氨基糖苷类）长，则休药期也会延长。如果药物剂量加倍，休药期由一个半衰期增加到 1.094 个半衰期，表明剂量的错误使用对休药期的影响非常有限（约 10%）。然而，在一些特殊情况下，剂量的增加与休药期的增加不成比例。如，当组织残留消除曲线为多指数衰减并且 MRL 值横切一个血浆半衰期相对更短药物的消除相时；当剂量低但又有很延迟的末端相时；当剂量增加或当多次给药导致"叠加"效应产生，如 KuKanich 等报道的氟苯尼考的长效制剂[124]。这种制剂，当给予多于一次的单标签剂量时，就会导致违规残留。

2.5.4.3 国际贸易

风险管理的另一要求是要符合动物源性食品的国际贸易规定。因为没有统一的全球残留法规，国际贸易壁垒就会出现甚至扭曲市场竞争环境。进口食品必须遵守 CAC 或进口国的 MRLs 规定。当 MRLs 建立以后，进口食品需通过检测，并符合 MRLs 规定。然而，在某些情况下，进口国的 MRL 可能低于出口国的 MRL。此外，对于未建立 MRLs 的国家，一般采用零容忍残留方法。这些不同情况可以在几个方面加以解决：通过贸易伙伴之间的贸易协议，通过建立进口 MRLs，根据兽药的消除时间，对出口海外市场的食品动物采取不同的出口屠宰时间（ESIs）。后一种方法目前仅澳大利亚（APVMA）采用。ESI 定义为从动物停止给药到屠宰出口的时间间隔。ESI 首先考虑肌肉及可食性内脏的贸易数据和主要利益相关者可接受的风险程度。然后，应用一整套算法来计算不同间隔时间经屠宰的给药动物的肌肉被拒绝的概率。ESI 就是当设限数据回归直线的允许限上限与可接受风险相关的残留浓度相交时的时间。如果进口公司尚未建立 MRL，就可以采用 ESI 终点作为分析方法的 LLOQ[105]。

2.5.5 风险交流

风险交流的目的首先在于告知食物链中的所有参与者，包括营销企业、监管部门和消费者关于食品中药物残留相关风险的性质，然后提供保障措施，就是对已经应用的标准数据进行解释，以及确保安全的食品供给。

在很大程度上，风险交流和管理程序与兽医处方及养殖者是息息相关的。至少在欧盟，农场动物兽医的另外一个职能是教育工作者，教授养殖者如何安全有效地使用药物和填写详细的使用记录。详细的使用记录是确保有效治疗和遵守法定休药期的重要因素。兽医和生产商对质量保证程序的执行，对减少违规残留的发生非常重要，为公共食品安全提供保障[125,126]。

2.6 残留违规行为的意义和预防

2.6.1 监管和非监管机构的作用

违规残留可能源于使用的药物和杀虫剂，或源于环境污染物和食物中天然毒物。药物（包括兽用农药）是动物源性食品中最通常检测到的化学物质，其中绝大多数是抗菌药物。Dowling 概述了美国农业部食品安全检验局（FSIS）和加拿大食品检验署（CFIA）在监控肌肉、家禽、蛋类和蜂蜜中残留的化学物质，包括抗菌药物[51]。FSIS 通过其国家残留监控计划监控动物组织。FSIS 和 CFIA 两机构均运用危害分析和关键控制点（HACCP）为基础的系统进行风险分析。

FSIS 每年对大约 30 万批来自市场的动物源性食品样品进行分析，CFIA 分析的样品数量大约为 20 万批。当在屠宰动物或食品动物产品中检测到存在违规药物残留时，要进行追责。FSIS 向 USFDA 报告发生的违规药物残留，并追溯产品的生产商名称和/或确认市场上销售动物及产品的其他相关方。联邦机构的职能包括后续检查，没收，产品召回，基于监控计划进行进一步取样。具体职能的实施取决于健康风险的大小，重点在于避免违规药物残留的再次发生和/或含违规残留物的产品进一步销售。

FSIS 和 CFIA 采用的标准是当按照药物说明书使用兽药时，违规残留物的发生率不应超过 1%。任何残留违规率大于 1% 都表明该产品未按照药品说明书规定使用。Paige 等认为，导致残留的情况可能有：将药物用于未批准的动物，药物的使用量超过推荐剂量，经非批准给药途径给药，未遵守休药期规定，没有详细的治疗使用记录（因而无法确认给过药的动物）和错误使用药物[127]。

导致违规药物残留出现的另一原因是对抗菌药物治疗后的动物进行非法屠宰并食用，尤其是淘汰的奶牛和肉牛。据 Dowling 报道，使用含药饲料是猪和家禽中违规药物残留的常见原因，部分原因是难于遵守休药期规定[51]。遵守休药期规定，可能会增加成本和带来不便，这涉及在休药期内使用非药物饲料代替含药饲料。复合饲料的污染也会因为饲料厂工艺不合理而引入，包括工厂设计和预混配方的不合理。Croubels 等人列出了一些容易引起违规残留的化合物，包括磺胺类、四环素类、硝基咪唑类、硝基呋喃类、尼卡巴嗪和离子载体类抗球虫药[35]。在某些辖区，在经兽医开具处方和估计合适的休药期后，可以将上述药物用在未经批准的动物。这样的建议也缺乏足够的精度。Gehring 等讨论了适用于标签外用药的风险管理原则[128]。

下面将讨论正在使用的各种残留检测程序。所有检测程序的设计都是为了减少违规药物残留的发生率。至于预防的问题，应该关注食品动物残留避免数据库（FARAD）。FARAD 是美国农业部（USDA）支持的计算机数据库，创建于 1982 年，是北卡州立大学、佛罗里达大学和美国农业部的合作项目。目的是减少违规药物残留的发生，收集、整理和发布有关残留预测的有关信息。FARAD 收集了已经批准使用的药物、标签外使用药物和环境毒素的信息，这些信息均可通过计算机数据库进行搜索。FARAD 包含在线数据库（VetGRAM），其收载了 1 000 多种药物和化学物质，以及 20 000 多个已经发表的药代动力学研究数据。药代动力学数据库包括一系列可能存在于家畜组织中的药物、农药和环境污染物，药代动力学参数（清除、表现分布容积、半衰期、最大浓度等）数据。还包括基于药代动力学数据的残留消除数学模型，预测残留消除模式，不受限制的药物给药剂量。FARAD 的第二个作用是提供教育和咨询，为避免药物残留、缓解化学污染的发生和标签外用药提供建议。该数据库还提供如下法规信息：①作为治疗和促生长目的，食品动物使用药物的适应证和使用说明；②毒理动力学数据；③国外注册和安全数据；④抗菌药物在组织、鸡蛋和牛奶中的允许限量；⑤休药期；⑥书目引文。

所有的 FARAD 药物代谢动力学数据均定期更新[109]。截至 2003 年，FARAD 可查询的数据有 912 种，最多的药物数据为抗菌药物（338 种）和非甾体类抗炎药（143 种）。抗菌药物可以查询的动物种类，依次是奶牛、猪和肉牛[129]。

1998 年，FARAD 已经扩展到全球性（g）FARAD，包括几个成员，这为促进用于食品动物的药物及违规药物残留数据的国际间共享提供便利，共享数据包括休药期建议、种属之间的外推和标签外用药的数据。数据可以在 FARAD 的网站查询，美国的网址为 FARAD@ncsu.edu，FARAD@ucdavis.edu 或 www.farad.org，加拿大网址为 cgfarad@umontreal.ca 或 www.cgforad.usask.ca。FARAD 提供的咨询服务对于抗菌药物的标签外用药（例如，与批准的使用剂量不同，在不同的食品动物中使用）具有很高的价值。这符合美国 1994 年颁布的动物用药物使用澄清法案（AMDUCA）[130]的规定。AMDUCA 只允许 FDA 批准的兽用药物及人用药物在持证兽医师的指导下使用[131]。

AMDUCA 不允许在饲料中进行标签外用药，特别禁止在泌乳动物中标签外使用氟喹诺酮类、糖肽类、呋喃唑酮、呋喃西林、氯霉素、地美硝唑、异丙硝唑、其他硝基咪唑类（如甲硝唑）和磺胺类药物（除了批准使用的磺胺二甲氧嘧啶、磺胺溴甲嘧啶和磺胺乙氧哒嗪）。AMDUCA 允许食品动物使用的抗菌药物的层级结构是：①批准在给药时获得标签声明效应的产品；②批准在食品动物可以标签外使用的产品；③批准在非食品动物或人类使用，但可标签外使用的产品。

如果没有产品能满足这些需求，使用复方产品可能是允许的。

1999年，欧盟规定禁止作为生长促进剂使用的抗菌药物包括：阿伏帕星、阿达星、杆菌肽锌、螺旋霉素、泰乐菌素、维吉尼亚霉素、卡巴氧和喹乙醇。2006年，阿维拉霉素、黄霉素、盐霉素和莫能菌素也被欧盟淘汰。

除了几类残留检测程序和良好的FARAD程序外，还有一些非法定方法也可以降低违规残留物的检出率。专业协会（如英国国家动物健康办公室）和培训未来兽医的专业机构，有必要及时关注当地监管部门发布的指南文件。Roeber等强调了在农场负责任地使用药物的重要性，以及实施生产者的产品质量保障计划的重要性[126]。对兽医来讲还有一个关键的作用，就是向农民提供良好规范的咨询，将如何修剪污损而减少肉的损耗的注射技术传授给农民。制药公司应继续改进产品组方和给药技术，选择解决注射部位残留问题的可能方法，如使用生物可降解聚合物作为药物载体，可注射微球和微胶囊作为药物载体。为了能够达到药物在肌内注射部位持续释放的效果，有使用脂质体作为载体的报道。最后，还有一系列正在使用的残留检测项目，它们的特异性和敏感性正在日益提高。

2.6.2 残留检测计划

联邦和国家机构对国产产品和进口产品均采取了残留检测（控制）计划。控制计划会根据特定国家需求而有所不同，但总的来说，这些计划公布的结果为食品供应安全提供了强有力的证据。所使用的方法有两类：筛选和确证。筛选方法用于检测分析物是否存在，具有高通量的特点，可以检测大量样本以便发现潜在的违规样本，即阳性结果。确证方法能明确无误地确定分析物，且在必要时能量化目标物的浓度（如MRL水平为0.5μg/kg）。实验室使用的方法众多，许多实验室逐步将检测方法转为质谱方法，后续章节将会详细描述这部分内容。另外，国内残留抽样根据目的可以分为四类：监控、执法、监督和探索性抽样[51]。另一种分类方法是基于所使用的分析原则，即物理化学、免疫化学和微生物学分析方法。免疫化学分析方法进一步分为免疫测定，包括酶联免疫吸附实验（ELISA）和免疫亲和色谱法（IAC）。物理化学方法是基于色谱净化后光谱定量的方法，如紫外、荧光或质谱方法。微生物学方法包括快速筛查法，它们价格便宜，不需要提取过程。国内计划是为了贸易要求，或者强制执行，或者因为进口国家的要求。详细的内容请参阅Croubels等[35]和DeBrabander等[132]的文献。

2.6.2.1 监控程序

监控程序是对屠宰的健康动物样品进行以统计学为基础的随机抽样并采用每种药物相对应的分析法进行检测的程序。其中，动物或动物源性食品（鸡蛋、牛奶、蜂蜜）样品是已经通过了屠宰前和屠宰后检疫检测的产品。残留的评价要与MRL相一致。流通的食品产品在残留分析前并不保留，但如果分析结果提示有公共健康问题，则应召回。这样获得的数据可用来评估趋势性问题，比如滥用药物，这可能会启动一个随后的目标抽样程序。当检测出动物群体的1%存在一种或多种药物违规使用，即超过MRL[133]时，抽样的动物样品数量要增加到能够代表95%群体动物。

Dowling在2003年总结了美国FSIS和加拿大CFIA监控计划（主要是肉类、鸡蛋和蜂蜜）的数据[51]。例如，FSIS发现26 214批样品中有87批样品含违规药物残留。其中，对5 608批样品分析了抗菌药物残留（磺胺类药除外），检测出36批违规药物残留样品。最多的违规残留抗菌药物是新霉素，在肉牛中检测出29个违规药物残留样品。此外，5 267批样品中有14批样品含违规残留的磺胺类抗菌药。Dowling还报道了CFIA2002/03的数据[51]。值得关注的是，CFIA分析结果显示，采用微生物抑菌方法，312批兔子样品中有42批样品中存在细菌抑制剂，1 055批蜂蜜样品中违规残留物主要是红霉素（2批）、土霉素（14批）、磺胺噻唑（2批）和四环素（10批）。

在欧盟，依据理事会指令96/23/EC[134]实施监控计划；要检测的残留物质和抽样数量在指令96/23的附件I中[45]，包括有MRLs的所有抗菌药物（B组），包括饲料中添加的，以及理事会条例2377/90[44]附件Ⅳ中所列的禁用化合物（A组）。A组中的抗菌药物有氯霉素、地美硝唑、甲硝唑、异丙硝唑和硝基呋喃类（包括呋喃唑酮）。对于欧盟颁布的禁用物质，强调在多种基质，包括肉类、尿液、甚至残留物可能极低的毛发中确认残留物质，采用"零允许残留"的原则。因此，最低要求执行限（MRPL）浓度要比MRLs低10～100倍。对于禁用物质，需要结合定性多残留方法和能够提供足够确认点的确证方法确认阳性结果，这方面的内容在欧盟委员会决议2002/657/EC中[45]。

值得注意的是，毛发对于大多数药物和代谢物是非常稳定的基质[135]。研究者按照距离毛囊 45～55cm 的标准从马尾采集毛发，用药后 3 年仍能检测到磺胺类和甲氧苄啶。欧盟对硝基呋喃类的 MRPL 的设定值为 1μg/kg。"结合残留物和硝基呋喃检测"（Food-BRAND）包括快速多残留筛选方法和硝基呋喃类蛋白结合残留物的多残留检测方法[132]。

除了由监管部门进行的检验，大型屠宰厂也要有自己的质量保证程序以确保产品没有违规残留物，特别是要出口的产品，对某些残留物的设定限要与自己国家管理部门设定的不同。这样的测试结果国家当局很少公布，除非其包含的内容非常详尽。

2.6.2.2 执法程序

执法程序的意义在于分析动物样品是否存在高风险的违规药物残留。高风险的预期可能源于产品组的历史数据，如屠宰前后进行的外观检测。在北美，残留监控程序显示高比例违规药物残留的动物及动物产品包括幼龄牛（年龄<3 周，体重<68kg）、淘汰的奶牛，明显可见的注射部位。

最初基于微生物学检测抗菌药物的"工厂内"快速检验筛选方法，包括"厂内拭子试验（STOP）""快速抗菌药筛选检验（FAST）""过夜快速牛肉识别检验（ORBIT）""牛抗生素和磺胺类药物检验（CAST）""磺胺原位试验（SOS）"。也使用各种 ELISA 法。在确定检测结果之前，可疑动物的胴体要在屠宰厂予以扣留。如果筛选试验结果呈阳性，FSIS 或 CFIA 要进行确证试验。如果缺乏可用的筛选试验或者如果 FAST 或 STOP 试验未检测到残留物，但样品仍有疑问的，可直接上交给 FSIS 或 CFIA。如果确证试验证实一种违规残留物呈阳性，胴体定为掺假品并予以处罚。"原位"试验也可用于检测蜂蜜中的抗菌药物，使用的装置如检测氯霉素残留的快速检测装置，可以检测四种四环素类抗生素的 Tetrasensor 蜂蜜检测装置。新型的电化学、光学免疫感应器、流式细胞仪免疫分析、生物芯片分析方法都是目前残留物分析的新方法[132]。快速检测将在第 5 章进一步阐述。

监测数据用于评估执法程序是否有效地减少了残留的发生。2003 年，FSIS 记录了 230 351 批样品中有 1 923 批样品存在违规药物残留；这些样品中的违规残留物包括 1 470 批抗菌药物（不含磺胺类药物）残留，335 批磺胺类药物残留，118 批非甾体类抗炎药物氟尼辛残留。Dowling 做了全面分析[51]。值得注意的是，FAST 试验的检测结果显示，违规残留物的发生率较高，在 215 813 批样品中分别检出 552 批青霉素阳性、199 批磺胺二甲嘧啶阳性和 195 批庆大霉素阳性样品，所有的违规药物残留样品均为奶牛样品，还有 372 批新霉素阳性的样品来自幼龄肉牛。来自 1 665 个动物的 1 820 批（0.84%）样品存在违规残留物，这表示动物产品中存在很高的残留率。STOP 试验结果显示 14 360 批样品中有 28 批青霉素阳性样品来自奶牛。来自 64 个动物的 74 批样品中存在违规残留物，残留率为 0.51%。CFIA 的数据相似，2003 年采用 SOS、STOP 和 CAST 试验筛选后的可疑动物经确证试验确认后显示，11 877 批分析样品中 346 批样品存在违规残留物，阳性率高的残留物为氧四环素（120 批）和青霉素（182 批）。绝大多数样品为猪肉和牛肉。加拿大和美国违规药物残留的原因均是食品生产商和经销商违反标准操作，加强检查是为了找到违规药物残留的原因，减少违规药物残留的发生。

2.6.2.3 监督程序

监督抽样的目的是评估特定的动物种群中潜在的违规残留物的情况及发生率，特别是在群体有违规药物残留的历史或临床症状的情况下。所获得的数据信息提供给监管部门，以了解通过干预是否减少了残留的发生。在等待实验室出结果期间是否保留动物胴体或产品，取决于起始监管的性质，但也会由于特定的法律政策而改变。通常，追踪货源并采取应对行动以确保违规药物残留不再发生。所采取的行动包括没收、产品处置、农场隔离、额外的残留检测、停止生产、停止在国内市场和出口市场销售直到商品被证明是安全的。附加的潜在程序包括执行行业行为守则、审计用户和运营商、从销售商获得反馈信息。Dowling 引用的例子是 FSIS 筛查了 6 295 头市场上销售的猪的磺胺类违规残留情况，SOS 试验结果显示 10 头猪存在磺胺二甲嘧啶违规残留[51]。

在英国，兽医药品局实施监察程序，结果定期发表在兽医记录杂志上，并形成年度报告上报给兽医残留委员会[137]。

2.6.2.4 探索性程序

药物残留探索性试验用于未设定 MRLs 的药物。药物残留探索性试验的目的是评估监控和采样的新方法。探索性试验关注的是尚未制定 MRL 的药物，而不是为了监管行动。

2.6.2.5 进口的食品动物产品残留检测

除了设置残留监控程序、执法程序、监督程序和探索性程序来评估国内生产的动物源性食品的违规药物残留外,监管部门也针对进口食品进行检测。实际上这是一种重新检查,其标准根据特定出口国家的标准而定。每一个进口国家都试图对进口食品进行确认,希望达到与国内程序采用的标准相同。正如Dowling所述,2003年美国检测了各种食品(加工过的肉类、家禽和蛋类)中的八类兽药和杀虫剂化合物的残留[51]。在检测的2 212批样品中,发现2个违规残留物,都是驱虫剂阿维菌素。有趣的是,2003年加拿大进口检测结果表明,从印度和美国进口的蜂蜜中分别有27批和6批样品含有氯霉素违规残留。

2.6.2.6 牛奶中的残留检测

关于牛奶及其他奶制品中抗菌药物残留相关的问题和处罚,可通过对牛奶中抗菌药物残留进行多个检测进行判定。这些检测方法包括受体结合检测法、微生物受体检测法、微生物生长抑制检测法、酶学检测法和色谱分析。这些检测法用于检测混装原料奶,包括以下项目:CharmSL-β-内酰胺、Delvo Test P5 Pack β-内酰胺、IDEXX SNAP β-内酰胺、CharmⅡ竞争β-内酰胺。Delvo检测的应用非常广泛。最近,快速检测可以在3min内提供结果,例如,Charm MRL-3和β-STAR1+1(STAR=抗菌药残留筛选检测)。Parallux牛奶残留检测系统在4min内一次可以检测6种β-内酰胺类、四环素类、大观霉素、新霉素、链霉素、螺旋霉素、磺胺类和喹诺酮类药物[132]。正如这些商品名称所表示的,需要特别关注β-内酰胺类(青霉素类及头孢菌素类)抗菌药物的违规残留浓度。实际上,抑制试验阳性的牛奶含有β-内酰胺类以外的抗生素极为罕见。大多数检验方法所使用的菌株为嗜热脂肪芽孢杆菌,此菌株对β-内酰胺类抗菌药非常敏感(详细内容在第5章讨论)。Riviere和Sundlof指出,全面总结可用的检测方法比较困难,因为方法学发展速度很快,会不断出现新的检测方法[123]。

2003年,美国在牛奶和其他奶制品中的残留检测结果为4 456 141批样品中3 246批样品是阳性(0.07%)。其中,对4 354 087批样品检测β-内酰胺类药物,3 207批样品阳性(0.07%)[138],对66 124个样品检测磺胺类药物,23批样品阳性(0.03%)。同年,CFIA检测的3 577批牛奶及奶酪制品中,则没有抗菌药物和磺胺类药物违规残留阳性样品。目前所用的筛选法具有很好的敏感性和阴性预测值,但阳性预测值很差。因此,具体到一头奶牛,检测结果阳性并不一定表明混装原料奶的药物残留浓度会超过MRL(详细内容见第5章)。

在设定抗菌药物的弃奶期时,监管部门允许假设牛奶是来自受治疗奶牛和非治疗奶牛的混合物。也就是说,针对牛奶设定的MRLs是基于混装原料奶的药物浓度,可以这样认为"稀释是解决污染的方法"。这是合理的,因为人食用的牛奶来自单个动物的概率极为罕见,至少在发达国家是这样。混装原料奶的体细胞计数增加是牛群中乳腺炎流行的标志。这种感染是普遍存在的,因此,使用抗菌药物通过乳房内灌注(大多数国家)或全身给药(斯堪的纳维亚国家)治疗乳腺炎是普遍又常规的方法。例如,急性乳腺炎的治疗在所有国家均采用全身治疗方法。那么体细胞计数高的牛奶样品,其违规药物残留的检出率也更高。美国巴氏灭菌奶条例要求所有混装原料奶的奶罐也必须在加工之前取样和分析抗菌药物残留[139]。此外,要求每个工厂每隔6个月应检测取自巴氏杀菌奶和牛奶产品的4个样本,每个生产商每6个月也必须进行至少4次检测。通常,奶牛场也会做额外的检测,以确保牛奶无对消费者或对奶制品如酸奶和奶酪的制造商有风险的违规残留。这些检测结果很少在国家当局的总结报告中发布。

2.7 其他考虑

2.7.1 注射部位残留和"Flip-Flop"药物代谢动力学

当采用肌内注射或者皮下注射这样的肠道外给药途径(除静脉或口服)进行给药时,注射位点最初药物浓度总是很高。随着药物吸收进入血液循环,药物浓度会迅速下降。对于以水性溶液形式给予的药物,如氨基糖苷类和青霉素钾盐或钠盐溶液,药物在注射位点维持溶液状态,通常会被完全迅速吸收。因此,将苄青霉素钠进行肌内注射时,给药后10~20min T_{max} 就可以达峰值。在这种情况下,注射位点的药物消除也非常迅速,可以保证动物屠宰后注射部位肌肉的药物浓度下降到与非注射部位肌肉没有区别。因此,靶组织不是注射部位的肌肉,而可能是或可能不是非注射部位的肌肉。

然而,对于许多抗菌药物和其他类别的药物(如驱虫剂),经过长期的实践开发出缓释(储库)制剂,采用肌内注射、皮下注射或浇泼途径给药。正如2.2.3节中所讨论的，这些产品通常显示出"Flip-Flop"药物代谢动力学特征，终末半衰期代表着缓慢的吸收相，而此终末半衰期明显长于静脉注射所确定的消除半衰期。储库制剂的优点和缺点见表2.15。

在Toutain和Raynaud的早期研究中[87]阐述了缓释制剂药代动力学的潜在复杂性。他们对幼龄犊牛按20mg/kg的剂量肌内注射20%（w/v）土霉素溶液，最佳拟合数据是一个开放的二室模型（中央室和周边室），具有两个吸收室（快速释放和缓慢释放）。快速吸收相是给药剂量立即可用的一小部分（14%），吸收半衰期为48min。给药剂量的更大部分（37.5%）显示为缓慢吸收相，吸收半衰期为18.1h。静脉注射后的消除半衰期为9.04h，因此该产品显示为"Flip-Flop"药物代谢动力学特征。

表2.15 抗菌药物肠道外给药长效制剂的优点和缺点

优 点	缺 点
药物作用时间长，需要单次给药和/或长间隔给药（48～72h）	通常比快速吸收剂型的休药期要长很多，创新开发和田间使用受到限制
比需要多次给药剂型（如一天一次，使用3～4d）方便、费用较低	增加遵守长时休药期规定的农民的负担
对给药日程表具有良好的依从性	如果不遵守长时休药期规定，会增加对消费者的风险
通过良好的依从性提高对消费者的安全性	注射部位可能出现疼痛或炎症，导致局部出现纤维增生组织，会形成密闭的含有抗菌药物的"保护库"
减少对动物处理的应激反应和反复注射的疼痛刺激，改善动物福利	监管部门基于注射位点的缓慢消除设置休药期存在问题
	注射位点持续存在的药物残留，在国际贸易中存在风险

对一些储库药物制剂增加了注射位点的残留关注，这方面的内容可见官方指南（如参考文献[140]）和2007年的综述文献[141]及同行评议文章[142,143]。大部分药物为缓释药物，最初注射时浓度高，然后需要维持良好的治疗浓度（≥2d）。当吸收稳定时，缓释制剂的注射位点残留问题会较少，但是实际上消除不稳定，为非指数方式，因此注射位点的残留不可预测。这似乎部分是产品的原因导致的，为达到延长释放时间的目的，药物制剂可以是水溶性混悬液（如苄星青霉素、普鲁卡因、青霉素G）、水包油性悬浮液（如普鲁卡因青霉素）、或溶剂包含有机溶剂如高浓度

（20%～30%）土霉素。对于后者，肌内注射或皮下注射后，迅速吸收的有机溶剂会与抗菌药物形成沉淀，然后被缓慢吸收进入注射部位的组织间液内。此外，不同数量的混悬液和沉淀作为外源物质，可能引起局部急性炎症反应，和/或被肉芽组织包裹，最后导致吸收缓慢或者不规则吸收[80,82]。

在解决注射部位残留的问题上，各管理部门之间的风险评估标准缺乏一致性[141]。其中一个原因是含有药物注射部位的膳食暴露相关数据非常有限[144]。缺乏的数据还可以延展到三个方面：①屠宰时注射部位组织的发现率；②注射部位的残留浓度高于MRL的发生率；③注射部位的处理结果。确定发现率的做法不同地区的畜牧业存在差异，所以一个地区获得的数据不能外推至另一个地区。注射部位组织被识别后常常作修整丢弃处理，此种方法的有效性（虽然未知）变化很大。确实含有药物残留的注射位点所占比例的数据非常有限，比例可能很小。然而，Beechinor和他的同事们已经获得了很好的如下数据：①爱尔兰牲畜中注射部位肌肉残留的替米考星、泰妙菌素、恩诺沙星的数据[145]；②爱尔兰牛肉和猪肉修整切除的注射位点药物违规残留发现率和公共卫生意义[146,147]。

已经有几个法定方法用于解决注射部位的残留问题。一些辖区（如美国和澳大利亚）采用ARfD代替ADI作为允许暴露标准。这种方法是合理的，但其有效性很少有取决于食用含有残留的注射部位的数据。使用ARfD将会缩短休药期，如果肌肉是靶组织，使用ARfD的价值远远超过使用ADI。还需要考虑的是，此方法需要一个残留监测采样方案，此采样方案能区分注射部位和非注射部位肌肉。在20世纪90年代和21世纪CCRVDF的几次会议上，此方案均有被提议，但遗憾的是均未被采纳。因此，CCRVDF在2001年的工作文件提出了两种肌肉样品的分析结果判定，两种样品均为阳性证明违反了休药期的规定，而一种样品阳性则表明此种样品是注射位点的样品，在这种情况下，可以应用ARfD，如果测定的阳性值超过ARfD，则说明有违反兽药使用规定的行为。EMA/CVMP针对此方法给出了三个实用性建议：①注射位点可能不容易被识别，并且可能所采的样品只是注射位点的一部分；②在某些情况下，可能需要额外的分析方法验证；③如果注射位点的残留标示物（通常为药物原型）与非注射部位的残留标示物有所不同，则需要额外的分析方法。因此，EMA/CVMP

继续要求将注射部位肌肉视为非注射部位肌肉；具体而言，注射部位残留物浓度必须下降到 MRL 以下。欧盟所采用的标准是禁止含苄星青霉素的所有产品肠道外使用。争论的焦点在于即使消费少量的（高于 MRL 50μg/kg）青霉素都可能会引起严重的过敏反应，尽管这是一种罕见的情况。

目前作者的观点是，通过考虑、建立并尽可能地采用 Sanquer 等提出的方案[142,143]，可能是解决注射位点残留问题的可接受办法。Sanquer 等质疑了 EMA/CVMP 的指南中对注射部位肌肉与其他可食性组织采用相同的计算方法的有关内容。这样做是不科学的，理由是注射部位残留经常违反回归假设的有关同方差齐性（不同屠宰时间点的残留浓度具有相同的方差齐性）和线性（$\log_e$ 平均消除曲线）。他们应用概率的方法，评估了一年内，经过抗菌药物治疗 7d 后的注射位点组织被完全或部分消费的风险。分析表明，对欧盟的消费者而言，最大风险是连续 4d 消费注射位点组织（包含或不包含残留物）。他们提出了一个计算休药期的非参数方法，阐述了与注射部位消费相关的急性风险暴露更适合采用 ARfD 或急性单剂量摄取（ASDI）指数。Concordet 和 Toutain 在早期的研究中已经提出了一个非参数方法，用来替代推荐的统计学方法[111,112]。

2.7.2 生物等效性和残留消除规律

许多已经获得批准并广泛应用于食品动物的抗菌药物产品是非专利产品，即产品包含一个或多个原研药，随后被制成含有相同药物的制剂，通常（但非必须）使用的浓度和处方相同。监管部门对非专利产品要求的关键数据是确定原研药和仿制药是否具有生物等效性。申请抗菌药物生物等效性许可证时，只需提供仿制药对原研药的生物等效性研究资料，也就是证明两种药物对每个靶动物的疗效和安全性基本相似。

生物等效性的评估是基于参数的群体几何平均数比值（受试品/参照品）的 90% 可信限。此方法是假设生物无等效性在 5% 统计意义水平上的双侧检验是相等的。如果两个产品在 AUC 及 C_{max} 对数转换均数（平均值）的可信区间的上限和下限均落在 0.80~1.25，则说明这两种产品具有生物等效性。也就是假设吸收的速率（C_{max} 为代表）和程度（AUC 为代表）基本相似。C_{max} 是单点估计参数，要逊于 AUC。此外，C_{max} 既受药物吸收过程的影响，还要受消除过程的影响（表 2-1）。由于 C_{max} 的可变性（动物内和动物间）一般比 AUC 大，一些监管部门允许对数转换的 C_{max} 按照更宽泛的可信区间（如 0.70~1.43）进行判定，并要在试验方案中特别指出并说明理由。

监管机构一般可以认可的是，尽管仿制药和原研药在药代动力学上不同，但还是可以因为具有足够的相似性而允许假设仿制药和原研药的疗效相等。治疗等效意味着仿制药和原研药在靶动物上具有相同的疗效和安全性。反过来，意味着公司在申请仿制药的许可时，在假设仿制药与原研药生物等效的前提下，不必实施广泛的实验动物和靶动物安全性试验、临床试验来考察临床应用的安全性和有效性。

关于食品动物的药物残留，必须要清楚的是，平均生物等效性的确认并不排除需要另外进行仿制药的残留消除试验。理由如下：

2.7.2.1 休药期的概念与平均生物等效性的概念完全不同。应该强调的是，要分别保证 AUC 和 C_{max} 两种处理方式的比率在 90% 可信区间，它们必须完全在 80%~125% 的范围之内。满足这一标准并不能保证群体第 95 百分位数的 95% 可信限上限就低于 MRL。事实上，生物等效性可以在三个层次予以确定：平均、群体和个体。本章不再深入讨论生物等效性，但平均生物等效性是三个层次中最容易获得令人满意的结果（至少严格的）。尽管两种剂型 AUC 的变异不同，但监管部门要求公司只要证明平均生物等效，就可以声明它们是生物等效的，这可能对休药期的影响很大，因为休药期控制的是群体百分率，而不是平均数。只有所谓的群体生物等效，才可以保证变异的等同性。

2.7.2.2 很显然，对一个采用肌内注射和皮下注射的肠道外药用产品，在注射部位的消除情况可能与生物等效性变异极为相似，虽然生物等效性参数完全符合预设界限，但注射位点的药物浓度差异巨大，所以无论如何不能用生物等效等同于注射部位药物消除等效[141]。

2.7.2.3 残留消除不仅在实际的注射部位不同，消除率在所有的可食性组织中也不能保证一致。这是因为生物等效性结果只是显示仿制药和原研药仅在治疗范围内的血浆浓度，药物吸收的速率和程度具有相似性。生物等效性不能保证药物在终末阶段的消除速率一致，尽管终末阶段通常已经没有治疗意义。对于许多药物来说（见 2.3.1 节，庆大霉素的例子），快速消除相之后是一个非常缓慢的消除过程（小牛中的庆大霉素β相和γ相的$T_{1/2}$值分别为1.83h和44.9h)。γ相代表药物从组织(包括可食性组织)的清除和消除。在给药后的第一个24h之内建立的平均生物等效性,不可能保证在γ相具有相同的药物暴露,是因为γ相的出现可能很迟(以天为单位,甚至以周为单位)。此外,传统生物等效性试验在血浆水平检测到的延迟出现的终末相,反映了"flip-flop"现象的存在。基于以上原因,不同的仿制药和原研药之间具有相同的休药期是没有统计基础的。

2.7.3 销售和使用数据

抗菌药物的销售和使用在不同国家之间,甚至同一国家内不同地区之间不可避免地都会存在很大差异。例如,本节将探讨两个国家(英国和法国)以及单一临床条件(牛呼吸道疾病,BRD)的最新销售数据。

2.7.3.1 2003—2008年英国抗菌药物销售情况

英国兽医药品监督局(英国环境食品和农村事务部的执行机构)2009年的报告描述了批准作为兽医药物的抗菌药物、抗原虫药、抗真菌药和抗球虫药的2003—2008年的年度销售情况[148]。该报告总结了2003—2008年的数据,以说明药物的使用趋势。在1998—2003年,兽医治疗用的抗菌药物在英国的总销售量相对恒定,每年大约销售434t。2003年的销售量为435t,到2008年下降到384t。全国牲畜存栏数量(单位以千计,2003年和2008年)如下:猪(5 046和4 714),羊(35 812和33 131),家禽(178 800和166 200)。因此,抗菌药物总销售量的下降与动物数量的减少大体相似。

抗菌药物和抗球虫药的销售数据见表2.16。食品动物中抗菌药物的销售吨数减少,部分原因是2006年1月1日生效的禁令,即禁止将抗菌药物作为生长促进剂使用。对于抗菌药物来说,迄今为止销售吨数最多的是药物饲料添加剂(占总额的59%),其次是口服或饮水制剂(占总额的29%)和注射剂(占总额的10%)。对于乳房注入剂,56.6%用于干乳期奶牛,43.4%用于泌乳期奶牛的治疗。抗球虫药中,72%为离子载体类药物。应该指出的是,327t用于食品动物的抗菌药物中,未进入食物链的数量是未知的。

按照动物种属分类,抗菌药物销售量最大的是猪和家禽用抗菌药物,牛用抗菌药物很少,而鱼类则更少(表2.17)。在猪-家禽类使用的195t抗菌药物中,60%用于猪,38%用于家禽,2%按照标签外的用途销售、用于了其他(未批准的)禽类(如鸭、火鸡、观赏鸟)。按照化学分类,四环素类药物销售量最大(占总销售额的45%),其次是磺胺类药物和β-内酰胺类药物(均占总销售额的18%)。多数四环素类药物均是在兽医开具处方后用于猪和禽类的饲料用药。值得注意的是,2003—2008年虽然氟喹诺酮类药物和头孢菌素类药物的销售总量不大,但是销售趋势在增加,由于新霉素撤出市场,新霉素和新霉素B的使用在减少。2008年,抗菌药物、抗原虫药和抗球虫药的销售总量(针对所有动物,包括非食品动物)为370t,组成如下:β-内酰胺类131t、四环素46t、甲氧苄啶/磺胺类41t、其他类41t、氨基糖苷类28t、氟喹诺酮类25t、大环内酯类22t、抗球虫药11t、抗原虫药10t。当没有可用的批准产品时,抗菌药物可以进口到英国。2003—2008年,进口的抗菌药物原料从159kg猛增到3 883kg,但仍只占销售总量很小的比例。

表2.16 2003年和2008年英国用于治疗的抗菌药物和抗球虫药的销售情况(活性成分)

种类	2003	2008
治疗用抗菌药物		
总销售量(t)	435	384
仅用于食品动物(t)	377	327
食品动物和非食品动物均使用(t)	28	18
仅用于非食品动物(t)	30	38
生长促进剂(t)	36	0
饲料药物添加剂(t)	307	228
口服/饮水剂(t)	87	112
注射剂(t)	34	38
乳房注入剂(t)	5	4
乳房注入剂(kg)	4 735	4 092
干奶期奶牛(kg)	2 590	2 317
泌乳期奶牛(kg)	2 145	1 775
抗球虫药		
所有抗球虫药(t)	240	207
离子载体类(t)	190	150
非离子载体类(t)	50	57

来源:数据来自兽医药品监督局(Veterinary Medicines Directorate)(2009)[148]。

由于获得的销售数据的性质,不可能确定不同动物之间按照特定的药物类别使用/销售的精确数据。VMD报告强调,在英国用于动物的抗菌药物没有核心记录。然而,VMD以屠宰动物(牛、猪、羊、家禽和鱼,2003年为5 327 000t,2008年为5 516 000t)的活重数据进行了估算,按每1t抗菌药物用于12 898t(2003年)和16 869t(2008年)活重动物的标准进行估算，相当于活重1t的屠宰动物要使用80g（2003年）和60g（2008年）的抗菌药物。

表2.17 英国2003年和2008年销售的治疗用抗菌药物，按动物种类和化学分类（活性成分，单位：t）

产品	2003	2008
动物种类		
仅用于牛	12	11
仅用于猪	70	62
仅用于禽	11	31
仅用于鱼	2	1
猪和家禽	261	195
多种可食动物	21	28
化学物分类		
四环素类	212	174
甲氧苄啶/磺胺	89	70
甲氧苄啶	15	12
磺酰胺类	74	58
β-内酰胺类	62	69
头孢菌素类[a]	3 (3 037)	6 (6 242)
青霉素类[b]	16	13
其他青霉素类[c]	43	50
氨基糖苷类	21	18
链霉素	7	6
新霉素+新霉素B	5	1
其他氨基糖苷类[d]	9	11
大环内酯类	39	35
喹诺酮类[a]	1 (1 364)	2 (1 928)
其他	12	15

注：[a] 括号内值的单位是kg。
[b] 包括青霉素G的钾盐和普鲁卡因盐。
[c] 包括氯唑西林、阿莫西林、氨苄西林、萘夫西林和氢碘酸喷沙西林。
[d] 包括庆大霉素、安普霉素、卡那霉素和大观霉素。
来源：数据引自兽医药品监督局（Veterinary Medicines Directorate）（2009）[148]。

2.7.3.2 1999—2005年法国人用和兽用抗菌药物的比较

Moulin等人比较了法国从1999年到2005年这7年间人用和兽用抗菌药物的销售吨数[149]。所采用的兽药数据来自法国兽医药品管理局（AFSSA ANMV），人药数据来自法国卫生用品安全局（AFSSAPS）。以t表示与动物和人生物质量相关的药物活性成分数据，用每千克体重使用的药物毫克数比较用量差异（表2.18）。兽用药总吨数约占60%，人用药总吨数占40%，但按照单位生物质量来计算，人的使用量是动物使用量的2.4倍。

人用药物销售量最高的抗菌药物是β-内酰胺类，动物用药销售量最高的抗菌药物是四环素类。用于动物的药物中，仅四环素类一项，就占总销售量的50.4%，而四环素类、磺胺类/甲氧苄啶、β-内酰胺类和氨基糖苷类抗菌药加起来超过所使用的抗菌药物的80%。7年间，头孢菌素类和氟喹诺酮类兽药的销售分别增长了38.4%和31.6%。然而，这两类抗菌药物的兽用销售量占兽药总销售量的比例仍然相对较小：2005年，头孢菌素类为0.64%，氟喹诺酮类为0.33%。口服给药途径的兽药占销售量的88%，肠道外给药途径的药物占10.5%。此外，92%的销售兽药用于食品动物，64%的头孢菌素类用于宠物。

比较人和动物的用药发现，一些药物仅用于动物（氨基糖苷类、酰胺醇类、多黏菌素类、四环素类）或人类（硝基呋喃类）。动物用药和人用药物销售量的百分比有所不同，分别是：四环素类为50.4%和1.7%，磺胺类/甲氧苄啶为18.8%和2.9%，氨基糖苷类为5.9%和0.2%，多黏菌素为4.9%和0.2%，β-内酰胺类为8.3%和51.6%，大环内酯类为9.0%和14.8%。

表2.18 1999—2005年法国人用和兽用抗菌药物消耗及生物质量估计量的比较

年	ADM销售量（t）		种群躯体总量（t）		ADM的销售量相对生物质量（每千克活重使用的药物毫克数）	
	人	动物	人	动物	人	动物
1999	896.20	1 316.31	3 597 843	17 122 220	249.1	76.9
2002	809.44	1 331.53	3 709 154	17 268 049	218.2	77.1
2005	759.67	1 320.10	3 810 215	15 795 105	199.4	83.6

注：数据引自Moulin等（2008）[149]。

表 2.19　2005 年按药物类别、动物种类及国家分类的全球动物保健品销售额（单位：十亿美元）

产品种类	销售量	销售比例(%)	种属	销售量	销售比例(%)	国家	销售量	销售比例(%)
抗寄生虫药	4.875	28	犬+猫	5.75	33	美国	6.29	36.1
			牛	4.885	28	中国	1.095	6.3
生物制品	3.655	21	猪	2.94	17	法国	1.04	6.0
抗菌药物	2.785	16	家禽	1.94	11	巴西	0.909	5.2
药用饲料添加剂	1.915	11	马	1.045	6	英国	0.825	4.7
其他制剂	4.180	24	其他食品动物+水产品	0.85	5	日本	0.793	4.6
						德国	0.74	4.3
						其他	5.718	32.8
总计	17.41	100	总计	17.41	100	总计	17.41	100

来源：数据由 A. R. Peters[150] 提供。

2.7.3.3　全球动物保健品销售及用于牛呼吸道病的抗菌药物销售

用于治疗牛呼吸道病的抗菌药物用量及销售的数据由 A. R. Peters 教授[150]提供。牛呼吸道病是全球范围内导致牛相关产业生产力下降和造成经济损失的一个主要原因[151]。仅在美国，牛呼吸道病导致养牛业年损失接近 20 亿美元。2005 年，据估计全球动物保健品市场销售额达 174 亿美元。表 2.19 总结了基于产品类别、动物种类和国家分类的全球动物保健品的销售额。抗菌药物和药用饲料添加剂占总销售额的 27%，用于牛、猪和家禽的保健品销售额共占总销售额的 56%，美国的销售额占总销售额的 36.1%。2006 年，美国销售的抗菌药物为 12.8 亿美元，中国为 5.21 亿美元，法国为 3.15 亿美元，西班牙为 2.52 亿美元，德国为 2.14 亿美元，英国为 1.64 亿美元。

表 2.20 总结了英国及其他三个国家（或组织）用于治疗和预防牛呼吸道病的抗菌药物的销售数据估计数，表 2.21 总结了美国使用的治疗和预防牛呼吸道病的主要产品。美国和欧盟是全球牛呼吸道病治疗药物的主要市场，加起来占据全球市场的 63%。美国市场主要是：含大环内酯类的两种主要产品（占总市场比例的 53%），含头孢噻呋的三种产品（占总市场比例的 22.5%），含氟喹诺酮类的两种产品（占总市场比例的 21.5%）。尽管氟苯尼考所占市场比例非常小（占总市场比例的 3%），但其市场销售额为 2.5 亿美元，即每年的销售额为 750 万美元。

表 2.20　4 个地域用于治疗牛呼吸道病的抗菌药物的销售估计值

地域	抗菌药物的销售额（十亿美元）	全球牛呼吸道病市场份额（%）
美国	250	36.1
欧盟	186	26.7
中国	44	6.3
英国	32.5	4.7

来源：数据由 A. R. Peters[150] 提供。

表 2.21　美国市场主要用于治疗牛呼吸道病的活性药物成分

活性成分	产品	市场份额（%）	休药期（d）
泰拉霉素	Draxxin	35	49
恩诺沙星	Baytril	20	10~14
头孢噻呋	Excede		13
	Exenel	20	8
替米考星	Micotil	18	60
氟苯尼考	Nuflor	3.0	30~44
头孢噻呋	Naxcel	2.5	71
达氟沙星	Advocin180	1.5	8

来源：数据由 A. R. Peters[150] 提供。

参考文献

[1] Toutain PL, Bousquet-Mélou A, Bioavailability and its assessment, J. Vet. Pharmacol. Ther. 2004；27：455-466.

[2] Toutain PL, Bousquet-Mélou A, Volumes of distribution, J. Vet. Pharmacol. Ther. 2004；27：441-453.

[3] Toutain PL, Bousquet-Mélou A, Plasma clearance, J. Vet. Pharmacol. Ther. 2004；27：415-425.

[4] Toutain PL, Bousquet-Mélou A, Plasma terminal half-life, J. Vet. Pharmacol. Ther. 2004; 27: 427-439.

[5] VICH GL 47, MRK—Comparative Metabolism Studies. Studies to Evaluate the Metabolism and Residue Kinetics of Veterinary Drugs in Food-Producing Animals, Comparative Metabolism Studies in Laboratory Animals, Draft 1, Nov. 2009 (available at http://www.vichsec.org/en/guide lines3.htm; accessed 11/30/10).

[6] VICH GL 46, MRK—Nature of Residues. Studies to Evaluate the Metabolism and Residue Kinetics of Veterinary Drugs in Food-Producing Animals: Metabolism Study to determine the Quantity and Identify the Nature of Residues, Draft 1, Nov. 2009 (available at http://www.vichsec.org/en/guidelines3.htm; accessed 11/30/10).

[7] VICH GL 48, MRK—Marker Residue Depletion Studies, Studies to Evaluate the Metabolism and Residue Kinetics of Veterinary Drugs in Food-Producing Animals: Marker Residue Depletion Studies to Establish Product Withdrawal Periods, Draft 1, Nov. 2009 (available at http://www.vichsec.org/en/guidelines3.htm; accessed 11/30/10).

[8] Lees P, Shojaee Aliabadi F, Toutain PL, PK-PD modelling: An alternative to dose titration studies for antimicrobial drug dosage selection, Regul. Aff. J. Pharmacol. 2004; 15: 175-180.

[9] Lees P, Concordet D, Shojaee Aliabadi F, Toutain PL, Drug selection and optimisation of dosage schedules to minimize antimicrobial resistance, in Antimicrobial Resistance in Bacteria of Animal Origin, Aarestrup FM, ed., ASM Press, Washington, DC, 2006, pp. 49-71.

[10] Lees P, Svendsen O, Wiuff C, Strategies to minimise the impact of antimicrobial treatment on the selection of resistant bacteria, in Guardabassi L, Jensen LB, Kruse H, eds., Guide to Antimicrobial Use in Animals, Blackwell, Oxford, 2008, pp. 77-101.

[11] Toutain, PL, Pharmacokinetics/pharmacodynamics integration in drug development and dosage regimen optimization for veterinary medicine, J. Am. Acad. Pharm. Sci. 2002;4(4): 160-188 (available at http://www.pharmagateway.net/ArticlePage.aspx? DOI=10.1208/ps 040438; accessed 12/6/10).

[12] Toutain PL, del Castillo JRE, Bousquet-Mélou A, The pharmacokinetic-pharmacodynamic approach to a rational dosage regimen for antibiotics, Res. Vet. Sci. 2002; 73: 105-114.

[13] Toutain PL, Pharmacokinetics/pharmacodynamics integration in dosage regimen optimization for veterinary medicine, in Riviere JE, Papich M, eds., Veterinary Pharmacology and Therapeutics, 9th ed., Wiley-Blackwell, Iowa State Univ. Press, Ames, 2009; pp. 75-98.

[14] European Commission Notice to Applicants, Veterinary Medicinal Products. Presentation and Contents of the Dossier, 2004 (available at http://ec.europa.eu/health/files/eudralex/vol-6/b/vol6b_04_2004_final_en.pdf; accessed 12/06/10).

[15] Aliabadi FS, Lees P, Pharmacokinetics and pharmacokinetic-pharmacodynamic integration of marbofloxacin in calf serum, exudate and transudate, J. Vet. Pharmacol. Ther. 2002; 25: 161-174.

[16] Aliabadi FS, Lees P, Pharmacokinetic-pharmacodynamic integration of danofloxacin in the calf, Res. Vet. Sci. 2003; 74: 247-259.

[17] Riviere JE, Pharmacokinetics, in Riviere JE, Papich MG, eds., Veterinary Pharmacology and Therapeutics, 9th ed., Wiley-Blackwell, Iowa State Univ. Press, Ames, 2009; pp. 48-74.

[18] Nouws JFM, Tissue Distribution and Residues of Some Antimicrobial Drugs in Normal and Emergency Slaughtered Ruminants, dissertation, Univ. Utrecht, The Netherlands, 1978.

[19] Nouws JFM, Ziv G, Pre-slaughter withdrawal times for drugs in dairy cows, J. Vet. Pharmacol. Ther. 1978; 1: 47-56.

[20] Toutain PL, Anti-inflammatory agents, in The Merck Veterinary Manual, 10th ed., Merck, Rayway, NJ, 2009.

[21] Papich MG, Riviere JE, Tetracycline antibiotics, in Riviere JE, Papich MG, eds., Veterinary Pharmacology and Therapeutics, 9th ed., Wiley-Blackwell, Iowa State Univ. Press, Ames, 2009; 915-944.

[22] Martin-Jimenez T, Riviere JE, Mixed effects modeling of the disposition of gentamicin across domestic animal species, J. Vet. Pharmacol. Ther. 2001; 24: 321-332.

[23] Cherlet M, Baere SD, Backer PD, Determination of gentamicin in swine and calf tissues by high-perform-

ance liquid chromatography combined with electrospray ionization massspectrometry, J. Mass Spectrom. 2000; 35: 1342-1350.

[24] Cherlet, M, De Baere S, De Backer P, Quantitative determination of dihydrostreptomycin in bovine tissues and milk by liquid chromatography-electrospray ionization-tandem mass spectrometry, J. Mass Spectrom. 2007; 42: 647-656.

[25] Oukessou M, Toutain PL, Effect of dietary nitrogen intake on gentamicin disposition in sheep, J. Vet. Pharmacol. Ther. 1992; 15: 416-420.

[26] Reyns T, De Boever S, Baert K, Croubels S, Schauvliege S, Gasthuys F, De Backer P, Disposition and oral bioavailability of amoxicillin and clavulanic acid in pigs, J. Vet. Pharmacol. Ther. 2007; 30: 550-555.

[27] Papich MG, Riviere JE, β-lactam antibiotics: Penicillins, cephalosporins and related drugs, in Riviere JE, Papich MG, eds., Veterinary Pharmacology and Therapeutics, 9th ed., Wiley-Blackwell, Iowa State Univ. Press, IA, 2009; 865-894.

[28] De Baere S, Cherlet M, Baert K, De Backer P, Quantitative analysis of amoxycillin and its major metabolites in animal tissues by liquid chromatography combined with electrospray ionization tandem mass spectrometry, Anal. Chem. 2002; 74: 1393-1401.

[29] Reyns T, Cherlet M, De Baere S, De Backer P, Croubels S, Rapid method for the quantification of amoxicillin and its major metabolites in pig tissues by liquid chromatographytandem mass spectrometry with emphasis on stability issues, J. Chromatogr. B 2008; 861: 108-116.

[30] Martinez-Larranaga MR, Anadón A, Martinez MA, Diaz MJ, Frejo MT, Castellano VJ, Isea G, De La Cruz CO, Pharmacokinetics of amoxycillin and the rate of depletion of its residues in pigs, Vet. Rec. 2004; 154: 627-632.

[31] De Baere S, Wassink P, Croubels S, De Boever S, Baert K, De Backer P, Quantitative liquid chromatographic-mass spectrometric analysis of amoxycillin in broiler edible tissues, Anal. Chim. Acta 2005; 529: 221-227.

[32] Firth EC, Nouws JFM, Driessens F, Schmaetz P, Peperkamp K, Klein WR, Effect of the injection site on the pharmacokinetics of procaine penicillin-G in horses, Am. J. Vet. Res. 1986; 47: 2380-2384.

[33] Papich MG, Korsrud GO, Boison JO, Yates WD, MacNeil JD, Janzen ED, Cohen RD, Landry DA, A study of the disposition of procaine penicillin G in feedlot steers following intramuscular and subcutaneous injection, J. Vet. Pharmacol. Ther. 1993; 16: 317-327.

[34] Anadón A, Martinez-Larranaga MR, Residues of antimicrobial drugs and feed additives in animal products: Regulatory aspects, Livestock Prod. Sci. 1999; 59: 183-198.

[35] Croubels S, Daeseleire E, De Baere S, De Backer P, Courtheyn D, Residues in meat and meat products, feed and drug residues, in Jenson WK, Devine C, Dikeman M, eds., Encyclopedia of Meat Sciences, Elsevier Science, Academic Press, Oxford, 2004; 1172-1187.

[36] Anadón A, Martinez-Larranaga MR, Diaz MJ, Velez C, Bringas P, Pharmacokinetic and residue studies of quinolone compounds and olaquindox in poultry, Ann. Rech. Vet. 1990; 21 (Suppl.1): 137S-144S.

[37] Hornish RE, Gosline RE, Nappier JM, Comparative metabolism of lincomycin in the swine, chicken, and rat, Drug Metab. Rev. 1987; 18: 177-214.

[38] Giguere S, Lincosamides, pleuromutilins and streptogramins, in Giguere S, Prescott JF, Baggot JD, Walker RD, Dowling PM, eds., Antimicrobial Therapy in Veterinary Medicine, 4th ed., Wiley-Blackwell, Univ. Iowa Press, Ames, 2006: 179-205.

[39] Burrows GE, Barto PB, Martin B, Tripp ML, Comparative pharmacokinetics of antibiotics in newborn calves: Chloramphenicol, lincomycin, and tylosin, Am. J. Vet. Res. 1983; 44: 1053-1057.

[40] Papich MG, Riviere JE, Chloramphenicol and derivatives, macrolides, lincosamides and miscellaneous antimicrobials, in Riviere JE, Papich MG, eds., Veterinary Pharmacology and Therapeutics, 9th ed., Wiley-Blackwell, Iowa State Univ. Press, Ames; 2009: 945-982.

[41] Muller M, dela Pena A, Derendorf H, Issues in pharmacokinetics and pharmacodynamics of anti-infective agents: Distribution in tissue, Antimicrob. Agents Chemother. 2004; 48: 1441-1453.

[42] Dobias L, Cerna M, Rossner P, Sram R, Genotoxicity and carcinogenicity of metronidazole, Mut.

Res. 1994; 317: 177-194.

[43] World Health Organization (WHO), Evaluation of Certain Veterinary Drug Residues in Food, 34th Report Joint FAO/WHO Expert Committee on Food Additives, WHO Technical Report Series 788, 1989, pp. 20-32 (available at http://whqlibdoc.who.int/trs/WHO_TRS_788.pdf; accessed 10/16/10).

[44] Commission Regulation 2377/90/EC; consolidated version of the Annexes 1 to IV updated up to 22.12.2004, Off. J. Eur. Commun. 1990; L224: 1-8.

[45] Commission Decision 2002/657/EC, implementing Council Directive 96/23/EC concerning the performance of analytical methods and the interpretation of results, Off. J. Eur. Commun. 2002; L221: 8-36.

[46] Commission Decision 2003/181/EC amending Decision 2002/657/EC as regards the setting of minimum required performance limits (MRPLs) for certain residues in food of animal origin, Off. J. Eur. Commun. 2003; L71: 17-18.

[47] Anadón A, Bringas P, Martinez-Larranaga MR, Diaz MJ, Bioavailability, pharmacokinetics and residues of chloramphenicol in the chicken, J. Vet. Pharmacol. Ther. 1994; 17: 52-58.

[48] Anadón A, Martinez MA, Martinez M, Rios A, Caballero V, Ares I, Martinez-Larranaga MR, Plasma and tissue depletion of florfenicol and florfenicol-amine in chickens, J. Agric. Food Chem. 2008; 56: 11049-11056.

[49] Kennedy DG, Blanchflower WJ, Hughes PJ, McCaughy WJ, The incidence and cause of lasalocid residues in eggs in Northern Ireland, Food Addit. Con-tam. 1996; 13 (7): 787-794.

[50] Kennedy DG, Hughes PJ, Bleanchflower WJ, Ionophore residues in eggs in Northern Ireland, Food Addit. Contam. 1998; 15 (5): 535-541.

[51] Dowling PM, Miscellaneous antimicrobials: Ionophores, nitrofurans, nitroimidazoles, rifamycins, oxazolidinones and other, in Giguere S, Prescott JF, Baggot JD, Walker RD, Dowling PM, eds., Antimicrobial Therapy in Veterinary Medicine, 4th ed., Blackwell, Ames, IA, 2006; 285-300.

[52] Papich MG, Riviere JE, Fluoroquinolone antimicrobial drugs, in Riviere JE, Papich MG, eds., Veterinary Pharmacology and Therapeutics, 9th ed., Wiley-Blackwell, Iowa State Univ. Press, Ames, 2009; pp. 983-1012.

[53] Anadón A, Martinez-Larranaga MR, Diaz MJ, Fernandez-Cruz ML, Martinez MA, Frejo MT, Martinez M, Iturbe J, Tafur M, Pharmacokinetic variables and tissue residues of enrofloxacin and ciprofloxacin in healthy pigs, Am. J. Vet. Res. 1999; 60: 1377-1382.

[54] Anadón A, Martinez MA, Martinez M, De La Cruz C, Diaz MJ, Martinez-Larranaga MR, Oral bioavailability, tissue distribution and depletion of flumequine in the food producing animal, chicken for fattening, Food Chem. Toxicol. 2008; 46: 662-670.

[55] Anadón A, Martinez-Larranaga MR, Diaz MJ, Martinez MA, Frejo MT, Martinez M, Tafur M, Castellano VJ, Pharmacokinetic characteristics and tissue residues for marbofloxacin and its metabolite N-desmethyl-marbofloxacin in broiler chickens, Am. J. Vet. Res. 2002; 63: 927-933.

[56] Bidgood TL, Papich MG, Plasma and interstitial fluid pharmacokinetics of enrofloxacin, its metabolite ciprofloxacin, and marbofloxacin after oral administration and a constant rate intravenous infusion in dogs, J. Vet. Pharmacol. Ther. 2005; 28: 329-341.

[57] Anadón A, Martinez-Larranaga MR, Diaz MJ, Bringas P, Martinez MA, Fernandez-Cruz ML, Fernandez MC, Fernandez R, Pharmacokinetics and residues of enrofloxacin in chickens, Am. J. Vet. Res. 1995; 56: 501-506.

[58] Anadón A, Martinez-Larranaga MR, Iturbe J, Martinez MA, Diaz MJ, Frejo MT, Martinez M, Pharmacokinetics and residues of ciprofloxacin and its metabolites in broiler chickens, Res. Vet. Sci. 2001; 71: 101-109.

[59] Bregante MA, Saez P, Aramayona JJ, Fraile L, Garcia MA, Solans C, Comparative pharmacokinetics of enrofloxacin in mice, rats, rabbits, sheep, and cows, Am. J. Vet Res. 1999; 60: 1111-1116.

[60] Van Duijkeren E, Kessels BG, Sloet van Oldruitenborgh-Oosterbaan MM, Breukink HJ, Vulto AG, van Miert AS, In vitro and in vivo binding of trimethoprim and sulphachlorpyridazine to equine food and digesta and their stability in caecal contents, J. Vet. Pharmacol. Ther. 1996; 19: 281-287.

[61] Williams RB, Farebrother DA, Latter VS, Coccidiosis: A radiological study of sulphaquinoxaline distribution in infected and uninfected chickens, J. Vet. Pharmacol.

Ther. 1995; 18: 172-179.

[62] Shoaf SE, Schwark WS, Guard CL, The effect of age and diet on sulfadiazine trimethoprim disposition following oral and subcutaneous administration to calves, J. Vet. Pharmacol. Ther. 1987; 10: 331-345.

[63] Papich MG, Riviere JE, Sulfonamides and potentiated sulfonamides, in Riviere JE, Papich MG, eds., Veterinary Pharmacology and Therapeutics, 9th ed., Wiley-Blackwell, Iowa State Univ. Press, Ames, 2009; pp. 835-864.

[64] Nouws JFM, Mevius D, Vree TB, Baakman M, Degen M, Pharmacokinetics, metabolism, and renal clea- rance of sulfadiazine, sulfamerazine, and sulfameth- azine and of their N-4 acetyl and hydroxy metabolites in calves and cows, Am. J. Vet. Res. 1988;49;1059-1065.

[65] Abdullah AS, Baggot JD, The effect of food deprivation on the rate of sulfamethazine elimination in goats, Vet. Res. Commun. 1988; 12: 441-446.

[66] Bulgin MS, Lane VM, Archer TE, Baggot JD, Craigmill AL, Pharmacokinetics, safety and tissue residues of sustainedrelease sulfamethazine in sheep, J. Vet. Pharmacol. Ther. 1991; 14: 36-45.

[67] Nouws JFM, Vanginneken VJT, Grondel JL, Degen M, Pharmacokinetics of sulfadiazine and trimethoprim in carp (Cyprinus carpio L.) acclimated at 2 different temperatures,J. Vet. Pharmacol. Ther. 1993;16;110-113.

[68] Boxenbaum HG, Fellig J, Hanson LJ, Snyder WE, Kaplan SA, Pharmacokinetics of sulphadimethoxine in cattle, Res. Vet. Sci. 1977; 23: 24-28.

[69] Righter HF, Showalter DH, Teske RH, Pharmacokinetic study of sulfadimethoxine depletion in suckling and growingpigs, Am. J. Vet. Res. 1979; 40: 713-715.

[70] Mengelers MJB, Vangogh ER, Kuiper HA, Pijpers A, Verheijden JHM, Vanmiert ASJPAM, Pharmacokinetics of sulfadimethox-ine and sulfamethoxazole in combination with trimethoprim after intravenous administration to healthy and pneumonic pigs, J. Vet. Pharmacol. Ther. 1995; 18: 243-253.

[71] Nielsen P, Gyrdhansen N, Oral bioavailability of sulfadiazine and trimethoprim in fed and fasted pigs, Res. Vet. Sci. 1994; 56: 48-52.

[72] Bevill RF, Koritz GD, Dittert LW, Bourne DWA, Disposition of sulfonamides in food-producing animals. 5. Disposition of sulfathiazole in tissue, urine, and plasma of sheep following intravenous administration, J. Pha-rm. Sci. 1977; 66: 1297-1300.

[73] Sweeney RW, Bardalaye PC, Smith CM, Soma LR, Uboh CE, Pharmacokinetic model for predicting sulfamethazine disposition in pigs, Am. J. Vet. Res. 1993; 54: 750-754.

[74] Mitchell AD, Paulson GD, Depletion kinetics of C- 14 sulfamethazine [4-amino-N-(4, 6-dimethyl-2-pyrimidinyl) benzene [U-C-14] sulfonamide] metabolism in swine, Drug Metab. Dispos. 1986; 14: 161-165.

[75] Bevill RF, Sulfonamide residues in domestic animals, J. Vet. Pharmacol. Ther. 1989; 12: 241-252.

[76] Elliot CT, McCaughy WJ, Crooks SRH, McEvoy JDG, Effects of short term exposure of unmedicated pigs to sulfadimidine contaminated housing, Vet. Rec. 1994; 134 (17): 450-451.

[77] Papich MG, Riviere JE, Tetracyclines antibiotics, in Riviere JE, Papich MG, Veterinary Pharmacology and Therapeutics, 9th ed., Wiley-Blackwell, Iowa State Univ. Press, Ames, 2009; pp. 895-914.

[78] Prats C, El Korchi G, GiraltM, Cristofol C, Pena J, Zorrilla I, Saborit J, Perez B, PK and PK/PD of doxycycline in drinking water after therapeutic use in pigs,J. Vet. Pharmacol. Ther. 2005;28;525-530.

[79] Craigmill AL, Miller GR, Gehring R, Pierce AN, Riviere JE, Meta-analysis of pharmacokinetic data of veterinary drugs using the Food Animal Residue Avoidance Databank: Oxytetracycline and procaine penicillin G,J. Vet. Pharmacol. Ther. 2004;27;343-353.

[80] Nouws JFM, Irritation, bioavailability, and residue aspects of 10 oxytetracycline formulations administered intramuscularly to pigs, Vet. Quart. 1984; 6: 80-84.

[81] Nouws JFM, Vree TB, Effect of injection site on the bioavailability of an oxytetracycline formulation in ruminant calves, Vet. Quart. 1983; 5: 165-170.

[82] Nouws JFM, Smulders A, Rappalini M, A comparativestudy on irritation and residue aspects of 5 oxyte-tracycline formulations administered intramus cularly to calves, pigs, and sheep, Vet. Quart. 1990; 12: 129-138.

[83] Cherlet M, De Backer P, Croubels S, Control of the ketoenol tautomerism of chlortetracycline for its straightforward quantitation in pig tissues by liquid chromat-ographyelectrospray ionization tandem mass spectrometry, J. Chromatogr. A 2006; 1133: 135-141.

[84] Pijpers A, Schoevers EJ, van Gogh H, van Leengoed LA, Visser IJ, van Miert AS, Verheijden JH, The in-

[85] Mevius DJ, Vellenga L, Breukink HJ, Nouws JFM, Vree TB, Driessens F, Pharmacokinetics and renal clearance of oxytetracycline in piglets following intravenous and oraladministration, Vet. Quart. 1986; 8: 274-284.

fluence of disease on feed and water consumption and on pharmacokinetics of orally administered oxytetracycline in pigs, J. Anim. Sci. 1991; 69: 2947-2954.

[86] Potter P, Illambas J, Lees P, unpublished data.

[87] Toutain PL, Raynaud JP, Pharmacokinetics of oxytetracycline in young cattle—comparison of conventional vs. longacting formulations, Am. J. Vet. Res. 1983; 44: 1203-1209.

[88] Anadón A, Martinez-Larranaga MR, Diaz MJ, Bringas P, Fernandez MC, Fernandez-Cruz ML, Iturbe J, Martinez MA, Pharmacokinetics of doxycycline in broiler chickens, Avian Pathol. 1994; 23: 79-90.

[89] World Health Organization, Evaluation of Certain Veterinary Drug Residues in Food, 36th Report Joint FAO/WHO Expert Committee on Food Additives, WHO Technical Report Series 799, 1990; pp. 37-41 (available at http://whqlibdoc.who.int/trs/WHO_TRS_799.pdf; accessed 10/16/10).

[90] Renwick AG, Walker R, An analysis of the risk of exceeding the acceptable or tolerable daily intake, Regul. Toxicol. Pharmacol. 1993; 18: 463-480.

[91] International Programme on Chemical Safety, Assessing Human Health Risks of Chemicals: Derivation of Guidance Values for Health-Based Exposure Limits, Environmental Health Criteria, World Health Organisation, Geneva, 1994; p. 73.

[92] International Programme on Chemical Safety, Assessing Human Health Risks of Chemicals: Principles for the Assessment of Risk to Human Health from Exposure to Chemicals, Environmental Health Criteria, World Health Organisation, Geneva, 1999.

[93] Gaylor DW, Kodell RL, Percentiles of the product of uncertainty factors for establishing probabilistic reference doses, Risk Anal. 2000; 20: 245-250.

[94] MacLachlan DJ, Influence of physiological status on residues of lipophilic xenobiotics in livestock, Food Addit. Contam. Part A, Chem. Anal. Control Expos. Risk Assess. 2009; 26: 692-712.

[95] Anonymous, Food Safety Risk Analysis. A Guide for National Food Safety Authorities, FAO Food and Nutrition Paper 87, Food and Agriculture Organization of the United Nations, Rome, 2006.

[96] IPCS Risk Assessment Terminology, Harmonization Project Document 1, International Programme on Chemical Safety, World Health Organisation, Geneva, 2004.

[97] Davies L, O'Connor M, Logan S, Chronic intake, in Hamilton D, Crossley S, eds., Pesticide Residues in Food and Drinking Water: Human Exposure and Risks, Wiley, Chichester, UK, 2003, pp. 213-241.

[98] Kroes R, Kozianowski G, Threshold of toxicological concern (TTC) in food safety assessment, Toxicol. Lett. 2002; 127: 43-46.

[99] World Health Organization, Evaluation of Certain Veterinary Drug Residues in Food, 66th Report Joint FAO/WHO Expert Committee on Food Additives, WHO Technical Report Series 939, 2006, pp. 15-16 (available at http://whqlibdoc.who.int/publications/2006/9241209399_eng.pdf; accessed 12/01/10).

[100] Arnold D, Risk assessments for substances without ADI/MRL—an overview, Joint FAO/WHO Technical Workshop on Residues of Veterinary Drugs without ADI/MRL, Bangkok, 2004, pp. 22-32.

[101] Regulation (EC) No 470/2009 of the European Parliament and of the Council of 6 May 2009 laying down Community procedures for the establishment of residue limits of pharmacologically active substances in foodstuffs of animal origin, repealing Council Regulation (EEC) No 2377/90 and amending Directive 2001/82/EC of the European Parliament and of the Council and Regulation (EC) No 726/2004 of the European Parliament and of the Council, Off. J. Eur. Commun. 2009; L152: 11-22.

[102] Commission Regulation (EU) No 37/2010 of 22 December 2009 on pharmacologically active substances and their classification regarding maximum residue limits in foodstuffs of animal origin, Off. J. Eur. Commun. 2010; L15: 1-72.

[103] Title 21—Food and Drugs, Chapter I—Food and Drug Administration, Dept. Health and Human Services; Subchapter E—Animal drugs, feeds, and related products, Part 556: Tolerances for residues of new animals drugs in food (available at http://www.accessdata.fda.gov/scripts/cdrh/cfdocs/cfCFR/CFRSearch.cfm; accessed

12/07/10).

[104] MacNeil JD, Validation requirements for testing for residues of veterinary drugs, Joint FAO/WHO Technical Workshop on Residues of Veterinary Drugs without ADI/MRL, Bangkok, 2004, pp. 99-102.

[105] Reeves PT, Drug residues, in Cunningham FM, Lees P, Elliott J, eds., Handbook of Experimental Pharmacology: Comparative and Veterinary Pharm acology, Springer-Verlag, Heidelberg, 2010, pp. 265-290.

[106] Committee for Medicinal Products for Veterinary Use (CVMP), Reflection Paper on the New Approach Developed by JECFA for Exposure and MRL Assessment of Residues of VMP, European Medicines Agency, London, 2008.

[107] World Health Organization, Evaluation of Certain Veterinary Drug Residues in Food, 66th Report Joint FAO/WHO Expert Committee on Food Additives, WHO Technical Report Series 939, 2006, pp. 16-17 (available at http://whqlibdoc.who.int/publications/2006/9241209399_eng.pdf; accessed 12/01/10).

[108] Friedlander LG, Brynes SD, Fernandez AH, The human food safety evaluation of new animal drugs, Vet. Clin. North Am. Food Anim. Pract. 1999; 15: 1-11.

[109] Craigmill AL, Riviere JE, Webb AI, Tabulation of FARAD Comparative and Veterinary Pharmacokinetic Data, Blackwell Press, Ames, IA, 2006.

[110] Schefferlie GJ, Hekman P, The size of the safety span for pre-slaughter withdrawal periods, J. Vet. Pharmacol. Ther. 2009; 32: 249.

[111] Concordet D, Toutain PL, The withdrawal time estimation of veterinary drugs: A non-parametric approach, J. Vet. Pharmacol. Ther. 1997; 20: 374-379.

[112] Concordet D, Toutain PL, The withdrawal time estimation of veterinary drugs revisited, J. Vet. Pharmacol. Ther. 1997; 20: 380-386.

[113] Martinez M, Friedlander L, Condon R, Meneses J, O'Rangers J, Weber N, Miller M, Response to criticisms of the US FDA parametric approach for withdrawal time estimation: Rebuttal and comparison to the nonparametric method proposed by Concordet and Toutain, J. Vet. Pharmacol. Ther. 2000; 23: 21-35.

[114] Fisch RD, Withdrawal time estimation of veterinary drugs: Extending the range of statistical methods, J. Vet. Pharmacol. Ther. 2000; 23: 159-162.

[115] Martin-Jimenez T, Riviere JE, Mixed effects modeling of the disposition of gentamicin across domestic animal species, J. Vet. Pharmacol. Ther. 2001; 24: 321-332.

[116] Craigmill AL, A physiologically based pharma cokinetic model for oxytetracycline residues in sheep, J. Vet. Pharmacol. Ther. 2003; 26: 55-63.

[117] Buur JL, Baynes RE, Craigmill AL, Riviere JE, Development of a physiologic-based pharmacokinetic model for estimating sulfamethazine concentrations in swine and application to prediction of violative residues in edible tissues, Am. J. Vet. Res. 2005; 66: 1686-1693.

[118] Law F, A PBPK model for predicting the withdrawal period of oxytetracycline in cultured Chinook salmon, in Smith DJ, Gingerich WH, Beconi-Barker MG, eds., Xenobiotics in Fish, Kluwer Academic, New York, 1999, pp. 105-121.

[119] Cortright KA, Wetzlich SE, Craigmill AL, A PBPK model for midazolam in four avian species, J. Vet. Pharmacol. Ther. 2009; 32: 552-565.

[120] Guidance for Industry #3: General Principles for Evaluating the Safety of Compounds Used in Food-Producing Animals, US Food and Drug Administration, 2006 (available at http://www.fda.gov/downloads/Animal-Veterinary/GuidanceComplianceEnforcement/GuidanceforIndustry/UCM052180.pdf; accessed 12/07/10).

[121] EMEA/CVMP/473/98—final, Note for Guidance for the Determination of Withdrawal Periods for Milk, European Medicines Authority, Committee for Medicinal Products for Veterinary Use, 2000 (available at http://www.ema.europa.eu/docs/en_GB/document_library/Scientific_guideline/2009/10/WC500004496.pdf; accessed 12/06/10).

[122] Gehring R, Baynes RE, Craigmill AL, Riviere JE, Feasibility of using half-life multipliers to estimate extended withdrawal intervals following the extralabel use of drugs in foodproducing animals, J. Food Prot. 2004; 67: 555-560.

[123] Riviere JE, Sundlof SF, Chemical residues in tissues of food animals, in Riviere JE, Papich MG, eds., Veterinary Pharmacology and Therapeutics, 9th ed., Wiley-Blackwell, Iowa State Univ. Press, Ames, 2009, pp. 1453-1462.

[124] KuKanich B, Gehring R, Webb AI, Craigmill AL, Riviere JE, Effect of formulation and route of administ-

ration on tissue residues and withdrawal times, J. Am. Vet. Med. Assoc. 2005; 227: 1574-1577.

[125] Reeves PT, The safety assessment of chemical residues in animal-derived foods, Austral. Vet. J. 2005; 83: 151-153.

[126] Roeber DL, Cannell RC, Belk KE, Scanga JA, Cowman GL, Smith GC, Incidence of injection-site lesions in beef top sirloin butts, J. Anim. Sci. 2001; 79: 2615-2618.

[127] Paige JC, Chaudry MH, Pell FM, Federal surveillance of veterinary drugs and chemical residues (with recent data), Vet. Clin. North Am. Food Anim. Pract. 1999; 15: 45-61.

[128] Gehring R, Baynes RE, Riviere JE, Application of risk assessment and management principles to the extralabel use of drugs in food-producing animals, J. Vet. Pharmacol. Ther. 2006; 29, 5-14.

[129] Wang J, Gehring R, Baynes RE, Webb AI, Whitford C, Payne MA, Fitzgerald K, Craigmill AL, Riviere JE, Evaluation of the advisory services provided by the Food Animal Residue Avoidance Databank, J. Am. Vet. Med. Assoc. 2003; 223: 1596-1598.

[130] Animal Medicinal Drug Use Clarification Act of 1994 (AMDUCA), US Food and Drug Administration, 1994 (available at http://www.fda.gov/AnimalVeterinary/GuidanceComplianceEnforcement/ActsRulesRegulations/ucm085377.htm; accessed 12/07/10).

[131] Fajt VR, Regulatory considerations in the United States, Vet. Clin. North Am. Food Anim. Pract. 2003; 19:695-705.

[132] De Brabander HF, Noppe H, Verheyden K, Bussche JV, Wille K, Okerman L, Vanhaecke L, Reybroeck W, Ooghe S, Croubels S, Residue analysis: Future trends from a historical perspective, J. Chromatogr. A. 2009; 1216: 7964-7976.

[133] CAC/GL 71-2009, Guidelines for the Design and Implementation of National Regulatory Food Safety Quality Assurance Programme Associated with the Use of Veterinary Drugs in Food Producing Animals, Joint FAO/WHO Food Standards Program, 2009 (available at http://www.codexalimentarius.net/web/more_info.jsp?id_sta=11252; accessed 2/15/10).

[134] Commission Directive No 96/23/EC of 29 April 1996 on measures to monitor certain substances and residues thereof in live animals and animal products and repealing Directives 85/358/EEC and 86/469/EEC and Decisions 89/187/EEC and 91/664/EEC, Off. J. Eur. Commun. 1996; L125: 10-32.

[135] Dunnett M, Lees P, Retrospective detection and deposition profiles of potentiated sulphonamides in equine hair by liquid chromatography, Chromatographia 2004; 59: S69-S78.

[136] Commission Decision of 13 March 2003 amending Decision 2002/657/EC as regards the setting of minimum required performance limits (MRPLs) for certain residues in food of animal origin, Off. J. Eur. Commun. 2003; L71: 17-18.

[137] Annual Report on Surveillance for Veterinary Residues in Food in the UK 2009, The Veterinary Residues Committee, UK, 2010 (available at http://www.vmd.gov.uk/vrc/Reports/vrcar2009.pdf; accessed 12/07/10).

[138] National Milk Drug Residue Data Base Fiscal Year 2003 Annual Report, National Conf. Interstate MilkShipments (NCIMS), US Food and Drug Administration, 2004 (available at http://www.fda.gov/Food/FoodSafety/Product-Specific Information/Milk Safety/Miscellaneous MilkSafety References/ucm115592.htm#sample; accessed 12/06/10).

[139] Pasteurized Milk Ordinance 2007, US Food and Drug Administration, page last updated 05/11/2009(available at http://www.fda.gov/Food/FoodSafety/Product SpecificInformation/MilkSafety/NationalCon-ferenceon InterstateMilkShipmentsNCIMSModelDocum-ents/PasteurizedMilkOrdinance2007/default.htm; accessed 12/07/10).

[140] EMEA/CVMP/520190/2007—consultation, Reflection Paper on Injection Site Residues: Considerations for Risk Assessment and Residue Surveillance, European Medicines Authority, Committee for Medicinal Products for Veterinary Use, 2008 (available at http://www.ema.europa.eu/docs/en_GB/document_library/Scientific_guideline/2009/10/WC500004430.pdf); accessed 12/06/10).

[141] Reeves PT, Residues of veterinary drugs at injection sites, J. Vet. Pharmacol. Ther. 2007; 30: 1-17.

[142] Sanquer A, Wackowiez G, Havrileck B, Qualitative assessment of human exposure to consumption of injection site residues, J. Vet. Pharmacol. Ther. 2006;

29: 345-353.

[143] Sanquer A, Wackowiez G, Havrileck B, Critical review on the withdrawal period calculation for injection site residues, J. Vet. Pharmacol. Ther. 2006; 29: 355-364.

[144] EMEA/CVMP/209865/2004, Overview of comments received on draft guideline on injection site residues (EMEA/CVMP/542/03-FINAL), European Medicines Authority, Committee for Medicinal Products for Veterinary Use, 2005 (available at http://www.ema.europa.eu/docs/en_GB/document_library/Other/2009/10/WC500004431.pdf; accessed 12/06/10).

[145] Beechinor JG, Studies on Muscle Residues of the Antibacterial Veterinary Medicines Tilmicosin, Enro-floxacin and Tiamulin in Livestock and the Risk to Consumers from Ingestion of Infection Sites, dissertation Univ. Dublin, Ireland, 2000.

[146] Beechinor JG, Buckley T, Bloomfield FJ, Prevalence of injection site blemishes in primal cuts of Irish pork, Irish Vet. J. 2001; 54: 121-122.

[147] Beechinor JG, Buckley T, Bloomfield, FJ, Prevalence and public health significance of blemishes in cuts of Irish beef, Vet. Rec. 2001; 149: 43-44.

[148] Anonymous, Sales of Antimicrobial Products Authorized for Use as Veterinary Medicines, Antiprotozoals, Antifungals and Coccidiostats, in the UK in 2008, Veterinary Medicines Directorate, Dept. Environment, Food and Rural Affairs, UK, 2009 (available at http://www.vmd.gov.uk/Publications/Antibiotic/salesanti08.pdf; accessed 12/06/10).

[149] Moulin G, Cavalie P, Pellanne I, Chevance A, Laval A, Millemann Y, Colin P, Chauvin C, Gr ARah. (2008), A comparison of antimicrobial usage in human and veterinary medicine in France from 1999 to 2005, J. Anti-microb. Chemother. 2008; 62: 617-625.

[150] Peters AR, personal communication.

[151] Benchaoui H, Population medicine and control of epidemics, in Cunningham FM, Lees P, Elliott J, eds., Handbook of Experimental Pharmacology: Comparative and Veterinary Pharmacology, Springer Verlag, Heidelberg, 2010, pp. 113-138.

[152] Baggot JD, Brown SA, Basis for selection of the dosage form, in Hardee GE, Baggot JD, eds., Development and Formulation of Veterinary Dosage Forms, 2nd ed., Marcel Dekker, New York, 1998, p. 50.

3 食品和饮水中的抗菌药物残留和食品安全法规

3.1 引言

对动物日常使用抗菌药物是为了预防、治疗和控制疾病。即使在最佳饲养管理条件下，拥挤和应激都会导致疾病的发生。尽管在用药史上抗菌药物也一直以非治疗目的使用，即作为添加剂用于提高饲料转化率和增重，但现在全球范围内有减少抗菌药物使用的呼声[1,2]，人们担心在动物饲养中使用抗菌药物后导致细菌对人用抗生素产生耐药性，这种担心已经要求全世界共同努力来评估这种风险[3-5]。治疗性用药可使动物获得健康，从而生产出有益健康和丰富的食物。

然而，食品动物使用抗菌药物的一个后果就是会导致药物残留，尽管残留量很低，但也会出现在用药后动物的可食性组织中。抗菌药物残留可引起消费者全身性毒性、引起不良反应，导致发病甚至死亡。食品中抗菌药物的残留对人类胃肠道系统的微生物菌群有直接的不良反应，对消费者具有潜在的严重影响。另一潜在后果是消费者对细菌的暴露，而这些细菌是动物使用抗菌药物后存活下来的，对抗菌药物缺乏敏感性。由于这些细菌对人用抗菌药物表现耐药性，因此对于由这些耐药菌引起发病的患者，难以用常规方法进行治疗。

3.2 食品中药物残留的证据

如果抗菌药物残留如此危险，那为什么没有很多消费者患病、寻求治疗或死亡的案例呢？答案是复杂的，这一问题受多种因素影响。一方面，毒性可以源自一次性、大量急性暴露或长期暴露于低浓度抗菌药物中。所观察到的急性或慢性毒性都与暴露剂量、毒性特征、药代动力学和暴露人群等因素有关，但也有很多特例。一般情况下，通过膳食长期暴露于低浓度抗菌药物而产生的毒性，在单次急性暴露中不易发现。管理部门通常估计由于长期、低剂量的膳食暴露而导致的包括抗菌药物在内的兽药毒性。正如下文提到的，大多数用于人类膳食中任一给定浓度抗菌药物残留的安全性评价方法均基于慢性暴露。由于人类数年甚至几十年暴露于食品中兽用抗菌药物残留而产生的不良影响，因此很难追溯不良影响的来源。另一方面，很少有因一顿饭中的兽药残留而引起急性毒性的案例。如果是这种情况，反而很容易确定问题的来源。本文将对两个案例进行讨论，一个案例是克仑特罗，它并不是一种抗生素，但不幸的是，将其用于食品动物可对人类产生明显毒性。另一个案例是氯霉素，一种人医临床使用的抗生素，可引起严重疾病甚至死亡。因此全世界范围内已经严格禁止将其作为兽用抗生素用于食品动物。

克仑特罗是一种拟交感神经药物，其特性与通过交感神经系统化学介质（肾上腺素和去甲肾上腺素）而产生作用的药物相似。克仑特罗是一种β2肾上腺素受体激动剂，其作用与肾上腺素相似。克仑特罗的直接作用是通过β2肾上腺素受体介导的，但药物的全部作用是通过体内复杂的反馈机制而完成的。例如，克仑特罗对心脏组织（主要对应于β1肾上腺素能激动剂）的直接作用小，但可引起剧烈的外周血管扩张，对应的反应则是机体为了维持正常血压，而导致心率加快。克仑特罗作为一种β2肾上腺素受体激动剂，美国批准其作为支气管扩张剂用于马[6]。欧盟批准其作为支气管扩张剂用于马和牛[7]，作为保胎药用于牛。长期使用克仑特罗后产生的另一种作用是加速脂肪分解代谢,促进蛋白合成。这种同化作用使克仑特罗被一些健美人士[8-10]、减肥团体[11]和动物生产者[12]选择使用(未批准)。但其药理学特性决定了即使是一顿饭那样少的量也会产生不良反应。

在90年代初,人们对克仑特罗的关注度升高,西班牙的一些患者出现多种症状,包括心跳加速、头晕、恶心、头痛、肌肉震颤。1992年,西班牙报道了113例克仑特罗中毒案例[13],这些患者都在食用小牛肝脏和牛舌后出现中毒症状。症状包括心跳加速、肌肉震颤、紧张不安、肌肉疼痛、呕吐和头痛。小牛肝脏样品中克仑特罗浓度为19~5 395μg/kg。

由于兽药残留导致的克仑特罗中毒事件屡见报道。1997年,意大利报道有15人因食用小牛肉后出现震颤、眩晕、头痛、潮热、心跳加速、紧张不安和呼吸加速等症状,之后经检测发现牛肉中含有克仑特罗残留[14]。1998—2002年,香港报道了多起克仑特罗中毒事件[15]。2005年,葡萄牙报道50人因食用含有克仑特罗残留的羔羊肉和牛肉而中毒[16]。患者的症状包括震颤、眩晕、头痛、潮热、心跳加速、紧张不安和呼吸加速等。有趣的是,原以为烹饪过程可以破坏克仑特罗的药理学特性,但实际案例中克仑特罗都存在于煮熟的肉中。接下来的研究发现,克仑特罗的环结构对热降解作用的耐受性很强,并且该结构对其与肾上腺素受体相互作用有重要意义[17]。克仑特罗还在一些国家被批准用于牛和马的治疗。

氯霉素提供了由兽药残留导致公共健康问题的又一例证。在美国,氯霉素被批准用于伴侣动物(犬、猫和马),包括滴剂、注射剂和口服剂等剂型。之后,美国食品药品管理局(FDA)注意到氯霉素也用于牛,尽管未批准该药用于食品动物,但将其用于治疗牛的全身性感染已经得到普遍认可。与此同时,有关氯霉素的不良反应开始见诸于人医临床。Wallerstein等报道[18],患者使用氯霉素后出现血恶液质的比例为1∶30 000。某些患者还可出现致命的再生障碍性贫血,而一些从贫血康复的患者则出现白血病。用氯霉素治疗过的牛的肌肉对消费者的潜在毒性问题得到关注后,美国FDA撤销了氯霉素批准用于马。之后JECFA进行了一系列评价,认为由于没有可以预测再生障碍性贫血发生的临界值,因此无法建立氯霉素在人的每日允许摄入量(ADI)[19]。澳大利亚、加拿大、欧盟和美国都禁止将氯霉素用于食品动物。

四次JECFA会议都对氯霉素进行了评价[19]。在2004年第62届委员会上,人们拒绝建立氯霉素的ADI[19]。委员会还进一步考虑了环境中氯霉素导致食品动物可食组织中残留的可能。结论为,动物的可食组织中不太可能检测到土壤中合成的氯霉素;然而,环境中的氯霉素污染可能导致动物组织中偶尔出现低浓度的氯霉素残留。考虑到这些因素和其他建议,国际法典食品中兽药残留分委员会一直在考虑如何向成员提供关于将氯霉素作为兽药用于食品动物,同时可适当降低风险的信息[20]。

3.3 允许残留浓度的确定

建立食品中兽药残留安全性的要求在国际上是不同的。本章表3.7提供了一些国家、地区和国际指导原则以及相关要求的在线资源。

3.3.1 毒理学——膳食中允许浓度的确定

管理部门如何解决食品中兽用抗菌药物残留的安全性问题呢?许多国家的管理部门和国际组织已建立兽药和农药残留的毒理学评价指南。毒理学研究用于评价抗菌药物在动物体内和体外模型产生的毒性特征以及任何可能的人体数据,以预测食品中兽药残留的潜在毒性。通过这种方法评价短期(急性,特别是由一次或几次引起的毒性)或长期(慢性,数月至数年暴露)通过饮食使人类暴露于抗菌药物中(无论是一种兽药或一种农药)而导致不良反应的可能性[21,22]。通常的做法是采用哺乳动物口服暴露模型(如啮齿类、犬、猪),也可包括体外模型,甚至是人类暴露数据。不良反应可以包括全身毒性反应(如肝脏或肾脏损伤),动物的生殖、发育影响(如死胎率升高或肢体发育异常),免疫学反应(如免疫反应下降),神经学反应(如外周神经损伤)和癌症。一般而言,实验动物多次口服抗菌药物,以确定一个不引起明显改变结果(临界值通常称为最大无作用剂量,NOEL或NOAEL)的剂量,理论上可以反映出剂量-反应关系的高剂量。所有模型的反应都要予以考虑,并以最适宜的剂量作为确定ADI的基础。依据药物的毒理学特性以及有效数据的数量和质量来确定毒理学研究的安全因子系数,该系数通常为100或者更高。目前,默认值为100,很多科学家已对该值进行过准确性和局限性研究。再以 NOAEL 除以安全系数，即得到 ADI 值[23,24]。另一种相似的方法称为急性参考剂量（ARfD），用来建立基于短期研究的急性允许摄入量。对于抗菌药物而言，还要建立微生物学 ADI。微生物学 ADI 的建立不是基于经典的毒理学终点，而是基于食品中兽药残留和人体消化道中微生物菌群的相互作用。微生物学 ADI 与毒理学 ADI 的评价方式也不相同，是一种决策树的方法，要确定具有微生物学活性的残留物进入人体结肠的潜在能力。如果确定了具有微生物学活性的兽药残留物与微生物菌群间存在相互作用，则可以确定微生物学 ADI。微生物学 ADI 是根据内源性菌群对抗菌药耐药性改变或微生物定植屏障改变而确定的[21,25]。管理部门将以对公众健康起到最有效的保护为宗旨，选择采用慢性毒理学 ADI 或微生物学 ADI 或短期 ARfD 进行抗菌药物残留管理。关于食品中兽药残留 ARfD 应用的国际指南见 OECD 指南 124[26] 和 EHC 指南 240[21]，这两种指南分别由经济合作和发展组织（OECD）和世界卫生组织出版。建立毒理学或微生物学 ADI 的国际指南见 EHC 指南 240[21] 和 VICH 指南，将在本章 3.3.4 讨论。

OECD 指南 124，作为一系列国际互认试验程序的一部分，涵盖了包括兽药在内的化学物质安全性相关的广泛试验程序。指南清单可在以下网址在线查阅：http：//www. oecd. org/department/0,3355, en_2649_34377_1_1_1_1_1,00. html[27]。33 个成员对 OECD 指南达成广泛的一致。兽药注册国际协调会（VICH）也借用了这些指南，VICH 是一个由三方（欧盟-日本-美国）发起的计划，旨在统一兽药产品注册的技术要求，观察员包括澳大利亚、加拿大和新西兰。

EHC 指南 240 由 JECFA 和 JMPR 建立。这些独立的专家团队由来自国际科学团体的成员和专家组成，在 JECFA 和 JMPR 秘书处的指导和管理下开展工作。JECFA 针对食品添加剂、污染物和食品中的天然毒素以及食品中的兽药残留进行毒理学数据评价，并召开特别工作会议，推荐不会对消费者带来危害的食品中化学物质的浓度。JMPR 则对农药进行类似的评价，并将食品中农药最高残留限量推荐给 FAO/WHO 食品标准制订组织-食品法典委员会（CAC）。CAC 成立于 1963 年，以保护消费者健康和确保国际公平贸易为目的制定了不具约束性的食品标准。为了使其成员之间达成一致，CAC 制定了食品中可以含有的兽药（或农药）的 MRL。这些标准作为推荐标准的同时，也是 1995 年卫生与植物卫生世界贸易总协定（通常称为 SPS 协定）认可的主要食品标准[28]。国际协调一致的问题将在 3.3.4 讨论。

一旦建立了 ADI（或 ARfD），在确定可食性组织（如肉、奶或蛋）中 MRL 时，不同国家和地区之间的解释仍存在差异。

3.3.2 食品中不得检出的药物残留浓度的确定

负责保护公众健康的国家和地区管理部门必须考虑兽药、农药和其他化学物质可能在食品中的残留浓度，无论该化学物质是否允许使用。对于未批准使用的化学物质，很多地区的管理部门认为其在食品中允许的残留浓度是零。但在实际工作中，残留浓度通常取决于检测方法的检测能力。已经公认绝对"零"值是无法达到的，因此只能改进方法使检测限尽可能合理地达到最低（ALARA），所以在描述一个方法时，要求考虑哪些方面是技术上可以达到的，达到该技术目的需要哪些资源，要在两者间进行权衡。

3.3.3 食品中允许存在的药物残留浓度的确定

对残留物进行评估是为了确定摄入兽药的程度，及兽药在体内的分布和消除情况。通常，用放射标记药物进行的同步残留消除研究是为了确定组织残留浓度，该试验中总残留和原型药物的残留浓度分别在从给药后零点至推荐的休药期之间的几个预设时间点进行测定。该研究不但测定包括游离态和结合态在内的药物总残留，还要对主要代谢物进行定量。主要代谢物是指含量超过总放射活性 10% 或含量超过 0.10mg/kg 的化合物。通过代谢研究可以确定残留标示物和靶组织。必须保证残留标示物的浓度低于或等于 MRL 时，总残留能够满足 ADI 的要求。由于残留标示物可能不仅仅是毒理学所关注的一种化合物，因此研究残留标示物的消除时，必须确保其他残留物的消除已经达到了安全浓度。

结合态残留物通常是指药物口服后不产生具有毒性的残留物。结合态残留物（和不可提取残留物）可由多种方式产生：药物或代谢物结合到大分子中，物理包裹，残留物整合进入组织基质，或结合到内源性化合物中。如果仅是小分子片段，比如说，1个或2个碳单位结合到内源性化合物中，结合态残留物可能无毒性。然而，当结合态残留物占总残留的比例过大时则必须记录。

在美国，人们通过确定一种靶组织以监控整个动物胴体的安全性。选择靶组织以监控所有可食性组织（肉）的安全性，靶组织通常是药物消除速率最慢的组织。包括欧盟在内的一些国家认为所有可食性组织都可以作为靶组织，因为在实际监控中，不仅要对整个胴体，还要对一块肉、上市的内脏和其他组织进行监控。

毒理学ADI和MRL/法定容许量都与用来确定毒理学NOEL的实验动物代谢研究密切相关，同时也与每一种食品动物的代谢相关。实验动物和靶动物的代谢定性模式类似，可确保毒理学研究的有效性，以此证明广泛类似地暴露于相同范围的化合物。比较代谢研究包括同时对靶动物和实验动物的血液及其组成部分、排泄物、肾脏、脂肪、肝脏和胆汁中的代谢物进行分析。

ADI提供了暴露安全还是不安全之间的明显界限。由于ADI是一项最基本的（即一个非衍生的）食品安全标准，因此，很容易在各种管理层面予以解释。然而，除了采用生物检测法确定的残留外，由于ADI反映的是所关注的总残留，因此不能作为执法标准，而MRL和法定容许量（美国）可以作为执法标准。

针对特定组织的消费量和分析方法的能力发生变化后，MRL和法定容许量都会发生改变，但两者都可回溯到ADI。因此，MRL和法定容许量都可看作是衍生的食品安全标准。然而，实际回溯到ADI的具体方法，MRL和法定容许量有所不同。

3.3.3.3.1 法定容许量

以美国的法定容许量为例，将测定所用的分析方法直接与某种特定组织的法定容许量相关联，回溯到ADI[29]。与这种关联有关的是对每天膳食消费进行假设，即将ADI分配到具体组织的安全浓度。在美国，假设每天消费的动物性可食产品包括奶、蛋和可食组织。然而，这种假设并不是每天都以最大消费量摄入所有可食性组织。因此，ADI首先分配给肉、奶和蛋。理论上，这种决定反映了产品链的全部情况，但有时候某种药物最初批准用于肉牛，后来又批准用于泌乳期奶牛。由于药物申请者对药物的开发时间表最为清楚，也是由其最终自行决定，因此对ADI的分配权应由药物申请者决定。此外，对肉牛和奶牛的市场约束也不同，特别是某种用于肉牛的药物其停药期可能为数天甚至数周都是合理的，但若将相同的药物扩展用于泌乳期奶牛，用药奶牛最终的弃奶期则必须符合正常的奶牛生产实际，同时必须有正确的管理以确保生产线处于最佳状态。对于没有合理地扩展用于奶牛和产蛋鸡的化合物，ADI可全部分配给肉。由于ADI是暴露安全和不安全之间的界限，因此可对全部ADI进行分配，以用于推导法定容许量。由于法定容许量源于ADI的分配，除一些特例外，不需要对已批准药物的新用途进行再评价。具体组织安全浓度的分配实例见表3.1至表3.3。

一旦确定了ADI分配到某种组织的安全浓度，法定容许量的偏离将会反映出残留标示物的选择和所用分析方法的性能（如残留标示物与总残留量的比例），见表3.4。

表 3.1　计算法定容许量的假设

药物用于治疗牛的呼吸系统疾病
最初上市——用于舍饲牛
较长的组织休药期是可以接受的
组织需要较少比例的ADI分配
中期市场——用于奶牛
较长的组织休药期是可以接受的
组织需要较少比例的ADI分配
需要弃奶期短
奶需要较大比例的ADI分配
假设市场开发将永不包括产蛋鸡
假设ADI=10μg/kg（体重）

表 3.2　ADI在奶的分配

为了使弃奶期更短，将70%的ADI分配给奶，将30%的ADI分配给组织：

$$ADI_{奶} = 10\mu g/kg（体重）\times 70\% = 7\mu g/kg$$

$$ADI_{组织} = 10\mu g/kg（体重）\times 30\% = 3\mu g/kg$$

表 3.3　安全浓度的计算（SCs）

$$SC = \frac{（分配的\,ADI）\times 60kg}{食物消费值}$$

$$SC_{奶} = \frac{7\mu g/(kg \cdot d) \times 60kg}{1.5L/(人 \cdot d)} = 280\mu g/L$$

$$SC_{肌肉} = \frac{3\mu g/(kg \cdot d) \times 60kg}{0.3kg/(人 \cdot d)} = 600\mu g/kg$$

$$SC_{肝} = \frac{3\mu g/(kg \cdot d) \times 60kg}{0.1kg/(人 \cdot d)} = 1\,800\mu g/kg$$

表 3.4　法定容许量的计算

假设采用 HPLC/MS-MS 方法，通过对总放射标记残留物进行分析，所得残留标示物占总残留物的比例为 50%，即残留标示物与总残留物之比为 50%

假设 50% 的比例适用于所有时间点的所有组织和奶

法定容许量＝某种组织的安全浓度（SC）×（残留标示物浓度/总残留物浓度）

法定容许量$_{奶}$＝280μg/L×0.5＝140μg/L

法定容许量$_{肌肉}$＝600μg/L×0.5＝300μg/L

法定容许量$_{肝}$＝1 800μg/L×0.5＝900μg/L

在美国，法定容许量与测定所用的分析方法直接相关。作为药物批准程序的一部分，在成为残留监控计划的官方分析方法之前，该检测方法应由多个实验室进行评估，以确保其可操作性。之后，直至其过渡成为官方分析方法才能作为新方法应用于残留监控。

有趣的是，我们注意到标签外用药（如，使用未批准的剂量或未批准的给药途径）可能会导致或不会导致残留超过法定容许量。特别是当 ADI 很高而出现的残留又很低时，通过计算残留标示物与总残留比例反推 ADI 来源的安全浓度，而得到的法定容许量会高于实际残留量。因此，尽管法定容许量方法能够非常有效地监测安全残留浓度和不安全残留浓度之间的边缘值，但是很难判断使用者是按照标签用药，还是进行了标签外用药。有时能够比较容易地得出残留超过法定容许量且对公众健康有危害的结论，从而使药物使用者受到法律的制裁。有时尽管某些用药方式是非法的，但由于并非所有的误用都会导致残留超过法定容许量，因此药物使用者可能逃避法律的制裁。

总之，在美国法定容许量是通过安全浓度计算得到的，而安全浓度又与 ADI 直接相关。因此，在日常残留监控中可以认为，通过特定分析方法确定的代表最高残留的法定容许量，对人类是安全的。当动物源性食品中的药物残留低于或等于设置的法定容许量时，法定容许量方法可极为有效地确保消费者的药物残留暴露量低于 ADI。法定容许量方法将有限的管理资源集中在那些对人类健康构成巨大威胁的残留案例上。

3.3.3.2　最高残留限量

最高残留限量（MRL）也与 ADI 直接相关[30]。但显然 MRL 并非源自 ADI，也不直接表示 ADI 的分配。相反，MRL 反映了在评价过的药物使用条件下，采用适宜的经验证的分析方法测得的实际药物残留浓度。由于 MRL 仅能反映建立 MRL 时可行的药物用法，而不能全面反映药物产品研发的最终实际使用情况，因此，当某种药物出现了新用法时，则需要进行再评价。从 MRL 返回到 ADI 的内在关联，其假设是所有动物源性食品都将以每天最大消费量进行消费（即没有 ADI 的分配），通过 MRL 对人类的药物残留暴露量进行定量，需要将 MRL 分配到所有可食性产品。其次，可以通过 MRL 管理确保食品安全时，通常采用理论最大日摄入量（TMDI）进行计算：

（特定组织 MRL）×（残留标示物：总残留）×（特定组织的消费值）＝组织残留对 TMDI 的贡献

计算 MRL 和相关 TMDI 的实例见表 3.5 和表 3.6。

与 ADI 相比，TMDI 必定不会导致超过 ADI 的暴露值。在上述例证中，TMDI 表示 95% 的 ADI。如果一项研究和相应的分析方法可以提供用于建立残留标示物与总残留物之比的数据，就不会使 MRL 和用于残留监控的分析方法脱节。因此，可以将多种分析方法用于常规残留监控。

表 3.5　计算 MRL 的假设

假设 ADI 为每天每千克体重 0～0.8μg，相应的最大可接受总暴露量为每天每人 480μg

假设支持 MRL 的实际残留如下：

（组织 MRL）：

奶——200μg/L

肌肉——100μg/kg

肝脏——100μg/kg

肾脏——400μg/kg

脂肪——100μg/kg

假设根据微生物学活性，残留标示物与总残留物之比（M：T）无需任何校正，则残留标示物＝100%×总残留物（M：T 因子＝1）

表 3.6　根据 TMDI 计算得到的理论暴露量

组织	MRL (μg/kg)	M：T	食品篮 (kg)	TMDI (μg)
肌肉	100	1	0.3	30
肝脏	1 000	1	0.1	100
肾脏	400	1	0.05	20
脂肪	100	1	0.05	5
奶	200	1	1.5	300
TMDI	—			455

由于 MRL 源自因批准使用的药物而出现的实际残留浓度，高于 MRL 的残留浓度意味着超出标签说

明用药。对 MRL 进行多次再评价后,可对 MRL 进行修订,修订后的 MRL 可能高于初次评价时的实际残留浓度,因此一些未按照标签用药的行为可能不会受到法律制裁。然而,MRL 提供了比法定容许量更加直接的法律决策标准和标签使用条件之间的关联。但是,由于 MRL 可以导致暴露评估值明显低于 ADI,因此很难得出超出 MRL 的残留对公众健康有直接影响的结论。

总之,MRL 是对在已批准条件下用药出现的残留进行评估后得到的,并且代表与其标签使用相一致(如剂量和给药途径)的最高残留浓度。出现超过 MRL 的残留,说明是由于标签外用药造成的。因此,在监控药物使用者是否按标签说明用药方面,MRL 方法是极为有效的,可以将管理资源集中在那些因偏离标签说明书用药导致的残留案例。然而,并非所有的标签外用药都会导致不安全的残留,因此即使检测到残留也可能是符合 MRL 规定的,但在这种情况下就无法确保公众健康了[2]。

正如上文所提到的,MRL 可以通过采用适宜的、经验证的方法进行监控,而法定容许量与所用的检测方法密不可分。由于 MRL 可能明显小于全部 ADI,因此 MRL 常常低于相同化合物得到的法定容许量。此外,因为 MRL 是所有可食组织都需要的,在残留浓度非常低的时候,MRL 可以建立在分析方法定量限(LOQ)浓度的基础之上。这种做法,对于法定容许量是不可行的,其所用的官方分析方法必须经过多个实验室验证,并确定其能够检测出法定容许量一半的浓度,这是因为 MRL 在组织中的分配方法,通常导致肌肉和脂肪中的残留浓度较低。为抵消这些差别,在美国法定容许量仅适用于肝、肾等靶组织中的残留标示物,因此放松了对分析方法灵敏度的需求。而且,由于 MRL 可能会低于法定容许量,根据 MRL 得到的休药期可以相对地延长至依据法定容许量得到的休药期。这再一次说明我们应关注是否按照标签用药,还是关注安全/不安全之间的明显界限(法定容许量)。

3.3.4 国际协调

一直以来都有一些国际组织致力于使兽药残留安全性评价协调一致。在世界动物卫生组织(OIE)的主办下,1996 年成立了兽药注册国际协调会(VICH)。VICH 既吸收其成员(欧盟、日本和美国)和观察国(澳大利亚、加拿大和新西兰)的政府代表,也吸收这些国家的企业代表。VICH 解决各国在批准兽药产品时遇到的普遍问题,包括需要提交哪些材料来证明食品中兽药残留的安全性等内容。为确保兽药产品对人类安全,所必需的许多毒理学要求已在 VICH 内部达成一致。联合国粮农组织(FAO)和世界卫生组织(WHO)创立了食品法典,并建立了食品中兽药最高残留限量标准(MRLs),在国际贸易中 MRL 作为国际安全标准设立了食品中兽药残留浓度的最高限,这些 MRL 标准可以在 hhtp://www.codexalimentarius.net/vetdrug/data/index.html[31]找到。FAO/WHO 联合食品添加剂专家委员会(JECFA)采取独立专家制度评审毒理学数据,制定 ADI,评审残留数据以得到 MRL,并将 MRL 推荐到 CAC 进行讨论。农药残留联席会议(JMPR)采取同样的机制对农药(其中也包括用于水果和蔬菜产品的抗菌药物)进行评价,也将其 MRL 推荐到 CAC 进行讨论。

在美国,美国农业部农产品外销局建立了一个国际农兽药 MRL 集合数据库[32]。此外,还有很多国家及其管理机构将其官方 MRL 在线公布。表 3.7 提供了一些关于制订 ADI 和 MRL/法定容许量所需的管理规定信息的在线资源,表 3.8 提供了国家管理机构建立的 MRL/法定容许量的在线资源。

表 3.7 建立 ADI 和 MRL/法定容许量法规要求的在线资源ª

国家/管理机构	管理部门	网址
澳大利亚	澳大利亚农药和兽药管理局(APVMA)	http://www.apvma.gov.au/morag_vet/vol_4/index.php
加拿大	加拿大卫生部	http://www.hc-sc.gc.ca/dhp-mps/vet/legislation/guideld/vdd_nds_gui-de-eng.php
欧盟	欧洲药品管理局(EMA)	http://www.ema.europa.eu/ema/index.jsp?curl=pages/regulation/general/general_content_000384.jsp&murl=menus/regulations/regulations.jsp&mid WC0b01ac058002dd37

(续)

国家/管理机构	管理部门	网址
日本	日本农林水产省（JMAFF）	http://www.mhlw.go.jp/english/topics/foodsafety/residue/dl/03.pdf
欧盟、日本、美国三方协定	兽药注册国际协调会（VICH）	http://www.vichsec.org/en/guidelines.html
联合国	FAO/WHO联合食品添加剂专家委员会（JECFA）	http://www.who.int/ipcs/food/principles/en/indexl.html
美国	美国食品药品管理局（USFDA）	http://www.fda.gov/AnimalVeterinary/GuidanceComplianceEnforcement/Guidance forIndustry/ucm123817.htm

注：[a] 2010年10月23日可链接网址。

表3.8　国家/管理机构MRL/法定容许量信息的在线资源[a]

国家/管理机构	管理部门	网址
澳大利亚	澳大利亚农业、渔业和林业部（兽药和农药MRL）	http://www.daff.gov.au/agricutture-food/nrs/industry info/mrl/cattle-sheep-pigs
加拿大	加拿大卫生部（兽药MRL）	http://www.hc-sc.gc.ca/dhp-mps/vet/mrl-lmr/mrl-lmr_versus_new-nouveau-eng.php
加拿大	加拿大卫生部（农药MRL）	http://www.hc-sc.gc.ca/cps-spc/pest/part/protect-proteger/food-nourriture/mrl-lmr-eng.php
欧盟	欧洲药品管理局	http://www.ema.europa.eu/ema/index.jsp?curl=pages/medicines/landing/vet_mrl_search.jsp&murl=menus/medicines/medicines.jsp&mid=WC0b01ac058008d7ad
欧盟	健康和消费者总司（农药MRL）	http://www.efsa.europa.eu/en/praper/mrls.htm
新西兰	新西兰食品安全局（兽药和农药MRL）	http://www.nzfsa.govt.nz/policy-law/legislation/food-standards/index.htm&mrl
联合国	食品法典（兽药MRLs）	http://www.codexalimentarius.net/mrls/vetdrugs/jsp/vetd_q-e.jsp
联合国	食品法典（农药MRLs）	http://www.codexalimentarius.net/mrls/pestdes/jsp/pest_q-e.jsp
美国	美国食品药品管理局	http://ecfr.gpoaccess.gov/cgi/t/text/text-idx?c=ecfr&sid-25ee42a2644a114d986ba66619dfflf0&rgn=div5&view=text&node=21：6.0.1.1.17&idno=21 or http://www.accessdata.fda.gov/scripts/animaldrugsatfda/
美国	美国环保局（农药MRLs）	http://www.access.gpo.gov/nara/cfr/waisidx_09/40cfr180_09.html

注：[a] 2010年10月23日可链接网址。

3.4　环境中的抗菌药物对人体的间接暴露

消费者还可能暴露于释放到环境中的抗菌药物。动物用药后，抗菌药物被吸收并发生一定程度的代谢。原型药物和任何代谢物的混合物随尿液和粪便排出体外。对于农场动物，这些化合物会直接排到农场环境中，而对于集约化饲养模式，动物粪尿也会被收集、储存，然后处理或用作土壤肥料[33,34]。最终抗菌药物进入土壤环境。已经在土壤中检测到多种抗菌药物，包括磺胺类、四环素类、大环内酯类药物和2,4-二氨基嘧啶[35-37]。四环素类药物一旦释放到土壤环境中，可在土壤中存在数月至数年[38]。土壤中的抗菌药物可转移至地表水和地下水中，或被植物摄入，最终进入食物链或污染饮用水。现有的兽药风险评估体系已经认识到这个问题。例如，VICH已建立了对兽用化学药品进行环境风险评估的程序，这一程序已在欧盟和美国的兽药上市批准过程中得到应用[39,40]。对于那些预期有明显环境暴露的抗菌药物，需要评估其污染蓄水层的可能性。如果预测地下水中的药物浓度超过100ng/L（根据饮用水中农药残留的行动限量而定），则风险评估还需要进一步细化，或需要考虑风险管理选择。

抗菌药物污染水体和农作物的总体情况见下文。

3.4.1 抗菌药物在地表水和地下水的迁移

土壤中的污染物可通过地表径流、地表流动和排水进入地表水，或经过过滤进入地下水。污染物通过上述过程转移的程度受多种因素影响，包括溶解性、吸附能力和污染物的持久性；物理结构、pH、有机碳含量、土壤基质的阳离子交换能力；气候条件，如温度、降雨量和强度。大量研究探索了兽用抗菌药通过这些不同途径迁移的过程[36,38,41-48]。田间和半田间试验显示，磺胺类、大环内酯类和酰胺醇类药物具有通过过滤作用进入地下水的能力，原因可能是这些药物在土壤中的吸附系数较低，而四环素类和氟喹诺酮类药物则不具有这种能力[47,49,50]。研究发现通过径流和排水进行迁移的兽药有四环素类药物（即四环素）和磺胺类药物（磺胺嘧啶、磺胺二甲嘧啶、磺胺甲二唑、磺胺氯哒嗪）[42,51]。在过滤过程中，这些物质的迁移受化合物吸附能力、土壤基质中的肥料及施肥土壤性质等因素影响。具有高吸附能力药物（如四环素类药物）的径流量明显小于吸附能力低的磺胺类药物[42]。然而，即使是水溶性较好的磺胺类药物，在实际田间条件下，其总量损失也很小（应用总量的 0.04%～0.6%）。

药物一旦进入水体，就会通过光降解和/或水解进行非生物降解，或通过需氧或厌氧微生物进行生物降解。高吸附性药物可能会部分沉积到河床中。关于用于水生动物治疗的许多兽用抗菌药在河床中的转化已有很多报道。许多药物降解很快（如氯霉素、氟苯尼考、奥美普林），也有些药物可沉积数月至数年（如噁喹酸、四环素、沙拉沙星、磺胺嘧啶、甲氧苄啶）。

在进行上述转化试验的同时，还有一系列研究监控地表水和地下水中的抗菌药物浓度（表3.9）。美国的一项国家监控研究对水源中的药物进行了大范围监控[53]。许多作为兽药使用的化学物质，包括磺胺类、氟喹诺酮类、四环素类和大环内酯类药物，检出范围在 ng/L 级。其中很多药物也用于人医临床，所以检测到的药物既可能来源于兽药也可能来源于人药。其他地区（包括欧洲和亚洲）也开展了类似的大范围监控研究，结果相似。大多数地表监控研究采取大范围随机取样的方式。由于许多兽药的输入可能是间歇性的，因此研究报告中给出的药物浓度明显低于药物峰浓度。为了解决这个疑点，最近英国开展了一项对水、河床及使用兽药（包括四环素、林可霉素、磺胺嘧啶、甲氧苄啶、伊维菌素和多拉菌素）的农场进行持续监控的研究，以确定水系统的典型暴露情况。溪水中抗菌药物的最高浓度范围为 0.02（甲氧苄啶）～21.1μg/L（林可霉素）。

表 3.9 测得地表水和地下水中兽药浓度

化合物	位置	最大浓度（μg/L）	参考文献
地表水			
氯霉素	中国，加拿大	N/D～0.002	57，58
金霉素	加拿大，美国	0.192～0.21	58，59
多西环素	加拿大	0.073	58
红霉素	加拿大，美国	0.051～0.45	58，59
红霉素	美国	0.45	59
林可霉素	加拿大，英国	0.355～21.1	54，58
土霉素	日本，英国，加拿大，美国	N/D～68	54，58～60
盐霉素	美国	0.007～0.04	61，62
磺胺氯哒嗪	加拿大，美国	0.007～0.03	58，59
磺胺嘧啶	英国	4.13	54
磺胺地索辛	加拿大，美国	0.04～0.056	58，59
磺胺甲基嘧啶	加拿大	N/D～0.06	58，59
磺胺甲嘧啶	加拿大，美国	0.02～0.408	58，59
磺胺甲噁唑	加拿大，美国	0.009～0.32	58，59
磺胺噻唑	加拿大，美国	0.016～0.03	58，59
四环素	加拿大，美国	N/D～0.03	58，59
甲氧苄啶	加拿大，英国	0.015～0.02	54，58
泰乐菌素	加拿大，美国	痕量～0.05	58，59
地下水			
林可霉素	美国	0.32	63
磺胺甲嘧啶	德国	0.16	55，63
磺胺甲噁唑	德国，美国	0.47～1.11	55

N/D：未检出。

检测地下水中兽药的报道很少[49,55]。在德国进行的一项监控研究中，大量地下水样品采自农业地区，以确定抗菌药物污染的程度[49]。数据显示，在大部分集约化饲养地区，未检出超过检测限（0.02～0.05μg/L）的抗菌药物。但在4个样品中检出磺胺类药物残留，其中两个样品可能是受到了灌溉污水的污染，两个样品中磺胺二甲嘧啶浓度分别为 0.08μg/L 和 0.16μg/L，作者认为药物可能来自兽药，因为该药是不用于人医临床的。

兽药也会从垃圾填埋场通过渗滤作用进入水中。在丹麦，在距离垃圾填埋场较近的渗滤液中检测到了高浓度（mg/kg）的多种磺胺类药物残留，其附近一家药物生产企业45年来一直在该垃圾填埋场处置了大量磺胺类药物。地下每下降10m，药物浓度显著下降，造成这种现象最可能的原因是微生物衰减作用。尽管这是一个特殊的问题，但必须意识到在垃圾填埋场处置兽药是造成环境污染的一个潜在途径。

3.4.2 农作物对抗菌药物的吸收

抗菌药物也可通过土壤进入农作物[54,64]。植物摄入兽药的潜力日益受到关注。研究显示，虽然许多抗菌药物在按照实际环境浓度暴露于土壤后被植物吸收，但未见其他化合物的蓄积。缺乏可观察到的吸收情况，可能与化合物的内在性质或其他因素有关，如检测限过高或研究过程中药物的显著降解等。一些研究将胡萝卜和生菜暴露于自然条件下能够检测到的抗生素浓度中，并观察植物摄入药物的情况。研究者在生菜叶中检出氟苯尼考和甲氧苄啶，在胡萝卜块茎中检出恩诺沙星、甲氧苄啶和氟苯尼考。

3.4.3 环境中抗菌药物对人类健康的风险

上述研究中检测到水和农作物中的药物残留浓度，一般都只能导致低于人类治疗剂量水平或ADI的暴露[54,65]。然而，科学界、法律机构和一般民众之间有一个共同的担忧，即环境中的包括抗菌药物在内的药物可能影响人类健康。这些担忧源于以下几个方面：

- 抗菌药物在环境中一般不仅仅以单个药物存在，通常是以混合物形式存在，因此环境中的药物残留与现有条件下患者摄入的药物之间可能具有协同作用或相加作用或环境禁忌等可能性。
- 人类通过多种途径暴露于抗菌药物中，而大部分风险评估研究仅对某一暴露途径进行分析。
- 降解过程，特别是饮用水在处理过程中，可以导致药物转化，而转化后的药物可能比母体药物对人体的危害更大。如一些具有胺类功能团的药物，可能都是亚硝胺的前体，而亚硝胺具有致突变和致癌作用[66]。
- 环境中药物残留的间接影响，如耐药微生物至今仍然无法消除。

总之，环境中以混合物形式存在的抗菌药物可以导致复杂的相互作用。此外，人类可通过多种途径暴露于抗菌药物中。最后，抗菌药物的潜在影响包括降解产物的作用，以及抗菌药耐药性选择的间接作用。因此，在确定消费者间接暴露抗菌药物的风险程度方面还有很多工作要做。

3.5 小结

动物常规使用抗菌药物以预防、治疗和控制疾病。历史上也将抗菌药物作为非治疗用药用于食品动物以提高生产性能，但这种用法已经背离我们的初衷。食品动物使用兽药（包括抗菌药物）的最终结果就是可食性组织中药物残留的产生。

管理部门通过评估抗菌药物毒性、建立ADI或急性参考剂量ARfD，对食品中兽用抗菌药物残留的安全性进行控制。ADI和ARfD（分别表示每日和每次的暴露量）都表示可确保人类消费食物安全的残留量。建立ADI（或ARfD）后，通过对用药动物残留的特性和程度进行评估，就可确定可食组织（肉、奶、蛋等）中允许的最高残留浓度。这个数值定义为MRL或法定容许量（美国的表示方法）。无论是MRL还是法定容许量，其方法都是确保人类消费使用了兽用抗菌药物的动物源性食品后，摄入的药物残留量不会超过每日允许摄入量。

参考文献

[1] World Health Organization, The Medical Impact of Antimicrobial Use in Food Animals, Report of a WHO meeting, Berlin, Oct. 13-17, 1997, WHO/EMC/ZOO/97.4, 1997 (available at http://whqlibdoc.who.int/hq/1997/WHO_EMC_ZOO_97.4.pdf; accessed 11/17/10).

[2] World Health Organization and Food and Agriculture Organization of the United Nations, report of a JECFA/JMPR informal harmonization meeting, Rome, Feb. 1-2, 1999, Food and Agriculture Organization of the United Nations and World Health Organization, Rome 1999 (available at http://www.fao.org/ag/agn/agns/jecfa_guidelines_1_en.asp; accessed 11/17/10).

[3] Codex Alimentarius Commission, report of 1st session of Codex ad hoc intergovernmental task force on antimicrobial resistance, Seoul, Oct. 23-26, 2007, in Joint FAO/WHO Food Standards Program. Codex Alimentarius Commission, 31st Session, Geneva, June 30-July 5, 2008, ALINORM 08/31/42 (available at ftp.//ftp.fao.org/codex/Alinorm08/al_3142e.pdf; accessed 11/17/10).

[4] Codex Alimentarius Commission, report of 2nd session of Codex ad hoc intergovernmental task force on antimicrobial resistance, Seoul, Oct. 20-24, 2008, in Joint FAO/WHO Food Standards Program. Codex Alimentarius Commission, 32nd Session, Geneva, June 30-July 5, 2009, ALINORM 09/32/42 (available at ftp://ftp.fao.org/codex/Alinorm 09/al32 42e.pdf; accessed 11/17/10).

[5] Codex Alimentarius Commission, report of 3rd session of Codex ad hoc intergovernmental task force on antimicrobial resistance, Seoul, Oct. 12-16, 2009, in Joint FAO/WHO Food Standards Program. Codex Alimentarius Commission, 33rd Session, Geneva, July 5-9, 2010, ALINORM 10/33/42 (available at ftp://ftp.fao.org/codex/Alinorm10/a133_42e.pdf; accessed 11/17/10).

[6] Food and Drug Administration, NADA 140-973, Ventipulmin Syrup—Original Approval, Boehringer Ingelheim Vetmedica, Inc., Freedom of Information Summary, 1998 (available at http://www.fda.gov/AnimalVeterinary/Products/ApprovedAnimal DrugProducts/FOIADrug Summaries/UCM054881; accessed 11/17/10).

[7] Committee for Veterinary Medicinal Products, Clenbuterol Hydrochloride, Summary Report (1), European Agency for the Evaluation of Medicinal Products, Veterinary Medicines and Information Technology Unit, 1995, EMEA/MRL/030/95-FINAL(available at http://www.ema.europa.eu/docs/en GB/document_library/Maximum_Residue_Limits_-_Report/2009/11/WC500012 566.pdf; accessed 11/17/10).

[8] Dumestre-Toulet V, Cirimel V, Ludes B, Gromb S, Kintz P, Hair analysis of seven bodybuilders for anabolic steroids, ephedrine, and clenbuterol, J. Forensic Sci. 2002; 47 (1): 211-214.

[9] Geyer H, Parr MK, Koehler K, Mareck U, Schänzer W, Thevis M, Nutritional supplements cross-contaminated and faked with doping substances, J. Mass Spectrom. 2008; 43: 892-902.

[10] Kierzkowska B, Stanczyk J, Kasprzak JD, Myocardial infarction in a 17-year-old body builder using clenbuterol, Circ. J. 2005; 69 (9): 1144-1146.

[11] Clenbuterol Direct (available at http://www.clenbuteroldirect.com/index.html; accessed 10/28/10).

[12] Garssen GJ, Geesink GH, Hoving-Bolink AH, Verplanke JC, Effects of dietary clenbuterol and salbutamol on meat quality in veal calves, Meat Sci. 1995; 40: 337-350.

[13] Salleras L, Dominguez A, Mata, E, Taberna, JL, Moro I, Salva, P, Epidemiologic study of an outbreak of clenbuterol poisoning in Catalonia, Spain, Public Health Rep. 1995; 110 (3): 338-342.

[14] Brambilla G, Cenci T, Franconi F, Galarini R, Macri A, Rondoni F, Strozzi M, Loizzo A, Clinical and pharmacological profile in a clenbuterol epidemic poisoning of contaminated beef meat in Italy, Toxicol. Lett. 2000; 114 (1-3): 47-53.

[15] Barbosa J, Cruz C, Martins J, Silva JM, Neves C, Alves C, Ramos F, Da Silviera MIN, Food poisoning by clenbuterol in Portugal, Food Addit. Contam. 2005; 22 (6): 563-566.

[16] Luk G, Leanness-Enhancing Agents in Pork, Centre for Food Safety, the Government of the Hong Kong Special Administrative Region (available at http://www.cfs.gov.hk/english/mult imedia/mult imedia_pub/mult imedia_pub_fsf_14_01.html; accessed 10/31/10).

[17] Rose MD, Shearer G, Farrington WHH, The effect of cooking on veterinary drug residues in food: 1. Clenbuterol, Food Addit. Contam. 1995; 12 (1): 67-76.

[18] Wallerstein, RO, PK Condit, CK Kasper, JW Brown, FR Morrison, Statewide study of chloramphenicol therapy and fatal aplastic anemia, JAMA 1969; 208 (11): 2045-2050.

[19] World Health Organization, Comments on chloramphenicol found at low levels in animal products, in Evaluation of Certain Veterinary Drug Residues in Food, 62nd report of Joint FAO/WHO Expert Committee on Food Additives, WHO Technical Report Series 925, Geneva, 2004 (available at http://whqlibdoc.who.int/trs/WHO TRS 925.pdf; accessed 11/17/10).

[20] Codex Alimentarius Commission, report of 19th Session of Codex Committee on Residues of Veterinary

Drugs in Foods, Burlington, NC, Aug. 30-Sept. 3, 2010, REP11/RVDF (available at http://www.codexalimentarius.net/web/archives.jsp?year=11; accessed 11/17/10).

[21] International Programme on Chemical Safety, Environmental Health Criteria 240, Principles and Methods for the Risk Assessment of Chemicals in Food, World Health Organiza-tion, Geneva, 2009 (available at http://www.who.int/ipcs/food/prin-ciples/en/indexl.html; accessed 11/17/10).

[22] International Programme on Chemical Safety, Environ-mental Health Criteria 239, Principles for Modelling Dose-Response for the Risk Assessment of Chemicals, World Health Organization, Geneva, 2009 (available at http://whqlibdoc.who.int/publications/2009/9789241572392_eng.pdf; acce-ssed 11/17/10).

[23] Dome JL, Renwick AG, The refinement of uncertainty/safety factors in risk assessment by the incorporation of data on toxicokinetic variability in humans, Toxicol. Sci. 2005; 86: 20-26.

[24] Dourson ML, Felter SP, Robinson D, Evolution of science-based uncertainty factors in non-cancer risk assessment, Regul. Toxicol. Pharm. 1996; 24: 108-120.

[25] Cemiglia CE, Kotarski S, Approaches in the safety evalua tions of veterinary antimicrobial agents in food to determine the effects on human intestinal microflora, J. Vet. Pharmacol. Ther. 2005; 28 (1): 3-20.

[26] Inter-Organization Programme for the Sound Management of Chemicals (IOMC), 2010, OECD Environment, Health, and Safety Publications Series on Testing and Assessment 124, Guidance for the Derivation of an Acute Reference Dose, Env/JM/MONO (2010) 15 (available at http://www.oecd.org/officialdoeuments/displaydocumentpdf?cote=env/jm/mono(2010)15&doclanguage=en; accessed 11/17/10).

[27] Organisation for Economic Co-Operation and Development, Chemicals Testing—Guidelines (available at http://www.oecd.org/department/0,3355,en_2649_343771_1_1_1_1,00.html, accessed 10/27/10).

[28] Agreement on the Application of Sanitary and Phytosanitary Measures, World Trade Organi-zation, Geneva, 1995 (available at http://www.wto.org/english/docse/legal_e/15-sps.pdf; accessed 11/17/10).

[29] Food and Drug Administration, Guidance for Industry 3, General Principles for Evaluating the Safety of Compounds Used in Food-Producing Animals, 2006 (available at http://www.fda.gov/downloads/Animal Veterinary/Guidance Compliance Enforcement/Guidance for Indus try/UCM052180.pdf; accessed 11/17/10).

[30] Joint FAO/WHO Expert Committee on Food Additives, Procedures for Recommending Maximum Residue Limits-Residues of Veterinary Drugs in Food, Food and Agriculture Organization of the United Nations and World Health Organization, Rome, 2000 (available at http://www.fda.gov/downloads/AnimalVeterinary/GuidanceCompliance Enforcement/Guidance for Indus try/UCM052180.pdf; accessed 11/17/10).

[31] Codex Alimentarius Commission, Veterinary Drug Residues in Food, Codex Veterinary Drug Residues in Food Online Database (available at http://www.codexalimentarius.net/vetdrugs/data/index.html; accessed 10/28/10).

[32] United States Department of Agriculture, International Maximum Residue Level Database (available at http://www.mrldatabase.com/; accessed 10/31/10).

[33] Boxall ABA, Kolpin DW, Hailing-Sorensen B, Tolls J, Are veterinary medicines causing environmental risks? Environ. Sci. Technol. 2003; 37: 286A-294A.

[34] Boxall ABA, Fogg LA, Kay P, Blackwell PA, Pemberton EJ, Croxford A, Veterinary medicines in the environment, Rev. Environ. Contam. Toxicol. 2004; 180: 1-91.

[35] Boxall ABA, Fogg LA, Baird DJ, Lewis C, Teller TC, Kolpin D, Gravell A, Pemberton E, Boucard T, Targeted Monitoring Study for Veterinary Medicines in the Environment, Environ-ment Agency, Bristol, UK, 2006.

[36] Hamscher G, Pawelzick HT, Hoper H, Naa H, Different behaviour of tetracyclines and sulfonamides in sandy soils after repeated fertilization with liquid manure, Environ. Toxicol. Chem. 2005; 24: 861-868.

[37] Carlson JC, Mabury SA, Dissipation kinetics and mobility of chlortetracycline, tylosin, and monensin in an agricultural soil in Northumberland County, Ontario, Canada, Environ. Toxicol. Chem. 2006; 25: 1-10.

[38] Kay P, Blackwell P, Boxall A, Fate of veterinary antibiotics in a macroporous drained clay soil, Environ. Toxicol. Chem. 2004; 23: 1136-1144.

[39] Environmental Impact Assessment (EIAs) for Veterinary Medicinal Products (VMPs)—Phase I, VICH GL 6 (Eco- toxicity Phase I), CVMP/VICH/592/98—final, London, June 30, 2000 (available at http://www.vichsec.org/pdf/2000/G106_st7.pdf; accessed 11/17/10).

[40] Environmental Impact Assessment for Veterinary Medicinal Products—Phase II, VICH GL 38 (Ecotoxicity Phase II), CVMP/VICH/790/03—final, London, Oct. 2004 (available at http://www.vichsec.org/pdf/10_2004/GL38 st7.pdf; accessed 11/17/10).

[41] Aga DS, Goldfish R, Kulshrestha P, Application of ELISA in determining the fate of tetracyclines in land-applied livestock wastes, Analyst 2003; 128: 658-662.

[42] Kay P, Blackwell PA, Boxall ABA, Column studies to investigate the fate of veterinary antibiotics in clay soils following slurry application to agricultural land, Chemosphere 2005; 60: 497-507.

[43] Kay P, Blackwell PA, Boxall ABA, A lysimeter experiment to investigate the leaching of veterinary antibiotics through a clay soil and comparison with field data, Environ. Pollut. 2005; 134: 333-341.

[44] Kay P, Blackwell PA, Boxall ABA, Transport of veterinary antibiotics in overland flow following the application of slurry to arable land, Chemosphere 2005; 59: 951-959.

[45] Blackwell PA, Kay P, Ashauer R, Boxall ABA, Effects of agricultural conditions on the leaching behaviour of veterinary antibiotics in soils, Chemosphere 2009; 75: 13-19.

[46] Burkhard M, Stamm S, Waul C, Singer H, Muller S, Surface runoff and transport of sulfonamide antibiotics on manured grassland, J. Environ. Qual. 2005; 34: 1363-1371.

[47] Kreuzig R, Holtge S, Investigations on the fate of sulfadiazine in manured soil: Laboratory experiments and test plot studies, Environ. Toxicol. Chem. 2005; 24: 771-776.

[48] Blackwell PA, Kay P, Boxall ABA, The dissipation and transport of veterinary antibiotics in a sandy loam soil, Chemosphere 2007; 67: 292-299.

[49] Hamscher G, Abu-Quare A, Sczesny S, H6per H, Nau H, Determination of tetracyclines and tylosin in soil and water samples from agricultural areas in lower Saxony, in van Ginkel LA, Ruiter A, eds., Proc. Euroresidue IV Conf., Veldhoven, The Netherlands, May 8-10, 2000, National Institute of Public Health and the Environment (RIVM), Bilthoven.

[50] Sinclair CJ et al., Assessment and Management of Inputs of Veterinary Medicines from the Farmyard, Final Report to DEFRA, CSL, York, UK, 2008.

[51] Kreuzig R, Holtge S, Brunotte J, Berenzen N, Wogram J, Sculz R, Test-plot studies on runoff of sulfonamides from manured soils after sprinkler irrigation, Environ. Toxicol. Chem. 2005; 24: 777-781.

[52] Stoob K, Singer, HP, Mueller SR, Schwarzenbach RP, Stamm CH, Dissipation and transport of veterinary sulphonamide antibiotics after manure application to grassland in a small catchment, Environ. Sci. Technol. 2007; 41: 7349-7355.

[53] Kolpin DW, Furlong ET, Meyer MT, Thurman EM, Zaugg SD, Barber LB, Buxton HT, Pharmaceuticals, hormones, and other organic wastewater contaminants in US streams 1999-2000: A national reconnaissance, Environ. Sci. Technol. 2002; 36: 1202-1211.

[54] Boxall ABA et al., Uptake of veterinary medicines from soils into plants, J. Agric. Food Chem. 2006; 54 (6): 2288-2297.

[55] Hirsch R, Ternes T, Haberer K, Kratz K-L, Occurrence of antibiotics in the aquatic environment, Sci. Total Environ. 1999; 225: 109-118.

[56] Holm JV, Berg PL, Rugge K, Christensen TH, Occurrence and distribution of pharmaceutical organic-compounds in the groundwater down gradient of a landfill (Grinsted, Denmark), Environ. Sci. Technol. 1995; 29: 1415-1420.

[57] Tong L, Li P, Wang YX, Zhu KZ, Analysis of veterinary antibiotic residues in swine wastewater and environmental water samples using optimized SPE-LC/MS/MS, Chemosphere 2009; 74 (8): 1090-1097.

[58] Lissemore L, Hao C, Yang P, Sibley PK, Mabury S, Solomon KR, An exposure assessment for selected pharmaceuticals within a watershed in Southern Ontario, Chemosphere 2006; 64: 717-7129.

[59] Kim SC, Carlson K, Temporal and spatial trends in the occurrence of human and veterinary antibiotics in aqueous and river sediment matrices, Environ. Sci.

Technol. 2007; 41 (1): 50-57.

[60] Matsui Y, Ozu T, Inoue T, Matsushita T, Occurrence of veterinary antibiotic in streams in a small catchment area with livestock farms, Desalination. 2008; 226 (1-3): 215-221.

[61] Kim SC, Carlson K, Occurrence of ionophore antibiotics in water and sediments of a mixed-landscape watershed, Water Res. 2006; 40 (13): 2549-2560.

[62] Cha JM, Yang S, Carlson KH, Rapid analysis of trace levels of antibiotic polyether ionophores in surface water by solid-phase extraction and liquid chromatography with ion trap tandem mass spectrometric detection, J. Chromatogr. A 2005; 1065 (2): 187-198.

[63] Barnes KK, Kolpin DW, Furlong ET, Zaugg SD, Meyer MT, Barber LB, A national reconnaissance of pharmaceu-ticals and other organic wastewater contaminants in the United States—I) Groundwater, Sci. Total Environ. 2008; 402: 192-200.

[64] Kumar K, Gupta SC, Baidoo SK, Chander Y, Rosen C J, Antibiotic uptake by plants from soil fertilized with animal manure, J. Environ. Qual. 2005; 34 (6): 2082-2085.

[65] Hughes J et al., Evaluation of the Potential Risks to Consumers from Indirect Exposure to Veterinary Medicines, IEH Final Report to DEFRA, 2006 (available at http: //randd. defra. gov. uk/Default. aspx? Menu=Menu&Module=More&Location=None& ProjectID=11778&FromSearch=Y&Publisher=1&SearchText=vm02130&SortString=ProjectCode &SortOrder=Asc&Paging=10♯Description; accessed 11/24/10).

[66] Krasner SW, The formation and control of emerging disin-fection by-products of health concern, Phil. Trans. Royal Soc. A 2009; 367 (104): 4077-4095.

[67] Witte W, Medical consequences of antibiotic use in agriculture, Science 1998; 279 (5353): 996-997.

[68] Boxall A, Blackwell P, Cavallo R, Kay P, Tolls J, The sorption and transport of a sulphonamide antibiotic in soil systems, Toxicol. Lett. 2002; 131: 19-28.

[69] Heuer H, Smalla K, Manure and sulfadiazine synergistically increased bacterial antibiotic resistance in soil over at least two months, Eviron. Microbiol. 2007; 9: 657-666.

[70] Byrne-Bailey KG, Gaze WH, Kay P, et al., Prevalence of sulfonamide resistance genes in bacterial isolates from manured agricultural soils and pig slurry in the United Kingdom, Antimicrob. Agents Chem. 2009; 53 (2): 696-702.

4 样品制备：提取与净化

4.1 引言

样品制备会影响到后面所有的检测步骤，因此样品制备对于分析物的正确识别、确证以及定量都是至关重要的。在制备样品的过程中不仅要对不同基质中感兴趣的分析物进行分离和/或预浓缩，还要使分析物变得更适合于分离和检测。样品制备所需时间通常要占总分析时间的70%以上。有机分子经净化后的首选分析方法是色谱分析方法，其样品制备方法通常包括液液萃取和固相萃取等。与超快速色谱分析方法相比，传统的样品前处理方法包括很多步骤，属于劳动密集型工作，且耗时。因此，人们已经开发出了许多新的样品制备技术。

对已有科学文献进行评估发现，有500多篇关于兽药残留分析的文章是在2005—2009年这5年时间内发表的[1]。液体萃取（LE）和液-固萃取（LSE）是非常流行的样品处理技术，分别占研究报道的30%和60%。在这里，LE包括所有以液体为基础的方法，例如液-液萃取（LLE）、硅藻土液-液萃取、液-液微萃取、加压溶剂萃取（PLE）。LSE包括固相萃取（SPE）[2]和所有其他基于吸附剂的提取方法，如固相微萃取（SPME）、搅拌棒吸附萃取（SBSE）、限进材料（RAM）、涡流色谱（TFC）、分散SPE（dSPE）、基质固相分散（MSPD）等。其他一些有特定应用的技术包括微波辅助和超声波辅助萃取（MAE，UAE）、免疫亲和(-基体)萃取（IAC）[3]以及印迹型萃取[分子印迹聚合物（MIP）]等[4]。

近年来，随着质谱技术的广泛应用，样品制备方法也出现了很多变化。以前，分析方法仅能分析数量有限的待测物（通常是单一种类的药物）[5-9]，但是现在质谱技术能分析同一待测样品中很多种类的药物[10-13]。因此，为了涵盖动物性食品中可能残留的更多种类的抗菌药物，现在人们更关注通用的提取和净化方法[13-15]。虽然质谱技术允许使用更简单的通用净化方法，但是有效地去除基质成分仍然是有必要的，特别是当出现离子抑制效应或离子增强效应时[16]，这些基质成分会影响质谱的性能。

同时，也实现了从缓慢的手动样品制备技术到更快速的自动化技术的转变。自动样品制备技术可以通过在线形式（样品制备直接与分析系统相连）或离线形式（样品制备是自动的，但是样品必须手动转移到分析系统）进行。自动样品制备系统可以将样品净化、浓缩以及分析物的分离过程集中在一个密闭系统内进行，这样可以减少样品制备的时间，使整个样品都可用于分析，从而提高方法的灵敏度。还能减少分析过程中的一些人为因素，从而提高了方法的精密度和重现性。另外，自动样品制备技术因减少溶剂的使用和所需人员从而降低了成本。其他的优点主要包括：减少样品污染的风险、消除样品在预浓缩过程中因挥发或降解引起的待测物损失等。

自动化方法也有一些缺点，包括初期费用较高、因设备故障停机等。因此为减少停机时间，需要有另一相同的设备以备用。另外，尽管可以通过柱系统来清除样品，但还会出现潜在的记忆或过载效应。

Kinsella等[17]以及Noakafa和Vlckova[18]发表了两篇目前有关样品制备技术发展趋势的综述。本章包括了这些综述中讨论的内容，并描述了上文提到的不同的离线和在线样品制备技术。另外，他们还是同样的两篇文章，同样的作者，对样品提取方法的整体情况进行了讨论，并通过一些实例对目前样品制备技术进行了讨论[17,18]。

4.2 样品采集和预处理

在制定监控计划时,首先要考虑的就是选择所分析的样品基质类型。对于监测已经确定了最高残留限量(MRL)的药物[19],选择的基质应包括组织样品,如肝脏、肾脏、肌肉和脂肪,还有牛奶、鸡蛋或蜂蜜等。由于动物性食品或者可食部分中残留药物的浓度必须低于MRL,因此这些基质也成为最受关注的对象。由于肾脏和肝脏中的药物含量通常高于其他可食组织,因此肾脏和肝脏成为大多数抗菌药物的靶器官。选择动物器官、肌肉或者脂肪组织的一个缺点是只能在动物屠宰后进行分析。

由于肌肉残留分布的变异性,使得目前分析肌肉组织有一定的困难[20-22],尤其是注射部位附近的区域[23-26]。和肝脏、肾脏等基质相比,肌肉中出现药物残留违规现象的可能性较低[27]。Schneider等[28]描述了肌肉中青霉素G残留的变异性,他们观察到青霉素G残留浓度在不同肌肉组织之间存在差异。由于不同肌肉组织之间残留浓度存在差异,因此采集的样品应足够大,以使其有代表性[28]。

在动物饲料和饮用水中也经常监测到抗菌药物。饲料是一种复杂的基质,含有大量的蛋白质和碳水化合物,因此,不容易提取其中的药物。但是,饲料中的药物浓度(1~10mg/kg)一般比动物组织中(1~100μg/kg)的浓度高很多,因此药物更容易被检测到。不同类型的饲料基质效应也存在较大差异,使残留分析比较复杂。通过引入内标或者使用标准溶液空白添加的方法可以改善定量情况,但是,当基质效应覆盖了抗菌药物残留时,则只能在检测时选用合适的净化步骤进行净化。

另外,必须意识到,对饲料样品或注射部位样品进行分析时,必须和组织样品、牛奶或其他残留分析样品分离开来进行分析。饲料样品或注射部位样品中残留的药物浓度可能比常见组织样品、牛奶、鸡蛋或蜂蜜中的药物浓度高出数量级的差别,除非采取非常谨慎的措施防止此类情况发生,否则这些样品被污染的风险会很高。通常应对饲料样品或注射部位样品与药物残留浓度在MRL附近或者低于MRL的不同样品实施物理隔离。

粪便和尿液在一些监控计划中属于第三类目标基质样品。大多用于监测禁用药物,可以在屠宰过程中或屠宰前采样,其优点是,当出现"不符合规定"结果时,可以阻止动物进入市场。对于另外一些替代基质,药物在其中残留时间较长(如毛发[29]),或使用简单的设备就能进行残留检测(如使用HPLC法检测视网膜中氨基脲[30])。

由于样品采集与实验室分析之间通常存在时间滞后现象,因此样品储存是一个重要的步骤。在储存样品时,要充分考虑潜在的理化因素影响,如氧化、蛋白水解和沉淀,以及微生物和酶等生物因素[17]。例如,一些研究表明,储存在4℃条件下的肾脏组织能产生降低其中青霉素浓度的青霉素酶[31],因此,样品储存时可添加酶抑制剂(如胡椒基丁醚抑制细胞色素P450)。

很多研究都强调冻存过程中残留药物的降解,包括牛奶中的β-内酰胺类抗生素[32],猪肉中的氨苄西林[33],猪肌肉、肝脏和肾脏中的金霉素[34],猪肌肉和牛奶中的磺胺二甲嘧啶[35]以及鸡蛋中的庆大霉素[36]残留等。欧盟方法学验证原则[37]要求对基质中以及样品制备不同阶段溶液中的分析物进行稳定性考察。最好使用由给药动物得到的药物残留组织进行研究,否则,可使用空白基质添加药物的方法[38]。从实际应用考虑,进行这样的试验对发现样品和/或分析物在没有降解的情况下能保存多长时间是有帮助的。应该在样品发生降解前完成样品分析(见第8章对常见分析物和样品稳定性试验的讨论部分)。

同一种器官或组织内药物残留的差异常被忽视,但它也是样品制备前必须考虑的一个重要因素。例如同一肾脏的髓质和皮质之间也会存在药物残留的差异[39-41]。对样品进行有代表性的等分是非常重要的,还需要去除一些分布在整个样品的部分,然后得到一个有代表性的子样本再进行分析。另一个关键点是均质,使用混合器进行均质处理可以获得均匀的样品,但是可能会导致酶的释放,进而降解残留药物并导致结果不准确。因此,对血液、血浆、血清、牛奶、胆汁或者水样等液体样品进行处理相对容易很多。与固体样品相比,液体样品中残留药物的分布更均匀,通过对样品进行混合或振荡,即可达到均质目的。

4.3 样品提取

4.3.1 残留标示物

由于给药后药物经常会在动物体内发生广泛的代谢,因此实际药物残留情况在不同的靶组织之间变化很大。在分析靶组织中的残留时有时只分析母体药物即可，但有时要分析其代谢产物，或者是母体药物与/或代谢产物或者由母体药物和代谢产物经化学转化形成的化合物的总和。游离态的母体药物及代谢产物残留根据其溶解性和极性情况，用有机溶剂、水或者含水缓冲液很容易进行提取。但是，一些化合物的残留是以结合态形式（葡萄糖醛酸轭合物或硫酸轭合物）存在的，因此在提取前需要通过酶水解或化学水解的方法使其释放出来。水解的条件（即pH、温度和时间）必须充分优化，以确保结合态残留物能有效的解离。有不同的方法进行水解，但是酶水解通常比酸水解或碱水解更温和。β-葡萄糖醛酸酶和芳基硫酸酯酶的混合物以及大肠杆菌β-葡萄糖醛酸苷酶常用于酶水解。

游离态残留物和结合态残留物经过蛋白水解、加热或酸作用等处理使蛋白质变性后很容易进行提取。一般来说，结合态残留物在分析前要进行水解。需要分析结合态残留物的抗菌药物很少，主要有硝基呋喃类药物和氟苯尼考等。硝基呋喃类药物在动物体内很容易代谢成结合态的残留物，且给药后能持续几周[42]。这些结合态的残留物可能构成健康风险，在监控中被用作硝基呋喃类药物的证据标示残留物[43]。结合态残留物主要是硝基呋喃类药物的硝基呋喃环在胃酸作用下发生断裂，释放出侧链，然后与其相接触的组织蛋白质相结合而形成的[44]。在分析时，这些侧链在温和的酸性条件下，从组织样品中断裂释放出来，然后再进行衍生化反应以提高分析时的响应[45]。研究人员对氟苯尼考在消除试验中的进行代谢研究发现，氟苯尼考的不可萃取残留物在组织中占绝大多数[46]。不可萃取残留物经酸水解后不仅可以释放出结合态的残留物，还可以转化成氟苯尼考的残留标示物氟苯尼考胺（FAA）[47,48]。

4.3.2 生物样品的稳定性

由于生物样品基质的复杂特性，样品制备部分成为了分析方法中最重要的一部分。样品分析过程中一个最重要的问题是不同种类样品中药物、代谢物以及前药的稳定性[18]。样品中药物的稳定性受到储存温度、酶暴露、生物样品pH、抗凝血以及反复冻融等因素的影响。此外，生物分析方法很多步骤中的任何一步都可能出现不稳定情况。

- 提取之前的生物基质中；
- 提取过程中；
- 蒸发至干或复溶过程中；
- 进样瓶的溶剂中；
- 使用质谱检测时，离子源离子化过程中。

因此，标准溶液以及实际样品都要进行短期、长期以及冻融稳定性试验（见第8章附加信息）。样品前处理过程中药物的降解可导致检测结果偏低。一般情况下，降解会自然发生，也会因光照或者与生物性液体反应而降解。另外，药物也可能吸附在容器或者复合屏障的表面，例如聚合物或者分离胶[49]。

有些化合物会进行相互转化，因此，在分析乙酰葡萄糖醛酸、内酯以及开羟基酸的化合物，或者含有硫醇基和相应二硫化物的样品时，需采取特别的预防措施。通过控制分析方法的条件最大限度地降低其相互转化，pH是最重要的因素之一，另外的因素还有温度。影响样品稳定性的其他因素包括差向异构化（如四环素类）以及E→Z同分异构化反应[50]，也都受pH或光照的影响。高度不稳定的代谢物或母体药物残留，可以通过加入稳定剂予以稳定，如在血液样品中加入柠檬酸，或在血浆样品中加入柠檬酸盐或磷酸盐缓冲液。因为在储存、超滤、离心及提取过程中生物样品的pH会发生变化，因此添加这些稳定剂以维持储存或处理过程中血浆的pH[51]。

血液样品采集过程中使用的抗凝剂种类也会影响待测药物或其代谢物的稳定性。各种化学试剂，如EDTA、甲酸、乙酸、氟化钠、氟化锂、肝素、草酸钾和丙烯酸甲酯等都可以用来稳定生物样品中的待测物[52]。

4.4 提取技术

对待测样品进行破碎或均质是获得较好提取率的关键步骤。McCracken等[53]通过比较四种不同的均质技术（探头搅拌机、匀浆器、超声波、立式圆筒混合器）对饲喂鸡肉样品和添加鸡肉样品中金霉素、磺胺嘧啶和氟甲喹的残留情况进行比较，证实了对样品进行充分均质的重要性。现有组织破碎设备，以及一些开发商开发的自动化均质设备，到目前为止都需要手动操作。关于样品破碎或均质更详细的讨论见Kinsella等的报道[17]。

4.4.1 液-液萃取

液-液萃取（LLE）或液-液分配（LLP）是最早

的样品制备技术之一，一直广泛应用于生物样品分析中。LLE基于辛醇-水分配系数的不同将分析物从水溶性样品中转移至非水溶性溶剂中。然而，乳化现象、样品使用量较大、使用毒性有机溶剂，以及产生大量危害废弃物等缺点的存在，使得LLE技术费用昂贵、耗时较多且对环境易造成危害。LLE的另一个缺点是不适于分析亲水性的化合物[18]。

尽管如此，LLE仍广泛应用于生物体液样品的制备。一般情况下，大多数LLE方法都采用更高效的有机溶剂作为提取溶剂。乙腈具有较好的回收率，是优先选用的提取溶剂，但基质也会一起被提取出来，同时还会使蛋白质变性，酶失活。甲醇和乙酸乙酯也是广泛使用的溶剂，但容易提取出额外的基质成分[13]。在进行多残留分析时总是可以在回收率和样品提取纯度方面找出折中的办法。与单纯的溶剂提取相比，LLE具有较高的选择性，因此仍广泛应用于残留分析中。LLE还可用于极性离子化的化合物，通过离子对技术使用非极性的有机溶剂对其进行提取：在有机阴离子存在的情况下，将带正电荷的物质转化为非极性中性化合物，反之亦然。应用离子对试剂成功提取抗菌药物残留的例子有氨基糖苷类药物[54]和土霉素[55]的残留分析。作为一项优势技术，也可以通过使用96孔板及96通道的自动液体处理工作站，实现LLE的自动化处理。

4.4.2 原始提取液稀释和直接进样

通过对多种方法进行比较，发现"原始提取液稀释和直接进样"可能是最简单的样品制备技术，其他技术如SPE技术的选择性就成为一大缺点[56]。将提取液进行稀释，在一定程度上降低了基质效应，但是需对LC-MS系统进行广泛的维护，以确保色谱系统的重现性以及质谱的灵敏度。典型的维护包括整个色谱柱的清洗、MS离子源的清洗、和/或切换阀的使用。例如，Chico等[57]开发了一个简单的方法分析动物肌肉组织中39种抗菌药物（四环素类、喹诺酮类、青霉素类、磺胺类和大环内酯类）的残留，该方法使用含有EDTA的乙醇：水（70：30，V/V）作为提取溶剂进行提取，加入EDTA可以改善对四环素类药物的提取效果，然后直接对提取液进行稀释，再直接注入色谱系统。为了对样品进行准确定量，使用了基质匹配标准溶液法进行定量。样品制备过程的简单化以及UPLC的使用可以成功地进行高通量样品分

析。据报道，该方法成功应用于官方公共卫生实验室中，在6个多月内分析了1 000多批样品[57]。另外，该方法在不同实验室间的比对也获得了较好的结果。

另一个应用是，Granelli等[58]开发的一种方法，可以提取肌肉或者肾脏样品中共19种抗菌药物，包括四环素类、磺胺类、喹诺酮类、β-内酰胺类和大环内酯类药物。该方法使用70%甲醇溶液进行提取，然后将提取液用水进行5倍稀释，再直接注入LC-MS系统进行分析。该方法仅适用于对有MRL的药物进行筛选。肾脏样品比肌肉样品的基质效应更明显，尤其是对于四环素类和大环内酯类药物。这两类药物因质谱信号受到抑制而出现了精密度较差的现象，这是因为使用70%甲醇溶液进行提取时，盐类物质和分析物一起被提取出来，出现了基质抑制现象。另外，与肌肉组织的结果相比，肾脏组织中四环素类、大环内酯类、喹诺酮类药物的回收率较低（<66%）。

2008年的一篇论文第一次使用"原始提取液稀释和直接进样"的策略，同时提取不同食品（肉类、牛奶、蜂蜜、鸡蛋）和饲料基质中多个不同种类残留物和污染物（农药、真菌毒素、植物毒素、兽药）[59]。该分析方法也包含一些抗菌药物（磺胺类、喹诺酮类、β-内酰胺类、大环内酯类、离子载体类、四环素类和硝基咪唑类药物）。样品使用水/乙腈或丙酮/1%甲酸溶液进行提取，没有对提取液进行稀释，然后直接用UPLC-MS/MS法进行分析，为了降低基质效应，使用了很小的进样体积（5μL）。尽管该方法没有进行净化，且不同样品的基质成分复杂，但是对绝大多数分析物都获得了满意的回收率（抗菌药物的回收率均为70%～120%）。另外，UPLC的使用使得分析速度更快，所有分析物在9min内全部检测出来。

4.4.3 基于液-液萃取的提取技术

4.4.3.1 QuEChERS技术

Anastassiades等开发了由LLE技术改变来的QuEChERS（快速、简便、廉价、有效、耐用、安全）样品制备技术，成功分析了几百种农药残留[60]。QuEChERS技术中，高水分的样品（干燥食品中需添加水）使用有机溶剂［乙腈（ACN）、乙酸乙酯或丙酮］进行提取。提取溶剂中加入盐类物质（无水$MgSO_4$、NaCl，和/或缓冲溶液）可以促使溶剂和水相分离，相应的残留物进入有机相，而基质共提物进入到水相。在振荡和离心作用下，使用分散SPE技

术（dSPE）很容易对有机相做进一步纯化，一般需使用 $MgSO_4$、PSA、C18，和/或石墨化炭黑颗粒等混合吸附剂与提取液混合。该方法非常灵活，使用的实验器具很少，且几乎不产生废弃物。也有一些相关改进技术的报道[61-64]，该技术在很多采用 LC 或 GC 法分析残留物时都有很高的回收率和重现性，花费也比经典的样品制备方法要少。

一些机构已经采用该方法分析一系列基质中的药物残留。乙酸（HOAc，1%）和乙酸钠广泛用于调节并维持 pH，提高对碱敏感的残留药物的稳定性及其回收率[64]。Stubbings 和 Bigwood 使用 HOAc 调节 pH，检测鸡肉中的药物（磺胺类、喹诺酮类、氟喹诺酮类、离子载体类和硝基咪唑类药物）残留[15]。酸性条件下的缓冲体系可以提高喹诺酮类药物的提取效率。对乙腈提取物再使用载有 $BondersilNH_2$ 吸附剂的 dSPE 技术（也见 4.4.6.1 部分）进行纯化。将一部分提取物蒸干后用乙腈：水（90：10，V/V）进行复溶，然后进行 LC-MS/MS 分析。之后研究者使用鸡肉样品对该方法进行验证，由于很多待测物都存在质谱基质抑制效应，因此采用基质匹配标准溶液方法进行定量。

除了上述讨论的抗菌药物之外，最近的研究表明，该方法也适用于其他抗菌药物，例如大环内酯类和林可胺类药物。Aguilera-Luiz 等以 QuEChERS 液体萃取方法为基础，开发了一个简单快速的方法来提取牛奶中的磺胺类、喹诺酮类、大环内酯类和四环素类药物[63]。用含有 EDTA 的酸性乙腈溶液提取牛奶中的待测物以提高大环内酯类和四环素类药物的回收率。对于一起提取出来的水和蛋白质等杂质，通过加入硫酸镁和乙酸钠，再采用离心和有机相过滤的方式进行去除，稀释后的提取液无需进一步净化即可直接上机分析。在提取之前需要通过简单的一步操作去除未变性的蛋白质或脂肪杂质。该方法耗时更短，比其他目前可用的方法操作更简便。另外，每个样品的提取时间都不超过 10min，且抗菌药物的回收率都为 73%～108%。

4.4.3.2 双极性萃取技术

Kaufmann 等以与 QuEChERS 技术相似的原理为基础开发了"双极性萃取技术"[13]。使用该项分离技术，极性和非极性的残留物都将保留在水相中，通过混合模式 HLB 小柱进行 SPE 净化，之后再使用 UPLC-MS/MS 方法分析残留物。使用双极性方法分离的萃取物在分析之前需要较长时间的 SPE 过程。Kaufmann 认为和 QuEChERS 技术相比，双极性萃取技术最终得到的提取物含有较少的基质成分。但是，总的来说，QuEChERS 技术由于花费较低，且具有灵活性和操作简便的特点，将会越来越多的用于残留分析[17]。

4.4.4 加压溶剂萃取技术（包括超临界流体萃取）

以仪器为基础的萃取技术，例如超临界流体萃取技术（SFE）和加压溶剂萃取技术（PLE）各具优点，通过参数调节以及对样品进行在线净化，具有自动化、对残留物的分离更具选择性的优点。由于可用的商品化仪器有限，且需要额外的萃取费用以及仪器停机等原因，因此这些技术的应用较少。即使已开发了一些 SFE 和 PLE 的应用技术，但这些技术在常规实验室中仍未广泛使用。

超临界流体（SF）是指高于自身临界温度和压力的任何一种物质[66]。超临界流体的物理特性介于液体和气体之间，SF 的溶剂化能力（密度）与液体相似，而其扩散系数和黏度与气体相似。应用最广泛的 SF 是二氧化碳（CO_2），因为 CO_2 具有低成本、高纯度、低毒性以及低临界参数（CO_2：$T_C=31.3℃$，$P_C=72.9atm$）的特点[65]。如果不能使用 CO_2 进行萃取，则可以使用极性更强的 SF（如 N_2O 或 CHF_3）。另外，为了增加溶剂化能力，可以在流体中加入极性改性剂（甲醇、乙醇或水）。在选择性分离食品残留物的同类文献中报道了一些 SFE 应用的例子[66-68]。近年来，由于缺乏自动化的 SFE 系统以及该领域的研究进展有限，因此，有关该技术应用的文章数量在逐步减少。

加压溶剂萃取（PLE）方式有很多种，例如加速溶剂萃取（ASE）、加压流体萃取（PFE）、加压热溶剂提取（PHSE）、亚临界溶剂萃取（SSE）和热-水（H_2O）萃取（HWE）等[69]。PLE 技术在高于溶剂沸点以上的温度下进行，使用较高的压力维持溶剂的液体状态，从而可以从固体基质中快速有效地萃取分析物。HWE 技术由于成本低、毒性低、易于处置等特点，越来越多的应用在残留分析领域。在室温和正常压力环境下，水是一种极性溶剂，但是，随着温度和压力增加，其极性显著降低，因此水可用于萃取中-低极性分析物[69]。

图 4.1 给出了 PLE 系统的代表性示意图[163]。当升高温度和压力时，PLE 萃取速度加快，但是选择性降低[70]，会萃取出不想要的基质共萃取物。因此，萃取后通常需要进行净化。萃取后或者萃取过程中可以使用没有容器的吸附剂或有容器的吸附剂进行离线净化。后两种方法有助于减少分析过程总的操作步骤，因此可以减少转移过程中的损失。在分析前使用一些吸附剂，例如 Florisil 硅土（合成硅酸镁）、氧化铝或硅胶，可以防止脂质和其他干扰物从共提物中萃取出来。同样，在萃取待定的分析物之前，可以使用非极性溶剂（例如正己烷）进行预萃取，以减少样品中疏水性物质的萃取量。加压萃取进一步缩短了萃取时间，使用更少的溶剂，且使得水（便宜且环保）作为萃取溶剂成为可能。因此，PLE 在残留分析中比 SFE 更容易成功[17,18,71]。

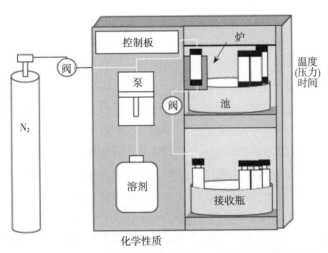

图 4.1 加压流体萃取系统（PFE）结构及其影响因素
（摘自 Camel[163]，经过英国皇家化学学会的许可，2001 版）

2008 年，Carretero 等报道了用 PLE-LC-MS/MS 方法分析猪肉样品中 31 种抗菌药物（包括 β-内酰胺类、大环内酯类、林可胺类、喹诺酮类、磺胺类、四环素类、硝基咪唑类药物和甲氧苄啶）[72]。猪肉样品经均质处理后，与 EDTA 洗砂混合，然后在 1 500psi (lb/in^2)、70℃条件下用水萃取。一个提取周期是 10min。该方法的一个缺点是得到的提取物体积较大（40mL），在最终分析前需要对提取溶液进行蒸发浓缩。蒸发浓缩步骤明显延长了样品制备所需的时间。用该方法分析了 152 批牛和猪组织样品，其中 15% 的样品有喹诺酮类、四环素类和磺胺类药物检出，但其浓度都低于最高残留限量。

Runnqvist 等[73]总结了已报道的分析抗菌药物的 PLE 方法，包括多残留检测，并批判性地讨论了 PLE 方法。在方法优化方面，作者的结论是压力不是主要参数，而溶剂组成以及温度在很大程度上成为影响萃取效率的主要参数。因温度不仅影响绝对提取量，而且影响待测物的降解以及出现不想要的共萃取基质成分，因此萃取温度应该慎重确定[73]。

4.4.5 固相萃取技术（SPE）

4.4.5.1 传统 SPE 技术

固相萃取技术（SPE）是残留分析中最重要的样品净化方法，已逐步代替 LLE 技术。本节的目的是对 SPE 技术以及吸附剂材料进行简单的回顾。这一内容已经有很多相关书籍和综述文章进行过描述，可以作为更详细的参考[74,75]。

固相萃取主要用于制备液体样品以及半挥发性或非挥发性分析物的提取，也可用于预提取固体样品的吸附。SPE 技术中吸附剂的选择是关键因素，因为吸附剂可以控制选择性、亲和力和容量等参数。吸附剂的选择主要依靠分析物以及分析物与吸附溶剂相互作用的理化性质。然而，检测结果还取决于样品基质的类型以及吸附剂与待测物之间的相互作用。SPE 吸附剂的范围包括化学键合的二氧化硅，如 C8 和 C18 有机基团、石墨化碳离子交换材料以及聚合材料（PSDVB，交联的苯乙烯-二乙烯基苯、PMA、交联甲基丙烯酸、MA-DVB 和许多其他材料）。此外，还有混合模式的吸附剂（同时含有非极性和强阳离子或阴离子）、免疫吸附剂、分子印迹聚合物以及近年来开发的单成岩吸附剂。和聚合物吸附剂相比，硅胶吸附剂有一些缺点。硅胶吸附剂在宽泛的 pH 范围内不稳定，并含有硅醇基，可能会导致不可逆地结合一些具有特殊基团的化合物，如四环素类药物。

固相萃取技术的发展与 HPLC 有许多相似之处。SPE 也可在线或离线进行。传统的 SPE 小柱采用真空或正压模式，很容易处理。然而，控制流速一直不太容易，另外，还需要在上样前采取额外措施以防止柱床干涸。除非使用纯度高达 100% 的有机溶剂，使用最小体积的溶剂从传统 SPE 小柱上洗脱目标分析物是很困难的，因此使用特殊的 SPE 方法通常可以达到此目的。这种方法速度快，直接用流动相作洗脱液进行洗脱，因此可以不必再进行复溶。在线配置 SPE 技术可以使用自动的液体处理程序在 96 孔板上进行生物样品的高通量分析（见 4.4.5.2 部分）。SPE 是生物分析实验室应用最广泛的样本制备技术[18]。

鉴于药物的化学性质具有多样性，开发一个可以同时提取不同抗菌药物的方法（多种分析物提取）具有很大挑战性。关键是要仔细考虑分析物的理化性质，如溶解度、pK_a 值、化学和热稳定性、极性等，以确定正确的分析条件，使分析物有最大的回收率。然而，这样的任何一种方法在针对个别分析物时都要在优化条件上做出选择[76]。

β-内酰胺类药物对酸和碱都很敏感，灵敏度也随侧链的性质发生变化。一元化合物，如青霉素 G 在 pH6～7 的范围内有最大的稳定性，但是对于氨苄西林（一种两性化合物），最大的稳定性范围在 pH 约为 5 的等电点附近。高度敏感的 β-内酰胺氮最易受到甲醇等的亲核攻击。此外，在有酸催化和加热的情况下，这种亲核攻击将会加速。在酸性环境下这类药物也很容易异构化，β-内酰胺类药物通常的提取方法都是用水和/或极性溶剂从固体基质中进行提取。

四环素类药物（TC_s）在强酸或强碱的极端 pH 条件下，会通过差向异构化、脱水、异构化或其他途径发生降解。在 pH 为 4 的条件下提取各种基质中 TC_s 的应用最广。TC_s 具有与金属离子形成螯合物以及与基质成分相结合的倾向，这种倾向在分析时会带来很大麻烦。

多肽抗生素杆菌肽 C_L 在强酸条件下会转换为外延杆菌肽。在长时间加热时也会发生热降解。通常使用稀酸溶液、酸缓冲液以及极性有机溶剂提取这种极性化合物。维吉尼亚霉素是由两个不相关的环状多肽组合成的化合物，没有极性，几乎不溶于水，但易溶于有机溶剂，如甲醇。

氯霉素是一种高极性的、稳定的化合物，通常用中性条件下的水缓冲溶液和/或极性有机溶剂进行提取。

大环内酯类抗生素由碱性和亲脂性的大环内酯组成，微溶于水，易溶于有机溶剂。一般情况下，选择中性或微碱性条件提取大环内酯类药物，以避免该类药物发生降解，例如红霉素在酸性条件下会降解为脱水红霉素。

聚醚类药物莫能菌素因含有半缩酮基，在酸性和碱性条件下都不稳定，因此提取时通常都选用中性条件。该药还具有非极性和亲脂性，仅微溶于水。

氨基糖苷类药物则刚好相反，具有亲水性和高极性，并对酸、碱和热稳定。通常用酸性或碱性水溶液从食物或生物基质中对其进行提取，为加速药物从蛋白结合态中释放出来，也可以使用水/有机混合物进行提取。

适用于食品基质中多种类抗菌药物分析的典型 SPE 吸附剂包括 Oasis HLB（亲水-亲脂平衡型）和 StrataX。Oasis HLB 小柱因为具有很好的保留特性以及对很多种极性或非极性化合物（因具有亲水-亲脂保留机制）的回收率具有很高重复性，因此在很多实验室优先得以使用。StrataX 小柱在功能上与 Oasis HLB 相似，因此可以得到与 Oasis HLB 相同的结果。

文献报道的多种抗菌药物分析方法中，为分析蜂蜜中的大环内酯类、四环素类、喹诺酮类和磺胺类药物，样品用含有 EDTA 的温和酸性条件（pH4.0）进行溶解，然后使用 Oasis HLB 小柱进行固相萃取净化[77]。使用 UPLC-MS/MS 方法进行分离和检测，可以在 5min 以内对 17 种药物进行分析。平均回收率范围为 70%～120%，仅有 3 种药物（多西环素、红霉素和替米考星）的回收率大于 50%。有研究者用该方法分析来自不同养蜂人以及当地超市中的蜂蜜样品，在 3 个样品中检出红霉素、沙拉沙星和泰乐菌素残留。

Turnipseed 等[78]报道了牛奶和其他奶制品中 β-内酰胺类、磺胺类、四环素类、氟喹诺酮类和大环内酯类等多种抗菌药物的残留分析方法。在样品制备过程中使用乙腈进行提取，用OasisHLB小柱进行净化，再使用分子量截止滤片进行超滤，以提高分析方法的整体性能。磺胺类、大环内酯类和喹诺酮类药物的回收率（>70%）令人满意，但是，四环素类药物（50%~60%）和β-内酰胺类药物（<50%）的回收率偏低。尽管进行了充分净化，但是很多药物还是存在显著的基质抑制现象，因此，为使定量结果令人满意，可以使用基质匹配标准溶液法进行定量。

Stolker等[11]开发了一种方法，适用于筛选牛奶中100多种兽药，包括不同种类的抗菌药物，主要有大环内酯类、青霉素类、喹诺酮类、磺胺类、四环素类、硝基咪唑类、离子载体类和酰胺醇类药物等。先用乙腈沉淀蛋白，再离心，用StrataX小柱净化，然后用UPLC-TOF-MS法进行分析。该方法在重复性[86%的化合物相对标准偏差（RSD）<20%]、重现性（96%的化合物RSD<40%）和准确度（88%的化合物为80%~120%）方面都获得了令人满意的结果。但是欧盟2002/657/EC原则[37]中还没有包括TOF-MS法，因此，该方法在欧盟实验室只作为筛选方法使用，可疑阳性样品必须再经串联质谱技术进行确证。

Heller等开发了一种筛选鸡蛋中抗菌药物残留的方法[79]，共分析了四大类29种抗菌药物（磺胺类、四环素类、氟喹诺酮类和β-内酰胺类）。首先对基质中的药物使用琥珀酸盐缓冲液进行提取，然后离心，再对絮状提取物使用Oasis HLB小柱进行净化。每类药物的回收率分别为：磺胺类70%~80%，四环素类45%~55%，氟喹诺酮类70%~80%，β-内酰胺类25%~50%。该方法的重现性差别很大（从10%到大于30%）。因此，结果只是提供了一个估计的浓度范围，该方法可用于筛选，但不可用于定量。

4.4.5.2 自动化SPE技术

SPE过程可以在线进行，也可以离线进行。在真空装置上使用SPE柱称为离线SPE，将萃取柱上洗脱下来的洗脱液进行浓缩和复溶后再用色谱仪器进行分析。在线装置中，萃取柱作为色谱仪器的一部分，可经样品环直接连接到流动的流动相中（图4.2）。在线SPE过程，也称为柱预浓缩技术，包括柱开关或耦合柱技术。

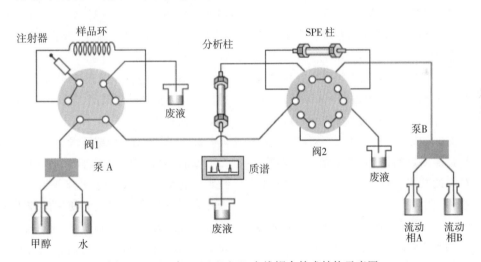

图4.2 SPE与LC-MS/MS在线耦合技术结构示意图
（摘自Ding等[123]，经Elsevier许可；2009版）

离线SPE技术的缺点是需要进行额外的人工处理，且要用100%的有机溶剂进行洗脱，因此选择性较低。但是，也有其自身的优点，即不用在线系统特定的程序，使用单独的SPE小柱，因此没有样品过载现象（一些在线系统会出现）[17]。吉尔森ASPECXLTM是一个典型的自动化离线SPE技术的例子，它可用萃取柱以及96孔板同时对4个样品进行处理。利用这一平台已经开发了很多应用方法，包括动物饲料[80]和海产品[81]中的喹诺酮类药物，以及绵羊血浆中的磺胺类药物残留检测[82]。使用痕量富集小柱也能实现在线样品净化。通过对残留标示物进行选择性分离并改善方法的灵敏度，在线SPE技术能够较好地控制样品制备过程。SparkHolland对该技术做了进一步完善，以一次性萃取柱为基础形成的在线系统（Symbiosis），可以自动替代每一批样品以消除记忆效应。Symbiosis全自动固相萃取装置已成功用于分析牛奶中的β-内酰胺类药物[83]、四环素类药物[84]，以及鸡蛋中的氯霉素[85]。

有人开发了一种结合在线萃取技术和LC-MS/MS方法的高通量分析方法，用于筛选分析不同动物肌肉组织中的13种抗菌药物（大环内酯类、氟喹诺酮类、林可胺类药物和甲氧苄啶）[86]。样品经乙腈去蛋白后，提取物即可直接上OasisHLB固相萃取柱，该萃取柱通过一个开关阀装置连接到一个短的LC分析柱上。通过这种方式，一个完整的SPE净化和LC法检测过程仅需要6min。该方法具有良好的选择性，任何一个待测物的保留时间窗口都没有干扰峰出现。而且，该萃取柱可以持续进样100多次。唯一要采取的预防措施就是为了去除组织基质残留物，每次净化完毕时都要用乙腈和甲醇冲洗萃取柱。

4.4.6 基于固相萃取的提取技术

本节将讨论分散SPE、基质固相分散、固相微萃取、填充吸附微量萃取、搅拌棒吸附萃取和限进材料[18]。

4.4.6.1 分散SPE技术

分散固相萃取（dSPE）也是一种净化技术，需与吸附剂进行混合，并用吸附剂进行萃取。最著名的就是QuEChERS技术及其应用。应用最广的方法是将基质共提物吸附到吸附剂上，同时将目标分析物脱离吸附剂。加入无水$MgSO_4$，通过去除残留的水分而达到额外的净化，提高了吸附剂的洗脱强度，然后通过螯合方式去除基质成分。离心后可直接对上清液进行分析，必要时需要进行浓缩和/或溶剂的转换。这是一个非常有效的技术，针对不同的分析物和基质，需要仔细选择吸附剂。

N-丙基乙二胺（PSA）是农药残留分析中最常用的吸附剂，因为它能有效地保留食品中的有机酸。由于动物性食品中有较高的油脂成分，因此C18或PSA/C18混合吸附剂广泛地应用于动物源性食品的分析。最近的一项研究发现，PSA和C18混合吸附剂在分析肝脏和牛奶中38种驱虫药时，比单独使用PSA或C18吸附剂能提供更好的净化效果[64]。然而，与单独使用C18吸附剂相比，PSA/C18混合吸附剂对某些分析物的回收率较低（因为PSA的作用），单独的C18吸附剂可以进行充分的净化，对所有分析物都有很好的回收率，因此常作为优先选用的吸附剂使用。

据报道用于样品净化的石墨化炭黑（GCB）是一个非常有效的吸附剂，但是因为该吸附剂能够去掉结构上相似的分析物，因此其应用范围受到了限制[62]。萃取溶剂中加入醋酸有助于提高分析物的回收率，但也会抑制酸性基质化合物的保留[62]。有几篇文章报道了兽药残留分析中使用C18吸附剂的分散固相萃取技术[62,64,87]。也有关于PSA、NH_2和硅胶吸附剂的报道[88]。虽然dSPE技术不能提供与SPE相同的净化效果，但是可以提供较好的回收率和重现性，而且比较实用，费用较低[88]。

Mastovska和Lightfield改善了以前的分析方法，使用dSPE技术代替传统的SPE技术，检测牛肾脏样品中11种β-内酰胺类药物[89]。该方法使用H_2O/ACN（20∶80，V/V）提取/脱蛋白，然后使用C18吸附剂进行dSPE净化，最终使用LC-MS/MS法检测。该方法简便快捷，获得了令人满意的回收率，回收率范围为87%～103%，RSD<16%。另外，使用dSPE技术可以增加处理样品的数量，一天内可以处理原来3～4倍的样品。

采用相同的方法可以检测鲑组织中的抗菌药物（喹诺酮类药物和红霉素A）、抗真菌药物和驱虫药物[51,90]。使用酸性乙腈溶液提取样品，然后使用BondesilNH₂吸附剂进行dSPE净化，再使用LC-TOF-MS测定药物。虽然大多数待测物都存在基质抑制效应，但是除了恩诺沙星（40%）外，都获得了很好的回收率[90]。

4.4.6.2 基质固相分散技术

基质固相分散（MSPD）是一种有效的样品制备技术，它使得提取与纯化合并为一步进行。Barker等[91]将MSPD方法定义为使用硅胶表面经过化学改造后的分散吸附剂（如C18，C8）技术。使用玻璃或玛瑙研钵和研杵（图4.3）将样品混合并分散在颗粒中（直径为40～100μm）[92,93]。使用陶瓷或黏土砂浆杵可能导致分析物损失。该方法的一个缺点是一般需要高的吸附剂/样品比，通常为1∶4～1∶1（最常见的是0.5g样品用2g吸附剂）。

早期的应用中，样品在带有柱塞的注射器管内两个筛板之间进行压缩之前，首先要用空气进行干燥（5～15min）。若使用Na_2SO_4或硅胶等非键合的硅胶基质分散剂，则可以不用进行空气吹干步骤[94,95]。与常规的反相SPE技术相比，该技术可以使用范围更广的新型溶剂淋洗，包括正己烷、二氯甲烷（DCM）、醇类和热水。热水可用于提取不同基质中的多类药物，但是必须防止一些分析物发生热降解[96]。MSPD技术有许多好处，它可以用于很多种类的药物残留检测，通过增加或降低溶剂极性进行连续洗脱来分级分离样品。同时，也可以省去蛋白质沉淀和离心步骤。近年来，该技术在兽药残留分析样品制备过程中的使用有重新兴起的趋势。

这一技术的最新综述认为，MSPD技术在环境、临床以及食品分析领域内引起了很多研究者的关注[95,97,98]。不同的散装材料可用作基质分散剂，最常用的是C18和C8键合硅胶。

Zou等报道了一种MSPD技术，用C18材料作固体支持，提取蜂蜜样品中的8种磺胺类药物[99]。MSPD之后，使用氯甲酸-9-芴基甲酯（FMOC-CL）进行衍生化反应，衍生化产物使用硅胶SPE技术做进一步净化，然后用LC-UV法检测。大多数磺胺类药物的平均回收率均大于70%，其他极性吸附剂，如硅胶、CN-或NH_2键合硅胶对极性磺胺类药物都有较强的吸附作用，因此回收率非常低。

作为经典C18或C8非极性键合相的一种替代方法，使用正相MSPD可以提高更多极性化合物的分离度，并将萃取和净化合并在一步中进行，然后再使用反相液相色谱测定。基于这一趋势，Kishida[100]开发了一种简单的方法检测猪肉样品中的6种磺胺类药物，首先利用氧化铝N-S作为正相MSPD，用70%（V/V）乙醇溶液作为提取溶剂，然后对提取物进行吹蒸，再用LC-MS/DAD法测定。所有化合物的平均回收率都大于90%，定量限也都远低于欧盟规定的最高残留限量。

也许最让人感兴趣的MSPD技术是用热水提取的MSPD技术。Bogialli等发表了几篇论文，都使用这一样品制备技术检测不同种类食品中的不同抗菌药物，例如牛奶中的氟喹诺酮类药物[101]。

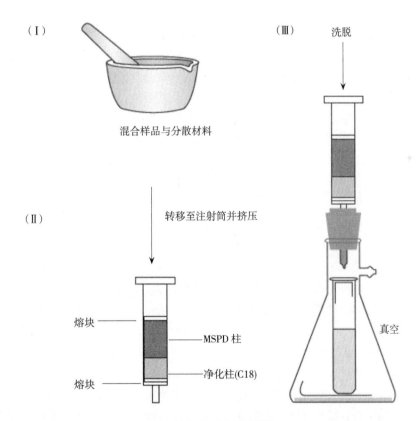

图4.3 MSPD程序

MSPD主要步骤：（Ⅰ）样本用杵在研钵中与分散剂材料混合；（Ⅱ）将匀质的粉末转移至固相萃取柱中并进行挤压；（Ⅲ）用合适的溶剂或溶剂混合物借助真空泵进行洗脱（摘自Capriotti等[93]，经Elsevier许可；2010版）

Yan等使用分子印迹聚合物（MIPs）作为选择性分散介质，对样品进行净化，使用液相色谱-荧光检测器（LC-FLD）检测鸡蛋和猪肉样品中的喹诺酮类药物[102]。使用MIPs可以提高MSPD方法的选择性，在最终检测时没有基质干扰，所有待测物的回收率都大于85%。可见，提取和净化可以在一步中进行，这样既简化了样品制备过程，又节省了分析时间和费用。此外，合成的 MIPs 在水溶性介质中对喹诺酮类药物有良好的特异性识别性能，这一特点使 MIPs 应用于食品样品等复杂基质时非常重要[103]。

4.4.6.3 固相微萃取技术

固相微萃取（SPME）技术作为一种简单有效且能减少溶剂使用的吸附/吸附和解吸技术于 1989 年由 Pawliszyn 等[104,105]共同开发出来。已有报道 SPME 在药物分析中的应用[106]，以及 SPME 与 HPLC 相连接的可能性[107]。SPME 技术可以通过以下两种方式中的一种进行：纤维 SPME 和管内 SPME。

纤维 SPME 以含有带针的不锈钢微管改造的注射器为基础，里面有一个熔融石英纤维头，并涂有有机聚合物［常见的是聚二甲基硅氧烷（PDMS）］。这一涂有聚合物的纤维通过柱塞在针内和针外移动而发挥作用，自从该项技术引入以来，Gaurav 等[108]为这些纤维的开发和优化做了很多卓有成效的工作。分析物的提取和预浓缩都在涂有聚合物的纤维"外部"的位置完成。渗透进入 GC 进样口是在涂有聚合物的纤维"内部"的位置进行的。一旦渗透入进样口，分析物的解吸附以及向毛细管柱的转移又要求移到纤维"外部"位置。使用这一简单设备，可将提取、预浓缩、衍生化以及向色谱系统的转移都整合在一套装置内完成。因此纤维 SPME 技术的主要优点就是简便，且样品制备过程可以实现自动化[106]。

在生物分析方法中，直接浸入式固相微萃取（DI-SPME）和顶空纤维式固相微萃取（HS-SPME）已经在进行衍生化和不进行衍生化的条件下优先得以应用。使用直接浸入的方法，意味着纤维暴露在样品溶液中，尿液及血清中的克仑特罗及西酞普兰、氟西汀及其在尿液中的代谢物，都不必进行衍生化即可直接用 HPLC 进行分析[106]。

HS-SPME 进行生物分析的突出优势是，可以防止纤维与样品的直接接触，因此可以防止涂有有机聚合物的纤维表面受到污染。然而，纤维 HS-SPME 技术的应用非常有限，仅可用于具有适当高蒸汽压的分析物。因为上载纤维在储存期间有较高的蒸汽压会导致分析物损失，因此萃取后应该应即将纤维向 GC 转移以及解吸附。

总之，纤维 SPME 有几个优点，例如使用方便、不需要使用溶剂以及所用设备小等。该技术快速简便，易于实现自动化，并可以提供良好的线性结果和较高的灵敏度。但是，这些优点仅在部分生物分析领域得以应用。应用时必须考虑基质以及待测物的挥发性。待测物的低挥发性以及与复杂基质（含有聚合物成分，包括血浆或细胞培养物中的蛋白）的结合，相对地限制了纤维 SPME 技术的应用。另一个缺点就是提取时间较长，这对于一些分析物是很重要的，因此对提取时间有限制的分析物不能使用该技术。一般情况下，该技术的回收率比 LLE 和 SPE 的回收率低很多。由于会出现微量的内源性物质干扰，因此使用纤维 DI-SPME 技术净化样品不是最佳选择。另一方面，对挥发性的待测物使用 HS-SPME 分析会更有利。

一些主要缺点限制了纤维 SPME 技术的应用，包括 SPME 纤维的容量有限，以及用于 GC 法检测的分析物需要进行冷集、要求温度程序的初始温度非常低，从而延长了 GC 法分析的时间。另外，由于解吸比 LLE 法或 SPE 法所需时间更长，因此很容易发生过载现象。SPME 技术本质上是一个"脏"的提取过程，由于基质发生变化，即使使用内标，定量也很容易出现错误。另外，SPME 纤维相当脆弱。由于这些限制和局限性，纤维 SPME 技术不是一个通用的样品制备方法，尤其不适用于生物分析实验室，即使在将来也不可能适用。

萃取用新吸附材料和 SPME 技术的开发和发展都将逐步成为很有价值的领域[109]。Augusto 等[109]给出了有代表性的可供选择的材料和装置，新吸附剂研究的主要目标是提高材料的吸附容量、提供更高的吸附效率、具有更高的分析检测能力以及灵敏度、在提取中有较高的稳定性以及与快速向质谱转移的兼容性。当然，将这些所有特性结合在一种吸附剂中是不可能的。针对这些目标，需要设计不同类别的吸附材料（例如具有选择性/特异性的 MIP，可快速向质谱转移以及具有化学稳定性的涂有纤维的 SPME 等）。

当参考一些"新型"吸附溶剂文献时，必须要充分考虑的一点，就是近来发表文献中所描述的一些吸附剂特性与已知的或者可用的商品化的材料特性是一致的。例如，最近报道的一些溶胶的 SPME 纤维，由不同的有机改性剂和烷氧基硅烷材料制备而来，与 Malik 等于 1997 年报道的最初涂溶胶的 SPME 在特性上几乎相同[110]。因此，任何以改善选择性、稳定性或者萃取效率为目的的新型吸附剂都应慎重考虑。

最后，应该提及的是，文献中描述的很多新材料和设备，最终能够形成可用的商品化产品的数量很有限。一些创新型的吸附剂也没有取得重大进展，而只是在分析上有潜在的应用。一些与分析仪器仪表行业有合作关系的研究团队因缺乏经验（甚至兴趣），要求高，有时会延迟或者阻碍新分析技术的接受[109]。

McClure 和 Wong[111] 报道了用 SPME 方法分析废水中大环内酯类和磺胺类药物（包括甲氧苄啶）。将以纤维聚乙二醇模板树脂为材料的 SPME 纤维（CW/TPR，50μm）浸入到 1.5mL 装有废水样品的琥珀色玻璃小瓶内，搅拌 30min，然后再浸渍到 1.5mL 甲醇中，搅拌 10min，使分析物从纤维上解吸下来。得到的提取物用氮气吹干，然后用 30%乙腈水溶液和内标溶液共 75μL 复溶。对废水 SPME 提取物添加系列待测物（0～5 000ng/mL）制备标准匹配曲线，进行定量分析。定量限范围为 16～1 380ng/L。SPME 法相对于传统的 SPE 法分析废水的优点是减少了所需样品体积（SPME 法仅需几毫升，而传统 SPE 法需 4L），费用降低，样品提取简便。与传统的 SPE 法相比，SPME 法有更好的定量限。

Lu 等[112] 报道了使用 SPME 和 LC-MS 相结合的方法痕量检测肉品中的磺胺类药物残留。在最佳条件下用涂有 65μm 厚聚二甲基硅氧烷/二乙烯基苯（PDMS/DVB）的纤维提取磺胺类药物。分析物在 SPME-HPLC 解吸容器内静态解吸 15min，然后用 LC-MS 法检测。该方法的线性范围为50～2 000μg/kg，RSD 小于 15%（日内）和 19%（日间），检测限为 16～39μg/kg。通过该方法从当地超市采集到的一些肉样品中检测出磺胺类药物残留量为 66～157μg/kg，该结果证实了使用 SPME-LC-MS 系统能够有效地分析肉中磺胺类药物的残留。

4.4.6.4 填充吸附微量萃取技术

填充吸附微量萃取技术（MEPS）是一种新的样品制备技术，能够与 LC 或 GC 实现在线连接[113]。在 MEPS 技术中，将 1～2mg 的固体填充材料装入注射器（100～250μL）针筒内，在其两侧装有聚乙烯过滤器作为插件，或装入注射器针筒与注射针之间作为填充柱。在填充床进行样品制备，通过包装或涂布可以提供选择性和合适的样品条件。MEPS 技术的关键因素是萃取过程中洗脱待测物所用溶剂的体积要适于直接进样到 LC 或 GC 系统。因此 MEPS 技术可以看作是注射器内的短液相色谱柱。床的直径是由传统的 SPE 柱床缩放而来的，通过这种方式，MEPS 可以适用于大多数已有的 SPE 方法，通过简单地调整传统装置中溶剂和样品的体积，使其转化为 MEPS[113]。MEPS 技术既可以处理微量体积的样品（10μL 血浆、尿液或者水），也可处理较大体积（1 000μL）的样品，同时可用于 GC、LC 或者 CEC 检测。与 LLE 和 SPE 技术相比，MEPS 能够减少样品制备的时间以及有机溶剂的消耗。MEPS 可以实现完全自动化，每个样品的萃取过程仅需几分钟时间。MEPS 技术比 SPME 技术抗干扰性更强，后者的样品萃取纤维对样品基质非常敏感，而 MEPS 用于处理复杂基质没有大的问题（如血浆、尿液和有机溶剂）。

MEPS 技术的缺点包括可能会形成气泡，以及离线装置与各种 LC 系统在线连接有困难。对于离线 MEPS 而言，柱塞运动的速度对于待测物的回收率是非常关键的。过快的运动速度不利于分析物在 MEPS 支持物上的吸附，并导致回收结果错误以及重复性较差。

4.4.6.5 搅拌棒吸附萃取技术

这种吸附且无溶剂萃取技术（SBSE）出现于 1999 年，其原理与 SPME 的原理相同。SBSE 技术使用涂有大量萃取相的搅拌棒，代替 SPME 技术中涂有聚合物的纤维。应用最广泛的吸附萃取相是聚二甲基硅氧烷（PDMS）。从水相中萃取分析物到萃取介质中，由分析物在硅氧烷相和水相之间的分配系数所控制。对于 PMDS 涂层与水溶性样品，这一分配系数与辛醇-水的分配系数相似。SBSE 技术的萃取效率比 SPME 技术高 50～250 倍（一般 100μL 的 PDMS 纤维使用 0.5μL 的萃取相）。经过萃取和热解吸附后，分析物能够被定量引入分析系统。由于全部的萃取物都可以用于分析，这一萃取过程可以获得较高浓度的分析物。与 SPME 技术相比，SBSE 解吸附过程较慢，由于萃取时间较长，因此解吸附需要与冷捕集和再浓缩相结合进行[114]。

由于只有 PDMS 涂层可用作萃取相，因此 SBSE 技术主要用于低极性分析物，但是极性化合物萃取的问题可以通过原位衍生化的方法得以解决。搅拌棒涂层的进一步发展和设计可以扩大该方法的适用范围。该方法的主要缺点是萃取的持续时间通常要 30～150min[115]。基于这个原因，SBSE 技术在常规的高通量分析实验室中不太实用。

Huang 等[116]报道了简单、快速定量检测牛奶中 5 种磺胺类药物残留的方法。分析物使用聚（乙烯基咪唑-二乙烯基苯）单片材料作为涂层的 SBSE 技术进行浓缩，然后使用带有二极管阵列检测器的 HPLC 法检测。萃取过程非常简单，牛奶首先用水进行稀释，然后直接进行萃取，无需另外的去除样品中脂肪和蛋白质的步骤。经过充分优化实验条件，通过在空白牛奶中添加药物的方式，方法的检测低限（$S/N=3$）（S/N 即信噪比）和定量低限（$S/N=10$）分别可达 $1.30\sim7.90\mu g/L$ 和 $4.29\sim26.3\mu g/L$。磺胺类药物有良好的线性关系，相关系数（R^2）大于 0.996。最后，该方法成功地应用于不同牛奶样品中磺胺类药物的检测。

Luo 等[117]报道了更细的搅拌杆吸附萃取技术（SRSE），而不是搅拌棒。单片聚合物作为涂层的搅拌杆，避免了搅拌过程中的涂层摩擦损失。在该研究中，聚（2-丙烯酰胺-2-甲基丙磺酸-共-十八烷基甲基丙烯酸甲酯-共-乙二醇二甲基丙烯酸酯）[聚（AMPS-共-OCMA-共-EDMA）]单片聚合物作为搅拌杆的涂层。选用 4 种氟喹诺酮类药物作为分析物来评价 SRSE 技术的萃取效率。为达到 SRSE 对氟喹诺酮类药物的最佳萃取条件，对萃取时间、萃取温度、搅拌速度、样品溶液 pH 以及样品溶液中无机盐含量等各种参数都进行了研究。经过 SRSE 条件的充分优化，形成了基于 SRSE 和液相色谱电喷雾离子化质谱相结合（SRSE/LC/ESI-MS）检测蜂蜜中氟喹诺酮类药物的方法。该方法的检测限（LODs）范围是 $0.06\sim0.14\mu g/kg$，不同浓度蜂蜜样品的回收率范围为 $70.3\%\sim122.6\%$。该方法具有良好的日内及日间精密度，相对标准偏差分别为 11.9% 和 12.4%。结果表明，使用聚（AMPS-共-OCMA-共-EDMA）单片聚合物作涂层的 SRSE 技术分析蜂蜜中的氟喹诺酮类药物具有很好的萃取效率。此外，该研究证明单片聚合物涂层的搅拌杆具有足够的稳定性，可以重复使用至少 60 次。

4.4.6.6 限进材料

限进材料（RAM）是一种具有生物兼容性的样品制备支撑材料，能够直接将生物流体注入到色谱系统。该技术由 Desilets 等[118]于 1991 年提出，并确定缩写为 RAM。RAM 使用的吸附剂代表了一类特殊的材料，能够将生物样品分离为蛋白质基质以及基于分子量临界值的分析物。除了大分子，仅与涂有亲水性基团的支撑粒子的外表面发生相互作用。这样最大限度地减少了基质蛋白的吸附。RAM 的应用由几个研究团队进行了评价[119,120]。

RAMs 技术的基础是通过对大分子进行体积排阻，使得小分子化合物通过填料颗粒的内径，进行提取/富集。填料的外表面经常与生物基质成分，例如蛋白质和核酸相接触，因此可以进行特殊的化学反应以阻止这些分子的吸收。大分子化合物通过物理屏障、气孔直径或者由颗粒外表面蛋白质（或聚合物）网路形成的化学扩散作用被排阻在外。根据使用的蛋白质排阻机制，RAMs 可以分为以下两大类：依靠物理屏障（反相，烷基二醇的二氧化硅材料，多孔二氧化硅结合的配位体）的 RAM 和依靠化学屏障（半透明表面，涂有蛋白质的硅胶，混合机理材料或者屏蔽疏水相）的 RAM。应用糖肽类抗生素作为手性选择或弱阳离子交换 RAM 的不对称 RAM 已经开发出来[121]。

Oliveira 和 Cass[122]报道了使用 RAM 柱作为在线样品净化系统检测牛奶中头孢菌素类抗生素的方法。该系统由 RAM 牛血清白蛋白（BSA）苯基柱耦合至 C18 分析柱组成。在牛奶样品中加入 0.8mmol 的磷酸四丁基铵溶液后直接进样，5 种头孢菌素类抗生素（头孢哌酮、头孢赛曲、头孢氨苄、头孢匹林、头孢噻呋）在 $0.100\sim2.50\mu g/mL$ 浓度范围内都呈线性；报道的定量限和检测限分别为 $0.100\mu g/mL$ 和 $0.050\mu g/mL$。该方法具有较高的精密度［变异系数（CV%）为 $2.37\%\sim2.63\%$］和回收率（$90.7\%\sim94.3\%$），对牛奶中药物的监测具有足够的灵敏度。

Ding 等[123]报道了使用自动在线 SPE-LC-MS/MS 的方法检测环境水样品中大环内酯类抗生素，包括红霉素、罗红霉素、泰乐菌素和替米考星。一种以 CapcellPakMFPh-1 为填充柱的 RAM 用作 SPE 柱来浓缩分析物，净化样品。将 1mL 水加入到平衡好的 SPE 柱内，基质用 3mL 高纯水进行淋洗。借助切换阀的旋转（图 4.2），大环内酯类药物通过后部淋洗模式被洗脱，并转移至分析柱内。该方法的检测限和定量限分别为 $2\sim6ng/L$ 和 $7\sim20ng/L$，适于分析痕量的大环内酯类药物。日内和日间精密度范围分别为 $2.9\%\sim7.2\%$ 和 $3.3\%\sim8.9\%$。大环内酯类药物三个不同添加浓度的回收率范围为 $86.5\%\sim98.3\%$。

4.4.7 基于 SPE 技术的净化方法

这一部分讨论了免疫亲和色谱、分子印迹聚合物以及适配体。

4.4.7.1 免疫亲和色谱

免疫亲和色谱（IAC）有不同的形式，是一种特殊的亲和色谱形式，其分离配体是固定的抗体或者抗原。对于抗菌药物残留分析而言，抗体是其配体。通过经典的抗体-抗原反应 Ab+Ag⟷AbAg 进行选择性分离，这里 Ab 是抗体，Ag 是抗原，AbAg 表示形成的抗原抗体复合物。抗原分离的 IAC 完全依靠抗体对待测物进行分离。抗体配体固定在载体上，待测物与之接触形成一种复合物。该配体-待测物复合物通过流动相的疏水性变化进行分离，然后从柱上将待测物洗脱下来。其他物质从柱上通过或者淋洗后，再进行分离。抗体的特异性使得从柱上洗脱下来的干扰物质很少，因此洗脱物相对来说纯度很高[124]。

免疫亲和色谱主要的优势是检测违禁药物，尤其是对于 ng/kg～μg/kg 浓度水平要求具有很高的灵敏度。该技术用于分离食品中允许使用兽药的残留是有限的，因为成本较高，且需要特殊物质材料。尽管如此，仍有一些报道使用 IAC 检测多残留的应用[125-127]。Luo 等[128]报道了使用 IAC 净化结合 LC-MS/MS 方法同时检测猪肉中甲砜霉素、氟苯尼考和氟苯尼考胺，其中 IAC 柱是以多克隆抗体为基础的，且使用了蛋白质 A-琼脂糖 CL4B。重复使用 15 次后动态柱容量会超过 512ng/mL 凝胶。猪肉样品添加 0.4～50μg/kg 的分析物时，其回收率范围为 85%～99%，方法定量限范围为 0.4～4μg/kg。

4.4.7.2 分子印迹聚合物

分子印迹聚合物（MIPs）适用于固相萃取具有选择性的材料。MIPs 不仅可以富集，还可以选择性分离基质中的待测物，这对于定量及选择性检测复杂基质中的痕量分析物至关重要。MIPs 主要的优势是可以制备特定物质或者结构相似的一类物质的选择性吸附剂。MIPs 是一种合成聚合物，对待测分子具有很高的特异性识别能力。Heet 等[129]报道了 MIPs 分类以及制备的详细情况。用于 SPE 的 MIPs 可由三种印迹技术（共价型印迹、非共价型印迹、共价和非共价的杂交印迹）合成，以确保复杂模板、官能团及单体的形成。

印迹分子复合了一个或多个官能团单体，然后再进行聚合。其结果是，MIPs 拥有空间位阻（大小和形状）以及针对某一模板的化学（特别的互补功能安排）记忆[130]。

MIP 作为 SPE 的首次应用是 Sellergren 于 1994 年提出的，他首次用喷他脒印迹分散聚合物作为 SPE 柱检测尿液中的喷他脒[131]。最近，研究者通过将表面分子印迹技术与溶胶-凝胶过程相结合制备的选择性氨基功能化印迹硅胶作为在线固相萃取柱，使用 HPLC 方法检测猪肉和鸡肉中 3 种痕量的磺胺类药物[132]。功能化印迹硅胶吸附剂对于磺胺类药物的吸附和解吸附具有很好的选择性和较快的速度。上样流速为 4mL/min，持续时间为 12.5min，3 种磺胺类药物的响应增强，并且改善了检测限（S/N=3）。研究者对浓度为 5μg/L 的分析物使用在线吸附萃取进行 9 次重复试验，测得该方法的精密度（RSD）小于 4.5%。用于痕量磺胺类药物在线固相萃取的吸附剂也有良好的线性（R^2=0.99）。

Boyd 等[133]报道了使用 MIP 作为样品净化技术分析氯霉素的方法。使用氯霉素类似物作为模板分子生产 MIP。使用分析物的类似物作为模板（图 4.4）可以避免将 MIPs 用作残留分析模板进行吸附或解吸附的主要缺点[109,134]。MIP 作为 SPE 固定相可用于检测蜂蜜、尿液、牛奶和血浆等不同基质样品中的氯霉素。

Mohamed 等[135]报道了使用分子印迹技术结合 LC-ESI-MS/MS 方法选择性提取和定量牛奶基质中氯霉素的残留，并比较了 MIP 法与传统 SPE 法净化样品的优点。该方法首先对样品进行离心，然后将上清液过 MIP 柱，再使用混合溶剂进行洗脱。将 MIP 法的优点与传统 SPE 和 LLE 法得到的结果进行比较，结果发现，MIP 法提高了方法的选择性，具有更短的处理时间（18 批样品在 3h 内完成，而传统方法要用 8h 才能完成），而且氯霉素回收率更好，这些都可以证明 MIP 法净化的优点。原奶中氯霉素的分析需根据欧盟 2002/657/EC 决议[37]做进一步验证，使用 d_5 同位素内标，最低要求执行限（MRPL）为 0.3μg/kg。不使用内标对添加浓度进行校正，氯霉素回收率范围是 50%～87%，判定限（CCα）和检测能力（CCβ）分别为 0.06μg/kg 和 0.10μg/kg。

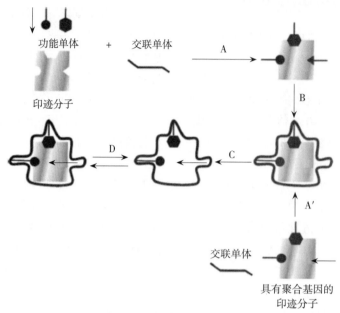

图 4.4　MIP 合成的主要方法

非共价键方式：（A）功能单体混合、交联剂、聚合引发剂、模板溶解在致孔溶剂中形成模板/功能单体复合物；（B）聚合；（C）拆除模板（溶剂萃取法）；（D）分析物在特定的印迹位点结合（通过非共价相互作用）。

共价的方法：（A′）含有可聚合基团的模板与交联剂在合适溶剂中开始混合；（C）聚合后移除模板（打破模板和聚合物之间的共价键）；（D）分析物在特定的印迹位点进行结合（通过共价键）

(摘自 Auguso 等，经 Elsevier 许可，2010 版)

有关 MIPs 其他应用的文献有 Huang 和 Hwang 报道的该方法在分析磺胺类药物方面的应用[136]，以及 Turiel 等报道的该方法在分析土壤中氟喹诺酮类药物方面的应用[137]。

4.4.7.3　适配体

适配体属于寡核苷酸（DNA 或 RNA），能够以高亲和力和特异性与广泛的靶分子例如药物、蛋白质和其他有机或无机分子相结合[18]。SELEX 于 1990 年首次报道[138,139]，适配体通过一种称为指数富集配体系统进化技术（SELEX）的体外选择方式产生。SELEX 方法可以从大量的随机序列低聚物（DNA 或 RNA 库）中识别独一无二的 RNA/DNA 分子。这些分子以很高的亲和力和特异性与靶分子结合。适配体对其靶分子具有很高的亲和力，与一些单克隆抗体相比，经常可以溶解微摩尔至皮摩尔水平（有时甚至更低）的化合物[140]。

关于适配体传感器的研究很有限，尤其是用于检测小的有机分子的研究。Kim 等开发了一种电化学适配体传感器，利用单链 DNA 适配体选择性结合四环素作为识别元素，进而检测四环素[141]。该适配体对四环素具有高度的选择性，能够识别其他四环素衍生物的微小变化。将生物素化的 ssDNA 适配体固定在经链霉亲和素修饰的筛选印迹金电极上，通过循环伏安法和方波伏安法对四环素和适体的结合进行分析。结果表明，该传感器的最低检测限在 10nmol 至微摩尔范围内。与其他四环素结构相关的药物（土霉素和多西霉素）相比，该适配体传感器在混合物中对四环素有更高的选择性。该适配体传感器可用于药物制剂、污染食品以及饮水中四环素的检测[18]。

4.4.8　涡流色谱技术

涡流色谱技术（TFC）是一种利用高流速（4~6mL）的高通量样品制备技术。TFC 技术的色谱效率与层流色谱技术的色谱效率相似，只是后者流速低很多。TFC 使用的色谱柱含有常见的 LC 吸附剂，但是颗粒更大（30~60μm）。由于使用了大孔径颗粒，因此分析柱和萃取柱上仅需要适度的负压即可。在较高流速下，溶剂不会出现层流现象，而是表现为涡流现象。涡流现象形成的涡，促进分析物向颗粒孔径的跨流道质量转移以及扩散。样品在色谱柱上使用水性流动相（图 4.5）[142]。小分子比大分子（蛋白质、脂类和糖）扩散地更广，并可被驱散到吸附剂的孔径中。

由于流速高，较大的分子被冲洗掉，没有机会扩散到离子孔径内。捕捉到的分析物通过极性有机溶剂反冲洗从 TFC 柱上解吸下来，洗脱液通过切换阀转移到 HPLC 系统（一般需要的流速低）做进一步分离，然后再进行检测（通常是 MS/MS）。使用 LC-MS/MS 分析时，TFC 柱子需重新平衡和灌注，以备另外的样品使用。

液体样品可以直接注入到系统中，而组织样品在分析之前需要进行简单地提取和沉淀。TFC 在分离与样品蛋白质结合的残留物时同样有效[143]。使用 TFC 省去了实验室内样品净化所消耗的时间，在不牺牲灵敏度或重现性的情况下，分析时间更短，效率更高，并减少溶剂消耗。

尽管有这些优点，但在已报道的残留分析中 TFC 的应用仍非常有限。造成这种现象可能的主要原因是仪器费用高昂以及供应商有限。Mottier 等报道了用 TFC-LC-MS/MS 方法分析蜂蜜中的 16 种喹诺酮类药物[144]。该方法有很大优势，因为只需将蜂蜜样品简单地稀释在水中即可。样品提取需 4.5min，而整个分析时间是 18.5min。待测物回收率范围为 85%～127%，该方法的 LOD 为 5μg/kg。Krebber 等使用 TFC-LC-MS/MS 方法快速检测可食组织中恩诺沙星和环丙沙星残留[145]。组织样品（牛、猪、火鸡和兔）用乙腈：水：甲酸进行提取，过滤，一半试样注入到 TFC-LC-MS/MS 系统进行分析。分析运行时间为 4min，所有组织的 LOQ 均为 25μg/kg，分析物回收率范围为 72%～105%。

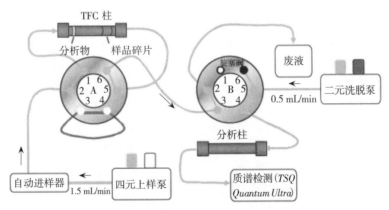

图 4.5　AriaTLX-2 系统的上样步骤示意图

样品通过自动进样器和装载泵引入到系统中。该系统包括溶剂控制环连接到循环阀 A。包括可以足够强地将分析物从 TFC 洗脱到分析柱（转移步骤）的混合溶剂。洗脱泵提供混合溶剂，并保证可进行正常色谱分离和检测（摘自 Stolker 等[146]，经 Springer 许可，2010 版）

Stolker 等[146]报道了用 TFC-LC-MS/MS 直接分析牛奶中 11 种兽药（共 7 个不同种类）残留的分析方法。该方法可用于一系列的原奶样品，分析不同脂肪含量的牛奶样品中的阿苯达唑、二氟沙星、四环素、土霉素、保泰松、盐霉素钠、螺旋霉素和磺胺二甲嘧啶。即使不使用内标，结果也呈线性关系，线性浓度范围为 50～500μg/L，同时该方法具有很好的重复性（RSD<14%，磺胺二甲嘧啶、二氟沙星<20%），检测限为 0.1～5.2μg/L，远低于欧盟规定的牛奶中相关药物的最高残留限量。但是所有分析物都出现了基质效应，即离子抑制或增强效应，根据方法的检测限、线性以及重复性，可以将该方法作为筛选方法使用。通过在一组空白样品和原奶中添加样品进行分析，没有出现假阳性或假阴性结果。

4.4.9　其他

这一部分讨论了超滤、微波辅助和超声辅助萃取技术。

4.4.9.1　超滤技术

超滤技术（UF）主要用于从蛋白质、肽、脂类和糖等大分子中分离目标分析物，这些大分子会干扰分析，尤其是会影响质谱电离。在残留分析中，最常用的形式是使用分子量截留装置或旋转过滤器结合微量离心管的形式。也可以使用替代形式，例如 96 孔板，但是需要专用的多头抽真空装置和真空泵。残留检测的应用中都要使用离心设备。

Goto 等[147]报道了使用电喷雾离子串联质谱法。

该方法简单、快速，并可同时检测肉中土的土霉素、四环素、金霉素、青霉素 G、氨苄西林和奈夫西林。样品用水进行匀质化，然后加入内标（去甲金霉素、青霉素 G-D5、氨苄青霉素-D5、奈夫西林-D6），再离心超滤。MS/MS 分析包括将样品富集在短色谱柱上，以及结合多反应监测技术。牛和猪的肌肉、肾脏和肝脏分别添加 50μg/kg 和 100μg/kg 的药物后整体回收率范围为 70%～115%，变异系数为 0.7%～14.8%（$n=5$）。用该方法每分析 8 批样品（包括样品制备和测定）仅需 3h，所有抗生素的检测限都为 2μg/kg。用该方法快速筛选肉中四环素类和青霉素类药物残留，结果是令人满意的。

其他的应用例子包括牛奶[148,150]、鸡蛋[151,152]、血浆[153]和可食组织[154,155]中的磺胺类药物残留检测；鸡蛋中四环素类药物[156]残留检测，肌肉、肾脏和肝脏中的青霉素 G 残留检测[157]，鸡蛋和鸡肉中的螺旋霉素（大环内酯类）残留检测[158]。

4.4.9.2 微波辅助萃取技术

微波辅助萃取技术（MAE）使用微波能量对溶剂/样品混合物进行加热，将样品基质中的分析物分离到溶剂中（图 4.6）。使用微波能量可以将溶剂快速加热，平均提取时间为 15～30min[159]。MAE 技术可以实现样品的高通量分析（几个样品可以同时萃取），同时溶剂消耗少（10～30mL）。Eskilsson 和 Bjorklund 报道的实例中 MAE 技术的应用较好[160]。

微波辅助萃取因可以替代传统的固相萃取方法，正受到越来越多的关注[161,162]。自 20 世纪 90 年代以来，MAE 技术已经以离线模式用于加速样品制备过程。在线 MAE 技术也有应用，使分析过程的第一步得以自动化。虽然微波装置在分析实验室用于样品净化已经有几年时间，但是近期该装置才被用于提高萃取效率方面[163]。20 世纪 80 年代后期使用家用微波炉进行的初步研究表明，将微波用于萃取有很大的潜力。微波在实验室中扩大使用开始于 1997 年前后，在这段时间里出现了一些商品化的用于萃取的仪器。MAE 使用微波辐射作为溶剂-样品混合物的加热源。由于微波对物质的特殊效应（即偶极旋转和离子电导），使得微波加热的速度很快，加热发生在样品的中心部位，因此萃取速度也很快。在大多数情况下，萃取溶剂可以选择性的吸收微波。但是，作为耐热化合物的替代技术，微波仅能被基质吸收，引起样品被加热，溶质被释放到冷的溶剂中。

到目前为止，从已获得的结果可以得出结论，除容器中产生过高的温度外，微波辐射不会引起被萃取化合物的降解。但是，研究者发现了微波对植物性材料的特殊效应。微波与植物腺体和维管系统内游离的水分子选择性相互作用，导致快速加热和温度升高，然后通过血管壁，将精油释放到溶剂中。在土壤和沉积物中也出现了类似的机理，同时强大的局部加热导致了压力的增加，然后基质的宏观结构遭到破坏。

微波能量主要通过以下两种技术应用到样品中：密闭容器（控制压力和温度）技术或开放式容器（在大气压力下）技术[163]。这两种技术通常分别称为加压 MAE（PMAE）和聚焦 MAE（FMAE）。在开放容器内，温度受到大气压状态下溶剂沸点的限制，而在密闭容器内，通过简单的加压，温度即可升高。后一系统更适合于分析挥发性化合物。但是，对于密闭容器，在打开容器之前要等待温度下降，这延长了整个萃取过程所需的时间（约 20min）。这两个系统在分析土壤中多环芳烃（PAHs）的回收情况时有相似的萃取效果。密闭容器技术与加压流体萃取技术（PFE）很类似，因为两个系统中的溶剂都要加热加压。主要的区别是加热的方式，一个是微波能量加热，一个是传统的炉加热。因此，不像 PFE 技术，密闭容器技术中影响方法性能的参数有所减少，因此该技术在实践中的应用变得更为简单。

所用溶剂的性质是 MAE 中的首要因素。和其他技术一样，溶剂（或溶剂混合物）应有效地溶解所认定的分析物，但并不显著地提取基质物质（即，提取过程应尽可能地具有选择性，以避免进一步的净化操作）。另外，还应该能够将待测物分子吸收到基质活性位点上，以确保有效的提取。最后，微波对溶剂的吸收特性是最为重要的，因为充分的加热可以实现有效的解吸和溶解，从而得到有效的萃取。一般来说，选择的溶剂应该能够吸收微波，为了避免化合物的降解，加热不可过度。因此，通常的做法是使用二元混合物（如正己烷-丙酮，1+1），其中只有一种溶剂可以吸收微波。然而，在某些情况下，极性溶剂（例如水或醇类）可以提供有效的萃取。另外，如果基质吸收微波或者需要加入额外的微波吸收材料（如 Weflon），也可以使用非极性溶剂。其他重要的参数是电功率、温度、提取时间，其中提取时间主要依据提取样品的数量而定。

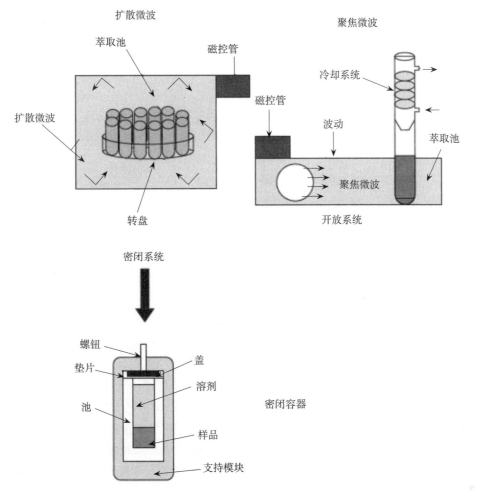

图 4.6 微波辅助萃取（MAE）系统原理示意图
(摘自 Camel[163]，经皇家化学学会许可，2001 版)

为了进行有效的提取，通常需要进行充分的加热，但是，过高的温度容易导致分析物的降解。和其他技术一样，基质的性质对于成功的萃取也是一个重要的因素。特别是水的含量要小心控制，应避免出现过度加热，应获得重复性较好的结果。因此，建议在提取前对基质进行干燥或者加入干燥剂，而后再加入所需含量的水。另外，分析物-基质相互作用的强度会导致基质效应的出现，因此要对不同基质的萃取条件进行优化。MAE 技术，尤其是密闭容器技术，已经有一些成功应用的例子（主要是环境方面的应用）。

Akhtar 等开发了采用 MAE 萃取添加或者饲喂含有氯霉素残留药物的冻干鸡蛋样品的方法[164]。使用乙腈和 2-丙醇二元混合物萃取样品的时间为 10s。Akhtar 也将 MAE 技术与传统的萃取技术（匀质、涡旋）在检测鸡蛋和鸡组织中盐霉素残留方面的效果进行了比较[165]。Raich-Montiu 等[159]报道了通过 MAE 技术使用乙腈萃取土壤样品中痕量的磺胺类药物残留，然后采用 SPE 技术做进一步净化，并选用具有不同理化特性的三种土壤样品进行了萃取效率的评价，回收率范围为 60%～98%，检测限范围为 1～6μg/kg。

4.4.9.3 超声波辅助萃取技术

最近的研究表明，超声波辅助萃取（UAE）通过提高萃取量和缩短萃取时间可以提高萃取效率。超声波萃取一般通过破坏细胞壁、增加细胞转移数量来加速植物组织等基质中有机化合物的萃取速度[166]。借助超声波可以提高有机化合物的萃取效率，这主要归因于声空化现象。随着超声波穿过液体，周期性膨胀给液体施加负压，从而使得分子彼此间距离增大（图 4.7[167]）。如果超声密度足够，周期性膨胀可以在液体中产生空腔或者微泡。当负压超过液体拉伸强度时会出现这种现象，且空腔或微泡会随着液体类型和纯度不同而发生改变。这些气泡一旦形成便会吸收声波能量,在周期性膨胀中变大,在压缩周期内压缩。压缩引起压力和温度升高将导致泡沫的破裂,进而引起冲击波通过溶剂,促进系统内的物质转移。

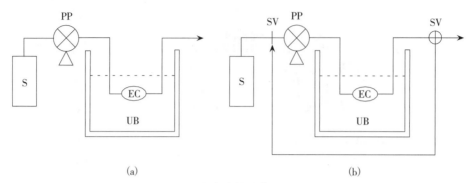

图 4.7 超声波辅助萃取示意图
(a) 为一个开放系统;(b) 为一个封闭系统(S-溶剂,PP-蠕动泵,EC-提取室,UB-超声槽,SV-开关阀)
(摘自 Tadeo 等[167],经 Elsevier 许可,2010 版)

Ma 等报道了同时检测化妆品中 22 种磺胺类药物的方法[168]。不同的化妆品样品,包括面霜、乳液、爽身粉、洗发水和唇膏,都可使用超声波萃取。然后使用 UPLC-MS/MS 方法进行定性和定量检测。磺胺类药物的检测限为 3.5~14.1μg/kg。三个添加浓度的平均回收率为 80.3%~103.6%,日内精密度小于 12%,日间精密度小于 15%。

4.5 小结

样品制备技术必须进行选择,并根据方法目的进行充分优化。正如 ICH 指导原则中描述的那样,有效的方法必须适用于特定的目的。生物分析应用中使用的样品制备方法及其主要特征的总结见表 4.1。选择合适的技术,要考虑提取时间、选择性、步骤、溶剂消耗以及应用在线技术的可能性等。

目前的样品制备技术属于"刚好满足"分析用的方法,一般采用较小的样品量及较简单的方法,因为步骤越多,越容易出现误差。采用新技术可以提高选择性(免疫亲和、MIP 以及适配体技术)并减少溶剂消耗,从而使样品制备更加环保(微提取技术),还具有高通量的自动化特性。

如表 4.2 所示,快速方法有 MEPS、在线的 RAM 和 TFC 等。MIP 或适配体技术的选择性最高。在无溶剂技术中,SPME 和 SBSE 技术或在线 RAM 和 TFC 等微萃取技术,都使用流动相洗脱样品,也最环保。但是,大多数微萃取技术,包括 LLE、SPME 和 SBSE 技术,由于平衡需要时间,因此可能无法用于高通量分析。因此,这些技术不可能广泛应用于现代残留分析实验室。总体而言,在线 RAM、TFC 和 MEPS 从提取时间、应用方便性、自动化可能性以及消耗溶剂上来说似乎是最方便的技术。然而,这些技术在现代高通量实验室内作为样品制备技术被广泛应用之前,还需要开展很多的研究和开发工作。

传统的样品制备技术,如 SPE 和 LLE 在常规实验室中仍是应用最广泛的。但是,其性能会被新的现代技术所超越,发展也将进一步深入,为了缩短与快速 LC 方法的差距,传统的样品制备技术也逐步向高通量、低溶剂损耗、使用方便、自动化、更环保方面发展。另外,SPE 和 LLE 因为其自动化(或半自动化)及与色谱技术的在线连接,很多分析实验室仍然将其作为有效可靠的样品制备技术在使用,在不久的将来这种状况也不可能改变。

表 4.1 食品样品中多种抗菌药物残留检测的样品制备方法总结

化合物	基质	提取和净化	参考文献
S,Q,M,T,P,TMP	肌肉	用含有 EDTA 的甲醇/水(70:30,V/V)进行提取,然后用水稀释,过滤	167
S,Q,M,T,β-L	肌肉、肾脏	用 70%甲醇溶液进行提取,用水进行 5 倍稀释	58

（续）

化合物	基质	提取和净化	参考文献
S, Q, L, M, N, IP, T	蜂蜜、牛奶、鸡蛋、肌肉	用水/乙腈或丙酮/1%甲酸（V/V）进行提取	59
S, Q, M, T	牛奶	QuEChERS，用酸化 ACN-EDTA 液体提取，加入硫酸镁和乙酸钠，以去除水分和蛋白质，离心、过滤有机相，稀释提取物	63
S, Q, IP, N	鸡肉	QuEChERS，用1%乙酸乙腈溶液萃取，加入硫酸钠，然后用含有 Bondesil-NH$_2$ 吸附剂（另加 BondElut SCXza 强离子交换柱分析 NMZs）的 d-SPE 净化	15
S, Q, M, A, L, IP	肌肉	用 ACN/MeOH（95∶5，V/V）提取，用乙腈饱和的正己烷去脂，然后吹干，溶解在甲醇中	10
β-L, M, N, Q, S, T	牛奶	用 0.1%甲酸乙腈溶液脱蛋白，用 3kD 分子截量膜超滤 1h，最后，将部分提取物吹干，离心，收集上清液	12
S, M, T, β-L, A, AMP	蜂蜜	4个连续的 LLE 步骤：①ACN，②10%（V/V）TCA+ACN，③NFPA+ACN，④水解+ACN；4 次提取物分别溶解于 MeOH/H$_2$O（20/80，V/V），再进行涡旋、超声、过滤处理	169
M, T, Q, S	蜂蜜	在酸性条件下（pH4.0）用水性 EDTA 提取，然后用 Oasis HLB 柱净化	77
T, F, M, L, S, A, CAP	蜂蜜	用水稀释蜂蜜，离心、过滤，取上清液用水稀释用于 AG 检测，剩余部分经 StrataX 柱净化	170
β-L, S, T, FQ, N, IP, AMP	牛奶	用 ACN/0.1%甲酸（V/V）溶液进行萃取，用 OasisHLB 柱净化，氮气吹 20min，吹去部分溶剂后再用分子截量膜超滤 20min	78
M, P, Q, S, T, N, IP, AMP	牛奶	用 ACN（振荡 30min）脱蛋白，然后再离心 15min，上清液用水稀释 10 倍，用 Strata X 柱净化	11
S, Q, M, T, L, β-L	肌肉、蜂蜜、肝脏	用 ACN-水性 McIlvaine 缓冲液/硫酸铵进行两性提取，用 Oasis HLB 柱净化	13
S, T, FQ, β-L	鸡蛋	用琥珀酸钠缓冲液提取，离心，用 Oasis HLB 柱净化	79
β-L, M, L, Q, S, T, N, TMP	肌肉	PLE 提取：溶剂水，压力为 1 500psi，温度为 70℃，淋洗体积为 60%，滞留时间为 10min，进行 1 个提取循环	171

注：A=氨基糖苷类药物；AMP=酰胺醇类药物；β-L=β-内酰胺类药物；d-SPE=分散 SPE；FQ=氟喹诺酮类药物；IP=离子载体类药物；L=林可胺类药物；M=大环内酯类药物；NMZ=硝基咪唑类药物；P=青霉素类药物；PLE=加压溶剂萃取；Q=喹诺酮类药物；S=磺胺类药物药物；T=四环素类药物；TMP=甲氧苄啶。此表的 QuEChERS=快速、简便、廉价、有效、耐用、安全的提取技术。

资料来源：改编自 Moreno-Bondi 等[56]，经 Springer 许可，2009 版。

表 4.2　样品制备技术的比较

样品制备技术	萃取时间（min）	选择性	多步骤操作	在线可能性	溶剂消耗
LLE	15~25	适中	是	+	高
PLE	10~15	适中	否	+	低
SPE	15~25	适中	是	+	相对高
MEPS					
MSPD	10~20	适中	否	−	低
SPME	10~60	适中	吸附/解吸	+	不消耗
SBSE	30~240	适中	吸附/解吸	−	不消耗
MIP	15~20	高	是	+	相对高
RAM	<5	适中	否（离心）	+	不消耗
TFC	<5	低	否	+	不消耗

注：来源：摘自 Noákavá and Vlcková[18]，经 Elsevier 许可，2009 版。

参考文献

[1] Scopus search veterinary and drugs and determination and chromatography and extraction and food and tissue and residues and cleanup; time period 2005-2010 (available athttp: //www. scopus. com) .

[2] Barker SA, Applications of matrix solid-phase dispersion in food analysis, J. Chromatogr. A 2000; 880: 63-68.

[3] Stolker AAM, Schwillens PLWJ, van Ginkel LA, Brinkman UATh, Comparison of different liquid chromatography methods for the determination of corticosteroids in biological matrices, J. Chromatogr. A 2000; 893: 55-67.

[4] Zheng MM, Gong R, Zhao X, Feng, YQ, Selective sample pretreatment by molecularly imprinted polymer monolith for the analysis of fluoroquinolones from milk samples, J. Chromatogr. A 2010; 1217: 2075-2081.

[5] Hormazabal V, Yndestad M, Determination of amprolium, ethopabate, lasalocid, monensin, narasin, and salinomycin in chicken tissues, plasma, and egg using liquid chromatography-mass spectrometry, J. Liq. Chromatogr. RT 2000; 23: 1585-1598.

[6] Anderson CR, Rupp HS, Wu WH, Complexities in tetracycline analysis—chemistry, matrix extraction, clean-up, and liquid chromatography, J. Chromatogr. A 2005; 1075: 23-32.

[7] Danaher M, Howells LC, Crooks SRH, Cerkvenik-Flajs V, O'Keeffe M, Review of methodology for the determination of macrocyclic lactone residues in biological matrices, J. Chromatogr. B 2006; 844: 175-203.

[8] Wang S, Zhang HY, Wang L, Duan ZJ, Kennedy I, Analysis of sulphonamide residues in edible animal products: A review, Food Addit. Contam. 2006; 23: 362-384.

[9] Danaher M, DeRuyck H, Crooks SRH, Dowling G, O'Keeffe M, Review of methodology for the determination of benzimidazole residues in biological matrices, J. Chromatogr. B 2007; 845: 1-37.

[10] Yamada R, Kozono M, Ohmori T, Morimatsu F, Kitayama M, Simultaneous determination of residual veterinary drugs in bovine, porcine, and chicken muscle using liquid chromatography coupled with electrospray ionization tandem mass spectrometry, Biosci. Biotech. Biochem. 2006; 70: 54-65.

[11] Stolker AAM, Rutgers P, Oosterink E, Lasaroms JJP, Peters RJB, van Rhijn J. A, Nielen MWF, Comprehensive screening and quantification of veterinary drugs in milk using UPLC-ToF-MS, Anal. Bioanal. Chem. 2008; 391: 2309-2322.

[12] Ortelli D, Cognard E, Jan P, Edder P, Comprehensive fast multiresidue screening of 150 veterinary drugs in milk by ultra-performance liquid chromatography coupled to time of flight mass spectrometry, J. Chromatogr. B 2009; 877: 2363-2374.

[13] Kaufmann A, Butcher P, Maden K, Widmer M, Quantitative multiresidue method for about 100 veterinary drugs in different meat matrices by sub 2-μm particulate highperformance liquid chromatography coupled to time of flight mass spectrometry, J. Chromatogr. A 2008; 1194: 66-74.

[14] Kinsella B, Lehotay SJ, Mastovska K, Lightfield AR, Furey A, Danaher M, New method for the analysis of flukicide and other anthelmintic residues in bovine milk and liver using liquid chromatography-tandem mass spectrometry, Anal. Chim. Acta 2009; 637: 196-207.

[15] Stubbings G, Bigwood T, The development and validation of a multi-class liquid chromatography tandem mass spectrometry (LC-MS/MS) procedure for the determination of veterinary drug residues in animal tissue using a QuEChERS (QUick, Easy, CHeap, Effective, Rugged and Safe) approach, Anal. Chim. Acta 2009; 637: 68-78.

[16] Antignac JP, de Wasch K, Monteau F, De Brabander H, Andre F, Le Bizec B, Proc. EuroResidue V Conf. Noordwijkerhout, The Netherlands, 2004, p. 129.

[17] Kinsella B, O'Mahony J, Malone E, Moloney M, Cantwell H, Furey A, Danaher M, Current trends in sample preparation for growth promoter and veterinary drug residue analysis, J. Chromatogr. A 2009; 1216: 7977-8015.

[18] Noáková L, Vlcková H, A review of current trends and advances in modern bio-analytical methods: Chromatography and sample preparation, Anal. Chim. Acta 2009; 656: 8-35.

[19] Commission Regulations No 37/2010 of December 22 2009 on pharmacologically active substances and their

classification regarding maximum residue limits in foodstuffs of animal origin, Off. J. Eur. Commun. 2010; L15: 1-72.

[20] De Ruyck H, Daeseleire E, Grijspeerdt K, De Ridder H, Van Renterghem R, Huyghebaert G, Determina-tion of flubendazole and its metabolites in eggs and poultry muscle with liquid chromatography-tandem mass spectrometry, J. Agric. Food Chem. 2001; 49: 610-617.

[21] De Ruyck H, Daeseleire E, Grijspeerdt K, De Ridder H, Van Renterghem R, Huyghebaert G, Distribution and depletion of flubendazole and its metabolites in edible tissues of guinea fowl, Br. Poultry Sci. 2004; 45: 540-549.

[22] Reyes-Herrera I, Schneider MJ, Cole K, Farnell MB, Blore PJ, Donoghue DJ, Concentrations of antibiotic residues vary between different edible muscle tissues in poultry, J. Food Prot. 2005; 68: 2217-2219.

[23] Delmas JM, Chapel AM, Gaudin V, Sanders P, Pharmacokinetics of flumequine in sheep after intravenous and intramuscular administration: bioavailability and tissue residue studies, J. Vet. Pharmacol. Ther. 1997; 20: 249-257.

[24] Nappier JL, Hoffman GA, Arnold TS, Cox TD, Reeves DR, Hubbard VL, Determination of the tissue distribution and excretion of ^{14}C-fertirelin acetate in lactating goats and cows, J. Agric. Food Chem. 1998; 46: 4563-4567.

[25] Lifschitz A, Imperiale F, Virkel G, Cobenas MM, Scherling N, DeLay R, Lanusse C, Depletion of moxidectin tissue residues in sheep, J. Agric. Food Chem. 2000; 48: 6011-6015.

[26] Prats C, El Korchi G, Francesch R, Arboix M, Perez B, Tylosin depletion from edible pig tissues, Res. Vet. Sci. 2002; 73: 323-325.

[27] Council Regulation 2377/90/EEC laying down a Community procedure for the establishment of maximum residue limits veterinary medicinal products in foodstuffs of animal origin, Off. J. Eur. Commun. 1990; L224: 1-8.

[28] Schneider MJ, Mastovska K, Solomon MB, Distribution of penicillin G residues in culled dairy cow muscles: Implications for residue monitoring, J. Agric. Food Chem. 2010; 58: 5408-5413.

[29] Gratacós-Cubarsí M, Castellari M, Valero A, García-Regueiro JA, Hair analysis for veterinary drug monitoring in livestock production, J. Chromatogr. B 2006; 834: 14-25.

[30] Cooper KM, Kennedy DG, Nitrofuran antibiotic metabolites detected at parts per million concentrations in retina of pigs—a new matrix for enhanced monitoring of nitrofuran abuse, Analyst 2005; 130: 466-468.

[31] Rose MD, Bygrave J, Farrington WHH, Shearer G, The Effect of cooking on veterinary drug residues in food. Part 8, Analyst 1997; 122: 1095-1099.

[32] Riediker S, Rytz A, Stadler RH, Cold-temperature stability of five β-lactam antibiotics in bovine milk and milk extracts prepared for liquid chromatography-electrospray ionization tandem mass spectrometry analysis, J. Chromatogr. A 2004; 1054: 359-363.

[33] Verdon E, Fuselier R, Hurtaud-Pessel D, Couedor P, Cadieu N, Laurentie M, Cold-temperature stability of five β-lactam antibiotics in bovine milk and milk extracts prepared for liquid chromatography-electrospray ionization tandem mass spectrometry analysis, J. Chromatogr. A 2000; 882: 135-143.

[34] McEvoy JDG, Ferguson JP, Crooks SRH, Kennedy DG, van Ginkel LA, Maghuin-Rogister G, Meyer HHD, Pfaff MW, Farrington WHH, Juhel-Gaugain M, Proc. 3rd Intnatl. Symp. Hormone and Veterinary Drug Residue Analysis, Oud St. Jan, Belgium, 1998, p. 2535.

[35] Papapanagiotou EP, Fletouris DJ, Psomas EI, Proc. EuroResidue V Conf., Noordwijkerhout, The Netherlands, 2004, p. 305. 36. Sireli UT, Filazi A, Cadirci O, Proc. Union of Scientists Natl. Conf., Stara Zagora, Bulgaria, 2005, p. 441.

[36] Sireli UT, Filazi A, Cadirci O, Proc. Union of Scientists Natl. Conf., Stara Zagora, Bulgaria, 2005, p. 441.

[37] Commission Decision of 12 August 2002 implementing Council Directive 96/23/EC concerning the performance of analytical methods and the interpretation of results. 2002/657/EC, Off. J. Eur. Commun. 2002; L221: 8-36.

[38] Croubels S, De Baere S, De Backer P, Practical approach for the stability testing of veterinary drugs in solutions and in biological matrices during storage, Anal. Chim. Acta 2003; 483: 419-427.

[39] McEvoy DG, Crooks SRH, Elliott CT, McCaughey WJ, Kennedy DG, Proc. 2nd Intnatl. Symp. Hormone

and Veterinary Drug Residue Analysis, Oud St. Jan, Belgium, 1994, p. 2603.

[40] Cooper AD, Tarbin JA, Farrington WHH, Shearer G, Aspects of extraction, spiking and distribution in the determination of incurred residues of chloramphenicol in animal tissues, Food Addit. Contam. 1998; 15: 637-644.

[41] Heller DN, Peggins JO, Nochetto CB, Smith ML, Chiesa OA, Moulton K, LC/MS/MS measurement of gentamicin in bovine plasma, urine, milk, and biopsy samples taken from kidneys of standing animals, J. Chromatogr. B 2005; 821: 22-30.

[42] Vass M, Hruska K, Franek M, Nitrofuran antibiotics: A review on the application, prohibition and residual analysis, Vet. Med. CzechPraha. 2008; 53: 469-500.

[43] EMEA Nitrofurans Summary Report (available at http://www.emea.europa.eu/pdfs/vet/mrls/nitrofurans.pdf; accessed 11/22/10).

[44] Hoogenboom LAP, Berghmans MCJ, Polman THG, Parker R, Shaw IC, Depletion of protein-bound furazolidone metabolites containing the 3-amino-2-oxazolidinone sidechain from liver, kidney and muscle tissues from pigs, Food Addit. Contam. 1992; 9: 623-644.

[45] Conneely A, Nugent A, O'Keeffe M, Mulder PPJ, van Rhijn JA, Kovacsics L, Fodor A, McCracken RJ, Kenned DG, Isolation of bound residues of nitrofuran drugs from tissue by solid-phase extraction with determination by liquid chromatography with UV and tandem mass spectrometric detection, Anal. Chim. Acta 2003; 483: 91-98.

[46] FOI Summary, NADA 141-063 (original), NUFLOR (florfenicol), 1996 (available at http://cpharm.vetmed.vt.edu/VM8784/ANTIMICROBIALS/FOI/141063.htm; accessed 11/22/10).

[47] Wrzesinski CL, Crouch LS, Endris R, Determination of florfenicol amine in channel catfish muscle by liquid chromatography, J. AOAC Int. 2003; 86: 515-520.

[48] Wu JE, Chang C, Ding WP, He DP, Determination of florfenicol amine residues in animal edible tissues by an indirect competitive ELISA, J. Agric. Food Chem. 2008; 56: 8261-8267.

[49] Xu Y, Du L, Rose MJ, Fu I, Wolf ED, Musson DG, Concerns in the development of an assay for determination of a highly conjugated adsorption-prone compound in human urine, J. Chromatogr. B 2005; 818: 241-248.

[50] Wang CJ, Pao LH, Hsiong CH, Wu CY, Whang-Peng JJK, Hu OYP, Novel inhibition of cis/trans retinoic acid interconversion in biological fluids—an accurate method for determination of trans and 13-cis retinoic acid in biological fluids, J. Chromatogr. B 2003; 796: 283-291.

[51] Murphy-Poulton SF, Boyle F, Gu XQ, Mater LE, Thalidomide enantiomers: Determination in biological samples by HPLC and vancomycin-CSP, J. Chromatogr. B 2006; 831: 48-56.

[52] Evans MJ, Livesey JH, Ellis MJ, Yandle TG, Effect of anticoagulants and storage temperatures on stability of plasma and serum hormones, Clin. Biochem. 2001; 34: 107-112.

[53] McCracken RJ, Spence DE, Kennedy DG, Comparison of extraction techniques for the recovery of veterinary drug residues from animal tissues, Food Addit. Contam. 2000; 17: 907-914.

[54] Babin Y, Fortier S, A high-throughput analytical method for determination of aminoglycosides in veal tissues by liquid chromatography/tandem mass spectrometry with automated clean-up, J. AOAC Int. 2007; 90: 1418-1426.

[55] Fletouris DJ, Papapanagiotou EP, Proc. 14th European Conf. Analytical Chemistry, Antwerp, Belgium, 2007, p. 1189.

[56] Moreno-Bondi MC, Marazuela MD, Herranz S, Rodriguez E, An overview of sample preparation procedures for LC-MS multi-class antibiotic determination in environmental and food samples, Anal. Bioanal. Chem. 2009; 395: 921-946.

[57] Chico J, Rúbies A, Centrich F, Companyó R, Prat MD, Granados M, High-throughput multi-class method for antibiotic residue analysis by liquid chromatography-tandem mass spectrometry, J. Chromatogr. A 2008; 1213: 189-199.

[58] Granelli K, Branzell C, Rapid multi-residue screening of antibiotics in muscle and kidney by liquid chromatography electrospray ionization-tandem mass spectrometry, Anal. Chim. Acta 2007; 586: 289-295.

[59] Mol HGJ, Plaza-Bolaños P, Zomer P, Rijk TC, Stolker AAM, Mulder PPJ, Toward a generic

extraction method for simultaneous determination of pesticides, mycotoxins, plant toxins, and veterinary drugs in feed and food matrices, Anal. Chem. 2008; 80: 9450-9459.

[60] Anastassiades M, Lehotay SJ, Stajnbaher D, Schenck FJ, J. Assoc. Off. Anal. Chem. Intnatl. 2003;86: 412.

[61] Pinto CG, Laespada MEF, Martín SH, Ferreira AMC, Pavón JLP, Cordero BM, Simplified QuEChERS approach for the extraction of chlorinated compounds from soil samples, Talanta 2010; 81: 385-391.

[62] Lehotay SJ, Determination of pesticide residues in foods by acetonitrile extraction and partitioning with magnesium sulfate: collaborative study, J. AOAC Int. 2007; 90: 485-520.

[63] Aguilera-Luiz MM, Vidal JLM, Romero-González R, Frenich AG, Multi-residue determination of veterinary drugs in milk by ultra-high-pressure liquid chromatography-tandem mass spectrometry, J. Chromatogr. A 2008; 1205: 10-16.

[64] Kinsella B, Lehotay SJ, Mastovska K, Lightfield AR, Furey A, Danaher M, New method for the analysis of flukicide and other anthelmintic residues in bovine milk and liver using liquid chromatography-tandem mass spectrometry, Anal. Chim. Acta 2009; 37: 196-207.

[65] Taylor LT, Supercritical Fluid Extraction, Wiley-Interscience, New York, 1996.

[66] Stolker AAM, van Ginkel LA, Stephany RW, Maxwell RJ, Parks OW, Lightfield AR, Supercritical fluid extraction of methyltestosterone, nortestosterone and testosterone at low ppb levels from fortified bovine urine, J. Chromatogr. B. 1999; 726: 121-131.

[67] Stolker AAM, Zoontjes PW, Schwillens PLWJ, Kootstra P, van Ginkel LA, Stephany RW, Brinkman UATh, Determination of acetyl gestagenic steroids in kidney fat by automated supercritical fluid extraction and liquid chromatography iontrap mass spectro-metry, Analyst 2002; 127: 748-754.

[68] Stolker AAM, van Tricht EF, Zoontjes PW, van Ginkel LA, Stephany RW, Rapid method for the determination of stanozolol in meat with supercritical fluid extraction and liquid chromatography-mass spectrometry, Anal. Chim. Acta 2003; 483: 1-9.

[69] Carabias-Martinez R, Rodriguez-Gonzalo E, Revilla-Ruiz P, Hernandez-Mendez J, Pressurized liquid extraction in the analysis of food and biological samples, J. Chromatogr. A 2005; 1089: 1-17.

[70] Giergielewicz-Mozajska H, Dabrowski L, Namiesnik J, Accelerated solvent extraction (ASE) in the analysis of environmental solid samples—some aspects of theory and practice, Crit. Rev. Anal. Chem. 2001; 31: 149-165.

[71] Mendiola JA, Herrero M, Cifuentes A, Ibáñez E, Use of compressed fluids for sample preparation: Food applications, J. Chromatogr. A 2007; 1152: 234-246.

[72] Carretero V, Blasco C, Picó Y, Multi-class determination of antimicrobials in meat by pressurized liquid extraction and liquid chromatography-tandem mass spectrometry, J. Chromatogr. A 2008; 1209: 162-173.

[73] Runnqvist H, Bak SA, Hansen M, Styrishave B, Halling-Sørensen B, Björklund E, Determination of pharmaceuticals in environmental and biological matrices using pressurized liquid extraction—Are we developing sound extraction methods? J. Chromatogr. A 2010; 1217: 2447-2470.

[74] Thurman EM, Mills MS, Solid-Phase Extraction: Principles and Practice, Wiley-Interscience, New York, 1998.

[75] Fontanals N, Marcé RM, Borrull F, New hydrophilic materials for solid-phase extraction, Trends Anal. Chem. 2005; 24: 394-406.

[76] De Alwis H, Heller DN, Multi-class, multi-residue method for the detection of antibiotic residues in distillers grains by liquid chromatography and ion trap tandem mass spectrometry, J. Chromatogr. A 2010; 1217: 3076-3084.

[77] Martinex-Vidal JL, Aguilera-Luiz MM, Romero-Gonález R, Garido-Frenish A, Multi-class analysis of antibiotic residues in honey by ultraperformance liquid chromatography-tandem mass spectrometry, J. Agric. Food Chem. 2009; 57: 1760-1767.

[78] Turnipseed SB, Andersen WC, Karbiwnyk CM, Madson MR, Miller KE, Multi-class, multi-residue liquid chromatography/tandem mass spectrometry screening and confirmation methods for drug residues in milk, Rapid Commun. Mass Spectrom. 2008; 22: 1467-1480.

[79] Heller D, Nochetto CB, Rumel NG, Thomas MH, Development of multi-class methods for drug residues in eggs: hydrophilic solid-phase extraction clean-up and liquid chromatography/tandem mass spectrometry analysis of tetracycline, fluoroquinolone, sulfonamide, and β-lactam residues, J. Agric. Food Chem. 2006; 54: 5267-5278.

[80] Pecorelli I, Galarini R, Bibi R, Floridi A, E. Casciarri E, Floridi A, Simultaneous determination of 13 quinolones from feeds using accelerated solvent extraction and liquid chromatography, Anal. Chim. Acta 2003; 483: 81-89.

[81] Johnston L, Mackay L, Croft M, Determination of quinolones and fluoroquinolones in fish tissue and seafood by high-performance liquid chromatography with electrospray ionisation tandem mass spectrometric detection, J. Chromatogr. A 2002; 982: 97-109.

[82] Hubert P, Chiap P, Evrard B, Delattre L, Crommen J, Highthroughput screening for multi-class veterinary drug residues in animal muscle using liquid chromatography/tandem mass spectrometry with on-line solid-phase extraction, J. Chromatogr. B 1993; 622: 53-60.

[83] Kantiani L, Farre M, Sibum M, Postigo C, Lopez de Alda M, Barcelo D, Fully automated analysis of β-lactams in bovine milk by online solid phase extractionliquid chromatography-electrospray-tandem massspectrometry, Anal. Chem. 2009;81:4285-4295.

[84] Spark Holland Application Note 30 (2000) (available at http://www.sparkholland.com/applications/application-search; accessed 11/22/10).

[85] Spark Holland Application Note 53074 (2007) (available at http://www.sparkholland.com/applications/application-search; accessed 11/22/10).

[86] Tang HP, Ho C, Lai SS, High-throughput screening for multi-class veterinary drug residues in animal muscle using liquid chromatography/tandem mass spectrometry with online solid-phase extraction, Rapid Commun. Mass Spectrom. 2006; 20: 2565-2572.

[87] Fagerquist CK, Lightfield AR, Lehotay SJ, Confirmatory and quantitative analysis of β-lactam antibiotics in bovine kidney tissue by dispersive solid-phase extraction and liquid chromatography-tandem mass spectrometry, Anal. Chem. 2005; 77: 1473-1482.

[88] Anastassiades M, Lehotay SJ, Stajnbaher D, Schenck FJ, Fast and easy multiresidue method employing acetonitrile extraction/partitioning and "dispersive solid phase extraction" for the determination of pesticide residues in fruits and vegetables, J. AOAC Int. 2003; 86: 412-431.

[89] Mastovska K, Lightfield AR, Streamlining methodology for the multi-residue analysis of β-lactam antibiotics in bovine kidney using liquid chromatography-tandem mass spectrometry, J. Chromatogr. A 2008; 1202: 118-123.

[90] Hernando MD, Mezcua M, Suarez-Barcena JM, Fernandez-Alba AR, Liquid chromatography with time-of-flight mass spectrometry for simultaneous determination of chemotherapeutant residues in salmon, Anal. Chim. Acta 2006; 562: 176-184.

[91] Barker SA, Long AR, Short CR, Isolation of drug residues from tissues by solid phase dispersion, J. Chromatogr. 1989; 475: 353-361.

[92] Kristenson EM, Ramos L, Brinkman UATh, Recent advances in matrix solid-phase dispersion, Trends Anal. Chem. 2006; 25: 96-111.

[93] Capriotti AL, Cavaliere C, Giansanti P, Gubbiotti R, Samperia R, Lagana A, Recent developments in matrix solid-phase dispersion extraction, J. Chromatogr. A 2010; 1217: 2521-2532.

[94] Liu Y, Zou QH, Xie MX, Han J, A novel approach for simultaneous determination of 2-mercaptobenzimidazole and derivatives of 2-thiouracil in animal tissue by gas chromatography/mass spectrometry, Rapid Commun. Mass Spectrom. 2007; 21: 1504-1510.

[95] Bogialli S, Di Corcia A, Matrix solid-phase dispersion as a valuable tool for extracting contaminants from foodstuffs, J. Biochem. Biophys. Meth. 2007;70:163-179.

[96] Bogialli S, D'Ascenzo G, Di Corcia A, Laganà A, Tramontana G, Simple assay for monitoring seven quinolone antibacterials in eggs: Extraction with hot water and liquid chromatography coupled to tandem mass spectrometry: Laboratory validation in line with the European Union Commission Decision 657/2002/EC, J. Chromatogr. A 2009; 1216: 794-800.

[97] Barker SA, Matrix solid phase dispersion (MSPD), Biochem. Biophys. Meth. 2007; 70: 151-162.

[98] Garcia-Lopez M, Canosa P, Rodriguez I, Trends and recent applications of matrix solid-phase dispersion, Anal. Bioanal. Chem. 2008; 391: 963-974.

[99] Zou QH, Wang J, Wang XF, Liu Y, Han J, Hou F,

Xie MX, Application of matrix solid-phase dispersion and high-performance liquid chromatography for determination of sulfonamides in honey, J. AOAC Int. 2008; 91: 252-258.

[100] Kishida K, Quantitation and confirmation of six sulphonamides in meat by liquid chromatography-mass spectrometry with photodiode array detection, Food Control 2007; 18: 301-305.

[101] Bogialli S, D'Ascenzo G, Di Corcia A, Lagana A, Nicolardi S, A simple and rapid assay based on hot water extraction and liquid chromatography-tandem mass spectrometry for monitoring quinolone residues in bovine milk, Food Chem. 2008; 108: 354-360.

[102] Yan H, Qiao F, Row KH, Molecularly imprintedmatrix solid phase dispersion for selective extraction of five fluoroquinolones in eggs and tissue, Anal. Chem. 2007; 79: 8242-8248.

[103] Marazuela MD, Bogialli S, A review of novel strategies of sample preparation for the determination of antibacterial residues in foodstuffs using liquid chromatography-based analytical methods, Anal. Chim. Acta 2009; 645: 5-17.

[104] Beraldi RP, Pawliszyn J, The application of chemically modified fused silica fibers in the extraction of organics from water matrix samples and their rapid transfer to capillary columns, Water Pollut. Res. J. Can. 1989; 24: 179-191.

[105] Artur CL, Pawliszyn J, Solid phase microextraction with thermal desorption using fused silica optical fibers, Anal. Chem. 1990; 62: 2145-2148.

[106] Ullrich S, Solid-phase microextraction in biomedical analysis, J. Chromatogr. A 2000; 902: 167-194.

[107] Lord HL, Strategies for interfacing solid-phase microextraction with liquid chromatography, J. Chromatogr. A 2007; 1152: 2-13.

[108] Gaurav AK, Malik AK, Tewary DK, Singh B, A review on development of solid phase microextraction fibers by sol-gel methods and their applications, Anal. Chim. Acta 2008; 610: 1-14.

[109] Augusto F, Carasek E, Costa Silva RG, Rivellino SR, Batista AD, Martendal E, Newsorbents for extraction and microextraction techniques, J. Chromatogr. A 2010; 1217: 2533-2542.

[110] Chong SL, Wang D, Hayes JD, Wilhite BW, Malik A, Solgel coating technology for the preparation of solid phase microextraction fibers of enhanced thermal stability, Anal. Chem. 1997; 69: 3889-3898.

[111] McClure EL, Wong ChS, Solid phase microextraction of macrolide, trimethoprim, and sulfonamide antibiotics in wastewaters, J. Chromatogr. A 2007; 1169: 53-62.

[112] Lu KH, Chen CY, Lee MR, Trace determination of sulfonamides residues in meat with a combination of solidphase microextraction and liquid chromatography-mass spectrometry, Talanta 2007; 72: 1082-1087.

[113] Altun Z, Abdel-Rehim M, Study of the factors affecting the performance of microextraction by packed sorbent (MEPS) using liquid scintillation counter and liquid chromatography-tandem mass spectrometry, Anal. Chim. Acta 2008; 630: 116-123.

[114] Pavlovic DM, Babic S, Horvat ALM, Macan JK, Sample preparation in analysis of pharmaceuticals, Trends Anal. Chem. 2007; 26: 1062-1075.

[115] David F, Sandra P, Stir bar sorptive extraction for trace analysis, J. Chromatogr. A 2007; 1152: 54-69.

[116] Huang X, Qiu N, Yuan D, Simple and sensitive monitoring of sulfonamide veterinary residues in milk by stir bar sorptive extraction based on monolithic material and high performance liquid chroma-tography analysis, J. Chromatogr. A 2009; 1216: 8240-8245.

[117] Luo Y-B, Ma Q, Feng Y-Q, Stir rod sorptive extraction with monolithic polymer as coating and its application to the analysis of fluoroquinolones in honey sample, J. Chromatogr. A 2010; 1217: 3583-3589.

[118] Desilets CP, Rounds MA, Regnier FE, Semipermeable-surface reversed-phase media for high-performance liquid chromatography, J. Chromatogr. A 1991; 544: 25-39.

[119] Cassiano NM, Lima VV, Oliveria RV, Pietro AC, Cass QB, Development of restricted-access media supports and their application to the direct analysis of biological fluid samples via high-performance liquid chromatography, Anal. Bioanal. Chem. 2006; 384: 1462-1469.

[120] Sadílek P, Satínský D, Solich P, Using restricted-access materials and column switching in high-performance liquid chromatography for direct

analysis of biologically-active compounds in complex matrices, Trends Anal. Chem. 2007; 26: 375-384.

[121] Sato Y, Yamamoto E, Takaluwa S, Kato T, Asakawa N, Weak cation-exchange restricted-access material for on-line purification of basic drugs in plasma, J. Chromatogr. A 2008; 1190: 8-13.

[122] Oliveira RV, Cass QB, Evaluation of liquid chromatographic behavior of cephalosporin antibiotics using restricted access medium columns for on-line sample clean-up of bovine milk, J. Agric. Food Chem. 2006; 54: 1180-1187.

[123] Ding J, Ren N, Chen L, Ding L, On-line coupling of solid-phase extraction to liquid chromatography-tandem mass spectrometry for the determination of macrolide antibiotics in environmental water, Anal. Chim. Acta 2009; 634: 215-221.

[124] Katz SE, Siewierski M, Drug residue analysis using immunoaffinity chromatography, J. Chromatogr. A 1992; 624: 403-409.

[125] Li C, Wang ZH, Cao XY, Beier RC, Zhang SX, Ding SY, Li XW, Shen JZ, Development of an immunoaffinity column method using broad-specificity monoclonal antibodies for simultaneous extraction and cleanup of quinolone and sulfonamide antibiotics in animal muscle, J. Chromatogr. A 2008; 1209: 1-5.

[126] Zhao SJ, Li XL, Ra YK, Li C, Jiang HY, Li JC, Qu ZN, Zhang SX, He FY, Wan YP, Feng CW, Zheng ZR, Shen JZ, Developing and optimizing an immunoaffinity cleanup technique for determination of quinolones from chicken muscle, J. Agric. Food Chem. 2009; 57: 365-371.

[127] Li JS, Qian CF, Determination of avermectin B1 in biological samples by immunoaffinity column clean-up and liquid chromatography with UV detection, J. AOAC Int. 1996; 79: 1062-1067.

[128] Luo P, Chen X, Liang C, Kuang H, Lu L, Jiang Z, Wang Z, Li C, Zhang S, Shen J, Simultaneous determination of thiamphenicol, florfenicol and florfenicol amine in swine muscle by liquid chromatography-tandem mass spectrometry with immunoaffinity chromatography clean-up, J. Chromatogr. B 2010; 878: 207-212.

[129] He C, Long Y, Pan J, Li K, Liu F, Application of molecularly imprinted polymers to solid-phase extraction of analytes from real samples, J. Biochem. Biophys. Meth. 2007; 70: 133-150.

[130] Gupta R, Kumar A, Molecular imprinting in sol-gel matrix, Biotechnol. Adv. 2008; 26: 533-547.

[131] Sellergren B, Direct drug determination by selective sample enrichment on an imprinted polymer, Anal. Chem. 1994; 66: 1578-1582.

[132] He J, Wang S, Fang G, Zhu H, Zhang Y, Molecularly imprinted polymer online solid-phase extraction coupled with high-performance liquid chromatography-UV for the determination of three sulfonamides in pork and chicken, J. Agric. Food Chem. 2008; 56: 2919-2925.

[133] Boyd B, Björk H, Billing J, Shimelis O, Axelsson S, Leonora M, Yilmaz E, Development of an improved method for trace analysis of chloramphenicol using molecularly imprinted polymers, J. Chromatogr. A 2007; 1174: 63-71.

[134] Puoci F, Iemma F, Cirillo G, Curcio M, Parisi OI, Spizzirri UG, Picci N, New restricted access materials combined to molecularly imprinted polymers for selective recognition/release in water media, Eur. Polym. J. 2009; 45: 1634-1640.

[135] Mohamed R, Richoz-Payot J, Gremaud E, Mottier P, Yilmaz E, Tabet JC, Gut PA, Advantages of molecularly imprinted polymers LC-ESI-MS/MS for the selective extraction and quantification of chloramphenicol in milk-based matrixes. Comparison with a classical sample preparation, Anal. Chem. 2007; 79: 9557-9565.

[136] Hung ChY, Hwang ChCh, HPLC behaviour of sulfonamides on molecularly imprinted polymeric stationary phases, Acta Chromatogr. 2007; 18: 106-115.

[137] Turiel E, Martín-Esteban A, Tadeo JL, Molecular imprinting-based separation methods for selective analysis of fluoroquinolones in soils, J. Chromatogr. A 2007; 1172: 97-104.

[138] Ellington AD, Szostak JW, In vitro selection of RNA molecules that bind specific ligands, Nature 1990; 346: 818-822.

[139] Tuerk C, Gold L, Science 1990; 249: 505-510.

[140] Tombelli S, Minunni M, Mascini M, Analytical applications of aptamers, Biosens Bioelectron. 2005; 20: 2424-2434.

[141] Kim YJ, Kim YS, Niazi JH, Gu MB, Electrochemical aptasensor for tetracycline detection, Bioprocess. Biosyst. Eng. 2010; 33: 31-37.

[142] Xu Y, Willson KJ, Musson DG, Strategies on efficient method development of on-line extraction assays for determination of MK-0974 in human plasma and urine using turbulent-flow chromatography and tandem mass spectrometry, J. Chromatogr. B 2008; 863: 64-73.

[143] Zimmer D, Pickard V, Czembor W, Muller C, Proc. 15th Montreux Symp. LC-MS SFC-MS CE-MS and MS-MS, Elsevier Science, Montreux, France, 1998, p. 23.

[144] Mottier P, Hammel YA, Gremaud E, Philippe AG, Quantitative high-throughput analysis of 16 (fluoro) quinolones in honey using automated extraction by turbulent flow chromatography coupled to liquid chromatography-tandem mass spectrometry, J. Agric. Food Chem. 2008; 56: 35-43.

[145] Krebber R, Hoffend FJ, Ruttman F, Simple and rapid determination of enrofloxacin and ciprofloxacin in edible tissues by turbulent flow chromatography/tandem mass spectrometry (TFC-MS/MS), Anal. Chim. Acta 2009; 637: 208-213.

[146] Stolker AAM, Peters RJB, Zuiderent R, Bussolo JD, Martins C, Fully automated screening of veterinary drugs in milk by turbulent flow chromatography and tandem mass spectrometry, Anal. Bioanal. Chem. 2010; 397: 2841-2849.

[147] Goto T, Ito Y, Yamada S, Matsumoto H, Oka H, Highthroughput analysis of tetracycline and penicillin antibiotics in animal tissues using electrospray tandem mass spectrometry with selected reaction monitoring transition, J. Chromatogr. A 2005; 1100: 193-199.

[148] Furusawa N, Liquid-chromatographic determination of sulfadimidine in milk and eggs, Fresenius J. Anal. Chem. 1999; 364: 270-272.

[149] Furusawa N, Simplified determining procedure for routine residue monitoring of sulphamethazine and sulphadimethoxine in milk, J. Chromatogr. A 2000; 898: 185-191.

[150] Furusawa N, Kishida K, High-performance liquid chromatographic procedure for routine residue monitoring of seven sulfonamides in milk, Fresenius J. Anal. Chem. 2001; 371: 1031-1033.

[151] Furusawa N, Determination of sulfonamide residues in eggs by liquid chromatography, J. AOAC Int. 2002; 85: 848-851.

[152] Furusawa N, Rapid high-performance liquid chromatographic determining technique of sulfamonomethoxine, sulfadimethoxine, and sulfaquinoxaline in eggs without use of organic solvents, Anal. Chim. Acta 2003; 481: 255-259.

[153] Furusawa N, Simultaneous high-performace liquid chromatographic determination of sulfamonome thoxine and its hydroxy/N4-acetyl metabolites following centrifugal ultra-filtration in animal blood plasma, Chromatographia 2000; 52: 653-656.

[154] Muldoon MT, Buckley SA, Deshpande SS, Holtzapple CK, Beier RC, Stanker LH, Development of a monoclonal antibody-based cELISA for the analysis of sulfadimethoxine. 2. Evaluation of rapid extraction methods and implications for the analysis of incurred residues in chicken liver tissue, J. Agric. Food Chem. 2000; 48: 545-550.

[155] Furusawa N, Determining the procedure for routine residue monitoring of sulfamethazine in edible animal tissues, Biomed. Chromatogr. 2001; 15: 235-239.

[156] Furusawa N, Simplified liquid-chromatographic determination of residues of tetracycline antibiotics in eggs, Chromatographia 2001; 53: 47-50.

[157] Furusawa N, Liquid chromatographic determination/identification of residueal penicillin G infood producing animal tissues, J. Liq. Chromatogr. RT 2001; 24: 161-172.

[158] Furusawa N, Normal-phase high-performance liquid chromatographic determination of spiramycin in eggs and chicken, Talanta 1999; 49: 461-465.

[159] Raich-Montiu J, Folch J, Compañó R, Granados M, Prat MD, Analysis of trace levels of sulfonamides in surface water and soil samples by liquid chromatography-fluorescence, J. Chromatogr. A 2007; 1172: 186-193.

[160] Eskilsson CS, Bjorklund E, Analytical-scale microwaveassisted extraction, J. Chromatogr. A 2000; 902: 227-250.

[161] Sharma U, Sharma K, Sharma N, Sharma S, Singh HP, Sinha AK, Microwave-assisted efficient extraction of different parts of hippophae rhamnoides for the com-

parative evaluation of antioxidant activity and quantification of its phenolic constituents by reverse-phase high-performance liquid chromato graphy (RPHPLC), J. Agric. Food Chem. 2008; 56: 374-379.

[162] Vryzas Z, Papadopoulou-Mourkidou E, Determination of triazine and chloroacetanilide herbicides in soils by microwave-assisted extraction (MAE) coupled to gas chromatographic analysis with either GC-NPD or GC-MS, J. Agric. Food Chem. 2002; 50: 5026-5033.

[163] Camel V, Recent extraction techniques for solid matrices—supercritical fluid extraction, pressurized fluid extraction and microwave-assisted extraction: Their potential and pitfalls, Analyst 2001; 126: 1182-1193.

[164] Akhtar MH, Croteau LG, Dani C, AbouElSooud K, Proc. 109th AOAC Int. Meeting, IOS Press, Nashville, TN, 1995, p. 33.

[165] Akhtar MH, Comparison of microwave assisted extraction with conventional (homogenization, vortexing) for the determination of incurred salinomycin in chicken eggs and tissues, J. Environ. Sci. Health B 2004; 39: 835-844.

[166] Hemwimol S, Pavasant P, Shotipruk A, Ultrasound-assisted extraction of anthraquinones from roots of Morinda citrifolia, Ultrason, Sonochem. 2006; 13: 543-548.

[167] Tadeo JL, Sánchez-Brunete C, Albero B, García-Valcárcel AI, Application of ultrasound-assisted extraction to the determination of contaminants in food and soil samples, J. Chromatogr. A 2010; 1217: 2415-2440.

[168] Ma Q, Wang C, Wang X, Bai H, Dong YY, Wu T, Zhang Q, Wang JB, Tang YZ, Simultaneous determination of 22 sulfonamides in cosmetics by ultra performance liquid chromatography tandem mass spectrometry, Fenxi Huaxue/Chin. J Anal. 2008; 12: 1683-1689.

[169] Hammel YA, Mohamed R, Gremaud E, Le Breton MH, Guy PA, Multi-screening approach to monitor and quantify 42 antibiotic residues in honey by liquid chromatography-tandem mass spectrome-try, J. Chromatogr. A 2008; 1177: 58-76.

[170] Lopez MI, Barton JS, Chu PS, Multi-class determination and confirmation of antibiotic residues in honey using LCMS/MS, J. Agric. Food Chem. 2008; 56: 1553-1559.

[171] Carretero V, Blasco C, Picó Y, Multi-class determination of antimicrobials in meat by pressurized liquid extraction and liquid chromato graphy-tandem mass spectrometry, J. Chromatogr. A. 2008; 1209: 162-173.

5 生物分析筛选方法

5.1 引言

兽药在食品动物中的使用可能导致其在动物源性食品（如牛奶或屠宰胴体）中残留的问题受到了广泛关注[1]。2007 年，欧洲的一项关于食品安全的民意调查显示：欧洲消费者高度关注食品中各种物质的残留问题，包括已经批准且在全球畜牧养殖业中广泛应用的抗菌药物的残留[2]。

畜牧业生产中使用抗菌药物的主要目的为：①预防和控制感染；②促生长[3]。自 2006 年起，欧盟已禁止抗菌药物生长促进剂（Antimicrobial growth promoter, AGPs)[或称为抗菌药物促生长剂（Antibiotic growth-promoting agents, AGPAs）]的使用[4]。耐药微生物在人群中的传播，如耐甲氧西林金黄色葡萄球菌（Meticillin-resistant Staphyloccocus aureus, MRSA），已引起了全球性的关注。抗菌药物耐药性的产生是一个复杂的过程，包括点突变、基因转导、基因重排（易位）、外源 DNA 的缺失或插入等多种机制[5]。来源于动物的耐药菌可以通过接触、食物链或职业暴露等途径感染人群。抗菌药物在食品中的残留可引起过敏反应（如青霉素残留）、毒性作用（如氯霉素残留）或者人类肠道菌群失衡。另外，牛奶或肉类中高浓度的兽药残留会抑制发酵剂在奶酪、酸奶和发酵肉制品生产中的作用，进而造成经济损失。例如，FAO/WHO 联合专家委员会（Joint FAO/WHO Expert Committee on Food Additives, JECFA）基于吡利霉素对奶酪、脱脂奶、奶油和酸奶生产中发酵剂的影响的研究，推荐了吡利霉素在牛奶中的最高残留限量（Maximum residue limit, MRL），2006 年食品法典委员会（Codex Alimentarius Commission, CAC）也采用了这一最高残留限量标准[6,7]。

欧盟对于兽药产品（Veterinary medicinal products, VMPs）的安全使用进行了监控，并要求各成员定期审核以确保监控的有效实施[8]。出口动物源性食品到欧盟的国家（被称为"第三国"）必须同样遵守欧盟的法律法规[9]。兽药的使用遵从欧盟理事会规程 470/2009[10]［废止理事会规程（EEC）2377/90][11]和 37/2010[12]。欧盟通过 96/23/EC 理事会指令，管理残留控制并监督/监控具有药理活性的化合物[13]。

与其他地区的食品控制不同，欧盟成员在监控兽药残留时不强制使用统一的标准化检测方法。但是，各成员所采用的检测方法必须满足标准方法的性能要求[14]。美国和其他一些国家要求所使用的检测方法必须是指定的且符合法律规定的。这些方法必须能够检测到残留标示物，特别是代谢物、代谢物的总量或者母体化合物应该等于或低于现有的法定限量（Regulatory limit, RL）。在欧盟，批准使用兽药的 RL 通常采用 MRL 来表示；对于未批准或禁用的兽药，欧盟建议采用最低要求执行限（Minimum required performance limit, MRPL）或干预基准点（Reference point for action, RPA）来表示[10]。在其他一些情况下，特别是对于未批准的禁用物质，可以采用欧盟基准实验室（Community reference laboratory, CRL）的推荐浓度（Recommended concentration, RC），虽然这些 RC 没有法律效力，也不是"限量"本身[15]。

AOAC 研究机构性能测试方法（Performance Tested Method, PTM）大纲是一个国际认可的方法性能评价程序[16]。AOAC-RI PTM 大纲对专有的测试方法提供独立的第三方验证。满足标准性能要求的测试方法可被 PTM 认可。认可的试剂盒检测方法被授权使用 PTM 认证标志。PTM 认证标志可确保终端用户相信该产品在经过独立评估后，检测性能达到相关要求。PTM 程序一般用作官方分析方法（Official Methods of Analysis，OMA）的补充。PTM 评估可以作为微生物学方法的 OMA 预协同研究或者作为单一实验室对某种化学方法的验证。PTM 大纲包括六个环节：咨询、PTM 申请、验证方法开发研究、独立验证研究、验证研究报告和 PTM 复审，这六个环节在试剂盒得到 AOAC 认证前必须确认完成。受到 AOAC 认可的试剂盒名单通过 AOAC 网站公布，公布内容包括检测目标物和样本种类[17]。

残留监控实验室通常采用两级检测程序，即首先筛选出疑似阳性（不符合标准）的样品，然后对这些疑似阳性的样品进行定量和确证分析。筛选方法应具有价格低廉、快速和高通量的特点，而且最基本的准则是检测限低于 RL，假阴性率较低（≤5%），以及重复性、重现性和耐用性高[18]。假阳性率低可以减少由额外确证所产生的费用。在筛选分析中，导致假阳性的原因很多，如检测方法对天然存在于基质中的其他结构类似化合物或共污染物的检测灵敏度相近，就会导致假阳性的出现。

基于抗菌药物不同的理化性质，可将动物源性食品中抗菌药物残留检测的技术分为很多种[19]。传统的残留检测技术采用色谱与紫外或荧光检测器联用，由于欧盟 2002/657/EC 法规建立了识别点（Identification point，IP）规则，传统的残留检测技术在欧盟内部已不再适用于所有物质的确证分析[20]。目前的发展趋势是采用快速生物筛选分析方法辅以质谱确证技术来替代复杂的、不再适用于确证检测的液相色谱法[21]。筛选技术可以是定性的（阳性或阴性）、半定量（高中/低或阴性）或者定量的。筛选分析方法可测定一个化合物或者一类结构相似物的化合物，如磺胺类或四环素类，可给出每一个药物的残留量或者是这一类化合物的残留总量。

抗菌药物的作用方式是多种多样的，大致上可分为抑菌（抑制细菌生长和/或繁殖）或杀菌（直接杀死细菌）。1884 年，Gram 根据染色技术将细菌分为革兰氏阳性细菌或革兰氏阴性细菌[22]。抗菌药物必须通过微生物细胞壁进入微生物内部才能发挥抗菌作用。由于细菌细胞壁结构的差异，抗菌药物对革兰氏阳性细菌或革兰阴性细菌可表现出不同抗菌活性。根据抗菌药物的作用方式，一些基于生物学的筛选方法已经开发出来，如微生物抑制法，该类方法适用于检测动物组织、牛奶和其他食品中抗菌药物的残留。

抗菌药物在畜牧业的广泛使用和食品安全法的严格规定，要求开发快速、灵敏的筛选方法用于残留检测。尤其需要便于在调查、监督以及监控计划中应用的快速、简便、可靠、经济、广谱的筛选方法。此外，还需要确保所采用的筛选方法符合国际公认的相关标准。本章重点介绍动物源性食品中抗菌药物残留检测中所应用的不同类型、用途和性能的生物分析筛选商品化试剂盒，并对这些筛选方法的优缺点以及常规的确证技术进行讨论。

5.2 微生物抑制法

5.2.1 微生物抑制法的发展历史和基本原理

微生物抑制法（Microbial inhibition assays，MIAs）是常用的筛选技术，该技术的优点是可检测未知物的总残留量（非特异性检测）。当评估抗菌效力时，也可以选择微生物抑制法[23]。MIAs 对于能够抑制或干扰受试菌生长的抗菌药物非常灵敏。基于上述原因，MIAs 成为一种广泛应用于判别牛奶、动物组织和食品中是否存在抗菌药物残留的筛选方法。

抗菌药物自 20 世纪 40 年代问世以来，很快应用于兽药临床，起初仅用于预防或治疗奶牛乳腺炎，后来用于其他疾病的治疗。最早对牛奶中抗菌药物残留的关注不是始于公共卫生健康角度，而是乳品加工者注意到在奶酪和酸奶的发酵生产中，牛奶中残留的抗菌药物会抑制发酵菌种的生长，因此产生了对牛奶中抗菌药物残留筛选检测方法的需求[24]。由于牛奶中青霉素类残留是抑制菌种发酵的主要原因，早期的 MIAs 是基于残留抗菌药物抑制乳酸菌生长的原理而开发的。此外，芽孢杆菌的孢子也在 MIAs 中得到了应用，而且相较于植物细胞，孢子更易操作且更加稳定。

最早检测抗菌药物的 MIAs 是基于细菌产酸能力开发的。无乳链球菌（*Streptococcus agalactiae*）在 37℃孵育数天后，利用石蕊作为显色指示剂，用于牛奶中青霉素残留的检测[25]。Berridge 等发明了一种方法，将嗜热链球菌（*Streptococcus thermophilus*）培养基和酸碱颜色指示剂溴甲酚紫添加到牛奶样品中，在孵育样品期间，每30 min测定一次颜色，指示剂变色的时间可作为衡量抗菌药物在牛奶中残留浓度的一个指标[26,27]。Galesloot和Hassing等通过利用嗜热链球菌和亚甲基蓝作为指示剂，进一步优化了酸碱指示剂，牛奶中青霉素G残留检测的灵敏度可以达到 1 μg/L[28]。

另一种检测牛奶中抗菌药物的方法是凝结法（Coagulation test）。1952年Lemoigne等人使用4种不同的乳酸链球菌株建立了最早的凝结法[29]。在该方法中，将一定数量的乳酸链球菌（Streptococcus lactis）培养物，添加到不同的牛奶样品中培养过夜。如果牛奶中的抗菌药物浓度超过一定限度，牛奶就不会凝结。Pien及其同事应用对青霉素耐药的乳酸链球菌又进一步优化了这种方法，优化后的方法可以应用于牛奶中抗菌药物残留的半定量检测[30]。

琼脂扩散方法（Agar diffusion method）的原理是测定琼脂平皿上标准受试微生物抑菌圈的大小，是一种应用最广泛的筛选技术。孵育过程中，液体样品会扩散到琼脂培养基的基质中。孵育一段时间后（在8~36 h之间，确切时间取决于具体试验），测量抑菌圈的大小。如果存在的抗菌物浓度超过一定的限度，微生物生长会被抑制（微生物死亡和/或生长受抑制），在琼脂平皿上可见清晰的抑菌圈（图5.1）。

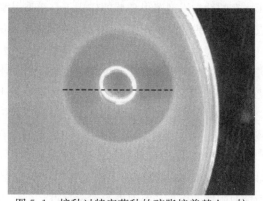

图5.1 接种过特定菌种的琼脂培养基上，抗菌药物浸润过的纸片抑制菌种生长形成抑菌圈

虚线表示抑菌圈的直径

1944年，Foster等是首次采用琼脂扩散法测定液体样品中青霉素残留的研究小组之一[31]。首先在琼脂培养皿上接种枯草芽孢杆菌（Bacillus subtilis）孢子溶液，然后将无菌玻璃杯中的不同浓度青霉素液体样品，涂布到琼脂平皿上，30℃孵育12~16h后，所形成的不同大小的抑菌圈表示测试溶液中青霉素的浓度。浸润牛奶或肉汁的滤纸片也可替代玻璃杯应用于检测。在另一些方法中，可将小块肌肉或肾脏组织直接放在琼脂表面进行检测。

1948年，Welsh等开发了一种纸片平皿法（Disk plate method），将浸润了牛奶样品的圆纸片，放在接种枯草芽孢杆菌孢子的琼脂培养皿上[32]。首先将芽孢杆菌接种于乳清琼脂培养皿中，然后将浸润了牛奶样品的圆纸片（7mm）放在琼脂表面，37℃孵育4h，测定抑制圈的大小。利用这种方法检测青霉素G，其灵敏度大约为5μg/L。

以琼脂平皿法为基础，使用不同的指示微生物的多平皿法（通常平皿数量介于2~12之间），可测定不同的抗菌药物。常用的受试菌包括嗜热脂肪芽孢杆菌（Geotrichum stearothermophilis）（也称为Bacillus stearothermophilus）、枯草芽孢杆菌（Bacillus subtilis）、蜡状芽孢杆菌（Bacillus cereus）、大肠埃希菌（Escherichia coli）和乳酸链球菌（如嗜热链球菌，Streptococcus thermophilus）等。这种多平皿试验的优点是样品处理简单（直接使用），并且由于使用多种受试微生物，可以检测更多的抗菌药物（如抑制芽孢杆菌的革兰氏阳性菌抑制剂和革兰氏阴性菌抑制剂，如喹诺酮类药物抑制大肠杆菌）。

由于必须配制新鲜的细菌培养物和琼脂，劳动强度大，难以实现自动化，因而该方法仅限于在二级防护实验室（CL2）中应用，这就需要熟练的技术人员进行操作。其他的一些缺点还包括孵育时间长，检测性能变异较大以及缺乏有意义的质量控制数据。琼脂的质量、琼脂层的厚度、琼脂的新鲜度以及琼脂板的制备过程中的温度、孵育时间、孵育温度均会对抑菌圈的大小造成影响，进而引起测试性能的变异较大。

5.2.2 四平皿测试法和新荷兰肾脏测试法

尽管平皿法的应用有一定的局限，但大部分常规抗菌药物残留筛选检测仍以平皿法为主。四平皿测试法（Four-plate test，FPT）和改良的四平皿测试法（Modified four-plate test，mFPT）在欧盟广泛用于官方筛选检测[33]。

基本的FPT方法由三个浸润过枯草芽孢杆菌（Bacillus subtilis，BGA）孢子的平皿（pH不同）以及第四个含有嗜根考克氏菌（Kocuria rhizophila）的平皿组成。具体操作步骤如下：首选取约 1 cm² 的组织块直接放置在琼脂平皿表面，然后将平皿放在最适合细菌生长的温度和条件下孵育。在孵育期间，测量抑菌圈的大小，与质控样品对照。这个方法适用于大量样品的处理，操作方法简便，成本较低。然而，直接把组织样品放在琼脂平皿上，可能会由于液体在组织和琼脂表面的被动扩散而导致试验的重复性较差，甚至出现较高的假阴性率。由于缺乏足够的样品提取步骤，这种方法的应用局限于相同类型或者是含水量固定的样品。

2002 年，位于法国富热尔的欧洲抗菌药物化学研究中心（Agence Nationale de Sécurité Sanitaire, ANSES）组织了一个筛选抗菌药物残留（Screening test for antimicrobial residues, STAR）程序的协作研究，并设计了用于检测肉和奶的五平皿微生物抑菌法，发现各参加者获得的数据有很大的差异。主办方认为："STAR 程序"对大环内酯类、喹诺酮类和四环素类药物灵敏性太强，导致了 8.3% 的假阳性率[34]。作为欧盟四平皿测试法的替代方法——新荷兰肾脏测试法（New Dutch kidney test, NDKT），仅使用单个平皿，其受试菌株为枯草芽孢杆菌（Bacillus subtilis, BGA）[35]。这种方法分析的是浸润了肾盂液的纸片，据报道肾盂液是残留浓度最高的体液[36]。但是从肾脏获得的肾盂液中的抗菌药物残留量是否能代表肌肉和其他可食性组织仍有待商榷。自 1988 年以来，NDKT 以及最近改进的五平皿 Nouws 抗菌药物测定法（Nouws antibiotic test, NAT）是荷兰法律规定的屠宰动物药物残留检测方法。NDKT 已被大幅改进，比欧盟四平皿法检出限更低。然而，值得注意的是，现场检测研究表明阴性的 NDKT 结果并不能保证样品的药物残留符合 MRL[37]。

美国农业部（The United States Department of Agriculture, USDA）和食品安全及检验局（Food Safety and Inspection Service, FSIS）开发出一种新的生物测定系统。该系统采用七平皿琼脂扩散法，可以检测和定量肉类和家禽产品中的一系列的抗菌药物残留[38]。USDA/FSIS 系统采用对特定抗菌药物相对敏感或耐药的菌株。将该菌株、特定抗菌药物测试琼脂和 4 个特定 pH 的样本提取缓冲液混合，若样品中存在抗菌药物残留，在一个或多个平皿上会出现抑菌圈。根据抑制现象的特征，可以判别某种抗菌药物残留。抗菌图谱可描绘特定抗菌药物在七个平皿上会出现的预期抑菌圈。

5.2.3 用于牛奶检测的商品化微生物抑制法

本章重点介绍商品化的抗菌药物筛选方法产品，MIAs 的研究进展在下一部分介绍。

1974 年，位于荷兰代尔夫特的 Gist-brocades 实验室（现为 DSM）开发了第一个称为 Delvo Test 的快速检测牛奶中抗菌药物残留的管式扩散微生物抑菌法产品。几十年后，Delvo Test 仍然是筛选牛奶中抗菌药物残留的金标准，也是现在市场上应用最广泛的商品化微生物抑制法产品。Delvo Test 的原理是抗菌药物能够抑制嗜热脂肪芽孢杆菌的生长，嗜热脂肪芽孢杆菌是一种对多种抗菌药物（特别是 β-内酰胺类）高度敏感的细菌。Delvo Test 在安瓿瓶或者 96 孔板中进行，这些安瓿瓶或 96 孔板内部铺有镶嵌着标准数量的细菌孢子且对 pH 敏感的营养琼脂。嗜热脂肪芽孢杆菌的孢子在室温下不增殖，因此该方法耐用性好，在室温条件下保质期达 1 年。

在安瓿瓶中加入固定体积（100 μL）的牛奶样品后，采用水浴、电加热或可读温育器于 64℃ 孵育 2h。当牛奶中不含有抑制剂（≤阈值）时，孢子会生长繁殖。繁殖过程中细菌的呼吸作用导致碳酸增加，pH 减小，在酸性指示剂溴甲酚紫的作用下，琼脂从紫色变成黄色。如果样品中抗菌药物浓度在检测的阈值以上，孢子不能生长，琼脂的颜色仍然是紫色。在特定的孵育时间之后，检测的终点可以通过安瓿瓶的颜色变化来确定。安瓿瓶内的琼脂床理论上分为三个区域。在样本颜色的基础上给出一个视觉分数，这三个区域是黄色＝Y，2/3 黄色＝YYP，1/2 黄色＝YP，2/3 紫色＝PPY；三个区域都是紫色＝P。如果一个样品得分是 Y 为阴性；得分为 P 则为阳性，得分≥YP 则为疑似阳性。而当样品是浅紫色（YYP）时，在基质的颜色和低浓度阳性样本之间进行眼观判断就比较困难和主观了。

自 20 世纪 70 年代荷兰开发 Delvo Test 之后，为了满足消费者的需求，对其在检测能力和检测形式上又进行了进一步的完善。下面对当前 Delvo Test 的商品化产品进行具体介绍：

- Delvo Test。这是一个检测牛奶中抗菌药物残留的广谱筛选方法。厂商宣称其对 β-内酰胺类药物的灵敏度在欧盟规定的 MRL 和美国食品药品监督管理局（Food and Drug Administration，FDA）的允许值以下。该方法可用于现场检测也可用于实验室检测，实验结果可以在 120~150 min 内通过颜色变化来判定。检测试剂盒包括塑料安瓿瓶（内含有固体培养基和嗜热脂肪芽孢杆菌）、营养片、注射器、一次性移液器、镊子和说明书。除此之外，仅需额外提供一个 64℃恒温的孵育器。这为牛奶中抗菌药物残留提供了一个简单、可靠、经济的方法。

- Delvo Test SP。与 Delvo Test 相比，在具有 Delvo Test 相似的广谱抗菌药物检测能力的基础上提高了对磺胺类的灵敏度。但孵育时间更长，大约需 180 min。

- Delvo Test SP-NT。该方法的性能特点与 Delvo Test SP 相似，但是不需要向安瓿瓶加营养片。据报道，它的保质期更长。Delvo Test SP-NT 可以在单个安瓿瓶里进行也可以在 96 孔板里进行。安瓿瓶主要用于农场单个牛奶样品的筛选；而 96 孔板检测主要用于乳制品产业和基准实验室，这种方法可以在几个小时内得到数百个样品的检测结果。安瓿瓶和 96 孔板模式均已经获得 AOAC 认证（见 5.1 部分）。

- BR-Test AS Brilliant。该方法是专门为德国-奥地利市场开发的，是一个很好的检测牛奶中抗生素和磺胺类残留的分析方法。这种方法适用于检测各种奶制品，比如牛奶、山羊奶和绵羊奶。检测试剂盒由能与 96 孔板组合的微孔（微孔中有含有营养剂的固体缓冲培养基）、标准数量的受试微生物孢子、叶酸拮抗剂和蓝色的氧化还原提示剂（亮黑色）组成。BR-Test AS Brilliant 是基于一系列嗜热脂肪芽孢杆菌对抑制物如牛奶中可能残留的抗菌药物的敏感性开发的。此方法符合德国《食品及日用品法》（Foods and Other Commodities Act）LMBG（Lebensmittel undbedarfsgegenstande-gesetz）第 35 条的规定。

除 Delvo Test 系列产品外，生产商也基于微生物抑制法的原理开发了其他的管式扩散检测法，其中包括 Charm 公司（Charm Sciences Inc.）研发的一系列微生物抑制法产品，Zeu-Immunotec SL [扎拉戈萨（Zaragosa），西班牙（Spain）] 研发的 Eclipse 系列 Blue Yellow II 和 Cowside II [马萨诸塞州（Massachusetts），美国（USA）]，Copan 的 Innovation Copan Milk Test（CMT）(DSM Food Sciences Ltd)。这些检测产品也使用了嗜热脂肪芽孢杆菌，其作用原理和操作方式与 Delvo Test 相似。表 5.1 总结了这些产品并对性能指标进行了比对（生产商标明的在牛奶中的检测限）。Charm 公司还提供了一个杯碟形式的检测方法——嗜热脂肪芽孢杆菌纸片检测法（Bacillus stearothermophilis disk assay，BsDA）。该检测方法将嗜热脂肪芽孢杆菌接种到琼脂平皿中，然后把牛奶样品涂布在琼脂平皿上，孵育之后，测量和记录抑制圈的大小。这种分析方法主要是在美国 FDA 法定容许量水平上检测青霉素 G、氨苄西林、阿莫西林和头孢匹林，也是基准实验室监管使用的官方标准方法。

表 5.1 添加牛奶样本中的常用商品化试管扩散方法产品的检测限[a]（厂商提供）

抗菌药物（标示残留）	欧盟 MRL[b] 牛奶（μg/kg）	试剂盒生产商					
		Zeu Immunotec	DSM Food Specialities Ltd.			Charm Science Inc.	
		生产商报道的牛奶中的检测限（μg/kg）					
		Eclipse 100	Delvo Test SP	Delvo Test SP-NT	CMT	Blue Yellow II	Cowsid II
青霉素 G	4	4	2	1~2	2	2~3	2~3
阿莫西林	4	5	2	2~3	2	2~3	3~4
氨苄青霉素	4	4	2~3	4	2	2~3	3~4
邻氯青霉素	30	N/A	15	20	12	10~20	10~25
双氯西林	30	N/A	10	10	5	10~20	5~10
苯唑西林	30	25	5	10	5	8~10	5~10
萘夫西林	30	N/A	5	5	4	N/A	NA
头孢噻呋[c]	100	N/A	<50	25~50	25	50~100	50~100

(续)

抗菌药物 （标示残留）	欧盟 MRL[b] 牛奶（μg/kg）	试剂盒生产商					
		Zeu Immunotec		DSM Food Specialities Ltd.		Charm Science Inc.	
		生产商报道的牛奶中的检测限（μg/kg）					
		Eclipse 100	Delvo Test SP	Delvo Test SP-NT	CMT	Blue Yellow II	Cowsid II
头孢乙腈	125	N/A	20	N/A	25	N/A	N/A
头孢力新	100	75	40～60	50	>45	N/A	N/A
头孢匹林[d]	60	8	5	4～6	4	4～6	8～10
头孢罗宁	20	N/A	5～10	N/A	12～15	N/A	N/A
头孢哌酮	50	N/A	40	N/A	30	N/A	N/A
头孢唑啉	50	N/A	NA	N/A	6	N/A	N/A
头孢喹诺	20	N/A	NA	N/A	80	N/A	N/A
磺胺嘧啶[e]	100	N/A	50	25～50	50	80～100	40～60
磺胺二甲基嘧啶[e]	100	150	25	25～100	150	75～125	75～125
磺胺二甲氧嘧啶[e]	100	N/A	50	100	50	50～75	25～50
磺胺噻唑[e]	100	75	50	50	50	N/A	N/A
磺胺多辛[e]	100	N/A	N/A	N/A	150	N/A	N/A
磺胺甲噁唑[e]	100	N/A	N/A	N/A	50	N/A	N/A
磺胺甲基嘧啶[e]	100	N/A	N/A	N/A	60	N/A	N/A
四环素[f]	100	150	100	250～500	450	75～100	50～100
土霉素[f]	100	150	100	250～500	450	75～100	75～100
金霉素[f]	100	N/A	100～150	200	450	N/A	N/A
多西环素	N/A	N/A	N/A	N/A	150	N/A	N/A
螺旋霉素[g]	200	N/A	200	400～600	5 000	400～500	300～400
红霉素 A	40	500	50	40～80	600	100～150	75～100
泰乐菌素 A	50	N/A	10～20	30	100	20～30	20～30
替米考星	50	N/A	N/A	N/A	75～100	N/A	N/A
链霉素	200	N/A	N/A	N/A	1 750	N/A	N/A
双氢链霉素	200	N/A	300～500	>1 000	1 750	N/A	N/A
庆大霉素	100	300	100～300	50	400	75～100	75～150
新霉素 B（包括弗拉霉素）	1 500	500	100～200	100～200	5 000～10 000	75～150	100～150
卡那霉素 A	150	N/A	2 500	5 000	4 000～5 000	N/A	N/A
氨苯砜[h]	0	N/A	1	0.5～1	2～4	1～2	1～2
甲氧苄啶	50	N/A	50	50～100	135	200～300	200～300
林可霉素	150	300	100	200	500～700	N/A	N/A
氯霉素[h]	0	N/A	2 500	2 500	5 000～7 500	N/A	N/A
吡利霉素	100	N/A	N/A	N/A	N/A	N/A	25～50

注：[a] 表中所引用的检测限均由生产商标注，可在生产商的网站或用户手册中查阅（N/A＝无可参考的数据）。
[b] 委员会法规（欧盟）37/2010[10]。
[c] 母药和代谢物的总和。
[d] 头孢匹林和头孢匹林代谢物的总和。
[e] 磺胺类的总和不得超过 100μg/L。
[f] 母药和 4-差向异构体的总和。
[g] 螺旋霉素和新螺旋霉素的总和。
[h] 欧盟规定不允许在食品生产动物使用。

随着小反刍动物奶产量的增加，用抗菌药物治疗产奶母羊的乳腺炎和其他疾病已经变得很普遍。由于各种动物奶的组成成分不同，因此在用商品化的 MIAs 检测不同品种动物的奶制品时考虑其适用性很重要。在检测牛奶和山羊奶的过程中，对几种 MIAs 产品如 Blue-Yellow Ⅱ Test（BY Test）、DelvoTest 和 BsDA 的性能进行评估发现：Linage 等报道称 BY Test 在欧盟设定的 MRL 水平下只能检测出 25 种测试抗菌药物中的 5 种，尽管在检测绵羊奶时 BY Test 比其他方法灵敏度高，但是其在牛奶中检测的抗菌药物种类还有待增加[41]。Zeng 等人的研究表明 Delvo Test 和 BsDA 对山羊奶中青霉素 G 和头孢匹林的灵敏度很高，在山羊奶的检测中，BsDA 的假阳性率是 0，而 Delvo Test 的假阳性率则是 7%[42]。

5.2.4 用于肉、蛋、蜂蜜制品的商品化微生物抑制法

商品化的 MIAs 产品在检测组织样品（肌肉、肾、肝）、蛋、鱼和蜂蜜方面的应用很少。现有的方法包括由 DSM[代尔夫特（Delft），荷兰（The Netherlands）]生产的 Premi Test，Zeu Immunotec SL[扎拉戈萨（Zaragoza），西班牙（Spain）]开发的 Explorer test，Charm Sciences[马萨诸塞州（Massachusetts），美国（USA）]生产的肾抑制拭子（Kidney inhibition swab，KIS）。

Premi Test 是一种快速广谱的筛选方法，可以检测各种样品如鲜肉、鱼、蛋、蜂蜜、尿液和饲料中的抗菌药物残留。这种产品专为现场检测而设计，只需从肉或蜂蜜中获得液体样品即可用于检测食品链中的抗菌药物残留。Premi Test 也是基于抑制嗜热脂肪芽孢杆菌生长原理而研发的，将一定数量的细菌孢子涂布于安瓿瓶的营养琼脂中，琼脂含有选择性的生长营养物、扩散盐以及可与 Delvo Test（5.2.3 部分）中相媲美的 pH 敏感染料，在 64℃ 孵育 180～240 min 即可。

在基本的 Premi Test 方法中，生产商建议使用挤压方式从"湿"组织中获取液体样本，然后将少量样本（100 μL）加入到安瓿瓶中。液体是用类似捣蒜机或榨汁机的装置获得，这种装置可同时处理多达 12 个样品。体液处理比较简单，适合现场检测，比如屠宰厂。一些含水量较少的组织样品如禽、肉、鱼、虾，仅仅靠挤压来获得足够的用于检测的液体量比较困难。对于干性样品，生产商建议采用温和加热方法（60℃，5 min）来代替液体挤压法。尽管获得体液的方法操作简单，但是一些人认为这种样品前处理方法得到的分析样本不具备代表性，而且从体液中获得的结果难以与监管限量联系起来，因为监管限量通常以 μg/kg 来表示。

最近研发的 Explorer test 其原理和 Premi Test 一样，采用的微生物都是嗜热脂肪芽孢杆菌。不同的是，Explorer test 是在微孔板（96 孔板）中操作的，采用另一种指示剂（对介质中氧化还原电势敏感）来指示反应终点，反应需要在 65℃ 条件下，孵育 210 min。孵育后指示剂的颜色从蓝色变成黄色，可以用酶标仪测定吸光度，其测定波长为 590 nm 和 650 nm。建议用与 Premi Test 相似的液体挤压法进行样品前处理。生产商已对该产品在不同动物肌肉组织中的应用进行了优化，包括猪、禽、牛、绵羊。但是从生产商获得的关于该方法检测能力的信息非常有限。Gaudin 研究了该方法在猪、绵羊、牛以及禽肌肉组织中五类主要抗菌药物的检测能力，检测限分别是：阿莫西林，10 μg/kg；泰乐菌素，100 μg/kg；多西环素，200 μg/kg；磺胺噻唑，200 μg/kg；头孢氨苄，500 μg/kg[43]。仅有阿莫西林和泰乐菌素的检测限符合欧盟设定的 MRLs。

KIS 主要用于屠宰厂或者实验室检测肾脏样品，以此来判断可食性动物组织中抗菌药物残留是否超标。KIS 是一个一次性的棉拭子，将棉拭子直接插入到肾脏样品切口，收集血浆样品，再将浸渍的棉拭子插入到管式扩散 MIA 装置中，64℃ 孵育 180 min，观察终点颜色变化。使用的微生物是枯草芽孢杆菌。生产商公布的该方法在肾脏中的检测能力以及当前欧盟 MRL 和美国 FDA 允许的法定容许量见表 5.2。该方法只能在等于或大于最高残留限量的水平上检测多种抗菌药物，因此不是一种可靠的广谱筛选方法。

表 5.2　生产商提供的 KIS Test 在肾脏血清中的检测能力及当前欧盟的 MRL 和美国 FDA 的残留限量（引自厂商）

抗菌药物	肾脏血清中的检测能力（μg/kg）	欧盟 MRL[a] 肾脏（μg/kg）	美国 FDA 残留限量 肾脏（μg/kg）
青霉素	30	50	50

(续)

抗菌药物	肾脏血清中的检测能力 (μg/kg)	欧盟 MRL[a] 肾脏（μg/kg）	美国 FDA 残留限量 肾脏（μg/kg）
土霉素	3 000	600[b]	12 000[c]
泰乐菌素	400	100	200
庆大霉素	750	750[d]	400
磺胺二甲氧嘧啶	250	100[e]	100
磺胺二甲嘧啶	500	100[e]	100
新霉素 B（包括弗拉霉素）	4 000	5 000	7 200

注：[a]委员会法规（欧盟）37/2010[10]。
[b]母药和其异构体的总和。
[c]四环素、土霉素和金霉素的总和。
[d]庆大霉素 C_1、庆大霉素 C_{1a}、庆大霉素 C_2 和庆大霉素 C_{2a} 的总和。
[e]磺胺类残留总量不得超过 100 μg/kg。

美国农业和食品安全部（US Department of Agriculture and Food Safety）开发了其他的棉拭子MIAs，广泛用于美国和加拿大地区的肉类检测，包括现场棉拭子法（Swab on the premises，STOP）、牛抗菌药物筛选法（Calf antibiotic screening test，CAST）、抗菌药物快速筛选法（Fast antibiotic screening test，FAST）[44,45]。STOP 使用的是芽孢枯草杆菌，CAST 和 FAST 使用的是巨大芽孢杆菌（*Bacillus megaterium*）。但是，这些产品不在本文的商品化检测产品中做深入介绍。

很明显，基于管式扩散的商品化 MIAs 由于使用的微生物类型的原因，只能用于抑制革兰氏阳性菌的抗菌药物在残留限量的检测。一些抗革兰氏阴性菌的药物在多个国家被批准使用，并且在动物饲养业中有规定的使用限量。比如 4-喹诺酮和氟喹诺酮[即（氟）喹诺酮类抗菌药物]这类半合成抗菌药物，欧盟规定了 8 种（氟）喹诺酮类药物的最高残留限量，根据动物品种和组织不同，残留限量为 10～1 900 μg/kg。英国食品和农村事务部（UK Department of Food and Rural Affairs，Defra）已对该领域进行资助研究，并且已报道一种基于大肠杆菌的检测（氟）喹诺酮类 MIA 雏形[46]。这种方法的检测限与 MRL 相近，可用来检测多种食品样本。但是，到目前为止，这种抑制法尚未实现商品化。

总体而言，所有基于微生物抑制的管式扩散法在检测谱和性能特点上都明显相似。但是，这些方法的适用性可以用其他参数来确定，如耐用性和可靠性（假阳性和假阴性率）。其他的特性，如样品前处理（对于固体样品，如组织和饲料，是非常重要的）和自动化也是选择合适的多残留检测的商品化 MIA 方法时需要考虑的重要因子。

5.2.5 微生物抑菌法产品的发展与展望

尽管目前用于抗菌药物残留检测的商品化管式扩散法或多平皿法的基本原理与最初在 1974 年制订的基本相同，但在技术层面已有实质性进展，如研发了其他食品的具体检测及样品处理方法，包括动物组织、鸡蛋、蜂蜜和鱼。最新的进展是自动化微生物抑制法产品，由培养箱、读数仪和精确的软件程序组成。与基本的微生物抑制法产品相比，它在灵敏度、操作时间、便捷性、自动化程度、智能采样及筛选后确证检测等方面均有了改进。

5.2.5.1 灵敏度

对于广谱筛选法而言，最重要的抗菌药物应在最高残留限量或接近限量值时被检测到。大多数情况下，MIAs 的检测限按照当地指定的 MRL 而设定，这些检测限在国与国之间、样品与样品之间均存在差异。事实上，没有一种筛选方法适用于在最高残留限量以下检测到所有的抗菌药物。

开发微生物抑制法的起点主要是根据不同条件下受试微生物对不同抗菌药物的敏感性。一些影响因素，如介质的 pH 和营养成分均能通过优化达到最佳效果。MIAs 的灵敏度也可通过添加某些化合物来调节。对于某些特定的抗菌药物，提高灵敏度可能具有优势，然而对于其他抗菌药物而言，为避免假阳性的出现，适当地降低灵敏度还是有必要的。例如，半胱氨酸可以降低β-内酰胺类的检测灵敏性。抗叶酸剂，如奥美普林或者甲氧苄啶，能提高对磺胺类的检测灵敏度。同样，可通过调节能选择性地抑制磺胺类的二氢喋酸合成酶对磺胺类的检测灵敏度进行调节[47]。抗菌药物受体，例如抗体，也能根据需要降低对特定抗菌药物的检测灵敏度。

5.2.5.2 检测时间

多数商品化管式扩散法或平皿微生物抑制法耗时120~140 min。理论上，60 min 内完成对β-内酰胺类的快速筛选是可行的。虽然快速测定可能具有相对优势，但更快的检测就会失去微生物筛选法的很多优点，如对广谱抗菌药物的检测能力。检测时间受孢子生长时间及产生足够的酸或减少代谢产物所需时间的限制。由于保存时间较短，利用营养细胞进行商品化生产也不是一个可行的方法。目前，以 pH 敏感的酸碱或氧化还原指示剂作为检测终点的方法可以被越来越多的更加灵敏的分析方法替代。然而，目前这些方法由于价格昂贵，不能轻易获得，而不能完全取代这种"低技术含量"的诊断试剂盒。

5.2.5.3 易用性

商品化管式扩散法或平皿微生物抑制法通常操作简单且不需要昂贵的仪器设备。多年来，这些方法也实现了一些改进。例如，过去孵育这一步通常使用水浴，而使用水浴存在一些缺陷。温度梯度的变化（除非使用循环水）将会导致较高的假阴性或假阳性。如果消毒方式不恰当，水浴锅将成为污染源，而水能通过安瓿瓶口或板孔进入测试介质中。最后，使用水浴也要考虑到操作人员的健康及安全问题，因此，实验室的环境应达到实验所需的要求。为解决水浴引起的这些问题，一些试剂盒制造商研发了独特的干浴器。将试剂盒（安瓿瓶或平皿）直接置于干浴器中，在整个孵育过程里，很好地维持了恒温。如果需要的话，干浴器的温度情况甚至可被监控和记录，以实现通过孵育来控制质量的目的。

5.2.5.4 自动化

管式扩散 MIAs 经典的结果读取方式为目测判定终点和评分系统（5.2.3 部分）。目测法取决于主观因素，而且对于同一样品的目测结果也因操作人员的不同而有所差别[48,49]。不同种类的样品有不同的终点颜色；如在肉浆里若存在血液则会干扰指示剂的色度。为更有效地管理和保存样本的结果，实验室信息系统（Laboratory information management system,

LIMSs）需要用数值来表示结果。基于这个原因，目测法几乎从不被官方残留监控实验室采用。为克服这一视觉判断上的限制，扫描仪应运而生，它由 DSM 制造，用于扩大产品应用范围（DelvoScan and Premi-Scan）。扫描仪不仅弥补了由眼睛主观判断造成的误差，同时还提供了比肉眼更强大的分辨能力。

最近，DSM 研发的 DelvoTest Accelerator 系统，整合了 DelvoTest SP-NT（5.2.3 部分）管式和平皿法中的孵育和测定步骤。实验过程中，将安瓿瓶或微孔板直接置于扫描玻片上方；玻片加热到 63℃ 完成孵育步骤。加速器可并行扫描 100 个安瓿瓶或 4 块 96 孔板（大约 384 个样品）。扫描装置每分钟扫描一次直到检测终点，终点的确定也是由软件自动控制的。这种孵育所需的时间比传统方法更短，大约需 100 min。一旦达到反应终点，测试自动终止，同时自动保存和分析结果，也就是说这种方法可在正常工作时间完成。

根据国际乳品联合会的相关要求对整合了 Delvo Test SP-NT 管式或平皿法的 DelvoTest Accelerator 加速系统在牛奶中的应用进行了验证[50]。Delvo Test SP-NT 安瓿瓶和平皿法的检测限与目前欧盟 MRL 的比较见图 5.2。除了土霉素及新霉素外，该方法的所有分析物在两种检测模式中都低于欧盟规定的 MRL。这一结果也反映出了测试方法中使用的受试微生物对不同种类受试抗菌药物的敏感程度。

5.2.5.5 样品前处理

选 MIAs 时另一个需要考虑的重要因素是样品前处理方法是否容易实现。某些样本基质特别是鸡蛋、肾脏、肝脏和蜂蜜，可能含有高浓度的天然抑制剂，如溶菌酶和/或其他的杀菌成分，这些成分能抑制受试微生物的活性，从而导致高的假阳性率。要解决由抑制蛋白或者杀菌剂引起的这一问题，只需要将接触安瓿瓶/微孔板的样品进行一步简单的热休克（10min，80℃）操作就可以[51,52]。已证实，热休克技术能有效地降低溶菌酶活性，并且不会对抗菌药物的检测信号造成影响。目前，蜂蜜样品的分析存在诸多挑战；例如，因为蜂蜜黏度大，通常很难被处理。另外，某些蜂蜜样品的 pH 非常低，在 3~4 之间，这可能会干扰酸碱指示剂的显色，从而导致高假阴性率。样品黏度及 pH 带来的影响可以通过稀释来解决，例如，可以用 pH5.6 的磷酸盐缓冲液 1∶1（重量）稀释样本。（注意：方法的检测能力会随着样品

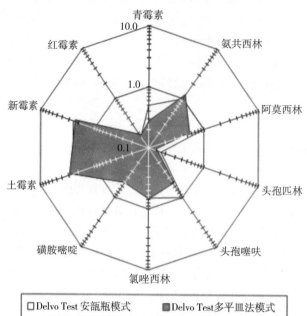

图 5.2 雷达散点图
（SP-NT 安瓿瓶和多平皿法检测方式）显示：Delvo Test 对牛奶中
10 种抗菌药物的最低检测限及其与欧盟最高残留限量的比较

的稀释倍数而改变，因此，质控样品也应该用同样的倍数稀释。）

对于固体组织样品的分析，例如肌肉、肾脏或肝脏，应首先制备具有代表性的液体样品。液体样品可通过简单的挤压方式获得（5.2.4 部分）。为了提高某种化合物的检测限，应该提供一种在无法通过挤压获得液体的情况下，只依靠简单的提取就可以获得的方法。Stead 等研发了一种溶剂萃取的方法，该方法能够将大部分抗菌药物从不同的基质中提取出来[53]。为了比较挤压法和溶剂萃取法两种技术的优劣，将这两种方法同时应用于添加多种抗菌药物的猪肌肉组织的 PremiTest 检测，结果显示（表 5.3），同挤压法相比，溶剂萃取法的检测限更高，特别是对于弱抑制剂（如四环素类）而言。

表 5.3 在 PremiTest 检测中，用挤压法（Garlic Press）与溶剂萃取法分别处理添加抗菌药物的组织后检出量的比较

抗菌药物	欧盟猪肌肉组织 MRL[a]（μg/kg）	PremiTest 检测猪肌肉组织中的药物含量（μg/kg）	
		挤压法	溶剂萃取法
β-内酰胺类			
青霉素 G	50	<2.5	<2.5
阿莫西林	50	5	5
氨苄西林	50	5～8	5
氯唑西林	300	100	100
苯唑西林	300	100～200	100
磺胺类			
磺胺脒	100[b]	150	150
磺胺地托辛	100[b]	25～50	25
磺胺吡啶	100[b]	50	25～50
磺胺甲噻二唑	100[b]	50～100	50

(续)

抗菌药物	欧盟猪肌肉组织 MRL[a]（μg/kg）	PremiTest 检测猪肌肉组织中的药物含量（μg/kg）	
		挤压法	溶剂萃取法
磺胺氯丙嗪	100[b]	25	<25
磺胺二甲异噁唑	100[b]	25	<25
磺胺噻唑	100[b]	25	<25
磺胺嘧啶	100[b]	50	25
磺胺氯达嗪	100[b]	25	<25
磺胺甲嘧啶	100[b]	25	<25
氨苯磺胺	100[b]	150	100
磺胺喹噁啉	100[b]	50	<50
磺胺二甲嘧啶	100[b]	50～100	75
四环素类			
四环素	100[c]	100	50
土霉素	100[c]	100～200	50～75
金霉素	100[c]	>200	50～75
强力霉素	100[c]	75～100	50
其他药物			
泰乐菌素 A	100	25	12.5

注：[a] 委员会标准（EU）37/2010[12]。
[b] 磺胺类的残留总量不得超过 100μg/kg。
[c] 母体药物及其四个同分异构体的总和。
"小于"符号＜表示显著低于指示浓度，实际检测限低于该浓度。

利用化学或机械方法使组织变性，有利于将残留在组织中的药物释放出来。溶剂萃取方法能准确的获得样品重量从而可以获得样本的体积，这样使得检测将结果与特定的监管限量可以更好的结合。采用溶剂萃取方法能确保提取物的有效浓度，这可提高灵敏度，且是其他的方法所不能达到的。而在实验室常规操作中，筛选样本的残留限量是监管限量的一半，疑似阳性的样品通常需要基于色谱技术和特定的检测器进一步确证。

5.2.5.6 确证/分类鉴定

阳性检测结果的不确定性是用途广泛的 MIAs 的主要缺陷。倘若缺少辅助的确证实验，很难将阳性结果精确的归类到某种抗菌药物类别。最近，有报道描述了一种筛选后归类方法，该方法可以选择性的对抗菌药物进行分类（β-内酰胺类、磺胺类和四环素类），与 PremiTest 联合可应用于组织、牛奶、鸡蛋和蜂蜜样本的分析[54,55]。

根据这种方法，初步筛选获得阳性样本后，样品的另一部分（或保存的样品提取物）再用特异性的 MIAs 检测，进而确定该阳性样本属于 β-内酰胺类、磺胺类和四环素类中的哪一类。第二次筛选检测呈阴性则表明样品中含有一类或多类抗菌药物。若第二次筛选检测呈阳性则直接进行抗菌药物的定性、定量分析，如液相色谱串联质谱法（LC-MS/MS）（见第 6 章和第 7 章）。

这三个筛选后分析方法的作用机理如下：

β-内酰胺类的鉴定：一般常用 β-内酰胺酶裂解 β-内酰胺环用于鉴定青霉素类和头孢菌素类。值得注意的是，某些 β-内酰胺类，如氯唑西林，对 β-内酰胺酶抑制剂有耐受作用[56]。

磺胺类的鉴定：磺胺类是四氢叶酸合成酶的拮抗剂，能抑制叶酸合成。当四氢叶酸合成酶的天然抑制剂对氨基苯甲酸（p-ABA）存在时，通过竞争酶的活性结合位点，磺胺类的拮抗效应选择性的可逆[57]。

四环素类的鉴定：四环素类是一类天然或半合成的抗菌药物，它能通过阻止氨酰-tRNA 与核糖体受体（A）结合从而抑制蛋白质的合成[58]。四环素类具有螯合多价金属离子的特性。金属螯合作用已经发展为鉴定四环素类的基本原理。四环素类的抗菌活性和药代动力学均受螯合程度的影响[59]。

5.2.6 微生物抑制法的总结

总的来说，当需高效定性检测未知抗菌药物残留时，MIAs 是一个不错的选择。当质控实验室或农场/屠宰厂接收到检测样本后，关于动物用药情况的信息很少，采用多残留-广谱的 MIAs 可以快速有效地鉴定出常用的抗菌药物残留。目前，可供选择的商品化试剂盒采用的方法主要有：试管扩散法、平皿扩散法和拭子法。

一些试剂盒在特殊分析物和重要的操作步骤上进行了改进，如使用自动检测装置。验证研究表明绝大多数商品化的 MIAs 试剂盒能够检测很多重要的抗菌药物，检测限符合欧盟 MRLs 或美国 FDA 的残留限量，一般来说，假阳性率或假阴性都非常低（<5%）[60-63]。然而，用户应了解一些 MIAs 对抑制剂的亲和力可能比目标抗菌药物高，因此，应采取有效措施消除或降低某些组织样品中天然抑制剂的浓度（如鸡蛋和肾脏中的溶菌酶）。根据某些 MIAs 的灵敏度对比曲线可以看出（表 5.1），MIAs 对某些抗菌药物的灵敏度过高（低于 RLs），导致确证符合率过高。另一个需要考虑的重要因素是每一批样品检测均需要进行适当的质量监控。然而，大多数商品化的 MIA 试剂盒并不提供监控试剂盒质量的对照品，这就造成了试剂盒的检测效果缺乏说服力。

MIAs 操作简单，在对样本初筛时非常有用，但是当前没有一个 MIAs 方法能满足多类抗菌药物同时检测的要求。

5.3 快速检测试剂盒

目前，抗菌药物残留的快速检测有多种类型，根据操作原理大致归为免疫分析或者酶分析。一般，快速检测提供定性或半定量的结果，且适用于现场检测。在生产过程中，"快速"意味着获得分析结果后有足够的时间在生产加工前剔除不合格的原料。在乳制品企业，它可能意味着在产品加工前能对奶罐车或奶窖进行检测，而在屠宰厂，可能只有几分钟的时间来剔除不合格的胴体，以满足兽医检验标准[64]。因此，快速检测应该能实时检测，即在限定的时间内获得分析数据，达到分析需要。理想情况下，检测结果最好应该在 30min 内获得，样品前处理要求也要最少。

5.3.1 免疫分析快速检测的原理

免疫分析是指检测抗体与抗原性分析物之间的特异性反应的方法[65]。现代免疫分析方法起源于 Yalow 和 Berson 使用抗胰岛素抗体测定人血浆中激素含量的研究工作[66]。免疫分析依据检测的是初级抗原抗体反应还是二级反应，分为直接法和间接法两种。免疫分析方法具有检测限低、特异性高、操作简单、分析时间短和易于自动化等优点。目前，已经报道了多种免疫分析方法，它们各具优缺点。已报道的用于兽药残留检测的免疫分析方法很多，操作方法简单的有侧流层析法（Lateral-flow devices，LFDs）和试纸条法、酶联免疫吸附试验（Enzyme-linked immunosorbent assay，ELISA）和放射性免疫分析法（Radioimmunoassay，RIA）等，操作复杂且需要精密仪器的免疫分析方法有基于表面等离子体共振（Surface plasmon resonance，SPR）的光学生物传感器法。本节重点介绍快速免疫分析方法，如商品化的 LFDs、试纸条法和其他检测时间在 30 min 以内的方法。

新免疫分析方法设计常常受抗体特异性限制。传统的免疫分析方法主要使用抗体，而其他的识别物质如结合蛋白[71]、受体[72]、分子印记聚合物（Molecular imprinted polymers，MIPs）[73]和核酸适配体[74-76]已经被应用于抗菌药物的检测。结合蛋白和受体具有广谱识别性，能用来检测一类抗菌药物。核酸适配体是一类针对特定目标物的 DNA 或 RNA 寡核苷酸序列，这些序列形成三维结构后具备特定构型、配体结合和催化特性[77]。核酸适配体与抗体相比具有许多优势，包括体外合成（不需要使用动物）、制备周期短、稳定性高、批间一致性好，以及对于随后方法开发过程中至关重要的易修饰性和易操控性等。

抗体是一类被称为免疫球蛋白（Immunoglobulins，Ig）的糖蛋白，是四条多肽链的对称结构，两条重链（约 55 kD）和轻链（约 25 kD）完全相同，链间由二硫键和非共价键连接。根据 Ig 的种类，有的抗体可由多达五个结构单体组合成一个抗体分子[78]。抗体是高等脊椎动物在应对免疫原性抗原的侵袭时产生的特异性 B 淋巴细胞（Plasma cells，浆细胞）分泌的。

它们能够识别和结合抗原上的特定分子结构，即抗原表位。许多抗原结构复杂并具有众多抗原表位，能够被不同的淋巴细胞所识别。许多淋巴细胞被激活，增殖分化为浆细胞，产生的抗体是多克隆抗体（非均质的）。相反，单克隆抗体（Monoclonal antibody, MAbs）是由单个 B 淋巴细胞克隆产生的。因此，单克隆抗体是均质的，对抗原表位具有单特异性和高亲和力。单克隆抗体能够通过脾细胞和骨髓瘤细胞融合后的可无限增殖的杂交瘤细胞无限量供应，每个杂交瘤细胞均可产生独特的单克隆抗体。

良好的免疫原分子量约为 3~5 kD[79]。可将小分子目标物（半抗原）与大分子（载体）偶联，合成免疫原以制备小分子化合物（<1 kD）的抗体。通过将半抗原与载体偶联，已经制备出了许多小分子化合物的高亲和力抗体，包括许多兽药。

5.3.2 侧流免疫层析法

侧流免疫层析法（LFIAs）也叫做免疫层析试纸条法（Immunochromatographic test strips）或试纸条法，是一种快速、便携的免疫分析方法，被检测样品的提取液依靠毛细作用在固相载体上流动。这个检测系统看似操作简单，但技术上是先进且精细的。

侧流层析免疫分析的装置一般由多个部分组成，每一部分承担一个或多个功能。各材料不同的组成部分相互重叠并通过对压力敏感的黏合剂固定在固体支撑物表面。分析区包含由不同的材料构成的几个区域。原理简介如下：首先，将检测样品滴加在试纸条的一端（样品垫）。随后，样品迁移到预固定有标记物的结合垫。根据不同的检测模式，标记探针可与生物试剂（抗原、抗体或其他识别分子）偶联。偶联后的产物能够使免疫反应可视化。蓝色乳胶颗粒或金颗粒（红色）等彩色粒子是常用的标记物，其中，金颗粒由于局部表面等离子体共振效应而显红色。也可使用荧光或磁标记粒子，但检测结果需要用电子读数仪器读取。

样品溶液可带动标记偶联物向前迁移，样品中的分析物（如果存在）能够与标记偶联物反应，一起移动至下一个区域，称之为反应区（Reaction matrix）。该反应区是由多孔硝酸纤维素膜构成的，其他特异性的生物试剂（如抗原或抗体）以条带形式包被在该区域。当溶液迁移至这些区域时，这些条带（检测线和质控线）能捕获分析物和（或）标记偶联物。样品经过捕获线后，过量的试剂将被吸水垫吸收。吸水垫[也叫做棉浆纸或棉浆垫（Wick 或 Wicking pad）]能够吸引膜上的液体，使其保持毛细作用的正确方向和适当迁移速率。通过用肉眼或仪器观察标记偶联物在捕获线是否出现来判断结果。免疫层析法可分为直接法（夹心法）或竞争法（抑制法）。其基本原理将会在以下章节介绍。但免疫层析法有许多变种，不同试剂盒公司有不同的偏好。

5.3.2.1 夹心法

直接夹心法常用于检测具有多抗原决定簇的大分子物质。样品首先与有色颗粒标记的特异性抗体（或其他识别元件）反应。硝酸纤维素膜上的检测线包被有能识别目标分析物的特异性抗体，这些特异性的抗体可与目标分析物上的不同抗原决定簇结合。阳性结果通常由检测线位置的彩色线表示，过量的样品继续迁移至包被二抗的质控线上。质控线上通常包被有种属特异的抗免疫球蛋白抗体，能捕捉标记偶联物上的特异性抗体，质控线用来监控检测的有效性（图 5.3）。

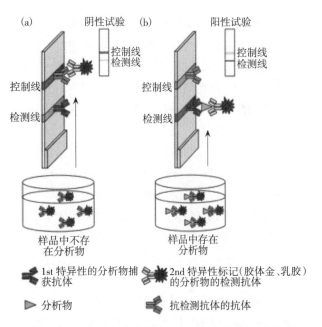

图 5.3 直接夹心免疫层析方法的基本原理，阴性结果（a）和阳性结果（b）的判定

5.3.2.2 竞争法

竞争法包括直接法（图 5.4a 和图 5.4b）和间接法（图 5.4c 和图 5.4d），通常用于检测只有一个抗原决定簇的小分子化合物。在这两种竞争法中，样品首先与标记的目标分子（直接法）或标记的抗体（间接

法)混合。在竞争反应中，由于需要特定的孵育步骤，偶联物很少被包被于LFD中。偶联物在液相中更有利于免疫反应，因为一些关键参数如温度等在液相环境中更易控制。检测线可包被抗体或其他特异性识别分析物的物质（直接法）或者分析物偶联的蛋白（间接法）。

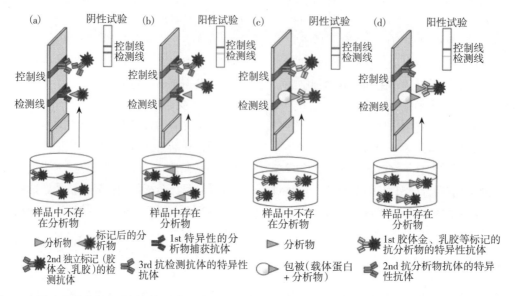

图5.4　图示直接竞争免疫层析方法的基本原理及其阴性结果（a）和阳性结果（b）的判定；图示间接竞争免疫层析方法的基本原理及其阴性结果（c）和阳性结果（d）的判定

如果样品中含有未标记的待测物，待测物可与检测线上彩色颗粒标记的待测物（直接）或固定的载体蛋白（间接）竞争并且优先占据特异性的结合位点。在两种方法中，阳性结果表现为检测线颜色消失或检测线比质控线颜色浅。一般，质控线由识别标记分子（另一个结合位点）的二抗组成，它作为验证试验可行的依据，也用来作为解释检测结果的临界指示。

大多数的LFD都用于定性分析。但是，通过检测检测线的强度信号可定量测定样品中的分析物。一些公司生产出了试纸条读数仪等诊断设备用于半定量检测，如Unisensor SA (Liege, Belgium)生产的Readsensor。利用单波长成像结合互补金属氧化物半导体 (Complementary metal oxide semiconductor, CMOS) 或电荷耦合器件图像传感器 (Charge-coupled device, CCD) 技术，可产生检测线和质控线的信号图。使用专门为特定检测的模式和介质设计的图像处理算法，可获得信号强度与分析物浓度的校正曲线。

LFIAs有许多优点，它是一种成熟的技术，易于加工并且可以大批量生产。这些产品性质稳定，可在低于室温的条件下保存12～24个月，也可以应用于小体积样品的多样本检测，灵敏度高且特异性好。

LFIAs已经成为许多诊断的选择，包括医学即时检测 (Point-of-care, POC)（如孕检、传染病和用药指标）、环境监控、食品安全、化学生物放射性和核 (Chemical biological radioactive and nuclear, CBRN) 分析。LFD的最大优点是终端用户使用非常简便，而且能够实现现场检测。通常，使用者只需简单地添加液体样本，检测即可在数分钟内完成，并获得定性或半定量的结果。

5.3.3　用于牛奶、动物组织及蜂蜜样品的商品化侧流免疫层析法

很多不同类型的商品化LFIA已经广泛应用于抗菌药物残留检测，表5.4是对常用商品化LFIA特性的总结，包括Charm Sciences公司的快速一步分析法 (Rapid one-step assay, ROSA) 产品，Unisensor SA公司的Tetrasensor、Twinsensor、Trisensor和Sulfasensor，Neogen公司的Betastar。还有其他一些采用LFIAs检测抗菌药物残留的方法在许多文献中也有所报道，包括检测动物饲料中尼卡巴嗪的LFIA法[81]。然而，这些分析方法目前尚未商品化。在LFIA中，采用竞争模式，利用特异性的捕获分子，如受体蛋白或抗体来达到检测目的（大多数适用于小

分子的检测）。样品前处理时液态样本（如牛奶）可直接用于分析，固体或复杂样本基质可使用厂家提供的缓冲液进行简单提取。通常检测时间少于 30 min，而且基本的实验室条件即可满足操作要求。

表 5.4　动物源性食品中抗菌药物残留的免疫层析检测方法商品化试剂盒汇总

试剂盒厂商与网址	产品名称	目标分析物的种类与数量	应用范围	检测时间（min）
Charm Science Inc. www.charm.com	ROSASLBL	β-内酰胺类[a]（6）	牛奶	8
	ROSASL6	β-内酰胺类[a]（6）	牛奶	8
	ROSAMRL	β-内酰胺类[b]（14）	牛奶	8
	ROSAMRL-3	β-内酰胺类[b]（14）	牛奶	3
	ROSASulfa/Tetra	磺胺类[a]（2）和四环素类（3）	牛奶	8
	ROSAMRLBL/Tet	β-内酰胺类（10）和四环素类（3）	牛奶	8
	ROSASulfa	磺胺类[c]（14）	牛奶	8
	ROSASulfa	磺胺二甲嘧啶[c]	牛奶和尿	8
	ROSAStrep	链霉素[b]	牛奶	8
	ROSACAP	氯霉素[d]	牛奶	8
	ROSAEnroflox	恩诺沙星[c]	牛奶，组织，鸡蛋，尿和鱼	8
Unisensor SA www.tetrasensor.com www.twinsensor.com	Tetrasensor——动物组织	四环素类[b,e]（5）	组织，鸡蛋，鱼，尿和饲料	<15
	Tetrasensor——牛奶	四环素类[b,e]（5）	牛奶	10
	Tetrasensor——蜂蜜	四环素类[b,e]（5）	蜂蜜	30
	Twinsensor	β-内酰胺类[b]（9）和四环素类[b]（4）	牛奶	6
	Twinsensor Express	β-内酰胺类[b]（9）和四环素类[b]（4）	牛奶	3
	Trisensor	β-内酰胺类[b]（9）、四环素类[b]（4）和磺胺类[b]（10）	牛奶	6
	Sulfasensor	磺胺类（10）≤25 μg/kg	蜂蜜	6
Neogen Corporation www.neogen.com	Betastar	β-内酰胺类[a]（5）	牛奶	5
IDEXX Laboratories www.idexx.com	SNAP β-内酰胺类	β-内酰胺类[a]（5）	牛奶	<10
	SNAPMRL β-内酰胺类	β-内酰胺类[b]（5）	牛奶	<10
	SNAP 四环素	四环素类[a,b]（3）	牛奶	<10
	SNAP 庆大霉素	庆大霉素[a,b]	牛奶	<10
	SNAP 磺胺二甲嘧啶	磺胺二甲嘧啶[a,b]	牛奶	<10

注：[a] 厂家注明的检测限等于或低于 USFDA 规定的未加工和混合牛奶中的法定容许量/安全水平（μg/L）。
[b] 厂家注明的检测限等于或低于 EU 规定的未加工和混合牛奶中的最高残留限量（μg/L）。
[c] 厂家注明的检测限等于或低于 EU 和 USFDA 规定的未加工和混合牛奶中的法定容许量/安全水平（μg/L）。
[d] 厂家注明的检测限等于或低于 EU 规定的未加工和混合牛奶中的最高残留限量（μg/L）。
[e] 厂家注明的检测限等于或低于 EU 规定的最高残留限量（μg/kg）（适用）。

技术的进步使得多条检测线可以同时出现在同一个检测卡上，从而促使多残留筛选成为可能。新的 Trisensor（Unisensor SA）可同时检测牛奶中的四环素、磺胺类及 β-内酰胺类。检测卡上有三条检测线及一条质控线，这样的设计可以仅用一个试纸条检测阳性样品中的多类药物。SNAP 法（IDEXX Laboratorie）是一种基于受体的多模式酶联免疫分析法，侧流层析采用酶标物来表征抗原抗体的相互结合。样品首先与酶标物预混孵育，然后将预混物加到 SNAP 上，之后可观察到液体到达反应区域，催化剂终止反应，再释放底物和指示剂到反应槽，最终底物酶解后产生蓝色物质。通过比较样品点与检测卡上控制点的蓝色强度获得检测结果。牛奶中抗菌药物的含量越高，样品点的蓝色比质控点的蓝色更浅，反之亦然。该结果可肉眼观察或用 SNAP 成像读数仪判读（SNAPShot DSR Reader）。

最近，杭州南开生物技术有限公司（浙江，中国，http：www/chinatestkit.en.ec21.com/）开发了一系列 LDF 试剂盒，用于食品中抗菌药物的残留检测。该系列产品用于 β-内酰胺类、磺胺类、链霉素、庆大霉素、氯霉素的快速检测。

通常，试剂盒厂商给出的检测限应等于或低于目前欧盟规定的 MRLs 和 USFDA 规定的残留限量，且应适用于多种样品基质。为证实试剂盒标注的参数并且评估它们对于多种分析样品的适用性，独立实验室应对其进行验证和比较研究。Reybroeck 等人用 100 份不同蜂蜜样品对 Tetrasensor（Unisensor SA）进行了验证研究[82]。据报道 Tetrasensor 四环素类的检测范围为 6~12 μg/kg。研究显示，在研究过程中无假阴性和假阳性结果出现，而且该检测方法操作简单、耐受性好，检测性能不受蜂蜜产地、来源植物及蜂蜜的其他物理性质影响。类似的评估也被报道过，利用 Tetrasensor 检测蜂蜜、鸡蛋、原牛奶中四环素类的含量并与液相色谱串联质谱方法及高效液相色谱法的结果进行比较研究[83,84]。Alfredsson 报道了 Tetrasensor 的耐用性，结果表明其能够在欧盟 RLs 浓度下检测多种基质中的四环素类残留。

Okerman 等人将 Tetrasensor 与三种检测组织中四环素类残留的微生物抑制法进行了比较[85]。研究表明，在分析大量样品且不要求即时结果的情况下，只需平皿且符合四平皿（FPT）规程的经典琼脂扩散法仍然是最经济实惠的。但是，在要求即时结果或官方筛查时，推荐使用基于受体的检测方法 Tetrasensor。与抑制法不同，受体法不需要设备良好的实验室条件，且更适用于肉类产业[77]。

5.3.4　基于受体的放射性免疫分析：Charm Ⅱ

放射性免疫分析是早期建立的一种高灵敏和特异性的检测方法。利用放射性标记物和未标记物竞争抗体（或其他识别分子）来测定未标记物的浓度。RIA 可测定抗体浓度或任何能与特异性分子结合的底物浓度。尽管使用放射性标记示踪剂，需要专业实验设备和安全措施，但是现代 RIA 技术可在 30 min 左右完成多种抗菌药物残留的检测，因此该技术可作为一种基于实验室的多残留快速检测技术。

Charm Ⅱ（Charm Sciences Inc.）是基于液体闪烁计数仪的一种检测化学药物残留的产品，是一个免疫反应试验，一般使用广谱识别性受体或抗体（图 5.5）。Charm Ⅱ 中应用 ^{3}H 和 ^{14}C 标记的药物和广谱识别性受体结合，标记药物与待检物竞争性结合受体上的特异性位点。竞争完成后，终止反应，没有结合的标记药物采用离心的方式从反应体系中分离。离心后的反应样品（含标记药物-受体的混合物）用闪烁计数器测定 1 min，即可得出计数结果［以每分钟的计数 cpm（Counts per minute）表示］。

图 5.5　适用于受体依赖的放射性免疫反应的 Charm Ⅱ 检测系统

（示意图由 Charm Sciences Inc. 提供）

Charm Ⅱ 为一种竞争抑制的检测模式。样品计数越高，药物残留浓度越低；计数越低，药物残留浓度则越高。通过采用控制点，判断结果可简化为阳性或阴性。控制点的计数率是根据阴性对照（小于平均阴性计数2倍标准偏差）或阳性添加样品（高于阳性计数2倍标准偏差）而定义的。检测时，若样品的计数率高于阴性控制点则目标待检物为阴性，若样品的计数率等于或小于阴性控制点则目标待检物为疑似阳性。有很多验证Charm Ⅱ检测不同基质中药物残留的文献可参考，包括与化学分析方法的对比研究[86-88]。

表5.5中列出了Charm Ⅱ检测试剂盒的种类和应用范围。生产商认为Charm Ⅱ可在残留浓度等于或低于MRLs（或USFAD规定的残留限量）时检测多种抗菌药物，检测的样品基质包括牛奶、尿液、血浆、动物组织、蜂蜜以及其他监管机构设定的残留限量的样品。

表5.5 可用于抗菌药物残留筛选检测的Charm Ⅱ及其检测范围（来源于Charm Science Inc.）

Charm Ⅱ	在售产品（化合物个数）	应用范围	样品前处理时间（min）	检测时间（min）
奶制品[a]	β-内酰胺类（12）	原奶、混合牛奶、巴氏灭菌奶	无	10
	磺胺类（4）			
	四环素类（3）			
	氨基糖苷类（4）			
	大环内酯类（5）			
	林可胺类（1）			
	新生霉素			
	大观霉素			
	氯霉素			
海产品	β-内酰胺类（8）	水产品（虾、鱼）	75～120	12～22[b]
	磺胺类（6）			
	四环素类（3）			
	氨基糖苷类（4）			
	大环内酯类（6）			
	酰胺醇类（2）			
	氯霉素			
	硝基呋喃类[c]（AMOZ/AOZ）			
谷物	β-内酰胺类（19）	谷物性的动物饲料	10～15	10
	磺胺类（15）			
	四环素类（3）			
	氨基糖苷类（4）			
	大环内酯类（6）			
	氯霉素			
蜂蜜	β-内酰胺类（19）	蜂蜜和加工蜜	<5	10，硝基呋喃类需要40 min
	磺胺类（12）			
	四环素类（3）			
	氨基糖苷类（2）			
	大环内酯类（6）			
	酰胺醇类（4）			
	氯霉素			
	硝基呋喃类[c]（AMOZ/AOZ）			
组织	β-内酰胺类（8）	可食组织，包括肌肉、肝脏和肾脏	12	30

(续)

Charm II	在售产品（化合物个数）	应用范围	样品前处理时间（min）	检测时间（min）
	磺胺类（5）			
	四环素类（3）			
	氨基糖苷类（4）			
	大环内酯类（6）			
	酰胺醇类（2）			
	氯霉素			

注：a 两种牛奶限量标准：美国的标准和欧盟的标准。
b 基于 ELISA 的检测方法。
c 具体的检测时间由检测的抗菌药物种类决定。
第 2 列括号中的阿拉伯数字代表每类抗生素中能够检测的符合限量要求的药物种类数。
信息来源：以上信息来源于制造商的网站（www.charm.com/content/view/61/104/lang,en/；accessed during April 2010）。

5.3.5 酶分析法的基本原理

通过监测酶活性来检测 β-内酰胺类残留的快速检测试剂盒已经实现了商品化，而且技术上已经非常成熟。酶分析法是一种定性检测技术，通过颜色变化表征反应终点，来检测样品中某类化学物质残留。所有酶分析法都是通过测定底物消耗量或者产物的生成量来进行的。很多不同检测方法可以测定底物浓度和产物生成，而且很多酶可采用不同的方式进行分析。有 4 种主要的试验方法用来研究酶催化反应，即初始速率法（Initial rate）、进度曲线法（Progress curve）、瞬变动力学法（Transient kinetics）以及弛豫试验法（Relaxation experiments），本节不对这些方法进行详细介绍。

β-内酰胺类（包括青霉素类、头孢菌素类、单环 β-内酰胺类以及碳青霉烯类）通过抑制膜结合酶从而干扰细胞壁肽聚糖的合成来表现活性[89]。因为这些酶能共价结合 β-内酰胺类而被称为青霉素结合蛋白（Penicillin-binding protein，PBPs）[90]。

根据分子量大小，PBPs 主要分为两大类：高分子量的 PBPs（50～100 kD）和低分子量的 PBPs（30～40 kD）。高分子量的 PBPs 又分为两类：A 类是一种双功能酶，该酶在细胞壁合成过程中可催化转肽作用和转糖基作用；B 类只催化转肽作用。低分子量 PBPs 是控制肽聚糖交联的 D-丙氨酰-D-丙氨酸羧肽酶[91]。β-内酰胺类与 PBPs 结合之后抑制转肽酶将交联的肽链转运到肽聚糖骨架上。青霉素类的结构与转肽酶的底物 D-Ala-D-Ala 类似。最后，青霉素类药物使细胞壁自溶酶的一种抑制因子失活，从而导致细胞裂解。

5.3.5.1 The Penzyme Milk Test

牛奶中 β-内酰胺类药物的检测 PMT 系列（Neogen 公司）检测 β-内酰胺类残留使用的是 D,D-羧肽酶。该方法主要基于 D,D-羧肽酶的以下 2 个性质：①β-内酰胺类可特异、定量地抑制 D,D-羧肽酶活性，因此样品中含有的该类抗菌药物越多，酶活性就会越低；②能特异性水解 R-D-Ala-D-Ala 类型的底物，释放 D-丙氨酸。

为了测定酶的活性，立体选择性氧化酶可将水解的 D-丙氨酸转化为丙酮酸，同时释放过氧化氢。过氧化氢再氧化（在过氧化物酶的作用下）有机染料使其颜色发生变化。检测时，直接将酶加入奶样中，然后在 47℃ 进行短暂孵育，在这段时间内样品中的 β-内酰胺类与酶特异性结合并抑制其活性。然后将含有颜色反应试剂的物质加入奶样中，再进行孵育。在这个过程中，反应产物显橘黄色，颜色的深浅与剩余有活性的 D,D-羧肽酶成正比。将反应生成的颜色与检测试剂盒提供的比色图进行比较得出检测结果。整个检测反应需要 15 min。

一般来说，Penzyme 法可用于筛查奶样中 β-内酰胺类残留，其检测限与 USFDA 的残留限量接近（表5.6），因此该方法在美国可以用于此类药物的监测。但是所有药物的检测限都高于欧盟规定的 MRLs，因此这种检测方法并不适应于欧洲市场。

表 5.6 添加牛奶样本中生产商标明的牛奶中 β-内酰胺类药物的检测和 Delvo-X-PRESS 的 β-内酰胺类的检测限及其与 USFDA 和 EU 最高残留限量的对比

β-内酰胺化合物	生产商报道的牛奶中检测限（μg/L）		USFDA 残留限量 牛奶（μg/L）	EU MRLs[a] 牛奶（μg/L）
	牛奶中 β-内酰胺类药物的检测 Neogen 公司	Delvo-X-PRESS DSM Ltd		
青霉素 G	4.3	2～4	5	4
氨苄西林	5.6	4～8	10	4
阿莫西林	5.3	4～8	10	4
邻氯青霉素	N/A	30～60	10	30
头孢噻呋	N/A	4～8	100	100[b]
头孢匹林	14.3	4～8	20	60[c]
普鲁卡因青霉素	N/A	3～5	—	4
缩酮氯苄青霉素	N/A	6～10	—	—
青霉素 V	N/A	3～5	—	4
哌氨苄青霉素	N/A	5～10	—	—
头孢洛宁	N/A	3～4	—	20
甲氧西林	N/A	10～20	—	—
替卡西林	N/A	30～100	—	—
头孢羟氨苄	N/A	5～25	—	—
噻肟酯头孢菌素	N/A	4～5	—	—
氧呱羟苯唑头孢菌素	N/A	5～20	—	50
头孢氨苄	N/A	25～50	—	100
苯唑西林	N/A	25～50	—	30
双氯西林	N/A	25～50	—	30
先锋霉素 Ⅵ	N/A	25～50	—	—
头孢呋辛	N/A	4～20	—	—
头孢噁唑	N/A	75～100	—	—

注：[a] EU 37/2010
[b] 母体药物和代谢物的总量。
[c] 头孢匹林和去乙酰基头孢匹林的总量。
N/A 指不适用；N/A 也表示不符合 FDA 安全水平。
信息来源：上述第 2、3 列信息来自生产商网站 www.neogen.com/FoodSafety/pdf/ProdInfo/Page_94.pdf；accessed 8/04/10；产品手册，参见 www.dsm.com/en_US/html/dfsd/tests.htm。

5.3.5.2 Delvo-X-PRESS

Delvo-X-PRESS（DSM Food Specialties）是一种基于酶的快速检测方法，其操作模式与 Penzyme 相似。Delvo-X-PRESS 是为检测奶罐和奶仓中 β-内酰胺类残留而专门设计的，只需几分钟就可出结果。Delvo-X-PRESS 是一种基于受体-酶的竞争性、定性检测方法。受体蛋白来源于嗜热脂肪芽孢杆菌，能够特异性识别多种 β-内酰胺类，其检测限接近 RLs（表 5.6）。辣根过氧化物酶用于指示反应信号，根据颜色反应（特异性生成蓝色）判断是否含有 β-内酰胺类残留。检测结果可以通过肉眼或者自动化的读数系统进行判断。整个检测耗时在 10 min 以内。

应用快速检测技术时，要主要考虑方法对样品的应用范围及抗干扰能力。Andrew 等对此做了研究，利用不同成分和质量的牛奶，对包括 Penzyme 在内的药物残留快速检测方法进行了评估[92]。研究发现因疾病造成代谢物的变化对牛奶的成分和质量造成的影响很大。奶牛乳房炎是奶牛养殖过程中需要抗菌药物治疗的主要疾病。用药之后，应该对牛奶进行抗菌药物残留筛选检测。

与正常的牛奶相比，乳房感染奶牛所产的牛奶中体细胞（Somatic cell count，SCC）计数升高，包括牛血清白蛋白（Bovine serum albumin，BSA）和免疫球蛋白在内的血浆成分的浓度也升高。乳房炎奶牛的奶中的几种成分可干扰多种抗菌药物残留检测,这些成分包括体细胞、乳铁蛋白、溶菌酶、微生物及游离脂肪酸。根据筛选试验的原则,牛奶中的这些组分会对检测结果造成很大影响,特别是检测病愈后的动物牛奶时,牛奶中这些组分的含量仍然很高而且影响更为明显[93]。因此,当对检测方法进行评估时,应考虑来源于不同个体的牛奶中的体细胞数和细菌量的差异,这样才能代表一个典型的奶牛群体。Andrew 等报道,一次失败的 Penzyme 检测会导致假阳性结果,这可能是由于牛奶中的一些因子抑制了检测的酶反应,从而使检测的假阳性率升高。

Gibbons-Burgener 等通过检测不同奶牛的鲜牛奶,对 SNAPBL、DelvoTest SP 和 Penzyme 牛奶快速检测试剂盒进行了评估[94]。这三种试剂盒的生产商都标明其试剂盒可应用于各种牛奶。所有的样本都来自于临床上被诊断为轻微乳腺炎的 111 头奶牛。大约一半的奶牛给予经 USFDA 批准的乳房药物(吡利霉素、海他西林或者头孢西林)治疗,另外一半的奶牛不给予治疗(对照组)。停药期之后,对第一次采集的奶样分别利用三种快速筛选方法和 HPLC 进行检测。该研究测定了每种检测方法的灵敏度、特异性和假阳性、假阴性率。研究结果显示 SNAPBL 和 DelvoTest SP 的灵敏度大于 90%,然而 Penzyme Milk Test 的灵敏度只有 60%,而且还有较高的假阴性率,但这三种方法的特异性非常接近。

阳性预测值(Positive predictive value,PPV)是一种阳性筛选方法的度量方式,真实地反映了样品中抗菌药物残留量等于或大于 RL 的值。这三种检测方法的阳性预测值均较差,其范围是 39%~74%。因此研究者得出结论:尽管这三种试剂盒检测方法的重复性都很好,但由于 PPV 值很低,因此都不适用于经抗菌药物治疗的乳房炎患病奶牛的奶中抗菌药物残留的检测[94]。

5.3.6 快速检测试剂盒的总结

总之,快速检测(或称之为免疫检测或酶分析)适用于短时间内尤其在 30 min 左右的药物残留的定性或者半定量检测。一般来说,这些检测产品易于携带(适用于现场检测),操作简单且结果易于分析。很多检测方法已经商品化,其中大部分产品能够满足不同抗菌药物残留限量以下的检测要求,如 β-内酰胺类和四环素类。需要注意的是,在检测前应判断试剂盒是否适用于含有能够引起较高假阴性/阳性率的干扰因子的样品基质。

5.4 表面等离子体共振(SPR)生物传感器技术

5.4.1 SPR 生物传感器的基本原理

生物传感器(Biosensor)是由生物辨识元件(Biological recognition element,BRE)和电化学转换器构成的,是一种可将分析物的浓度转化为电信号的装置[95]。最早的生物传感器是一种催化体系,这个体系整合了生物受体(即酶、细胞器或微生物)和转换器,可将生物反应转化为电子信号[96]。当生物相互作用发生时,其他物化参数也随之改变,包括焓、离子电导率和质量。根据这个效应,可以将生物催化作用和转换器结合起来应用[97]。光学、电化学、感温、压电、电磁传导都是常用的转导机制。

本节重点介绍光学和表面等离子体共振生物传感器在检测动物源性食品中抗菌药物残留方面的应用。SPR 与大多数免疫化学分析技术相比,具有不需要酶标记或荧光标记目标物或识别元件的优点。SPR 已经与微流技术相结合,可实现结合复合物的连续、实时监控[98]。SPR 可提供目标分子的浓度、结合特异性、亲和力、动力学和协同效应等信息。

Kretschmann、Raether 和 Otto 于 1968 年利用衰减全反射法(Attenuated total reflection,ATR)描述了光激发的表面等离子体共振[99,100]。SPR 是存在于两种介电常数相反的介质界面处的一种电荷密度波振荡现象。电荷密度波与电磁波相关,场矢量在两种介质界面处达到最大值并迅速衰减。表面等离子体波(Surface plasmon wave,SPW)是一种横磁(Transverse magnetic,TM)偏振波,磁矢量垂直于 SPW 的传播方向并与交界面平行。在可见光波段,有几种金属能够满足上述条件,其中金和银最为常用[101]。光子携带的能量可以耦合或转移到金属的电子上。

耦合的结果是在金属表面产生的一组激发态电子(等离子共振),金属的种类及其表面的环境可影响等离子共振的强度。通过监控 SPW 与光波的相互作用,在等离子共振场范围内可以检测转导介质(如抗原抗体结合后)光学参数的变化。SPW 的传播距离是有限的,因此,传感仅发生在 SPW 被光波激发的区域。

这个光学系统除了用于激发 SPW 之外也用于解调 SPR。表面等离子体共振会在光波的能量被共振吸收后出现。SPW 的传播常数通常要高于光波的传播常数，这使得 SPW 无法在平面金属电介质界面被入射光波直接激发，因此应增强入射光波的动量以匹配 SPW[102]。可通过使用棱镜耦合器、光波导管以及在衍射光栅表面的衍射进行光的衰减全反射来改变动量[103]。基于棱镜的 SPR 传感器利用角度调制法形成了共振技术的基础[97]。

为了运用 SPR 来检测各组分的结合，将生物识别元件或是靶配体固定在（化学结合）传感芯片表面，分子识别元件与目标物可在传感芯片表面结合。其中最基本的是要求二者之间的结合应产生可测量的质量变化。这种质量的改变会引起传感器表面溶液折光率的变化，反过来，这使玻璃平面反射的偏振光强度减少从而改变其角度。这种由传感器表面分子的结合或解离引起的共振角的变化与结合材料的质量成正比。抑制（间接）结合分析基于固定分析物与自由分析物同识别元件之间的竞争性结合，该分析适用于小分子质量的目标物（<1kD），包括大部分的抗菌药物残留物。为了产生明显的响应值，小分子量物质被固定在传感器表面。在这种情况下，结合反应就会产生较大的质量改变。该抑制分析法的结果与提取物中分析物的浓度成反比。在直接分析法中，识别元件被固定在传感器表面，该方法通常适用于大分子的目标物（>5 kD）。该方法的检测信号直接来源于目标分子与检测分子在传感器表面的结合。

SPR 设备由以下部件组成（图 5.6）：①传感表面，包含一个可承受各部分间相互作用的耦合矩阵；②基于入射光的汇聚和反射光的位置敏感检测的 SPR 光学系统；③用于共振角的定位以及数据处理的计算机；④用于注入样品、冲洗和再生溶液的微流体系统。

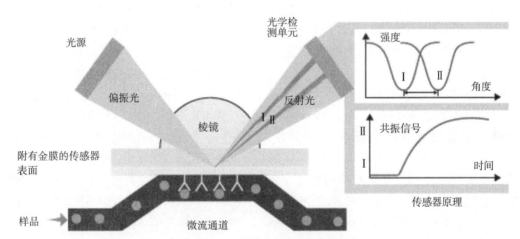

图 5.6　基于棱镜的表面等离子体共振生物传感器示意图

微流通道与传感芯片（玻璃支架及薄金层）相接，光学单元包括光源、棱镜以及检测单元。信号检测在芯片表面中直接相邻表面的折射率的变化。SPR 以尖峰的形式存在于来自表面的反射光中并且形成一个角度，这个角度取决于表面材料的质量。当生物分子结合于表面并改变了质量时，SPR 的角度会从Ⅰ型转换至Ⅱ型（右下角）。该装置可实时、无损地监控共振角的改变，同时呈现出共振信号（正比于质量改变）与时间的图表

5.4.2　用于牛奶、动物组织、饲料和蜂蜜中的商品化 SPR 生物传感器

目前基于 SPR 的商品化生物传感器数量有限。相关信息与生物传感器的规格资料，可从以下制造商网站获取：GE Healthcare（Biacore）[104]、Sensate Technologies Inc.（Spreeta）[105]和Reichert（SPR）Inc.[106]。

以上列出的商品化 SPR 生物传感器中，Biacore（GE Healthcare）拥有最成熟的技术并在食品分析方面占有最大的市场份额。一系列与 Biacore Q SPR 生物传感器配套使用的检测动物源性食品中兽药残留（及其他污染物和残留物）的试剂盒（Q Flex kits）已经上市。正如前文所述，Biacore 试剂盒主要利用间接（抑制）反应模式检测小分子物质。将已知浓度的结合蛋白与样品液混合，加入到固定目标分析物或衍生物的传感器表面。样品中存在的靶分子与结合蛋

白结合，从而抑制该蛋白与传感器表面的靶物质结合。样品中靶分子的浓度越高，抑制程度越高，因此 SPR 的响应值越低。最后，根据标准曲线上结合信号计算样品浓度。

Biacore 系统利用一种无标记的检测方法实现蛋白质相互作用的即时监控。将溶液样品注入到固定有可以结合蛋白组分的传感器表面。由于注入的样品与包被的元件相互作用，传感器表面和溶液之间的界面处的折射率发生改变并在一定程度上与表面质量的变化成正比。SPR 现象就是通过实时监测这些变化，然后将数据绘制成传感图（SPR 响应值随时间推移的变化）。传感图的关键部分有：①基底值，由注入到传感器表面的缓冲溶液产生；②注入的样品提取液；③结合物生成后质量变化导致的响应信号的变化。加入样品后，结合物在缓冲液中逐渐解离（解离相）。再生溶液被用来促进剩余结合物的解离，进而促使信号返回到基线水平。

Biacore 试剂盒的应用范围、检测能力和交叉反应率见表 5.7。研究表明，Biacore Q 传感器与 QFlex 试剂盒结合使用的灵敏度非常高，能够在低于目前欧盟规定的浓度或欧盟的 RCs 下检测目标分析物[15]。

Biacore 技术的应用充分表明了 SPR 生物传感器技术在食品分析中是快速而可靠的。许多文献也证明其在食品分析中的适用性，包括易操作性、灵敏性、选择性、灵活性和可靠性。文献报道的有氯霉素[107,108]及其他酰胺醇类[109,110]、氟喹诺酮类[111]、β-内酰胺类[112]、链霉素[113,114]、庆大霉素[115]和磺胺类[116,117]的检测。近期基于 SPR 的检测主要向着多残留、阵列、微型化和便携化方向发展[118,119]。

在分析筛选方面，用于残留监控的 SPR 生物传感器技术与传统免疫分析技术相比有许多优势。例如：半自动化的高通量筛选、分析时间更短、检测限更低、非特异性吸附少和低假阳性率/假阴性率等。SPR 生物传感器可提供半定量结果，尤其适合实验室筛选。可以对大批量的已知（目标）残留物进行分析，而对于其他可疑样品则需要进一步的确证分析。然而，这些优势需要与 SPR 生物传感器高昂的设备价格相权衡，平均每份样品的成本与质谱分析仪和许多需要大量免疫试剂的试剂盒的成本相当。

在快速筛查中，样品前处理是一个重大的挑战。据估计，样品前处理所需时间占总分析时间的 50%～75%，特别是对于需要将与血浆蛋白结合残留物解离出来的组织和其他固体基质[120]。尽管有这样的限制，当前大部分的技术创新和改进都着眼于检测程序。

为了使生物传感器达到相应的灵敏度，对于某些样品（如蜂蜜、动物饲料等），繁琐的样品前处理和净化（液-液萃取和/或固相萃取）过程是必不可少。蜂蜜是一种复杂的基质，含有高浓度的天然糖类和其他碳水化合物。主要成分是果糖（31.0%）和葡萄糖（38.5%），余下的 30% 左右包括麦芽糖，松三糖，蔗糖和其他复杂的碳水化合物、维生素、矿物质和某些酶（如过氧化氢酶）。不同种类的蜂蜜，也可能含有天然成分（如蜂蜡、蜂胶、蜂王浆和蜂尸等）。其中的一些成分，尤其是蜂蜡，可以造成传感器接口的阻塞，如果在提取步骤中不将这些成分充分去除，将产生虚假响应信号。

表 5.7　QFlex 试剂盒及 Biacore Q SPR 生物传感器检测动物源性食品中抗菌药物残留的检测范围

抗菌药物	当前应用的样品基质和检测限（μg/kg 或 μg/L）	交叉反应性（%）
氯霉素	禽类肌肉（0.02）	氯霉素——100
	牛奶（0.03）	氯霉素-葡萄糖苷——73.8
	水生贝壳类动物（0.07）	
	蜂蜜（0.07）	
	评价标准为氯霉素	
链霉素	猪肉（69）	链霉素——100
	猪肾（50）	双氢链霉素——97.3
	牛奶（28）	
	蜂蜜（15）	
	评价标准为链霉素	

(续)

抗菌药物	当前应用的样品基质和检测限（μg/kg 或 μg/L）	交叉反应性（%）
磺胺嘧啶	猪肉（6） 评价标准为磺胺嘧啶	磺胺嘧啶——100 N^4-乙酰磺胺嘧啶——230 磺胺甲嘧啶——11 磺胺噻唑——9 磺胺甲氧嗪——8
磺胺二甲嘧啶	猪肉（8） 评价标准为磺胺二甲基嘧啶	磺胺二甲嘧啶——100 N^4-乙酰磺胺嘧啶——160
多种磺胺类药物	猪肉（18.2） 评价标准为磺胺二甲嘧啶	磺胺嘧啶——100 磺胺嘧啶——123.8 磺胺噻唑——191.6 磺胺喹噁林——127.3 磺胺甲噁唑——106.4 磺胺氯哒嗪——185.7 磺胺甲嘧啶——123.0 磺胺二甲氧基嘧啶——185.7 磺胺胍——143.3 磺胺甲氧嗪——171.3 磺胺间甲氧嘧啶——178.4 磺胺甲二唑——209.2 磺胺吡啶——204.5 磺胺苯吡唑——193.6 磺胺吡嗪——125.5 磺胺多辛——87.5 磺胺异噁唑——63.9 磺胺曲沙唑——30.2 磺胺硝苯——17.9 氨苯砜——214.1
泰乐菌素	禽类肌肉（5.6） 蜂蜜快速检测（5.7） 蜂蜜（2.8） 饲料（195） 评价标准为泰乐菌素 A	泰乐菌素 A——100 泰乐菌素 B——141.9 泰乐菌素 C——71.3 泰乐菌素 D——323

注：第二列和第三列来源于 http://www.biacore.com/food/food_analysis/index.html，2010 年 4 月。

5.4.3 表面等离子体共振（SPR）技术的总结

综上所述，SPR 生物传感器是一种适用于复杂食品基质中残留物分析（在 μg/kg 浓度水平上）的筛选方法。可在工作日内完成检测，并出具目标残留物及其代谢物的浓度结果。Biacore Q 是一个允许在非工作时间操作的完全自动化系统。数据分析也是自动化的，并且不需要专业人士进行解析。目前，该技术成本高并且不易于现场操作。决定某项技术是否适用于样品筛选时，成本和便携性是重要的考虑因素。SPR 生物传感器可用于确证之前的可疑样本的高通量快速筛选，其优势在于经过SPR筛选后，需要进行确证分析（LC-MS/MS）的样品数量大幅减少，从而节约大量时间和成本，尤其适用于大规模监控操作。最新的研究进展体现在将生物传感器与LC-MS^{n}串联，实现可疑样品提取物的回收利用并在线转移至确证分析。

5.5 酶联免疫吸附试验（ELISA）

5.5.1 ELISA的基本原理

目前，酶联免疫吸附试验（ELISA）是最常见的一种免疫测定法。20世纪70年代Engvall和Perlmann最早建立了ELISA技术[121]。首先将抗原或抗体包被在固相材料表面，加入样品反应后，再通过适当方法分离结合和未结合组分，使得ELISA可用于检测复杂样品中的待测物。许多现代的生物分析方法大多是基于传统的ELISA方法建立的。

直接竞争法是最简单的ELISA检测模式。先将抗原包被在固相材料表面，再通过酶标记物实现检测。只要不影响抗原抗体的结合反应，酶可以标记到抗原或抗体上。常用的标记酶包括辣根过氧化物酶（Horseradish peroxidase，HRP）、碱性磷酸酶（alkaline phosphatase，AP）和β-半乳糖苷酶（β-D-galactosidase）[122]。加入适当的酶底物，可以实现定性和定量检测。酶底物可直接转化为可检测的信号或通过释放某些离子与其他物质间接反应来产生可检测的光学或电化学信号。与其他免疫测定技术相比，ELISA方法的优点在于其可以放大最终检测信号。ELISA通常在96孔（或384孔）的聚苯乙烯微孔板中进行，适用于高通量筛选（High-throughput screening，HTS）分析，并有可能实现自动化。

尽管存在其他很多模式，但夹心法（竞争法或非竞争法）是ELISA商品化试剂盒中最常用的检测模式。在夹心法中，目标待测物夹于两个抗体之间，这两种抗体分别称为捕获抗体和检测抗体。建立夹心ELISA的关键是设计一对捕获抗体和检测抗体，这两个抗体能够分别识别靶分子上两个互不重叠的结构区域。即当捕获抗体与抗原结合后，不能阻碍或改变检测抗体的识别位点。单克隆抗体的特异性高，仅识别单一的识别位点，能够实现准确和可靠的定性和定量检测（参见5.3.1部分）。因此，通常以单克隆抗体作为检测抗体。而多克隆抗体则可以作为捕获抗体来尽可能多的捕获目标抗原。

通过建立S形标准曲线，来进行定量分析未知样本中分析物的含量。ELISA可以作为一种定量筛选方法，取决于方法设计特点和足够的对照样品的使用。

传统的ELISA通常使用显色指示剂和底物，获得可观测的颜色变化，大多数的文献报道的ELISA方法或商品化的抗菌药物残留检测试剂盒均基于显色指示剂[123,124]。最新的ELISA技术已开始通过荧光、电化学发光、实时聚合酶链反应等来进行定量检测。这些非酶类的指示信号具有多种优势，如灵敏度更高（通过级联放大系统）和多残留检测的能力，如微阵列检测。现在这些技术已成功应用于食品中抗菌药物的检测[125,126]。虽然许多报道的ELISA方法既可使用多克隆抗体也可使用单克隆抗体（参见5.3.1部分）作为捕获识别分子，但由于杂交瘤细胞可源源不断地产生均一性的单克隆抗体，因此目前基于单抗的ELISA方法呈现增长的趋势。

5.5.2 自动化ELISA检测系统

ELISA法可分为四个基本步骤：加样、温育、洗涤和读数。根据情况，可调整各个步骤的数量、操作顺序和重复次数。所以，ELISA容易实现自动化。商品化的微孔板式ELISA检测设备由以下模块组成：①自动洗板机，②自动加样器或自动分液器，③微孔板架（室温）或自动温育室，④微孔板读数仪。

专门开发的自动化部件（如机械臂）有利于操作过程中不同部件间的衔接。检测人员可根据实验要求通过软件来设定具体的操作流程。使用自动化工作站，可在非工作时间，无人操作的情况下自动筛选数百个样品。这种高通量筛选模式已广泛应用于临床诊断，来筛选大量血液、血清、尿液样品中的待测物，如代谢产物或激素。如前所述，由于含量、组分以及提取加工条件的不同，食品样本更加复杂。自动化高通量的ELISA方法更适用于应对食品安全事件的"爆发"情况，此时实验室需要筛选大量样品中的疑似有害残留物。除了此类事件，屠宰厂、牛奶加工厂和残留分析实验室也需要对样品进行大批量的筛选。

5.5.3 其他免疫分析

除ELISA方法外，还有许多其他的免疫检测方法可用于测定食品中抗菌药物残留，包括时间分辨荧光免疫分析法（time resolved fluorescence immunoassay，TRFIA）和流式细胞技术。这些免疫测定技术适用于高通量多残留分析,可实现对目标分析物的半定量筛选[127]。已有文献报道了基于这些技术的筛选方法来检测抗菌药物残留,然而,目前市场上还没有这方面的商品化检测试剂盒,因此要建立基于这些技术的检测方法需要自制或购买商品化的免疫试剂。

Luminex 公司(Luminex Corporation)可提供用于建立多通道免疫分析的商品化检测系统。Luminex 技术是基于流式细胞术的原理,同时使用不同颜色的聚苯乙烯微球(xMAP 技术)。目前,已有 100 种不同的微球可供选择。每种微球可以包被特定的免疫试剂来捕获并检测样品中的目标分析物。Luminex 分析仪通过双波长激光器来激发微球内部的荧光染料(可分辨每个微球),免疫反应发生时荧光信号可被仪器捕获。这项技术可实现对单个样本中多达 100 个项目的同时检测。已有文献报道使用基于 Luminex xMAP 技术的多通道分析方法来检测牛奶中的磺胺类药物[128]。经验证该方法可同步检测牛奶中 11 种磺胺类药物,检测限为 100 μg/kg。

5.5.4 检测抗菌药物残留的商品化 ELISA 试剂盒

目前,市场上有多种商品化 ELISA 试剂盒用于动物源性食品中抗菌药物残留的检测。其中至少有 4 种氯霉素检测试剂盒用于检测组织、蜂蜜、牛奶和水产品中氯霉素的残留(在欧盟和其他许多国家,氯霉素禁用于食品动物)。还有 5 种用于检测氟喹诺酮类多残留的试剂盒。表 5.8 列出了几个主要生产商的各种抗菌药物残留检测试剂盒。一般来说,所有的商品化试剂盒基本上能够满足欧盟对各种例行检测样品(包括肌肉、肾脏、肝脏、牛奶、鸡蛋、蜂蜜、饲料、鱼和水产养殖产品)所规定的 RLs 或 CRL 的 RCs[15]。现在商品化的残留检测试剂盒广泛使用免疫测定法。不过当前市场上提供的检测试剂盒并不能完全包括所有待检抗菌药物。试剂盒应满足相应的 RLs、检测能力(CCβ)、交叉反应率、基质效应干扰、假阴性或假阳性率的要求。与其他免疫分析法相比,ELISA 试剂盒的优劣在很大程度上取决于抗体的性能,因为这关系到其对目标待测物的特异性识别能力。

市售的 ELISA 试剂盒可用于各种样品基质的分析。大多数试剂盒生产商都会提供基本的样品前处理方法。例如,最终的提取液主要为非有机溶剂并要接近免疫试剂的最佳反应条件。一些实验室更倾向于使用自己设计的提取程序,这可能会获得更好的回收率并减少基质干扰。然而,一些试剂盒仅专门针对一种特定基质,如 ELISA Technologies 公司(Florida,USA)生产的针对动物饲料中多种抗菌药物促生长添加剂的 Eurodiagnostica multi-Antimicrobial Growth Promoter(AGP)kit 试剂盒。

ELISA 的一个常见问题是非特异性结合(Non-specific binding, NSB)反应。其中包括两种主要类型:①结合发生在裸露的表面,如微孔板;②与基质中某些固有的干扰物质(如白蛋白)结合。这些非特异性结合会导致检测背景值上升,增加假阳性率和假阴性率。然而,通过使用含表面活性剂和 choatrophic 试剂的洗涤液可以有效降低非特异性结合的影响。

在使用 ELISA 方法(和其他免疫分析方法)时,另一个需要考虑的重要因素是交叉反应(Cross-reactivity, CR)。CR 指的是抗体不仅可以与免疫原发生反应,还可以识别结构与免疫原类似的物质。因此,在验证新的免疫分析方法时必须测定其交叉反应率。交叉反应率(CR%)表示免疫分析对结构类似物和免疫原的识别差异。在实际应用中,选择一系列已知浓度的标准品来建立标准曲线。计算并比较标准曲线的中间浓度(最大响应值的一半对应的待测物浓度)。通过交叉反应率可估算潜在干扰物质对免疫分析检测的影响。根据检测的目的不同,广谱识别性抗体有助于在多残留分析中筛选一组结构类似的化合物。然而,在这种情况下,检测人员必须注意可能会出现假阳性,所以还需要进一步对残留物质进行确证并测定其相应的浓度。

5.5.5 ELISA 小结

总之,自 20 世纪 70 年代末以来,在官方的残留检测和质量控制实验室中,ELISA 已经成为一种常规的生物分析技术,用于定性、半定量甚至是定量的筛选检测。ELISA 通常也具有成本低和特异性高的特点,而且一般不需要昂贵的设备。

5.6 筛选检测性能标准的一般要求

当选择使用某种筛选方法检测抗菌药物残留时,

表 5.8 主要欧美制造商提供的可用于检测动物源性食品中抗菌药物残留的试剂盒汇总

抗菌药物种类	制造商				
	Randox	Eurodiagnostica	Abraxis	R-Biopharm AG	Biooscientific
杆菌肽	N	Y[a]	—	—	—
β-内酰胺类（多残留）	Y (11)	—	—	—	Y
氯霉素与氯霉素葡糖苷酸	Y	Y	Y	—	Y
氯霉素	—	—	—	Y	—
氯霉素葡糖苷酸	—	—	—	Y	—
结晶紫	—	Y	Y	—	Y
恩诺沙星	—	Y	Y	Y	Y
氟甲喹	Y	Y	—	—	Y
氟喹诺酮类（多残留）	Y (17)	Y (20)	Y (10)	Y (10)	Y
呋喃它酮（AMOZ）	Y	—	Y	Y	Y
呋喃唑酮（AOZ）	Y	—	Y	Y	Y
庆大霉素	—	—	Y	—	—
离子载体类（多残留）	—	Y (2)	—	—	—
隐色孔雀石绿	Y	—	—	—	—
孔雀石绿	—	Y	Y	—	—
孔雀石绿和隐色孔雀石绿	—	Y	—	—	Y
呋喃妥因（AHD）	Y	—	—	—	—
呋喃西林（SEM）	Y	—	—	—	—
新霉素	—	—	Y	—	—
诺氟沙星	—	—	—	—	Y
喹乙醇	—	Y[a]	—	—	—
螺旋霉素	—	Y[a]	—	—	—
链霉素	Y	—	—	Y	Y
磺胺嘧啶	Y	—	Y	Y	Y
磺胺二甲嘧啶	Y	—	Y	—	Y
磺胺甲异噁唑	—	—	Y	—	—
磺胺喹噁啉	Y	—	—	—	Y
磺胺类（多残留）	—	Y (9)	Y (9)	Y (19)	Y
四环素类（多残留）	Y	—	Y (5)	Y (6)	Y
泰乐菌素	—	Y[a]	Y	—	—
替米考星	—	—	Y	—	—
维吉尼亚霉素	—	Y[a]	—	—	—

注：[a] 属于 "multi-AGP EIA" 试剂盒的一部分。

注释符号：表 5.8 中第 2~6 列所示符号表示各制造商提供相关试剂盒的情况（Y=可提供此试剂盒；N=不提供此试剂盒），括号中的数字表示多残留试剂盒可检测的药物种类（交叉反应率≥1%）。

资料来源：详见各试剂盒生产商网站：Randox，www.randox.com；ELISA Technologies Inc. Eurodiagnostica products，www.elisa-tek.com/eurodiagnostica product list.htm；Abraxis，www.abraxiskits.com/product_veterinary.htm；R-Biopharm AG，www.r-biopharm.com/product_site.php？；Biooscientific，www.biooscientific.com/。

实验室为达到预期检测目的以及满足本国或出口国的法律规定，必须确保方法的性能标准。例如，欧盟的 2002/657/EC[20] 决议规定了残留分析方法的性能标准，包括判定限、检测能力、重现性、选择性、特异性、专一性和耐用性[20]。2002/657/EC 决议规定："筛选检测方法是用于检测样品中是否含有某一特定含量的一种或一类物质的方法。这些方法应能够实现对样品的高通量检测，且可用于筛选大量潜在的阳性样本。同时要特别注意避免假阴性结果。"欧洲 CRLs 已经出版了一个关于验证筛查方法的指导性文件来帮助各实验室建立有效的筛选方法[129]。对每种待测物都应该建立基于不同样品基质中 RLs 的目标筛选浓度（Screening target concentration，STC）。筛选方法是以 STC 作为指标来判定所检样品是否为阳性，以及是否需要进行确证分析。对于批准药物的监管，通常 STC 设定为残留限量（最大允许量或 MRL）的一半。对于禁用和未批准使用的药物，STC 必须小于或等于 MRPL 或 RPA 值，如果这种物质仅有 RC 值，STC 必须低于 RC。STC 越小于 RL，则检测含有 RL 浓度的样品的假阴性率就越低。

已经建立了 2 个统计学限量（$CC\alpha$ 和 $CC\beta$）来保证分析方法能够可靠地区分和定量残留物的浓度[20]。判定限（Decision Limit，$CC\alpha$）表示检测的误差概率为 α 时，根据样品中分析物的检测结果可判定为阳性的最低浓度。检测能力（Detection Capability，$CC\beta$）表示检测的误差概率为 β 时，可准确定量样品中分析物的最低浓度。基于假阳性率（不符合率）得到误差概率 α，基于假阴性率（符合率）得到误差概率 β。对于筛选方法，在方法验证时只需计算检测能力（$CC\beta$）。对于已建立和未建立允许限量的物质，欧盟均将其误差概率 β 设定在 5%，根据筛选检测的类型，以及检测是用于定性判定还是定量分析，来选择不同的方法确定 $CC\beta$（参见第 10 章）。

一个评价筛选方法的关键性能指标是要证明建立的检测方法能够满足设定的目标筛选浓度（STC）。STC 要足够低以确保能够在推荐的 RL 浓度下检测到抗菌药物，即保证方法的 STC 远低于 RL。这意味着 $CC\beta$ 要等于或小于 RL。而方法的灵敏度远高于 RL 时，则没必要估算 $CC\beta$ 值。

5.7 生物分析筛选方法的总结

自 20 世纪 80 年代以来，生物分析筛选方法取得了重大进展，积极促进了残留的有效监控。主要进展包括：①商品化产品多样化，从"低技术"领域的试剂盒，到基于实验室的精密仪器系统；②可检测的抗菌药物种类增多；③试剂盒可满足各种样本的检测要求。目前需检测的分析物越来越多，同时对灵敏、快速、可靠的检测方法的需求也越来越多。另一个发展趋势是快速检测的应用不仅适用于训练有素的实验检测人员，而且也要适应非专业人员现场检测要求，如在食品加工厂。因此，大多数商品化产品都具有适应性强和操作简单的特点。

随着检测技术的发展，可供选择的快速诊断方法越来越多，但是样品前处理仍然是制约检测效率的瓶颈，尤其是在处理复杂基质时，一般要耗费较长的检测时间。要想获得实质性的进展就必须避免耗时的样品净化程序，应将净化程序与试剂盒设计提高同步发展。同时，在使用筛选方法时要特别注意，用户应该了解特定产品的性能和局限性。最后，快速、经济、高效、可靠的筛选检测方法，可帮助用户在技术和管理方面对所检样品是否符合相关标准做出正确的判定。

⊙ 缩略语

AGP（Antimicrobial growth promoter）	抗菌促生长剂
AP（Alkaline phosphatase）	碱性磷酸酶
ATR（Attenuated total reflection）	衰减全反射法
BRE（Biological recognition element）	生物识别元件
BSA（Bovine serum albumin）	牛血清白蛋白
CAST（Calf antibiotic screening test）	牛抗菌药物筛选法

(续)

CCα (Decision limit)	判定限
CCβ (Detection capability)	检测性能
cpm (Counts per minute)	每分钟的计数
CRL (Community reference laboratory)	欧盟基准实验室
CR% (Cross-reactivity percentage)	交叉反应率
CV% (Coefficient of variation percentage)	变异系数
EIA (Enzyme immunoassay)	酶免疫测试法
ELISA (Enzyme-linked immunosorbent assay)	酶联免疫吸附试验
FAST (Fast antibiotic screening test)	抗菌药物快速筛选法
FDA [Food and Drug Administration (USA)]	美国食品药品监督管理局
FPT (Four-plate test)	四平皿测试法
GC (Gas chromatography)	气相色谱
HPLC (High-performance liquid chromatography)	高效液相色谱
HRP (Horseradish peroxidase)	辣根过氧化物酶
HTS (High-throughput screening)	高通量筛选
Ig (Immunoglobin)	免疫球蛋白
IP (Identification point)	识别点
KIS (Kidney inhibition swab)	肾抑制拭子
LC (Liquid chromatography)	液相色谱
LC-MS (Liquid chromatography-mass spectrometry)	液相色谱-串联质谱
LFD (Lateral-flow device)	侧流层析装置
LFIA (Lateral-flow immunoassay)	侧流免疫层析法
LIMS (Laboratory information management system)	实验室信息系统
MAb (Monoclonal antibody)	单克隆抗体
MIA (Microbial inhibition assay)	微生物抑制法
MRL (Maximum residue limit)	最高残留限量
MRM (Multiple-reaction monitoring)	多选择反应监测
MRPL (Minimum required performance limit)	最低要求执行限
MRSA (Meticillin-resistant Staphyloccocusaureus)	耐甲氧西林金黄色葡萄球菌
MS (Mass spectrometer)	质谱仪
MS^n (Mass spectrometer in tandem)	串联质谱仪
NDKT (New Dutch kidney test)	新荷兰肾脏测试法
NSB (Non-specific binding)	非特异性结合
PBP (Penicillin-binding protein)	青霉素结合蛋白
POC (Point of care)	即时检测
PPV (Positive predictive value)	阳性预测值
RC (Recommended concentration)	推荐浓度
RIA (Radioimmunoassay)	放射性免疫分析法
RL (Regulatory limit)	法定限量
ROSA (Rapid one-step assay)	快速一步分析法
RPA (Reference point for action)	干预基准点
SCC (Somatic cell count)	体细胞计数
SIM (Selected ion monitoring)	选择性离子监测
SPR (Surface plasmon resonance)	表面等离子体共振
TRFIA (Time-resolved fluorescence immunoassay)	时间分辨荧光免疫分析法

(续)

SPW (Surface plasmon wave)	表面等离子体波
STAR (Screening test for antimicrobial residues)	筛选抗菌药物残留
STC (Screening target concentration)	目标筛选浓度
STOP (Swab on the premises)	现场棉拭子法
TM (Transverse magnetic)	横磁偏振波
VMP (Veterinary medicinal product)	兽药产品

参考文献

[1] Schwarz S, Chaslus-Dancla E, Use of antimicrobials in veterinary medicine and mechanisms of resistance, Vet. Res. 2001；32：201-225.

[2] Verbeke W, Frewer LJ, Scholderer J, De Brabander HF, Why consumers behave as they do with respect to food safety and risk information, Anal. Chim. Acta 2007；586：2-7.

[3] Schwarz S, Kehrenberg C, Walsh TR, Use of antimicrobial agents in veterinary medicine and food animal production, Intnatl. J. Antimicrob. Agents 2001；17：431-437.

[4] EC Commission Regulation (EC) No 1831/2003, of the European Parliament and of the Council of 22 September 2003 on additives for use in animal nutrition, Off. J. Eur. Commun. 2003；L268：29-43.

[5] Levy SB, Active efflux, a common mechanism for biocide and antibiotic resistance, J. Appl. Microbiol. Symp. Supp. 2002，92：65-71.

[6] World Health Organization, Evaluation of Certain Veterinary, Drug Residues in Food, 62nd report Joint FAO/WHO Expert Committee on Food Additives, WHO Technical Report Series 925, 2004, pp. 26-37 (available at http：//whqlibdoc.who.int/trs/WHO_TRS_925.pdf；accessed 11/24/10).

[7] Codex Veterinary Drug Residues in Food Online (available at Database http：//www.codexalimentarius.net/vetdrugs/data/index.html；accessed 11/11/10).

[8] EC Regulation (EC) No 178/2002 of the European Parliament and of the council of 28 January 2002 laying down the general principles and requirements of food law, establishing the European Food Safety Authority and laying down procedures in matters of food safety, Off. J. Eur. Commun. 2002；L31：1-24.

[9] EC Commission Decision 2005/34/EC of 11 January 2005 laying down harmonised standards for the testing for certain residues in products of animal origin imported from third countries, Off. J. Eur. Commun. 2005；L16：61-63.

[10] EC Regulation (EC) No. 470/2009 of the European Parliament and of the Council of 6 May 2009 laying down community procedures for the establishment of residue limits of pharmacologically active substances in foodstuffs of animal origin, repealing Council Regulation (EEC) No 2377/90 and amending Directive 2001/82/EC of the European Parliament and of the Council and Regulation (EC) No 726/2004 of the European Parliament and of the Council, Off. J. Eur. Commun. 2009；L152：11-22.

[11] EC Council Regulation (EEC) No 2377/90 of 26 June 1990 laying down a Community procedure for the establishment of maximum residue limits of veterinary medicinal products in foodstuffs of animal origin, Off. J. Eur. Commun. 1990；L224：1-8.

[12] EC Commission Regulation (EU) No. 37/2010 of 22 December 2009 on pharmacologically active substances and their classification regarding maximum residue limits in foodstuffs of animal origin, Off. J. Eur. Commun. 2010；L15：1-69.

[13] EC Council Directive 96/23/EC of 29 April 1996 on measures to monitor certain substances and residues thereof in live animals and animal products and repealing Directives 85/358/EEC and 86/469/EEC and Decisions 89/187/EEC and 91/664/EEC, Off. J. Eur. Commun. 1996；L125：10-32.

[14] Gowik P, Criteria and requirements of commission decision 2002/657/EC, Bull. Intnatl. Dairy Fed. 2003；383：52-56.

[15] CRL Guidance Paper (Dec. 7, 2007), CRLs View on the State of the Art of Analytical Methods for National Residue Control Plans.

[16] AOAC Research Institute Performance Tested Methods^{SM} Program Policies and Procedures, AOAC Research Institute, Gaithersburg, MD, 2009 (available at http://www.aoac.org/teatkits/Pollcies%20&%20Procedures.pdf; accessed 11/01/10).

[17] Performance Tested^{SM} Methods Validated Methods, AOAC Research Institute, Gaithersburg, MD, 2010 (available at http://www.aoac.org/testkits/testedmethods.html; accessed 11/01/10).

[18] Watson DH, Food Chemical Safety, Woodhead Publishing, Cambridge, UK, 2001.

[19] Tumipseed SB, Analysis of drug residues in food, in Hui YH, Bruinsma BL, Richard Gotham J, et al., eds., Food Plant Sanitation. Food Science and Technology, CRC Press, Boca Raton, FL, 2003.

[20] EC Commission Decision 2002/657/EC of 12 August 2002 implementing Council Directive 96/23/EC concerning the performance of analytical methods and the interpretation of results, Off. J. Eur. Commun. 2002; L221: 8-36.

[21] Alfredsson G, Branzell C, Granelli K, Lundstrom A, Simple and rapid screening and confirmation of tetracyclines in honey and egg by a dipstick test and LC-MS/MS, Anal. Chim. Acta 2005; 529: 47-51.

[22] Gram C, Ueber die isolirte Farbung der Schizomyceten in Schitt-Und Trockenpreparaten, Fortschritte der Medicin 2, in Brock TB, ed, Milestones in Microbiology: 1556-1940, American Society for Microbiology Press, 1998, pp. 1556-1940.

[23] Stead DA, Current methodologies for the analysis of aminoglycosides, J. Chromatogr. B 2000; 747: 69-93.

[24] Mittchell JM, Grifiiths MW, McEwen SA, McNab WB, Yee AJ, Antimicrobial drug residues in milk and meat: Causes, concerns, prevalence, regulations, tests and test performance J. Food Prot. 1998; 61: 742-756.

[25] Watts PS, McLeod D, The estimation of penicillin in blood serum and milk of bovines after intramnscular injection, J. Comp PathoL Therap. 1946; 56: 170-176.

[26] Berridge NJ, Testing for penicillin in milk, Dairy Ind. 1953; 18: 586.

[27] Berridge NJ, Penicillin in milk. 1. The rapid routine assay of low concentrations of penicillin in milk, J Dairy Res. 1956; 23: 336-341.

[28] Galesloot, TE, Hassing, F, A rapid and sensitive paper disc method for the detection of penicillin in milk, Neth. Milk Dairy J. 1962; 6: 89-95.

[29] Lemoigne M, Sanchez G, Girard H, Caracterisation de la penicilline et de la streptomycine dans le lait, C. R. Acad Agric. Fr. 1952; 38: 608-609.

[30] Pien J, Lignac J, Claude P, Detection biologilue des antiseptiques et des antibiotiques dans le lait, Ann. Falsi fraudes 1953; 46: 258-270.

[31] Foster JW, Woodruff HB, Microbiological aspects of penicillin, J. Bacterioi. 1944; 47: 43-58.

[32] Welsh M, Langer PH, Burkhardt RL, Schroeder CR, Penicillin blood and milk concentrations in the normat cow following parenteral administration, Science 1948; 108: 185-187.

[33] Chang CS, Tai TF, Li HP, Evaluating the applicability of the modified four-plate test on the determination of antimicrobial agent residues in pork, J. Food Drug Anal. 2000; 8: 25-34.

[34] Rault A, Gaudin V, Maris P, Fuselier R, Ribouchon JL, Cadieu N, Validation of a microbiological method: The STAR protocol, a five-plate test, for the screening of antibiotic residues in milk, Food Addit. Contain. 2004; 21: 422-433.

[35] Nouws JFM, Broex NJG, Den Hartog JMP, Diserens F, The new Dutch kidney test, Arch. Lebensmittelhyg. 1988; 39: 135-138.

[36] Nouws JFM, Tolerances and detection of antimicrobial residues in slaughtered animals, Arch. Lebensmittelhyg. 1981; 32: 103-110.

[37] Pikkemaat MG, Oostra-van Dijk S, Schouten J, Rapallini M, van Egmond HJ, A new microbial screening method for the detection of antimicrobial residues in slaughter animals: The Nouws antibiotic test (NAT-screening), Food Control 2007; 19: 781-789.

[38] Microbiology Laboratory Guidebook, Method 34.02, Bioassay for the Detection, Identification and Quantitation of Antimicrobial Residues in Meat and Poultry Tissue, US Dept. Agriculture, Food Safety and Inspection Service (available at http://www.fsis.usda.gov/PDF/MLG_34_02.pdf; accessed 11/01/10).

[39] Laméris SA, van Os JL, Oostendorp JG, Method for Determination of the Presence of Antibiotics, US Patent 3,941,658, 1976.

[40] Kantiani L., Farre M, Barcelo D, Analytical metbodologies for the detection of β-lactam antibiotcs in milk and feed samples, Tredns Anal. Chem. 2009; 28

(6): 729-733.

[41] Linage B, Gonzalo C, Carriedo JA, Asensio JA, Blanco MA, De La Fuente LF, Perfiomance of blue-yellow screening test for antimicrobial detection in ovine milk, J. Dairy Sci. 2007; 90: 5374-5379.

[42] Zeng SS, Escobar EN, Brawn-Crowder I, Evaluation of screening tests for detection of antimicrobial residues in goat milk, Small Rumin. Res. 1996; 21: 155-160.

[43] Gaudin V, Hedou C, Verdon E, Validation of a widespectrum microbiological tube test, the EXPLORER _ test, for the detection of antimicrobiak in muscle from different animal species, Food Addit. Contam. 2009; 26: 1162-1171.

[44] Korsrud GO, Boison JO, Nouws JF, MacNeil JD. Bacterial inhibition tests used to screen for antimicrobial veterinary drug residues in slaughiered animals, J. AOAC Int. 1998; 81: 21-24.

[45] Dey BP, Reamer RP, Thaker NH, Thaker AM, Calf antibiotic and srlfonamide test (CAST) for screening antibiotic and srlfonamide residues in calf carcasses, J. AOAC Int. 2005; 88 (2): 440-446.

[46] Ashwin H, Stead S, Caldow M, Sharman M, Stark J, de Rijk A, Keely BJ, A rapid microbial inhibition-based screening strategy for fluoroquinolone and quinolone residues in foods of animal arigin, Anal. Chim. Acia; 2009; 637 (1-2): 241-246.

[47] Braharn R, Black WD, Claxon J, Yee AJ, Arapid assry for detecting sulfonarnides in tissues of slaughtered animals, J. Food Prat. 2001; 64: 1565-1573.

[48] Suhren G, Luitz M, Evaluation of microbial inhibitor tests with indicator in microtitre plates by photometric measurements, Milckwissenschafien 1995;50: 467-470.

[49] Lotto RB, Purves D, The effects of color on brightness, Nature Neurosci. 1999; 2: 1019-1014.

[50] Stead SL, Ashwin H, Richmond SF, Sharman M, Langeveld PC, Barendse JP, Stark J, Keely BJ, Evaluation and validation according to international standards of the Delvotest SP-NT screening assay for antimicrobial drugs in milk, Intmatl. Dairy J. 2008; 18: 3-11.

[51] Langeveld PC, Stark J, Derection of Antimicrobial Residmes in Eggs, WO Patent 01/25795, 2001.

[52] Langeveld PC, Stark J, Van Paridon PA, Method for the Detection of Antimicrabial Residues in Food and Badily Fluid Samples, US Patent 7, 462, 464, 2008.

[53] Stead S, Sharman M, Tarbin JA, Gibson E, Richmond S, Stark J, Geijp E, Meeting maximum residue limits: An improved screening technique for the rapid detection of amtimicrobial residues in animal food products, Food Addit. Contam. 2004; 21: 216-221.

[54] Stead S, Richmond S, Sharman M, Stark J, Geijp E, A new approach for detection of antimicrobial drugs in food; PremiTest coupled to scanner technology, Anal. chim. Acta 2005; 529: 83-88.

[55] Stead SL, Caldow M, Sharma A, Ashwin HM, sharman M, De-Rijk A, Stark J, New method for the rapid identification of tetracycline residues in foods of animal origin—using the PremiTest in combination with a metal ion chelation assay, Food Addit. Cantam. 2007; 24: 583-589.

[56] Vermunt AEM, Stadhouders J, Loefen GJM, Bakker R, Inprovemerts of the tube diffusion method for detection of antibiotics and sulfonamides in raw milk, Neth. Milk Dairy J. 1993; 47: 31-40.

[57] Woods DD, The relation of p-aminobenzoic acid to the mechanism of the action of sulpharilamide, Br. J. Etp. Pathol. 1940; 21: 74-90.

[58] Mitscher LA, The Chemistry of the Tetracycline Antibiatics, Mancel Dekker, New York, 1978.

[59] Blackwood RK, Structure determination and total synthesis of the tetracyclines. in Hlavka JJ, Boothe JH, eds., Handbook of Experimental Pharmacology, Vol. 78, Springer-Verlag, Berlin, 1985, pp. 59-136.

[60] Le Breton MH, Savoy-Perroud MC, Diserens JM, Validation and comparison of the Copan milk test and Delvotest SP-NT for the dctection of antimicnobials in milk, Anal. Chim. Acta 2007; 586 (1-2): 280-283.

[61] Sierra D, sanchez A, Contreras A et al., Detection limits of four antimicrobial residue screening tests for beta-lactams in goat's milk, J. Dairy Sci. 2009; 92 (8): 3585-3591.

[62] Stead SL. Ashwin H, Richmond SF, et al., Evaluation and validation according to international standards of the Delvotest (R) SP-NT screening assay for antimicrobial drugs in milk, Intnatl. Dairy J. 2008; 18 (1): 3-11.

[63] Schneider MJ, Mastovska K, Lehotay SJ, Lightficeld AR, Kinella B, Shultz CE, Comparison of screening methods for antibiotics in beef kidney juice and serum, Anal. Chim. Acta 2009; 37: 292-297.

[64] Bergwerff AA, Rapid assays for dctection of residues of veterinary drugs, in van Amerongen A, Barug D, Lauwars M, eds. , Rapid Methods for Biological and Chemical Cortaminants in Foof and Feed, Wageningcn Acadcmic Publishers, 2005, pp. 259-292.

[65] Rosner MH, Grassman JA, Haas RA, Imrnunochemical techniques in biological monitoring, Environ. Health Perspect. 1991; 94: 131-134.

[66] Yallow RS, Berson A, Imrnunochemical specificity of human insulin: Application to immunoassay of insulin, J. Clin. Invest. 1961; 40: 2190-2198.

[67] O'Keeffe M, Crabbe P, Salden M, Wichers J, van Peteghem C, Koben F, Pieraccini G, Moneti G, Preliminary evaluation of a lateral flow immursoassay devioc for screening urine samples for the presence of sulphamethazine, J. Immun. Meth. 2003; 278: 117-126.

[68] Campbell K, Fodey T. Flint J. Danks C. Danaher M, O'Keeffe M, Kennedy DG, Elliott C, Development and validation of a lateral flow device for the detection of nicarbazin contamination in poultry feeds, J. Agric. Food Chem. 2007; 55: 2497-2503.

[69] Huet AC, Charlier C, Tittlemier SA, Benrejeb S, Delahaut P, Simultaneous determination of (fluoro) quinolone antibictics in kidney. marime products. eggs, and muscle by enzymelinked immunosorbent assay (ELISA),J. Agric. Food Chem. 2006;54:2822-2827.

[70] Haughey S, Baxter CA, Biosensor screening for veteri-nary drug residues in foodstuffs, J. AOAC Int. 2006; 89: 862-867.

[71] Lamar J, Petz M, Development of a receptor-based microplate assay for the detection of beta-lactam antibiotics in different food matrices, Anal. Chim. Acta 2007; 586: 296-303.

[72] Rake JB, Gerber R, Metha RJ, Newman DJ, OH YK, Phelen C, Shearer MC, Sitrin RD, Nisbet LJ, Glycopeptide antibiotics: A mechanism-based screen employing a bacterial cell wall receptor mimetic, J. Antibi-ot. 1986; 39 (1): 58-67.

[73] Levi R, McNiven S, Piletsky SA, Cheong SH, Yano K, Karube I, Optical detection of chloramphenicol using molecularly imprinted polymers, Anal. Chem. 1997; 69 (11): 2017-2021.

[74] Tombelli S, Minunni M, Mascini M, Aptamers-based assays for diagnostics, environmental and food analysis, Biomol. Eng. 2007; 24: 191-200.

[75] Niazi JH, Lee SJ, Gu MB, Single-stranded DNA aptamers specific for antibiotics tetracyclines, Bioorg. Med. Chem. 2008; 16: 1254-1261.

[76] Stead SL, Ashwin H, Johnston B, Tarbin JA, Sharman M, Kay J, Keely BJ, An RNA-aptamer-based assay for the detection and analysis of malachite green and leu-comalachite green residues in fish tissue, Anal. Chem. 2010; 82 (7): 2652-2660.

[77] Huang Z, Szostak JW, Evolution of aptamers with a new specificity and new secondary structures from an ATP aptamer, RNA 2003; 9: 1456-1463.

[78] Lipman NS, Jackson LR, Trudel LJ, Weis-Garcia F, Labora-tory animals and immunization procedures: Challenges and opportunities, Inst. Lab. Anim. Res. J. 2005: 46: 258-268.

[79] Chaudhry MQ, Immunogens and standards, in Gosling JP, ed. , Immunoassays: A Practical Approach, Oxford Univ. Press, Oxford, UK, 2000, Chap. 6.

[80] Franek M, Hruska K, Antibody based methods for environmental and food analysis: A review, Vet. Med. Czech. 2005 ; 50: 1-10.

[81] Campbell K, Fodey T, Flint J, Danks C, Danaher M, O'Keeffe M, Kennedy DG, Elliott C, Development and validation of a lateral flow device for the detection of nicarbazin contamination in poultry feeds, J. Ag-ric. Food Chem. 2007; 55 (6): 2497-2503.

[82] Reybroeck W, Ooghe S, De Brabander H, Daeseleire E, Validation of the tetrasensor honey test kit for the screening of tetracyclines in honey, J. Agric. Food Chem. 2007 ; 55: 8359-8366.

[83] Alfredsson G, Branzell C, Granelli K, Lundstrom A, Simple and rapid screening and confirmation of tetracyclines in honey and egg by a dipstick test and LC-MS/MS, Anal. Chim. Acta 2005; 529 (1-2): 47-51.

[84] Navratilova P, Borkovcova I, Drackova M, Janstova B, Vorlova L, Occurrence of tetracycline, chlortetracyclin, and oxytetracycline residues in raw cow's milk, Czech. J. Food Sci. 2009; 27 (5): 379-385.

[85] Okerman L, Croubels S, Cherlet M, De Wasch K, De Backer P, Van Hoof J, Evaluation and establishing the performance of different screening tests for tetracycline residues in animal tissues, Food Addit. Contam. 2004; 21 (2): 145-153.

[86] A1-Mazeedi HM, Abbas AB, Alomirah HF, et al. , Screen-ing for tetracycline residues in food products of ani-

mal origin in the State of Kuwait using Charm II radioimmunoassay and LC/MS/MS methods, Food Addit. Con-tam. 2010; 27 (3): 291-301.

[87] Bonvehi IS, Gutierrez AL, Residues of antibiotics and sulfonamides in honeys from Basque Country (NE Spain), J. Sci. Food Agric. 2009; 89 (1): 63-72.

[88] Zomer E, Quintana J, Scheemaker J, Saul S, Charm SE, High-performance liquid chromatography-receptorgram: A comprehensive method for identification of veterinary drugs and their active metabolites, in Moats WA, Medina MB, eds., Veterinary Drug Residues, American Chemical Society, 1996, Vol. 636, pp. 149-160.

[89] Holtje JV, Growth of the stress-bearing and shape-maintaining murein Sacculus of Escherichia coli, Microbiol. Mol. Biol. Rev. 1998; 62: 181-203.

[90] Grebe T, Hakenbeck R, Penicillin-binding proteins 2b and 2x of Streptococcus pneumoniae are primary resistance determinants for different classes of beta-lactam antibiotics, Antimicrob. Agents Chem. 1996;40;829-834.

[91] Goffin C, Ghuysen JM, Multimodular penicillin-binding proteins: An enigmatic family of orthologs and paralogs, Microbiol. Mol. Biol. Rev. 1998; 64: 1079-1093.

[92] Andrew SM, Frobish RA, Paape MJ, Maturin LJ, Evaluation of selected antibiotic residue screening tests for milk from individual cows and examination of factors that affect the probability of false-positive outcomes, J. Dairy Sci. 1997; 80 (11): 3050-3057.

[93] Andrew SM, Effect of fat and protein content of milk from individual cows on the specificity rates of antibiotic residue screening tests, J. Dairy Sci. 2000; 83 (12): 2992-2997.

[94] Gibbons-Burgener SN, Kaneene JB, Lloyd JW, Leykam JF, Erskine RJ, Reliability of three bulk-tank antimicrobial residue detection assays used to test individual milk samples from cows with mild clinical mastitis, Am. J. Vet. Res. 2001 ; 62 (11): 1716-1720.

[95] Lowe CR, B iosensors, Phil. Trans. Royal Soc. Lond. B 1989; 324: 487-496.

[96] Turner APF, Biosensors-sense and sensitivity, Science 2000; 290: 1315-1317.

[97] Higgins IJ, Lowe CR, Introduction to the principles and applications of biosensors, Phil. Trans. Royal Soc. Lond. B 1987; 316: 3-11.

[98] Karlsson R, SPR for molecular interaction analysis: A review of emerging application areas, J. Mol. Recognit. 2004; 17: 151-161.

[99] Kretschmann E, Raether H, Radiative decay of nonradiative surface plasmons excited by light, Z. Naturforschung. 1968; 23A: 2135-2136.

[100] Otto A, Excitation of surface plasma waves in silver by the method of frustrated total reflection, Z. Phys. 1968; 216: 398-410.

[101] Homola J, Yee SS, Gauglitz G, Surface plasmon resonance sensors: Review, Sensor Actuat. B Chem. 1999; 54: 3-5.

[102] Leidberg B, Lundstr6m I, Stenberg E, Principles of biosens-ing with an extended coupling matrix and surface plasmon resonance, Sensor Actuat. B Chem. 1993; 11: 63-72.

[103] Homola J, Koudela I, Yee SS, Surface plasmon reso-nance sensors based on diffraction gratings and prism couplers: Sensitivity comparison, Sensor Actuat. B Chem. 1999; 54: 16-24.

[104] GE Healthcare Biacore Life Sciences (available at http://www.biacore,com/lifesciences/products /systems _ overview/index.html; accessed 11/03/10) .

[105] Sensata Technologies (available at http://www,sensata.com/s ens ors/spreeta-analytical-sens orhighlig hts.htm; accessed 11/03/10) .

[106] Reichert Life Sciences (available at http://www.reichertspr.com/?gclid = CLLzprini6ACFcJd 4wodG3CRdg; accessed 11/03/10) .

[107] Ferguson J, Baxter A, Young P, Kennedy G, Elliott C, Weigel S, Gatermann R, Ashwin H, Stead S, Sharman M, Detection of chloramphenicol and chloramphenicol glucuronide residues in poultry muscle, honey, prawn and milk using a surface plasmon resonance biosensor and Qflexkit chloramphenicol, Anal. Chim. Acta 2005; 529: 109-113.

[108] Ashwin HM, Stead SL, Taylor JC, Startin JR, Richmond SF, Homer V, Bigwood T, Sharman M, Development and validation of screening and confirmatory methods for the detection of chloramphenicol and chloramphenicol glucuronide using SPR biosensor and liquid chromatography-tandem mass spectrometry, Anal. Chim. Acta 2005; 529: 103-108.

[109] Gaudin V, Maris P, Development of a biosensor-based immunoassay for screening of chloramphenicol residues in milk, Food Agric. Immunol. 2001; 13: 77-86.

[110] Dumont V, Huet AC, Traynor I, Elliott C, Delahaut P, A surface plasmon resonance biosensor assay for the simultaneous determination of thiamphenicol, florefenicol, florefenicol amine and chloramphenicol residues in shrimps, Anal. Chim. Acta 2006; 567: 179-183.

[111] Huet AC, Charlier C, Singh G, et al., Development of an optical surface plasmon resonance biosensor assay for (fluoro) quinolones in egg, fish, and poultry meat, Anal. Chim. Acta 2008; 623 (2): 195-203.

[112] Cacciatore G, Bergwerff AA, Petz M, Development of screening assays for veterinary drug residues utilizing surface plasmon resonance-based biosensor, in Stephany R, Bergwerff A, eds., Proc. EuroResidue V, Natl. Inst. Public Health and the Environment and Utrecht Univ., Utrecht, The Netherlands, 2004, pp. 143-150.

[113] Baxter GA, Ferguson JA, O'Connor MC, Elliott CT, Detection of streptomycin residues in whole milk using an optical immunobiosensor, J. Agric. Food Chem. 2001; 49 (7): 3204-3207.

[114] Ferguson JP, Baxter GA, McEvoy JDG, Stead S, Rawlings E, Sharman M, Detection of streptomycin and dihydrostrep-tomycin residues in milk, honey and meat samples using an optical biosensor, Analyst 2002; 127: 951-956.

[115] Haasnoot W, Verheijen R, A direct (non-competitive) immunoassay for gentamicin residues with an optical biosensor, Food Agric. Immunol. 2001; 13: 131-134.

[116] McGrath T, BaxterA, Ferguson J, Haughey S, Bjurling P, Multi-residue screening in porcine muscle using a surface Plasmon resonance biosensor, Anal. Chim. Acta 2004; 529 (1-2): 123-127.

[117] Situ C, Crooks SRH, Baxter AG, Ferguson J, Elliott CT, Online detection of sulfamethazine and sulfadiazine in porcine bile using a multi-channel high throughput SPR biosensor, Anal. Chim. Acta 2002; 473 (1-2): 143-149.

[118] Connolly L, Thompson CS, Haughey SA, Traynor IM, Tittlemeiser S, Elliott CT, The development of a multinitroimidazole residue analysis assay by optical biosensor via a proof of concept project to develop and assess a prototype test kit, Anal. Chim. Acta 2007; 598 (1): 155-161.

[119] Petz M, Recent applications of surface plasmon resonance biosensors for analyzing residues and contaminants in food, Monatsh. Chem. 2009; 140 (8): 953-964.

[120] Stolker AAM, Current trends and developments in sample preparation, in Van Ginkel L, Ruiter A, eds., Proc. EuroResidue IV, National Institute for Public Health and the Environment, Bilthoven, The Netherlands, 2000, pp. 148-158.

[121] Engvall E, Perlmann P, Enzyme-linked immunosorbent assay (ELISA) quantitative assay of immunoglobulin G, Immunochemistry 1971; 8: 871-874.

[122] Bonwick GA, Smith CJ, Immunoassays: Their history, development and current place in food science and technology, Intnatl. J. Food Sci. Technol. 2004; 39: 817-827.

[123] Franek M, Hruska K, Antibody based methods for envi-ronmental and food analysis: A review, Vet. Med. Czech. 2005; 50 (1): 1-10.

[124] Adrian J, Pinacho DG, Granier B, Diserens JM, Sanchez-Baeza F, Marco MP, A multianalyte ELISA for immunochemical screening of sulfonamide, fluoroquinolone and B-lactam antibiotics in milk samples using class-selective bioreceptors, Anal. Bioanal. Chem. 2008; 391: 1703-1712.

[125] Lin S, Han SQ, Xu WG, Guan GY, Chemiluminescence immunoassay for chloramphenicol, Anal. Bioanal. Chem. 2005; 382: 1250-1255.

[126] Knecht BG, Strasser A, Dietrich R, Martlbauer E, Niessner R, Weller MG, Automated microarray system for the simultaneous detection of antibiotics in milk, Anal. Chem. 2004; 76 (3): 646-654.

[127] Zhang Z, Liu JF, Shao B, Jiang GB, Time-resolved fluoroimmunoassay as an advantageous approach for highly ffficient determination of sulfonamides in environmental waters, Environ. Sci. Technol. 2010; 44 (3): 1030-1035.

[128] de Keizer W, Bienenmann-Ploum ME, Bergwerff AA, Haas-noot W, Flow cytometric immunoassay for sulfonamides in raw milk, Anal. Chim. Acta 2008; 620 (1-2): 142-149.

[129] Community Reference Laboratories (CRLs) O, Eurpoean Union (EU) (available at http://ec.europa.eu/f00d/food/chemicalsafety/res idues/GuidelineValidationScreening_en.pdf; accessed 10/10/2010).

6 化学分析：定量和确证方法

6.1 引言

检测食品中抗菌药物残留的分析方法分为两类：①筛选方法，如第5章中论述的微生物抑制试验和快速检测试剂盒等；②定量和/或确证方法，包括气相色谱联用电子捕获检测器、火焰离子化检测器、质谱检测器，以及液相色谱联用紫外检测器、荧光检测器、电化学检测器、质谱检测器等。几乎所有的抗菌药物均适合用液相色谱分析，但是也有一些药物，如氯霉素、氟苯尼考、甲砜霉素，曾用气相色谱-质谱或气相色谱-电子捕获测定[1]。欧盟委员会决议 2002/657/EC 规定[2]："有机残留物或污染物的确证方法需提供被分析物的化学结构信息。因此，仅使用色谱分析而没有使用光谱检测的方法不适合作为确证方法。如果单一的技术缺乏足够的特异性，应该通过恰当的净化、色谱分离和光谱检测的组合等分析步骤来实现"。

随着新型液相色谱-质谱接口技术、色谱柱填料和质量分析器的发展和应用，液相色谱-质谱联用技术因其出色的灵敏度和特异性，在很大程度上取代了别的检测技术，广泛应用于食品中抗菌药物的定性、定量分析。

6.2 单类和多类药物分析方法

食品中抗菌药物残留分析的建立曾基于单一的一类化合物或相关化合物，一般一个方法能检测至多20个化合物。单类药物分析方法的样品提取和仪器参数的优化相对较为容易，因为同类药物的理化性质相似。不过，多类药物分析方法一直在环境样品中的药品、抗菌药物、农药，以及蔬菜和水果中农药的分析方面得到应用。多类药物分析方法一般包括尽可能多的分析物，甚至多达几百种，而很少考虑分析物的类型和样品的性质，并且可能不会针对某一类化合物去进行方法优化[3-5]。多类药物分析方法的主要优点，特别是用于筛选目的时，在于降低分析成本。关于食品中抗菌药物的多类分析方法（表6.1）的文献数量在不断增加[6-12]，其中包括应用超高效液相色谱-飞行时间质谱分析蛋、鱼、肉中100种兽药[10]，以及分析奶中150种不同种类的兽药的方法[11]。

在开发多类药物的液相色谱-质谱分析方法时，需要考虑以下几点：

1. 分析物理化性质的差异使得想要获得一种通用的提取方法十分困难。在一些情况下，需要调节pH和/或添加螯合剂来提高提取效率，尤其是进行固相萃取时更是如此。每类抗菌药物的 pK_a 范围较宽，磺胺类药物为 2~2.5 和 5~7.5，大环内酯类药物为 7.5~9，四环素类药物为 3~4、7~8、9~10，喹诺酮类药物为 3~4、6、7.5~9、10~11[13,14]。各抗菌药物的 pK_a 见第1章。样品或提取溶剂的pH决定了药物的电离状态，并最终影响固相萃取的提取效率。例如，磺胺类药物为两性，其芳胺基和磺酰胺基使得磺胺类药物的 $pK_{a,1}$ 为 2~2.5，$pK_{a,2}$ 为 5~7.5。当 pH≤2 时，磺胺类药物带正电；当 pH≥5 时，磺胺类药物带负电。pH 为 2~6 时，磺胺类药物的疏水性增强，回收率提高，并且在 pH 4 时磺胺类药物呈不电离状态，反相固相萃取的回收率最高。在 pH 为 4 时，四环素类药物呈两性离子状态，有利于疏水相互作用，并有很高的溶解度。此外，四环素类药物往往与阳离子或金属离子（Ca^{2+} 和 Mg^{2+}）形成螯合物并与蛋白和硅醇基结合。因此，螯合剂如 McIlvain 缓冲

表 6.1 食品和其他基质中抗菌药物残留的 LC-MS 分析方法汇总

序号	分类	基质	化合物	分子式	分子量	[M+H]⁺	[M−H]⁻	[M+NH₄]⁺	[M+Na]⁺	色谱柱	流动相	类型	电离模式	MS[a] 离子或离子对	参考文献
1	氨基糖苷类	动物组织，蜂蜜和牛奶	阿米卡星	C₂₂H₄₃N₅O₁₃	585.285740	**586.293016**	584.278464	603.319565	608.274961	Capcell Pak C18 UG120, 150×2.0 mm, 5μm	梯度洗脱：流动相 A-乙腈/水(5:95,V/V)含 20mmol/L HFBA，B-乙腈/水（50:50,V/V），含 20mmol/L HFBA，IPC	QqQ	ESI⁺	586>425, 163	41
			安普霉素	C₂₁H₄₁N₅O₁₁	539.280260	**540.287536**	538.272984	557.314085	562.269481				ESI⁺	540>217, 378	
			双氢链霉素	C₂₁H₄₁N₇O₁₂	583.281323	**584.288599**	582.274047	601.315148	606.270544				ESI⁺	584>263, 246	
			庆大霉素 C₁	C₂₁H₄₃N₅O₇	477.316250	**478.323526**	476.308974	495.350075	500.305471				ESI⁺	478>157, 322	
			庆大霉素 C₂	C₂₀H₄₁N₅O₇	463.300600	**464.307876**	462.293324	481.334425	486.289821				ESI⁺	464>322, 160	
			庆大霉素 C₁ₐ	C₁₉H₃₉N₅O₇	449.284950	**450.292226**	448.277674	467.318775	472.274171				ESI⁺	450>160, 322	
			潮霉素 B	C₂₀H₃₇N₃O₁₃	527.232641	**528.239917**	526.225365	545.266466	550.221862				ESI⁺	528>177, 352	
			卡那霉素 A	C₁₈H₃₆N₄O₁₁	484.238061	**485.245337**	483.230785	502.271886	507.227282				ESI⁺	485>163, 324	
			新霉素 B	C₂₃H₄₆N₆O₁₃	614.312289	**615.319565**	613.305013	632.346114	637.301510				ESI⁺	615>161, 293	
			巴龙霉素	C₂₃H₄₅N₅O₁₄	615.296305	**616.303581**	614.289029	633.330130	638.285526				ESI⁺	616>163, 293	
			大观霉素	C₁₄H₂₄N₂O₇	332.158353	**333.165629**	331.151077	350.192178	355.147574				ESI⁺	([M+H₂O+H]⁺): 351>333, 207	
			链霉素	C₂₁H₃₉N₇O₁₂	581.265673	**582.272949**	580.258397	599.299498	604.254894				ESI⁺	582>263, 246	
			安布霉素	C₁₈H₃₇N₅O₉	467.259130	**468.266406**	466.251854	485.292955	490.248351				ESI⁺	468>163, 324	
2	氨基糖苷类	动物组织	安普霉素	C₂₁H₄₁N₅O₁₁	539.280260	**540.287536**	538.272984	557.31485	562.269481	ZIC-HILIC 100×2.1mm, 5μm	梯度洗脱：流动相 A-1%甲酸和 150mmol/L 乙酸铵水溶液；B-乙腈，HILIC	QqQ	ESI⁺	540>378, 217	57
			双氢链霉素	C21H₄₁N₇O₁₂	583.281323	**584.288599**	582.274047	601.315148	606.270544				ESI⁺	584>263, 246	
			庆大霉素 C₁	C₂₁H₄₃N₅O₇	477.316250	**478.323526**	476.308974	495.350075	500.305471				ESI⁺	478>322, 160	
			庆大霉素 C₂, C₂ₐ	C₂₀H₄₁N₅O₇	463.300600	**464.307876**	462.293324	481.334425	486.289821				ESI⁺	464>322, 160	
			卡那霉素 A	C₁₈H₃₆N₄O₁₁	484.238061	**485.245337**	483.230785	502.271886	507.227282				ESI⁺	485>163, 324	
			新霉素 B	C₂₃H₄₆N₆O₁₃	614.312289	**615.319565**	613.305013	632.346144	637.301510				ESI⁺	615 > 161, 455	
			大观霉素	C₁₄H₂₄N₂O₇	332.158353	**333.165629**	331.151077	350.192178	355.147574				ESI⁺	([M+H₂O+H]⁺): 351>333, 98	
			链霉素	C₂₁H₃₉N₇O₁₂	581.265673	**582.272949**	580.258397	599.299498	604.254894				ESI⁺	582>263, 246	

序号	分类	基质	化合物	分子式	分子量	精确质量[a,b] [M+H]⁺	[M-H]⁻	[M+NH₄]⁺	[M+Na]⁺	色谱柱	流动相	类型	电离模式	MS[a] 离子或离子对	参考文献
3	氨基糖苷类	牛奶	氨苷菌素	C₂₃H₄₅N₅O₁₄	615.296305	616.303581	614.289029	633.330130	638.285526	Alltima C18, 250×4.6mm, 5μm	梯度洗脱：流动相 A-含 1m mol/L 七氟丁酸水溶液；B-含 1mmol/L 七氟丁酸甲醇溶液，IPC		ESI⁺	[M+2H]²⁺: 309>161, 455	42
			安普霉素	C₂₁H₄₁N₅O₁₁	539.280260	540.287536	538.272984	557.314085	562.269481				ESI⁺	[M+2H]²⁺: 271>163, 217	
			双氢链霉素	C₂₁H₄₁N₇O₁₂	583.281323	584.288599	582.274047	601.315148	606.270544				ESI⁺	[M+2H]²⁺: 293>176, 409	
			庆大霉素 C₁	C₂₁H₄₃N₅O₇	477.316250	478.323526	476.308974	495.350075	500.305471				ESI⁺	[M+2H]²⁺: 240>139,157,322	
			庆大霉素 C₁ₐ	C₁₉H₃₉N₅O₇	449.284950	450.292226	448.277674	467.318775	472.274171				ESI⁺	[M+2H]²⁺: 226>129, 322	
			庆大霉素 C₂, C₂ₐ	C₂₀H₄₁N₅O₇	463.300600	464.307876	462.293324	481.334425	486.289821				ESI⁺	[M+2H]²⁺: 233>126,143,322	
			新霉素 B	C₂₃H₄₆N₆O₁₃	614.312289	615.319565	613.305013	632.346114	637.301510				ESI⁺	[M+2H]²⁺: 308>161, 455	
			大观霉素	C₁₄H₂₄N₂O₇	332.158353	333.165629	331.151077	350.192178	355.147574				ESI⁺	[M+H₂O+H]⁺: 351>315, 333	
			链霉素	C₂₁H₃₉N₇O₁₂	581.265673	582.272949	580.258397	599.299498	604.254894				ESI⁺	[M+CH₃OH+2H]²⁺: 308>176, 263	
4	β-内酰胺类	牛肾脏	阿莫西林	C₁₆H₁₉N₃O₅S	365.104544	366.111820	364.097268	383.138369	388.093765	Prodigy ODS3, 150×3mm, 5μm	梯度洗脱：流动相 A-0.1%甲酸水；B-0.1%甲酸乙腈	QqQ	ESI⁺	366>349, 208	26
			氨苄西林	C₁₆H₁₉N₃O₄S	349.109629	350.116905	348.102353	367.143454	372.098850				ESI⁺	350>106, 192	
			头孢唑林	C₁₄H₁₄N₈O₄S₃	454.030018	455.037294	453.022742	472.063843	477.019239				ESI⁺	455>323, 156	
			头孢氨苄	C₁₆H₁₇N₃O₄S	347.093979	348.101255	346.086703	365.127804	370.083200				ESI⁺	348>158, 174	
			氯唑西林	C₁₉H₁₈ClN₃O₅S	435.065572	436.072848	434.058296	453.099397	458.054793				ESI⁺	436>277, 160	
			去乙酰头孢匹林	C₁₅H₁₅N₃O₅S₂	381.045316	382.052592	380.038040	399.079141	404.034537				ESI⁺	382>152, 226	
			去呋喃甲酰基头孢噻呋半胱氨酸二硫醚	C₁₇H₂₀N₆O₇S₄	548.027636	549.034912	547.020360	566.061461	571.016857				ESI⁺	549>183, 241	
			双氯西林	C₁₉H₁₇Cl₂N₃O₅S	469.026600	470.033876	468.019324	487.060425	492.015821				ESI⁺	470>163, 311	
			青霉素	C₂₁H₃₂N₂O₅S	414.124945	415.132221	413.117669	432.158770	437.114166				ESI⁺	415>199, 171	
			苯唑西林	C₁₉H₁₉N₃O₅S	401.104544	402.111820	400.097268	419.138369	424.093765				ESI⁺	402>160, 243	
			青霉素 G	C₁₆H₁₈N₂O₄S	334.098730	335.106006	333.091454	352.132555	357.087951				ESI⁺	335>163, 176	

序号	单残留分类	基质	化合物	分子式	精确质量[a,b] 分子量	[M+H]$^+$	[M-H]$^-$	[M+NH$_4$]$^+$	[M+Na]$^+$	LC 色谱柱	LC 流动相	MS[a] 类型	MS[a] 电离模式	MS[a] 离子或离子对	参考文献
5	β-内酰胺	牛奶	阿莫西林	C$_{16}$H$_{19}$N$_3$O$_5$S	365.104544	366.111820	364.097268	383.138369	388.093765	YMC ODS-AQ,50× 2mm,3μm	梯度洗脱：流动相A-0.1%甲酸水，B-0.1%甲酸水/乙腈(35+65, V/V)		ESI$^+$	366>114,208,349	20
			氨苄西林	C$_{16}$H$_{19}$N$_3$O$_4$S	349.109629	350.116905	348.102353	367.143454	372.098850				ESI$^+$	350>106,160,192	
			氯唑西林	C$_{19}$H$_{18}$ClN$_3$O$_5$S	435.065572	436.072848	434.058296	453.099397	458.054793				ESI$^+$	436>160,277	
			苯唑西林	C$_{19}$H$_{19}$N$_3$O$_5$S	401.104544	402.111820	400.097268	419.138369	424.093765				ESI$^+$	438>279	
			青霉素G	C$_{16}$H$_{18}$N$_2$O$_4$S	334.098730	335.106006	333.091454	352.132555	357.087951				ESI$^+$	402>160,243	
			青霉素-d$_7$G (IS)	C$_{16}$H$_{11}$D$_7$N$_2$O$_4$S	341.142669	342.149945	340.135393	359.176494	364.131890				ESI$^+$	342>160	
6	大环内酯类	鸡蛋,生牛奶,蜂蜜	螺旋霉素I	C$_{43}$H$_{74}$N$_2$O$_{14}$	842.514008	843.521284	841.506732	860.547833	865.503229	UHPLC: Acquity UPLC BEH C18,100× 2.1mm,1.7μm; HPLC: YMC ODS-AQ S,50× 2mm	梯度洗脱：UHPLC流动相A-10mmol/L乙酸铵；B-乙腈，柱温45℃; HPLC流动相A-0.1%甲酸水溶液；B-乙腈	Qq TOF 和 QqQ	ESI$^+$	QTOF: 843.5218 MS/MS: 843>174, 142	110
			红霉素A	C$_{37}$H$_{67}$NO$_{13}$	733.461244	734.468520	732.453968	751.495069	756.450465				ESI$^+$	QTOF: 734.4690 MS/MS: 734>158, 576	
			新螺旋霉素I	C$_{36}$H$_{62}$N$_2$O$_{11}$	698.435363	699.442639	697.428087	716.469188	721.424584				ESI$^+$	QTOF: 699.4432 MS/MS: 699>174, 142	
			竹桃霉素	C$_{35}$H$_{61}$NO$_{12}$	687.419378	688.426654	686.412102	705.453203	710.408599					QTOF: 688.4272 MS/MS: 688>158, 544	
			替米考星	C$_{46}$H$_{80}$N$_2$O$_{13}$	868.566043	869.573319	867.558767	886.599868	891.555264					QTOF: 869.5738 MS/MS: 869>174, 132	
			泰乐菌素A	C$_{46}$H$_{77}$NO$_{17}$	915.519154	916.526430	914.511878	933.552979	938.508375					QTOF: 916.5270 MS/MS: 916>174, 145	
			泰乐菌素B (脱藻糖基泰洛星)	C$_{39}$H$_{65}$NO$_{14}$	771.440509	772.447785	770.433233	789.474334	794.429730					QTOF: 772.4483	

6 化学分析：定量和确证方法 | 187

（续）

序号	分类	基质	化合物	分子式	精确质量[a,b]				色谱柱	LC 流动相	类型	电离模式	MS[a] 离子或离子对	参考文献
					分子量	$[M+H]^+$	$[M-H]^-$	$[M+NH_4]^+$	$[M+Na]^+$					
7	大环内酯类	肝脏和肾脏	红霉素A	$C_{37}H_{67}NO_{13}$	733.461244	**734.468520**	732.453968	751.495069	756.450465	Kromasil 100 C18,250× 4.6mm,5μm	梯度洗脱：流动相 A-1%乙酸；B-乙腈	Q	ESI+	734, 576, 158	138
			交沙霉素	$C_{42}H_{69}NO_{15}$	827.466724	**828.474000**	826.459448	845.500549	850.455945				ESI+	829, 174	
			罗红霉素	$C_{41}H_{76}N_2O_{15}$	836.524573	**837.531849**	835.517297	854.558398	859.513794				ESI+	838, 414, 679	
			螺旋霉素I	$C_{43}H_{74}N_2O_{14}$	842.514008	**843.521284**	841.506732	860.547833	865.503229				ESI+	422([M+2H]²⁺), 174, 843	
			替米考星	$C_{46}H_{80}N_2O_{13}$	868.566043	**869.573319**	867.558767	886.599868	891.555284				ESI+	435([M+2H]²⁺), 869, 174	
			竹桃霉素	$C_{41}H_{67}NO_{15}$	813.451074	**814.458350**	812.443798	831.484899	836.440295				ESI+	722, 814, 435	
			泰乐菌素A	$C_{46}H_{77}NO_{17}$	915.519154	**916.526430**	914.511878	933.552979	938.508375				ESI+	916, 174, 772	
8	大环内酯类、林可胺类	蜂蜜	泰乐菌素A	$C_{46}H_{77}NO_{17}$	915.519154	**916.526430**	914.511878	933.552979	938.508375	Luna C8, 150×2mm, 5μm	梯度洗脱：流动相 A-0.04%七氟丁酸；B-乙腈+乙酸乙酯；IPC	QqQ	ESI+	916>174, 772	37
			林可霉素	$C_{18}H_{34}N_2O_6S$	406.213760	**407.221036**	405.206484	424.247585	429.202981				ESI+	407>126, 359	
9	聚醚类	鸡蛋	地克珠利	$C_{17}H_9Cl_3N_4O_2$	405.979110	406.986386	**404.971834**	424.012935	428.968331	Zorbax Eclipse XDB C8, 150×3mm, 5μm	梯度洗脱：流动相 A-0.1%甲酸水；含 0.1%甲酸；C-乙腈、含 0.1%甲酸		ESI-	405>334, 336	139
			常山酮	$C_{16}H_{17}BrClN_3O_3$	413.014181	**414.021457**	412.006905	431.048006	436.003402				ESI+	416>120, 138	
			拉沙菌素	$C_{34}H_{54}O_8$	590.381869	591.389145	589.374593	608.415694	**613.371090**				ESI+	613>377, 577	
			马度米星	$C_{47}H_{80}O_{17}$	916.539555	917.546831	915.532279	934.573380	**939.528776**				ESI+	940>878, 720	
			莫能菌素	$C_{36}H_{62}O_{11}$	670.429215	671.436491	669.421939	688.463040	**693.418436**				ESI+	693>675, 462	
			甲基盐霉素A	$C_{43}H_{72}O_{11}$	764.507465	765.514741	763.500189	782.541290	**787.496686**				ESI+	787>431, 532	
			尼卡巴嗪	$C_{13}H_{10}N_4O_5$	302.065121	303.072397	**301.057845**	320.098946	325.054342				ESI-	301>137, 107	
			尼卡巴嗪-d_8 (IS)	$C_{13}H_2D_8N_4O_5$	310.115337	311.122613	**309.108061**	328.149162	333.104635				ESI-	309>141	
			氯苯胍	$C_{15}H_{13}Cl_2N_5$	333.054801	**334.062077**	332.047525	351.088626	356.044022				ESI+	334>138, 155	
			盐霉素	$C_{42}H_{70}O_{11}$	750.491815	751.499091	749.484539	768.525640	**773.481036**				ESI+	774>431, 531	
			赛杜霉素	$C_{45}H_{76}O_{16}$	872.513340	873.520616	871.506064	890.547165	**895.502561**				ESI+	895>833, 851	

序号	单残留分类	基质	化合物	分子式	精确质量[a,b]				LC			MS[a]		参考文献
					分子量	$[M+H]^+$	$[M-H]^-$	$[M+NH_4]^+$	$[M+Na]^+$	色谱柱	流动相	类型	电离模式	离子或离子对	
10	聚醚类	鸡蛋及鸡肉	氨丙啉	$C_{14}H_{18}N_4$	242.153146	243.160422	241.145870	260.186971	265.142367	Acquity UPLC BEH C18, 100×2.1mm, 1.7μm	梯度洗脱：流动相A-0.1%甲酸水；B-甲醇	QqQ	ESI+	243>150, 94	140
			二甲氧苄氨嘧啶	$C_{13}H_{16}N_4O_2$	260.127326	261.134602	259.120050	278.161151	283.116547				ESI+	261>123, 245	
			地克球利	$C_{17}H_9Cl_3N_4O_2$	405.979110	406.986386	404.971834	424.012935	428.968331				ESI-	405>334, 299	
			地美硝唑	$C_5H_7N_3O_2$	141.053827	142.061103	140.046551	159.087652	164.043048				ESI+	142>96, 81	
			球虫酯	$C_{12}H_{15}NO_4$	237.100109	238.107385	236.092833	255.133934	260.089330				ESI+	238>206, 164	
			常山酮	$C_{16}H_{17}BrClN_3O_3$	413.014181	414.021457	412.006905	431.048006	436.003402				ESI+	416>138, 398	
			拉沙菌素	$C_{34}H_{54}O_8$	590.381869	591.389145	589.374593	608.415694	613.371090				ESI+	613>595, 377	
			马度米星	$C_{47}H_{80}O_{17}$	916.539555	917.546831	915.532279	934.573380	939.528776				ESI+	940>877, 895	
			甲硝唑	$C_6H_9N_3O_3$	171.064392	172.071668	170.057116	189.098217	194.053613				ESI+	172>128, 82	
			莫能菌素	$C_{36}H_{62}O_{11}$	670.429215	671.436491	669.421939	688.463040	693.418436				ESI+	693>675, 461	
			尼卡巴嗪	$C_{13}H_{10}N_4O_5$	302.065121	303.072397	301.057845	320.098946	325.054342				ESI-	301>137, 107	
			氯苯胍	$C_{15}H_{13}Cl_2N_5$	333.054801	334.062077	332.047525	351.088626	356.044022				ESI+	334>138, 155	
			洛硝哒唑	$C_6H_8N_4O_4$	200.054556	201.061832	199.047280	218.088381	223.043777				ESI+	201>140, 55	
			盐霉素	$C_{42}H_{70}O_{11}$	750.491815	751.499091	749.484539	768.525640	773.481036				ESI+	774>431, 531	
11	多肽类	牛奶及动物组织	杆菌肽A	$C_{66}H_{103}N_{17}O_{16}S$	1421.748945	1422.756221	1420.741669	1439.782770	1444.738166	Luna C18, 150×2.1mm, 5μm	梯度洗脱：流动相A-0.1%甲酸水；B-0.1%甲酸乙腈	QqQ	ESI+	$[M+3H]^{3+}$: 475>199, 670	83
			黏菌素A（多黏菌素E_1）	$C_{53}H_{100}N_{16}O_{13}$	1168.765579	1169.772855	1167.758303	1186.799404	1191.754800				ESI+	$[M+3H]^{3+}$: 391>385, 379	
			黏菌素B（多黏菌素E_2）	$C_{52}H_{98}N_{16}O_{13}$	1154.749929	1155.757205	1153.742653	1172.783754	1177.739150				ESI+	$[M+3H]^{3+}$: 386>380, 374	
12	多肽类	肌肉组织或肝肾脏	维吉尼亚霉素S_1	$C_{43}H_{49}N_7O_{10}$	823.354092	824.361368	822.346816	841.387917	846.343313	Inertsil OSD-2, 150×2.0mm, 5μm	流动相A: 3mmol/L甲酸铵；B-甲醇/乙腈(50+50, V/V)	Q或QqQ	ESI+	824	141
			维吉尼亚霉素M_1	$C_{28}H_{35}N_3O_7$	525.247501	526.254777	524.240225	543.281326	548.236722				ESI+	526 or 526>508, 355, 377	

（续）

序号	分类	基质	化合物	分子式	分子量	精确质量[a,b] $[M+H]^+$	$[M-H]^-$	$[M+NH_4]^+$	$[M+Na]^+$	LC 色谱柱	LC 流动相	LC 类型	MS[a] 电离模式	MS[a] 离子或离子对	参考文献
13	喹诺酮类或氟喹诺酮类	鱼	环丙沙星	$C_{17}H_{18}FN_3O_3$	331.133220	332.140496	330.125944	349.167045	354.122441	Perfectsil ODS-2, 250×4mm, 5μm	梯度洗脱：A-乙腈；B-甲醇；C-水；所有的流动相均含 0.2%甲酸	QqQ	ESI+	332>314, 231, 294	142
			达氟沙星	$C_{19}H_{20}FN_3O_3$	357.148870	358.156146	356.141594	375.182695	380.138091				ESI+	358>340, 255, 82	
			恩诺沙星	$C_{19}H_{22}FN_3O_3$	359.164520	360.171796	358.157244	377.198345	382.153741				ESI+	360>342, 316, 286, 245	
			氟甲喹	$C_{14}H_{12}FNO_3$	261.080122	262.087398	260.072846	279.113947	284.069343				ESI+	262>202, 244, 174	
			萘啶酸	$C_{12}H_{12}N_2O_3$	232.084793	233.092069	231.077517	250.118618	255.074014				ESI+	233>215, 187, 158	
			噁喹酸	$C_{13}H_{11}NO_5$	261.063724	262.071000	260.056448	279.097549	284.052945				ESI+	262>244, 216	
			沙拉沙星	$C_{20}H_{17}F_2N_3O_3$	385.123797	386.131073	384.116521	403.157622	408.113018				ESI+	386>368, 348, 299	
14	喹诺酮类或氟喹诺酮类	蜂蜜	西诺沙星	$C_{12}H_{10}N_2O_5$	262.058973	263.066249	261.051697	280.092798	285.048194	Zorbax SB C18, 50× 2.1mm, 1.8μm	梯度洗脱：流动相 A-0.5%甲酸+1mmol/L 全氟戊酸(NFPA)水溶液；B甲醇/乙腈(50+50, V/V)含0.5%甲酸	Qq LIT	ESI+	263>245, 217, 189	143
			环丙沙星	$C_{17}H_{18}FN_3O_3$	331.133220	332.140496	330.125944	349.167045	354.122441				ESI+	332>314, 228, 245	
			达氟沙星	$C_{19}H_{20}FN_3O_3$	357.148870	358.156146	356.141594	375.182695	380.138091				ESI+	358>340, 314, 283	
			二氟沙星	$C_{21}H_{19}F_2N_3O_4$	399.139448	400.146724	398.132172	417.173273	422.128669				ESI+	400>382, 356, 299	
			依诺沙星	$C_{15}H_{17}FN_4O_3$	320.128469	321.135745	319.121193	338.162294	343.117690				ESI+	321>303, 277, 257	
			恩诺沙星	$C_{19}H_{22}FN_3O_3$	359.164520	360.171796	358.157244	377.198345	382.153741				ESI+	360>342, 316, 245	
			氟罗沙星	$C_{17}H_{18}F_3N_3O_3$	369.130026	370.137302	368.122750	387.163851	392.119247				ESI+	370>326, 352, 269	
			氟甲喹	$C_{14}H_{12}FNO_3$	261.080122	262.087398	260.072846	279.113947	284.069343				ESI+	262>244, 202, 220	
			洛美沙星	$C_{17}H_{19}F_2N_3O_3$	351.139448	352.146724	350.132172	369.173273	374.128669				ESI+	352>334, 308, 251	
			麻保沙星	$C_{17}H_{19}FN_4O_4$	362.139034	363.146310	361.131758	380.172859	385.128255				ESI+	363>345, 320, 277	
			萘啶酸	$C_{12}H_{12}N_2O_3$	232.084793	233.092069	231.077517	250.118618	255.074014				ESI+	233>215, 187, 159	
			诺氟沙星	$C_{16}H_{18}FN_3O_3$	319.133220	320.140496	318.125944	337.167045	342.122441				ESI+	320>302, 276, 233	
			氧氟沙星	$C_{18}H_{20}FN_3O_4$	361.143785	362.151061	360.136509	379.177610	384.133006				ESI+	362>344, 318, 261	
			噁喹酸	$C_{13}H_{11}NO_5$	261.063724	262.071000	260.056448	279.097549	284.052945				ESI+	262>244, 216, 160	
			吡哌酸	$C_{14}H_{17}N_5O_3$	303.133140	304.140416	302.125864	321.166965	326.122361				ESI+	304>286, 217, 189	
			沙拉沙星	$C_{20}H_{17}F_2N_3O_3$	385.123797	386.131073	384.116521	403.157622	408.113018				ESI+	386>368, 342, 299	

序号	单残留分类	基质	分类	化合物	分子式	分子量	精确质量[a,b] [M+H]$^+$	[M−H]$^-$	[M+NH$_4$]$^+$	[M+Na]$^+$	LC 色谱柱	LC 流动相	类型	电离模式	MS^a 离子或离子对	参考文献
15	喹诺酮类或氟喹诺酮类	牛奶		西诺沙星	C$_{12}$H$_{10}$N$_2$O$_5$	262.058973	263.066249	261.051697	280.092798	285.048194	Acquity UPLC Shield RP18, 100×2.1mm, 1.7μm	梯度洗脱：流动相 A-0.2%甲酸水（pH 3.0）；B-甲醇/乙腈（40+60）．柱温40℃	QqQ	ESI$^+$	263>217, 245	144
				环丙沙星	C$_{17}$H$_{18}$FN$_3$O$_3$	331.133220	332.140496	330.125944	349.167045	354.122441				ESI$^+$	332>288, 314	
				达氟沙星	C$_{19}$H$_{20}$FN$_3$O$_3$	357.148870	358.156146	356.141594	375.182695	380.138091				ESI$^+$	358>82, 340	
				二氟沙星	C$_{21}$H$_{19}$F$_2$N$_3$O$_3$	399.139448	400.146724	398.132172	417.173273	422.128669				ESI$^+$	400>299, 357	
				依诺沙星	C$_{15}$H$_{17}$FN$_4$O$_3$	320.128469	321.135745	319.121193	338.162294	343.117690				ESI$^+$	321>232, 303	
				恩诺沙星	C$_{19}$H$_{22}$FN$_3$O$_3$	359.164520	360.171796	358.157244	377.198345	382.153741				ESI$^+$	360>316, 342	
				氟罗沙星	C$_{17}$H$_{18}$F$_3$N$_3$O$_3$	369.130026	370.137302	368.122750	387.163851	392.119247				ESI$^+$	370>269, 326	
				氟甲喹	C$_{14}$H$_{12}$FNO$_3$	261.080122	262.087398	260.072846	279.113947	284.069343				ESI$^+$	262>202, 244	
				加替沙星	C$_{19}$H$_{22}$FN$_3$O$_4$	375.159435	376.166711	374.152159	393.193260	398.148656				ESI$^+$	376>261, 332	
				洛美沙星	C$_{17}$H$_{19}$F$_2$N$_3$O$_3$	351.139448	352.146724	350.132172	369.173273	374.128669				ESI$^+$	352>265, 308	
				麻保沙星	C$_{17}$H$_{19}$FN$_4$O$_4$	362.139034	363.146310	361.131758	380.172859	385.128255				ESI$^+$	363>320, 346	
				莫西沙星	C$_{21}$H$_{24}$FN$_3$O$_4$	401.175084	402.182360	400.167808	419.208909	424.164305				ESI$^+$	402>364, 385	
				那氟沙星	C$_{19}$H$_{21}$FN$_2$O$_4$	360.148536	361.155812	359.141260	378.182361	383.137757				ESI$^+$	361>283, 343	
				萘啶酸	C$_{12}$H$_{12}$N$_2$O$_3$	232.084793	233.092069	231.077517	250.118618	255.074014				ESI$^+$	233>187, 215	
				诺氟沙星	C$_{16}$H$_{18}$FN$_3$O$_3$	319.133220	320.140496	318.125944	337.167045	342.122441				ESI$^+$	320>276, 302	
				氧氟沙星	C$_{18}$H$_{20}$FN$_3$O$_4$	361.143785	362.151061	360.136509	379.177610	384.133006				ESI$^+$	362>318, 344	
				噁喹酸	C$_{13}$H$_{11}$NO$_5$	261.063724	262.071000	260.056448	279.097549	284.052945				ESI$^+$	262>216, 244	
				帕珠沙星	C$_{16}$H$_{15}$FN$_2$O$_4$	318.101586	319.108862	317.094310	336.135411	341.090807				ESI$^+$	319>281, 301	
				培氟沙星	C$_{17}$H$_{20}$FN$_3$O$_3$	333.148870	334.156146	332.141594	351.182695	356.138091				ESI$^+$	334>290, 316	
				吡哌酸	C$_{14}$H$_{17}$N$_5$O$_3$	303.133140	304.140416	302.125864	321.166965	326.122361				ESI$^+$	304>217, 287	
				沙拉沙星	C$_{20}$H$_{17}$F$_2$N$_3$O$_3$	385.123797	386.131073	384.116521	403.157622	408.113018				ESI$^+$	386>342, 368	
				司帕沙星	C$_{19}$H$_{22}$F$_2$N$_4$O$_3$	392.165996	393.173272	391.158720	410.199821	415.155217				ESI$^+$	393>292, 349	

序号	分类	基质	化合物	分子式	分子量	[M+H]⁺	[M−H]⁻	[M+NH₄]⁺	[M+Na]⁺	色谱柱	流动相	类型	电离模式	离子或离子对	参考文献
16	磺胺类	蜂蜜	磺胺二甲基嘧啶	C₁₀H₉ClN₄O₂S	284.013475	285.020751	283.006199	302.047300	307.002696	Xterra MS C18, 150×2.1mm, 3.5μm	梯度洗脱：流动相A-0.15%乙酸水溶液；B-0.15%乙酸甲醇	QqQ	ESI⁻	283>156, 92	81
			磺胺嘧啶	C₁₀H₁₀N₄O₂S	250.052448	251.059724	249.045172	268.086273	273.041669				ESI⁻	249>185, 92	
			磺胺二甲氧嘧啶	C₁₂H₁₄N₄O₄S	310.073578	311.080854	309.066302	328.107403	333.062799				ESI⁻	309>66, 122	
			磺胺邻二甲氧嘧啶	C₁₂H₁₄N₄O₄S	310.073578	311.080854	309.066302	328.107403	333.062799				ESI⁻	309>156, 251	
			磺胺甲基嘧啶	C₁₁H₁₂N₄O₂S	264.068097	265.075373	263.060821	282.101922	287.057318				ESI⁻	263>199, 108	
			磺胺对甲氧嘧啶	C₁₁H₁₂N₄O₃S	280.063012	281.070288	279.055736	298.096837	303.052233				ESI⁻	279>264, 196	
			磺胺二甲氧嘧啶	C₁₂H₁₄N₄O₃S	278.083748	279.091024	277.076472	296.117573	301.072969				ESI⁻	277>106, 122	
			磺胺甲噁唑	C₁₀H₁₁N₃O₃S	253.052114	254.059390	252.044838	271.085939	276.041335				ESI⁻	252>156, 92	
			磺胺甲吡啶嗪	C₁₁H₁₂N₄O₃S	280.063012	281.070288	279.055736	298.096837	303.052233				ESI⁻	279>156, 264	
			磺胺甲间氧嘧啶	C₁₁H₁₂N₄O₃S	280.063012	281.070288	279.055736	298.096837	303.052233				ESI⁻	279>132, 66	
			磺胺间甲氧嘧啶	C₁₁H₁₁N₃O₂S	249.057199	250.064475	248.049923	267.091024	272.046420				ESI⁻	248>184, 93	
			磺胺喹噁啉	C₁₄H₁₂N₄O₂S	300.068097	301.075373	299.060821	318.101922	323.057318				ESI⁻	299>144, 117	
			磺胺噻唑	C₉H₉N₃O₂S₂	255.013621	256.020897	254.006345	273.047446	278.002842				ESI⁻	254>156, 98	
			磺胺异噁唑	C₁₁H₁₃N₃O₃S	267.067764	268.075040	266.060488	285.101589	290.056985				ESI⁻	266>171, 239	
17	磺胺类	牛奶、鸡蛋	磺胺二甲基嘧啶	C₁₀H₉ClN₄O₂S	284.013475	285.020751	283.006199	302.047300	307.002696	Luna NH₂ (HILIC色谱柱), 150×2.0mm, 3μm	梯度洗脱：流动相A-0.05%甲酸水；B-0.05%甲酸乙腈, HILIC	Q	ESI⁺	285	58
			磺胺嘧啶	C₁₀H₁₀N₄O₂S	250.052448	251.059724	249.045172	268.086273	273.041669				ESI⁺	251	
			磺胺二甲氧嘧啶	C₁₂H₁₄N₄O₄S	310.073578	311.080854	309.066302	328.107403	333.062799				ESI⁺	311	
			磺胺邻二甲氧嘧啶	C₁₂H₁₄N₄O₄S	310.073578	311.080854	309.066302	328.107403	333.062799				ESI⁺	311	
			磺胺甲基嘧啶	C₁₁H₁₂N₄O₂S	264.068097	265.075373	263.060821	282.101922	287.057318				ESI⁺	265	
			磺胺对甲氧嘧啶	C₁₁H₁₂N₄O₃S	280.063012	281.070288	279.055736	298.096837	303.052233				ESI⁺	281	
			磺胺二甲氧嘧啶	C₁₂H₁₄N₄O₂S	278.083748	279.091024	277.076472	296.117573	301.072969				ESI⁺	279	

(续)

单残留				精确质量[a,b]				LC			MS[a]		参考文献
序号	分类	基质	化合物	分子式	分子量	$[M+H]^+$	$[M-H]^-$	$[M+NH_4]^+$	$[M+Na]^+$	色谱柱	流动相	类型	电离模式	离子或离子对	
17	磺胺类	牛奶、鸡蛋	磺胺甲二唑	$C_9H_{10}N_4O_2S_2$	270.024520	**271.031796**	269.017244	288.058345	293.013741	Luna NH_2 (HILIC色谱柱), 150× 2.0mm, 3μm	梯度洗脱；流动相A-0.05%甲酸水；B-0.05%甲酸乙腈, HILIC	Q	ESI^+	271	
			磺胺甲噻唑	$C_{10}H_{11}N_3O_3S$	253.052114	**254.059390**	252.044838	271.085939	276.041335				ESI^+	254	
			磺胺甲氧哒嗪	$C_{11}H_{12}N_3O_3S$	280.063012	**281.070288**	279.055736	298.096837	303.052233				ESI^+	281	
			磺胺同甲氧嘧啶	$C_{11}H_{12}N_4O_3S$	280.063012	**281.070288**	279.055736	298.096837	303.052233				ESI^+	281	
			磺胺吡啶	$C_{11}H_{11}N_3O_2S$	249.057199	**250.064475**	248.049923	267.091024	272.046420				ESI^+	250	
			磺胺噻唑	$C_9H_9N_3O_2S_2$	255.013621	**256.020897**	254.006345	273.047446	278.002842				ESI^+	256	
			磺胺异噁唑	$C_{11}H_{13}N_3O_3S$	267.067764	**268.075040**	266.060488	285.101589	290.056985				ESI^+	268	
18	磺胺类		氨苯砜	$C_{12}H_{12}N_2O_2S$	248.061950	**249.069226**	247.054674	266.095775	271.051171	Zorbax SB C18, 50× 2.1mm, 1.8μm	梯度洗脱；流动相A-0.5%甲酸+1mmol/L NFPA; B甲醇/乙腈(50+50, V/V)含0.5%甲酸	Qq LIT	$APPI^+$	249>156, 92	80
			磺胺苯酰	$C_{13}H_{12}N_2O_3S$	276.056865	**277.064141**	275.049589	294.090690	299.046086				$APPI^+$	277>156, 92	
			磺胺氯哒嗪	$C_{10}H_9ClN_4O_2S$	284.013475	**285.020751**	283.006199	302.047300	307.002696				$APPI^+$	285>156, 92	
			磺胺嘧啶	$C_{10}H_{10}N_4O_2S$	250.052448	**251.059724**	249.045172	268.086273	273.041669				$APPI^+$	251>156, 92	
			磺胺嘧啶-d_4 (IS)	$C_{10}H_6D_4N_4O_2S$	254.077560	**255.084836**	253.070284	272.111385	277.066781				$APPI^+$	255>160, 96	
			磺胺二甲氧嘧啶	$C_{12}H_{14}N_4O_4S$	310.073578	**311.080854**	309.066302	328.107403	333.062799				$APPI^+$	311>156, 92	
			磺胺二甲氧嘧啶-d_4 (IS)	$C_{12}H_{10}D_4N_4O_4S$	314.098686	**315.105962**	313.091410	332.132511	337.087907				$APPI^+$	315>160, 96	
			磺胺多辛	$C_{12}H_{14}N_4O_4S$	310.073578	**311.080854**	309.066302	328.107403	333.062799				$APPI^+$	311>156, 108	
			磺胺甲基嘧啶	$C_{11}H_{12}N_4O_2S$	264.068097	**265.075373**	263.060821	282.101922	287.057318				$APPI^+$	265>156, 92	
			磺胺甲基嘧啶-d_4 (IS)	$C_{11}H_8D_4N_4O_2S$	268.093205	**269.100481**	267.085929	286.127030	291.082426				$APPI^+$	269>160, 96	
			磺胺对甲氧嘧啶	$C_{11}H_{12}N_4O_3S$	280.063012	**281.070288**	279.055736	298.096837	303.052233				$APPI^+$	281>156, 92	
			磺胺二甲嘧啶	$C_{12}H_{14}N_4O_2S$	278.083748	**279.091024**	277.076472	296.117573	301.072969				$APPI^+$	279>186, 156	
			磺胺二甲嘧啶-d_4 (IS)	$C_{12}H_{10}D_4N_4O_2S$	282.108856	**283.116132**	281.101580	300.142681	305.098077				$APPI^+$	283>186, 160	
			磺胺甲噻唑	$C_{10}H_{11}N_3O_3S$	253.052114	**254.059390**	252.044838	271.085939	276.041335				$APPI^+$	254>156, 92	
			磺胺甲噻唑-d_4 (IS)	$C_{10}H_7D_4N_3O_3S$	257.077222	**258.084498**	256.069946	275.111047	280.066443				$APPI^+$	258>160, 96	
			磺胺甲氧嗪	$C_{11}H_{12}N_4O_3S$	280.063012	**281.070288**	279.055736	298.096837	303.052233				$APPI^+$	281>156, 92	

序号	分类	基质	化合物	分子式	分子量	精确质量[a,b]				色谱柱	流动相	类型	电离模式	离子或离子对	参考文献
						$[M+H]^+$	$[M-H]^-$	$[M+NH_4]^+$	$[M+Na]^+$						
18	单残留 磺胺类		磺胺噁唑	$C_{11}H_{13}N_3O_3S$	267.067764	268.075040	266.060488	285.101589	290.056985	Zorbax SB C18, 50× 2.1mm, 1.8μm	梯度洗脱：流动相A-0.5%甲酸+1mmol/L NFPA;B-甲醇/乙腈(50+50, V/V)含0.5%甲酸	Qq LIT	$APPI^+$	268>156, 92	
			磺胺嘧啶	$C_{11}H_{11}N_3O_2S$	249.057199	250.064475	248.049923	267.091024	272.046420				$APPI^+$	250>156, 108	
			磺胺噻嘧啶	$C_{14}H_{12}N_4O_2S$	300.068097	301.075373	299.060821	318.101922	323.057318				$APPI^+$	301>156, 92	
			磺胺噻唑	$C_9H_9N_3O_2S_2$	255.013621	256.020897	254.006345	273.047446	278.002842				$APPI^+$	256>156, 92	
			磺胺噻唑-d4 (IS)	$C_9H_5D_4N_3O_2S_2$	259.038729	260.046005	258.031453	277.072554	282.027950				$APPI^+$	260>160, 96	
			磺胺二甲基异嘧啶	$C_{12}H_{14}N_4O_2S$	278.083748	279.091024	277.076472	296.117573	301.072969				$APPI^+$	279>156, 124	
19	多残留 氨基糖甘类	蜂蜜	链霉素	$C_{21}H_{39}N_7O_{12}$	581.265673	582.272949	580.258397	599.299498	604.254894	Polar-RP Synergi, 50× 2.0mm, 4μm	梯度洗脱：流动相A-0.1%甲酸水；B-0.1%甲酸乙腈	QqQ	ESI^+	582>263, 246	12
	林可胺类		林可霉素	$C_{18}H_{34}N_2O_6S$	406.213760	407.221036	405.206484	424.247585	429.202981				ESI^+	407>126, 359	
	大环内酯类		泰乐菌素A	$C_{46}H_{77}NO_{17}$	915.519154	916.526430	914.511878	933.552979	938.508375				ESI^+	916>772, 174	
			红霉素A	$C_{37}H_{67}NO_{13}$	733.461244	734.468520	732.453968	751.495069	756.450465				ESI^+	734>576, 522	
			氯霉素	$C_{11}H_{12}Cl_2N_2O_5$	322.012329	323.019605	321.005053	340.046154	345.001550				ESI^+	321>152, 194	
	聚醚菌素类		莫能菌素	$C_{36}H_{62}O_{11}$	670.429215	671.436491	669.421939	688.463040	693.418436				ESI^+	693>461, 479	
	喹诺酮类		环丙沙星	$C_{17}H_{18}FN_3O_3$	331.133220	332.140496	330.125944	349.167045	354.122441				ESI^+	332>288, 254	
	氟喹诺酮类		达氟沙星	$C_{19}H_{20}FN_3O_3$	357.148870	358.156146	356.141594	375.182695	380.138091				ESI^+	358>314, 283	
			二氟沙星	$C_{21}H_{19}F_2N_3O_3$	399.139448	400.146724	398.132172	417.173273	422.128869				ESI^+	400>356, 299	
	酰胺醇类		恩诺沙星	$C_{19}H_{22}FN_3O_3$	359.164520	360.171796	358.157244	377.198345	382.153741				ESI^+	360>316, 245	
			沙拉沙星	$C_{20}H_{17}F_2N_3O_3$	385.123797	386.131073	384.116521	403.157622	408.113018				ESI^+	386>342, 299	
	磺胺类		磺胺噻唑	$C_9H_9N_3O_2S_2$	255.013621	256.020897	254.006345	273.047446	278.002842				ESI^+	256>156, 92	
	四环素类		金霉素	$C_{22}H_{23}ClN_2O_8$	478.114296	479.121572	477.107020	496.148121	501.103517				ESI^+	479>444, 462	
			多西环素	$C_{22}H_{24}N_2O_8$	444.153268	445.160544	443.145992	462.187093	467.142489				ESI^+	445>321, 410	
			土霉素	$C_{22}H_{24}N_2O_9$	460.148183	461.155459	459.140907	478.182008	483.137404				ESI^+	461>426, 444	
			四环素	$C_{22}H_{24}N_2O_8$	444.153268	445.160544	443.145992	462.187093	467.142489				ESI^+	445>410, 154	
	其他		烟曲霉素	$C_{26}H_{34}O_7$	458.230455	459.237731	457.223179	476.264280	481.219676				ESI^+	459>233, 215	

（续）

序号	单残留分类	基质	化合物	分子式	精确质量[a,b]				色谱柱	LC 流动相	类型	MS[a] 电离模式	离子或离子对	参考文献
					分子量	$[M+H]^+$	$[M-H]^-$	$[M+NH_4]^+$	$[M+Na]^+$					
20	大环内酯类	蜂蜜	红霉素A	$C_{37}H_{67}NO_{13}$	733.461244	734.468520	732.453968	751.495069	756.450465	Acquity UPLC BEH C18, 100× 2.1mm, 1.7 μm	梯度洗脱：流动相A-0.05% 甲酸水；B-甲醇，运行时间7.5min，柱温30℃	QqQ	ESI+	$[M-H_2O+H]^+$: 716>158,116	9
			交沙霉素	$C_{42}H_{69}NO_{15}$	827.466724	828.474000	826.459448	845.500549	850.455945				ESI+	829>174, 109	
			替米考星	$C_{46}H_{80}N_2O_{13}$	868.566043	869.573319	867.558767	886.599868	891.555264				ESI+	870>174, 697	
			泰乐菌素A	$C_{46}H_{77}NO_{17}$	915.519154	916.526430	914.511878	933.552979	938.508375				ESI+	916>174, 101	
	喹诺酮类或氟喹诺酮类		达氟沙星	$C_{19}H_{20}FN_3O_3$	357.148870	358.156146	356.141594	375.182695	380.138091				ESI+	358>340, 255	
			二氟沙星	$C_{21}H_{19}F_2N_3O_3$	399.139448	400.146724	398.132172	417.173273	422.128869				ESI+	400>382, 356	
			恩诺沙星	$C_{19}H_{22}FN_3O_3$	359.164520	360.171796	358.157244	377.198345	382.153741				ESI+	360>342, 316	
			麻保沙星	$C_{17}H_{19}FN_4O_4$	362.139034	363.146310	361.131758	380.172859	385.128255				ESI+	363>320, 345	
			沙拉沙星	$C_{20}H_{17}F_2N_3O_3$	385.123797	386.131073	384.116521	403.157622	408.113018				ESI+	386>368, 348	
	磺胺类		磺胺氯哒嗪	$C_{10}H_9ClN_4O_2S$	284.013475	285.020751	283.006199	302.047300	307.002696				ESI+	285>156, 80	
			磺胺二甲氧嘧啶	$C_{12}H_{14}N_4O_4S$	310.073578	311.080854	309.066302	328.107403	333.062799				ESI+	311>156, 245	
			磺胺二甲嘧啶	$C_{12}H_{14}N_4O_2S$	278.083748	279.091024	277.076472	296.117573	301.072969				ESI+	279>92, 124	
			磺胺噻唑	$C_{14}H_{12}N_4O_2S$	300.068097	301.075373	299.060821	318.101922	323.057318				ESI+	301>156, 108	
	四环素类		金霉素	$C_{22}H_{23}ClN_2O_8$	478.114296	479.121572	477.107020	496.148121	501.103517				ESI+	479>444, 462	
			多西环素	$C_{22}H_{24}N_2O_8$	444.153268	445.160544	443.145992	462.187093	467.142489				ESI+	445>428, 154	
			土霉素	$C_{22}H_{24}N_2O_9$	460.148183	461.155459	459.140907	478.182008	483.137404				ESI+	461>443, 426	
			四环素	$C_{22}H_{24}N_2O_8$	444.153268	445.160544	443.145992	462.187093	467.142489				ESI+	445>410, 427	
21	氨基糖苷类	蜂蜜	双氢链霉素	$C_{21}H_{41}N_7O_{12}$	583.281323	584.288599	582.274047	601.315148	606.270544	Zorbax SB C18, 50× 2.1mm, 1.8 μm	梯度洗脱：流动相A-1mmol/L 九氟戊酸+0.5%甲酸水溶液；B-乙腈/甲醇（50，V/V）含0.5%甲酸	Qq LIT	ESI+	584>263, 246	7
			新霉素B	$C_{23}H_{46}N_6O_{13}$	614.312289	615.319565	613.305013	632.346114	637.301510				ESI+	615>455, 161	
			链霉素	$C_{21}H_{39}N_7O_{12}$	581.265673	582.272949	580.258397	599.299498	604.254894				ESI+	582>263, 407	
	β-内酰胺类		阿莫西林	$C_{16}H_{19}N_3O_5S$	365.104544	366.111820	364.097268	383.138369	388.093765				ESI+	366>208, 349	
			氨苄西林	$C_{16}H_{19}N_3O_4S$	349.109629	350.116905	348.102353	367.143454	372.098850				ESI+	350>192, 174	
			氯唑西林	$C_{19}H_{18}ClN_3O_5S$	435.065572	436.072848	434.058296	453.099397	458.054793				ESI+	436>277, 160	
			双氯西林	$C_{19}H_{17}Cl_2N_3O_5S$	469.026600	470.033876	468.019324	487.060425	492.015821				ESI+	470>160, 311	
			萘夫西林	$C_{21}H_{22}N_2O_5S$	414.124945	415.132221	413.117669	432.158770	437.114166				ESI+	415>199, 181	
			苯唑西林	$C_{19}H_{19}N_3O_5S$	401.104544	402.111820	400.097268	419.138369	424.093765				ESI+	402>243, 160	

6 化学分析：定量和确证方法

(续)

序号	单残留分类	基质	化合物	分子式	分子量	精确质量[a,b]				色谱柱	流动相	LC类型	电离模式	MS[a] 离子或离子对	参考文献
						$[M+H]^+$	$[M-H]^-$	$[M+NH_4]^+$	$[M+Na]^+$						
21	β-内酰胺类		喷沙西林	$C_{22}H_{31}N_3O_4S$	433.203529	**434.210805**	432.196253	451.237354	456.192750	Zorbax SB C18, 50× 2.1mm, 1.8μm	梯度洗脱：流动相A-1mmol/L 九氟戊酸+0.5%甲酸水溶液；B-乙腈/甲醇(50+50, V/V)含0.5%甲酸	QqLIT	ESI+	434>259, 100	
	大环内酯类		青霉素G	$C_{16}H_{18}N_2O_4S$	334.098730	**335.106006**	333.091454	352.132555	357.087951				ESI+	335>160, 176	
			红霉素A	$C_{37}H_{67}NO_{13}$	733.461244	**734.468520**	732.453968	751.495069	756.450465				ESI+	734>576, 158	
			竹桃霉素	$C_{35}H_{61}NO_{12}$	687.419378	**688.426654**	686.412102	705.453203	710.408599				ESI+	688>158, 544	
			罗红霉素	$C_{41}H_{76}N_2O_{15}$	836.524573	**837.531849**	835.517297	854.558398	859.513794				ESI+	837>158, 679	
			螺旋霉素I	$C_{43}H_{74}N_2O_{14}$	842.514008	**843.521284**	841.506732	860.547833	865.503229				ESI+	843>174, 540	
			替米考星	$C_{46}H_{80}N_2O_{13}$	868.566043	**869.573319**	867.558767	886.599868	891.555264				ESI+	869>174, 156	
			泰乐菌素A	$C_{46}H_{77}NO_{17}$	915.519154	**916.526430**	914.511878	933.552979	938.508375				ESI+	916>174, 156	
			泰乐菌素B (脱藻糖泰洛星)	$C_{39}H_{65}NO_{14}$	771.440509	**772.447785**	770.433233	789.474334	794.429730				ESI+	772>174, 156	
	酰胺醇类		氯霉素	$C_{11}H_{12}Cl_2N_2O_5$	322.012329	323.019605	321.005053	340.046154	345.001550				ESI+	$[M-H_2O+H]^+$: 305>275, 165	
			甲砜霉素	$C_{12}H_{15}Cl_2NO_5S$	355.004802	356.012078	353.997526	373.038627	377.994023				ESI+	$[M-H_2O+H]^+$: 338>308, 229	
	磺胺类		氨苯砜	$C_{12}H_{12}N_2O_2S$	248.061950	**249.069226**	247.054674	266.095775	271.051171				ESI+	249>156, 108	
			磺胺苯酰	$C_{13}H_{12}N_2O_3S$	276.056865	**277.064141**	275.049589	294.090690	299.046086				ESI+	277>156, 108	
			磺胺氯哒嗪	$C_{10}H_9ClN_4O_2S$	284.013475	**285.020751**	283.006199	302.047300	307.002696				ESI+	285>156, 92	
			磺胺嘧啶	$C_{10}H_{10}N_4O_2S$	250.052448	**251.059724**	249.045172	268.086273	273.041669				ESI+	251>156, 92	
			磺胺二甲氧嘧啶	$C_{12}H_{14}N_4O_4S$	310.073578	**311.080854**	309.066302	328.107403	333.062799				ESI+	311>156, 245	
			磺胺邻二甲氧嘧啶	$C_{12}H_{14}N_4O_4S$	310.073578	**311.080854**	309.066302	328.107403	333.062799				ESI+	311>156, 108	
			磺胺甲基嘧啶	$C_{11}H_{12}N_4O_2S$	264.068097	**265.075373**	263.060821	282.101922	287.057318				ESI+	265>156, 172	
			磺胺对甲氧嘧啶	$C_{11}H_{12}N_4O_3S$	280.063012	**281.070288**	279.055736	298.096837	303.052233				ESI+	281>156, 215	
			磺胺二甲基嘧啶	$C_{12}H_{14}N_4O_2S$	278.083748	**279.091024**	277.076472	296.117573	301.072969				ESI+	279>124, 108	
			磺胺甲噁唑	$C_{10}H_{11}N_3O_3S$	253.052114	**254.059390**	252.044838	271.085939	276.041335				ESI+	254>156, 92	
			磺胺甲氧哒嗪	$C_{11}H_{12}N_4O_3S$	280.063012	**281.070288**	279.055736	298.096837	303.052233				ESI+	281>156, 126	
			磺胺噻唑	$C_{11}H_{13}N_3O_3S$	267.067764	**268.075040**	266.060488	285.101589	290.056985				ESI+	268>156, 108	

序号	单残留		化合物	分子式	分子量	精确质量[a,b]				LC			MS[a]		参考文献
	基质	分类				$[M+H]^+$	$[M-H]^-$	$[M+NH_4]^+$	$[M+Na]^+$	色谱柱	流动相	类型	电离模式	离子或离子对	
21	磺胺类		对氨基苯磺酰胺	$C_6H_8N_2O_2S$	172.030650	**173.037926**	171.023374	190.064475	195.019871	Zorbax SB C18, 50× 2.1mm, 1.8μm	梯度洗脱:流动相 A-1mmol/L 九氟戊酸 + 0.5%甲酸水溶液;B-乙腈/甲醇(50+50, V/V)含0.5%甲酸	Qq LIT	ESI⁺	173＞156, 108	
			磺胺嘧啶	$C_{11}H_{11}N_3O_2S$	249.057199	**250.064475**	248.049923	267.091024	272.046420				ESI⁺	250＞156, 108	
			磺胺噻啉	$C_{14}H_{12}N_4O_2S$	300.068097	**301.075373**	299.060821	318.101922	323.057318				ESI⁺	301＞156, 92	
			磺胺噻唑	$C_9H_9N_3O_2S_2$	255.013621	**256.020897**	254.006345	273.047446	278.002842				ESI⁺	256＞156, 92	
			磺胺二甲基异嘧啶	$C_{12}H_{14}N_4O_2S$	278.083748	**279.091024**	277.076472	296.117573	301.072969				ESI⁺	279＞124, 156	
		四环素类	金霉素	$C_{22}H_{23}ClN_2O_8$	478.114296	**479.121572**	477.107020	496.148121	501.103517				ESI⁺	479＞444, 462	
			地美环素	$C_{21}H_{21}ClN_2O_8$	464.098646	**465.105922**	463.091370	482.132471	487.087867				ESI⁺	465＞448, 430	
			多西环素	$C_{22}H_{24}N_2O_8$	444.153268	**445.160544**	443.145992	462.187093	467.142489				ESI⁺	445＞428, 410	
			土霉素	$C_{22}H_{24}N_2O_9$	460.148183	**461.155459**	459.140907	478.182008	483.137404				ESI⁺	461＞426, 443	
			四环素	$C_{22}H_{24}N_2O_8$	444.153268	**445.160544**	443.145992	462.187093	467.142489				ESI⁺	445＞410, 427	

注：[a] 粗体数字或文字表明电离形式或电荷态。
[b] 计算精确质量时，去除或添加电子质量(0.000 549amu)取决于电荷状态。本章作者精确计算了质量。

液、EDTA、Na_2EDTA、柠檬酸和草酸常被用于抑制四环素类药物和金属离子的螯合作用以提高萃取效率。最常见的四环素类药物提取溶液是 pH 4 的 McIlvain/EDTA 缓冲液。此外，四环素类药物在水溶液和样品前处理过程中易降解为差向异构体，这取决于 pH 和温度。因此，四环素类药物及其差向异构体的色谱分离和定量仍然较为困难，相关内容将在第 7 章中深入讨论[14,17,18]。

2. 各类抗菌药物在不同 pH 环境下的稳定性差异使得运用相同的提取条件并不理想。四环素类药物在 pH 为 3~4 时比 pH>5 时更稳定，pH 的改变会导致其差向异构体的形成甚至进一步的降解。大环内酯类和 β-内酰胺类药物在中性或弱碱性条件下稳定（即，pH≥8 或 8.5）。红霉素在低 pH 环境下容易失去一个水分子[24]，在环境样品中常检测到其丢失 H_2O 后的 m/z 716[18]，不过食品样品中并非如此。红霉素的这种降解甚至在 0.1%甲酸-乙腈（50+50,V/V）混合溶液中也会发生[22,23]。在酸性条件下，如蜂蜜中，泰乐菌素 A 会逐渐降解为泰乐菌素 B[25]。一些 β-内酰胺类药物在甲醇中迅速降解，包括阿莫西林、氨苄西林、头孢唑啉、头孢匹林、氯唑西林、双氯西林、萘夫西林、苯唑西林、青霉素 G 和青霉素 V（头孢菌素类药物降解稍慢），但是这些药物在甲醇-水（50+50,V/V）混合溶液中降解缓慢；在水、乙腈、乙腈-水的混合溶液中稳定。青霉素单碱，特别是青霉素 G 和萘夫西林，在 0.1%甲酸溶液中迅速降解，而阿莫西林、氨苄西林和头孢菌素类药物的降解则不太明显。提取溶剂或终溶液中若含有甲醇和/或 0.1%甲酸，则可引起 β-内酰胺类药物的明显降解[26]。

3. 在某些情况下，抗菌药物原型不能作为残留标示物，因此需要进行衍生化和化学转化。硝基呋喃类化合物，包括呋喃唑酮、呋喃它酮、呋喃西林和呋喃妥因，迅速转化为各自的代谢物 3-氨基-2-唑烷酮（AOZ）、3-氨基-甲基吗啉-2-唑烷酮（AMOZ）、氨基脲（SC）和 1-氨基乙内酰脲（AH）。这些代谢物在动物体内与蛋白质紧密结合。因此，如第 7 章中所讨论的，硝基呋喃类化合物的分析方法往往侧重于检测与蛋白质结合的残留标示物或活性侧链。提取过程运用酸性过夜水解，并同时用 2-硝基苯甲醛与释放的活性侧链衍生形成可被液相色谱-质谱检测的硝基衍生物[27,28]。头孢噻呋注射哺乳期的奶牛，迅速代谢为去呋喃羰基头孢噻呋，从而形成多种代谢物和结合物或与蛋白质结合，该药的最高残留限量（MRL）以保留 β-内酰胺结构的去呋喃羰基头孢噻呋为残留物标示物。因此，提取时运用还原剂（如二硫苏糖醇）释放各种形式的轭合物，然后用碘乙酰胺衍生形成稳定并适合于液相色谱-质谱分析的去呋喃羰基头孢噻呋乙酰胺[29,30]。

4. 各类残留物的最高残留限量或方法验证要求的浓度差别。由于不同分析物所要进行定量分析的浓度可能不在同一分析范围之内，因此同时定量难以实现。定量分析的范围通常基于最高残留限量、最低要求执行限（MRPL）或要求的方法验证浓度。液相色谱-质谱仪通常有 2~3 阶的线性或二次动态范围，某些抗菌药物的线性响应要好于其他药物。一般情况下，只有当药物浓度均在 2 个数量级之内时可以同时定量。例如，氯霉素的 MRPL 为 0.3 μg/kg，而林可霉素在牛奶中的 MRL 为 150 μg/kg，浓度相差 2.7 个数量级，用单一的校正曲线来同时分析二者难度较大。此外，高浓度会引起交叉污染，导致假阳性。

5. 不是所有的抗菌药物在同一类型的色谱柱上均有较好的保留和分离。为了提高色谱性能，需要不同保留机制的色谱柱和/或流动相添加剂，这些在 6.3.3 节进一步讨论。

6.3 色谱分离

6.3.1 色谱参数

建立和验证残留检测方法时，一些色谱参数或特征如色谱柱的选择或液相色谱洗脱条件非常重要。这些特征如下[31,32]：

保留因子（k）或容量因子：衡量分析物通过色谱柱的相对速度，计算公式为：

$$k=\frac{t_R-t_0}{t_0}$$

t_R 表示分析物的保留时间，t_0 是未保留峰的保留时间。理想情况下，k 应大于 2，这时分析物的色谱峰与溶剂峰分离良好。

分离因子（α），也称为选择性或相对保留，用来评价两种分析物的色谱分离，计算公式为：

$$\alpha=\frac{k_2}{k_1}=\frac{t_{R2}-t_0}{t_{R1}-t_0}$$

且 $k_2>k_1$。当 $\alpha=1$ 时，两个峰同时洗脱。

分离度（Rs）：表示两种分析物的分离程度，基于两个峰之间的距离和峰宽。分离度是用峰与峰之间的距离和其宽度的比值计算的。

$$Rs = \frac{\Delta t_R}{\frac{1}{2}(\omega_{t,1} + \omega_{t,2})} = 1.18 \frac{\Delta t_R}{\omega_{1/2,1} + \omega_{1/2,2}}$$

Δt_R 是两个峰之间保留时间差，ω_t 是 $w = 4\sigma$ 时的峰宽，$\omega_{1/2}$ 是半峰高处的峰宽。对于两个峰大小相同的高斯峰，当 $Rs = 1$ 时，可认为这两个峰能够识别但没有完全分离；而当 $Rs = 1.5$，两峰实现了基线分离。

柱效（塔板数 N）或理论塔板高度（HETP）：用来评价分离的效果。柱效主要考查峰的扩散。柱效用理论塔板数来表示：

$$N = 5.54 \left(\frac{t_R}{\omega_{1/2}}\right)^2$$

t_R 是分析物的保留时间，$\omega_{1/2}$ 是半峰高处的峰宽。柱效高时峰的扩散减少。HETP 是用柱长（L）除以塔板数（N）计算的。

柱空体积（V_c，μL）：是填料颗粒之间缝隙的体积。柱空体积计算公式为：

$$V_c = \frac{d^2 \times \pi \times L \times V_p}{4}$$

d 是色谱柱内径（mm），L 是柱长（mm），V_p 是孔隙体积或常数（无单位），介于 0.6~0.7。考虑到柱空体积和流速，可粗略估计死时间或穿透时间，即流动相流过色谱柱的时间，然后用于计算分析物的保留因子。其他的死体积，如来自于进样器和连接管线，也应予以考虑。

6.3.2 流动相

LC 流动相的组成，以及缓冲液或添加剂的浓度和 pH，对抗菌药物的最佳电离效率、离子喷射稳定性和色谱分离至关重要。如何选择合适的溶剂取决于需要分析的化合物的性质、采取的电离方法和所用的色谱柱。LC-MS 流动相最合适的溶剂是水、甲醇和乙腈。甲醇（黏性，$\eta = 0.60$ mPa·s）比乙腈（$\eta = 0.37$ mPa·s）柱后压高。LC 梯度洗脱过程中，柱后压随着流动相的黏性变化而呈比例变化。甲醇和水混合液比纯甲醇或纯水（$\eta = 1.00$ mPa·s）黏性大，40%甲醇水的黏性达到最大，为 1.62 mPa·s[31]。然而，乙腈与水混合时，当乙腈比例增加时，黏度下降。因此，乙腈和水成为 LC-MS 最常用的溶剂。在一些条件下，如反相 LC-APCI 或 APPI，以及分析一些质子亲和力相对较低的分析物时，最好用甲醇来提

高离子化效率，因为甲醇的质子亲和力（PA）低于乙腈。例如，采用 LC/APCI-MS 分析质子亲和力较低的甾体类化合物时，甲醇优于乙腈。在 APPI 源内，乙腈比甲醇吸附质子的能力强，导致参与离子化反应的质子数减少，因而降低了灵敏度[33]。值得注意的是，甲醇或甲醇/乙腈混合物能够改善峰形，产生相对窄的色谱峰。

液相色谱-串联质谱分析过程中常使用流动相添加剂或修饰剂增强离子丰度，抑制钠加合物，改善峰形。正离子电离常用的酸性添加剂包括甲酸（pH = 2.6~2.8）、乙酸（pH = 3.2~3.4）、三氟乙酸（pH = 1.8~2.0），添加浓度为 0.1%（V/V），其中甲酸是最常用的。甲酸铵（$pK_{a,1} = 3.7$，$pK_{a,2} = 9.2$）和乙酸铵（$pK_{a,1} = 4.8$，$pK_{a,2} = 9.2$）是挥发性盐，添加浓度是 5~20mmol/L，中性条件下可用于正离子或负离子电离。碱性添加剂常用三乙胺、氨水和其他化合物，添加浓度是 10mmol/L，用于碱性条件下负离子电离。有时，采用疏水性离子对试剂［如七氟丁酸（HFBA，浓度为 0.04%）、三氟乙酸（TFA，浓度为 0.02%~0.1%）、九氟戊酸（NFPA，浓度为 1mmol/L）］来改善峰形[34,35]，并延长极性分析物如林可霉素或氨基糖苷类化合物的保留[7,36,37]。离子对试剂将在 6.3.3.2 部分深入讨论。

一般来说，采用 LC 梯度洗脱模式能够实现更好地保留和分离，尤其是在分析多种抗菌药物时。LC 梯度洗脱时，运行时间相对较长，总运行时间的 1/3 或 1/2 用来重新平衡色谱柱，以备下次进样。LC 等度洗脱的运行时间相对较短，运行过程不需要重新平衡色谱柱。然而，等度洗脱仅适用于分析少量的分析物。

6.3.3 传统的液相色谱

6.3.3.1 反相色谱

抗菌药物分析最常用的是反相液相色谱（RPLC）。RPLC 固定相（3.5μm 或 5.0μm 颗粒）由非极性或疏水性有机填料（如辛基、十八烷基、苯基或氰基基团）通过硅氧烷（甲硅烷基醚）键（—Si—O—Si—）附着在硅基载体的表面而形成。化学键合十八烷基硅烷（ODS，C18）或 18 个碳原子的烷烃是最常用的固定相。较短烷基链键合的色谱柱如 C8、苯基或氰丙基键合相的非极性较小，偶尔可作为替代。反相填料的表面是疏水性的，其保留机制是疏水性、分配和/或吸附作用[32]。大多数抗菌药物在反相

色谱柱上的保留和分离情况良好，但氨基糖苷类化合物和林可霉素除外，需要使用离子对试剂或亲水作用色谱（HILIC）来分析（表6.1）。RPLC流动相由乙腈或甲醇、水、修饰剂组成。RPLC的洗脱程序开始时常使用>90%水相的流动相，接着梯度运行，乙腈或甲醇作为洗脱溶剂。RPLC的保留程度和选择性很大程度上取决于流动相的性质和组成、pH、修饰剂、和/或流动相的离子强度。

6.3.3.2 离子对色谱

离子对色谱（ion-pairing chromatography，IPC）是指用亲脂性或疏水性的离子，即离子对试剂（IPA）进行色谱分离，使有机和无机离子溶质在传统反相色谱柱上获得足够的保留、良好的柱效和分辨率[38]。离子对试剂是含有相对疏水的正烷基链的离子化合物。当作为极性分析物的抗衡离子使用时，它们能降低分析物的亲水性，从而增加其在RPLC色谱柱的保留，并减少峰拖尾。适合于酸性化合物的离子对试剂包括醋酸丙胺和其他二烃基胺，如醋酸二丁胺和二戊酯。这些试剂可用于带负电荷的酸性化合物的分析，但是很少用于抗菌药物分析。适合于带正电荷的碱性化合物的离子对试剂包括三氟乙酸（C_1，TFA）和其他全氟羧酸如五氟丙酸（C_2，PFPA）、七氟丁酸（C_3，HFBA，最常用）和九氟戊酸（C_4，NFPA）。一般来说，离子对试剂的保留能力随着烷基链长度和离子对试剂浓度的增加而增加[39,40]。流动相中离子对试剂浓度或pH是调节分析物电荷状态的关键因素，影响其保留和选择性，但其在流动相中的最终浓度应小于20mmol/L。酸浓度过高会导致辛基或十八烷基键合硅胶水解，进而损害RPLC柱。理想情况下，若要保留性好，如保留因子$k>2$和/或分析物选择性较好，其浓度应小于5mmol/L。碱性分析物的离子对试剂已被广泛用于各种食源基质中氨基糖苷类化合物（多达13种分析物）和林可胺类化合物（林可霉素）在RPLC色谱柱上的LC-MS分析（表6.1）[7,18,37,41,42]，尤其是双氢链霉素和链霉素[43-45]。在这种情况下，离子对试剂与氨基糖苷类药物的氨基功能基团形成离子对，酸性条件下带正电荷，从而增加疏水性，增强保留。然而，众所周知，酸性离子对试剂如HFBA、TFA、NFPA在ESI过程中的离子对效应能导致ESI电离抑制，从而显著降低信号强度，这种现象在含氮原子的化合物尤为明显[46]。因此，如有可能，应尽量避免使用离子对试剂，以实现痕量抗菌药物的检测。有时流动相中添加离子对试剂仅仅是因为在需要分析的抗菌药物中有氨基糖苷类化合物和/或林可霉素。

柱后添加挥发性有机酸如丙酸（75%，溶在异丙醇中），可减少离子源内的离子对效应，在一定程度上恢复因离子对试剂引起的灵敏度下降。例如，柱后添加丙酸，安非他明（抗衡离子：TFA）或头孢噻呋（抗衡离子：HFBA）的ESI-MS响应值增加超过6倍[47,48]。这种增强效应归因于高浓度的低挥发性有机酸（如丙酸）能取代较强的离子对（TFA或HFBA-分析物），形成一个较弱的离子对（丙酸-分析物），随后形成质子化的分析物离子，从而提高灵敏度[47,49]。

6.3.3.3 亲水作用色谱

1990年，Alpert首次提出了亲水作用色谱（HILIC）[50]。最近，它已成为一种新兴的色谱技术，用来保留和分离极性和亲水性化合物，尤其是碱性或含氮原子的小分子。HILIC固定相的主要作用是在其表面结合水，由裸露的二氧化硅或衍生的二氧化硅与不同极性的官能团如胺、酰胺基、氰基、二醇和磺基烷基甜菜碱键合形成[51-53]。HILIC最常用的有机溶剂是乙腈，当分析物不溶于乙腈时，选择甲醇[51,53]。HILIC的溶剂强度大致与RPLC相反，溶剂的相对强度为四氢呋喃（极性指数4.0）<丙酮（5.1）<乙腈（5.8）<异丙醇（3.9）<乙醇（5.2）<甲醇（5.1）<水（9.0）[54]。通常，HILIC流动相含有40%~95%乙腈，流动相中水的比例维持在5%~60%。HILIC初始流动相为95%乙腈，随后用水作为洗脱溶剂进行梯度洗脱。与RPLC一样，HILIC的保留程度和选择性很大程度上取决于流动相组成，包括pH、修饰剂的选择及其浓度。HILIC的保留机制包括分配作用、静电相互作用、和/或氢键结合。分配作用被认为是关键的保留机制，分析物在亲水性固定相的富水层和相对疏水的洗脱液（40%~95%乙腈水）之间进行分配。分析物亲水性越高，在HILIC柱上保留时间越长。为保持富水层，HILIC柱不能在100%有机相或100%水溶液中运行。然而，分配作用不能完全解释HILIC分离，还可能包括一些偶极-偶极相互作用和氢键结合[50,51]。静电相互作用增加了分离的选择性，这是带电荷分析物和固定相上的去质子硅醇基或磺基烷基甜菜碱两性离子间的库仑引力作用的结果。低浓度甲酸铵或乙酸铵[5~20mmol/L，或含0.1%（V/V）甲酸或乙酸]常用

来破坏这种静电相互作用，洗脱分析物，减少峰拖尾。根据使用目的，高浓度缓冲液（>100mmol/L）可用来改善色谱峰形，但会导致 ESI 灵敏度下降[55]。HILIC 的洗脱顺序与 RPLC 相反，可产生非常有用的替代选择性。在 RPLC 色谱柱上保留差或无保留的分析物可能在 HILIC 柱上保留良好。可通过在流动相中增加有机溶剂比例和使用去离子化效率高的有机溶剂增加质谱的灵敏度[56]。另外，从反相 SPE 柱上洗脱的提取液，有机溶剂含量高，可直接在 HILIC 柱上进样分析，从而免去溶剂蒸发和复溶步骤引起的样品损失。

HILIC 分析的抗菌药物主要是氨基糖苷类和林可霉素，因其在 RPLC 保留性差。其中一个例子是采用 HILIC/ESI-MS/MS 分析肾脏和肌肉组织中 7 种氨基糖苷类抗菌药物（大观霉素、双氢链霉素、链霉素、卡那霉素、安普霉素、庆大霉素、新霉素）（表 6.1）[57]。方法的定量限如下：庆大霉素为 25μg/kg，大观霉素、双氢链霉素、卡那霉素、安普霉素为 50μg/kg，链霉素和新霉素为 100μg/kg。采用浓度相对较高的乙酸铵（150mmol/L）和 1%甲酸作为流动相，以获得尖锐的色谱峰，见图 6.1。其他研究探讨了 HILIC 分析牛奶和鸡蛋中磺胺类和四环素类药物残留的应用潜力[58,59]。然而，这些应用中 HILIC 并不是真正用来增强分析物的保留，而是用来避免 RPLC 过程相关的操作步骤或问题，如样品提取液的蒸发和复溶。

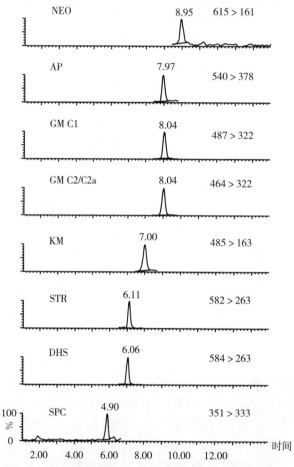

图 6.1　猪肾样品的 HILIC ESI/MS/MS 质量色谱图
样品添加庆大霉素（GM）25ng/g、壮观霉素（SPC）、双氢链霉素（DHS）、卡那霉素（KM）、
安普霉素（AP）50ng/g，链霉素（STR）和新霉素（NEO）100ng/g
（经 Taylor & Francis 许可，从文南 IShii et al.[57]复制；2008 版）

6.3.4　超高效或超高压液相色谱

如上所述，传统 LC 的反相 C18 或 HILIC 柱广泛用于抗菌药物的残留分析。20 世纪 80 年代以来，复杂基质中的组分分析如蛋白质消化需要更快和更强大的分离技术，从而研发了耐受高压的色谱柱和超高效

或超高压（>10 000 psi）液相色谱（UHPLC）[60]。UHPLC是分离科学中新出现的一种技术，应用广泛（包括抗菌药物残留分析）。该技术利用<2μm颗粒色谱柱，显著提高了分析速度，尤其是可与质谱仪串联使用，能快速采集数据。UHPLC采用的<2μm颗粒色谱柱填料包括BEH C18、Shield RP18、C8和苯基键合物。这些色谱柱使用的小颗粒填料通常会产生很高的系统反压（>10 000 psi）。与传统LC相比，UHPLC可以实现更快的分离效率，同时维持或提供更高的柱效。这一现象可从Van Deemter方程得到解释，该方程主要描述线速度和HETP之间的关系[61,62]。Van Deemter方程如下：

$$H = A + \frac{B}{u} + Cu \approx 2\lambda d_p + \frac{2\gamma Dm}{u} + f(k)\frac{d_p^2 u}{Dm}$$

式中A、B、C是常数，分别表示涡流扩散（A）、纵向扩散（B）和传质阻力（C）。方程中的其他参数包括：u是线速度，γ是常数，称为扭曲或阻塞因子，Dm是分析物在流动相中的扩散系数，d_p是填充材料的直径，k是分析物的保留因子。柱填料的颗粒大小明显影响参数A和C。填充小颗粒的色谱柱，扩散距离短，颗粒间的传质阻力相对较小，涡流扩散弱，从而增强了分离效率[62]。如van Deemter图所示（图6.2），相比常用的3.5μm和5.0μm颗粒，1.7μm颗粒的性能更佳。1.7μm颗粒塔板高度低至3.5μm或5.0μm颗粒塔板的1/3～1/2，因而分离度更好，灵敏度增强，分离速度更快，缩短了分析时间。简单来说，UHPLC的优势可用等度洗脱的情况来解释，但是也适用于梯度分离。分离度与柱效的平方根成正比，和最佳线速度时的柱效和颗粒大小成反比。因此，分离度与颗粒大小的平方根成反比。例如，柱长相同时，1.7μm颗粒形成的分离度分别比3.5μm和5.0μm颗粒高$\sqrt{\frac{3.5}{1.5}}=1.4$倍和$\sqrt{\frac{5}{1.7}}=1.7$倍。此外，最佳线速度时的柱效与柱长$L$除以颗粒大小$d_p$的值成正比。对常数$L/d_p$而言，在获得相同柱效的情况下，灵敏度增加与柱长成反比，因为更短更小颗粒的色谱柱可产生更窄更高的峰形。例如，一根长34mm、1.7μm颗粒色谱柱比一根长70mm、3.5μm颗粒色谱柱短约2倍，比一根长100mm、5.0μm颗粒色谱柱短约3倍。因常数$L/d_p=20\ 000$，所以这3根色谱柱的柱效和分离度相同。因此，1.7μm颗粒色谱柱的灵敏度是3.5μm颗粒色谱柱的$\frac{70}{34}=2.06\approx 2$倍，是5μm颗粒色谱柱的$\frac{100}{34}=2.94\approx 3$倍。最终，由于最佳流速与颗粒大小成反比，分析时间与流速成反比，1.7μm颗粒色谱柱的最佳流速高于3.5μm颗粒色谱柱约$\frac{3.5}{1.7}=2.06\approx 2$倍，高于5μm颗粒色谱柱的$\frac{5.0}{1.7}=2.94\approx 3$倍，在达到相同分离度时，分析时间快了4倍或9倍[60]。

小颗粒填料色谱柱的Van Deemter图中超出最佳线速度的平坦部分表明更高的线速度不会显著提高柱效。因此，实际上，快速变化的梯度和较高的流速通常适用于小颗粒色谱柱，可缩短运行时间，并增加样品通量。柱温也影响分离速度和柱效，同样可用于控制分离的选择性。柱温增加导致反相UHPLC保留降低。一般认为，A值不随温度变化，但B值和C值是温度依赖性的。B值与扩散系数成正比，而C值与扩散系数成反比。因此，随着温度增加，分析物在流动相和固定相的扩散增加。流动相的黏度随温度的增加而降低，从而也提高了分析物的扩散，所以色谱柱的绝对塔板数增加。流动相黏度越低，扩散性越高，则van Deemter曲线越平坦。因此，柱温越高，分离过程越快，这样的快速LC并不牺牲柱效[62,63]。现在的LC很容易生成60～90℃的流动相，流动相预热和柱加热是获得高温流动相（>60℃）的两种常用方法。程序升温包括流动相在柱前的加热和柱后的冷却，但这仍处于早期发展应用阶段。此外，分析抗菌药物时采用高温流动相的前景仍需进行研究，尤其是抗菌药物在相对高温度条件下的稳定性。

超高效液相色谱已越来越多地用于食品中同类多残留或者多类抗菌药物的检测（表6.1）。例如，已报道的UHPLC/ESI-MS/MS方法在7.5min内同时分析蜂蜜中17种不同的兽药残留，这些药物属于不同种类的抗菌药物如大环内酯类、四环素类、喹诺酮类和磺胺类。该方法能够在低浓度（<4μg/kg）水平定量和确证抗菌药物残留。有文献报道，采用UHPLC-TOF/MS在9min内检测牛奶中150种兽药和代谢物残留，包括阿维菌素类、皮质醇类、大环内酯类、硝基咪唑类、喹诺酮类、磺胺类、四环素类及其他一些药物[11]。该方法LODs为0.5～25μg/L。除一些化合物MRLs较低外，如克仑特罗（0.05μg/L）和皮质类固醇（0.3μg/L），LODs一般低于MRLs。其他较好的例子还包括UHPLC-TOF/MS可在14.6min

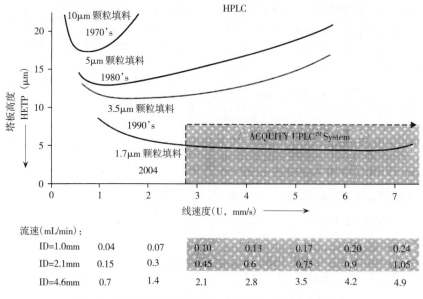

图 6.2 范德姆特曲线和近三十年颗粒大小的演变发展
(由 Waters 公司提供)

内分析各种动物组织中 100 种兽药并可在 12min 内分析鸡蛋、鱼和肉中 100 种兽药[10,64]。

应该指出的是，还有另一种相对较新的色谱柱，是由 2.7μm 熔核的二氧化硅颗粒与 C18 烷基链键合，把 0.5μm 厚的多孔二氧化硅层融合到 1.7μm 的非多孔二氧化硅核心。熔核颗粒色谱柱的选择性与一些 <2 μm C18 色谱柱非常相似，并且当流速非常高时，有相当低的反压力，它允许在传统的 LC 系统进行快速分离，对分离效率或分离度没有显著影响。熔核的色谱柱对于抗菌药物分析是一种新的技术，是 <2 μm 颗粒色谱柱的良好替代品。

6.4 质谱

质谱是最广泛应用的分析技术，可用于定量、确证、鉴定和化学结构推测。它是在真空中根据气相离子的质荷比（m/z）进行分离的。目前，LC-MS 仪可允许检测食品中几乎所有抗菌药物，这些抗菌药物分子量为 100～1 200D，大多数为 200～500D。

6.4.1 离子化和接口

分析物以气态、液态或固态进入质谱。在后两者的条件下，雾化须在电离之前或伴随着离子化进行。许多电离技术能由分析物产生带电粒子，最常见的是电子电离（电子轰击电离）、化学电离、基质辅助激光解吸电离和大气压电离（电喷雾、大气压化学电离和大气压光电离）。电子电离利用加速电子（70eV）与待测气体分子碰撞形成自由电子，并产生阳性带电离子。电子电离诱导产生大量的碎片，因而产生分子离子和碎片离子。由这些离子可以得到具有重现性的质谱图，可以通过谱库搜索感兴趣的分析物以确定其结构或进行鉴定。化学电离依赖分析物与主要离子的相互作用或碰撞，这些主要离子是离子化反应气体，存在于 MS 离子源，在正或负模式下产生分析物离子。一般来说，化学电离产生的碎片比电子碰撞产生的碎片少，因此，化学电离与 GC-MS 电子电离互补。分子离子更易经化学电离鉴定。电子电离和化学电离均可用于热稳定的低分子量（<1 000）的挥发性化合物，常用于 GC-MS 分析。化学电离可能更适合用来定量，但是一般很少用作确证。

基质辅助激光解吸电离（MALDI）和电喷雾（ESI）是革新性的电离技术，标志着 20 世纪 80 年代末分析化学的一大突破。这些电离方法允许的检测范围广，包括宽质量范围、不挥发和热不稳定化合物。这些电离被称为软电离，因为它们产生完整的分子离子，而且这些技术已被广泛用于蛋白质组学中的大分子以及药物和/或化学残留或污染物的分析。20 世纪 80 年代中晚期，Karas 和 Tanaka 等[66,67,68]开发了 MALDI。它主要用于检测完整的蛋白质、寡核苷酸、多糖和合成聚合物，较少发生碎裂。MALDI 常与飞行时间（TOF）质谱仪串联，有时与其他质谱分析仪如三重四极杆、傅立叶变换离子回旋共振质谱仪或四极离子阱串联。MALDI MS 检测时，样品前处理非常简单，样品体积非常小，仅 1μL 或 2μL。样品或样品提取液常与探针上的有机酸即所谓的基质混合或共结晶，基质包括 2,5-二羟基苯甲酸、3-氨基喹啉、2′,4′,6′-三羟基苯乙酮、α-氰基-4-羟基肉桂酸等。用紫外激光束（氮激光波长为 337nm）轰击样品-基质晶体，激光能量通过基质进行吸收，分析物随之进行解吸和离子化，主要形成单电荷离子[69]。MALDI 能够耐受缓冲液中的碱金属离子。MALDI 分析一个样品的时间非常短，可能小于 1min。尽管 MALDI 主要用来分析大分子，但是已有报道用该技术来检测小分子，如食品中的花青素和黄酮类化合物[70]。不过 MALDI 很少用来分析抗菌药物，这可能是因为"基质"产生低分子量的碎片（$m/z<500$），在这个质量范围内许多抗菌药物的检测会受到干扰。然而，若基质背景能从质谱图中扣除，或去卷积软件能够鉴定谱图中的分析物，那么 MALDI 因其分析速度快而可能成为筛选抗菌药物的一种非常有前景的技术。

1968 年，Dole 等[71]首次描述了电喷雾电离作为一种电离技术，在气相中产生大离子（大分子）。1984 年，Yamashita 和 Fenn 将电喷雾发展成一种真正与质谱接口的技术。随后，Fenn 及其团队发现电喷雾电离可用于生物大分子的质谱分析，这项工作获得了 2002 年诺贝尔化学奖[73]。ESI 是一种将在溶液中的分析物通过蒸发和解吸进入气相的过程，适用于大分子和小分子的分析。分析物主要是经质子化电离（$[M+H]^+$），有时在正离子模式下形成加合离子（$[M+NH_4]^+$ 或 $[M+Na]^+$）。一些分析物在负离子模式下去质子化，形成带负电荷的 $[M-H]^-$。ESI 产生单电荷离子和多电荷离子，电荷数目趋于随着分子量的增加而增加。ESI 可用于极性和中等极性分析物，已经成为 LC-MS 接口的"金标准"（图 6.3）[74]。ESI 在 LC-MS 应用于抗菌药物分析中居主导地位，约占 95%，因而成为本章主要讨论内容。

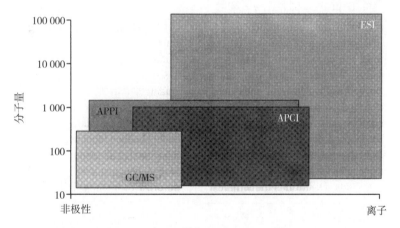

图 6.3 化学物不同极性和分子量的 LC-MS 接口的适用范围
（经 Springer 许可，从文献 Hernandez et al.[74] 复制；2005 版）

20 世纪 70 年代早期，大气压化学电离（APCI）首次出现，分析物与大气压电晕放电产生的主要反应离子发生气相反应而电离。主反应离子是由流动相和脱溶剂气产生的。电离过程包括质子转移、电荷交换和/或加合物的形成，这些与经典的化学电离一样。APCI 常形成单电荷离子，主要用于极性小和非极性的小分子（分子量<2 000D）（图 6.3）。APCI 可耐受高浓度盐和流动相修饰剂，因此其基质效应比 ESI 小很多。已报道的应用包括检测猪组织中的四环素和鸡组织中的氟喹诺酮类药物[75,76]。

大气压光电离（APPI）是一种相对较新的电离技术，2000 年首次作为一种 LC-MS 接口技术出现[77]。电离过程由紫外灯（氪气放电灯）激发，发射 10.0eV 和 10.6eV 光子。任何电离能小于 10eV 或 10.6eV 的化合物可直接由光子电离。这种电离常常使用掺杂剂如甲苯、丙酮或苯。这些溶剂电离能低于 10.0eV 或 10.6eV，能被光子电离，以增强或激发分析物的电离。因此，分析物离子直接由光电离、质子跃迁和/或电荷转换形成[33,78]。APPI 的电离范围与 APCI 相似，能够拓宽可电离化合物的范围，向低极性化合物方向发展（图 6.3）。它可与 ESI 互补，用来分析相对非极性化合物，已有报道该方法可应用于检测药物、脂类、杀虫剂、合成有机物、石油衍生物和其他化合物。实例包括用 LC/APPI-MS/MS 检测鱼组织中的氯霉素（[M-H]⁻），LODs 为 0.1～0.27μg/kg[79]；分析蜂蜜中的 16 种磺胺药（表 6.1），LOD 为 0.4～4.5μg/kg，而需要达到的检测浓度为 50μg/kg[80]。尽管 ESI 在 LC-MS 应用中占了 95%，但 APPI 和 APCI 在提高灵敏度、产生相对较宽的线性动态范围、在某些条件下减少基质效应仍有应用前景。

表 6.1 列出了文献中经常报道的或食品安全相关国际机构监控的抗菌药物的电离形式、MRM 离子对和精确质量数。大多数抗菌药物是质子化（[M+H]⁺）电离，形成单电荷离子。聚醚类抗菌药物或离子载体类抗球虫药在正离子模式下形成钠加合离子（[M+Na]⁺）。磺胺类药物可在正和负电喷雾模式下电离[81]。总之，大多数抗菌药物在正离子模式比负离子模式灵敏度高，但氯霉素、地克珠利和尼卡巴嗪除外。当抗菌药物含有多个氮原子时，根据含有氮原子的数量，可在 ESI⁺ 模式下离子化形成单、双或三电荷分子离子[18,82]。例如，红霉素、泰乐菌素和竹桃霉素均含有一个氮原子，仅形成单电荷离子（[M+H]⁺）。对于螺旋霉素、新螺旋霉素、替米考星、罗红霉素，每种药物都含有两个氮原子，形成单电荷（[M+H]⁺）和双电荷离子（[M+2H]²⁺）（表 6.1）。氨基糖苷类和多肽类药物也可见这一电离现象（表 6.1）[83]。

6.4.2 基质效应

基质效应是分析物在 ESI 离子化过程中受 LC 共洗脱化合物的干扰引起的，导致离子抑制或增强。这种效应是基质依赖性的，最终影响 LC-MS 定量结果。样品提取、净化、稀释和色谱等方法是必要的有效减少基质效应的方法。第 4 章中讨论的样品提取和/或

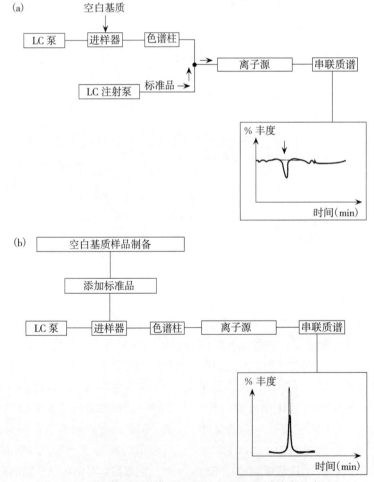

图 6.4 两种常用的评估 LC/ESI-MS/MS 基质效应的方法
(a) 柱后流动注射法。虚线是被分析物的信号，实线是注入空白基质时的信号，箭头表示该区域的离子抑制。(b) 样品处理后加入法。虚线峰是在纯溶剂中的标准品的信号，实线峰是标准品加入到样品处理后的基质中的信号。明显观察到峰面积的减少，表明存在离子抑制
（经 Elsevier 许可，从文献 Van Eeckhaut et al.[135]复制；2009 版）

净化可减少样品中存在的大多数内源性物质，但通常仍有小部分干扰物质存在于提取液中。稀释是最简单的"净化"方法，在能够达到所需检测浓度的情况下，应首先考虑稀释。LC或UHPLC可从样品基质中分离分析物，这明显有助于减少基质效应。然而，不管采用什么方法，基质效应难以完全消除。因此，需要对基质效应进行评估并校正，以达到LC-MS定量方法的最佳准确度。基质效应常用柱后进样或柱上进样的方法进行评价[84,85]。柱后进样是将空白样品提取液注入LC-MS系统，同时连续地在柱后注入标准溶液（图6.4a）。分析物相应的保留时间处出现明显的波谷（离子抑制）或波峰（离子增强），表明存在基质效应。基质效应可更好地通过柱上进样方法进行定量（图6.4b）。研究者通过柱上进样比较了相同浓度时溶剂中标准溶液的响应和样品基质中标准溶液的响应。该方法可以得到与定量相关的3个参数，分别是基质效应（MEs）、回收率（RE，提取效率）和"处理效率"（PE，包括基质效应和提取效率）[85]。ME、RE和PE的计算如下：

$$\text{ME}(\%) = \frac{B}{A} \times 100$$

$$\text{RE}(\%) = \frac{C}{B} \times 100$$

$$\text{PE}(\%) = \frac{C}{A} \times 100 = \frac{\text{ME} \times \text{RE}}{100}$$

A表示化合物在纯溶剂中的响应值（峰面积或峰高），B表示化合物加入提取后空白样品中的响应值，C表示化合物加入提取前空白样品中的响应值。一般来说，当ME（%）为70%～110%时，认为提取或净化后的样品可获得可重现的LC色谱和持续的质谱响应。当RE（%）为70%～110%时，并且同时使用了基质添加标准曲线，则该方法达到可接受的定量准确度。当PE（%）为70%～110%时，将溶剂标准曲线用于定量是可以接受的。

为提高LC-MS定量结果的准确度，基质效应可通过同位素标记内标、基质添加标准曲线、标准添加、回声峰技术、柱后进样、外推稀释等方法进行校正。同位素标记内标和/或基质添加标准曲线是两种常见的且广泛使用的方法。表6.1列出了一些市售的同位素标记内标。尽管该方法结果准确，但有时每个分析物均采用同位素内标是不现实的。因此，无论是否使用化学类似物作为内标，基质添加标准曲线都是

一种可操作的替代方法。基质添加标准曲线可通过提取后添加或提取前添加而获得。前者是将标准品添加至提取后的样品提取液中（提取后添加）而获得的，称为基质匹配标准曲线（MSCC），后者是将标准品添加至提取前的样品中（提取前添加）而获得的，称为方法基质匹配标准曲线（MMSCC）[86]。抗菌药物的分析常采用MMSCCs方法，尤其是在计算CCα（判定限）和CCβ（检测能力）时。

某些情况下，基质添加标准曲线可能并不适用。例如，因样品较复杂时，ME<70%或>110%。当没有空白基质时，这种方法也不适用。尽管上面提及的其他方法步骤繁琐，需要额外的样品制备和计算，但这些方法可能会解决这一问题。标准添加法将分析物标准品直接加入样品中，即将已知量的分析物添加至含有分析物的样品提取液中，获得新浓度的样品。再测定添加样品和原始样品提取液中分析物的响应值，通过校正曲线的斜率和截距计算原始样品中的分析物。曲线在较窄范围内的线性响应是一个先决条件。样品中分析物的含量测定最少需三次进样，即原始样品（提取液）和2次添加样品（提取液），具体如图6.5所示。

回声峰技术模拟使用内标，在同一LC分析中，连续进样参考标准溶液和样品提取液[87,88]。第一针和第二针分别通过或绕过预柱进样，这将导致已知量的标准溶液和样品中分析物的保留时间产生微小差异。标准溶液洗脱接近分析物，标准溶液峰称为回声峰，样品中分析物的峰称为样品峰（图6.6）。鉴于这两个峰的保留时间足够接近，标准溶液和分析物均出现相同的基质效应。样品中分析物的浓度是通过计算分析物和标准溶液的峰面积获得的，因而可能获得准确的定量结果。

柱后进样是一项利用连续柱后注入代表性的标准品，将该标准品的响应用来补偿基质效应的技术[89]。这种方法是基于假设大多数分析物即使具有不同的理化性质，在基质存在条件下整个色谱运行过程中的离子抑制或增强也是一致的。因此，代表性的参考标准品对于任何保留时间的其他分析物均可用来补偿基质效应。

外推稀释法基于基质效应随稀释率的变化而变化[90]。这种方法需连续稀释样品提取液，样品中分析物的浓度由最高稀释溶液计算。这种溶液的基质效应最弱，可以用溶剂制备的标准溶液定量。这项技术因需要一系列的样品稀释，所以相比其他方法需要更多的进样时间。

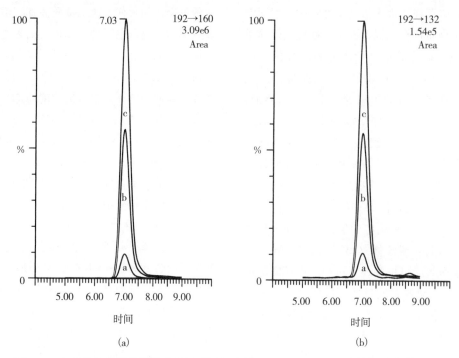

图6.5 多菌灵在苹果酱样品中的标准添加法的LC/ESI-MS/MS质谱色谱图［峰a-未知浓度（在样品中添加5.4μg/kg）；峰b-未知浓度（在样品添加28.8μg/kg）；峰c-未知浓度（在样品中添加57.6μg/kg）］

(a) 离子对190＞160为定量离子；(b) 离子对190＞132为定性离子

（经加拿大食品检验局许可，从美国化学学会发表的文献Wang et al.[86]复制；2005版）

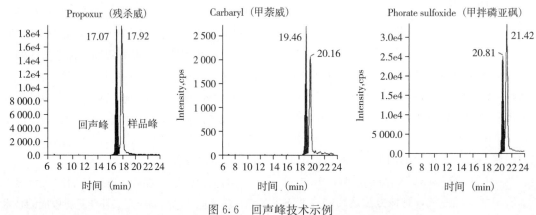

图6.6 回声峰技术示例

第一个峰（回声峰）：溶剂中的农药（0.1μg/mL，实体峰）。第二个峰（样品峰）：柠檬提取物中添加农药（0.1μg/mL）（经Elsevier许可，从文献Alder et al.[88]复制；2004版）

6.4.3 质谱仪

用于抗菌药物残留分析的质谱仪包括单四极杆（Q）、四极离子阱（QIT）、线性离子阱（LIT）、飞行时间（TOF），以及静电场轨道阱质谱仪[18,69,91-94]。磁质谱和离子回旋共振（ICR）质谱在这个领域较为罕见。质谱仪可单个质量分析器或多个质量分析器联用来配置或使用，即三重四极杆（QqQ）、四极杆线性离子阱（QqLIT）、四极杆飞行时间（Qq TOF）、线性离子阱静电场轨道阱（LIT Orbitrap）等。每种系统都有独特的设计、功能、运行特性，在抗菌药物分析的应用方面有相应的优点和缺点。四极杆和离子阱都是低分辨率（单位质量）的质量分析器，在其工作范围内任何给定质荷比的半峰高处有0.7 ± 0.1单位质量宽度。飞行时间和静电场轨道阱是中等到高分辨率的质谱仪，能够以精确的质量测量能力分辨质荷比差异只有毫道尔顿的离子。低分辨率的质谱仪通常为多反应监测或选择反应监测（MRM 或 SRM）采集模式，这种分析类型被称为预知目标分析。飞行时间和静电场轨道阱类仪器具有高质量的分辨能力和精确的质量测量能力，可以用于后靶标分析或未知物的鉴定。

6.4.3.1 单四极杆

单四极杆是最早广泛使用的质量分析器。四极杆将不同质荷比的离子通过震荡电场轨迹来进行分离。四极质谱分析器的四个平行杆上分别被加上直流（DC）和射频（RF）电压（图 6.7a）。离子加速通过这种动态电场时，只有特定质荷比的离子才有稳定的振荡轨道并到达检测器。由于更轻和更重的离子会撞击四极杆，因此不能被检测到。因此，四极杆是一个质量过滤器。通过改变电压可以让不同质荷比的离子顺序通过四极杆，从而扫描一系列离子。宽质荷比范围的全扫描数据可以提供一个化合物最重要的结构信息。除了全扫描，单四极杆还有选择离子监测（SIM）模式。SIM 模式下，设置电压只允许感兴趣的质荷比离子不断通过四极杆到达检测器。SIM 模式可以显著降低方法的检测限。当单独使用时，四极杆是低分辨率仪器，其区分相似质荷比的离子的能力是有限的[95]。一般来说，可以分离相差一道尔顿的单电荷离子。

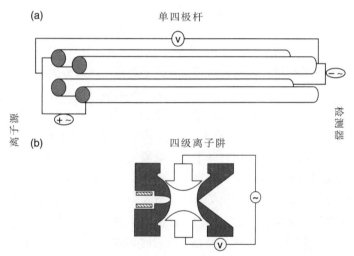

图 6.7 单四极杆（a）和四极离子阱（b）质量分析仪
（经 ABRF News the Association of Biomolecular Resource Facilities 许可，
从文献 Jonscher 和 Yatesl[36]复制；1996 版）

单四极杆历来常用于电子轰击电离的气相色谱-质谱仪，这是因为电子轰击的高能电离获得的谱图包含很多碎片离子，不需要第二级质谱的进一步碎裂。四极杆质谱仪体积小，相对廉价，且易于维护。单四极杆也可与液相色谱连用。然而，由 ESI 或 ACPI 形成的离子往往是质子化（或去质子化）的准分子离子，通过单四极杆扫描得到的结构信息极少。可以在离子源内增加能量并使质子化的分子离子在此高压区域内发生碰撞而裂解。这种"源内"碰撞诱导解离（CID）在碰撞前并未选择感兴趣的离子，所以由此产生的谱图会包含大量的化学噪声。由于缺乏选择性，液相色谱与单四极杆质谱仪联用的应用非常有限，并且已经被串联质谱或高分辨率质谱仪所替代。表 6.1 列出了一些单四极杆质谱仪应用的例子，包括分析肝脏和肾脏中的大环内酯类药物、动物组织中的多肽类药物，以及牛奶和鸡蛋中的磺胺类药物。

6.4.3.2 三重四极杆

由于能够获得定量数据和极好的灵敏度、重现性和动态范围，三重四极杆质谱仪（QqQ）是抗菌药物分析中最常用的串联质谱仪。三重四极杆可以进行串联质谱检测，离子的分离原理与单四极杆一致。三重四极杆质谱仪中有三组四极杆串联，其中第一组和最后一组四极杆像单四极杆一样工作，通过改变直流和射频电压发挥离子过滤器的作用，中间的四极杆是一个反应碰撞室，用于碰撞诱导解离。与其他串联离子束质谱仪（"空间串联"）一样，三重四极杆质谱仪有四种不同的碰撞诱导解离功能：多反应监测（MRM）

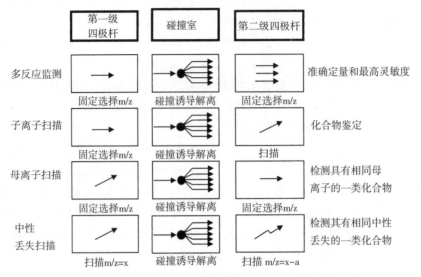

图 6.8　空间上串联的质量分析器的 MS/MS 分析采集方法
在两个质量分析器之间设置碰撞池
(经 John Wiley and Sons 许可，从文献 de Hoffmann[137]复制；1996 版)

或选择反应监测（SRM）、子离子扫描、母离子扫描和中性丢失扫描（图 6.8）。

多反应监测是最常用的定量和定性方法。第一组四极杆设置为只允许被选择的前体离子进入碰撞室，然后该离子碰撞解离形成子离子。这些离子中的一小部分，由于其结构信息的重要性被分析者选中，允许通过第三组四极杆到达检测器。MRM 过滤掉化学基质噪声，从而具备高选择性和高灵敏度[93]。表 6.1 列出了常用抗菌药物的多反应监测离子对，这些是通过三重四极杆质谱测定单个标准物质确定的。例如，首先通过标准品获得竹桃霉素的子离子质谱图（图 6.9 a），然后确定 MRM 的离子对进行 LC/ESI-MS/MS 分析（图 6.9 b）。优化仪器参数，尤其是碰撞能量，可以使方法获得最佳灵敏度，这个过程可以由软件自动完成。一种药物的质谱裂解模式，或多反应监测离子对，会因为仪器的不同而改变，尤其是相对离子丰度。LC/ESI-MS/MS 数据采集发生在单个或含有大量 MRM 通道的多个保留时间窗口。每个通道的驻留时间和扫描延迟或暂停时间可以短至 2ms。工作周期和循环时间是两个影响 LC/ESI-MS/MS 数据质量的参数，应在方法研发时予以考虑。工作周期是监测一个分析物所花费的时间，而循环时间是所有 MRM 驻留时间和扫描延迟或暂停时间的总和。工作周期与同时监控的 MRM 数量成反比，而循环时间与在同一时间段内 MRM 的数量成正比。工作周期长则灵敏度高，循环时间短则色谱峰的采样率升高，从而得到重现性好的定量结果。在每个保留时间窗口能监控的 MRM 离子对或分析物的总量是有限的，但是在一些新型的三重四极杆质谱仪上离子对或分析物总量可以扩展到 200~300 个，而灵敏度和重复性不会有明显的损失。新一代的三重四极杆系统的特征为所谓的预设 MRM，可以在分析物被洗脱时预设较窄的指定保留时间窗口单独监测离子对。因此，在任何数据采集时间段内同时监测的 MRM 数量显著降低，每个分析物的工作周期变长，整个循环时间变短。预设的 MRM 允许仪器保持驻留时间最大化以提高灵敏度并优化循环周期以增加重复性。使用预设的 MRM 可以在一个色谱分析中监测超过 1 000 个离子对。

串联 LC-MS/MS 是可以同时进行定量和定性分析的方法。在日常工作中，选择两个或多个离子对进行监测（表 6.1）。强度最高的离子对用于定量，而强度第二或第三的离子对用于定性。LC-MS/MS 对于定量能够提供 2~3 个数量级的动态范围，其 LODs 浓度能达到 $\mu g/kg$ 以下，RSD<15%。色谱保留时间和离子比是定性的两个重要特征。正如第 8 章中讨论的，国际上许多方法性能的指导文件均很好地规定了色谱-质谱联用的定性标准。在此用美国 FDA 的 Guidance for Industry 118[96]和欧盟决议 2002/657/EC[2]举例来解释如何进行定性分析。定性分析有两个基本准则：①分析物的色谱保留时间与校正标准品的保留时间相匹配，二者的相对保留时间偏差在

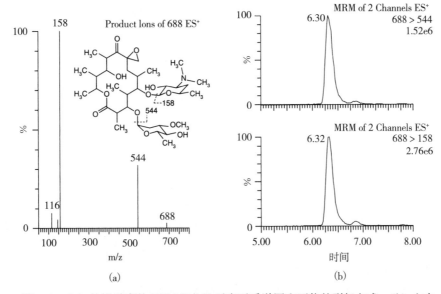

图 6.9 （a）竹桃霉素的 ESI-MS/MS 子离子质谱图和可能的裂解方式；（b）空白
原料奶样品中添加竹桃霉素（5μg/kg）的 LC/ESI-MS/MS 质量色谱图
（质谱和色谱图是未发表的数据，加拿大食品检验局卡尔加里实验室，
仪器参数源自 Wang and Leung[110] 的文献）

±2.5%之内；②分析物的相对离子丰度与标准品相比应落在最大允许的范围内（表 6.2）。FDA 的指南建议，当每个分析物监测 2 个离子对时，相对离子丰度变化的绝对值在±10%以内。此可接受范围的计算方法是直接加减。例如，相对丰度为 50%，可接受的范围是 40%~60%，而不是 45%~55%。如果监控 3 个或更多的离子对，那么相对离子丰度与对照标准品相比应该在±20%之内。此方法忽略离子丰度的范围。

2002/657/EC 制定了取决于两个离子对相对强度的相对丰度标准（表 6.2），还建立了识别点（IPs）系统以便确证在活体动物和动物产品中的有机残留物和污染物（表 6.3）。例如，当定性离子对的相对强度＞50%时，最大允许偏差为相对值的 20%。因此，在 60%的相对丰度，可接受的范围为 48%~72%。考虑到 IPs 的赋值，由低分辨率（单位质量）质谱获得的一个前体离子和一个子离子的识别点分别为 1 IP 和 1.5 IPs。因此，在三重四极杆质谱仪中一个前体和两个子离子共计 4 IPs。对于列入欧盟委员会指令 96/23/EC[97] 中 A 组的禁用物质的定性来说，最少需要 4 IPs，B 组中的物质则需要 3 IPs。

表 6.2 MS 相对离子丰度的最大允许偏差

相对丰度 （基峰百分比）(%)	EU[a] （相对的）(%)	FDA[b] （绝对的）(%)
＞50	±20	
＞20~50	±25	2 离子对：±10
＞10~20	±30	＞2 离子对：±20
≤10	±50	

注：[a] 欧盟委员会 2002/657/EC 决议标准[2]。
[b] 美国 FDA 标准[96]。

表 6.3 质谱数据、质量准确度与识别点（IPs）的关系

MS 技术	每个离子获得的识别点
低分辨率质谱（LR）	1[a]
LR-MS^n 母离子	1[a]
LR-MS^n 子离子	1.5[a]
HRMS	2[a]
HR-MS^n 母离子	2[a]
HR-MS^n 子离子	2.5[a]
质量准确度	
质量偏差＞10 mDa[b] 或 ppm[c]	
单个离子	1[b]
母离子	1[b]
子离子	1.5[b]

(续)

MS 技术	每个离子获得的识别点数
质量偏差 2~10 mDa 或 ppm	
单个离子	1.5[b]
母离子	1.5[b]
子离子	2[b]
质量偏差＜2 mDa 或 ppm	
单个离子	2[b]
母离子	2[b]
子离子	2.5[b]

注：[a]欧盟委员会 2002/657/EC 标准[2]。
[b]Hernandez 等[111]建议的标准，质量偏差表示为 mDa。
[c]Wang 和 Leung[110]建议的标准，质量偏差表示为 ppm。

除了 MRM，三重四极杆中其他扫描模式偶尔也用于残留分析。前体离子扫描可以用来从子离子识别前体离子，以此来识别在复杂基质中生成相同子离子的分析物和代谢物或杂质。例如，用此功能可以鉴定酸奶中的红霉素 B[98]。在这个方法中，Q3 固定监测 m/z 158 的碎片离子，该碎片离子是一个与含德安糖残基红霉素 A 相关的化合物或杂质的典型子离子。Q1 在适当的范围内进行扫描，检测到 m/z 718 的前体离子。后者被确认为红霉素 B，这是在红霉素发酵产品中的一个杂质。中性丢失扫描极少用于抗菌药物分析，其记录经由特定的中性质量损失而裂解的前体离子的质谱信息。在这种情况下，Q1 和 Q3 扫描在两个四极杆间同时进行碎片质量补偿扫描。前体离子扫描和中性丢失扫描都只能在空间串联的质谱仪上进行。

6.4.3.3 四极离子阱

四极离子阱（QIT）质量分析仪类似于已经讨论过的四极杆，根据离子的质荷比及其在直流和射频电场的轨迹来区分离子。常用的 QIT 称为三维阱（3D 离子阱，也称为保罗离子阱），包括一个金属环电极和两端的端电极，组成一个捕集离子的内部空间（图 6.7 b）。直流和射频电压应用于环电极和端电极，使得具有指定质荷比离子的轨道在阱中稳定。当射频电压变化时，离子的振荡变得不稳定，从阱中射出。离子离开阱后进入真空系统或到达检测器成为信号。QIT 的一个优势是质量范围相对较大的离子可以同时被捕集和检测，与在四级杆中的顺序扫描过程相比总耗损更少。因此，离子阱只需要相对较少的分析物就能获得高质量的全扫描谱图。

进行多级质量碎裂是 QIT 质量分析器特有的能力。它以"时间串联"的方式进行 MS/MS 和 MS^n 扫描，但是它不能完成三重四极质谱仪的前体离子扫描和中性丢失扫描[99,100]。子离子是由 CID 产生的，其过程与三重四极杆有些不同。前体离子引入阱后被捕集，同时所有其他离子被排除。额外的电压作用于捕集阱从而改变离子的共振频率，使离子与阱中的氦气碰撞而裂解，然后生成的子离子被检测器扫描。这种"时间串联"质谱模式与离子束仪器如三重四极杆质谱的"空间串联"不同，离子阱可以进行多次 CID 产生多级子离子（MS^n）。例如，一个前体离子被捕集和碎裂产生子离子。一个或多个子离子被捕集，其余离子排出阱外，被捕集的子离子裂解形成 MS^3 质谱图。只要有足够的离子作为可以检测的信号，这个过程就可以一直进行。对于每个 MS^n，整体的信号减少，但是噪声也更少。离子阱的多级质谱功能是研究抗菌药物及其杂质特性的强大工具，并且还能进行 MRM（"时间串联"）用于定量和定性。逐级的 MS 碎裂清楚地显示几个平行子离子的离解顺序途径。在残留分析中这可能转化为信息丰富的质谱图。多级质谱图结合裂解规律以及分子中功能基团的特征，尤其是当检索已建立的质谱库时，可以实现抗菌药物及其杂质或代谢产物的鉴定和结构解析[101]。

对于 QIT 质量分析器，应该注意的是，在任何给定时间内阱中的离子数量必须得到控制。当太多的离子存在时，它们可以相互作用，引起空间电荷效应，导致电场和离子轨迹产生畸变。这可以导致质量分辨率和准确性以及整体灵敏度的降低。另一个需要注意的限制因素是所谓的"三分之一规则"，由于任何时间在阱中能够稳定的离子是有限的，子离子扫描有一个质荷比的底限，即大约 1/3 的前体离子的质荷比。例如，如果前体离子的 m/z 为 300，子离子扫描的质量范围将被限制在大约 m/z 100 以上。与三重四极杆仪器相比，当分析物浓度较低时，一般认为离子阱定量结果没有那么精确。这是因为一个色谱峰不同位置的数据点会有不同，取决于填满离子阱的离子数量。一般来说，色谱峰的开始和结束需要更长的时间。此外，工作周期仅仅集中于监测少量离子并不是离子阱的优势所在。然而，离子阱是很好的定性工具，可以在不损失灵敏度的情况下采集全扫描质谱图。

6.4.3.4 线性离子阱

线性离子阱（LIT），也被称为二维离子阱，是一个基于四级杆和端电极的质量分析器,通过二维的射频场径向限制离子,以止电位或端电极上的直流电压轴向地限制离子。捕集的离子被射出,沿轴到达检测器[102],或沿着两个极杆的中间位置的缝形槽径向到达单检测器或双检测器[103]。与三维离子阱相比,LIT的优点包括离子捕获能力的增强和由于离子存储空间的增加而减少的空间电荷效应。更多的离子可以被引入到LIT,从而增强灵敏度和动态范围。LIT常作为构建联用仪器的一部分,如QqLIT、LIT TOF或LIT静电场轨道阱,目前使用二维离子阱作为独立检测器的仪器还较少。

三重四极线性离子阱(QqLIT)是使用最广泛的混合型线性离子阱,基于三重四极质谱仪的离子通路,Q3发挥传统的射频/直流四极滤质器或线性离子阱的作用[99,102,104]。QqLIT结合了QqQ和QIT的优点而又不损失二者的性能。它保留了经典的QqQ的定量和定性分析功能,如MRM、子离子扫描、前体离子扫描和中性丢失扫描,又具有进行多级质谱的离子积累和裂解等结构解析能力。在MRM模式,QqLIT与QqQ执行相同工作,被当作一个用于定量的传统三重四极杆仪器来使用。与其他串联质谱仪类似,QqLIT可以进行数据依赖性分析,基于调查扫描或前期的全扫描、MRM[105,106]或前体离子扫描[80]采集的数据,实时提供有价值的信息。例如,当一个MRM通道超过预设的强度阈值时,就会触发软件执行子离子扫描来获取增强子离子(EPI)谱图。于是,MRM的定量信息与EPI的定性谱图在一个色谱分析中被同时记录下来。在MRM定量极限附近采集EPI是有可能实现的,因为仪器可以通过提高工作周期来积累离子,从而增加子离子扫描的灵敏度[105]。阳性样品的EPI质谱图可以通过质谱数据库的检索来定性。因此,带有EPI功能的QqLIT可以作为食品中抗菌药物筛查和确证的实用工具,是残留分析中的新兴技术。此外,前体离子调查扫描可能会识别额外的属于同一类化合物的分子[80]。例如,用LC/QqLIT进行m/z 92(许多磺胺类药物共同的子离子)的前体离子扫描,再通过EPI质谱图的数据库匹配检索鉴定出蜂蜜中的磺胺甲噁唑[80]。

6.4.3.5 飞行时间

飞行时间(TOF)是最简单的质量分析器,离子在无场飞行管中(通常1~2m)具有相同的动能,但质荷比不同,到达探测器的时间也不同。离子越小,速度越快,越早被检测,而越大、速度越慢的离子,到达检测器时间越晚。这种关系较为简单,可以用以下方程描述:$m/z = 2eVt^2/L^2$。在TOF质量分析器中,飞行路径(L)是固定的,离子加速电压(V)也保持不变。因此离子到达检测器的时间(t)与其m/z值成正比。进入检测器的离子通过离子脉冲器加速至恒定速度。现在也采用反射器或静电镜改变飞行管中离子的飞行方向。这不仅无需额外的空间就可获得更长的飞行距离,而且静电反射器的物理特性还可纠正相同m/z离子的速度的微小差异,从而得到极佳的质量分辨率。还有TOF设计采用第二反射器(W模式),虽然检测灵敏度有所下降,但可以提供更高的分辨率。

飞行时间可配置为一个独立的TOF质量分析器(TOF MS)或作为一个混合四极飞行时间(QqTOF)质谱仪。QqTOF包括前端四极杆和后端正交加速TOF,用以进行MS/MS扫描(图6.10)[107,108]。当离子受脉冲电压加速进入TOF时,正交设计最大限度地降低离子的初始速度。QqTOF可以作为单TOF(QqTOF MS,全扫描)或四极杆TOF串联质谱仪(QqTOF MS/MS,子离子扫描)来使用。与TOF MS相比,QqTOF MS/MS的主要优点是定性信息更多,母离子经第一个四极杆选择后,碰撞诱导解离获得具有精确质量的子离子谱,这增加了子离子来源的可信度,减少了化学干扰[109]。TOF质谱仪能获得中高程度的分辨率(≤40 000 FWHM)、准确的质量测量(< 5 ppm)、极佳的全扫描灵敏度、和完整质谱信息。它与低分辨率(单位质量)质谱仪互补。TOF数据允许筛选目标分析物,定量目标化合物,鉴定未知物、降解产物或代谢物,根据准确分子量确证阳性结果。全扫描模式采集时,数据可以进行回顾性处理。这与预靶分析相反,预靶分析是用QqQ和QqLIT采集预先确定的MRM离子对。虽然QqLIT和QIT可以通过执行全扫描或多级碎裂来推测结构,可从大规模谱库中寻找未知物,但这些MS数据是单位分辨质量,这样的数据不能用于化合物元素组成分析。另外,TOF除了可提供高分辨率和精确质量的质谱数据外,其他优点还包括几乎无限的m/z扫描范围以及扫描速度,因为所有的离子最终都可到达检测器,并在几毫秒内被扫描到。

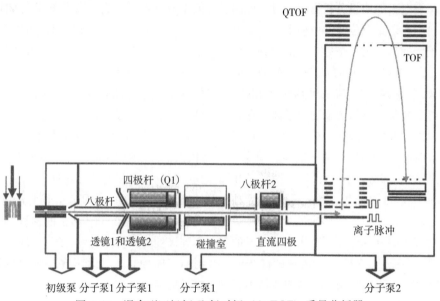

图 6.10　混合型四极杆-飞行时间（QqTOF）质量分析器
（由 Agilent 公司提供）

飞行时间质谱仪在抗菌药物筛选或样品高通量检测的应用上大有前途，因为 TOF 的数据采集相当快，可以与 UHPLC 联用。例如，UHPLC TOF-MS 已用于筛选或检测肉类、鱼、鸡蛋中的约 100 种兽药[10]、牛奶中的 150 种兽药[11]。在这些应用中，大多数兽药的检测限低于残留限量（如 EU MRLs）。TOF 也可用于定量研究，线性、准确度、精密度和 LOD 等各项指标均满足要求。有研究同时采用 UPLC/QqTOF-MS 和 LC/MS/MS 测定鸡蛋、原奶、蜂蜜中六种大环内酯类药物的残留，并对两类仪器的各项指标进行比较[110]。与 UPLC/QqTOF-MS 相比，LC/ESI-MS/MS 定量重复性好，动态范围较宽，但两者的精确度基本相同。UPLC/QqTOF MS 的 LODs 能够达到 0.1~1.0μg/kg，而 LC/MS/MS 的 LODs 值为 0.01~0.2μg/kg。通常，TOF 的灵敏度比 QqQ 在 MRM 模式下要差 1~2 个数量级。因此，当用 TOF 分析食物中零容忍或禁用抗菌药物时具有一定的挑战性，因为这些抗菌药物在样品中的浓度极低。

飞行时间可以鉴定未知物、降解产物或代谢物，以及确证阳性的抗菌药物残留，因为准确的分子量能提供可能的分子式或元素组成来鉴定化合物。例如，泰乐菌素 A（图 6.11）是一个带三个糖基团的大环内酯类药物（泰乐内酯）（如图所示，从泰乐菌素 A 结构的左边起依次为：阿洛糖、碳霉氨基糖、碳霉糖）。泰乐菌素 A 在 pH<4 时水解掉碳霉糖形成泰乐菌素 B，这就是脱藻糖泰洛星（图 6.11）。泰乐菌素 A 在蜂蜜中缓慢水解为泰乐菌素 B，pH 的范围通常为 3.4~6.1。UPLC/QqTOF MS 能够获得准确的质量数，使用这些数据能鉴定蜂蜜中的降解产物（泰乐菌素 B）。如图 6.11 所示，m/z 为 772.4446（图 6.11 B2），或 m/z 为 772.4448 和 m/z 为 174.1126（图 6.11 D2）的化合物，在 3.88min（图 6.11 B1）或 3.87min 时洗脱（图 6.11 D1），被鉴定为泰乐菌素 B，质量误差<5ppm[110]。

2002/657/EC 决议中高分辨率质谱（HRMS）的定义是，全质量范围内在 10% 峰谷的分辨率大于 10 000。传统上，TOF 和静电场轨道阱质谱仪的分辨率用 FWHM 定义，而磁质谱和离子回旋共振（ICR）质谱的分辨率以峰谷的 10% 定义。当峰为高斯分布时，FWHM 定义的分离率是 10% 峰谷定义值的两倍。因此，当 TOF 的分辨率在感兴趣的质量范围内且大于 20 000FWHM 时，满足 2002/657/EC 关于高分辨率质谱的标准。根据 2002/657/EC 识别点（IP）系统，如果是高分辨率仪器在分辨率≥10 000 时采集数据，一个离子给予 2 IP，一个离子对给予 2.5 IP。然而，该决议未考虑将质量准确度作为确证参数用于 IP 赋值。已有报道根据质量准确度进行 IP 赋值，可用绝对质量误差（mDa）[111]或相对质量误差[110]（ppm）（表 6.3）。ppm 概念的优点是 IP 赋值标准在全质量范围一致，与 m/z 值无关。对于已确定 MRLs 的物质，至少应检测两个离子且质量误差为 2~10 mDa 或 ppm，以达到 3 IPs 而满足定性要求。

6 化学分析：定量和确证方法 | 213

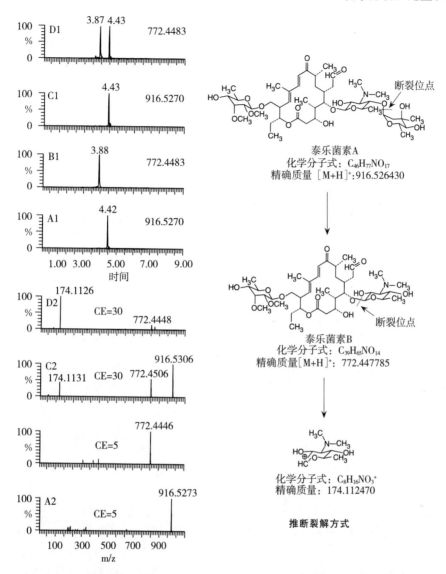

图 6.11　泰乐菌素（4.1μg/kg，RSD=1.5%，n=3）的蜂蜜阳性样品的 UPLC-QqTOF-MS 质量色谱图和质谱图（CE 表示碰撞能量）

通道 A 和 C：泰乐菌素 A。通道 B 和 D：泰乐菌素 B。通道 A2-通道 A1 在 4.42min 的质谱图；通道 B2-通道 B1 在 3.88min 的质谱图；通道 C2-通道 C1 在 4.43min 的质谱图；通道 D2-通道 D1 在 3.87min 的质谱图。裂解规律推测基于氮规则和精确质量（经加拿大食品检验局许可，从 John Wiley & Sons 发表的文献 Wang and Leung[110]复制和修改；2007 版）

如图 6.11 所示，用 UPLC/QqTOF MS 检测样品中泰乐菌素 A，可获得 4.5 IPs，包括 m/z 为 916.527 3 或 916.530 6（理论质量为 916.527 0）的前体离子（图 6.11 A2 和 C2）的 1.5 IPs，m/z 为 772.450 6（理论质量为 772.448 3）和 174.113 1（理论质量为 174.113 0）（图 6.11 C2）的两个碎片离子的 3 IPs。在这个例子中，分别采用低、高的碰撞能量进行 CID，以获得碎片丰富的图谱用于鉴定。

6.4.3.6　静电场轨道阱

静电场轨道阱质谱因其卓越的质量分辨、高灵敏度、精确质量测量（<5 ppm）、全扫描和/或 MS^n 能力成为 TOF 极有竞争力的替代品，特别是在分析小分子物质时（$m/z<1\,000$）。静电场轨道阱与四极离子阱相似，但它是通过使离子围绕中心纺锤形内电极的轨道旋转而径向捕获离子的。外桶形电极与内电极同轴，沿着电场中心轴捕获离子，其 m/z 值由谐波振荡频率测得离子振荡的频率测得 m/z 值。特征离子频率被看作是"离子镜像电流"或创建质谱图的傅立叶变换的瞬态。更详细的静电场轨道阱的原理另见参考文献[112,113]。该仪器是一种高分辨率（>100 000）

质谱，这是因为重要的轴向频率与能量波动无关。静电场轨道阱可以是一个独立的（单级）质量分析器（Exactive），也可以是串联质谱仪，如离子源为大气压或基质辅助激光解吸的线性离子阱 Orbitrap（LIT Orbitrap）。前者（Exactive）适用于化学污染物残留筛选，后者（LIT Orbitrap）是推测结构的最佳选择。图 6.12 展示了独立的静电场轨道阱（Exactive）质谱。该设计以相对低的成本获得了高分辨质谱。静电场轨道阱是脉冲式的而其离子源是连续的，所以需要存储区（或"C-Trap"，如图 6.12 所示）提供带有脉冲的离子流。为获得子离子谱图可将离子在 Orbitrap 分析前引入碰撞室，离子进入碰撞室前不需

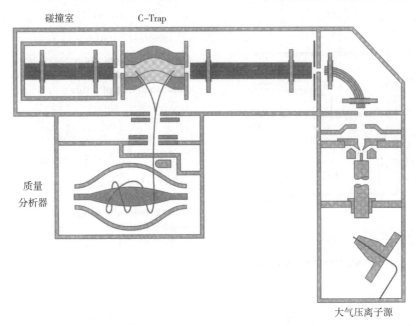

图 6.12　单独的离子轨道阱（Exactive）质谱仪
（由 Thermo Fisher Scientific 公司提供）

过滤，所有离子均被碎裂，所产生的混合物进入静电场轨道阱。相比较而言，因为 LIT 在轨道阱分析前筛选感兴趣的离子并使这些离子碎裂，所以 LIT 静电场轨道阱才提供了真正的精确质量子离子谱。

现有的静电场轨道阱质谱的分辨率是根据 m/z 400 在 LIT Orbitrap（LTQ Orbitrap XL 或 LTQ Orbitrap Velos）或 m/z 200 在单 Orbitrap（Exzctive）上获得的。LTQ Orbitrap XL 有一系列分辨率，分别为 7 500、15 000、30 000、60 000、或 100 000，而 Exactive 的分辨率为 10 000、25 000、50 000 或 100 000。分辨率与 m/z 的平方根成反比。m/z 为 200 时定义的分辨率为 100 000，那么在 m/z 为 300 时分辨率为 81 650。扫描速度随静电场轨道阱质量分辨率的变化而变化。分辨率越高，采集数据所需的时间越长。例如，分辨率为 10 000 时扫描速率是 10Hz（每秒扫描 10 次），而分辨率为 100 000 时的扫描速率是 1Hz（每秒扫描 1 次）。高分辨率对于分辨具有共同单位质量的两峰是必不可少的。这也可以减少复杂基质的影响，从而在低浓度时也可获得分析物的精确分子量。静电场轨道阱用于化学污染物残留分析还处于早期阶段，在简单或复杂样品筛选领域处于前沿。例如，已报道 UHPLC Orbitrap（Exactive）可在一次分析中筛选蜂蜜和饲料中多达 151 种化合物，包括杀虫剂、兽药、真菌毒素、植物毒素，检测范围为 10～250μg/kg[114]。良好的分辨能力使 Exactive 可区分两个同质量的化合物抑霉唑（m/z 为 297.055 60）和氟尼辛（m/z 为 297.084 54），其质量差异是 29 mDa（图 6.13）。抑霉唑和氟尼辛在分辨率为 10 000 时难以区分，但在分辨率 100 000 时可通过精确质量测量加以区分（＜2 ppm）[114]。

静电场轨道阱分辨能力的选择必须具有"适用性"，这与分析物的浓度和基质的复杂性相关。研究表明，分辨率为 7 000～10 000 时能够检测中等复杂样品中浓度低于 25μg/kg 的分析物，且质量测量准确（质量误差＜5ppm）[114]。对低浓度水平和/或更精确的质量测量，则需要更高的分辨率（18 000～25 000）。在高度复杂的提取物中，需要 35 000～50 000 甚至 70 000～100 000 的分辨率。虽然分辨率越高选择性越

好，但有必要在分辨率和扫描速度之间找到平衡，使得色谱峰有足够的数据点进行定量。例如，采用UHPLC LTQ Orbitrap XL 在分辨率为10 000时不足以准确筛选毛发中禁用的类固醇脂类化合物。因此，必须运用60 000的分辨率以避免假阳性结果[115]。当分辨率设为60 000时，在UHPLC 峰中获得的谱图数量只有5个，这可能不足以获得可重复的定量结果。

6.4.4 其他质谱技术

质谱领域的创新正不断涌现。通常情况下，它们最初是应用于基础研究，最终转移至更多的应用领域，如食品中的污染物分析。本节介绍一些先进的质谱技术及其在残留分析方面的应用前景。

6.4.4.1 离子迁移质谱

离子迁移谱与质量分析器联用可以添加分离的维度。离子迁移谱（IMS）根据离子与缓冲气体之间的相互作用和质荷比的差异分离离子[116,117]。离子迁移可以分离同分异构体或构象异构体离子，而传统的质量分析器做不到。离子迁移也可用于减少化学噪声的干扰。离子迁移根据离子在电场中通过缓冲气体的迁移时间分离离子。影响这种迁移的因素包括离子大小、形状和结构。传统的IMS 与TOF 质量分析器相似，测量的是离子迁移所需要的时间。离子迁移的最新应用是在电喷雾电离源和质量分析器之间加入高场非对称波形离子迁移（FAIMS），以提高复杂基质中低浓度分析物的信噪比[117]。在FAIMS 中，缓冲气体（通常为氮气或氮/氦混合气）和分析物离子在加有电压的两个平行板间通过。将非对称的波形施加到上板（而下板接地），从而使离子呈现自上而下（垂直）的运动轨迹。这些离子最终将与下板碰撞，除非施加一个另外的"补偿电压"。这种补偿电压可以不断变化，以区分不同相对迁移率的离子。感兴趣的离子被允许通过，而其他离子将被过滤掉。FAIMS 所用的缓冲气的压力、流速和成分也影响离子分离。另一种商品化的离子迁移质谱是行波IMS。在这种情况下，沿IMS 区域依次施加电场，根据离子的迁移率分离离子。Waters 公司研发了行波IMS与TOF 结合的仪器[118]，将行波IMS 加在QqTOF的四级杆和TOF 之间，根据离子在行波IMS 中迁移率不同而进行分离。该仪器被用于研究气相生物分子的构象。

6.4.4.2 原位质谱

新一代质谱仪的接口允许在敞开环境条件下直接取样[119]。理论上，该技术不需要任何样品制备。例如，实时直接分析（DART）、电喷雾解吸电离（DESI）、表面解吸常压化学电离（DAPCI）和大气压固体分析探针（ASAP）。这些技术利用能量源在大气压下直接与样品表面相互作用，引起目标分子解吸、离子化并进入质谱仪。

DART 将电位压施加到气体形成含离子、电子、激发态（亚稳的）原子和分子的高能等离子体[119]。该等离子体与样品相互作用，引起化合物解吸和电离。因为等离子体产生了电离水，一些分析物电离可能通过质子转移完成。DESI 是用带电荷的溶剂喷雾撞击样品表面[119]。大分子被带电液滴解吸和电离，小分子化合物与气相溶剂离子相互作用。DESI 操作条件经优化后既可检测大分子也可检测小分子。DAPCI 是 DESI 的一种变体，利用电晕放电产生气相离子[120]。与 APCI 相似，DAPCI 可能更适合于中等至低极性化合物。ASAP 也相似，即在电晕放电后通过加热的气体喷射解吸形成离子[119]，适合于固体样品表面挥发性和半挥发性化合物的分析。这些质谱接口常与高分辨质谱仪如 TOF 或 Orbitrap 串联，便于鉴定样品中解吸的任何未知化合物。这些技术很多已经应用到法医工作中，如分析美元钞票上的可卡因以及假冒药物制剂。

6.4.4.3 其他解吸电离技术

研究者已对 MALDI 进行了一些改进，将额外的采样和反应能力增加至该技术中。表面增强激光解吸电离（SELDI）是一种改性的 MALDI，包括涉及样品与增强芯片表面反应的电离过程[121]。SELDI 在激光解吸离子化和质量分析前，样品与一些化学官能改性的芯片表面相互作用。例如，分析物能够与芯片表面上的受体或亲和介质结合，通过激光解吸选择性捕获和取样。SELDI 芯片表面可采用化学（疏水性、离子化、免疫亲和）、生物化学（抗体、DNA、酶、受体）与样品相互作用进行修饰。这项技术能够作为复杂基质中分析物的另一维度的分离或净化方法。正如前面所讨论的，MALDI 的不足是，与样品混合的基质（通常为含取代基的肉桂酸）会直接干扰对小分子的分析。研究人员试图从不同的方面来克服这个问题[122]，硅直接电离（direct ionization on silicon, DIOS）是 MALDI 改进后消除基质影响的一个例子[123]。这种情况下，分

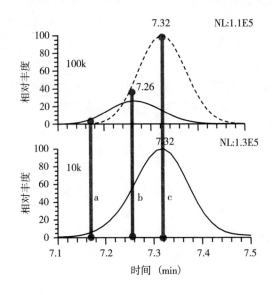
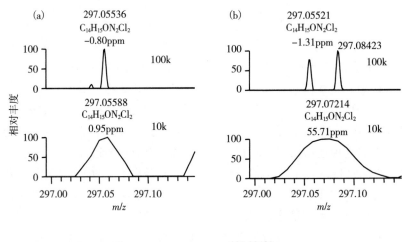
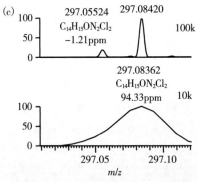

图 6.13 分辨率对两个共洗脱分析物的质量精度的影响：抑霉唑（实线）和氟尼辛（虚线）
抑霉唑（$C_{14}H_{14}Cl_2N_2O$，$[M+H]^+$，297.05560，RT=7.26min），氟尼辛（$C_{14}H_{11}F_3N_2O_2$，$[M+H]^+$，297.08454，RT=7.32min）。上图：提取离子图（分别为±5ppm 和±100ppm）。下图：两个分辨率的质量分布：10000 和 100000 FWHM。图 a, b, c 表示抑霉唑洗脱曲线的三个数据采集点
（经 Elsevier 许可，从文献 Kellmann et al.[114]复制；2009 版）

析物在激光解吸和电离前在硅表面被捕获。"无基质"的激光解吸技术还包括使用硅氧烷或碳聚合物来替代。

这一领域的另一新兴技术是激光二极管热解吸（LDTD），与 APCI 源一起使用，可以快速将大量样品不经 LC 分离直接进入 MS 分析。LDTD 技术将样

品吸附在96孔板的表面上，然后使用红外激光束气化各孔中的材料并使材料进入APCI源中[124]。该技术已成功地用于牛奶中磺胺类残留分析和废水中类固醇激素的检测[125,126]。

6.4.5 碎裂

很明显，本章有很多关于利用质谱分析食品中抗菌药物残留的例子。一些多残留方法已经提出和描述了不同种类抗菌药物的质谱碎裂途径和化合物特定基团的断裂方法[7,127]。各大类抗菌药物MS/MS图谱中常见的碎片离子和可能的中性丢失见表6.4和图6.14所示。同时也提供了具体的例子和相关文献。因MS方法开始用于筛选和鉴定更多的非靶向分析物，所以熟悉常见分析物的碎裂模式将变得更加重要。

表6.4 抗菌药物的LC-MS/MS裂解模式

药物种类	常见丢失	常见离子（m/z）	碎裂详细列举（m/z）	参考文献
氨基糖苷类	氨基糖类如氨基-α-D-吡喃葡萄糖或-2-脱氧-D-吡喃葡萄糖	氨基糖	庆大霉素C1：478 $[M+H]^+$；322 $[M+H-C_8H_{16}N_2O]^+$；157 $[C_8H_{17}N_2O]^+$	41, 145
β-内酰胺类	$-H_2O$；$-CO$；$-CO_2$；$-NH_3$；C4环裂解；$-COOH$，$-R$基团	160 $[C_7H_{12}SO_2]^+$；114 $[C_6H_{10}S]^+$	氨苄青霉素：350 $[M+H]^+$；333 $[M+H-NH_3]^+$；192 $[M+H-158]^+$；60；114；106 $[C_7H_6NH_2]^+$	146, 147
林可胺类	$-SHCH_3-H_2O$	126 $[C_8H_{16}N]^+$	林可霉素：407 $[M+H]^+$；359 $[MH-SHCH_3]^+$；126	148
大环内酯类	$-H_2O$；$-$甲醇；$-$丙醛；$-$糖类（克拉定糖，德胺糖）	158 $[C_8H_{15}NO_2]^+$（德胺糖碎片）	红霉素：734 $[M+H]^+$；716+ $[M+H-H_2O]^+$；576 $[M+H-158]^+$；158	18
酰胺醇类	$-H_2O$－，$COHCl$；$-HF$（氟苯尼考）		氯霉素：321 $[M-H]^-$；257 $[M-H-COHCl]^-$；194 $[M-H-C_2H_3ONCl_2]^-$；152 $[C_7H_6NO_3]^-$	149-151
聚醚类	$-H_2O$；甲基盐霉素和盐霉素羰基两侧的C—C键的断裂，莫能菌素环裂解	甲基盐霉素/盐霉素：531 $[C_{29}H_{48}O_7Na]^+$；431 $[C_{23}H_{36}O_6Na]^+$	莫能菌素A：693 $[M+Na]^+$；675 $[M+Na-H_2O]^+$；479 $[C_{25}H_{44}O_7Na]^+$；461 $[m/z\ 479\ H_2O]^+$	152
喹诺酮类	$-CO_2$；$-CO$；$-H_2O$；$-$烷基侧链；$-HF$（氟喹诺酮）		沙拉沙星：386 $[M+H]^+$；342 $[M+H-CO_2]^+$；322 $[M+H-CO_2-HF]^+$；299 $[M+H-CO_2-C_2H_5N]^+$	127, 153
磺胺类	$-RNH_2$；$-C_6H_6NH$	156 $[C_6H_6NSO_2]^+$；108 $[156-SO]^+$；92 $[156-SO_2]^+$	磺胺二甲嘧啶：279 $[M+H]^+$；186 $[SO_2NHC_6H_7N_2]^+$；156；108；92	154
四环素类	$-xH_2O$；$-xNH_3$；$-NR$		土霉素：461 $[M+H]^+$；426 $[M+H-H_2O-NH_3]^+$；408 $[M+H-2H_2O-NH_3]^+$	154

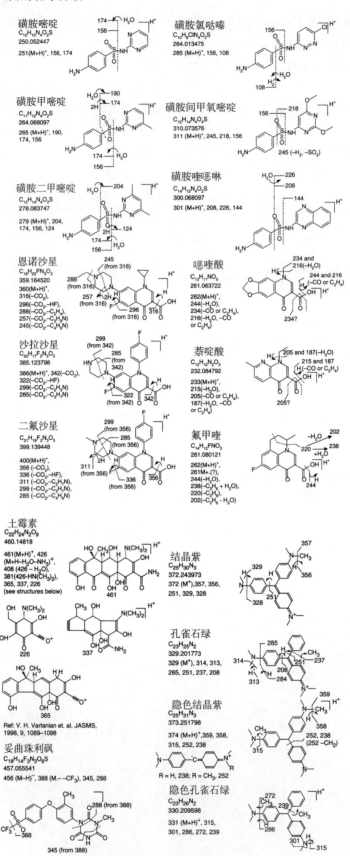

图 6.14 选定兽药的离子阱 CID 裂解途径

(经 Elsevier 许可，从文献 Li et al.[127] 复制和修改；2006 版)

6.4.6 质谱库

质谱库含有碎片或产物离子，能提供化合物鉴定的指纹信息。因此，分析工作者很早就意识到建立和维护质谱搜索文库的重要性，这有助于鉴定未知化合物和确认目标分析物的信息。用 GC-MS 获得的电子电离质谱文库已经建立完备。原来这些质谱图集分散在大型多卷文本中，现在这些图集已经收录入可以电子化的数据库。例如，NIST/EPA/NIH 数据库和 Wiley Registry of Mass Spectral Data 数据库均包含成百上千种条目。另外，NIST 谱库包括 AMDIS 软件（自动质谱解卷积和鉴定系统），可以帮助检索和匹配 GC/MS 获得的图谱和质谱库中的图谱。

LC-MS 质谱库的建立和应用的进展一直比较缓慢，部分原因是不同的仪器经 CID 获得的子离子差异较大。在三重四极杆质谱中，母离子被加速并与相对较重的中性气体（氩气或氮气）碰撞，在相对较高的能量下裂解。随着离子穿越碰撞室，子离子分解成更小的碎片，进而逐级分解。离子阱中的 CID 是一个伴随多个低能量碰撞的过程。只有较弱的键被低活化能裂解形成产物离子[128]。因此，小基团（如水）中性丢失形成的离子非常常见。

个人用户以及仪器供应商已经开发出具体到某一个特定仪器的用户库和数据库。例如，用 QqLIT 开发的超过 1 200 种化合物的电喷雾 LC-MS/MS 数据库，这个数据库含有与法医和毒理学相关的化合物[129]。然而，将这些数据库融合在一起形成一种更为通用的搜索工具是非常困难的。有研究尝试利用调谐点技术将不同类型的质量分析器获得的产物离子谱图进行标准化[130]。该研究将利血平的产物离子 m/z 397 在响应值为母离子（m/z 609）的 80%±10% 时的质谱参数设为校正点，然后把这些质谱参数条件运用到 11 种不同的仪器上，获得 48 种化合物的子离子图谱。当比较所得到的谱图时，约 30% 的化合物在所有仪器上具有重现性。当比较相似类型的仪器时，这一数值增加到了大约 60%。其他研究人员一直在努力利用先进的搜索算法使 LC-MS 小分子库标准化[131,132]。

随着精确质量仪器的出现，建立参考数据库或以化合物的母离子和子离子为精确质量的数据库正变得越来越重要。许多仪器制造商以及独立的公司或机构正在开发软件，以让化学家在一些特定的领域如蛋白质组学或化学污染物分析方面处理精确质量图谱。网络资源如 Scripps 质谱研究中心的 "Metlin" 和英国皇家化学会的 "ChemSpider" 应用较广[133,134]，可根据精确质量获得化合物的分子式，进而检索未知残留物。

致谢

我们特此声明，本章中描述或提及的任何色谱柱、UHPLC 和质谱仪并非详尽无遗，上面列举的市售产品不以任何方式得到作者的担保。

缩略语

APCI (Atmospheric-pressure chemical ionization)	大气压化学电离
APPI (Atmospheric-pressure photoionization)	大气压光电离
ASAP (Atmospheric solids analysis probe)	大气压固体分析探针
CID (Collision-induced dissociation)	碰撞诱导解离
DAPCI (Desorption atmospheric-pressure chemical Ionization)	解吸大气压化学电离
DART (Direct analysis in real time)	直接实时分析
DC (Direct current)	直流
DESI (Desorption electrospray ionization)	电喷雾解吸电离
DIOS (Direct ionization on silicon)	硅直接电离
EPI (Enhanced product ion)	增强子离子谱
ESI (Electrospray ionization)	电喷雾电离
EU (European Union)	欧盟

(续)

FAIMS (High-field asymmetric waveform ion mobility spectrometry)	高场非对称波形离子迁移谱
FDA [Food and Drug Administration (US)]	食品药品监督管理局（美国）
FWHM (Full-width at half-height maximum)	半高峰宽
GC-MS (Gas chromatography mass spectrometry)	气相色谱-质谱
HETP (Height equivalent to a theoretical plate)	理论塔板高度
HILIC (Hydrophilic interaction liquid chromatography)	亲水作用色谱
IMS (Ion mobility spectrometry)	离子迁移谱
IPA (Ion-pairing agent)	离子对试剂
IPC (Ion-pairing chromatography)	离子对色谱
IPs (Identification points)	识别点
LC (Liquid chromatography)	液相色谱
LC-MS (Liquid chromatography mass spectrometry)	液相色谱-质谱
LC/MS/MS (Liquid chromatography coupled with a triple-quadrupole mass spectrometer operated in MRM mode)	液相色谱串联三重四极杆质谱，MRM 模式
LDTD (Laser diode thermal desorption)	激光二极管热解吸
LIT Orbitrap (Linear ion trap Orbitrap)	线性离子阱静电场轨道阱
LOD (Limit of detection)	检测限
MRL (Maximum residue limit)	最高残留限量
MRM (Multiple-reaction monitoring)	多反应监测
MS (Mass spectrometer or mass spectrometry)	质谱仪或质谱
MS^n (Multiple-stages fragmentation)	多级碎裂
MS/MS (Tandem mass spectrometry)	串联质谱
m/z (Mass-to-charge ratio)	质荷比
PA (Proton affinity)	质子亲和力
QIT (Quadrupole ion trap)	四极离子阱
QqLIT (Triple-quadrupole linear ion trap)	三重四极线性离子阱
QqQ (Triple quadrupole)	三重四极杆
QqTOF (Quadrupole time-of-flight)	四极杆飞行时间
QqTOF MS (QqTOF operated as a straight TOF mass analyzer in full-scan mode)	QqTOF 在单 TOF 以全扫描模式运行
QqTOFMS/MS (QqTOF operated in MS/MS mode with MS/MS Q1 enabled as a mass filter)	QqTOF 在四级杆和 TOF 以串联模式运行，Q1 能够作为质量过滤器
Q1 (First quadrupole)	一级四级杆
Q2 (q) (Collision cell)	碰撞室
Q3 (The third quadrupole)	三级四级杆
RF (Radiofrequency)	射频
SELDI (Surface-enhanced laser desorption Ionization)	表面增强激光解吸电离
SIM (Selected-ion monitoring)	选择离子监测
SPE (Solid-phase extraction)	固相萃取
TOF (Time-of-flight)	飞行时间
UHPLC (Ultra high-performance or ultra-high pressure liquid chromatography)	超高效或超高压液相色谱

UPLC/QqTOF MS (Ultra performance liquid chromatography coupled with a quadrupole time-of-flight mass spectrometer operated as a straight TOF mass analyzer in full-scan mode)	超高效液相色谱-四极杆飞行时间质谱仪,在单 TOF 以全扫描模式运行
UV (Ultraviolet)	紫外线

参考文献

[1] Le Bizec B, Pinel G, Antignac J-P, Options for veterinary drug analysis using mass spectrometry, J. Chromatogr. A 2009; 1216 (46): 8016-8034.

[2] Commission Decision of 12 August 2002 implementing Council Directive 96/23/EC concerning the performance of analytical methods and the interpretation of results. 2002/657/EC, Off. J. Eur. Commun. 2002; L221: 8-36.

[3] Alder L, Greulich K, Kempe G, Vieth B, Residue analysis of 500 high priority pesticides: Better by GC-MS or LC-MS/MS? Mass Spectrom. Rev. 2006; 25 (6): 838-865.

[4] Gros M, Petrovic M, Barcelo D. Multi-residue analytical methods using LC-tandem MS for the determination of pharmaceuticals in environmental and wastewater samples: a review, Anal. Bioanal. Chem. 2006; 386 (4): 941-952.

[5] Kuster M, Lopez de Alda M, Barcelo D, Liquid chromatographytandem mass spectrometric analysis and regulatory issues of polar pesticides in natural and treated waters, J. Chromatogr. A 2008; 1216 (3): 520-5229.

[6] Turnipseed SB, Andersen WC, Karbiwnyk CM, Madson MR, Miller KE, Multi-class, multi-residue liquid chromatog-raphy/tandem mass spectrometry screening and confirmation methods for drug residues in milk, Rapid Commun. Mass Spectrom. 2008; 22 (10): 1467-1480.

[7] Hammel YA, Mohamed R, Gremaud E, Lebreton MH, Guy PA, Multi-screening approach to monitor and quantify 42 antibiotic residues in honey by liquid chromatography-tandem mass spectrometry, J. Chromatogr. A 2008; 1177 (1): 58-76.

[8] Stolker AA, Rutgers P, Oosterink E, et al., Comprehensive screening and quantification of veterinary drugs in milk using UPLC-ToF-MS, Anal. Bioanal. Chem. 2008; 391 (6): 2309-2322.

[9] Vidal JLM, Aguilera-Luiz MdM, Romero-Gonzalez R, Frenich AG, Multiclass analysis of antibiotic residues in honey by ultraperformance liquid chromatography-tandem mass spectrometry, J. Agric. Food Chem. 2009; 57 (5): 1760-1767.

[10] Peters RJB, Bolck YJC, Rutgers P, Stolker AAM, Nielen MWF, Multi-residue screening of veterinary drugs in egg, fish and meat using high-resolution liquid chromatography accurate mass time-of-flight mass spectrometry, J. Chromatogr. A 2009; 1216 (46): 8206-8216.

[11] Ortelli D, Cognard E, Jan P, Edder P, Comprehensive fast multiresidue screening of 150 veterinary drugs in milk by ultra-pertbrmance liquid chromatography coupled to time of flight mass spectrometry, J. Chromatogr. B 2009; 877 (23): 2363-2374.

[12] Lopez MI, Pettis JS, Smith lB, Chu PS, Multiclass determination and confirmation of antibiotic residues in honey using LC-MS/MS, J. Agric. Food Chem. 2008; 56 (5): 1553-1559.

[13] Qiang Z, Adams C, Potentiometric determination of acid dissociation constants (pKa) for human and veterinary antibiotics, Water Res. 2004;38(12):2874-2890.

[14] Anderson CR, Rupp HS, Wu WH, Complexities in tetracycline analysis—chemistry, matrix extraction, cleanup, and liquid chromatography, J. Chromatogr. A 2005; 1075 (1-2): 23-32.

[15] Lin CE, Chang CC, Lin WC, Migration behavior and separation of sulfonamides in capillary zone electro phoresis. III. Citrate buffer as a background electolyte, J. Chromatogr. A 1997; 768 (1): 105-112.

[16] Gobel A, McArdell CS, Suter MJ, Giger W, Trace determination of macrolide and sulfonamide antimic robials, a human sulfonamide metabolite, and trimeth oprim in wastewater using liquid chromato graphy coupled to electrospray tandem mass spectrometry, Anal. Chem. 2004; 76 (16): 4756-4764.

[17] Khong SP, Hammel YA, Guy PA, Analysis of tetracyclines in honey by highperformance liquid chroma-

[18] Wang J, Analysis of macrolide antibiotics, using liquid chromatography-mass spectrometry, in food, biological and environmental matrices, Mass Spect rom Rev. 2009; 28 (1): 50-92.

[19] Soeborg T, Ingerslev F, Hailing-Sorensen B, Chemical stability of chlortetracycline and chlortetracycline degradation products and epimers in soil interstitial water,Chemosphere 2004;57 (10): 1515-1524.

[20] Riediker S, Stadler RH, Simultaneous determination of five beta-lactam antibiotics in bovine milk using liquid chromatography coupled with electrospray ionization tandem mass spectrometry, Anal. Chem. 2001; 73 (7): 1614-1621.

[21] Holstege DM, Puschner B, Whitehead G, Galey FD, Screening and mass spectral confirmation of betalactam antibiotic residues in milk using LC-MS/MS, J. Agric. Food Chem. 2002; 50 (2): 406-411.

[22] Wang J, Leung D, Butterworth F, Determination of five macrolide antibiotic residues in eggs using liquid chro-matography/electrospray ionization tandem mass spectrom-etry, J. Agric. Food Chem. 2005; 53 (6): 1857-1865.

[23] Wang J, Determination of five macrolide antibiotic residues in honey by LC-ESI-MS and LC-ESI-MS/MS, J. Agric. Food Chem. 2004; 52 (2): 171-181.

[24] Yang S, Carlson KH, Solid-phase extraction-high-performance liquid chromatography-ion trap mass spectrometry for analysis of trace concentrations of macrolide antibiotics in natural and waste water matrices, J. Chromatogr. A 2004; 1038 (1-2): 141-155.

[25] Kochansky J, Degradation of tylosin residues in honey, J. Apicult. Res. 2004; 43 (2): 65-68.

[26] Mastovska K, Lightfield AR. Streamlining methodology for the multiresidue analysis of betalactam antibiotics in bovine kidney using liquid chrom atography-tandem mass spectrometry, J. Chrom atogr. A 2008; 1202 (2): 118-123.

[27] Lopez MI, Feldlaufer MF, Williams AD, Chu PS, Determination and confirmation of nitrofuran residues in honey using LC-MS/MS, J. Agric. Food Chem. 2007; 55 (4): 1103-1108.

[28] Chu PS, Lopez MI, Determination of nitrofuran residues in milk of dairy cows using liquid chro matography/tandem mass spectrometry, J. Agric. Food Chem. 2007; 55 (6): 2129-2135.

[29] Becker M, Zittlau E, Petz M, Quantitative determination of ceftiofur-related residues in bovine raw milk by LC-MS/MS with electrospray ionization, Eur. Food Res. Technol. 2003; 217 (5): 449-456.

[30] Makeswaran S, Patterson I, Points J, An analytical method to determine conjugated residues of ceftiofur in milk using liquid chromatography with tandem mass spectrometry, Anal. Chim. Acta 2005; 529 (1-2): 151-157.

[31] Meyer VR, Practical High-Perfomance Liquid Chromatography, 4th ed., Wiley, Chichester, UK, 2004.

[32] Neue UD, HPLC Columns: Theory, Technology, and Practice, Wiley-VCH, New York, 1997.

[33] Kostiainen R, Kauppila TJ, Effect of eluent on the ionization process in liquid chromatography-mass spectrometry,J. Chromatogr. A 2009;1216(4):685-699.

[34] Thompson TS, Noot DK, Calvert J, Pernal SF, Determination of lincomycin and tylosin residues in honey using solid-phase extraction and liquid chromatography-atmospheric pressure chemical ionization mass spectr ometry, J. Chro-matogr. A 2003; 1020 (2): 241-250.

[35] Codony R, Compano R, Granados M, Garcia-Regueiro JA, Prat MD, Residue analysis of macrolides in poultry muscle by liquid chromatography-electrospray mass spectrometry, J. Chromatogr. A 2002; 959 (1-2): 131-141.

[36] Thompson TS, Pernal SF, Noot DK, Melathopoulos AP, van den Heever JP, Degradation of incurred tylosin to desmycosin-implications for residue analysis of honey, Anal. Chim. Acta 2007; 586 (1-2): 304-311.

[37] Thompson TS, Noot DK, Calvert J, Pernal SF, Determination of lincomycin and tylosin residues in honey by liquid chromatography/tandem mass spectrometry, Rapid Commun. Mass Spectrom. 2005; 19 (3): 309-316.

[38] Cecchi T, Ion pairing chromatography, Crit. Rev. Anal. Chem. 2008; 38 (3): 161-213.

[39] Wybraniec S, Mizrahi Y, Influence of perfluorinated carboxylic acids on ion-pair reversed-phase high-performance liquid chromatographic separation of betacyanins and 17-decarboxy-betacyanins, J. Chromatogr. A 2004; 1029 (1-2): 97-101.

[40] Petritis KN, Chaimbault P, Elfakir C, Dreux M, Ionpair reversed-phase liquid chromatography for determination of polar underivatized amino acids using perfluorinated carboxylic acids as ion pairing agent, J. Chromatogr. A 1999; 833 (2): 147-155.

[41] Zhu WX, Yang JZ, Wei W, Liu YF, Zhang SS, Simultaneous determination of 13 aminoglycoside residues in foods of animal origin by liquid chromatograph yelectrospray ionization tandem mass spectrometry with two consecutive solid-phase extraction steps, J. Chromatogr. A 2008; 1207 (1-2): 29-37.

[42] Bogialli S, Curini R, Di Corcia A, Lagana A, Mele M, Nazzari M, Simple confirmatory assay for analyzing residues of aminoglycoside antibiotics in bovine milk: Hot water extraction followed by liquid chromatography-tandem mass spectrometry, J. Chromatogr. A 2005; 1067 (1-2): 93-100.

[43] Kaufmann A, Butcher P, Kolbener P, Trace level quantification of streptomycin in honey with liquid chromatography/tandem mass spectrometry, Rapid Commun. Mass Spec-trom. 2003; 17 (22): 2575-2577.

[44] van Bruijnsvoort M, Ottink SJ, Jonker KM, de Boer E, Determination of streptomycin and dihydrostreptomycin in milk and honey by liquid chromatography with tandem mass spectrometry, J. Chromatogr. A 2004; 1058 (1-2): 137-142.

[45] Cherlet M, De Baere S, De Backer P, Quantitative determination of dihydrostreptomycin in bovine tissues and milk by liquid chromatography-electrospray ionization-tandem mass spectrometry, J. Mass Spectrom. 2007; 42 (5): 647-656.

[46] Gustavsson SA, Samskog J, Markides KE, Langstrom B, Studies of signal suppression in liquid chromatography-electrospray ionization mass spectrometry using volatile ion-pairing reagents, J. Chromatogr. A 2001; 937 (1-2): 41-47.

[47] Fuh M-R, Haung C-H, Lin S-L, Pan WHT, Determination of free-form amphetamine in rat brain by ion-pair liquid chromatography-electrospray mass spectrometry with *in vivo* microdialysis, J. Chromatogr. A 2004; 1031 (1-2): 197-201.

[48] Keever J, Voyksner RD, Tyczkowska KL, Quantitative determination of ceftiofur in milk by liquid chromatography-electrospray mass spectrometry, J. Chromatogr. A 1998; 794 (1-2): 57-62.

[49] Kuhlmann FE, Apffel A, Fischer SM, Goldberg G, Goodley PC, Signal enhancement for gradient reverse-phase high-performance liquid chromatography-electrospray ionization mass spectrometry analysis with trifluoroacetic and other strong acid modifiers by postcolumn addition of propionic acid and isopropanol, J. Am. Soc. Mass Spectrom. 1995; 6 (12): 1221-1225.

[50] Alpert AJ, Hydrophilic-interaction chromatography for the separation of peptides, nucleic acids and other polar compounds, J. Chromatogr. A 1990; 499: 177-196.

[51] Hemstrom P, Irgum K, Hydrophilic interaction chromatography, J. Sep. Sci. 2006; 29(12): 1784-1821.

[52] Hao Z, Xiao B, Weng N, Impact of column temperature and mobile phase components on selectivity of hydrophilic interaction chromatography (HILIC), d. Sep. Sci. 2008; 31 (9): 1449-1464.

[53] Nguyen HP, Schug KA, The advantages of ESI-MS detection in conjunction with HILIC mode separations: Fundamentals and applications, J. Sep. Sci. 2008; 31 (9): 1465-1480.

[54] A Practical Guide to HILIC. A Tutorial and Application Book, SeQuant AB 907 19 Umea, Sweden, 2008.

[55] Shin-ichi K, Analysis of impurities in streptomycin and dihydrostreptomycin by hydrophilic interaction chromatography/electrospray ionization quadrupole ion trap/time-of-flight mass spectrometry, Rapid Commun. Mass Spectrom. 2009; 23 (6): 907-914.

[56] McCalley DV, Is hydrophilic interaction chromatography with silica columns a viable alternative to reversed-phase liquid chromatography for the analysis of ionisable compounds? J. Chromatogr. A 2007; 1171 (1-2): 46-55.

[57] Ishii R, Horie M, Chan W, MacNeil J, Multi-residue quantitation of aminoglycoside antibiotics in kidney and meat by liquid chromatography with tandem mass spectrometry, Food Addit. Contam. 2008; 25(12): 1509-1519.

[58] Zheng MM, Zhang MY, Peng GY, Feng YQ, Monitoring of sulfonamide antibacterial residues in milk and egg by polymer monolith microextraction coupled to hydrophilic interaction chromatography/mass spectrometry, Anal. Chim. Acta 2008; 625 (2): 160-172.

[59] Valette JC, Demesmay C, Rocca JL, Verdon E, Separation of tetracycline antibiotics by hydrophilic interaction chromatography using an amino-propyl stationary phase,

[60] Mazzeo JR, Neue UD, Kele M, Plumb RS, Advancing LC performance with smaller particles and higher pressure, Anal. Chem. 2005; 77 (23): 460 A-467A.

[61] van Deemter JJ, Zuiderweg FJ, Klinkenberg A, Longitudinal diffusion and resistance to mass transfer as causes of nonideality in chromatography, Chem. Eng. Sci. 1956; 5 (6): 271-289.

[62] Wu N, Thompson R, Fast and efficient separations using reversed phase liquid chromatography, J. Liq. Chromatogr. RT 2006; 29 (7): 949-988.

[63] Teutenberg T, Potential of high temperature liquid chro-matography for the improvement of separation efficiency—a review, Anal. Chim. Acta 2009; 643 (1-2): 1-12.

[64] Kaufmann A, Butcher P, Maden K, Widmer M, Quantitative multiresidue method for about 100 veterinary drugs in different meat matrices by sub 2μm particulate highperformance liquid chroma tography coupled to time of flight mass spectrometry, J. Chrom-atogr. A 2008; 1194 (1): 66-79.

[65] Abrahim A, Al-Sayah M, Skrdla P, Bereznitski Y, Chen Y, Wu N, Practical comparison of 2.7μm fused-core silica particles and porous sub-2μm particles for fast separations in pharmaceutical process development, J. Pharmaceut. Biomed. Anal. 2010; 51 (1): 131-137.

[66] Karas M, Bachmann D, Bahr U, Hillenkamp F, Matrixassisted ultraviolet laser desorption of non-volatile compounds, Int. J. Mass Spectrom. Ion Process. 1987; 78 (C): 53-68.

[67] Karas M, Hillenkamp F, Laser desorption ionization of proteins with molecular masses exceeding 10 000 daltons, Anal. Chem. 1988; 60 (20): 2299-2301.

[68] Tanaka K, Waki H, Ido Y, et al., Protein and polymer analyses up to m/z 100,000 by laser ionization time-of-flight mass spectrometry, Rapid Commun. Mass Spectrom. 1988; 2 (8): 151-153.

[69] El-Aneed A, Cohen A, Banoub J, Mass spectrometry, review of the basics: Electrospray, MALDI, and commonly used mass analyzers, Appl. Spectrosc. Rev. 2009; 44 (3): 210-230.

[70] Careri M, Bianchi F, Corradini C, Recent advances in the application of mass spectrometry in food-related analysis, J. Chromatogr. A 2002; 970 (1-2): 3-64.

[71] Dole M, Mack LL, Hines RL, Mobley RC, Ferguson LD, Alice MB, Molecular beams of macroions, J. Chem. Phys. 1968; 49 (5): 2240-2249.

[72] Yamashita M, Fenn JB, Electrospray ion source. Another variation on the free-jet theme, J. Phys. Chem. 1984; 88 (20): 4451-4459.

[73] Fenn JB, Tanaka K, Wuthrich K, The Nobel Prize in Chemistry 2002(available at http://nobelprize.org/nobel _ prizes/chemistry/laurea tes/2002/index.html; accessed 6/16/09).

[74] Hernandez F, Sancho JV, Pozo OJ, Critical review of the application of liquid chromatography/mass spectrometry to the determination of pesticide residues in biological samples, Anal. Bioanal. Chem. 2005; 382 (4): 934-946.

[75] Pena A, Lino CM, Alonso R, Barcelo D, Determination of tetracycline antibiotic residues in edible swine tissues by liquid chromatography with spectrofluorometric detection and confirmation by mass spectrometry, J. Agric. Food Chem. 2007; 55 (13): 4973-4979.

[76] Bailac S, Barron D, Sanz-Nebot V, Barbosa J, Determination of fluoroquinolones in chicken tissues by LC-coupled electrospray ionisation and atmospheric pressure chemical ionisation, J. Sep. Sci. 2006; 29 (1): 131-136.

[77] Robb DB, Covey TR, Bruins AP, Atmospheric pressure photoionization: An ionization method for liquid chromatography-mass spectrometry, Anal. Chem. 2000; 72 (15): 3653-3659.

[78] Marchi I, Rudaz S, Veuthey JL, Atmospheric pressure photoionization for coupling liquid-chromatography to mass spectrometry: A review, Talanta 2009; 78 (1): 1-18.

[79] Takino M, Daishima S, Nakahara T, Determination of chloramphenicol residues in fish meats by liquid chromatography-atmospheric pressure photoionization mass spectrometry, J. Chromatogr. A 2003; 1011 (1-2): 67-75.

[80] Mohamed R, Hammel YA, LeBreton MH, Tabet JC, Jullien L, Guy PA, Evaluation of atmospheric pressure ionization interfaces for quantitative measurement of sulfonamides in honey using isotope dilution liquid chromatography coupled with tandem mass spectrometry techniques, J. Chromatogr. A 2007; 1160 (1-2): 194-205.

[81] Sheridan R, Policastro B, Thomas S, Rice D, Analysis and occurrence of 14 sulfonamide antibacterials and chlor-

amphenicol in honey by solid-phase extraction followed by LC/MS/MS analysis, J. Agric. Food Chem. 2008; 56 (10): 3509-3516.

[82] Wang J, Leung D, Lenz SP, Determination of five macrolide antibiotic residues in raw milk using liquid chromatography-electrospray ionization tandem mass spectrometry, J. Agric. Food Chem. 2006; 54 (8): 2873-2880.

[83] Wan EC, Ho C, Sin DW, Wong YC, Detection of residual bacitracin A, colistin A, and colistin B in milk and animal tissues by liquid chromatography tandem mass spectrometry, Anal. Bioanal. Chem. 2006; 385 (1): 181-188.

[84] Bonfiglio R, King RC, Olah TV, Merkle K, The effects of sample preparation methods on the variability of the electrospray ionization response for model drug compounds, Rapid Commun. Mass Spectrom. 1999; 13 (12): 1175-1185.

[85] Matuszewski BK, Constanzer ML, Chavez-Eng CM, Strategies for the assessment of matrix effect in quantitative bioanalytical methods based on HPLC-MS/MS, Anal Chem. 2003; 75 (13): 3019-3030.

[86] Wang J, Cheung W, Grant D, Determination of pesticides in apple-based infant foods using liquid chromatography electrospray ionization tandem mass spectrometry, J. Agric. Food Chem. 2005; 53 (3): 528-537.

[87] Zrostlikova J, Hajslova J, Poustka J, Begany P, Alternative calibration approaches to compensate the effect of coextracted matrix components in liquid chromatography-electrospray ionisation tandem mass spectrometry analysis of pesticide residues in plant materials, J. Chromatogr. A 2002; 973 (1-2): 13-26.

[88] Alder L, Luderitz S, Lindtner K, Stan HJ, The ECHO technique—the more effective way of data evaluation in liquid chromatography-tandem mass spectrometry analysis, J. Chromatogr. A 2004; 1058 (1-2): 67-79.

[89] Stahnke H, Reemtsma T, Alder L, Compensation of matrix effects by postcolumn infusion of a monitor substance in multiresidue analysis with LC-MS/MS, Anal. Chem. 2009; 81 (6): 2185-2192.

[90] Kruve A, Leito I, Herodes K, Combating matrix effects in LC/ESI/MS: The extrapolative dilution approach, Anal. Chim. Acta 2009; 651 (1): 75-80.

[91] Zwiener C, Frimmel FH, LC-MS analysis in the aquatic environment and in water treatment—a critical review. Part Ⅰ: Instrumentation and general aspects of analysis and detection, Anal. Bioanal. Chem. 2004; 378 (4): 851-861.

[92] Volmer DA, Sieno L, Tutorial—mass analyzers: An overview of several designs and their applications, Part Ⅱ, Spectroscopy. 2005; 20 (12): 90-95.

[93] Volmer DA, Sieno L, Tutorial—mass analyzers: An overview of several designs and their applications, Part Ⅰ, Spectroscopy. 2005; 20 (111): 20-26.

[94] Boyd RK, Basic C, Bethem RA, Trace Quantitative Analysis by Mass Spectrometry, Wiley, Chichester, UK, 2008.

[95] Balogh M, Debating resolution and mass accuracy in mass spectrometry, Spectroscopy 2004; 19: 34-40.

[96] FDA, Guidance for Industry #118, Mass Spectrometry for Confirmation of the Identity of Animal Drug Residues, Final Guidance, US Dept. Health and Human Services Food and Drug Administration Center for Veterinary Medicine, May 1, 2003 (available at http://www.fda.gov/cvm/guidance/guide118.pdf; accessed 4/07/10).

[97] Council Directive 96/23/EC of 29 April 1996 on meaures to monitor certain substances and residues thereof in live animals and animal products and repealing Directives 85/358/EEC and 86/469/EEC and Decisions 89/187/EEC and 91/664/EEC, Off J. Eur. Commun. 1996; L125: 10-32.

[98] Bogialli S, Di Corcia A, Lagana A, Mastrantoni V, Sergi M, A simple and rapid confirmatory assay for analyzing antibiotic residues of the macrolide class and lincomycin in bovine milk and yoghurt: Hot water extraction followed by liquid chromatography/tandem mass spectrometry, Rapid Commun. Mass Spectrom. 2007; 21 (2): 237-246.

[99] Hager JW, Le Blanc JC, High-performance liquid chromatography-tandem mass spectrometry with a new quadrupole/lineariontrapinstrument, J. Chromatogr. A 2003; 1020 (1): 3-9.

[100] Heller DN, Nochetto CB, Development of multiclass methods for drug residues in eggs: Silica SPE cleanup and LC-MS/MS analysis of ionophore and macrolide residues, J. Agric. Food Chem. 2004; 52 (23): 6848-6856.

[101] Leonard S, Ferraro M, Adams E, Hoogmartens J,

Van Schepdael A, Application of liquid chromatography/ion trap mass spectrometry to the characterization of the related substances of clarithromycin, Rapid Commun. Mass Spectrom. 2006; 20 (20): 3101-3110.

[102] Hager JW, A new linear ion trap mass spectrometer, Rapid Commun. Mass Spectrom. 2002; 16 (6): 512-526.

[103] Schwartz JC, Senko MW, Syka JE, A two-dimensional quadrupole ion trap mass spectrometer, J. Am. Soc. Mass Spectrom. 2002; 13(6): 659-669.

[104] Hager JW, Yves Le Blanc JC, Product ion scanning using a Q-q-Q linear ion trap (Q TRAP) mass spectrometer, Rapid Commun. Mass Spectrom. 2003; 17 (10): 1056-1064.

[105] Bueno MJM, Aguera A, Hernando MD, Gomez MJ, Fernandez-Alba AR, Evaluation of various liquid chromatography-quadrupole-linear ion trap-mass spectrometry operation modes applied to the analysis of organic pollutants in wastewaters, J. Chromatogr. A 2009; 1216 (32): 5995-6002.

[106] Bueno MJM, Aguera A, Gomez MJ, Hernando MD, Garcia-Reyes JF, Fernandez-Alba AR, Application of liquid chromatography/quadrupolelinear ion trap mass spectrometry and time-of-flight mass spectrometry to the determination of pharmaceuticals and related contaminants in wastewater, Anal. Chem. 2007; 79 (24): 9372-9384.

[107] Guilhaus M, Selby D, Mlynski V, Orthogonal acceleration time-of-flight mass spectrometry, Mass Spectrom. Rev. 2000; 19 (2): 65-107.

[108] Chernushevich IV, Loboda AV, Thomson BA, An introduction to quadrupole-time-of-flight mass spectrometry, J. Mass Spectrom. 2001; 36 (8): 849-865.

[109] Ibanez M, Guerrero C, Sancho JV, Hernandez F, Screening of antibiotics in surface and wastewater samples by ultra-high-pressure liquid chromatography coupled to hybrid quadrupole time-of-flight mass spectrometry, J. Chromatogr. A 2009; 1216 (12): 2529-2539.

[110] Wang J, Leung D, Analyses of macrolide antibiotic residues in eggs, raw milk, and honey using both ultra-performance liquid chromatography/quadrupole time-of-flight mass spectrometry and high-performance liquid chromatography/tandem mass spectrometry, Rapid Commun. Mass Spectrom. 2007; 21 (19): 3213-3222.

[111] Hernandez F, Ibanez M, Sancho JV, Pozo OJ, Comparison of different mass spectrometric techniques combined with liquid chromatography for confirmation of pesticides in environmental water based on the use of identification points, Anal. Chem. 2004; 76 (15): 4349-4357.

[112] Makarov A, Denisov E, Lange O, Performance evaluation of a high-field orbitrap mass analyzer, J. Am. Soc. Mass Spectrom. 2009; 20 (8): 1391-1396.

[113] Hu Q, Noll RJ, Li H, Makarov A, Hardman M, Graham Cooks R, The Orbitrap: A new mass spectrometer, J. Mass Spectrom. 2005; 40 (4): 430-443.

[114] Kellmann M, Muenster H, Zomer P, Mol H, Full scan MS in comprehensive qualitative and quantitative residue analysis in food and feed matrices: How much resolving power is required? J. Am. Soc. Mass Spectrom. 2009; 20(8): 1464-1476.

[115] Van der Heeft E, Bolck YJC, Beumer B, Nijrolder AWJM, Stolker AAM, Nielen MWF, Full-scan accurate mass selectivity of ultra performance liquid chromatography combined with time-of-flight and orbitrap mass spectrometry in hormone and veterinary drug residue analysis, J. Am. Soc. Mass Spectrom. 2009; 20 (3): 451-463.

[116] Kanu AB, Dwivedi P, Tam M, Matz L, Hill HH, Ion mobility-mass spectrometry, J. Mass Spectrom. 2008; 43 (1): 1-22.

[117] Kolakowski BM, Mester Z, Review of applications of high-field asymmetric waveform ion mobility spectrometry (FAIMS) and differential mobility spectrometry (DMS), Analyst 2007; 132 (9): 842-864.

[118] Pringle SD, Giles K, Wildgoose JL, et al., An investigation of the mobility separation of some peptide and protein ions using a new hybrid quadrupole/travelling wave IMS/oa-ToF instrument, Int. J. Mass Spectrom. 2007; 261 (1): 1-12.

[119] Cooks RG, Ouyang Z, Takats Z, Wiseman JM, Ambient mass spectrometry. Science 2006; 311 (5767): 1566-1570.

[120] Williams JP, Patel VJ, Holland R, Scrivens JH, The use of recently described ionisation techniques for the rapid analysis of some common drugs and samples of biological origin, Rapid Comman. Mass

Spectrom. 2006; 20 (9): 1447-1456.

[121] Merchant M, Weinberger SR, Recent advancements in surface-enhanced laser desorption/ionization-time of flight-mass spectrometry, Electrophoresis 2000; 21 (6): 1164-1177.

[122] Peterson DS, Matrix-free methods for laser desorption/ionization mass spectrometry, Mass Spectrom Rev. 2007; 26 (1): 19-34.

[123] Deng G, Sanyal G, Applications of mass spectrometry in early stages of target based drug discovery, J. Pharm. Biomed. Anal. 2006; 40 (3): 528-538.

[124] Wu J, Hughes CS, Picard P, et al., High-throughput cytochrome P450 inhibition assays using laser diode thermal desorption-atmospheric pressure chemical ionization-tandem mass spectrometry, Anal. Chem. 2007; 79 (12): 4657-4665.

[125] Segura PA, Tremblay P, Picard P, Gagnon C, Sauve S, High-throughput quantitation of seven sulfo-namide residues in dairy milk using laser diode thermal desorption-negative mode atmospheric pressure chemical ionization tandem mass spectrometry, J. Agric. Food Chem. 2010; 58 (3): 1442-1446.

[126] Fayad PB, Prevost M, Sauve S, Laser diode thermal desorption/atmospheric pressure chemical ionization tandem mass spectrometry analysis of selected steroid hormones in wastewater: Method optimization and application, Anal. Chem. 2010; 82 (2): 639-645.

[127] Li H, Kijak PJ, Turnipseed SB, Cui W, Analysis of veterinary drug residues in shrimp: a multi-class method by liquid chromatography-quadrupole ion trap mass spectrometry, J. Chromatogr. B 2006; 836 (1-2): 22-38.

[128] Niessen WMA, Liquid Chromatography-Mass Spectrometry, 3rd ed., Taylor & Francis, Boca Raton, FL, 2006.

[129] Dresen S, Gergov M, Politi L, Halter C, Weinmann W, ESI-MS/MS library of 1,253 compounds for app-lication in forensic and clinical toxicology, Anal. Bioanal. Chem. 2009; 395 (8): 2521-2526.

[130] Hopley C, Bristow T, Lubben A, et al., Towards a universal product ion mass spectral library-reproducibility of prod-uct ion spectra across eleven different mass spectrometers, Rapid Commun. Mass Spectrom. 2008; 22 (12): 1779-1786.

[131] Oberacher H, Pavlic M, Libiseller K, et al., On the inter-instrument and the inter-laboratory transferability of a tandem mass spectral reference library: 2. Optimization and characterization of the search algorithm, J. Mass Spectrom. 2009; 44 (4): 494-502.

[132] Mylonas R, Mauron Y, Masselot A, et al., X-Rank: A robust algorithm for small molecule identification using tandem mass spectrometry, Anal. Chem. 2009; 81 (18): 7604-7610.

[133] Metlin. (available at http://metlin.scripps.edu/ind ex.php; accessed 4/07/10).

[134] ChemSpider (available at http://www.chemspider.com/Search.aspx; accessed 4/07/10).

[135] Van Eeckhaut A, Lanckmans K, Sarre S, Smolders I, Michotte Y, Validation of bioanalytical LC-MS/MS assays: Evaluation of matrix effects, J. Chromatogr. B 2009; 877 (23): 2198-2207.

[136] Jonscher KR, Yates JR, The whys and wherefores of quadrupole ion trap mass spectrometry, ABRF News (Vol. 7), Sept. 1996 (available at http://www.abrf.org/abrfnews/1996/september1996/sep 96 iontrap.html; accessed 4/07/10).

[137] de Hoffmann E, Tandem mass spectrometry: A primer, J. Mass Spectrom. 1996; 31 (2): 129-137.

[138] Berrada H, Borrull F, Font G, Molto JC, Marce RM, Validation of a confirmatory method for the determination of macrolides in liver and kidney animal tissues in accordance with the European Union regulation 2002/657/EC, J. Chromatogr. A 2007; 1157 (1-2): 281-288.

[139] Dubreil-Chéneau E, Bessiral M, Roudaut B, Verdon E, Sanders P, Validation of a multi-residue liquid chromatography-tandem mass spectrometry confirmatory method for 10 anticoccidials in eggs according to Commission Decision 2002/657/EC, J. Chromatogr. A 2009; 1216 (46): 8149-8157.

[140] Shao B, Wu X, Zhang J, Duan H, Chu X, Wu Y, Development of a rapid LC-MS-MS method for multi-class determination of 14 coccidiostat residues in eggs and chicken, Chromatographia 2009; 69 (9-10): 1083-1088.

[141] Boison J, Lee S, Gedir R, Analytical determination of virginiamycin drug residues in edible porcine tissues by LC-MS with confirmation by LC-MS/MS, J. AOAC. Int. 2009; 92 (1): 329-339.

[142] Samanidou V, Evaggelopoulou E, Trotzmuller M, Guo X, Lankmayr E, Multi-residue determination of seven quinolones antibiotics in gilthead seabream using liquid chromatography-tandem mass spectrometry, J. Chromatogr. A 2008; 1203 (2): 115-123.

[143] Mottier P, Hammel YA, Gremaud E, Guy PA, Quantita-tive high-throughput analysis of 16 (fluoro) quinolones in honey using automated extraction by turbulent flow chromatography coupled to liquid chromatography-tandem mass spectrometry, J. Agric. Food Chem. 2008; 56 (1): 35-43.

[144] Zhang H, Ren Y, Bao X, Simultaneous determination of (fluoro) quinolones antibacterials residues in bovine milk using ultra performance liquid chromatography-tandem mass spectrometry, J Pharm. Biomed. Anal. 2009; 49 (2): 367-374.

[145] Heller DN, Clark SB, Righter HF, Confirmation of gen-tamicin and neomycin in milk by weak cation-exchange extraction and electrospray ionization/ion trap tandem mass spectrometry, J. Mass Spectrom. 2000; 35 (1): 39-49.

[146] Daeseleire E, De Ruyck H, Van Renterghem R, Confirmatory assay for the simultaneous detection of penicillins and cephalosporins in milk using liquid chromatography/tandem mass spectrometry, Rapid Commun. Mass Spectrom. 2000; 14 (15): 1404-1409.

[147] Heller DN, Ngoh MA, Electrospray ionization and tandem ion trap mass spectrometry for the confirmation of seven beta-lactam antibiotics in bovine milk, Rapid Commun. Mass Spectrom. 1998; 12 (24): 2031-2040.

[148] Sin DW, Wong YC, Ip AC, Quantitative analysis of lincomycin in animal tissues and bovine milk by liquid chromatography electrospray ionization tandem mass spectrometry, J. Pharm. Biomed. Anal. 2004; 34 (3): 651-659.

[149] Hammack W, Carson MC, Neuhaus BK, et al., Multilaboratory validation of a method to confirm chloramphenicol in shrimp and crabmeat by liquid chromatography-tandem mass spectrometry, J. AOAC. Int. 2003; 86 (6): 1135-1143.

[150] Mottier P, Parisod V, Gremaud E, Guy PA, Stadler RH, Determination of the antibiotic chloramphenicol in meat and seafood products by liquid chromatography-electrospray ionization tandem mass spectrometry, J. Chromatogr. A 2003; 994 (1-2): 75-84.

[151] Turnipseed SB, Roybal JE, Pfennig AP, Kijak PJ, Use of ion-trap liquid chromatography-mass spectrometry to screen and confirm drug residues in aquacultured products, Anal. Chim. Acta 2003; 483 (1-2): 373-386.

[152] Volmer DA, Lock CM, Electrospray ionization and collision-induced dissociation of antibiotic polyether ionophores, Rapid Commun. Mass Spectrom. 1998; 12 (4): 157-164.

[153] Van Hoof N, De Wasch K, Okerman L, et al., Validation of a liquid chromatography-tandem mass spectrometric method for the quantification of eight quinolones in bovine muscle, milk and aquacultured products, Anal. Chim. Acta 2005; 529 (1-2): 265-272.

[154] Samanidou VF, Tolika EP, Papadoyannis IN, Chromatographic residue analysis of sulfonamides in foodstuffs of animal origin, Sep. Purif. Rev. 2008; 37 (4): 327-373.

[155] Kamel AM, Fouda HG, Brown PR, Munson B, Mass spectral characterization of tetracyclines by electrospray ionization, H/D exchange, and multiple stage mass spectrometry, J. Am. Soc. Mass Spectrom. 2002; 13 (5): 543-557.

7

单残留定量和确证方法

7.1 引言

多个药物残留或多类药物残留的分析,在提取净化时一般需对样品进行专门处理,其原因是最高残留限量(maximum residue limit,MRL)是根据残留标示物来确定的。残留标示物检测和定量前,需进行化学转化,或者通过检测多种成分,然后对所得数据进行数学处理,最后通过倒推,计算出残留标示物的浓度。例如,在欧盟,泰拉霉素的 MRLs 就是以提取过程中得到的标示物作为其残留标示物(倒推表述为母体化合物含量)制定的。对于其他具有广泛体内代谢的药物,需要一个转换步骤,将化合物转换成可检测的一种形式,例如硝基呋喃类,有明显的蛋白结合反应。但有时这种步骤仅对特定基质显得重要,如肾脏组织中氯霉素的葡萄醛酸化。近年来虽然更加强调能同时检测更广泛药物的多残留分析方法,但并不能满足对未转化分析物进行定量和确证的要求,无论是母体化合物还是主要代谢产物。因此,仍有必要建立专一的残留分析方法,以满足这些药物 MRLs 的检测要求。本章的目的是综述现有文献资料,特别是公开报道本章所涉及抗菌药物的研究现状的,指出现有方法存在的不足之处,为建立新方法提供指导。其他化合物(如大环内酯类抗菌药物)多残留检测方法的讨论,包括筛选方法,见本书其他部分(第 4 章和第 6 章)。

7.2 卡巴氧与喹乙醇

7.2.1 背景

卡巴氧和喹乙醇属于喹𫫇啉 N-氧化合物类抗菌药物(图 7.1),曾被用作猪的促生长剂,以提高饲料转化率、促进生长,同时也用于防治猪痢疾和仔猪细菌性肠炎[1]。卡巴氧在体内可很快代谢为脱氧化合物,最终代谢为喹𫫇啉-2-羧酸(QCA)。与此类似,3-甲基喹𫫇啉-2-羧酸(mQCA)是喹乙醇可检测到的主要代谢终产物(图 7.1)。卡巴氧及其脱二氧代谢产物具有潜在的致癌性与致突变性[2]。QCA 和 mQCA 两种代谢产物无致癌性,因二者残留时间最长,已分别被确定为卡巴氧和喹乙醇的残留标示物。1991 年,JECFA 规定 QCA 在肝脏与肌肉中的 MRLs 分别为 30 $\mu g/kg$ 和 5 $\mu g/kg$[2](译者注:)。

由于担心卡巴氧和喹乙醇具有可能的致癌性与致突变性,1999 年欧盟已禁止将它们用作促生长剂[3]。欧盟基准实验室(Community Reference Laboratory,CRL)建议,QCA 和 mQCA 的检测方法灵敏度均应达到 10 $\mu g/kg$[4]。另一种喹𫫇啉类抗菌药物喹赛多的结构与卡巴氧相似,QCA 也是其代谢产物之一。因此,将 QCA 作卡巴氧的残留标示物较为复杂[5]。同样,mQCA 也可能是该类其他化合物的代谢产物。

最新研究表明,通过检测 QCA 来监控卡巴氧的使用已面临挑战。在 2003 年召开的第 60 届 JECFA 会议中,有报告对这个问题进行了阐述[6]。目前可以采用一种新的方法,能同时检测关注的毒性化合物卡巴氧和脱二氧卡巴氧(didesoxycarbadox,DCBX)(<1 $\mu g/kg$),这意味着可以获得新的残留消除数据。在猪肝脏组织残留消除试验中,给药 15d 后,猪肝脏中仍可检测到 DCBX 和 QCA(DCBX 和 QCA 定量限分别为 0.030 $\mu g/kg$ 和 15 $\mu g/kg$),然而,仅能在 48h 内检测到卡巴氧原形(LOQ 为 0.050 $\mu g/kg$)。在肌肉组织中检测不到 QCA,而在给药 6h 可检测到卡巴氧原形,给药后 10 d 仍可检测到 DCBX。这些研究表

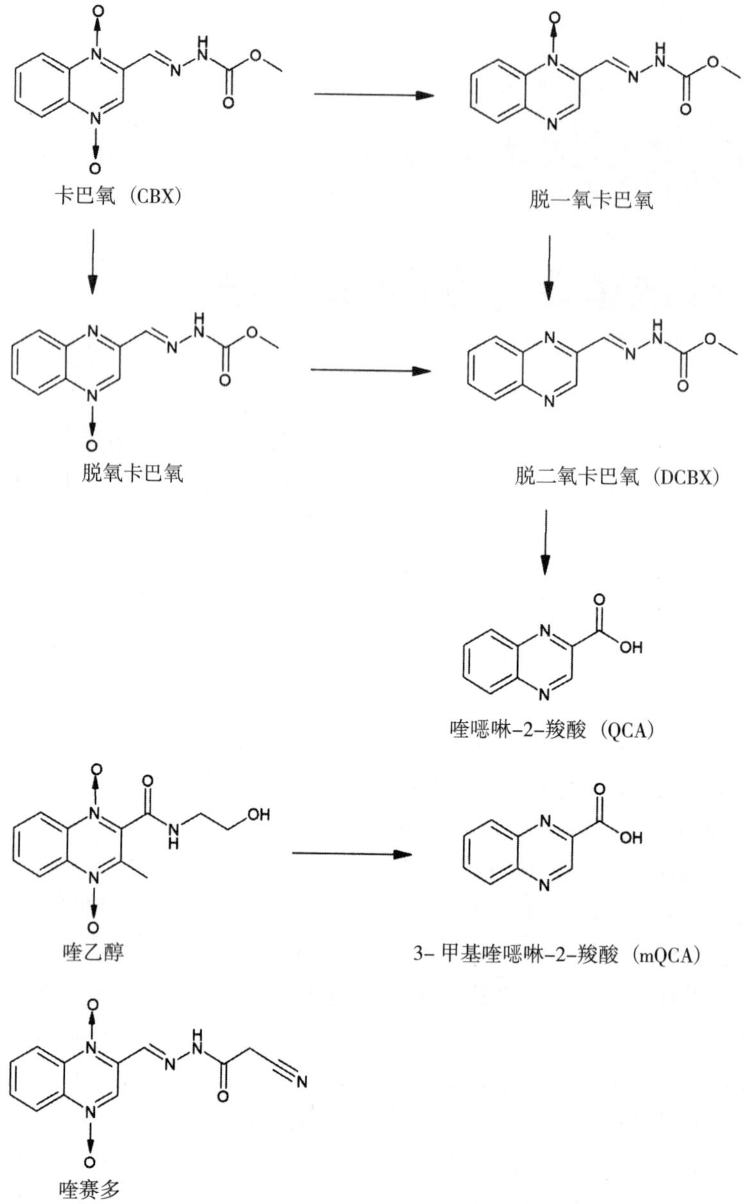

图 7.1 喹噁啉类抗菌药物及其残留标示物

明，在肝脏中 QCA 的浓度与 DCBX 的浓度相关，而在肌肉中二者不存在相关性。因此，根据以上新数据，JECFA 建议撤销第 36 届会议中规定的 MRLs[2]。虽然至少在欧盟仍将 QCA 和 mQCA 定为残留标示物，但这是否为最佳选择仍有待证明。然而，随着更新、更灵敏检测方法的建立，残留标示物可能会更改为脱二氧代谢物，这样也可将卡巴氧、喹乙醇与有关化合物如喹赛多等给药后产生的代谢产物区分开来。

除给动物用药外，环境污染也可能导致药物残留水平上升。有的动物用药后，其排泄物中的药物浓度并不高，但由于环境污染的原因，可能导致药物残留量达到可检测水平。这种现象已引起人们的关注。这种可能性为某农场主可能因其他农场主非法用药而冤枉受罚提供了法律依据。Hutchinson 等[7]尝试用尿液与肝脏中 QCA 的浓度之比来确定残留原因。比值小于 0.8 认为是动物用药所致，大于 4.5 为环境污染引起，比值介于 0.9~4.4 则无法确定，需进一步调查确证。

7.2.2 检测方法

表 7.1 归纳了卡巴氧、喹乙醇的残留标示物及代

谢产物包括 QCA、mQCA 和 DCBX 等的最新检测方法。本章末的表 7.6 概括了 LC-MS/MS 监测的离子对。多数方法均步骤繁琐，较为复杂。分析动物组织中的 QCA 和 mQCA 时，首先需将与组织结合的残留化合物释放出来。最初，用于解离蛋白结合物的方法是在 100℃高温条件下，用氢氧化钠溶液对样品进行碱水解[9]。另一种方法是在较高的 55℃温度条件下，于碱性缓冲溶液中用蛋白酶酶解样品[10]。在室温条件下，可采用 0.3%偏磷酸-甲醇（8∶2，V/V）混合酸性提取液进行提取[12]，但有报道称，重复这种提取方法时，样品的回收率较低，可能是因蛋白沉淀不完全所致[11]。将偏磷酸浓度增加到 2%，偏磷酸和甲醇的比例改为 7∶3（V/V），可提高添加样品中分析物的回收率。

表 7.1 卡巴氧和喹乙醇代谢物的检测方法

分析物	基质	提取与净化方法	仪器	检测限（μg/kg）	参考文献
QCA	猪肝脏	氢氧化钠/加热 LLE SPE（SCX） LLE	LC-MS/MS（正离子模式） Columbus C18 色谱柱 5 μm 甲醇：水：乙酸 等度洗脱	CCα 0.16 CCβ 0.27	9
QCA mQCA	猪肝脏	Tris/HCl/蛋白酶/加热 LLE SPE（SCX） LLE	LC-MS/MS（正离子模式） Luna C18 色谱柱 3 μm 甲醇：乙腈：水 乙酸 梯度洗脱	CCα 0.4 CCβ 1.2 CCα 0.7 CCβ 3.6	10
	猪肝脏	偏磷酸/甲醇 LLE SPE（Oasis MAX） 衍生化	GC-ECNI-MS（负离子模式） DB-5 MS 30 m×0.25 mm，0.25 μm 80～300 ℃，10 ℃/min	LOQ 0.7 CCα 32 CCβ 34	11
QCA（负离子模式） DCBX（正离子模式）	猪肝脏 猪肌肉	偏磷酸/甲醇 SPE（Oasis HLB） LLE	LC-MS/MS（正离子模式） Cadenza CD C18 色谱柱 100×2 mm Aq 乙酸-乙腈 梯度洗脱	LOD 1	12
QCA DCBX mQCA	牛肌肉 猪肝脏 猪肌肉	0.6%甲酸 Tris/蛋白酶 SPE（Oasis MAX）	LC-MS/MS（正离子模式） Nova-Pak C18 色谱柱 4 μm 150×2.1 mm 甲酸-甲醇 梯度洗脱	LOD 0.5 LOD 0.05 LOD 0.5	13

很多分析方法采用液-液萃取和固相萃取相结合来净化组织样品。分析物若为碱性，一般先将提取液调为酸性，用乙酸乙酯萃取，然后再在碱性 pH 条件下用缓冲溶液进行反萃取[9,10]。分析物为酸性时，直接用乙酸乙酯萃取后，再用缓冲溶液反萃取[11]。QCA 和 mQCA 具有酸碱两性，在样品的提取净化过程中，可利用这一特性即样品液-液萃取后采用 SPE 净化。首先将提取液酸化，再用未封端的强阳离子交换（strong cation exchange，SCX）SPE 柱进行净化[9,10]，用氢氧化钠-甲醇洗脱目标分析物。然后将洗脱液再次酸化，用乙酸乙酯进行反萃取。提取液经氮气吹干，并用适当溶液复溶后，上机检测。使用反相 SPE 柱[12]和混合型阴离子交换反相吸附 SPE 柱[11]可简化净化过程。在中性 pH 条件下，HLB（聚合物反相吸附剂）和 MAX（混合型阴离子交换反相吸附剂）可以缓冲溶液中吸附保留 QCA 和 mQCA。采用混合型 SPE 柱净化时，可用碱性溶液淋洗，再用 2%三氟乙酸-甲醇洗脱，因此净化效果很好。三氟乙酸有两个优点，一是相比类似方法中常用的乙酸，其酸性更强；二是它更容易挥发，有利于洗脱液的挥发。

最常用的 QCA 和 mQCA 检测方法是液相色谱-质谱（liquid chromatography—mass spectrometry，LC-MS）法。LC-ESI-MS 法一般采用正离子模式或负离子模式测定 QCA，正离子模式测定 DCBX[12]。在分析测定中，常用反相色谱柱（Cadenza CD C18）和乙酸-乙腈梯度洗脱进行分离。在选择离子模式下，对准分子离子[[M+H]⁺175（QCA），231（DCBX）和[M−H]⁻173（QCA）]进行监测。采用负离子模式监测QCA，可获得更典型的分子离子峰。根据欧盟法规[8]，这种仅监测母离子的方法，不能获得足够的识别点，因此还不足以作为确证检测方法。液相色谱-串联质谱（liquid chromatography-tandem mass spectrometry，LC-MS/MS）法在检测过程中至少监测两对离子，足以用于确证，因此多采用LC-MS/MS法作为确证方法。例如，Hutchinson等[10]建立的同时检测QCA和mQCA方法中，目标化合物通过Luna C18色谱柱，以甲醇、乙腈、水和乙酸为流动相，梯度洗脱，在电喷雾正离子检测模式下，对QCA的两对离子175＞102和175＞75（或175＞129），mQCA的两对离子189＞145和189＞102进行测定。QCA和mQCA的氘代类似物是可得的，常用于定量分析。

QCA和mQCA也可采用气相色谱-质谱（gas chromatography-mass spectrometry，GC-MS）法进行检测，但需先将样品衍生化，以使目标化合物适用于分析。Sin等[11]提出了两种衍生化方法。第一种，采用含有1％叔丁基二甲基氯硅烷的N-叔丁基二甲基硅基三氟乙酰胺进行甲基硅烷化。第二种方法，可用于确证监测，采用三甲基硅基重氮甲烷对目标化合物进行甲基化衍生。样品经衍生后，采用DB-5 MS柱（30 m×0.25 mm，膜厚为0.25 μm）进行分离。温度梯度为80～300℃，升温速率为10℃/min。在负化学源模式下进行质谱检测，QCA硅烷基酯的监测离子为292和293，QCA甲酯的监测离子为188和189。氘代QCA经同步衍生后作为内标。

综上所述，目前所有分析方法都还处于考察中。提交给JECFA的初始残留数据是在高温条件下通过碱水解样品得到的[2]。有研究证明，DCBX在高温碱性条件下不稳定，需建立新的检测方法来修正DCBX的残留消除规律[13]。为了释放组织中的残留化合物，首先在47℃（该温度下，DCBX稳定）用0.6％甲酸对组织样品进行水解，以灭活组织样品中原有的酶。然后用缓冲液中和上述水解液，再在47℃条件下用蛋白酶进行酶解，使与蛋白结合的残留物释放出来。酶解液酸化后，用混合型阴离子交换柱净化DCBX，在中性条件下，用二氯甲烷洗脱。QCA和mQCA用酸化乙酸乙酯进行洗脱，洗脱液经蒸干、复溶后，用反相色谱柱（Nova-Pak C18）分离，LC-MS/MS检测。QCA和mQCA的监测离子与其他研究一致。此外还监测了DCBX的两对离子对231＞143和231＞102。QCA和mQCA的LOQs均达到0.5 μg/kg，低于JECFA和EU推荐的浓度。DCBX的LOQ为0.05 μg/kg，这意味着即使停药15 d后，仍可检测到组织中低浓度的DBCX残留。

7.2.3 结论

目前，卡巴氧和喹乙醇的分析方向尚不明确。如前所述，目前已有方法可检测卡巴氧和喹乙醇的指定残留标示物QCA和mQCA，以及卡巴氧的代谢产物DCBX。但到目前为止，对于某些组织中DCBX是否作为卡巴氧的残留标示物，还尚未达成共识。同样，目前也没有证据证明，脱氧喹乙醇作为喹乙醇的残留标示物是否更合适。

7.3 头孢噻呋与脱呋喃甲酰头孢噻呋

7.3.1 背景

头孢噻呋属于头孢菌素类药物，为半合成抗菌药与青霉素类一样，头孢菌素类药物属于β-内酰胺类抗菌药物。在畜牧养殖业和牛奶生产中，β-内酰胺类抗菌药物可能是在治疗动物细菌感染方面应用最为广泛的兽药。欧盟规定所有食品动物中β-内酰胺类抗菌药物的MRLs为4 μg/L（牛奶中的氨苄西林），300 μg/kg（牛肌肉、脂肪、肝脏和肾脏等组织中的苯唑西林、氯唑西林、双氯西林）[14]。如图7.2所示，两类药物均有庞大的侧链与母核6-氨基青霉烷酸和7-氨基头孢烷酸相连。由于β-内酰胺结构中的四元环不稳定，因此该类化合物在热或醇类环境中易降解。

7-氨基头孢烷酸是头孢噻呋的母核，它决定了药物的抗菌活性。可能是由于其易于代谢、稳定性差以及欧盟对MRL的定义很复杂，难以对其进行分析，因此关于头孢噻呋分析方法（包括化学分析方法）的文献报道较少。

肌内注射给药后，头孢噻呋快速代谢，在牛奶[15]和组织[16]中均可发现有代谢物残留。文献报道的代谢物有脱呋喃头孢噻呋（desfuroylceftiofur，DFC）、脱呋喃头孢噻呋半胱氨酸二硫化物（desfuroylceftiofur cysteine disulfide，DCCD）、与蛋白结合的DFC和头孢噻呋硫代内酯[15-18]。由于这些

代谢物均具有抗菌活性，因此欧盟规定的MRL是指所有具有β-内酰胺环结构的残留物的总残留限量，以

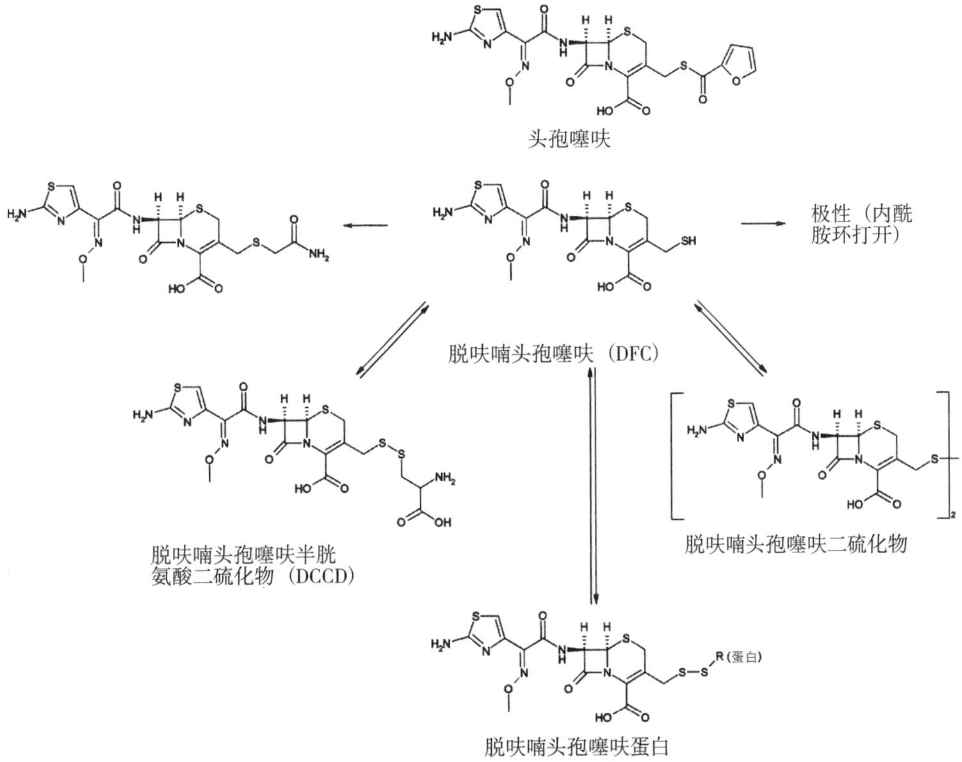

图7.2 头孢噻呋及其残留标示物

DFC表示[14]；而食品法典委员会（Codex Alimentarius Commission，CAC）和美国则将DFC定为唯一的残留标示物，简化了分析过程[19]。

文献重点报道了三种头孢噻呋的检测方法。第一种方法：用于检测牛奶[20-24]和血浆[22]中的头孢噻呋，但未对代谢物进行分析。该方法会低估具有抗菌活性的头孢噻呋相关代谢物的总量，此处不做讨论。第二种方法：在弱碱性条件下（pH=9），用二硫赤藓糖醇将所有与蛋白结合的DFC释放出来，再在酸性条件下（pH=2.5）用碘乙酰胺衍生化游离出来的DFC。第三种方法：重点是检测头孢噻呋和/或一种或少数几种代谢物[25,26]。第四种方法仍处于考察中，用于检测头孢噻呋。该方法是在碱性环境、高温条件下，将头孢噻呋代谢物衍生化生成残留标示物（2E）2-(2-氨基-1,3-噻唑-4-基)-2-(甲氧基亚氨基)乙酰胺（ATMA）[18]。该方法虽与目前MRL定义不符，但它也能较准确地评估头孢噻呋相关残留浓度。

7.3.2 解离后分析

据报道，分析检测血浆[22,27,28]、牛奶[29]和组织样品中头孢噻呋残留时，先用二硫赤藓糖醇解离，再进行检测[30]。二硫赤藓糖醇是一种还原剂，可破坏二硫键。将其加入样品提取液中，可将与蛋白结合的头孢噻呋及其代谢物释放出来。然后加入碘乙酰胺，衍生化游离的头孢噻呋及其代谢物，生成的脱呋喃甲酰头孢噻呋乙酰胺，用于LC-UV[30]或LC-MS/MS[29]检测（图7.2）。

样品经解离-衍生化处理后，采用两步连续的SPE净化去除过量的溶剂，并富集头孢噻呋。该方法的主要缺点是样品检测效率低[27]，稳定性差[30]，而且只能检测一种分析物[31]。此外，人们也质疑此方法是否考察了头孢噻呋的所有相关代谢物[18]。研究发现，头孢噻呋在血浆[17]、尿液[17]和肾脏[18]中的一种主要代谢物是DFC-硫代内酯。因此，解离过程可能会导致低估样品中头孢噻呋及其活性代谢产物的总量[18]。

7.3.3 代谢物的分析

Tyczkowska等[32]报道了牛奶和血清中头孢噻呋及DFC的分析方法。样品经乙腈-水（1:1，V/V）提取后，用截留分子量为10kD的滤膜过滤。然后超滤液经带有苯基柱的液相色谱系统分离。分离原理是

基于分析物与辛烷磺酸盐或十二烷基磺酸盐形成离子对而吸附保留在苯基柱上。检测器为配备热喷雾接口的四极杆质谱仪,采用全扫描模式监测。应用该方法,血浆和牛奶中头孢噻呋和DFC的检测限(limit of detection,LOD)为50 μg/kg。据报道,与蛋白结合的残留物和DCCD占总头孢噻呋残留量的65%[15],但该方法对其不能检测,因此导致严重低估头孢噻呋相关残留物的总量。

DCCD是头孢噻呋在肾脏中的主要代谢物。美国农业科学研究院东部和西部地区研究中心的研究人员报道了DCCD的分析方法[31,33,34]。最初采用的方法是对样品进行广泛的SPE净化,用四极离子阱质谱进行检测[33]。由于该净化方法费时,而且所用仪器获得的线性和重现性均较差,因此优化后的方法采用分散固相萃取法净化样品,三重四极杆质谱检测[31]。2008年,文献报道了一种优化的方法[34]。用甲醇将β-内酰胺类抗菌药降解为β-内酰胺甲酯[35],因此,该方法将分析过程中使用的所有甲醇(如储备液溶剂和流动相)都需换为非质子溶剂。

在优化的方法中,用水-乙腈(1:4,V/V)溶液提取肾脏组织。混匀、离心后,分离上清液,加入500 mg C18 SPE吸附剂。弃掉乙腈层后,提取液经浓缩、过膜后注入反相HPLC系统。流动相为0.1%甲酸水和0.1%甲酸乙腈,梯度洗脱。采用电喷雾正离子模式进行LC-MS/MS检测。该检测方法在DCCD浓度为10 μg/kg时,平均回收率为60%。在肾脏中,DCCD是含量最高的头孢噻呋相关代谢物,但其他代谢物如DFC,蛋白结合代谢产物及DFC硫代内酯,在头孢噻呋活性代谢物总量中所占的比例也很高[15,18]。因此,该方法也将低估头孢噻呋及其相关活性代谢物的总量。

有研究报道一种同时检测肾脏和肝脏中头孢噻呋、DCCD和DFC二聚物的分析方法[26]。样品用含有四乙基氯化铵和磷酸二氢钾的乙腈-水提取。将有机溶剂浓缩至1~2 mL后,用水定容至4 mL。过膜后,将提取液分为两部分,一部分注入LC系统用于检测;另一部分则用DelvoTest P-mini™测定其抗菌活性,疑似含有头孢噻呋和DCCD的部分通过减压蒸发至1 mL后,注入HPLC系统分析。色谱柱为C18,基于离子对保留机理进行色谱分离,用十二烷基硫酸钠作离子对试剂,用紫外检测器进行检测。该方法检测肾脏组织中DCCD的浓度可低至0.31 μg/kg,但此方法的样品前处理过程费时。根据欧盟法规,该方法无法用于分析物的确证[8]。此外,除了DCCD,该方法未对DFC和蛋白结合代谢物进行分析,因此也会导致低估头孢噻呋及其活性代谢物的总量。

7.3.4 碱水解后分析

据报道,高温可使肾脏提取液中的头孢噻呋降解。在碱性条件下,头孢噻呋也会发生降解[18]。采用三重四极杆质谱法、液相色谱-串联飞行时间质谱法(LC-time-of-Flight MS,TOF/MS)、核磁共振法以及微生物技术对肾脏提取液和氨化肾脏提取液中的降解产物进行确证分析。结果发现,在高温条件下,氨化肾脏提取液可产生ATMA。作为头孢噻呋的非活性成分,头孢噻呋及其所有主要代谢物(DFC、DCCD、蛋白结合DFC和DFC硫代内酯)都可能产生ATMA。因此,它可能成为头孢噻呋及其活性代谢物合适的残留标示物。

作为头孢噻呋及其相关代谢物的残留标示物,研究人员建立了ATMA的检测方法。方法采用离子交换SPE柱净化样品,反相色谱柱分离,LC-MS/MS检测。

7.3.5 结论

在欧盟,头孢噻呋MRL是根据头孢噻呋及其所有活性代谢产物的总量制定的。因此,建立的方法应该对头孢噻呋所有活性代谢产物进行检测。

本节综述了四种头孢噻呋残留分析方法。第一种方法只检测头孢噻呋的残留,因此不适用于残留监控。第二种方法将与蛋白结合的DFC释放出来后,再进行衍生化。该方法的主要缺点是样品检测效率低[27],稳定性差[30],它是否能检测头孢噻呋的所有代谢物也受到了质疑[18]。第三种方法可检测头孢噻呋和/或一种或几种代谢产物。但上述三种方法均未对所有代谢物进行检测,因此,采用这三种方法进行定量和确证,均会低估样品中头孢噻呋的残留总量。DFC简单的单残留分析方法符合CAC的MRL和美国允许残留量定义的要求。第四种方法还处于研究中,它是在碱性条件下水解头孢噻呋,对产生的ATMA进行检测[18]。虽然这种方法可能更全面地考察所有头孢噻呋相关残留物,但至少在欧盟,需用校正因子对测定数据进行处理,才能符合根据脱呋喃甲酰头孢噻呋来定义的头孢噻呋的 MRL。

7.4 氯霉素

7.4.1 背景

氯霉素（Chloramphenicol，CAP）为广谱抗菌药物，在兽医临床上曾广泛应用于所有主要的食品动物。CAP 是由土壤中委内瑞拉链丝菌及其他放线菌产生的抗生素，但用于商业用途时可通过化学合成获得（见第 1 章）[36]。很多机构均对 CAP 进行了评价，包括国际癌症研究机构（1990）[37]、欧盟兽药产品委员会（1996）[38]、美国食品与药品管理局（1985）[39] 以及最近 JECFA 开展的第 62 次会议（2005）[40]。CAP 为可疑致癌物，可引起再生障碍性贫血，这种副作用虽少见但却可能致命。因此在欧盟及其他许多国家如美国、加拿大、澳大利亚、日本和中国等，已经禁止将其用于食品动物。欧盟委员会的一系列决议均要求对进口欧洲市场的动物源性食品中的氯霉素进行检测[41-43]。

甲砜霉素和氟苯尼考的结构与 CAP 相似（图 7.3），欧盟允许用这两种药物代替 CAP[44,45]。欧盟规定，甲砜霉素在牛和鸡组织中的 MRLs 为 50 $\mu g/kg$；氟苯尼考在肌肉组织中的 MRLs 为 100 $\mu g/kg$，在牛肝脏组织中的 MRLs 为 3 000 $\mu g/kg$。欧盟关于氟苯尼考 MRL 的定义也很复杂，7.9.2.1 部分将对此进行讨论。由于 CAP 是违禁药物，因此所建立的分析方法的检测限都很低。欧盟委员会规定，检测动物源性食品中 CAP 残留的方法，其最低要求执行限量（Minimum Required Performance Limits，MRPL）为 0.3 $\mu g/kg$[46]。

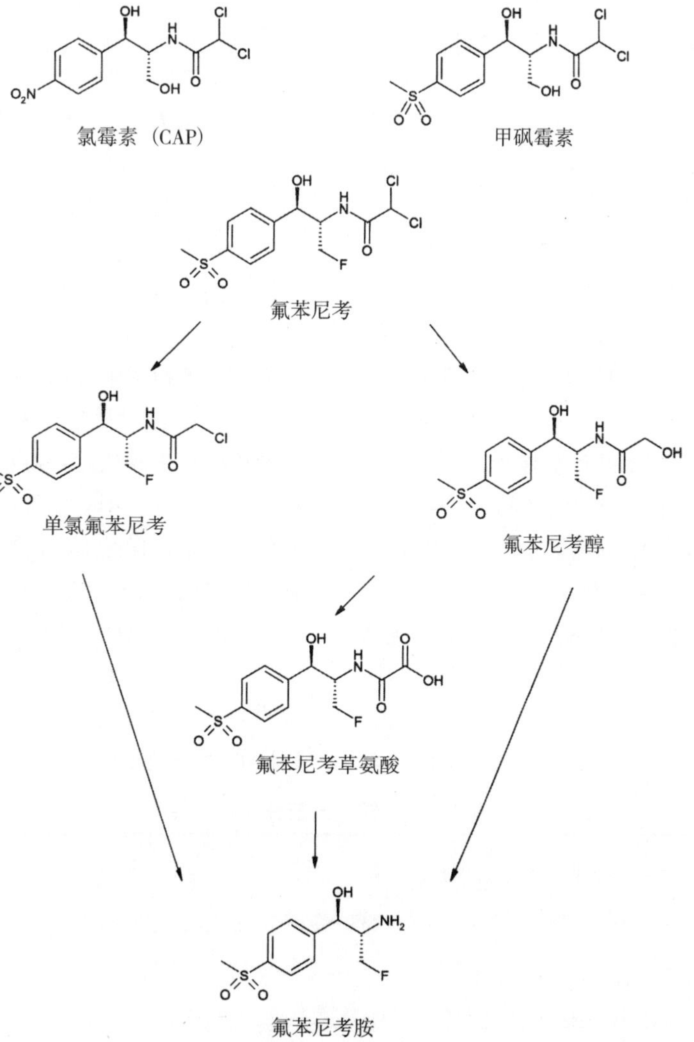

图 7.3 酰胺醇类药物及其代谢物

7.4.2 GC-MS 和 LC-MS 分析

采用有机溶剂（主要是乙酸乙酯）或磷酸缓冲溶液提取生物基质中的 CAP 后，用各种 LLE 和/或 SPE 法净化提取液[47-50,53]。采用气相色谱-化学电离-质谱法检测肌肉组织中 CAP 的残留时，检测限可低至 0.1 μg/kg；但由于基质干扰的原因，对尿液样本的分析结果往往不尽理想。在电子轰击（electron impact，EI，现又称电子电离）模式下，GC-MS 检测灵敏度稍差，但这种检测模式具有明显的优势，就是它获得的质谱可在电子数据库中搜索到。采用 GC-MS 检测 CAP 的主要缺点是，为了提高色谱性能，需要对样品进行衍生化处理。Gantverg 等[47]建立了一种 GC-EI-MS 方法检测尿液中的 CAP。样品经水解后，用乙酸乙酯提取，C18 固相萃取柱净化，最后用 N，O-双［三甲基硅烷基］三氟乙酰胺和 10% 三甲基氯硅烷对 CAP 衍生化。色谱柱为 HP-5MS 柱（30 m×0.25 mm i.d.，0.25 μm）。这种 CAP 检测方法在"较脏"的尿液中的检测限为 2 μg/L。另一种方法[48]是采用基质固相分散（matrix solid-phase dispersion，MSPD）选择性提取肌肉中的 CAP，用 GC-ECD 法进行检测。虽然该方法快速，只需消耗少量有机溶剂，但在牛、猪和马肌肉组织中 LODs 为 2~4 μg/kg，无法满足其 MRPL 低至 0.3 μg/kg 的监控要求。

最初由于 GC-MS 方法的可行性，对研究 LC-MS/MS 法来确证 CAP 并不重视，因此限制了该方法的使用。但采用 LC-MS 法检测无需对样品衍生化处理，且成熟的 LC-MS 方法检测 CAP 的能力与 GC-MS 法相当。因此，现在 LC-MS 法已成为检测 CAP 的常用方法。2003 年，荷兰和德国学者报道了大批虾的 CAP 阳性样品，人们对检测虾中的 CAP 兴趣大增。因此，研究开发了一系列新的 LC-MS 方法。Gantverg 等[47]指出，LC-APCI（-）-MS/MS 法的灵敏度与特异性均优于 GC-MS 法。即便在检测尿液中的 CAP 残留时，前者（LOD 为 0.02 μg/kg）灵敏度也低于后者（LOD 为 2 μg/kg）。Mottier 等[49]也报道了一种检测肉类和海产品中 CAP 残留的 LC-MS/MS 方法。样品采用乙酸乙酯提取，硅土 SPE 柱净化，色谱柱为 C18 柱，流动相为水-乙腈，用 ESI（-）-MS/MS 检测，鱼和虾中 CAP 的定量限可低至 0.05 μg/kg。空白鸡肉添加浓度为 2.5 μg/kg 所有样品中 CAP 的绝对回收率为 60%±5%（$n=4$）。Ramos 等[50]采用 LC-ESI（-）-MS 检测虾中的 CAP 残留，样品用磷酸盐提取，C18 SPE 柱净化后，用乙酸乙酯对洗脱液再次进行液-液萃取，最后用反相色谱柱进行分离，该方法的 LOQ 为 0.2 μg/kg。

Van de Riet 等[51]采用 LC-ESI（-）-MS 法同时检测人工养殖水产品中氯霉素、甲砜霉素和氟苯尼考的残留。样品用丙酮加压液体萃取（pressurized liquid extraction，PLE）后，经二氯甲烷进行液-液分配萃取，弃掉水层，将有机层蒸发至干。残渣用稀酸溶解，正己烷除脂，取水相进行检测。色谱柱为 C18 柱，流动相为水-乙腈，梯度洗脱。三种分析物的回收率为 71%~107%；氟苯尼考、氯霉素和甲砜霉素的 LODs 分别为 0.1 μg/kg、0.1 μg/kg 和 0.3 μg/kg。

Kaufmann 等[52]也建立了 LC-ESI（-）-MS/MS 检测方法。但他们指出，用粒径<2 μm 的高效液相［high performance LC（UPLC）］色谱柱进行分离，可显著降低检测限、提高检测效率。该方法采用酶解法将肾脏中与葡萄糖苷酸结合的 CAP 释放出来。提取液用硅藻土净化后，可直接注入柱径<2μm UPLC 色谱柱分析，且不会出现峰形迅速变差或堵塞色谱柱的情况。单个样品运行时间为 4.2 min。CAP 在蜂蜜和肾脏中的 CCα 分别为 0.007 μg/kg 和 0.011 μg/kg，远低于欧盟规定的 MRPL 值 0.3 μg/kg。

表 7.2 列出了其他现有的 LC-MS 方法，这些方法均要达到欧盟规定的低至 0.3 μg/kg 的 MRPL 值。LC-MS/MS 离子对见表 7.6。

表 7.2 氯霉素的部分检测方法

基质	提取与净化方法	仪器	检测限（μg/kg）	参考文献
肉类，海产品	LPE/LLE/SiOH SPE	LC-MS/MS [ESI（-）]	0.01	49
虾	LPE/LLE/C18 SPE LLE	LC-MS [ESI（-）]	0.02	50
肌肉、尿液	LPE/C18 SPE+衍生化	LC-MS/MS [APCI（-）]	0.02	47
		GC-EI-MS	2	
肌肉	MSPD+衍生化	GC-ECD	2~4	48

(续)

基质	提取与净化方法	仪器	检测限（μg/kg）	参考文献
肉类、海产品鸡蛋、蜂蜜、牛奶	LLE	LC-MS/MS[ESI（－）]	<0.01	53
尿液、血浆	LLE/SPE	LC-MS/MS[ESI（－）]	<0.01	

7.4.3 CAP 污染状况调查

近年来（到 2011 年止），禽肉和蜂蜜等食品中 CAP 残留的检出，对国际贸易产生了严重的影响。欧洲实验室对泰国出口的禽肉进行检测时，发现一些样品为 CAP 阳性。但经调查研究发现，这些家禽并没有在近期用药，无法找出 CAP 残留的来源。这种情况也有可能是委内瑞拉链丝菌（Streptomyces venezuelae，S. venezuelae）或其他放线菌产生的 CAP 污染造成的。有研究者在一个典型的家禽养殖环境中对这种可能性进行了调查研究[54]。在不同条件下，将正处于产生 CAP 阶段的 S. venezuelae 添加到家禽垫料中，对垫料中微生物的增长和 CAP 的浓度进行检测。结果表明，3～4 周后，已检测不到 S. venezuelae 活菌。且到第 3 周时，添加于垫料中的 S. venezuelae 生理盐水溶液中，CAP 的初始浓度（最高浓度为 0.6 μg/kg）已迅速降至检测方法的 LOQ（0.04 μg/kg）以下。对 5 个曾检出 CAP 阳性禽肉的家禽养殖场采集垫料样品进行检测，发现所有样品中均未检出 CAP 和 S. venezuelae。以上结果表明，养殖环境中微生物产生的药物引起养殖场氯霉素残留的可能性极小。

JECFA 对食品污染 CAP 的几种可能提出了假设。对自然摄入和土壤污染的可能性进行了评价。得出的结论是委员会无法完全排除食品有时会被环境污染的可能性。但目前尚无土壤中 CAP 的检测方法，因此没有分析数据可支持这种假设。

另一种假设是牧草和中草药（植物）从土壤中吸收和蓄积了 CAP。用含有 CAP 的牧草和中草药作为垫料或收割后用作动物饲料和草料，其中残留的 CAP 会导致动物源性食品被污染。已有研究表明，植物可从土壤中吸收四环素类等兽药[55]。为了验证这一假设，研究者对牧草和中草药样品中的 CAP 含量进行了检测分析。

7.4.4 中草药和牧草（饲料）中 CAP 的 LC-MS 分析

有研究报道了饲料（牧草和中草药）中污染 CAP 的检测方法[56]。采用 LC-MS/MS 对样品中的 CAP 进行分离检测。检测器为 Waters Quattro Ultima 质谱仪，ESI 正离子模式检测。用碰撞诱导解离 CAP，选择反应监测的离子对为 m/z：321＞152；321＞194 和 321＞257[37]。检测 Cl_2-CAP 时，监测离子对为 m/z：324.8＞152.0。应用该方法分析了约 110 个药草和牧草样品。其中有 26 个样品中 CAP 的浓度高达 450 μg/kg。

图 7.4 为混合药草的空白样品、空白添加样品（CAP 浓度为 2 μg/kg）、阳性样品（4 μg/kg）和阳性样品中添加 2 μg/kg CAP 的色谱图。

7.4.5 结论

监控动物源性食品中 CAP 残留的过程中，常采用极性相对较强的溶剂对样品进行液-液萃取，有时根据基质特性，需进一步采用固相萃取进行净化/富集。最后选用选择性强、灵敏度高的 UPLC-ESI（－）-MS/MS 法进行检测。检测限均远低于欧盟规定的 MRPL 值（0.3 μg/kg）。

LC-MS/MS 检测结果表明，植物中也可能含有 CAP。艾属和唐松草属植物以及牧草中均可检测到 CAP。众所周知，土壤中委内瑞拉链霉菌及有关微生物可产生 CAP。根据以上研究，人们认为植物可通过根系吸收土壤中产生的 CAP。但该假设还需做进一步研究验证，并需建立影响植物被 CAP 污染的环境参数。

上述结果表明，动物源性食品中 CAP 残留可能是由于污染而非用药（非法）引起的。以上结果对检测食品中 CAP 残留法规的应用也产生了重要影响。即使不对法规进行修改，也应对分析结果做出不同解释，并采取进一步行动，以及处罚有嫌疑非法使用 CAP 的生产厂家时做出一些改变。此外，零售店里的中草药产品中 CAP 的检出，使人们担心会接触到这种可疑致癌物。由于人用药如滴眼液中仍在使用 CAP，在国内产品中 CAP 一直被用作防腐剂，因此人们还担心很有可能会出现样品交叉污染的情况。实

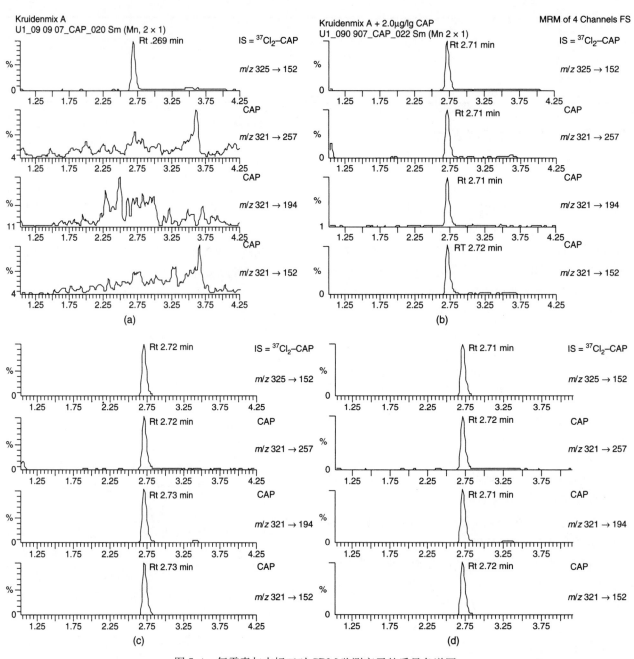

图 7.4 氯霉素与内标三对 SRM 监测离子的质量色谱图
(a) 空白中草药样品；(b) 空白中草药添加样品（2 μg/kg CAP）；(c) 当地商店购得的中草药混合物；
(d) 当地商店购得的中草药混合物添加样品（2 μg/kg CAP）

验过程中也应该考虑到这一点。

7.5 硝基呋喃类

7.5.1 背景

呋喃唑酮、呋喃它酮、呋喃西林和呋喃妥因（图 7.5）为硝基呋喃类抗菌药物，一直被广泛用作牛、猪和家禽的饲料添加剂，主要用于治疗胃肠道感染，如大肠杆菌和沙门氏菌引起的细菌性肠炎。直到研究证明呋喃唑酮具有致突变性和遗传毒性，才规定将呋喃唑酮及其类似物强制撤离市场。美国 FDA 分别于 1985 年和 1992 年禁止了呋喃它酮和其他硝基呋喃类药物（一些局部使用的药物除外）的使用。2002 年，呋喃唑酮和呋喃西林也禁止在食品动物局部使用。欧盟于 1997 年就禁止将硝基呋喃类抗菌药物用于食品动物。

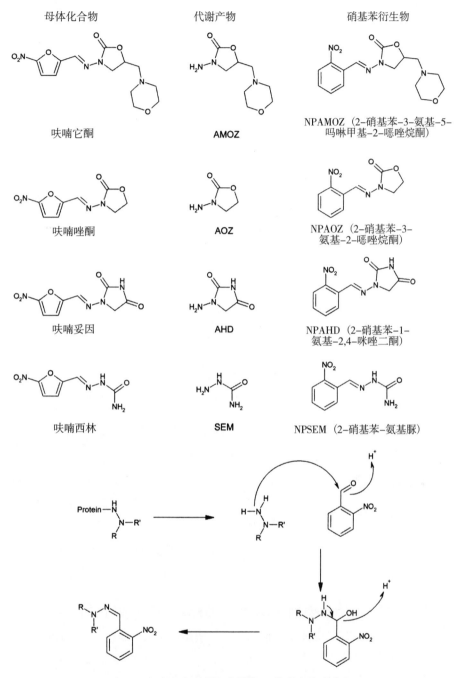

图 7.5 硝基呋喃类抗菌药物及其游离代谢产物
(AMOZ: 3-氨基-5-甲基吗啉-2-唑烷基酮; AOZ: 3-氨基-2-唑烷基酮; AHD: 1-氨基-2-内酰脲; SEM: 氨基脲) 和硝基苯衍生物的分子结构

2002年, 进口到欧盟的家禽和贝类被频繁检出硝基呋喃类药物残留。于是欧盟于2003年将禽肉和水产品中硝基呋喃类代谢物的 MRPLs 定为 1 μg/kg[46]。从东南亚进口的产品中, 主要是水产品, 仍可检测到硝基呋喃类代谢物残留, 其中, 检出率最高的是氨基脲 (semicarbazide, SEM, 呋喃西林的代谢物及残留标示物)[57]。

7.5.2 硝基呋喃类药物的分析

硝基呋喃类药物原形在动物体内会快速代谢, 在可食性组织中没有残留。因此, 不应将原药作为残留检测的目标分析物。硝基呋喃类药物可形成蛋白结合代谢物, 在给药后很长一段时间内仍可残留于组织中。

用于检测硝基呋喃类代谢物残留的常规方法是在酸性条件下水解蛋白结合代谢产物，再用2-硝基苯甲醛对样品进行衍生化处理（图7.5）。水解液经中和后，用乙酸乙酯提取，LC-UV 或 LC-MS/MS 方法检测残留物质[58,59]。在某些情况下，再进行液-液萃取[60]或固相萃取[61]，除去多余的基质成分。2008年，Vass 等[57]对现有检测方法进行了全面的综述。

7.5.3 硝基呋喃代谢物的鉴定

因为硝基呋喃代谢物的分子量很小，代谢标示物的特异性不高，SEM 尤其如此。但是，与组织结合的代谢产物特异性高，它们的检出即可说明动物服用过硝基呋喃。因此，检测方法主要是针对结合的残留物建立的[61,62]。样品进行酸解前，用水、甲醇和/或乙酸乙酯多次提取，以去除未结合的残留物。去除多余有机溶剂后，试样按标准方法进行处理，即可只对结合型硝基呋喃代谢物进行检测。

用 SEM 作呋喃西林代谢标示物的选择性较低。例如，偶氮二甲酰胺（azodicarbonamide，ADC，图7.6）的使用可使其迁移到食品中，此时采用 SEM 作残留标示物就会引起假阳性结果[63,64]。ADC 一直被广泛用作食品罐头密封垫片的发泡剂。起初，人们怀疑它与婴儿食品中高浓度的 SEM 有关[63,64]。密封食品罐时，需要进行加热，SEM 是在此加热过程中由 ADC 分解产生的副产物[65]。2005年，欧盟规定，在可能与食品接触的密封盖中，禁止使用 ADC 作发泡剂[66]。

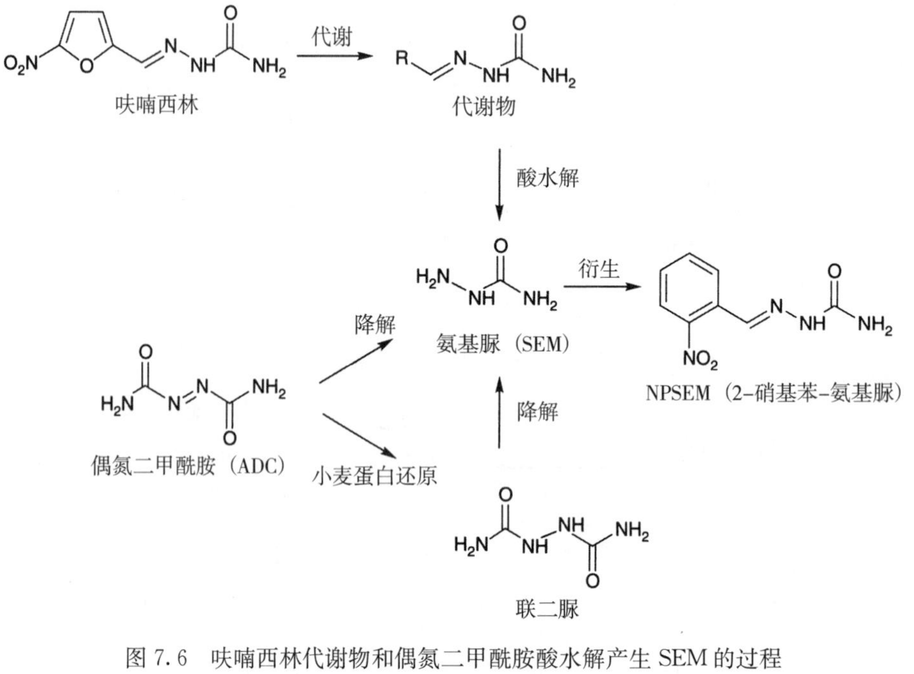

图 7.6 呋喃西林代谢物和偶氮二甲酰胺酸水解产生 SEM 的过程

在≤45 mg/kg 浓度水平下，ADC 也被用作面粉和面团改良剂[67]。在制备面团过程中，ADC 与湿面团反应，几乎定量地转化为联二脲[68,69]。据推测，联二脲酸解后可产生约 0.1% 的 SEM（图7.6）[68]。在涂抹制备或面包烹制中，若采用 ADC 作面粉或面团改良剂，可能会导致 SEM 残留，造成呋喃西林代谢物检测过程中出现假阳性结果。20 世纪 90 年代中期，欧洲已禁止将 ADC 用作面团改良剂，但美国、巴西以及加拿大仍允许使用 ADC[70]。联二脲是 ADC 的残留标示物，已建立了一种 SEM 阳性样品中联二脲的残留分析方法。在呋喃西林检测过程中，可用该方法有效地排除由于食品中使用 ADC 造成 SEM 残留的假阳性结果。欧盟基准实验室和加拿大食品检验局（CFIA）实验室也建议去除涂抹层并洗涤样品，以去除未结合的残留物。

7.5.4 结论

由于硝基呋喃类药物具有致突性和遗传毒性，欧盟及一些国家已将其列为违禁药物。但在从东南亚进口的产品中，主要是水产品，仍有硝基呋喃代谢物的检出，其中 SEM 的检出率最高。给药后，与蛋白结合的代谢产物在组织中残留时间较长，因此，在建立硝基呋喃类药物残留检测方法时，将蛋白结合代谢产物作为目标分析物。人们报道了各种食品中硝基呋喃代谢物残留的检测和鉴定方法。硝基呋喃代谢物分析过程中,主要的难点在于呋喃西林代谢标示物 SEM 的选择性较低。人们对 SEM 其他几个可能的来源进行了鉴别和研究,发现将 ADC 用作发泡剂或面粉改良剂是 SEM 最重要的来源。联二脲的分析方法可用于确定 SEM 的残留来源。此外,还建议去除包装外痕量污染,洗涤样品等,以去除未结合的残留物质。两种方法都可以有效排除由于 ADC 的存在引起的 SEM 假阳性结果。

7.6 硝基咪唑类药物及其代谢物

7.6.1 背景

硝基咪唑类药物是一类具有咪唑杂环结构的抗菌药物。通常所说的硝基咪唑类药物是指 5-硝基咪唑类药物,它的杂环第 5 位上连接了一个 NO$_2$ 基团[71]。直到 1990 年,欧盟才禁止该类药物的使用。硝基咪唑类药物可用于预防和治疗猪出血性肠炎[72]、禽组织滴虫病和球虫病、牛生殖道毛滴虫病[71]和鱼类寄生虫等[73]。由于其具有潜在的致癌性和致突变性,1990 年,欧盟法规 2377/90 规定,禁止将硝基咪唑类药物用于食品动物[14,74]。此外,由于 JECFA 无法制定硝基咪唑的每日允许摄入量,食品中兽药残留法典委员会(Codex Committee on Residues of Veterinary Drugs in Foods,CCRVDF)也无法制定硝基咪唑类药物的 MRLs[75]。随后,美国[72]、中国[72,76]和加拿大[77]也分别于 1994 年、1999 年和 2003 年禁止了该类药物的使用。根据欧盟理事会指令 96/23/EC 规定,欧盟及其他出口欧盟的国家需对硝基咪唑类药物的残留进行监控[78]。

文献中报道最多的是对地美硝唑(Dimetridazole,DMZ)、甲硝唑(Metronidazole,MNZ)和洛硝达唑(Ronidazole,RNZ)等(图 7.7)的检测方法。最近,人们建立的分析方法还将其他硝基咪唑类药物如卡咪唑(carnidazole,CNZ)、奥硝唑(ornidazole,ONZ)、替硝唑(tinidazole,TNZ)和特硝唑(ternidazole,TRZ)等列入检测范围内。大量的禽、牛、猪和鱼[79]中硝基咪唑类药物代谢研究表明,药物原型中咪唑环 C$_2$ 位上的侧链氧化生成的羟基代谢物,也引起了人们的关注。硝基咪唑类的羟基代谢产物通常可在动物体内迅速生成,其毒性与药物原型的毒性相当。对禽类[80]及虹鳟[73]的研究表明,药物原型的代谢情况与分析物和动物种类有关。因此,在残留监控过程中,有必要对原药及其代谢物同时进行监测[79]。据文献报道,代谢物 MNZ-OH、IPZ-OH 和 HMMNI(2-羟甲基-1-甲基-5-硝基咪唑)分别由 MNZ、IPZ 和 DMZ 代谢产生。HMMNI 也被确定为 RNZ 通过另一种代谢途径产生的代谢物[71]。但

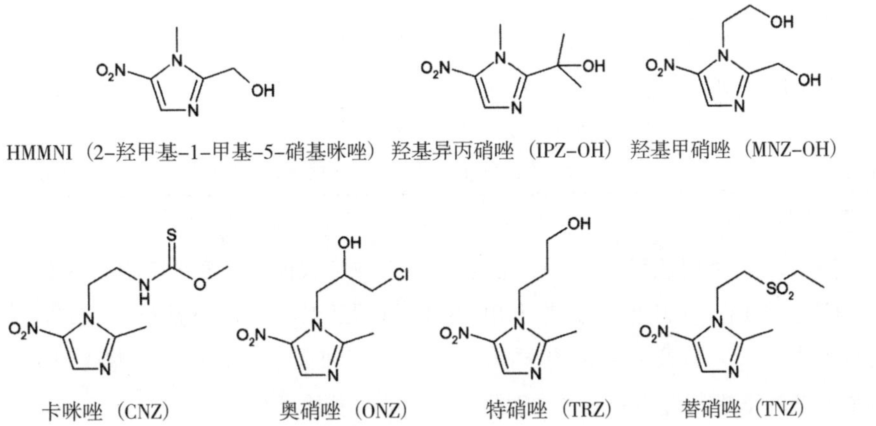

图 7.7 常见的硝基咪唑类药物及其代谢产物

HMMNI 不是 RNZ 的主要代谢物，因此也不适于单独用作 RNZ 的残留标示物。

7.6.2 分析

目前在猪、牛、禽类、鱼类和蜂蜜中建立了该类药物的残留分析方法，检测的组织因动物而异。例如，对于禽类，推荐检测血浆、视网膜和鸡蛋等基质[71,80]，而对于猪和牛，则推荐检测血浆、肝脏和肾脏[71,81]。研究表明，在 4℃ 条件下，硝基咪唑类药物在禽类肌肉中不稳定，在血浆和视网膜中则更稳定[80]。该研究称，肌肉组织中的其他分析物也存在上述同样的情况。上述推荐检测的组织不一定都能获得，但它们是监测中应该考虑的因素之一。

早期药物残留分析方法主要采用 HPLC-UV[73,82] 进行定量检测。由于 DMZ 的代谢物和 RNZ 经衍生化处理后会产生相同的衍生产物，以致难以对结果进行分析，因此早期常用的 GC 和 GC-MS[83,84] 法已不再用于硝基咪唑类药物的定量和确证。目前，LC-MS/MS 法是文献报道最多的方法，因为它在 1 μg/kg 浓度水平以下，仍具有较高的选择性和较强的确证能力。表 7.3 归纳了现有的定量和确证方法。此外，本章末的表 7.6 概括了现有文献中报道的 MS/MS 常用离子对。

表 7.3 硝基咪唑类药物及其相关羟基代谢物的定量、确证方法

分析物[a]	基质	食品	检测限	文献参考
DMZ, IPZ, MNZ, RNZ, ONZ, TRZ, CNZ, MNZ-OH, HMMNI, IPZ-OH	动物血浆	LC-MS/MS	0.5~1.6 μg/kg	71
DMZ, MNZ, IPZ	猪肝脏	LC-MS	0.5~1.0 μg/kg	72
DMZ, MNZ, RNZ, HMMNI	家禽、猪肉、鸡蛋	LC-MS/MS	0.5~0.27 μg/kg	76
DMZ, IPZ, MNZ, RNZ, MNZ-OH, HMMNI, IPZ-OH	禽肉、鱼、鸡蛋	LC-MS/MS	0.07~0.36 μg/kg	79
DMZ, IPZ, MNZ, RNZ, MNZ-OH, HMMNI, IPZ-OH	猪血浆	LC-MS/MS	0.25~1.0 ng/mL	81
DMZ, IPZ, MNZ, RNZ, MNZ-OH, HMMNI, IPZ-OH	猪肾脏	UPLC-MS/MS	0.05~0.5 μg/kg	88
DMZ, IPZ, MNZ, RNZ, ONZ, TRZ, CNZ, TNZ, MNZ-OH, HMMNI, IPZ-OH	鸡蛋	LC-MS/MS	0.3~1.26 μg/kg	89
DMZ, MNZ, RNZ	鸡蛋	LC-MS/MS	0.5 μg/kg	90
DMZ, IPZ, MNZ, RNZ, MNZ-OH, HMMNI, IPZ-OH	鸡蛋	LC-MS/MS	0.3 μg/kg	91
DMZ, IPZ, MNZ, RNZ, HMMNI	水	LC-MS	0.2 ng/mL	92
DMZ, MNZ, RNZ, HMMNI	猪尿液	LC-MS/MS	0.03~0.05 ng/mL	93
DMZ, MNZ, RNZ, HMMNI	猪肝脏	LC-MS/MS	0.1~0.5 μg/kg	94
DMZ, MNZ, RNZ, ONZ, TNZ, MNZ-OH, HMMNI	天然包装	LC-MS/MS	0.03~0.05 μg/kg	95
DMZ, IPZ, MNZ, RNZ, DMZ-OH	禽肉	LC-MS	5.0 μg/kg	85
DMZ	家禽组织、鸡蛋	LC-MS	<1.0 μg/kg	86
DMZ, RNZ, HMMNI	禽肉、鸡蛋	LC-MS	0.1~0.5 μg/kg	87

注：[a] 药物名缩写见本章最后列表。

样品提取过程中，常使用乙腈[71,76]和乙酸乙酯[85,88]等有机溶剂沉淀蛋白。文献中还报道了用二氯甲烷或甲苯提取的方法[86]，以及在氯化钠/磷酸二氢钾缓冲溶液的酸性条件下进行过夜酶解的方法[81]。对样品进行酶解的原因是残留物可能与组织相结合，但应用这种方法进行检测的不多。有研究者在乙腈提取后还对样品进行盐析[71,79]，以去除提取液中的杂质[71]和水分[79]。目前一些检测方法采用氘代内标来减小基质干扰[71,88]。

大多数硝基咪唑类药物检测方法采用固相萃取等

手段对样品进行进一步净化处理。常用的吸附剂有 Oasis HLB[79,92]、Oasis MCX[88]、Chromabond XTR[81]、SCX[87,95]、Bakerbond Silica[86] 和 MIP-SPE（分子印迹固相萃取）等。此外，很多方法还采用正己烷等溶剂进行淋洗，以去除样品中的非极性杂质，再上机检测。在最新研究中[71,76]，人们认为近年来 MS/MS 技术的提高和内标的使用可减小基质干扰，因此只需对样品做简单净化即可，而不再采用 SPE 等方法对样品进行进一步净化。

7.6.3 结论

根据现有知识，建议采用乙腈或乙酸乙酯等有机溶剂提取样品。建立的分析方法应对动物靶组织中至少七种硝基咪唑类药物（原药：DMZ、IPZ、MNZ 和 RNZ，代谢物：HMMNI、IPZ-OH 和 MNZ-OH）进行监控，采用 LC-MS/MS 检测，确证浓度应低于 3 μg/kg。是否需要对样品进行水解仍有待研究，但普遍认为没有必要进行水解处理。

7.7 磺胺类药物及其 N^4-乙酰化代谢物

7.7.1 背景

磺胺类药物是一类广谱抗菌药物。早在几十年前，该类药物就在全球范围内广泛用于水产养殖业和畜牧业[96,97]，其使用历史可追溯到 19 世纪 60 年代或者更早[98]。磺胺类药物被广泛应用的原因主要是其价格低廉，并可有效防治疾病和感染，如可治疗各种家畜的腐蹄病、急性乳房炎、呼吸道感染、球虫感染[99]，以及欧洲和美洲蜜蜂幼虫腐臭病[100,101]，家禽的住白细胞虫病等[102]。磺胺类药物的化学结构特征是对氨基苯环的 N^4 位上连接一个芳香氨基。磺胺类药物都是以氨基苯磺酰胺为基本结构的衍生物，只是 N^1 位上的取代基不同[96]。

目前，很多地区允许使用磺胺类药物。不同法规对于单残留[103,104]和多残留[105,106]的规定不同。例如，在加拿大，15 种磺胺类药物允许用于牛、羊、猪、马、鸡、火鸡、兔以及大麻哈鱼等多种动物[103]，并规定每种磺胺类药物在可食性组织和牛奶中的 MRLs 分别为 100 μg/kg 和 10 μg/kg。具体规定根据药物和动物来定。例如：对大麻哈鱼仅允许使用磺胺嘧啶和磺胺二甲氧嘧啶。此外，增效剂、奥美普林、甲氧苄氨嘧啶也允许使用，MRL 为 100 μg/kg。美国对磺胺类药物的单残留容许量也做出了相应规定[104]。大多数药物在可食性组织和牛奶中的残留容许量分别为 100 μg/kg 和 10 μg/kg。与加拿大一样，动物和药物不同，残留允许量也不同。目前，美国批准使用的磺胺类药物有 8 种。美国规定的磺胺硝苯残留容许量（为 0）也考虑了其代谢物的残留[107]。欧盟法规是根据磺胺类药物原药的残留总量来制定 MRL 的。所有食品动物的可食性组织和牛奶中总残留限量为 100 μg/kg[14]。与欧盟一样，中国也是以总残留量 100 μg/kg 作为立法依据的[99,106]。目前，食品法典委员会（CAC）仅对磺胺二甲嘧啶的 MRLs 作了规定：在牛奶中为 25 μg/kg，在动物肌肉、脂肪、肾脏及肝脏中为 100 μg/kg[19]。此外，值得注意的是，任何地区都禁止将磺胺类药物用于蜂蜜和鸡蛋中。目前，JECFA 仅对磺胺二甲嘧啶和磺胺噻唑两种磺胺类药物进行了评价[75]。但国际相关法规机构认为至少有 16 种磺胺类药物包括磺胺苯酰、磺胺醋酰、磺胺氯达嗪、磺胺嘧啶、磺胺二甲氧嘧啶、磺胺多辛、磺胺乙氧达嗪、磺胺脒、磺胺甲嘧啶、磺胺二甲嘧啶、对氨基苯磺酰胺、磺胺硝苯、磺胺吡啶、磺胺喹噁啉和磺胺噻唑应该被关注[14,103]。此外，文献还报道了磺胺甲氧嗪、磺胺甲噁唑、磺胺间甲氧嘧啶[102]、磺胺甲二唑[108]、磺胺二甲异嘧啶、磺胺噁唑、磺胺对甲氧嘧啶、磺胺异噁唑和磺胺苯吡唑的检测方法[109]。根据检测基质和目的的不同，目前文献报道的方法适用于 10~24 种磺胺类药物的残留分析[102,109]。

7.7.2 N^4-乙酰化代谢物

除原型药外，磺胺类药物代谢物的残留也引起了人们的关注。目前的法规中还未涉及代谢物的残留分析。但研究表明，磺胺类药物会产生广泛的体内代谢，在某些情况下，建议以代谢物作残留标示物来监控磺胺类药物的残留[110,111]。磺胺类药物在不同动物体内代谢情况不同，但主要还是在肝脏中代谢，通过氧化反应和乙酰化反应产生主要代谢产物[112]。现有文献中人们最关注的是磺胺类药物的代谢途径，并认为 N^4-乙酰化作用是该类药物在动物以及人体内的主要代谢途径[112,113]。虽然原药与代谢物之比一般较低，但还是应该采用新的方法来研究代谢物。因为代谢物的蛋白结合率可能比原药的更高，血浆中的磺胺类药物便是如此；此外，代谢物也可能在体内外脱去乙酰基，重新转变成原药[115,116]。在建立检测方法时需要把这两种因素都考虑进去。

在酸性条件下，N^4-乙酰化代谢物不太稳定，且可能脱去乙酰基重新转变为原药。这是在分析过程中存在的难点[117]。目前的残留法规是根据原型药制定的，因此，提取过程中代谢物转变为原药，可能会导致结果产生误差或假阳性。N^4-乙酰化代谢物的检测虽然非常重要，但仍需建立一种能够单独检测母体化合物以及代谢产物的方法。在没有分析物标准品的情况下，要对校正因子引起重视，因为原药与代谢物之间的校正因子是不同的[117]。Heller 等人对产蛋母鸡中 15 种磺胺类药物的残留进行了研究[111]。结果发现所有低浓度的 N^4-乙酰-磺胺二甲嘧啶、磺胺二甲氧嘧啶、磺胺喹噁啉等药物都会产生 N^4-乙酰代谢物。作者认为，可采用 N^4-乙酰氨苯磺胺作为监控产蛋母鸡中磺胺醋酰、对氨基苯磺酰胺的残留标示物；而其他磺胺类药物则可用原药作残留标示物。文献还报道了鸡蛋[111,115]、牛奶[118]、动物组织[119,120]、动物血浆[113,116]中代谢物残留的检测方法。虽然目前欧盟的法规只针对磺胺类药物原药的残留进行了规定，但是将来的研究必须考虑代谢产物的存在。因为按照目前欧盟最高残留限量的定义，代谢产物水解转化为原药可导致假阳性检测结果的产生。

7.7.3 分析

文献报道了猪肉、牛肉和禽肉等组织以及鱼、蜂蜜、牛奶中磺胺类药物残留的不同检测方法。定量分析方法有 HPLC-UV[121,122]、CE-FLD[123]、CE-MS[124,125]、LC-MS[126] 和 GC-MS[127,128]。但采用 GC-MS 检测常需要进行繁琐的衍生化处理。目前，多采用 LC-MS/MS 进行定量，这是因为其灵敏度高且确证能力强[97,102]。表 7.4 综述了最新的质谱检测方法。此外，一些文献对磺胺类药物现有的残留分析方法进行了全面综述，也具有很好的参考价值[96,129]。表 7.6 总结了现有文献中用于磺胺类药物残留确证的 MS/MS 离子对。所有磺胺类药物都具有相同的基本结构，因此最常见的子离子为 m/z 156、m/z 108 和 m/z 92。N^4-乙酰化代谢物监测离子为母体化合物分子量 +42 Da，例如：SDM 监测 m/z 251，N^4-乙酰 SDM 则监测 m/z 292[119]。N^4-乙酰化代谢物与母体化合物监测的子离子相同[111]。文献也报道了一些样品提取方法。根据磺胺类药物的极性，可用有机溶剂进行提取[109,110]。其中，乙腈是最常用的提取溶剂[109,133]。用于提取和沉淀蛋白的其他有机溶剂有：二氯甲烷[102,134]、丙酮[102]、乙醇[118]、氯仿[119]和乙酸乙酯[142]，这些溶剂常单独或联合使用。另外，还可采用酸，如高氯酸[120]或甲酸[108]，或采用碱性缓冲液，如磷酸二氢钾[139]和硫酸铵[113,115]等方法沉淀蛋白。处理蜂蜜样品时，则采用酸，如三氯乙酸[134,140]、盐酸[100,136]、磷酸[137]等水解样品，将与碳水化合物结合的药物释放出来。文献还报道了加压溶剂萃取[124,138]、基质分散固相萃取[126,130]、磁性分子印迹技术[101]等其他提取方法。另外，有研究者发现，因为不同磺胺类药物的 pK_a 差异很大，药物的回收率与提取液的 pH 也有很大关系[110,137]。

一些净化方法还会采用氯仿[97,106]、乙酸乙酯[109]等溶液对样品进行进一步液-液萃取。而另一些研究人员则采用超滤进行进一步净化[115,116]。此外，一些方法普遍采用正己烷[97,133]进一步去除如脂肪和类脂等非极性基质成分。到目前为止，固相萃取技术是最常用的样品净化方法。常用的固相萃取柱有 C18 柱如 SepPak C18[111]、Strata X[133]、Chromobond C18[143]和 Mega Bond Elut C18[131]柱等。此外，还报道了使用硅土、氧化铝、Extralut 柱，以及 Oasis HLB[100,139]等聚合物柱的相关研究。据报道，Oasis HLB 柱可用于在线净化样品[136]。由于磺胺类药物同时具备弱酸和弱碱的两性特征，因此也可采用离子交换柱如阳离子交换柱[101,128]和阴离子交换柱[128,142]进行净化。

表 7.4 磺胺类药物及其代谢产物的质谱检测方法

分析物	基质	仪器	检测限	参考文献
17 种磺胺类药物	大麻哈鱼	LC-MS/MS	0.1～0.9 μg/kg	97
14 种磺胺类药物	蜂蜜	LC-MS/MS	0.5～5.0 μg/kg	100
7 种磺胺类药物	蜂蜜	LC-MS/MS	1.0～4.0 μg/kg	101
10 种磺胺类药物	鸡蛋	LC-MS/MS	16～20 μg/kg	102
17 种磺胺类药物	猪组织	LC-MS/MS	0.01～1.0 μg/kg	106

(续)

分析物	基质	仪器	检测限	参考文献
9 种磺胺类药物	牛奶	LC-MS/MS	0.2～2.0 ng/mL	108
24 种磺胺类药物	肉类	UPLC-MS/MS	0.04～0.37 μg/kg	109
15 种磺胺类药物＋代谢产物	鸡蛋[a]	LC-UV/LC-MS/MS	5.0～10 μg/kg	111
4 种磺胺类药物＋代谢产物	猪肉[a]	LC-UV/LC-MS	25 μg/kg	119
12 种磺胺类药物	猪肉	CE-MS/MS	<12.5 μg/kg	124
10 种磺胺类药物	肉类	CE-MS/MS	5～80 μg/kg	125
15 种磺胺类药物	鸡蛋	GC-MS/LC-MS	<25 μg/kg	128
6 种磺胺类药物	牛肉、猪肉、鸡肉	LC-MS	2.0～12.0 μg/kg	130
25 种磺胺类药物	畜产品、海产品	LC-MS/MS	2.5～5.0 μg/kg	131
5 种磺胺类药物	牛奶	LC-MS/MS	<3.0 μg/kg	132
10 种磺胺类药物	鸡蛋、蜂蜜	UPLC-MS/MS	7.0～25 μg/kg	133
16 种磺胺类药物	蜂蜜	LC-MS/MS	0.4～4.5 μg/kg	134
12 种磺胺类药物	奶酪	LC-MS/MS	<0.2 μg/kg	135
7 种磺胺类药物	蜂蜜	LC-MS/MS	<2.0 μg/kg	136
16 种磺胺类药物	蜂蜜	LC-MS/MS	0.5～6.0 μg/kg	137
13 种磺胺类药物	肉类、婴儿食品	LC-MS/MS	<2.6 μg/kg	138
3 种磺胺类药物	牛奶、奶酪	LC-MS/MS	1.2 μg/kg	139
10 种磺胺类药物	蜂蜜	LC-MS/MS	<10 μg/kg	140
7 种磺胺类药物	牛奶	LDTD-MS/MS	<5.0 μg/kg	141

注：[a] 该方法考虑了代谢产物。

7.7.4 结论

建议最新的分析方法要能够检测世界范围内规定的最少 16 种以上磺胺类药物的残留。此外，还应关注其代谢产物如 N^4-乙酰代谢物等，因为在某些情况下，研究人员建议将其用作残留标示物。由于分析过程中代谢产物水解后可转变为原型药，因此按现行法规进行判定，可能会产生假阳性结果。然而，检测蜂蜜中磺胺类药物时则推荐对样品进行水解。检测方面，多采用液相色谱-串联质谱对磺胺类药物进行定量和确证分析。目前，本类药物法定残留限量设定的范围为 10～100 μg/kg。但检测限更低会更好，因为并未对所有商品中的磺胺类药物进行监管。

不过值得注意的是，除草剂黄草灵的降解产物对环境造成的污染也会引起蜂蜜中的磺胺类药物的残留[145]。

7.8 四环素类药物及其 4 位差向异构体

7.8.1 背景

四环素类药物是一类广谱抗生素，因化学结构中均具有氢化骈四苯环而得名[146]。该类药物在畜牧业中已被广泛用于防治动物疾病和促进动物生长[147]。在水产养殖中用于治疗鲶的细菌性出血性败血病以及液化假单胞菌引起的疾病[148]。在奶牛养殖中用于治疗乳房炎[149]，在养蜂业中用于治疗美洲、欧洲幼虫腐臭病[150]。

目前，市场上销售的四环素类药物有 9 种，包括四环素（tetracycline, TC）、金霉素（chlortetracycline, CTC）、多西环素（doxycycline, DC）、土霉素（oxytetracycline, OTC）、米诺环素（minocycline, MC）、地美环素（demeclocycline, DMC）、甲烯土霉

素（methacycline，MTC）、四环素前体药物氢吡四环素（rolitetracycline，RTC）和替加环素（一种重要的新的人用药）[150,151]。世界各国仅对食品动物中OTC、TC、CTC和DC的使用做了规定[14,103]。同样，新建立的分析方法，主要检测这四种药物的残留。MC、DMC、MTC和RTC主要用于人医，但其有可能被非法用于动物，因此，现代残留检测方法也对这些药物进行同时检测[150,152]。除原型药外，上述四种四环素类药物的代谢物也受到了人们的关注。四环素不稳定，其在弱酸、强酸、强碱或加热条件下，易发生异构化或差向异构化反应[151,153]。因此，欧盟对CTC、TC和OTC的4-差向异构体的MRLs也做了规定[14]。

不同地区的监管方法不同。CAC规定了单独用药和联合用药后，牛、猪、绵羊、禽类、鱼（仅OTC）和对虾（仅OTC）中OTC、TC和CTC的残留限量[19]。

JECFA规定的ADI为0～30 μg/（kg·bw），据此，CAC规定肌肉、肝脏、肾脏、牛奶和鸡蛋中的现行MRLs分别为200 μg/kg、600 μg/kg、1 200 μg/kg、100 μg/kg和400 μg/kg[75]。加拿大允许OTC、TC和CTC用于牛、猪、绵羊、鸡和火鸡中，仅OTC允许用于大麻哈鱼和龙虾，鸡蛋中禁止检出TC[103]。加拿大规定肌肉、肝脏、肾脏、牛奶和鸡蛋中的MRLs分别为200 μg/kg、600 μg/kg、1 200 μg/kg、100 μg/kg和400 μg/kg。美国FDA指南是根据可检测到的四环素类药物残留物的总量制定的。目前，允许OTC、CTC和TC用于肉牛、非泌乳期奶牛、犊牛、猪、绵羊、鸡、火鸡和鸭，龙虾和有鳍鱼中仅允许检出OTC，鸡蛋中允许检出CTC[104]。美国规定肌肉、肝脏、脂肪、肾脏、鸡蛋和牛奶中的允许残留量分别为2 000 μg/kg、6 000 μg/kg、12 000 μg/kg、12 000 μg/kg、400 μg/kg和300 μg/kg。欧盟法规是根据OTC、TC和CTC的原药及4-差向异构体残留总量制定的[14]。同样，欧盟规定了所有食品动物的肌肉、肝脏、肾脏、牛奶和鸡蛋中MRLs分别为100 μg/kg、300 μg/kg、600 μg/kg、100 μg/kg和200 μg/kg。此外，还规定了牛、猪和家禽中DC原药的MRLs，肌肉为100 μg/kg，肝脏为300 μg/kg，肾脏为600 μg/kg，皮脂为300 μg/kg（仅猪和家禽）。

选择适当的检测方法（残留标示物，分析范围等）部分取决于所应用的法规，因为不同地区规定的残留限量不同。由于CTC、OTC和TC的差向异构是一个平衡反应过程，因此差向异构体常或多或少地存在于分析物标准品中，而且在提取净化过程中也会产生。即便本地法规未做规定，但仍需对原药和差向异构体进行分离和定量，这使得分析方法的建立变得更难。

7.8.2 分析

目前人们已建立了不同的分析方法对牛、猪、家禽、绵羊和鱼的组织，鸡蛋，蜂蜜和牛奶中的四环素类药物进行检测。定量方法有CE[148,159]和HPLC。HPLC用得更多，常用检测器有紫外检测器[160,161]、二极管阵列检测器[152]或荧光检测器[162,163]。最新方法中都采用LC-MS[164,165]和LC-MS/MS[149,153]技术进行定量，因为它们具有选择性强、检测限低和确证能力强等优点。许多学者认为，四环素类的容许浓度用HPLC-DAD就足以定量了；但如果要对结果进行确证，还是建议采用LC-MS/MS技术[8]。表7.5对检测不同基质中四环素类药物的现有质谱方法进行了概括。此外，表7.6归纳了目前用于监测四环素类药物及其4-差向异构体的MS/MS离子对。AOAC官方分析方法也可作为检测动物组织[161]和牛奶[166]中四环素类药物残留的参考方法。

表7.5　四环素类药物及其相关降解代谢物的质谱定量、确证方法

分析物	基质	仪器	检测限（μg/kg）	参考文献
OTC，TC，CTC，DC，4-epi-TC，4-epi-CTC，4-epi-OTC	动物肌肉	LC-MS/MS	0.3～3.0	146
OTC，TC，CTC，DC，DMC，MTC，4-epi-TC，4-epi-OTC，4-epi-CTC，其他降解产物	牛奶	LC-MS/MS	0.3～3.7	149
OTC，TC，CTC，DC，MC，MTC，DMC，RTC	蜂蜜	LC-TOF-MS	0.02～1.0	150

(续)

分析物	基质	仪器	检测限（μg/kg）	参考文献
OTC，TC，CTC，DC，DMC，MC，MTC，4-epi-TC，4-epi-CTC，4-epi OTC	牛奶、动物肌肉	LC-MS/MS	0.5～10.0	151
OTC，TC，CTC，DC，DMC，4-epi-TC，4-epi-CTC，4-epi OTC	牛肌肉、鸡肌肉、猪肌肉、羊肌肉	LC-MS/MS	0.1～0.3	153
OTC，TC，CTC，DC，4-epi-TC，4-epi-CTC，4-epi-OTC	猪组织	LC-MS/MS	0.5～4.5	154
OTC，4-epi OTC	牛肌肉、肝脏、肾脏	LC-MS/MS	0.8～48.2	155
OTC，TC，CTC	蜂蜜和蜂王浆	LC-MS/MS	1.0～3.0	156
OTC，TC，4-epi TC	小牛毛	UPLC-MS/MS	6.0～10.0	157
OTC，TC，CTC，4-epi-TC，4-epi-CTC，4-epi OTC	鸡蛋	生物分析/LC-MS/MS	4.0	170
OTC，TC，CTC，DC，MTC	蜂蜜和鸡蛋	生物传感器/LC-MS/MS	5.0～25.0	158
OTC，TC，CTC	猪肾脏、肌肉	LC-FLD/LC-MS	15.0～30.0	164
OTC，TC，CTC	虾和牛奶	LC-UV/LC-MS	15.0	165
OTC，TC，CTC，DC	蜂王浆	LC-MS/MS	<1.0	173
OTC，TC，CTC，DC	龙虾、鸭肉、蜂蜜、鸡蛋	LC-MS/MS	0.1～0.3	175
OTC，TC，CTC，DC	动物组织、牛奶	LC-MS/MS	1.0～4.0	176
OTC，TC，CTC，DC	动物肌肉	LC-MS/MS	5.0～30.0	178

四环素类药物的化学性质不稳定，提取过程中药物会发生降解，由此引发的问题已受到人们的关注。四环素类药物最主要的降解产物是 OTC、TC 和 CTC 的4-差向异构体，它们可能是在提取过程中由于温和酸性条件、过热和/或提取时间过长等原因产生的。监管人员所面临的挑战是各地区用于检测四环素及其相应差向异构体的方法不相同。欧盟关于 MRL 的法规是根据各四环素类药物的原型药及其差向异构体（DC 除外）的总量来制定的，因此测定每种药物本身的含量非常重要，要防止人为因素的干扰。

对于只根据原型药制定 MRLs 或容许量的情况，要尽量避免将差向异构体算入其中，否则会低估分析物的含量。在定量过程中，一定要注意四环素类药物与其相应差向异构体的校正因子。有研究报道了蜂蜜中 OTC、TC、DMC 及 CTC 的 4-差向异构体和 DC 的 6-差向异构体的校正因子分别为 0.9、1.2、0.84、1.26 和 1.32[167]。在碱性条件下产生同分异构体和在水溶液中产生酮-烯醇式互变异构体也是人们关注的问题之一[149]。由于四环素类药物及其降解产物是非对映异构体（构象仅发生微小变化），因此二者化学式相同，且在 MS 检测器中形成的碎片离子也很相似，以致它们的质谱图难以区分，有必要通过色谱分离对两种形式进行鉴别[151]。

四环素类药物的极性使其能够与蛋白质牢固结合，还可与二价金属离子螯合[168,169]。因此，提取样品时大多会采用加入金属螯合剂的酸性溶剂提取[146]，并进一步沉淀蛋白。最常用的金属螯合剂是 Na_2EDTA-McIlvaine 缓冲溶液（pH 4）[161]。McIlvaine 缓冲液是四环素类药物的常用提取溶液，由柠檬酸和磷酸二氢钾配制而成[163]。其他常用的缓冲溶液有草酸[151]、琥珀酸[165]和柠檬酸[170]。这些缓冲液常与乙酸乙酯[171]和乙腈[149]等有机溶剂联合使用。可采用三氟乙酸[152]、三氯乙酸[172,173]和硫酸[169]等强酸进一步沉淀蛋白。文献报道的方法大多是在温和的酸性条件下（pH 2～6）进行提取，因为在酸性更强的环境中分析物易发生降解[149,153]。也有文献报道采用 PLE 提取样品[153]。

目前文献报道的方法多采用 SPE 对样品做进一步净化处理。但需要注意的是，四环素类药物可与硅胶基质填料中的硅烷醇基结合，从而造成 SPE 过程中分析物的损失，液相色谱分离过程中柱效差、回收率低以及色谱峰拖尾等问题[150,168]。有研究者尝试采用其他非硅胶类填料的 SPE 柱和色谱柱，在流动相中加入草酸等方法来解决这个问题[174]。鉴于上述原因，大多数方法采用聚合物填料如 Oasis HLB[149,153] 或非硅胶类 C18 填料，以避免分析物与硅醇基反应。常用的固相萃取柱有 Agilent Sampli Q OPT[151]、MIP[175]、离子交换树脂[159]、Bond Elut LRC-PRS[163]、Bond Elut ENV[176]、LiChrolut[152]、Nexus[152,174]、Discovery DSC 苯基[177]、MCX[178]、羧酸[171]和螯合树脂（采用金属螯合层析技术，可充分利用四环素类药物可与金属离子结合的性质）等柱[168]。使用硅胶吸附剂时，常加入 EDTA[147,150]。有文献对食品中四环素类药物的残留分析方法进行了综述，可供参考[179-182]。

7.8.3 结论

根据现有知识，建立四环素类药物的残留分析方法时，应在温和酸性条件下提取样品，并加入金属螯合剂，用 SPE 净化。此外，建立的方法要能够对 OTC、TC、CTC、DC 及其相应 4-差向异构体进行检测和定量。建议采用选择性高的 LC-MS/MS 方法进行确证。

7.9 其他药物

7.9.1 氨基糖苷类

氨基糖苷类抗菌药物（图 7.8）极性较强，且没有可检测的发色基团，因此人们一直难以对其在动物组织中的痕量残留进行定量和确证。氨基糖苷类药物的 MRLs 一般都相对较高。如澳大利亚规定新霉素的 MRLs 为 500～10 000 μg/kg，与 CAC 修订的 MRLs 相同；欧盟 MRLs 为 500～5 000 μg/kg；美国允许残留量为 150～7 200 μg/kg[183]。

采用 LC-MS 法分析该类药物时，其原型药难以较好地保留在常用的反相色谱柱中[184]。研究者尝试用离子对试剂如氟代酸等来解决这个问题[185]。另一种方法是采用亲水作用色谱（hydrophilic interaction liquid chromatography, HILIC）法吸附、分离氨基糖苷类药物，再采用质谱进行检测（见第 6 章）[186]，但需要较高浓度的缓冲溶液（＞0.1mol/L）才能很好地将分析物与杂质分离。

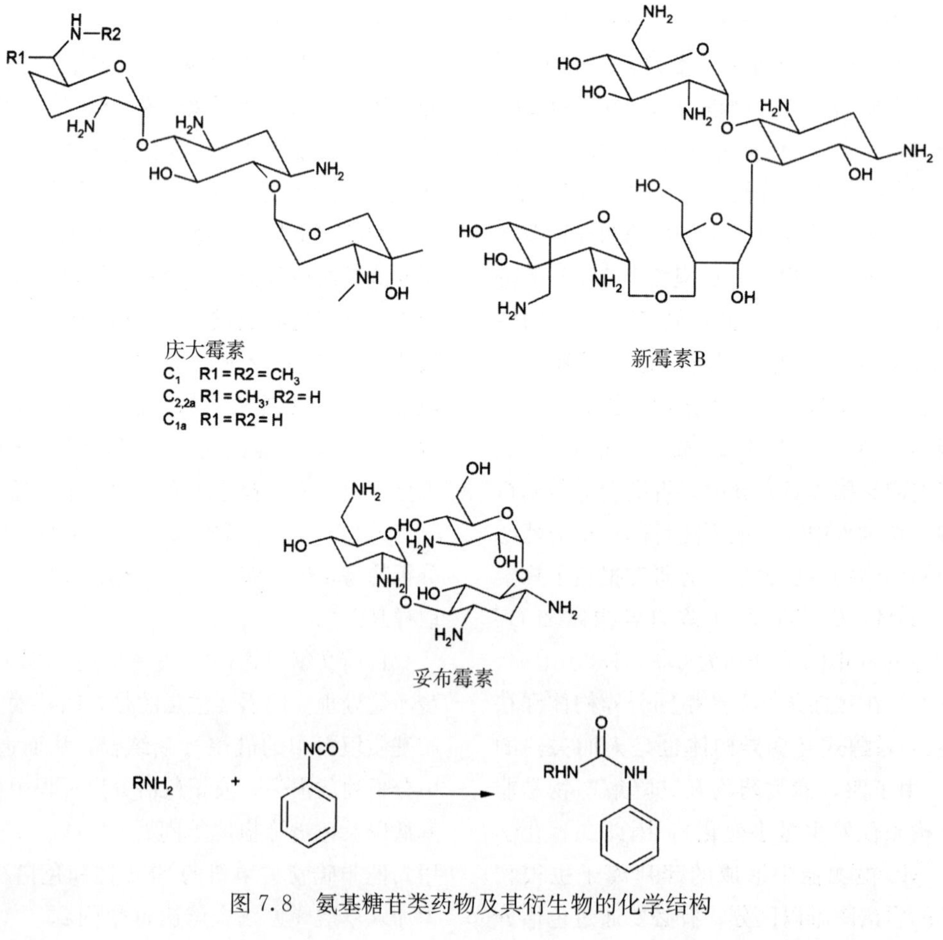

图 7.8 氨基糖苷类药物及其衍生物的化学结构

一种新的方法是采用异氰酸苯酯对氨基糖苷类药物进行衍生化处理（图7.8）[187]。每种氨基糖苷类药物都有多个可衍生位点。衍生化反应条件温和，反应迅速。相比原药，衍生产物可更好地保留在色谱柱上，且在LC-MS分析过程中的响应也更高。这种方法已用于牛奶中氨基糖苷类药物的检测，检出浓度可低至10～12 μg/L[188]。牛奶样品经脱脂处理后，加入缓冲溶液，用弱阳离子交换柱净化，用酸化甲醇洗脱分析物，将洗脱液蒸干，残渣用水、三乙胺-乙腈和异氰酸苯酯-乙腈复溶后，进行衍生化处理。该反应几乎可瞬时完成，无需对样品做孵育处理。用YMC-AQ反相色谱柱分离衍生产物，流动相为甲酸-乙腈溶液，梯度洗脱。Thermo DECA离子阱质谱检测器进行二级质谱分析。表7.6归纳了监测的母离子和子离子。采用这种方法处理分析样品，回收率为80%～120%，RSD（相对标准偏差）在25%以下。图7.9为质谱裂解图谱。采用这种方法，无需特定的色谱柱，也不需要流动相添加剂，即可对氨基糖苷类药物的残留进行有效检测。

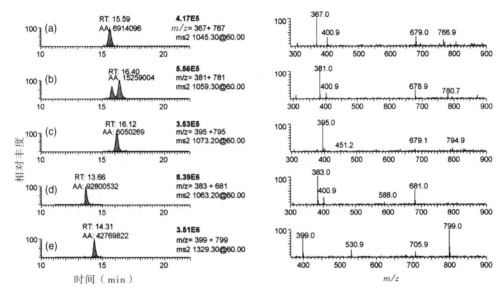

图7.9 牛奶中添加0.06 μg/kg氨基糖苷类药物，其异氰酸苯酯衍生物用LC-MS²检测
(a) [庆大霉素 C_{1a} (PhIC) 5H]⁺; (b) [庆大霉素 C_2, 2a (PhIC) 5H]⁺; (c) [庆大霉素 C_1 (PhIC) 5H]⁺;
(d) [妥布霉素 (PhIC) 5H]⁺; (e) [新霉素 B (PhIC) 6H]⁺

表7.6 抗菌药物的LC-MS/MS确证分析离子对

分析物	用到的缩写	母离子（m/z）	子离子（m/z）
喹噁啉类			
喹噁啉-2-羧酸	QCA	175	129/102/75
3-甲基喹噁啉-2-羧酸	mQCA	189	145/134/102
脱二氧卡巴氧	DCBX	231	143/102
酰胺醇类			
氯霉素	CAP	321	257/194/152
氟苯尼考		356	336/185
氟苯尼考胺		248	230/130
硝基呋喃-2-硝基苯甲醛衍生物			
2-硝基苯 1-氨基-2, 4-咪唑二酮	NPAHD	249	134/178
2-硝基苯 3-氨基-5-吗啉甲基-2-噁唑烷酮	NPAMOZ	335	262/291
2-硝基苯 3-氨基-2-噁唑烷酮	NPAOZ	236	104/134

（续）

分析物	用到的缩写	母离子（m/z）	子离子（m/z）
氨基脲	MPSEM	209	166/192/134
硝基咪唑类			
地美硝唑	DMZ	142	96/81
甲硝唑	MNZ	172	128/82
罗硝唑	RNZ	201	140/110/55
异丙硝唑	IPZ	170	124/109
卡咪唑	CNZ	245	118/75
奥硝唑	ONZ	220	128/82
替硝唑	TNZ	248	202/121
特硝唑	TRZ	186	128/111/82
羟基甲硝唑	MNZ-OH	188	129/126/123
羟基异丙硝唑	IPZ-OH	186	168/122
羟基地美硝唑	HMMNI	158	140/110/55
磺胺类			
磺胺苯酰		277	156/108/92
磺胺醋酰		215	156/108
磺胺氯哒嗪		285	201/156/108/92
磺胺嘧啶		251	174/156/108/92
磺胺二甲氧嘧啶		311	245/218/156/108/92
磺胺多辛		311	218/156/108
磺胺乙氧哒嗪		295	156
磺胺脒		215	156/108/92
磺胺甲嘧啶		265	172/156/108/92
磺胺二甲嘧啶		279	204/186/156/124/108/92
对氨基苯磺酰胺		173	156/132/108/92
磺胺硝苯		336	294/198/156
磺胺吡啶		250	184/156/108/92
磺胺喹噁啉		301	156/108/92
磺胺噻唑		256	156/108/92
磺胺甲氧嗪		281	156/126/108/92
磺胺甲噁唑		254	188/156/147/108/92
磺胺间甲氧嘧啶		281	215/156/126/108/92
磺胺甲二唑		271	156/108/92
磺胺二甲异嘧啶		279	186/156/124
磺胺噁唑		268	156/113/108/92
磺胺对甲氧嘧啶		281	215/156/126/108/92
磺胺异噁唑		268	156/113/108
磺胺苯吡唑		315	222/156
四环素类			
土霉素	OTC	461	426/444/443/337/127

(续)

分析物	用到的缩写	母离子（m/z）	子离子（m/z）
4-差向土霉素	epi-OTC	461	444/443/426/201
四环素	TC	445	428/427/410/337/154
4-差向四环素	epi-TC	445	428/427/410
金霉素	CTC	479	462/461/444/401/402/154
4-差向金霉素	epi-CTC	479	462/444
多西环素	DC	445	428/410/321/154
米诺环素	MC	458	441/352
地美环素	DMC	465	448/430
氨基糖苷类异氰酸苯酯衍生物			
庆大霉素 C_{1a} $(PhIC)_5$		1 045	767/679/401/367
庆大霉素 $C_{2,2a}$ $(PhIC)_5$		1 059	781/679/401/381
庆大霉素 C_1 $(PhIC)_5$		1 073	795/679/401/395
新霉素 $(PhIC)_6$		1 329	799/706/531/399
妥布霉素 $(PhIC)_5$		1 063	681/588/401/383

7.9.2 残留标示物需进行化学转化的药物

氟苯尼考

氟苯尼考最适残留标示物的不确定，使其检测变得较为复杂。在日本和美国等许多国家，动物和组织不同，氟苯尼考的残留标示物也不同，或为原型药，或为胺代谢物（图 7.3）。因此，也可用一般的多残留检测方法对氟苯尼考进行确证。但在欧盟和加拿大，氟苯尼考的 MRL 是按原型药和代谢物氟苯尼考胺的总量来制定的。氟苯尼考有多种可能的代谢物（图 7.3）[189]。通常，在检测时需对样品进行水解和化学转化[190]。欧盟规定的 MRLs 为 100（禽肉）～3 000 $\mu g/kg$（牛肝）[14]。

在欧盟以外的其他国家，文献报道的方法一般是在与其他酰胺醇类抗生素一起，对原型药或胺代谢物或二者进行同时检测。定量和确证方法有 GC-MS 法和 LC-MS 法，其中 GC-MS 法需对样品进行衍生化处理。Nagata 和 Oka 用 N,O-双（三甲基硅烷基）乙酰胺衍生化样品后，用 GC-MS 法对氟苯尼考等 3 种酰胺醇类药物进行定量分析[191]。通过用乙酸乙酯提取鱼的肌肉样品，吹干提取液，残渣用氯化钠溶液复溶。再用一系列萃取方法和弗罗里硅土固相萃取进一步净化。样品经衍生化后，用 5%苯甲基硅酮色谱柱进行分离，监测氟苯尼考的单离子 m/z 257，即可达

5 $\mu g/kg$ 的定量限，但不能用于确证。

氟苯尼考的最新检测方法中，多采用多种组合的液-液萃取法，有时则结合液-液萃取法与固相萃取法对样品进行提取净化。有研究者采用碱化乙酸乙酯提取鸡肌肉和虾中的氟苯尼考[192,193]，然后进行脱脂处理，用 C18 SPE 柱或混合型阳离子交换 SPE 柱净化样品。两种样品均采用 Xterra C18 色谱柱分离，MS/MS 检测。两种方法都监测了 356＞336 和 356＞185 两对离子，可满足欧盟规定的确证要求[8]。Zhang 等建立的方法还可检测氟苯尼考胺[192]。两种方法的检测限均在 1 $\mu g/kg$ 以下。其中一位作者所在的实验室还建立了一种更简单的方法，用于检测氟苯尼考及氟苯尼考胺。该方法无需对样品进行固相萃取[51]。用丙酮提取样品，二氯甲烷去除水分。吹干提取液，残渣用酸性水溶液复溶，正己烷除脂后，采用 LC-MS 检测。色谱柱为 Hypersil C18-BD 柱，流动相为乙腈-醋酸水溶液，梯度洗脱。采用负离子模式对氟苯尼考进行单离子监测，监测离子为 m/z 356。氟苯尼考胺则采用正离子模式检测，以 m/z 248 为监测离子。两种分析物的检测限均在 1 $\mu g/kg$ 以下。

以上方法可满足产品出口国的要求，但并不能完全满足当前欧盟的要求。虽然根据 MRL 定义来测定，其他代谢物所占比例造成低估分析物实际浓度的概率相对较小。但人们建立的方法通常会将氟苯尼考和氯霉素、甲砜霉素等一起检测，因此检测限比现有

的 MRLs 或容许残留量低 50～100 倍。比较实用的方法是采用这些方法对氟苯尼考（或氟苯尼考和氟苯尼考胺）进行筛查，对接近 MRLs 或美国容许残留量的，再用其他方法对残留标示物（如转化为氟苯尼考胺计残留物）进行确证。

7.9.3 其他

7.9.3.1 林可胺类

林可胺类是一类具有硫醚取代基的糖类结构的抗生素。兽医临床上应用的有林可霉素和吡利霉素，其中林可霉素是第一个林可胺类药物，是从链霉菌属中分离得到的。而克林霉素是对林可霉素进行了化学结构修饰得到的一种抗生素，目前多用于人医临床。米林霉素是第四个林可胺类药物，可用于治疗疟原虫感染（疟疾）。此类药物的残留限量是以原型药作残留标示物来制定的。例如，欧盟规定所有食品动物中林可霉素的 MRLs 为 50（脂肪、鸡蛋）～1 500 $\mu g/kg$（肾脏）。欧盟规定吡利霉素在猪组织中的 MRLs 为 100～1 000 $\mu g/kg$，而美国则规定其最大允许残留量为 300～400 $\mu g/kg$。

林可胺类药物可在体内广泛代谢，产生大量的代谢物。例如，研究者在猪肝脏中发现了 26 种代谢物[194]。在禽肝脏中发现了亚砜林可霉素、N-去甲基林可霉素、N-去甲基亚砜林可霉素。在牛体内发现了吡利霉素亚砜和吡利霉素砜两种代谢物[195]。林可霉素和吡利霉素在肝脏和肾脏中的主要残留物均为亚砜林可霉素[14]；C-标记药物给药后，可检测到 40%～65% 的放射性同位素标记物。由于在动物尸检过程中，吡利霉素[196]和林可霉素[194]都会发生药物的"逆代谢"现象，因此从监管角度来讲，代谢过程中亚砜代谢物浓度较高具有重要意义。在室温下对肝脏样品进行过夜孵育后，林可霉素的残留浓度显著增加。同样，在 4～37℃ 条件下对牛肝进行孵育后，吡利霉素的浓度增至 345%，但在肾脏以及肌肉中没有发现这种现象。同时还发现亚砜吡利霉素的含量也相应减少，表明这种效应是由于肝脏中残留的还原酶引起的。

根据上述结果，建议检测肝脏中林可霉素残留时应对样品进行孵育处理[194,197]。如果目的是监测林可胺类药物的使用，就有必要对样品进行孵育处理，使检出的可能性最大化。但林可胺类药物的 MRLs 是根据原型药制定的，未考虑其代谢产物，既没把单独检测得到的残留量累加，也没将原型药转化为适当的残留标示物。因此，孵育样品可能会导致高残留浓度假象，使得在法定限量范围内的样品可能会被报告为阳性。所以在分析过程中应采取措施使酶活性降到最低，防止这种"逆代谢"现象的发生。长远来说，要解决这个问题，法规就应将林可胺类药物的亚砜代谢物也定为残留标示物。

林可霉素以及其他林可胺类药物常被错误地归为大环内酯类抗生素[198]，因此在大环内酯类药物的残留检测过程中，也常对其进行监测[199,200]。林可霉素常用于防治蜂蜜的幼虫腐臭病，因此，蜂蜜是林可霉素残留检测中最常见的监测基质[199,201]。蜂蜜样品的提取主要采用水性溶剂进行溶解/稀释。组织和牛奶样品则采用乙腈进行提取[202]。牛奶分析过程中，样品用基质固相分散后，再用热水提取[203]。通过固相萃取[199,204]或液-液萃取[202]对样品进行净化。一般采用反相（C_{18}）色谱柱分离样品，MS 或 MS/MS 检测，离子源为 APCI[205]或 ESI（用得更多）[199,201]。吡利霉素的检测方法较少。Hornish[206]等采用酸化乙腈提取组织和牛奶中的吡利霉素，再进行溶剂萃取、C_{18} SPE 净化处理。最后采用带有热喷雾接口的 RP-LC-MS 检测样品。Martos 等[198]采用乙腈提取样品，正己烷简单脱脂后，用 LC-ESI-MS/MS 检测。

7.9.3.2 恩诺沙星

如第 1、2 章所述，恩诺沙星（enrofloxacin，ENR）属第二代氟喹诺酮类抗菌药物，具有广谱抗菌活性，对革兰氏阳性、阴性菌均有效。ENR 易通过脱乙基生成环丙沙星（ciprofloxacin，CIP）。CIP 也具有广谱抗菌活性，是人医用于治疗炭疽等多种感染性疾病的一线药物。CIP 也会进一步代谢。许多国家制定了相关的残留限量，限量在不同食品动物中不同，限量规定中选择的残留标示物也不同。例如，在美国，ENR 禁止用于家禽，但可用于牛和猪。以脱乙烯环丙沙星作残留标示物，规定牛肝中容许残留量为 100 $\mu g/kg$；以 ENR 作残留标示物，规定猪肝中允许残留量为 500 $\mu g/kg$。日本也用恩诺沙星作残留标示物，规定其 MRLs 为 50～100 $\mu g/kg$。欧盟情况稍复杂，规定残留标示物为恩诺沙星及其主要代谢物 CIP，根据二者总量制定所有食品动物中的 MRLs 为 100～300 $\mu g/kg$。

建立 ENR 检测方法要注意两个问题：

①建立的方法要保证能够检测 MRL 定义中涉及

的所有物质。这对于 ENR 而言相对简单，因为最多只需检测两种物质——根据国家和动物不同，只需检测 ENR+CIP，或 ENR，或脱乙烯 CIP。由于欧盟的 MRL 是按原型药和代谢物残留总量制定的，他们最关心的就是要保证方法对每种化合物都足够灵敏，通常认为达到最高残留限量的 10%～25% 即可。文献报道了很多方法用于动物组织中氟喹诺酮类药物的残留检测，且大多数多残留分析方法都会同时检测 ENR 和 CIP。本章不对所有方法做全面分析。下文将针对氟喹诺酮类药物的多残留分析方法和专门检测 ENR 和 CIP 的分析方法进行简述。有研究证明这类药物的蛋白结合率较高[207]，因此提取过程中要破坏药物与蛋白的结合。一般采用酸性提取液提取样品[208,209]。通过液-液萃取[209]、SPE 柱[210] 或分散固相萃取[211] 净化样品。常用 C_8 或 C_{18} 反相色谱柱和酸性流动相分离样品，ESI-MS/MS[209] 或 TOF-MS[212] 检测。也有人采用其他方法如 CE-MS/MS[213] 等进行检测。

② 在检测 ENR 的过程中，鉴别药物残留是由 ENR 用药引起的还是 CIP（非法）用药引起的也非常重要。ENR 给药后，与 CIP 的比值因动物、组织和消除时间不同而异。例如，给药后 2 d，牛肾脏中 ENR/CIP 比值约为 8∶1，而给药后 4 d 则降至 1∶1，同时残留物浓度也降至方法检测限附近。而在牛肝脏中，给药后 2～4 d，二者的比值都保持在 1∶1 大致不变[214]，同时还发现给药后 7d，牛肝脏中的主要残留物是脱乙烯 CIP[215]。鸡给药后 6h，体内 ENR 占总残留物的 61%～85%，所占比例因组织而异。其中，给药后 15 h，鸡肌肉中 ENR 所占比例可达 98%[215]。ENR 和 CIP 在牛体内的药物动力学研究表明，二者的血浆半衰期相近[207]。淡水虾给药后 2 d 已检测不到 CIP（<25 μg/kg）；但给药后 15 d 后仍可检测到 ENR（>15 μg/kg）[216]。鸡的药物动力学数据也表明，CIP 比 ENR 消除更快[217]。但另一项研究则表明，鸡连续口服给药 4 d，给药后 12 d，在肌肉、肾脏和肝脏中可检测到 CIP，仅在肝脏中检测到 ENR[218]。

综上所述，若可检测到原型药 ENR，即使检测不到 CIP，也可证明动物使用过 ENR。检测不到 ENR，仅可检测到 CIP（尤其是 CIP 残留浓度较低时），不能证明动物一定使用过 CIP。同样，脱乙烯环丙沙星的检出可能是由于使用 ENR 引起的，也可能是由于使用 CIP 引起的。如何鉴别使用 CIP 还是使用 ENR 引起的残留尚有待研究。

7.9.4 存在的问题

对于世界各国已批准使用的许多兽药，都根据水解和/或氧化等化学反应得到的残留标示物，制定了相应的残留限量。但很多药物的残留定量、确证方法都还没有文献报道。CCRVDF 就如何建立检测方法进行了讨论（见 2010 年 10 月召开的第 19 届 CCRVDF 会议记录）[219]。

泰妙菌素属截短侧耳抗菌药物，可产生广泛代谢（图 7.10）。除鸡蛋外，欧盟按可水解为 8α-羟基姆替林的代谢产物总残留量制定泰妙菌素的 MRLs，其中不包括原型药。只有在鸡蛋中泰妙菌素原型药才是残留消除过程中的重要物质。

大环内酯类抗菌药物泰拉霉素的残留限量也是以其多种代谢物的水解产物作为残留标示物制定的。给药后，对组织中药物残留分析的结果再次证明，残留标示物并不是最主要的残留物[220]。

7.10 小结

综上所述，由于代谢广泛或法律法规对残留标示物的定义不同，对很多化合物分析方法的要求也就不同。目前，关于喹噁啉类抗菌药物的最适残留标示物尚无定论。世界各国对头孢噻呋残留制定的法规不同，因此对分析方法的要求也因地区而异。和喹噁啉类药物一样，人们开始质疑一般公认的残留标示物是否是最佳的选择。

氯霉素可能会在某些样品基质中形成氯霉素葡萄糖醛苷酸，因此，在氯霉素分析过程中所面临的挑战是难以满足较低的检测限规定。中草药和牧草可能被氯霉素污染，而它们又可作为饲料来源；氯霉素仍用于人医；可能存在交叉污染。这些因素使得氯霉素的分析变得更为复杂。硝基呋喃类药物代谢广泛，且易与蛋白结合，这对它们的检测造成了严重的影响。因此，检测过程中指定了残留标示物。但残留标示物是小分子物质，特异性不高。呋喃西林的残留标示物为氨基脲，它的来源多样，并不仅仅来源于呋喃西林。因此，呋喃西林的残留检测方法应避免产生假阳性结果。

由于代谢和/或化学降解的原因，硝基咪唑类、

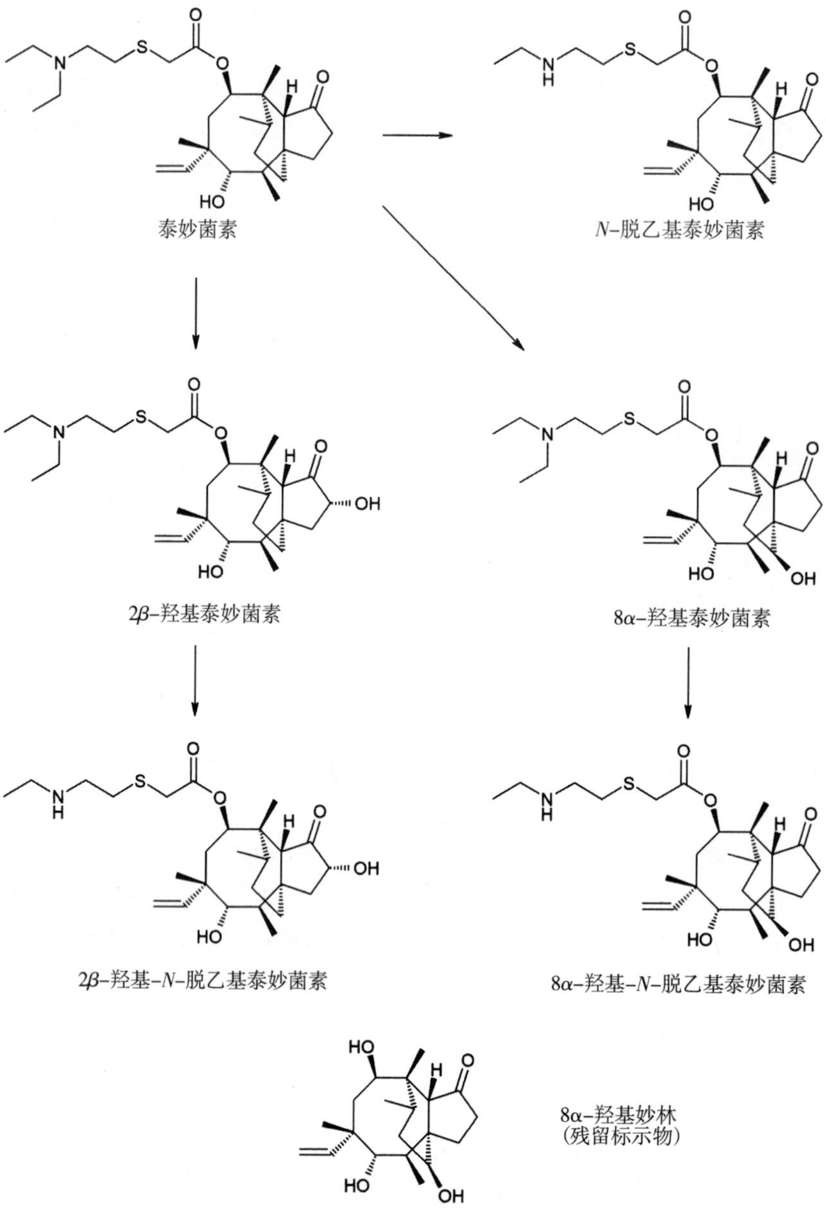

图 7.10　泰妙菌素的代谢途径

磺胺类、四环素类抗生素的检测分析都面临着挑战。相对较低的检测限要求使得硝基咪唑类药物残留的检测变得更为复杂。因此，建立检测方法时，需要考虑将代谢物也列为目标分析物，同时也要考虑获得较低的检测限。检测磺胺类药物时，则应注意 N^4-乙酰化代谢产物会转化为原型药。相反，在分析蜂蜜中的磺胺类药物残留时，对样品进行解离可以更准确地检测药物残留浓度。四环素类药物分析过程中，人们特别关注的问题是它们的 4 位上可发生温和、可逆的差向异构化，形成差向异构体。此外，还需解决药物与蛋白、金属离子结合的问题，才能对四环素类药物的残留进行有效分析。

对于有明确残留标示物的分析物如氟苯尼考、泰妙菌素和泰拉霉素等，由于相关检测方法的参考文献较少，分析方法仍存在一些问题。现有方法一般是对原型药或单个代谢物进行检测，可能不适于对分析物进行筛查或确证分析。

缩略语

AcOH (Acetic acid)	乙酸
ADC (Azodicarbonamide)	偶氮二甲酰胺
ADI (Acceptable daily intake)	每日允许摄入量
AHD (1-Amino-2,4-imidazolidinedione)	1-氨基-2,4-咪唑烷二酮
AMOZ (3-Amino-5-morpholinomethyl-2-oxazolidinone)	3-氨基-5-甲基吗啉-2-唑烷基酮
AOZ (3-Amino-2-oxazolidinone)	3-氨基-2-噁唑烷酮
APCI (Atmospheric-pressure chemical ionization)	大气压化学电离
ATMA [(2E)-2-(2-Amino-1,3-thiazol-4-yl)-2-(methoxyimino) acetamide]	(2E) 2-(2-氨基-1,3-噻唑-4-基)-2-(甲氧基亚氨基)乙酰胺
CAC (Codex Alimentarius Commission)	食品法典委员会
CAP (Chloramphenicol)	氯霉素
CCRVDF (Codex Committee on Residues of Veterinary Drugs in Foods)	食品中兽药残留法典委员会
CCα (Decision limit)	确定限
CCβ (Detection capability)	检测容量
CE (Capillary electrophoresis)	毛细管电泳
CFIA (Canadian Food Inspection Agency)	加拿大食品检验局
CI (Chemical ionization)	化学电离
CNZ (Carnidazole)	卡硝唑
CRL (Community Reference Laboratory)	欧盟基准实验室
CTC (Chlortetracycline)	金霉素
DAD (Diode-array detection)	二级管阵列检测
DC (Doxycycline)	多西环素
DCBX (Desoxycarbadox)	脱二氧卡巴氧
DCCD (Desfuroylceftiofur disulfide)	脱呋喃头孢噻呋二硫化物
DFC (Desfuroylceftiofur)	脱呋喃头孢噻呋
DMC (Demeclocycline)	地美环素
DMZ (Dimetridazole)	地美硝唑
ECD (Electron capture detection)	电子俘获检测
EDTA (Ethylenediaminetetraacetic acid)	乙二胺四乙酸
EI [Electron impact (ionization)]	电子轰击(电离)
ELISA (Enzyme-linked immunosorbent assay)	酶联免疫吸附分析
ESI (Electrospray ionization)	电喷雾电离
EU (European Union)	欧盟
FLD (Fluorescence detection)	荧光检测
GC (Gas chromatography)	气相色谱
HCl (Hydrochloric acid)	盐酸
HMMNI (2-Hydroxymethyl-1-methyl-5-nitroimidazole)	2-羟甲基-1-甲基-5-硝基咪唑
HPLC (High-performance liquid chromatography)	高效液相色谱

(续)

IPZ (Ipronidazole)	异丙硝唑
IPZ-OH (Hydroxyipronidazole)	羟基异丙硝唑
JECFA (Joint FAO/WHO Expert Committee on Food Additives)	联合国粮食及农业组织/世界卫生组织联合食品添加剂专家委员会
LC (Liquid chromaotgraphy)	液相色谱
LLE (Liquid-liquid extraction)	液-液萃取
LPE (Liquid-phase extraction)	液相萃取
LOD (Limit of detection)	检测限
LOQ (Limit of quantification)	定量限
MC (Minocycline)	米诺环素
MeCN (Acetonitrile)	乙腈
MeOH (Methanol)	甲醇
MIP (Molecularly imprinted polymer)	分子印迹聚合物
MNZ (Metronidazole)	甲硝唑
MNZ-OH (Hydroxymetronidazole)	羟基甲硝唑
mQCA (3-Methylquinoxaline-2-carboxylic acid)	3-甲基喹噁啉-2-羧酸
MRL (Maximum residue limit)	最高残留限量
MRPL (Minimum required performance limit)	最低要求执行限量
MS [Mass spectrometry (er)]	质谱(仪)
MS/MS (Tandem mass Spectrometry)	串联质谱
MSPD (Matrix solid-phase dispersion)	基质固相分散
MTC (Methacycline)	甲烯土霉素
NPAHD (2-Nitrophenyl 1-amino-2,4-imidazolidinedione)	2-硝基苯-1-氨基-2,4-咪唑二酮
NPAMOZ (2-Nitrophenyl 3-amino-5-morpholinomethyl-2-oxazolidinone)	2-硝基苯-3-氨基-5-吗啉甲基-2-噁唑烷酮
NPAOZ (2-Nitrophenyl 3-amino-2-oxazolidinone)	2-硝基苯-3-氨基-2-噁唑烷酮
NPSEM (2-Nitrophenyl semicarbazide)	2-硝基苯-氨基脲
ONZ (Ornidazole)	奥硝唑
OTC (Oxytetracycline)	土霉素
PLE (Pressurized liquid extraction)	加压液体萃取
QCA (Quinoxaline-2-carboxylic acid)	喹噁啉-2-羧酸
QqQ (Triple quadrupole)	三重四极杆
RNZ (Ronidazole)	洛硝唑
RP (Reversed phase)	反相
RTC (Rolitetracycline)	氢吡四环素
SCX (Strong cation exchange)	强阳离子交换
SEM (Semicarbazide)	氨基脲
SEP (Sulfaethoxypyridazine)	磺胺乙氧哒嗪
SPE (Solid-phase extraction)	固相萃取
TC (Tetracycline)	四环素
TNZ (Tinidazole)	替硝唑
TOF/MS (Time-of-flight mass spectrometry)	飞行-时间质谱
TRZ (Ternidazole)	特硝唑
UPLC (Ultraperformance liquid chromatography)	超高效液相色谱
UV (Ultraviolet)	紫外线

参考文献

[1] Yen JT, Nienbaber JA, Pond WG, Varel VN, Effect of carbadox on growth, fasting metabolism, thyroid function and gastrointestinal tract in young pigs, J. Nutr. 1985; 115 (8): 970-979.

[2] World Health Organization, Evaluation of Certain Food Additives and Contaminants, 35th report of Joint FAO/WHO Expert Committee on Food Additives, WHO Food Addi-tives Series 27, 1991, pp. 45-54 (available at http: //whqlibdoc. who. int/trs/WHO_TRS _ 799. pdf; accessed 11/26/10).

[3] Commission Regulation No. 2788/98 of 22 December, 1998 amending Council Directive 70/524/EEC concerning additives in feedingstuffs as regards the withdrawal of authorisation for certain growth promoters, Off. J. Eur. Commun. 1998; L347: 31-32.

[4] CRL guidance paper (Dec. 7, 2007), CRLs View on State of the Art Analytical Methods for National Residue Control Plans, 2007. (available at http: // www. bvl. bund. de/SharedDocs/Downloads/09_ Untersuchungen/ EURL_ Empfehlungen_Konzentrationsauswahl _ Methodenvalie-rungen. pdf?_blob = publicationFile &v=2; accessed 08/03/11).

[5] Huang L, Wang Y, Tao Y, et al., Development of high performance liquid chromatographic methods for the determination of cyadox and its metabolites in plasma and tissues of chicken, J. Chromatogr. B 2008; 874: 7-14.

[6] Fernández Suárez A, Arnold D, "Carbadox" in Residues of Some Veterinary Drugs in Animals and Foods, FAO Food and Nutrition Paper 41/15, 2003, pp. 1-19 (available at ftp: //ftp. fao. org/ag/agn/jecfa/vetdrug/41-15-carbadox. pdf; accessed 11/26/10).

[7] Hutchinson MJ, Young PB, Kennedy DG, Quinoxaline-2-carboxylic acid in pigs: Criteria to distinguish between the illegal use of carbadox and environmental contamina-tion, Food Addit. Contam. 2004; 21 (6): 538-544.

[8] Commission Decision 2002/657/EC implementing Council Directive 96/23/EC concerning the performance of analytical methods and the interpretation of results, Off. J. Eur. Commun. 2002; L221/ 8-36.

[9] Hutchinson MJ, Young PY, Hewitt SA, et al., Confirmation of the carbadox metabolite, quinoxaline-2-carboxylic acid, in porcine liver using LC-electrospray MS-MS according to revised EU criteria for veterinary drug residue analysis, Analyst 2002; 127: 342-346.

[10] Hutchinson MJ, Young PB, Kennedy DG, Confirmation of carbadox and olaquindox metabolites in porcine liver using liquid chromatography-electrospray, tandem mass spectrometry, J. Chromatogr. B 2005; 816: 15-20.

[11] Sin DWM, Chung LPK, Lai MMC, et al., Determination of quinoxaline-2-carboxylic acid, the major metabolite of carbadox, in porcine liver by isotope dilution gas chromatography-electron capture negative ionisation mass spectrometry, Anal. Chim. Acta 2004; 508: 147-158.

[12] Horie M, Murayama M, Determination of carbadox metabolites, quinoxaline-2-carboxylic acid and desoxycarbadox, in swine muscle and liver by liquid chromatography/mass spectrometry, J. Food Hyg. Soc. Japan 2004; 45 (3): 135-140.

[13] Boison JO, Lee SC, Gedir RG, A determinative and confirmatory method for residues of the metabolites of carbadox and olaquindox in porcine tissues, Anal. Chim. Acta 2009; 637: 128-134.

[14] Commission Regulation 37/2010 of 22 December 2009 on pharmacologically active substances and their classification regarding maximum residue limits in foodstuffs of animal origin, Off. J. Eur. Commun. 2010; L15/1-71.

[15] Jaglan PS, Yein FS, Hornish RE, et al., Depletion of intramuscularly injected ceftiofur from the milk of dairy cattle, J. Dairy Sci. 1992; 75: 1870-1876.

[16] Gilbertson TJ, Roof RD, Nappier JL, et al., Disposition of ceftiofur sodium in swine following intramuscular treatment, J. Agric. Food Chem. 1995; 43 (1): 229-234.

[17] Jaglan PS, Kubicek MF, Arnold TS, et al., Metabolism of ceftiofur. Nature of urinary and plasma metabolites in rats and cattle, J. Agric. Food Chem. 1989; 37: 1112-1118.

[18] Berendsen B, Essers M, Mulder P, et al., Newly identified degradation products of ceftiofur and cephapirin impact the analytical approach for quantitative analysis of kidney, J. Chromatogr. A 2006; 1216: 8177-8186.

[19] Codex Veterinary Drug Residues in Food Online Database

(available at http://www.codexalimentarius.net/vetdrugs/data/index.html; accessed 11/11/10).

[20] Sørensen LK, Snor, LK, Determination of cephalosporins in raw bovine milk by high-performance liquid chromatography, J. Chromatogr. A 2000; 882: 145-151.

[21] Keever J, Voyksner RD, Tyczkowska KL, Quantitative determination of ceftiofur in milk by liquid chromatography-electrospray mass spectrometry, J. Chromatogr. A 1998; 794: 57-62.

[22] Navarre CB, Zhang L, Sunkara G, et al., Ceftiofur distri-bution in plasma and joint fluid following regional limb injection in cattle, J. Vet. Pharmacol. Ther. 1999; 22: 13-19.

[23] Bruno F, Curini R, Corcia AD, et al., Solid-phase extraction followed by liquid chromatography-mass spectrometry for trace determination of β-lactam antibiotics in bovine milk, J. Agric. Food Chem. 2001; 49: 3463-3470.

[24] Kantiani L, Farre M, Sibum M, et al., Fully automated analysis of beta-lactams in bovine milk by online solid phase extraction-liquid chromatography-electrospray-tandem mass spectrometry, Anal. Chem. 2009; 81: 4285-4295.

[25] Tyczkowska K, Voyksner R, Straub R, Aronson A, Simul-taneous multiresidue analysis of beta-lactam antibiotics in bovine milk by liquid chromatography with utraviolet detection and confirmation by electrospray mass spectrometry, J. AOAC Int. 1994; 77: 1122-1131.

[26] Moats WA, Romanowski RD, Medina MB, Identification of β-lactam antibiotics in tissue samples containing unknown microbial inhibitors, J. AOAC Int. 1998; 81: 1135-1140.

[27] Baere SD, Pille P, Croubels S, et al. High-performance liquid chromatographic-UV detection analysis of ceftiofur and its active metabolite desfuroylceftiofur in horse plasma and synovial fluid after regional intravenous perfusion and systemic intravenous injection of ceftiofur sodium. Anal Chim Acta. 2004; 512: 75-84.

[28] Jaglan PS, Cox BL, Arnold TS, et al. Liquid chromatographic determination of desfuroylceftiofur metabolite of ceftiofur as residue in cattle plasma. J. Assoc. Off. Anal. Chem. 1990; 73: 26-30.

[29] Makeswaran S, Patterson I, Points J, An analytical method to determine conjugated residues of ceftiofur in milk using liquid chromatography with tandem mass spectrometry, Anal. Chim. Acta 2005; 529: 151-157.

[30] Beconi-Barker MG, Roof RDM, Kausche LFM, et al., Determination of ceftiofur and its desfuroylceftiofur-related metabolites in swine tissues by high-performance liquid chromatography, J. Chromatogr. B 1995; 673: 231-244.

[31] Fagerquist CK, Lightfield AR, Lehotay SJ, Confirmatory and quantitative analysis of β-lactam antibiotics in bovine kidney tissue by dispersive solid-phase extraction and liquid chromatography-tandem mass spectrometry, Anal. Chem. 2005; 77: 1473-1482.

[32] Tyczkowska KL, Voyksner RD, Anderson KL, Aronson AL, Determination of ceftiofur and its metabolite desfuroylceftiofur in bovine serum and milk by ion-paired liquid chromatography, J. Chromatogr. B Biomed. Sci. Appl. 1993; 614: 23-134.

[33] Fagerquist CK, Lightfield AR, Confirmatory analysis of beta-lactam antibiotics in kidney tissue by liquid chromatography/electrospray ionization selective reaction monitoring ion trap tandem mass spectrometry, Rapid Commun. Mass Spectrom. 2003; 17: 660-671.

[34] Mastovska K, Lightfield A, Streamlining methodology for the multiresidue analysis of β-lactam antibiotics in bovine kidney using liquid chromatography-tandem mass spectrometry, J. Chromatogr. A 2008; 1202: 118-123.

[35] Page MI, The Mechanisms of Reactions of β-Lactam Antibiotics, Advances in Physical Organic Chemistry Series, Vol. 23, Academic Press, San Diego, CA, 1987, pp. 165-270.

[36] Ehrlich J, Bartz QR, Smith RM, et al. Chloromycetin, a new antibiotic from a soil actinomycete, Science 1947; 106: 417.

[37] IARC (International Agency for Research on Cancer), Chloramphenicol, Vol. 50, Monographs on the Evaluation of Carcinogenic Risk of Chemicals to Humans, IARC Press, Lyon, France, 1990, pp. 169-193.

[38] EMEA Chloramphenicol Summary Report, 1996 (available at http://www.ema.europa.eu/docs/en_GB/document_library/Maximum_Residue_Limits_-_Report/2009/11/WC500012060.pdf; accessed 11/29/10).

[39] US Food and Drug Administration, Chloramphenicol oral solution; opportunity for hearing, Federal Register 1985; 50: 27059-27064.

[40] Wongtavatchai J, McLean JG, Ramos F, Arnold D, Chloramphenicol, WHO Food Additives Series, Vol. 53, JECFA (WHO: Joint FAO/WHO Expert Committee on Food Additives), IPCS (Interna-tional Programme on Chemical Safety) INCHEM., 2004, pp. 7-85 (available at http: //whqlibdoc. who. int/publications/2004/9241660538_ chloramphenicol. pdf; accessed 08/02/11).

[41] Commission Decision 2002/994/EC Concerning certain protective measures with regard to the products of animal origin imported from China, Off. J. Eur. Commun. 2002; L348/154-156.

[42] Commission Decision 2001/705/EC Concerning certain protective measures with regard to certain fishery and aquaculture products intended for human consumption and originating in Indonesia, Off. J. Eur. Commun. 2002; L260/35-36.

[43] Commission Decision 2002/251/EC Concerning certain protective measures with regard to poultry, meat and certain fishery and aquaculture products intended for human consumption and imported from Thailand, Off. J. Eur. Commun. 2002; L84/ 77-78.

[44] Di Corcia A, Nazzari M, Liquid chromatographic-mass spectrometric methods for analyzing antibiotic and antibacterial agents in animal food products, J. Chromatogr. A 2002; 974: 53-89.

[45] Stolker AAM, Brinkman UATh, Analytical strategies for residue analysis of veterinary drugs and growth-promoting agents in food-producing animals—a review, J. Chromatogr. A 2005; 1067: 15-53.

[46] Commission Decision 2003/181/EC amending Decision 2002/657/EC as regards the setting of minimum required performance limits (MRPLs) for certain residues in food of animal origin, Off. J. Eur. Commun. 2003; L71/ 17-18.

[47] Gantverg A, Shishani I, Hoffman M, Determination of chloramphenicol in animal tissues and urine— liquid chromatography-tandem mass spectrometry versus gas chromatography-mass spectrometry, Anal. Chim. Acta 2003; 483(1-2): 125-135.

[48] Kubala-Drincic H, Bazulic D, Sapunar-Postruznik J, et al., Matrix solid-phase dispersion extraction and gas chromatographic determination of chloramphenicol in muscle tissue, J. Agric. Food Chem. 2003; 51 (4): 871-875.

[49] Mottier P, Parisod V, Gremaud E, et al., Determination of the antibiotic chloramphenicol in meat and seafood products by liquid chromatography-electrospray ionization tandem mass spectrometry, J. Chromatogr. A 2003; 994 (1-2): 75-84.

[50] Ramos M, Munñoz P, Aranda A, et al., Determination of chloramphenicol residues in shrimps by liquid chromatography-mass spectrometry, J. Chromatogr. B 2003; 791 (1-2): 31-38.

[51] Van de Riet JM, Potter RA, Christie-Fougere M, Burns BG, Simultaneous determination of residues of chloramphenicol, thiamphenicol, florfenicol and florfenicol amine in farmed aquatic species by liquid chromatography/mass spectrometry, J. AOAC Int. 2003; 86 (3): 510-514.

[52] Kaufmann A, Butcher P, Quantitative liquid chromatography/tandem mass spectrometry determination of chloramphenicol residues in food using sub-2 μm particulate high-performance liquid chromatography columns for sensitivity and speed, Rapid Commun. Mass Spectrom. 2005; 19: 3694-3700.

[53] Rønning HT, Einarsen K, Asp TN, Determination of chloramphenicol residues in meat, seafood, egg, honey, milk, plasma and urine with liquid chromatography-tandem mass spectrometry, and the validation of the method based on 2002/657/EC, J. Chromatogr. A 2006; 1118: 226-233.

[54] Kanarat S, Tangsirisup N, Nijthavorn N, et al., An investigation into the possible occurrence of chloramphenicol in poultry litter, Proc. EuroResidue VI Conf. Residues of Vet-erinary Drugs in Food, Egmond aan Zee, The Netherlands, May 19-21, 2008.

[55] Boxall ABA, Johnson P, Smith EJ, et al., Uptake of veterinary medicines from soils into plants, J. Agric. Food Chem. 2006; 54: 2288-2297.

[56] Berendsen B, Stolker AAM, Jong de J, et al., Evidence of natural occurrence of the banned antibiotic chloramphenicol in herbs and grass, Anal. Bioanal. Chem. 2010; 397: 1955-1963.

[57] Vass M, Hruska K, Franek M, Nitrofuran antibiotics: A review on the application, prohibition and residual analysis, Vet. Med. 2008; 53 (9): 469-500.

[58] Finzi JK, Donato JL, Sucupira M, et al., Determination of nitrofuran metabolites in poultry muscle and eggs by liquid chromatography-tandem mass spectrom-

etry, J. Chromatogr. B 2005; 824 (1-2): 30-35.

[59] Verdon E, Couedor P, Sanders P, Multi-residue monitoring for the simultaneous determination of five nitrofurans (furazolidone, furaltadone, nitrofurazone, nitrofurantoine, nifursol) in poultry muscle tissue through the detection of their five major metabolites (AOZ, AMOZ, SEM, AHD, DNSAH) by liquid chromatography coupled to electrospray tandem mass spectrometry—in-house validation in line with Commission Decision 657/2002/EC, Anal. Chim. Acta 2007; 586 (1-2): 336-347.

[60] Bock C, Gowik P, Stachel C, Matrix-comprehensive in-house validation and robustness check of a confirmatory method for the determination of four nitrofuran metabolites in poultry muscle and shrimp by LC-MS/MS, J. Chromatogr. B 2007; 856: 178-189.

[61] Conneely A, Nugent A, O'Keeffe M, et al., Isolation of bound residues of nitrofuran drugs from tissue by solid-phase extraction with determination by liquid chromatography with UV and tandem mass spectrometric detection, Anal. Chim. Acta 2003; 483 (1-2): 91-98.

[62] Cooper KM, Kennedy DG, Nitrofuran antibiotic metabolites detected at parts per million concentrations in retina of pigs — a new matrix for enhanced monitoring of nitrofuran abuse, Analyst 2005; 130 (4): 466-468.

[63] European Food Safety Authority, Advice of the Ad Hoc Expert Group Set up to Advise the European Food Safety Authority (EFSA) on the Possible Occurrence of Semicarbazide in Packaged Foods, July 28, 2003, AFC/ad hoc SEM/1, Brussels, 2003.

[64] European Food Safety Authority, Statement of the Scientific Panel on Food Additives, Flavouring, Processing Aids and Materials in Contact with Food, updating the advice available on semicarbazide in packaged foods, adopted Oct. 1, 2003, EFSA/AFA/FCM/17-final, Brussels, 2003.

[65] Stadler RH, Mottier P, Guy P, et al., Semicarbazide is a minor thermal decomposition product of azodicarbonamide used in the gaskets of certain food jars, Analyst 2004; 129 (3): 276-281.

[66] Commission Directive 2004/1/EC of 6 January 2004 amending Directive 2002/72/EC as regards the suspension of the use of azodicarbonamide as blowing agent, Off. J. Eur. Commun. 2004; L7: 45-46.

[67] Code of Federal Regulations, Requirements for specific standardized bakery products, Title 21, Parts 136.110, 137.105, and 137.200, 2004.

[68] Pereira AS, Donato JA, De Nucci G, Implications of the use of semicarbazide as a metabolic target of nitrofurazone contamination in coated products, Food Addit. Contam. 2004; 21 (1): 63-69.

[69] Becalski A, Lau BPY, Lewis D, Seaman SW, Semicarbazide formation in azodicarbonamide-treated flour: A model study, J. Agric. Food Chem. 2004; 52 (18): 5730-5734.

[70] Mulder PPJ, Beumer B, Van Rhijn JA, The determination of biurea: A novel method to discriminate between nitrofurazone and azodicarbonamide use in food products, Anal. Chim. Acta 2007; 586 (1-2): 366-373.

[71] Cronly M, Behan P, Foley B, et al., Development and validation of a rapid method for the determination and confirmation of 10 nitroimidazoles in animal plasma using liquid chromatography tandem mass spectrometry, J. Chromatogr. B 2009; 877: 1494-1500.

[72] Wang H, Wang Z, Liu S, et al., Quantification of nitroimidazoles residues in swine liver by liquid chromatography-mass spectrometry with atmospheric pressure chemical ionization, Bull. Environ. Contam. Toxicol. 2009; 82 (4): 411-414.

[73] Sørensen LK, Hansen H, Determination of metronidazole and hydroxymetronidazole in trout by a high-performance liquid chromatographic method, Food Addit. Contam. 2000; 17 (3): 197-203.

[74] European Union Maximum Residue Limits Reports. (available at http://www.ema.europa.eu/ema/index.jsp?curl=pages/medicines/landing/vet_mrl_search.jsp&murl=menus/regulations/regulations.jsp&mid=WC0b01ac058006488e; accessed 11/29/10).

[75] JECFA-Joint FAO/WHO Expert Committee on Food Additives (available at www.fao.org/ag/agn/jecfa-vetdrugs/search.html; accessed 12/01/10).

[76] Xia X, Li X, Shen J, Zhang S, et al., Determination of four nitroimidazoles in poultry and swine muscle and eggs by liquid chromatography/tandem mass spectrometry, J. AOAC Int. 2006; 89 (1): 94-99.

[77] Canada Gazette Part II, Food and Drug Regulations (1277 — Prohibition of Certain Veterinary, Drugs), 2003; 137 (18): 2306-2312 available at http://ga-

zette. gc. ca/archives/p2/2003/2003-08-27/pdf/g2-13718. pdf; accessed 12/02/10) .

[78] Commission Directive No 96/23/EC of 29 April 1996 on measures to monitor certain substances and residues thereof in live animals and animal products and repealing Directives 85/358/EEC and 86/469/EEC and Decisions 89/187/EEC and 91/664/EEC, Off. J. Eur. Commun. 1996; L125: 10-32.

[79] Mottier P, Hurèl, GremaudE, GuyP, Analysisof four 5-nitroimidazoles and their corresponding hydroxylated metabolites in egg, processed egg, and chicken meat by isotope dilution liquid chromatography tandem mass spectrometry, J. Agric. Food Chem. 2006; 54: 2018-2026.

[80] Polzer J, Gowik P, Treatment of turkeys with nitroimidazoles—impact of the selection of target analytes and matrices on an effective residue control, Anal. Chim. Acta 2004; 521: 189-200.

[81] Fraselle S, Derop V, Degroodt JM, Loco JV, Validation of a method for the detection and confirmation of nitroimidazoles and the corresponding hyd-roxyl metabolites in pig plasma by high performance liquid chromatography-tandem mass spectrometry, Anal. Chim. Acta 2007; 586: 383-393.

[82] Zhou J, Shen J, Xue X, et al. , Simultaneous determination of nitroimidazole residues in honey samples by high-performance liquid chromatography with ultraviolet detection, J. AOAC Int. 2007; 90 (3): 872-878.

[83] Wang JH, Determination of three nitroimidazoles residues in poultry meat by gas chromatography with nitrogen-phosphorus detection, J. Chromatogr. A 2001; 918: 435-438.

[84] Polzer J, Gowik P, Validation of a method for the detection and confirmation of nitroimidazoles and corresponding hydroxyl metabolites in turkey and swine muscle by means of gas chromatography-negative ion chemical ionization mass spectrometry, J. Chromatogr. B 2001; 761: 47-60.

[85] Hurtud-Pessel D, Delèpine B, Laurentie M, Determination of four nitroimidazole residues in poultry meat by liquid chromatography-mass spectrometry, J. Chromatogr. A 2000; 882: 89-98.

[86] Cannavan A, Kennedy G, Determination of dimetridazole in poultry tissues and eggs using liquid chromatography-thermospray mass spectrometry, Analyst. 1997; 122: 963-966.

[87] Sams M, Strutt P, Barnes K, et al. , Determination of dimetridazole, ronidazole and their common metabolite in poultry muscle and eggs by high performance liquid chromatography with UV detection and confirmatory analysis by atmospheric pressure chemical ionisation mass spectrometry, Analyst 1998; 123: 2545-2549.

[88] Xia X, Li X, Ding S, et al. , Determination of 5-nitroimidazoles and corresponding hydroxyl metabolites in swine kidney by ultra-performance liquid chromatography coupled to electrospray tandem mass spectrometry, Anal. Chim. Acta 2009; 637: 79-86.

[89] Cronly M, Behan P, Foley B, et al. , Rapid confirmatory method for the determination of 11 nitroimidazoles in egg using liquid chromatography tandem mass spectrometry, J. Chromatogr. A 2009; 1216: 8101-8109.

[90] Daeseleire E, De Ruyck H, Van Renterghem R, Rapid confirmatory assay for the simultaneous detection of ronidazole, metronidazole and dimetridazole in eggs using liquid chromatography-tandem mass spectrometry, Analyst 2000; 125: 1533-1535.

[91] Mohamed R, Mottier P, Treguier L, et al. , Use of molecularly imprinted solid-phase extraction sorbent for the determination of four 5-nitroimidazoles and three of their metabolites from egg-based samples before tandem LC-ESIMS/MS analysis, J. Agric. Food Chem. 2008; 56: 3500-3508.

[92] Captitan-Valvey LF, Ariza A, Checa R, Nava, N, Determination of five nitroimidazoles in water by liquid chromatography-mass spectrometry, J. Chromatogr. A 2002; 978 (1-2): 243-248.

[93] Xia X, Li X, Shen J, et al. , Determination of nitroimidazole residues in porcine urine by liquid chromatography/tandem mass spectrometry, J. AOAC Int. 2006; 89 (4): 1116-1119.

[94] Xia X, Li X, Zhang S, et al. , Confirmation of four nitroimidazoles in porcine liver by liquid chromatography-tandem mass spectrometry, Anal. Chim. Acta 2007; 586: 394-398.

[95] Sun H, Wang F, Ai L, et al. , Validated method for determination of eight banned nitroimidazole residues in natural casings by LC/MS/MS with solid-phase extraction, J. AOAC Int. 2009; 92 (2): 612-621.

[96] Wang S, Zhang H, Wang L, et al. , Analysis of sulphonamide residues in edible animal products: A re-

[97] Potter R, Burns B, van de Riet J, et al., Simultaneous determination of 17 sulfonamides and the potentiators ormetoprim and trimethoprim in salmon muscle by liquid chromatography with tandem mass spectrometry detection, J. AOAC Int. 2007; 90 (1): 343-348.

[98] Tunnicliff E, Swingle K, Sulfonamide concentrations in milk and plasma from normal and mastitic ewes treated with sulfamethazine, Am. J. Vet. Res. 1965; 26 (113): 920-927.

[99] He J, Shen J, Suo X, et al., Development of a monoclonal antibody based ELISA for detection of sulfamethazine and N4-acetyl sulfamethazine in chicken breast tissue, J. Food Sci. 2005; 70 (1): 113-117.

[100] Sheridan R, Policasreo B, Thomas S, Rice D, Analysis and occurrence of 14 sulfonamide antibacterials and chloramphenicol in honey by solid phase extraction followed by LC-MS/MS analysis, J. Agric. Food Chem. 2008; 56: 3509-3516.

[101] Chen L, Zhang X, Sun L, et al., Fast selective extraction of sulfonamides from honey based on magnetic molecularly imprinted polymer, J. Agric. Food Chem. 2009; 57: 10073-10080.

[102] Forti A, Scortichini, G, Determination of ten sulfonamides in egg by liquid chromatography-tandem mass spectrometry, Anal. Chim. Acta 2009; 637: 214-219.

[103] Health Canada, Veterinary Drugs Directorate, Administrative Maximum Residue Limits (AMRLS) and Maximum Residue Limits (MRLS) Set by Canada, 2010 (available at www.hc-sc.gc.ca/dhp-mps/vet/mrl-lmr/mrl-lmr_versus_new-nouveau-eng.php; accessed 12/01/10).

[104] US Food and Drug Administration, Code of Federal Regulations, Tolerances for residues of new animal drugs in foods, Title 21, Part 556, 2010 (available at www.accessdata.fda.gov/scripts/cdrh/cfdocs/cfcfr/CFRSearch.cfm? CFRPart=556; accessed 12/01/10).

[105] Council Regulation (ECC) No 508/1999. Amending Annexes I to IV to Council Regulation (EEC) No 2377/90 laying down a Community procedure for the establishment of MRLs of veterinary medical products in food stuffs of animal origin, Off. J. Eur. Commun. 1999; L60: 9.3: 16-52.

[106] Shao B, Dong D, Wu Y, et al., Simultaneous determination of 17 sulfonamide residues in porcine meat, kidney and liver by solid phase extraction and liquid chromatography-tandem mass spectrometry, Anal. Chim. Acta 2005; 546: 174-181.

[107] Code of Federal Regulations, Specific tolerances for residues of new animal drugs, Title 21, Food and Drugs, Chap. I, Subchap. E, Part 556, Subpart B, Sec. 556.680, Sulfanitran, 2009.

[108] Gonzalez C, Usher K, Brooks A, Majors R, Determination of Sulfonamides in Milk Using Solid-Phase Extraction and Liquid Chromatography-Tandem Mass Spectrometry, Agilent Technologies Application Note 2009, pp. 5990-3713.

[109] Cai Z, Zhang Y, Pan H, et al., Simultaneous determination of 24 sulfonamide residues in meat by ultra-performance liquid chromatography tandem mass spectrometry, J. Chromatogr. A 2008; 1200: 144-185.

[110] Gentili A, Perret D, Marchese S, Liquid chromatography tandem mass spectrometry for performing confirmatory analysis of veterinary drugs in animal food products, Trends Anal. Chem. 2005; 24 (7): 704-733.

[111] Heller D, Ngoh M, Donoghue, D, et al., Identification of incurred sulfonamide residues in eggs: Methods for confirmation by liquid chroma-tography-tandem mass spectrometry and quantitation by liquid chromatography with ultraviolet detection, J. Chromatgr. B 2002; 774: 39-52.

[112] García-Galán M, Díaz-Cruz M, BarcelóD, Identification combined with capillary electrophoresis-mass spection and determination of metabolites and degradation products of sulfonamide antibiotics, Trends Anal. Chem. 2008; 27 (11): 1008-1022.

[113] Kishida K, Nishinari K, Furusawa N, Liquid chromatographic determination of sulfamonmethoxi-ne, sulfadimethoxine and their N^4-acetyl metabolites in chicken plasma, Chromatographia 2005; 61: 81-84.

[114] Shaikh B, Rummel N, Donoghue D, Determination of sulfamethazine and its major metabolites in egg albumin and egg yolk by high performance liquid chromatography, J. Liq. Chromatogr. Rel. Technol. 1999; 22 (17): 2651-2662.

[115] Kishida, K, Restricted access media liquid chromatography for the determination of sulfamono-methoxine, sulfadimethoxine and their N^4-acetyl metabolites in eggs, Food Chem. 2007; 101: 281-285.

[116] Furusawa N, Simultaneous high performance liquid chromatographic determination of sulfamonomethoxine and its hydroxy/N^4-acetyl metabolites following centrifugal ultra-filtration in animal blood plasma, Chromatographia 2000; 52: 653-656.

[117] Grant G, Frison S, Sporns P, A sensitive method for the detection of sulfamethazine and N^4-acetylsulfamethazine residues in environmental samples using solid phase immunoextraction coupled with MALDI-TOF MS, J. Agric. Food Chem. 2003; 51: 5367-5375.

[118] Kishida K, Furusawa N, Application of shielded column liquid chromatography for determination of sulfamonomethaoxine, sulfadimethoxine and their N^4-acetyl metabolites in milk, J. Chromatogr. A 2004; 1028: 175-177.

[119] Balizs G, Benesch-Girke L, Börner S, Hewitt S, Comparison of the determination of four sulphonamides and their N^4-acetyl metabolites in swine muscle tissue using liquid chromatography with ultraviolet and mass spectral detection, J. Chromatogr. B 1994; 661: 75-84.

[120] Furusawa N, Organic solvents free technique for determining sulfadimethoxine and its metabolites in chicken meat, J. Chromatogr. A 2007; 1172: 92-95.

[121] AOAC, Sulfonamide residues in raw bovine milk-liquid chromatographic method, 993.32, in Official Methods of Analysis, 18th ed. (revised), AOAC International, Gaithers-burg, MD (available at http://www.eoma.aoac.org/gateway/readFile.asp?id=993_32.pdf; accessed 3/24/10).

[122] AOAC, Sulfamethazine residues raw bovine milk-liquid chromatographic method, 992.21, in Official Methods of Analysis, 18th ed. (revised), AOAC International, Gaithers-burg, MD (available at http://www.eoma.aoac.org/gateway/readFile.asp?id=992_21.pdf; accessed 3/24/10).

[123] Hoff R, Barreto F, Kist T, Use of capillary electrophoresis with laser-induced fluorescence detection to screen and liquid chromatographytandem mass spectrometry to confirm sulphon amide residues: Validation according to European Union 2002/657/EC, J. Chromatogr. A 2009; 1216: 8254-8261.

[124] Font G, Juan-GarcíA, Picó Y, Pressurized liquid extraction combined with capillary electrophoresis-mass spectrometry as an improved methodology for the determination of sulfonamide residues in meat, J. Chromatogr. A 2007; 1159: 233-241.

[125] Soto-Chonchilla J, Garcia-Campanña A, Gámiz-Gracia L, Analytical methods for multiresidue determination of sulfonamides and trimethoprim in meat and ground water samples by CE-MS and CE-MS/MS, Electrophoresis 2007; 28: 4164-4172.

[126] Bogialli S, Curini R, Di Corcia A, et al., Rapid confirmatory assay for determining 12 sulfonamide antimicrobials in milk and eggs by matrix solid phase dispersion and liquid chromatography-mass spectrometry, J. Agric. Food Chem. 2003; 51:4225-4232.

[127] AOAC, Sulfamethazine residues in swine tissues-gas chromatographic mass spectrometric method, 982.40, in Official Methods of Analysis, 18th ed. (revised), AOAC International, Gaithersburg, MD (available at http://www.eoma.aoac.org/gateway/readFile.asp?id=982_40.pdf; accessed 3/24/10).

[128] Tarbin J, Clarke P, Shearer G, Screening of sulfonamides in egg using gas chromatography-mass selective detection and liquid chromatography-mass spectrometry, J. Chromatogr. A 1999; 729: 127-138.

[129] Hoff R, Kist T, Analysis of sulfonamides by capillary electrphoresis, J. Sep. Sci. 2009; 32: 854-866.

[130] Kishida K, Quantitation and confirmation of six sulphonamides in meat by liquid chromatography-mass spectrometry with photodiode array detection, Food Control 2007; 18: 301-305.

[131] Fujita M, Taguchi S, Obana H, Determination of sulfonamides in livestock products and seafoods by liquid chromatography-tandem mass spectrometry using glass bead homogenization, J. Food Hyg. Soc. Japan. 2008; 49 (6): 411-415.

[132] Van Rhijn J, Lasaroms J, Berendsen B, Brinkman U, Liquid chromatographic-tandem mass spectrometric determination of selected sulphonamides in milk, J. Chromatogr. A 2002; 960: 121-133.

[133] Tamošiūnas V, Padarauskas A, Comparison of LC and UPLC coupled to MS-MS for the determination of sulfonamides in egg and honey, Chromatographia 2008; 67: 783-788.

[134] Mohamed R, Hammel Y, LeBreton M, et al., Evaluation of atmospheric pressure ionization interferences for the quantitative measurement of sulfonamides in honey using isotope dilution liquid chromatography

[135] Berardi G, Bogialli S, Curini R, et al., Evaluation of a method for assaying sulfonamide antimicrobial residues in cheese: Hot water extraction and liquid chromatography-tandem mass spectrometry, J. Agric. Food Chem. 2006; 54: 4537-4543.

[136] Thompson T, Noot D, Determination of sulfonamides in honey by liquid chromatography-tandem mass spectrometry, Anal. Chim. Acta 2005; 551: 168-176.

[137] Pang G, Cao Y, Zhang J, et al., Simultaneous determination of 16 sulfonamides in honey by liquid chromatography-tandem mass spectrometry, J. AOAC Int. 2005; 88 (5): 1304-1311.

[138] Gentili A, Perret D, Marchese S, et al., Accelerated solvent extraction and confirmatory analysis of sulfonamide residues in raw meat and infant foods by liquid chromatography electrospray tandem mass spectrometry, J. Agric. Food Chem. 2004; 52: 4614-4624.

[139] Clark S, Turnipseed S, Madson M, et al., Confirmation of sulfamethazine, sulfathiazole and sulfadimethoxine residues in condensed milk and soft-cheese products by liquid chromatographytandem mass spectrometry, J. AOAC Int. 2005; 88 (3): 736-743.

[140] Verzegnassi L, Savoy-Perroud M, Stadler R, Application of liquid chromatography-electrospray ionization tandem mass spectrometry to the detection of 10 sulfonamides in honey, J. Chromatogr. A 2002; 997: 77-87.

[141] Segura P, Tremblay P, Picard P, et al., High throughput quantitation of seven sulfonamide residues in dairy milk using laser diode thermal desorption-negative mode atmospheric pressure chemical ionization tandem mass spectrometry, J. Agric. Food Chem. 2010; 58: 1442-1446.

[142] Ito Y, Oka H, Ikai Y, et al., Application of ion-exchange cleanup in food analysis V. Simultaneous determination of sulphonamide antibacterials in animal liver and kidney using high performance liquid chromatography with ultra violet and mass spectrometric detection, J. Chromatogr. A 2000; 898: 95-102.

[143] Krivohlavek A, Šmit Z, Baštinac M, et al., The determination of sulfonamides in honey by high performance liquid chromatography-mass spectrometry, J. Sep. Sci. 2005; 28: 1434-1439.

[144] Mengelers M, Oorsprong M, Kuiper H, et al., Determination of sulfadimethoxine, sulfamethoxazole, trimethoprim and their main metabolites in porcine plasma by column switching HPLC, J. Pharm. Biomed. Anal. 1989; 7 (12): 1765-1776.

[145] Kaufmann A, Kaenzig A, Contamination of honey by the herbicide asulam and its antibacterial active metabolite sulfanilamide, Food Addit. Contam. 2004; 21 (6): 564-571.

[146] Bogialli S, Curini R, Di Corcia A, et al., A rapid confirmatory method for analysing tetracycline antibiotics in bovine, swine and poultry muscle tissues: Matrix solid phase dispersion with heated water as extractant followed by liquid chroma-tography tandem mass spectrometry, J. Agric. Food Chem. 2006; 54: 1564-1570.

[147] Fritz J, Zuo Y, Simultaneous determination of tetracycline, oxytetracycline, and 4-epitetracycline in milk by high performance liquid chromatography, Food Chem. 2007; 107: 1297-1301.

[148] Huang T, Du W, Marshall M, Wei C, Determination of oxytetracycline in raw and cooked channel catfish by capillary electrophoresis, J. Agric. Food Chem. 1997; 45: 2602-2605.

[149] Spisso B, de Araújo M, Monteiro M, et al., A liquid chromatography-tandem mass spectrometry confirmatory assay for the simultaneous determination of several tetracyclines in milk considering keto-enol tautomerism and epimerization phenomena, Anal. Chim. Acta 2009; 656: 72-84.

[150] Carrasco-Pancorbo A, Casado-Terrones S, Segura-Carretero A, Fernández-Gutiérrez A, reversed phase high performance liquid chromatography coupled to ultraviolet and electrospray time of flight mass spectrometry on-line detection for the separation of eight tetracyclines in honey samples, J. Chromatogr. A 2008; 1195: 107-116.

[151] Fang Y, Zhai H, Zho Y, Determination of Multi-Residue Tetracyclines and Their Metabolites in Milk by High Performance Liquid Chromatography-Tandem Mass Spectrometry, Agilent Technologies Application Note, Wilmington, DE, 2009.

[152] Nikolaidou K, Samanidou V, Papadoyannis I, Development and validation of an HPLC method for the determination of seven tetracycline antibiotics residues in chicken muscle and egg yolk according to 2002/

657/EC, J. Liq. Chromatogr. Rel. Technol. 2008; 31: 2141-2158.

[153] Blasco C, Corcia A, Picó Y, Determination of tetracyclines in multi-specie animal tissues by pressurized liquid extraction and liquid chromatography-tandem mass spectrometry, Food Chem. 2009; 116: 1005-1012.

[154] Cherlet M, Schelkens M, Croubels S, De Backer P, Quantitative multi-residue analysis of tetracyclines and their 4-epimers in pig tissues by highperformance liquid chromatography combined with positive ion electrospray ionization mass spectrometry, Anal. Chim. Acta 2003; 492: 199-213.

[155] Cherlet M, De Baere S, De Backer P, Quantitative analysis of oxytetracycline and its 4-epimer in calf tissues by liquid chromatography combined with positive electrospray ionization mass spectrometry, Analyst 2003; 128: 871-878.

[156] Ishii R, Horie M, Murayama M, Maitani T, Analysis of tetracyclines in honey and royal jelly by LC-MS/MS, J. Food Hyg. Soc. Japan 2006; 47 (6): 277-283.

[157] Castellari M, Gratacós-Cubarsí M, García-Regueiro J, Detection of tetracycline and oxytetracycline residues in pig and calf hair by ultra-high performance liquid chromatography tandem mass spectrometry, J. Chromatogr. A 2009; 1216: 8096-8100.

[158] Alfredsson G, Branzell C. Granelli K, Lundström Ä, Simple and rapid screening and confirmation of tetracyclines in honey and egg by a dipstick and LC-MS/MS, Anal. Chim. Acta 2005; 529: 47-51.

[159] Miranda J, Rodríguez J, Galán-Vidal C, Simultaneous determination of tetracyclines in poultry muscle by capillary zone electrophoresis, J. Chromatogr. A 2009; 1216: 3366-3371.

[160] Moats W, Determination of tetracycline antibiotics in beef and pork tissues using ion-paired liquid chromatography, J. Agric. Food Chem. 2000; 48: 2244-2248.

[161] AOAC, Chlortetracycline, oxytetracycline and tetracycline in edible animal tissues, 995.09, in Official Methods of Analysis, 18th ed. (revised), AOAC International, Gaithersburg, MD (available at http://www.eoma.aoac.org/gateway/readFile.asp?id=995_09.pdf; accessed 3/24/10).

[162] Spisso B, de Oliveira e Jesus A, et al., Validation of a high performance liquid chromatographic method with fluorescence detection for the simultaneous determination of tetracycline residues in bovine milk, Anal. Chim. Acta 2007; 581: 108-117.

[163] Pena A, Lino C, Silveira M, Determination of tetracycline antibiotics in salmon muscle by liquid chromatography using post column derivatization with fluorescence detection, J. AOAC Int. 2003; 86 (5): 925-929.

[164] Pena A, Lino C, Alonso R, Barceló D, Determination of tetracycline antibiotic residues in edible tissues by liquid chromatography with spectrofluoro-metric detection and confirmation by mass spectrome-try, J. Agric. Food Chem. 2007; 55: 4973-4979.

[165] Anderson W, Roybal J, Gonzales S, et al., Determination of tetracycline residues in shrimp and whole milk using liquid chromatography with ultraviolet detection and residue confirmation by mass spectrometry, Anal. Chim. Acta 2005; 529-145-150.

[166] AOAC, Multiple tetracycline residues in milk, 995.04, in Official Methods of Analysis, 18th ed. (revised), AOAC International, Gaithersburg, MD (available at http://www.eoma.aoac.org/gateway/readFile.asp?id=995_04.pdf; accessed 3/24/10).

[167] Khong S-P, Hammel Y-A, Guy P, Analysis of tetracyclines in honey by high-performance liquid chromatography-tandem mass spectrometry, Rapid Commun. Mass Spectrom. 2005; 19: 493-502.

[168] Cristofani E, Antonini C, Tovo G, et al., A confirmatory method for the determination of tetracyclines in muscle using high performance liquid chromatography with diode-array detection, Anal. Chim. Acta 2009; 637: 40-46.

[169] Fletouris D, Papapanagiotou E, A new liquid chromatographic method for routine determination of oxytetracycline marker residue in the edible tissues of farm animals, Anal. Bioanal. Chem. 2008; 391: 1189-1198.

[170] Sczesny S, Nau H, Hamscher G, Residue analysis of tetracyclines and their metabolites in eggs and in the environment by HPLC coupled with microbiological assay and tandem mass spectrometry, J. Agric. Food Chem. 2003; 51: 697-703.

[171] Gajda A, Posyniak A. Pietruszka K, Analytical procedure for the determination of doxycycline residues in animal tissues by liquid chromatography, Bull. Vet. Inst. Pulawy 2008; 52: 417-420.

[172] Cinquina A, Longo F, Anastasi G, et al., Validation of a high performance liquid chromatography method for the determination of oxytetracycline, tetracycline, chlortetracycline and doxycycline in bovine milk and muscle, J. Chromatogr. A 2003; 987: 227-233.

[173] Xu J, Ding T, Wu B, et al., Analysis if tetracycline residues in royal jelly by liquid chromatography-tandem mass spectrometry, J. Chromatogr. B 2008; 868: 42-48.

[174] Nikolaidou K, Samanidou V, Papadoyannis I, Development and validation of an HPLC confirmatory method for the determination of seven tetracycline antibiotics residues in bovine and porcine muscle tissues according to 2002/657/EC, J. Liq. Chromatogr. Rel. Technol. 2008; 31: 3032-3054.

[175] Jing T, Gao X, Wang P, et al., Determination of trace tetracycline antibiotics in foodstuffs by liquid chromatographytandem mass spectrometry coupled with selective molecularimprinted solid-phase extraction, Anal. Bioanal. Chem. 2009; 393: 2009-2018.

[176] Nakazawa H, Ino S, Kato K, et al., Simultaneous determination of residual tetracyclines in foods by high performance liquid chromatography with atmospheric pressure chemical ionization tandem mass spectrometry, J. Chromatogr. B 1999; 732: 55-64.

[177] Viñas P, Balsalobre N, López-Erroz C, Hernández-Córdoba M, Liquid chromatography with ultraviolet absorbance detection for the analysis of tetracycline residues in honey, J. Chromatogr. A 2004; 1022: 125-129.

[178] Kanda M, Kusano T, Osanai T, et al., Rapid determination of residues of 4 tetracyclines in meat by a microbiological screening, HPLC and LC-MS/MS, J. Food Hyg. Soc Japan 2008; 43 (1): 37-44.

[179] Oka H, Ito Y. Ikai Y, et al., Mass spectrometric analysis of tetracycline antibiotics in foods, J. Chromatogr. A. 1998; 812: 309-319.

[180] Oka H, Ito Y, Matsumoto H, Chromatographic analysis of tetracycline antibiotics in foods, J Chromatogr A 2000; 882: 109-133.

[181] Gentili A, Perret D, Marchese S, Liquid chromatography-tandem mass spectrometry for performing confirmatory analysis of veterinary drugs in animal-food products, Trends Anal. Chem. 2005; 24 (7): 704-733.

[182] Stolker A, Brinkman U, Analytical strategies for residue analysis of veterinary drugs and growth-promoting agents in food-producing animals—a review, J. Chromatogr. A 2005; 1067: 15-53.

[183] Survey on Use of Veterinary Medicinal Products in Third Countries [available (login required) at https://secure.fera.defra.gov.uk/vetdrugscan/index.cfm; accessed 4/15/10)].

[184] Isoherranen N, Soback S, Chromatographic methods for analysis of aminoglycoside antibiotics, J. AOAC Int. 1999; 82 (5): 1017-1045.

[185] Heller DN, Clark SB, Righter HF, Confirmation of gentamicin and neomycin in milk by weak cation-exchange extraction and electrospray ionisation/ion trap tandem mass spectrometry, J. Mass Spectrom. 2000; 35 (1): 39-40.

[186] Ishii R, Horie M, Chan W, MacNeil J, Multi-residue quantitation of aminoglycoside antibiotics in kidney and meat by liquid chromatography with tandem mass spectrometry, Food Addit. Contamin. (Part A) 2008; 25 (12): 1509-1519.

[187] Kim B-H, Lee SC, Lee HJ, Ok JH, reversed phase liquid chromatographic method for the analysis of aminoglycoside antibiotics using pre-column derivatization with phenylisocyanate, Biomed. Chromatogr. 2003; 17: 396-403.

[188] Turnipseed SB, Clark SB, Karbiwnyk CM, et al., Analysis of aminoglycoside residues in bovine milk by liquid chromatography electrospray ion trap mass spectrometry after derivatization with phenyl isocyanate, J. Chromatogr. B 2009; 877: 1487-1493.

[189] Anadon A, Martinez MA, Martinez M, et al., Plasma and tissue depletion of florfenicol and florfenicol amine in chickens, J. Agric. Food Chem. 2008; 56 (22): 11049-11056.

[190] EMEA Florfenicol [extension to all food producing animals] Summary Report (6), 2002, EMEA/MRL/822/02-final (available at http://www.ema.europa.eu/docs/en_GB/document_library/Maximum_Residue_Limits_-_Report/2009/11/WC500014282.pdf; accessed 11/29/10).

[191] Nagata T, Oka H, Detection of residual chloramphenicol, florfenicol and thiamphenicol in yellowtail fish muscles by capillary gas chromatography-mass spectrometry, J. Agric. Food Chem. 1996; 44: 1280-1284.

[192] Zhang S, Liu Z, Guo X, et al., Simultaneous deter-

[192] mination of chloramphenicol, thiamphenicol, florfenicol and florfenicol amine in chicken muscle by liquid chromatography-tandem mass spectrometry, J. Chromatogr. B 2008; 875: 399-404.

[193] Peng T, Li S, Chu X, et al., Simultaneous determination of residues of chloramphenicol, thiamphenicol and florfenicol in shrimp by high performance liquid chromatography-tandem mass spectrometry, Chin. J. Anal. Chem. 2005; 33 (4): 463-466.

[194] Rostel B, Zmudzki J, MacNeil JD, Lincomycin, in Residues of Some Veterinary Drugs in Foods, FAO Food and Nutrition Paper 41/13, 2000, pp. 59-74 (available at ftp://ftp.fao.org/ag/agn/jecfa/vetdrug/41-13-lincomycin.pdf; accessed 11/26/10).

[195] EMEA Pirlimycin Summary Report (1), 1998, EMEA/MRL/460/98-final (available at http://www.ema.europa.eu/docs/en_GB/document_library/Maximum_Residue_Limits_-_Report/2009/11/WC500015685.pdf; accessed 11/29/10).

[196] Hornish RE, Roof RD, Wiest JR, Pirlimycin residue in bovine liver — a case of reverse metabolism, Analyst 1998; 123: 2463-2467.

[197] Friedlander, LG, Moulin G, Pirlimycin, in Residues of Some Veterinary Drugs in Foods, FAO Food and Nutrition Paper41/16, Food and Agriculture Organization of the United Nations, Rome, 2004, pp. 55-73.

[198] Martos PA, Lahotay SJ, Shurner B, Ultratrace analysis of nine macrolides, including tulathromycin A (Draxxin), in edible animal tissues with minicolumn liquid chromatography tandem mass spectrometry, J. Agric. Food Chem. 2008; 56 (19): 8844-8850.

[199] Lopez MI, Pettis JS, Smith IB, Chu PS, Multiclass determination and confirmation of antibiotic residues in honey using LC-MS/MS, J. Agric. Food Chem. 2008; 56 (5): 1553-1559.

[200] Tang HPO, Ho C, Lai SSL, High throughput screening for multi-class veterinary drug residues in animal muscle using liquid chromatography/tandem mass spectrometry with on-line solid-phase extraction, Rapid Commun. Mass Spectrom. 006; 20 (17): 2565-2572.

[201] Adams S, Fussell RJ, Dickinson M, et al., Study of the depletion of lincomycin residues in honey extracted from treated honeybee (Apis mellifera L) colonies and the effect of the shook swarm procedure, Anal. Chim. Acta 2009; 637 (1-2): 315-320.

[202] Sin DWM, Wong YC, Ip ACB, Quantitative analysis of lincomycin in animal tissues and bovine milk by liquid chromatography electrospray ionisation tandem mass spectrometry, J. Pharm. Biomed. Anal. 2004; 34 (3): 651-659.

[203] Bogiall S, Di Corcia A, Lagana A, et al., A simple and rapid confirmatory assay for analysing antibiotic residues of the macrolide class and lincomycin in bovine milk and yoghurt: Hot water extraction followed by liquid chromatography/tandem mass spectrometry, Rapid Commun. Mass Spectrom. 2007; 21 (2): 237-246.

[204] Benetti C, Piro R, Binato G, et al., Simultaneous determination of lincomycin and five macrolide antibiotic residues in honey by liquid chromatography coupled to electrospray ionisation mass spectrometry (LC-MS/MS), Food Addit. Contam. 2006; 23 (11): 1009-1108.

[205] Thompson TS, Noot DK, Calvert J, Pernal SF, Determination of lincomycin and tylosin residues in honey using solid-phase extraction and liquid chromatography-atmospheric pressure chemical ionisation mass spectrometry, J. Chromatogr. A 2003; 1020 (2): 241-250.

[206] Hornish RE, Cazers AR, Chester ST Jr, Rool RD, Identi-fication and determination of pirlimycin residue in bovine milk and liver by high-performance liquid chromatography-thermospray mass spectrometry, J. Chromatogr. B 1995; 674: 219-235.

[207] Idowu OR, Peggins JO, Cullison R, von Bredow J, Comparative pharmacokinetics of enrofloxacin and ciprofloxacin in lactating dairy cows and beef steers following intravenous administration of enrofloxacin, Res. Vet. Sci. 2010; 89 (2): 230-235.

[208] Chang CS, Wang WH, Tsai CE, Simultaneous determination of 18 quinolone residues in marine and livestock products by liquid chromatography/tandem mass spectrometry, J. Food Drug Anal. 2010; 18 (2): 87-97.

[209] Pearce JN, Burns BG, van de Riet JM, et al., Determination of fluoroquinolones in aquaculture products by ultra-performance liquid chromatography-tandem mass spectrometry (UPLC-MS/MS), Food Addit. Contam. (Part A) 2009; 26 (10): 39-46.

[210] Tang QF, Yang TT, Tan XM, Luo JB, Simultaneous

determination of fluoroquinolone antibiotic residues in milk sample by solid-phase extraction-liquid chromatography-tandem mass spectrometry, J. Agric. Food Chem. 2009; 57 (11): 4535-4539.

[211] McMullen SE, Schenck FJ, Vega VA, Rapid method for the determination and confirmation of fluoroquinolones residues in catfish using liquid chromatography/fluorescence detection and liquid chromatography-tandem mass spectrometry, J. AOAC Int. 2009; 92 (4): 1233-1240.

[212] Hernando MD, Mezcua M, Suarez-Barcena JM, Fernandez-Alba AR, Liquid chromatography with time-of-flight mass spectrometry for simultaneous determination of chemotherapeutant residues in salmon, Anal. Chim. Acta 2006; 562 (2): 176-184.

[213] Lara FJ, Garcia-Campana AM, Ales-Barrero F, Bosque-Sendra JM, In-line solid-phase extraction preconcentration in capillary electrophoresis tandem mass spectrometry for the multiresidue detection of quinolones in meat by pressurized liquid extraction, Eletrophoresis I 2008; 29 (10): 2117-2125.

[214] EMEA Enrofloxacin [extension to sheep, rabbits, and lactating cows] Summary Report (3), 1998; EMEA/MRL/389/98-final (available at http: //www. ema. europa. eu/docs/en _ GB/document library/Maximum Residue_ Limits _-_ Report/2009/11/WC500014144. pdf; accessed 11/ 29/10).

[215] EMEA Enrofloxacin [modification for bovine, porcine and poultry] Summary Report (2), 1998, EMEA/MRL/388/98-final (available at http: //www. ema. europa. eu/docs/en _ GB/document _ library/Maximum Residue _ Limits _-_ Report/2009/11/WC 500014142. pdf; accessed 11/29/10).

[216] Poapolathep A, Jermnak U, Chareonsan A et al., Disposition and residue depletion of enrofloxacin and its metabolite ciprofloxacin in muscle tissue of giant freshwater prawns (Macrobrachium rosenbergii), J. Vet. Pharmacol. Ther. 2009; 32 (3): 229-234.

[217] Ovando HG, Gorla N, Luders C, et al., Comparative pharmacokinetics of enrofloxacin and ciprofloxacin in chickens, J. Vet. Pharmacol Ther. 1999; 22 (3): 209-212.

[218] Anadon A, Martinez-Larranaga MR, Diaz MJ, et al., Pharmacokinetics and residues of enrofloxacin in chickens, Am. J. Vet. Res. 1995; 56 (4): 501-506.

[219] Codex Alimentarius Commission, REP11/RVDF, Report of the 19th Session of the Codex Committee on Residues of Veterinary Drugs in Foods, Burlington, United States, Aug. 30 Sept. 3, 2010 (available at http: //www. codexalimentarius. net/web/archives. jsp? year=11; accessed 11/26/10).

[220] Tarbin JA, unpublished data.

8 方法的开发与验证

8.1 引言

就分析方法验证一词，其概念可溯源到早期的AOAC。该组织最初名为官方农业化学家协会，后更名为农业化学家联盟[1]。这个联盟成立的最初目的是规范分析方法，使不同的实验室可以规范地使用同一种方法，从而获得具有可比性的结果。协同研究统计数据和实验要求已经过多年发展，方法验证也是如此。目前，在大多数辖区，实验室的标准分析方法很可能按照某种公认标准实施，如ISO/IEC—17025标准（或等同标准），这些标准要求实验室在认证规定的范围内，证明测试方法在日常使用中的适用性[2]。为满足这个要求，实验室应具有足够的数据，证明分析方法耐用，结果可靠，并且可以应用于目前正在进行的分析方法项目，例如控制食品生产，监管执法以及其他相关的合法程序。

国际食品法典委员会在1997年发布了一项准则，规定进行食品进出口检测的实验室需具备以下四项标准[3]：

- 由公认的实验室认证机构进行认证[2]。
- 参与适当的能力验证项目[4]。
- 具有有效的质量保证体系[5]。
- 使用的验证方法须符合国际食品法典委员会指定的标准。

8.2 验证方法指南的来源

验证方法的信息来源有很多种，包括科学文献论文，由国际纯粹与应用化学联合会（IUPAC）和欧洲分析化学组织等科学团体发行的指南，食品法典委员会（CAC）等国际团体的指南，也可以来源于国际或地区性的监管机构，如美国食品药品监督管理局（USFDA）或欧盟委员会（EC）。在某些情况下，验证的要求可能不同，科学家和他们的团队有责任，以权威机构的指导文件为基础，来评估所用方法的目的，并且选出合适的验证准则。例如，实验室建立或验证一种用于向USFDA提交新兽药申请的分析方法，需要确定其验证工作是否满足该组织规定的标准；一种方法，如应用于食品进出口检测实验室，应该确保实验室的验证工作与CAC公布的指南一致，并且如果这项贸易涉及欧盟或者属于欧盟成员的实验室，这项验证工作需要满足欧盟委员会的要求，这是建立适用性的一部分。

组织机构

众多组织机构是分析方法验证的信息来源，但有时可能具有不同的要求，因此选择一个适当的指南来源十分重要。原则上，指南应该来源于那些独立的科学组织，如IUPAC，欧洲分析化学组织和美国分析化学家协会（AOAC），或者其他建立国际监管标准与实施准则的国际或区域性的权威机构或国际组织。这些国际组织包括CAC和兽药注册国际协调会（VICH），提供方法法律指南的国家或区域组织，包括EC和USFDA。独立的科学团体提供的指南一般应用于一个较广泛的分析方法和程序，而由法规机构颁布的指南则倾向于方法的具体应用，甚至特定的分析类型，并且这项规定是强制性的。

8.2.1 国际纯粹与应用化学联合会（IUPAC）

IUPAC是一个独立的、非政府的科学组织，代表各国化学工作者的利益。IUPAC 以化学命名而闻名，同时也在科学标准和指南的开发中具有重要地位，包括化学分析重要问题的术语[6-8]和指南[9]，例如协同研究[9]、实验室质量保证[5]、能力验证[4]、回收率校正[10]以及单一实验室内的方法验证[11]。可以通过 IUPAC 的网站（http：//www.iupac.org/）了解 IUPAC 的项目和查阅纯粹与应用化学杂志。

8.2.2 国际分析化学家协会（AOAC）

1880 年，在美国召开了由政府、大学的科学家和官员们出席的化肥分析方法的会议，在此次会议上宣布成立 AOAC[1,12]。起初该组织作为美国科学院化学分部的一部分，采取委员会体制处理具体的分析问题。1884 年，由美国农业部赞助，官方农业化学家协会（AOAC）举行了第一次会议。当美国食品药品监督管理局成为该组织的管理者后，参与 AOAC 管理的官员调到新的组织，AOAC 与美国政府机构得以继续合作。尽管 AOAC 最初限制北美成员参加，但其与国际监督机构的合作则开始的较早，并于 1968 年成立了国际合作委员会，与更多的正式团体合作，其中包括其他国际科学组织。随着工作重点扩展到食品和药品方面，1965 年，该组织更名为官方分析化学家协会，但仍然保持 AOAC 的缩写。1979 年，AOAC 成为独立的科学组织，并且对任一个国家的科学工作者开放其会员资格。更多的国际会员和微生物等其他学科会员的参加，使该组织得到壮大。1991 年，该组织再次更名。

多年来，为了建立与协同研究性能[9]、能力验证[4]、分析实验室的质量保证[5]和回收率校正[10]等相关的统一协议，AOAC 及其前身已经开始与 IUPAC 和国际标准化组织（ISO）进行合作。然而，该协会主要关注用于监管实验室和行政监管部门实验室工作的分析方法的验证工作。AOAC 杂志是监管实验室建立方法的信息来源，也是有关分析问题的信息来源，而组织内部的委员会是协会和分析团体从事分析方法验证工作活动的信息来源。IUPAC、ISO 和 AOAC 组织（http：//www.aoac.org/）是科学咨询以及国家和国际监控组织引用参考标准的信息来源。AOAC 组织出版的《官方分析方法》[13]一书中发布的分析方法，已经通过协同研究验证，适合单一实验室在验证方法时作为参考标准。

8.2.3 国际标准化组织（ISO）

国际标准化组织（http：//www.iso.org/）是一个非政府的国际标准化组织，其成员由来自世界上 160 多个国家的国家标准化团体组成。其任务是建立涵盖包括分析化学在内的更广阔领域的共同标准。ISO 与 IUPAC 和 AOAC 合作建立各种协议，包括协同研究[9]、实验室质量保证[5]、能力验证[4]和分析检测回收率校正[10]。由 ISO 制定的标准是实验室认证的主要国际标准[2]，为质控图的使用[14]等分析问题提供指导，是定义分析术语的主要来源[15]。

8.2.4 欧洲分析化学组织（Eurachem）

欧洲分析化学组织成立于 1989 年，是一个致力于分析化学的欧洲组织，以支持国际测量溯源性，促进良好质量规范为宗旨。成员包括欧盟成员、欧洲自由贸易协会（EFTA）和欧共体（EC）的代表，也包括一些被 EU 和 EFTA 承认的欧洲国家。具有共同利益的其他欧洲国家和国际组织被授予观察员地位。欧洲分析化学组织的工作包括努力促进合作、组织技术研讨会、制定指南以提高分析工作质量，这些指南包括适用性[16]、测量不确定度[17]和质量评估[18]。这些指南文献对新成立的实验室进行认证和方法验证，是很好的信息资源，可以从欧洲分析化学组织的网站（http：//www.eurachem.org/）下载。

8.2.5 兽药注册国际协调会（VICH）

兽药注册国际协调会（VICH）成立于 1996 年，是一个包括美国、欧盟和日本的三边组织，主要任务是在各自的司法管辖区制定一个统一的方法来满足兽药注册技术要求。目前，澳大利亚、加拿大和新西兰具有观察员地位。VICH 已经发布了若干协调指南，包括两个关于兽药残留的分析方法验证[19,20]。这些指南旨在把制药公司提供的药物分析方法作为新的药物分析应用的一部分，以保证药物被批准使用后，有合适的分析方法用于监管。VICH 的活动信息及其指南可以从 VICH 的网站上（http：//www.vichsec.org/）获得。

8.2.6 食品法典委员会（CAC）

食品法典委员会是一个对联合国所有成员开放的国际组织。它由联合国的两个机构——联合国粮食及农业组织（FAO）和世界卫生组织（WHO）于1963年共同建立，由FAO和WHO共同授权执行食品标准准则，包括建立食品标准［食品中兽药的最高残留限量（MRLVDs）］、指南（包括实验室规范和分析方法）和其他相关文件，如行业行为规范。CAC的主要宗旨是保护消费者健康和确保贸易公平，包括为成员监控项目提供技术问题指导。

例如，由CAC在2009年提出的指南，将验证方法定义为"用于特定目标，已完成了方法准确性和可靠性验证研究的可接受的检测方法[21]"，这参考了机构间替代方法验证协调委员会（ICCVAM）的定义[22]。这个定义在内容上与欧洲分析化学组织[16]、AOAC[23]、人用药品注册国际协调会（ICH）[24]和兽药注册国际协调会（VICH）[19]类似。

CAC提供的两种信息源为分析方法验证提供指南。方法验证通用指南包括"单一实验室方法验证"，这可从CAC的程序手册[25]上获得，并由食品法典委员会指南进行增补，大量内容选自以前由独立的国际科学组织建立的协调指南[26-31]。此外，一个2009年CAC指南被采纳用于食品兽药残留分析和实验室残留监控[32]。

8.2.7　FAO/WHO食品添加剂联合专家委员会（JECFA）

JECFA是由FAO和WHO于1956年共同建立和管理的独立的专家委员会，其任务是评价食品添加剂的安全性。它的工作范围已经扩展到评价"污染物、天然毒物和食品中兽药残留[33]"等多个方面。JECFA为食品中兽药残留法典委员会（CCRVDF）提供风险评估，制定兽药每日允许摄入量（ADI），推荐最高残留限量（MRLs）以供CCRVDF审议，并且评估分析这些残留方法的适用性。JECFA主要考虑关于分析方法的性能的两个方面：①JECFA必须保证在制定ADI或推荐MRLs时，药物代谢动力学和残留消除研究中所用的方法经过验证，以确保这些研究中所报告的数据可靠。②如果有适合的经过验证的分析方法能够用于推荐的MRLs的监控，JECFA应该向CCRVDF推荐。JECFA已经出版了一份指南文件，规定了向JECFA递交的分析方法的验证需要满足的要求[34]。

8.2.8　欧盟委员会

欧洲委员会2002/657/EC号决议具有法律约束力，适用于从事食品中兽药残留分析的实验室成员，决议对实验室使用的分析方法的性能做了特定要求[35]。对出口到欧盟的食品进行检测的实验室，当欧盟食品和兽医政府机构对其进行审查时，该实验室必须证明其符合这些要求。2002/657/EC决议采用"标准方法"，其中对具体方法的使用则不做要求。相反，每个检测实验室必须证明其采用的进行食品中兽药残留分析的方法已经过验证，且符合决议中性能考核指标。2002/657/EC决议中关于解释和执行标准的指南，由欧盟健康和消费者保护委员会发布的补充文件提供[36]。

8.2.9　美国食品药品监督管理局（USFDA）

美国食品药品监督管理局要求，用于食品动物的兽药在获得批准前需要提交相关材料，其中包括有效的经过验证的分析方法，用以检测靶组织中的残留标示物，除非可以证明使用的药物无任何残留。正如第3章中所讨论的，检测方法直接与该药物的残留标示物的最高残留限量有关，并且该方法将被用做残留监管措施中的参考方法。与向FDA递交的残留检测方法相关的两个指南文件，可从其官方网站（http://www.fda.gov/）下载。第一份文件，评估食品动物中使用化合物安全性通则，涉及测定兽药残留分析方法验证的一般要求，着重于方法的特异性、准确度和精密度[37]。第二份文件，提供基于质谱分析方法的指南[38]。这两个关于验证分析方法的VICH指南[19,20]，也收录于指导性文件的列表中，可从FDA官网下载。

8.3　食品中兽药残留验证方法的发展

在准备递交兽药的注册审批材料的过程中，许多司法管辖区对于产品注册的要求包括已验证过的检测食品中兽药残留的分析方法。通常，这些建立和验证的方法只是（或代表）制药公司的一个单一的化合物（药物残留标示物及其性质在第8.5.1节中有更详细地讨论），而不是多种药物残留。对于负责国家残留监控计划的官方机构，当检测多个同一类药物时，单残留分析方法的价值是有限的。因此，这种要求兽药登记注册时提交验证方法的监管模式，在许多监控计划中不易转化为常规的使用方法。

8.3.1 "单一实验室验证"和"标准方法"的发展

20世纪90年代初,在一些司法管辖区内,如美国,用于监控食品中兽药残留方法的传统验证方法,要求多个实验室进行方法验证试验,涉及至少三位分析人员和三个独立的实验室[39]。然而,在90年代后期,如实施实验室日常认可等措施,不仅要证明质量程序必须在认可的实验室进行,而且必须具有独立的专家评审方法(这在第10章中有更详细讨论)。由于技术的快速发展和监控计划中检测参数范围的扩大,实验室间进行方法验证不太可能,因为这显著增加了完成"方法验证"所需的时间。因此,替代方法通常被称为"具有适用性的方法"或"标准方法",更加注重在方法开发过程中的内部质量控制(QC)措施和实验室内的方法验证,较少依靠实验室间研究。

在欧盟内部,几乎完全取缔了兽药残留检测方法性能的实验室间的方法验证试验。相反,欧盟成员的每个官方残留控制实验室,被要求证明所使用方法的适用性符合2002/657/EC决议[33]。

8.3.2 维也纳研讨会

从1997年开始,召开了一系列国际性协商和研讨会议,采纳了CAC[25,31]的单一实验室验证方法和国际纯粹与应用化学联合会[11]公布的指南。1996年,对于正在建立Codex标准(最高残留限量,简称为MRL)的许多药物,CCRVDF认为无法从实验室间的方法试验中获得足够的相关信息,建议粮农组织(FAO)成立关于方法学验证的专家研讨会。这次会议于1997在维也纳召开,由国际原子能机构主持,并就下述原则达成共识[40]:

- 实验室进行验证研究时,应在以国际公认原则为基础的合适的质量管理体系内进行;
- 方法的验证需要通过第三方评审(ISO/IEC 17025:2005,GLP等);
- 依据食品法典委员会准则进行的方法验证,评估的重点是定量限,而非检测限;
- 验证工作必须充分记录在验证报告中,验证工作中要清楚地鉴别分析物和基质;
- 应当有证据证明该方法可以被食品法典委员会使用(多实验室试验,或者在最低限度,进行

耐用性评价);
- 成员应向食品法典委员提供方法。

8.3.3 布达佩斯和米什科尔茨研讨会

1999年11月4—5日,在布达佩斯召开了关于单一实验室方法验证的IUPAC/ISO/AOAC研讨会,本次会议制定了工作文件草案,该草案经过国际评审和提议后,被采纳作为协调指南,并由IUPAC于2002年[11]出版。IUPAC指南也被食品法典委员会[31]采纳。

随后在匈牙利的米什科尔茨召开了FAO/IAEA专家会议,本次会议主要议题是农药与兽药残留分析以及追溯食品中有机污染物的验证方法性能的规范程序。此次被邀请参加会议的委员主要是参与之前IUPAC/ISO/AOAC研讨会的专家,他们与食品法典委员会共同研究有关分析方法的问题[41]。本次会议的成果随后被用于发展中国家科学工作者的培训课程,由位于奥地利的赛伯尔斯多夫的国际原子能机构培训中心资助,同时也被农药残留法典委员会(CCPR)以及CCRVDF工作组应用于更新和修订关于农药、兽药残留分析方法的Codex指南(参见第10章),这些指南与现行的由食品法典委员会制定的分析和抽样方法配合使用,作为制定单一实验室验证分析方法的指南,收录于食品法典程序手册。

8.3.4 食品法典委员会指南

2009年,食品法典委员会(CAC)批准通过了一项有关验证食品中兽药残留检测方法的新指南(CAC/GL 71—2009)[32],取代了之前的指南[39]。新指南指出,方法可以在单一实验室验证,但验证工作必须符合CAC程序手册[25]中的"分析方法选择性的通用标准"。此外:

- 验证工作应根据国际公认协议的要求进行(如IUPAC协调指南)[11];
- 实验室在使用此方法时,必须具有符合ISO/IEC 17025:2005标准或良好实验室管理规范(GLP)原则的质量管理体系;
- 方法准确度应该通过常规能力验证项目进行验证(条件允许时),或在校准时使用有证标准物质(条件允许时);
- 分析物的实验室内回收率研究应在适当的浓度进行,并且将得到的结果与其他通过验证的方

法得到的结果进行对比。

这些建议与 IUPAC 协调指南[11]相符合。有关单一实验室方法验证的更多具体细节正是现在 IUPAC 计划的研究主题[42]。2009 年，CCRVDF 同意成立电子工作组起草多残留分析方法的性能标准，因为这对实验室在处理资源减少与分析工作量增加的需求的冲突来说，越来越重要。多残留分析方法的性能标准将作为附件出现在最近公布的 CAC/GL 71—2009 文件中。

8.4 方法性能特征

作者认为本节中提到的有关方法验证试验设计的建议是当前最好的管理规范方法，建议 IUPAC 及其他权威的科学机构在以后颁布相关指南时予以考虑。由于指南总在不断变化，因此，在规划任何方法的验证研究前，必须就此研究是否与最新的相关指南相符合进行核对。

在规划方法的验证研究时，要根据食品法典委员会[21,25]的建议，考虑有关性能特性或相关因素（第 8.7 节中会更详细地讨论），包括：
- 分析物的稳定性（见第 8.5.4，8.5.6，8.5.7 节）；
- 耐用性（见第 8.5.8 节）；
- 校准曲线（见第 8.7.1 节）；
- 线性范围（见第 8.7.1 节）；
- 线性（见第 8.7.1 节）；
- 灵敏度（见第 8.7.2 节）；
- 选择性（特异性）（见第 8.7.3 节）；
- 准确度（见第 8.7.4 节）；
- 回收率（见第 8.7.5 节）；
- 精密度：重复性和再现性（见第 8.7.6 节）；
- 测量不确定度（见第 8.7.8 节）；
- 样品的稳定性（见第 8.5.7 节）；
- 方法比较，有证标准物质（见第 8.7.4 节）；
- 检测限（见第 8.7.9 节）；
- 定量限（见第 8.7.9 节）。

欧盟委员会的要求不包括检测限和定量限或测量不确定度，但相应的，他们要求测定能够验证结果可靠性的其他统计数据，即在 8.7.10 中讨论的判定限（$CC\alpha$）和检测能力（$CC\beta$）[35]。

大部分术语都有清晰和准确的定义，多数术语都能够在 IUPAC 的指导文件[6-8]和参考文献中找到，例如 CAC/GL 72—2009 文件，是由 CAC 于 2009 年发布的有关分析术语的指南[21]。公认的独立科研机构，如 IUPAC 或 ISO 发布的权威定义，或者包含于监管机构管理条例中的定义，如美国 FDA 或欧盟法规中的定义，都可以作为参考。当缺乏国际公认的定义时，实验室的协议应该包含用于定义方法性能的任何术语的定义，并注明出处。

统一分析术语的工作已经基本完成，是由 IUPAC 和 CCMAS 成员合作完成的。一部分定义来源于食品法典委员会发布的准则 CAC/GL72—2009[21]。其他定义的来源包括：ISO[15]、计量导则联合委员会（JCGM）[43]、澳大利亚实验室认可组织（NATA）[44]、欧洲分析化学组织（Eurachem）[16]、欧盟委员会决议 2002/657/EC[35] 以及由 ICH[24] 和 VICH[19] 发布的文件。使用这些组织定义的术语可以防止审核过程中的混乱，并避免验证过程中浪费时间和精力。如果不使用合适的定义就进行试验设计，会导致需要重复试验，以确保试验符合监管分析所采纳的定义。例如，审核人员在根据 ISO/IEC—17025：2005 文件进行认证审核时，会参考 VIM 的定义[15,43]，然而当审核人员对出口食品检测实验室进行的试验进行审核时，则首先会参考 CAC[21] 或者欧盟[16]的准则。当然这种情况很少出现，因为 CAC 应用的很多定义都来源于 VIM。但是，读者还是需要注意不同组织使用不同定义的情况，因为这会对方法的开发和验证带来一定的影响。

8.5 方法开发

食品法典委员会准则 CAC/GL 72—2009[21]将"适用性"定义为"测量过程产生的数据让使用者在技术和管理上对于既定目标做出正确决定的程度"。在欧盟，2009 年发布的方法验证和质量控制程序相关准则[45]建议"实验室内的验证应当提供证据证明方法适用于既定目标"，确认实验室内的验证对于用户的重要性。兽药残留分析方法在法定限要具有耐用性结果，监管机构也表达了类似观点。但是，如果分析目的是为了提供低于法定限的定量数据，如膳食摄入量评估，对分析方法进行充分验证就显得非常重要，通常，在低于法定限的浓度进行验证。

8.5.1 分析方法"适用性"的确定

食品安全监管由风险分析和风险管理控制。验证分析方法用于毒理学研究，所得到的数据，要求用于追溯分析食品生产或者污染物中的化合物含量，借以制定安全限量或者可接受限量。验证方法也用于药物代谢动力学、代谢学和环境降解研究，以确定代谢谱和降解途径，鉴定合适的残留标示物和残留靶组织或者样品基质，了解食品中残留或污染存在的机制。这些数据也可用于建立从给药到农作物收获、奶蛋收集或者食品动物屠宰的 MRLs 和休药期。验证方法分析可用于监控食品是否符合国家样品调查的限制，以及一些健康机构施行的膳食摄取研究。建立和实施食品安全标准的研究中所产生的数据的可信性，取决于所使用的分析方法的可信度，也取决于这些分析方法的验证。错误数据可导致数百万美元的损失、员工失业和法律诉讼。

当建立一种新的方法或者验证现有方法时，需要优先考虑一些基本问题。首先，必需清晰地知道所要满足的监管要求，以确保方法具有"适用性"。这包括充足的化合物信息，化合物使用后的代谢或者降解途径，检测计划包括的基质，MRLs 或者其他法定限的浓度范围。用于证明使用了某种药物的目标分析物称为残留标示物[46]。它可能是母体化合物、特异的用于识别母体化合物的代谢物或降解产物，或者是母体化合物/代谢产物的转化产物。药物在靶动物体内的药代动力学、消除途径、分布等信息可用于确定基质中合适的残留标示物，当药物或者农药应用于食品动物时，要证明组织中可以检测到此药物。通常将兽药残留量最高或者残留时间最长的组织确定为残留靶组织。

对于某些抗生素，特别是通过发酵工艺制备的抗生素，确定合适的残留靶组织有一定的难度。不同的生产商制备的抗生素，通常包含不同比例的多种活性成分，如庆大霉素[47]。对于这些物质，由于存在批次间的变化，组成成分的构成比例不是固定不变的，因此最好能够对各个成分标准进行可靠的定量。某些特定的成分可能更容易在组织中代谢或消除，其比例可能就会与其他成分不同。因此，如果个别成分在分析前的储存过程中易降解，建立的残留谱可能会随着最后一次给药后的收集时间、样品储藏时间和温度的不同而变化。

具有代表性的验证残留定量分析方法的性能特征或质量因素，主要包括方法的准确度、残留方法的回收率、选择性、灵敏度、精密度、线性范围、校准曲线的线性。监管机构强加的附加标准已经被众多分析机构广泛采纳。包括确认方法的耐用性，这在一定程度促进了方法应用于其他分析者或实验室，对建立方法时没有被确认的关键步骤进行确认。许多监控方法曾经需要实验室间研究以确定重现性；近来，已建立其他的方法，如用统计学定义方法性能和建立促进监管措施的合适的结果。

仍然需要考虑用于定义分析要求的其他因素。例如，当进行兽药残留分析时，国内生产的动物的残留靶组织可能是肝或肾，而大多数进口的肉产品是肌肉组织，因此，虽然这些方法可用于国内肾脏样品分析，但不能用于大多数的进口样品分析，除非通过验证后，此方法适用于肌肉组织和加工过的肉类产品。一种用于分析国内生产的牡蛎中水产药物或者天然毒素的已验证分析方法，在分析进口的对虾和罗非鱼时仍需要验证。除此之外，其他要求包括：建立多种化合物残留检测和定量方法，分析时间短以保证快速获得结果报告，或者便于将方法应用于其他实验室。在监控分析中，需经常考虑检测费用、时间限制、方法是否易于应用到其他实验室等因素。在国家残留监控计划中，很少有残留监控机构有资源对成百上千种化合物实施不同的分析方法。

要考虑分析方法与现有的监控方法之间的可比性，尤其是通过官方认证的方法，当用于法律行为时，方法的结果必须具有可溯源性。例如，在第3章中讨论到，向美国 FDA 申请注册新兽药的材料中所提交的分析方法，一经采纳将直接与该药物在食品中的法定容许量相关。若抗微生物药分析使用的参考方法或者官方方法是基于微生物生长抑制试验，测定试验的等效性时则会出现问题，因为微生物生长抑制试验是测定所有的抑制因子（无论是母药化合物还是其代谢物），然而化学分析仅测定母药化合物或者残留标示物，并非包括所有已存在的生物活性化合物。试验中提取过程的回收率也可能差异显著，这进一步增加了对两个试验进行结果比较的复杂性。因此，需要进行衔接性研究，使两个试验的性能和因子能够直接进行比较，使新的试验结果与由原来的参考方法获得的结果具有等效性。IUPAC[11] 和 CAC[25] 建议的用于验证分析方法的程序之一就是与参考方法进行比较。

因此，建立一个在一定条件下用于监控药物使用的替代试验方法，比如在美国，官方方法直接与最大残留限量相关，对这种方法进行验证就具有特殊重要意义。关于抗微生物化合物的衔接性研究可查阅相关的科学文献[48,49]。

8.5.2 筛选与确证

必须明确地定义方法的预期用途。筛选方法通常被认为是检测处于或高于特定浓度的化合物是否存在的方法。在CAC关于兽药残留分析的指南中，筛选方法定义为"本质上是定性或半定量的，被用做筛选的方法，可以确认大量或许多样品中可能存在（或不存在）超过MRL或监管当局建立的法定执行限的化合物"[32]。定量方法被定义为提供定量信息的方法，用于测定特定的样品残留是否超过MRL或法定执行限，但是不能明确地对残留物进行确证，此方法提供的定量结果，在包含MRL或法定执行限的分析范围内，必须具有良好的统计控制[32]。最后，确证方法可以明确地对残留物进行鉴别，还可以用于确证含量[32]。在很多实例中，特别是使用色谱-质谱联用技术方法，如LC-MS/MS，建立和验证的这类方法可用于所有应用。在最初分析中可以通过监测大量可能存在的残留物的单一特征离子进行筛选。通过参考合适的校准物质和质控样品，对阳性结果进行定量，通过对目标分析物的多个特征离子或碎片离子分析进行确证。

8.5.3 标准品的纯度

建立的方法应该满足现有分析方法所不能满足的分析的需要，并且没有现存的方法可用，这也是满足适用性要求的第一步。适用性声明综述了分析的基质、必须包括的分析物、要求的浓度范围和其他必须满足的技术参数。建立分析方法的第二步，主要包括获得分析物标准品，进行文献调研，以确定哪种方法满足需要，哪种方法可作为参考。关于分析标准品有两个关键条件：标准品纯度和它们的稳定性信息。首先，标准品应该从可以提供生产日期证明文件、能鉴别和测定纯度的方法、标准品纯度的证书或者声明以及有效期证明文件的来源获得。然后，应该建立标准品文件档案。

在开始建立方法之前，用这些材料进行附加的鉴定试验是良好规范。除非提供的标准品数量不足以进行附加的定性和纯度试验，否则应该在使用标准品之前，进行这些试验以提供这些信息。典型的核实标准品的特性和纯度的检查，包括通过光谱试验确认特性，采用熔点测定或色谱进行纯度检查。档案中应该包括这些信息。

标准品通常具有有效期限，在这段时间内，若标准品妥善保存，分析标准品的纯度通常在2~5年内有保证，在提供标准品的证书上也会标示有效期。如果标准品没有提供有效期限，这就需要实验室建立标准品可以使用的最优储存条件和最长保质期限。有效期到期后，就应该替换标准品。当然，如果实验室建立标准品再鉴定的程序，证明标准品的纯度和成分都没有变化，标准品的有效期也可以延长。应该记录建立或者延长标准品有效期的程序。

8.5.4 分析物在溶液中的稳定性

当标准品纯度和稳定性已知，而从其他来源不能获得其在溶液中的稳定性，就应该通过实验室试验确定。能够影响标准品降解的两个常见因素是光照和储存温度。无论是制备或者储存标准品时所使用的溶液溶剂，还是方法性能中所使用的溶剂，都应该研究标准品在这些溶液和溶剂中的状态。首先，从厂家（材料安全数据表）或者包含溶解度信息的说明书中获得化合物的溶解性质方面的信息，以确定用来制备和保存标准品的溶剂或者建立分析方法的溶剂。同时查阅文献查看化合物在不同溶液溶剂中的稳定性。实验人员必须确保标准工作液稳定，同时确定标准工作液的储存时间。

标准溶液的稳定性通过实验来评估，例如，通过对比在室温或者冰箱里不同的储存温度的影响。研究时间从几天到几个星期甚至几个月，来确定标准溶液是否发生浓度变化或者是否发生降解。如果出现降解迹象，例如色谱图中检测器的响应降低或出现杂峰，就有必要进行额外的实验来确定标准品是否有必要避光保存。这可以通过一个很简单的方法实现，比如用锡箔纸包住储存标准品的容器，或者直接用有颜色的容器来保证标准品避免光照。这些实验的结果将用于制定标准溶液的储存、处理和使用的条件。在一些特殊条件下，或进行高通量分析时，需要实验室调整光照条件，或者建立一个特殊光照的专用区域。

为了确保在重复性分析中观察到的任何变化是真实的，而不仅仅是在可变范围内预测的，就需要进行足够的重复性分析。为了保证后续的日常使用，应该观察在任何储存或者使用条件下，分析物不存在明显损失（$p=0.05$）。同时应该通过测定实验室所使用的标准储存液和标准工作液的稳定性来建立标准溶液的工作时效，在方法中应该包括这些信息。

2002/6577/EC决议推荐了分析物在溶剂中的稳定性评估方法[35]。准备足够的标准溶液以提供至少40份重复标准溶液进行测试。10份标准溶液用于评估不同储存温度条件下的稳定性，包括−20℃、4℃和20℃（冷冻、冷藏和室温的典型温度）。两组标准溶液（每组10份），一组储存在光照条件下，另一组避光保存，测定在20℃条件下光照和避光保存的区别。应该在以下时间间隔进行测试：

"时间间隔是一周、两周、四周甚至更长时间，直到定性和定量过程中观察到第一次降解现象，从而记录最长的储存时间和最优的储存条件。"

每一个时间点的分析结果都应该与同等条件下新鲜制备的标准溶液的结果进行比对。

8.5.5 方法建立的计划

标准品的稳定性和储存条件确定后，就可以建立分析方法。建立的方法越简单越好，每增加一步就增加了分析者操作的复杂性，同时也增加了不确定度因素（这将在第9章里讨论）。以从许多基质中分离抗生素残留物的初步提取为例。对于某些化合物，可能包含着几步操作。首先，采用化学或者酶消化的方法将与组织化学结合的残留物变为游离状态，使以代谢物残留物存在的物质转变为单一化合物。第二步通常是溶剂提取，可能会包含蛋白沉淀的处理过程，也是初始操作中的一部分，将目标化合物从组织中分离。对于某些化合物和基质，这些步骤可能使提取物经过了充分地净化，可用于最后的仪器分析。但通常，需要附加的净化步骤，例如通过溶剂萃取或者固相萃取的净化过程，可以有效地除去动物组织中的脂肪组织，蜂蜜中的糖分。检查测定提取过程中每一步的分析物的回收率是很重要的。当采用固相萃取方法进行操作时，收集洗脱液进行分析。理想的条件是能够在2～3mL洗脱液中收集到目标化合物。因此，至关重要的是建立萃取柱洗脱模式的净化曲线，通过调整洗脱溶液和条件，可获得充分洗脱目标化合物而去除干扰物质的洗脱曲线。如果收集的产物中有干扰成分，表明该洗脱溶液还需进行调整以减少谱带展宽。

溶剂、固相萃取材料、色谱柱等的选择受到目标化合物的化学性质影响。总体来讲，分析物的溶解性、极性和其他潜在的影响因素直接影响溶剂或者色谱材料的选择。分析物的光谱特性决定了检测方法。如果化合物具备很强的紫外吸收或者荧光特性，适合用液相色谱仪-紫外检测器或者荧光检测器进行检测。如果化合物不具备生色基团和荧光基团，就需要衍生。现在，很多实验室配备了LC-MS仪器，它具有简单、成本低等特点，避免使用衍生试剂或减少使用特殊检测器，可以使用选择离子监测模式分析化合物。具有监控多个质谱碎片离子的能力，增加了分析结果的可信度。在本书的某些章节（第4章、第6章和第7章）详细地讨论检测抗生素残留的具体方法，本章的目的是简单的概述检测方法建立的策略。

一旦方法步骤以标准形式（如ISO 78-2：1999[50]）形成标准操作程序（SOP），就完成了方法的建立。使用这一过程进行充分的重复性试验以提供初步的证据，证明此方法应该满足方法建立之前确认的方法"适用性"要求。在进行方法验证之前，应该评估方法的一些性能特征，例如，已在方法建立过程中完成的分析物的稳定性，还包括用于建立方法性能标准的试验，如在方法验证过程中进行的回收率和精密度试验。

8.5.6 样品处理过程中分析物的稳定性

在分析过程中，必须确保分析物的稳定。一些文章报道，分析物可转化为代谢产物或降解产物，如四环素，这会混淆对实验结果的解释[51]。考虑到这种现象，一些司法法规修改了最高残留限量，如在欧盟，四环素类药物的最高残留限量包含了四环素和4-差向四环素的总量[52]。

方法建立后，应该对标准溶液进行全面分析。如果实验中发现分析物有明显的损失，应当重复分析过程中的每一步，以确定造成损失发生的步骤，并进行改进，以减少损失。要测定引起分析物损失或降解的原因，以确保在以后涉及此分析物的方法时不包含此分析步骤。潜在的降解或损失因素包括：在溶剂中溶解度低或不稳定性，在某一pH条件下的不稳定性或缺乏溶解性，与色谱分析材料的相互作用，被玻璃或其他接触材料吸附等。

8.5.7 样品储存过程中分析物的稳定性

当不能从文献或能力验证的提供者，如食品分析能力评估计划（FAPAS）[53]等，获得特定储存条件下基质中分析物的稳定性信息，就应该作为方法建立和验证的一部分，在实验室建立分析物的稳定性信息。但是，如果要获得可靠的分析物稳定性研究的信息结果，首先要求验证的方法具有有效性。当一个已建立的方法被采用作为新进入实验室的分析人员的能力测试，应该首先建立和验证这个方法，所以样品的稳定性考查就成为方法验证的最后一个步骤。

要对特定储存条件下样品中分析物的稳定性进行考察，这是实验室接收的样品储存规范，并应考虑存在争议时需要再次分析的可能性（一般是3~12个月）。参与进出口食品监管工作的实验室的管理者和分析工作者，应该了解最近的CAC指南中关于解决分析结果争议的内容，并确保他们具有数据以支持储存和处理样品材料的标准程序[54]。2002/657/EC决议建议，在−20℃或更低温度下，在一定时间间隔如1个月、2个月、4个月或更久的储存时间内做稳定性测定[35]。每个时间点至少设定5份重复样品进行冷冻，以用于每一时间点测试，以提供充分的数据来确定浓度的显著变化。

进行储存稳定性研究，应该选取几个具有代表性的浓度并使用已知浓度的物质，如果没有这种物质，就采用日常分析中使用的空白基质添加分析物进行分析。稳定性试验应该在几个代表性浓度下进行分析，还应该包括几个冻融循环，以代表其可能在运输、用于二次样品分析的贮存、解冻和再次冻存过程中出现的特定条件。获得的信息用于建立样品的最长贮存时间和条件，以保证样品进行再次分析时没有发生明显的降解。

8.5.8 耐用性测试

作者认为，耐用性测试应该在方法研究的最后阶段进行，因为耐用性测试可能会导致方法SOP的改变。方法验证在先，耐用性测试在后，这就意味着如果耐用性测试需要对方法进行大幅度地修改，那么方法验证实验就需要重复，在方法验证中的努力和消耗的材料都将浪费。

欧洲分析化学组织[16]引用了AOAC同行验证方法程序的一个定义，将耐用性测试定义为实验室内的研究，用来研究当环境或操作条件发生细微变化时，分析过程行为的变化，类似于在不同的测试环境中可能发生的变化。耐用性测试允许通过一个快速系统化的方式来获取在细微变化时产生的影响信息。然而，CAC/GL 72—2009可能会使分析人员对下列引自ICH[24]和IUPAC[11]定义中的某些术语[21]产生困惑：

稳健性（耐用性）：方法参数发生细微的改变时，分析过程中测量能力能够保持不受影响的程度，并能在正常使用中提供可靠性的指示。

分析者应该意识到，耐用性和稳健性已经在许多文献中成为一个可以互换的词语。在许多实验室中，关于方法验证协议究竟是应该使用耐用性还是稳健性，已经进行了很多讨论。ICH和VICH指南建议使用稳健性，然而第18版法典程序手册倾向于耐用性[55]。新的Codex指南CAC/GL 72—2009惯于优先使用稳健性，这会导致在实验协议中采用这个术语时，会引起强烈地争论，然而在此点上要达成共识，有必要进行更深入地讨论。在此期间，实验室SOP中参考耐用性测试（稳健性）可能是合适的。

在耐用性测试中，最具代表性的是，使用一个标准因素设计方法来研究各个步骤中对细小变化的敏感性[56]。一个典型的耐用性测试设计就是Youden方法，在AOAC[56]出版物以及2002/657/EC[35]决议中可以找到相应的描述。基本方法涉及鉴别7个因素，用大写字母A~G来标注。各个微小变化被分别引入到对应的因素，并用小写的a~g来标注，这就提供了高达128个组合。但是，当在同一个分析中，多因素改变时，利用矩阵设计来分析单个改变产生的效果，组合的数量能降低到8。利用这种设计，可以鉴别导致显著改变的任何变化。

在耐用性测试中，需要考虑的典型因素包括溶剂浓度和体积、pH、孵育或反应时间、温度、溶剂质量，以及不同批次或不同来源的溶剂或者色谱材料。如果方法和以前验证过的定量方法有着明显的区别（如果此方法使用提取和衍生过程，与那些定量方法不同），可能需要增加确证方法的耐用性测试。一个耐用程序应该不受微小的变化影响，如果在分析过程中发生微小的变化，分析结果不应该显著变化。

每种分析因素会产生4种分析结果。确定每个因素的平均值，这在2002/657/EC[35]决议第3.3章以及AOAC统计手册[56]中也有讲述。一个因素平均结果的显著差异由一个指定的大写字母表示，相对应的用小写字母来显示这个因变化而受到影响的因素。应该在方法中通过分析者注释，或通过如在指定的量前加上"±"等更严格的要求进行确认。最近的关于测定动物源食品中抗微生物药残留检测的文章[57,58]中有7因素（n=8）设计，第9章中有典型的7因素设计地详细讨论。

上述所讲的7因素方法的参考文献是基于早期Plackett和Burman[59]的一篇文章，在他们文章中有更复杂的多重4因素设计。例如，一个典型的n=12，11因素，12×11矩阵，代替了Youden和Steiner[56]的8×7矩阵。在n=20,24,28甚至更高中存在有类似设计的例子[60]。在Plackett-Burman试验中，通过方法中指定的量升高或者降低引进变量。有些因素可能设计为不变化的虚拟因子。基于Plackett-Burman评价的更复杂的研究设计比使用Youden方法的要少。2009年的刊物报道了将Plackett-Burman的设计用于牛奶中阿维菌素的检测方法的耐用性测试，使用了n=12的设计[61]。

8.5.9　关键控制点

关键控制点是指来自于程序中的任何偏差可能会导致分析失败的方法步骤，这应该在方法草案中明确地指出。关键控制点应该在方法的建立时被确定。耐用性测试是对于这个步骤是否有效的最后检查，如果没有按照说明进行确定，可能会导致不可靠的结果，或者在某些极端情况下，会导致完全失败的分析结果。重要的是不应该视耐用性试验为主要的确定关键控制点的方法，尽管已在耐用性试验中出现了关键控制点。耐用性测试试图模拟，当检测方法被多个分析者和不同的实验室使用一段时间后可能会发生的情况。具有协同研究经验的人，在协同研究之前，将不会尝试对没有进行耐用性测试的方法进行研究。

8.6　方法验证

8.6.1　方法学验证的要求

首先，最必要的就是要知道想要从方法学验证中得到什么。有三点基本事项：①方法验证应该定义方法的适用范围，包括分析物/方法应用的基质，具有可靠结果的浓度范围。②方法验证应该能够建立标准性能（例如回收率和精密度），使其他实验室的分析者今后能够使用此方法。③验证应该为实验结果的可靠性提供可信度（例如分析物和样品稳定性，统计学评估参数等）。

方法学验证不应该被视为一个单独的部分。在我们开始研究和选择一个方法时就必须开始方法学验证。第一个需解答的问题就是，一个方法是否已被另一个分析者或实验室作为适用性进行适当地验证。正如前面所讨论的，用于这项测定的适用性声明，应该包括方法中涉及的分析物和基质，法定限或者方法中要求定义的其他浓度范围，再加上其他的一些需要考虑的因素，例如准确度、精密度以及测量不确定度。当这些验证工作的相关文件有效之后，其他分析者和实验室证明其能够达到最初的验证试验建立的标准性能时，就可以使用这个方法。当不能获得这样的验证证据时，应该在进行方法验证试验之后，再实施这个方法。

一旦实施，方法性能就通过不间断的QA/QC进行监控（在第10章讨论）。如果在验证过程中方法失败了，在进行另一个验证之前，需要对方法做进一步地开发和校正。如果在验证或者实施的任何时间，QA/QC显示这个方法并没有达到性能标准，就需要调查和确定原因，这可能需要对方法进行修正以及再验证。如果对一个方法尽了最大努力进行性能问题修正，但仍无法通过验证试验，那么此时必须做出决定，这个方法不能满足适用性目的，需要重新寻找替代方法。

8.6.2　方法学验证过程的管理

当进行方法学验证时，必须要考虑方法学验证的两个方面（一个在本节介绍，一个在8.6.3中介绍）。第一，过程的管理方面，目的是必须满足认证和质量管理要求。这就要遵守一个书面协议准则文件，如：谁计划和实施工作、谁负责对实验计划和验证报告进行复查和批准，以及需要什么样的文档。在开始验证时应该对将要进行的试验准备一个书面计划概述；这个计划应该包括分析物、基质、浓度范围和职责认证（谁负责分析工作，谁为分析者准备添加或实际盲样、谁负责报告等）。在方法验证之前应该由管理者和/或者质量评价人员进行审核和核准。对于小型实验室来说，管理者也可能是方法建立和验证工作的直接负责人，这可以由具有提供评审功能的其他试验进行独立评审。

另外，应该准备建立方法的报告以示本方法的建立工作已经完成，而且准备进行验证。报告应该包括将在验证试验中使用的"标准操作程序"草案（SOP方法），并且应该由负责的管理人员批准，最好由质量保证人员或者其他不直接参与这个工作的科学工作者进行复查，来确保在这个过程中包含适当的同行意见。许多国家的专家要求实验室制定符合规范的SOP标准［参考ISO78-2（1990）］[50]。至关重要的是，不能对SOP方法进行任何改变，在验证过程中来自SOP的差异会导致工作失效。

8.6.3 试验设计

方法验证的第二个方面就是试验工作。这包括最初的分析标准试验，用来确认校准系统的可靠性和重复性。第二步通常涉及一系列的分析流程，试验持续几天或几周，包括一位或多位分析员制备校准曲线，特定的分析物/基质混合物的分析重复性和日常分析时使用此方法的浓度。验证的最后阶段通常包括几个批次，包括：加标或实际样品，再次分析具有代表性的特定的分析物和基质混合物和浓度，给分析者提供盲样。在管理者批准之前，验证报告中的试验结果，也需要接受实验室内适当的同行评审。报告中的结果和建议证明方法可以满足试验目的，并为分析者资质和随后的内部质量保证/质量控制提供性能标准。

至关重要的是，这份验证报告要获得外部的审核员适当地确认和有效地审核。当验证试验设计合理、内容足够新颖时，将为验证报告在学术期刊上发表奠定基础。在本章的后续章节中，笔者将讨论用于筛选、定量和确认目的的方法的验证试验内容。

8.7 性能特征的评估和确证

8.7.1 校正曲线和线性范围

定量方法通常是基于比较样品中的分析物响应与已知浓度的标准溶液中分析物的响应。在方法的建立和验证过程中，应该首先测定校正曲线以评估检测器响应与涵盖一定浓度范围的标准之间的关系。这些浓度应该涵盖整个有意义的分析浓度。尽管通常情况下推荐的做法是包括一个合适的空白校准样品，但这并不说明可以接受外推到最低校准标准曲线下区域或强制通过原点的曲线。

有公认的定义和相关的指南文件用于评估测量系统中分析物的分析响应。通常表示为样品中分析物的浓度和检测器响应的相关关系。对分析响应值和分析物浓度之间的关系作图，并通常以线性回归方程表示。IUPAC根据"分析中校准函数"定义校准曲线，在IUPACB的金标准[6]分析中校准函数的定义如下：

化学测量过程中函数关系（不是统计学），观察到的信号预期值或响应变量 $E(y)$ 和分析物数量 x 有关。相应的单个分析物的图形被称为校准曲线。当扩展到其他变量或存在多组分分析的分析物时，"曲线"成为一个校准曲面或超曲面。

引用两个早期的出版物作为源文件来定义[62,63]：

此外，分析函数被定义为[6,62]：

函数与测量值 C_a 和仪器读数值 X 相关；所有干扰值，C_i，常量。这个函数用以下校准结果的回归来表达。

$$C_a = f(X)$$

分析函数等于校准函数的倒数。

校准函数的定义不是特指有潜在干扰物存在的测量。这里要讨论的是用于校准兽药残留（例如抗生素）分析方法的合适方法。构建一个标准曲线需要一系列的标准溶液来确定浓度的响应，标准溶液的数量是浓度范围的函数。多数情况下，在方法验证中，描述标准曲线最少需要5个浓度（加上一个空白或"零浓度"）。并且还推荐使用统计学计算和描述曲线，通常使用线性回归分析。但是，对于液相色谱-电喷雾质谱分析残留时，这个函数趋向于二次函数。在建立标准曲线时，通常用最低浓度和最高浓度来确定分析范围。

2002/657/EC决议中分析方法的规定明确指出[35]：

- 最少有5个水平（包括零）用于绘制曲线。
- 要描述曲线的工作范围。
- 要描述曲线的数学公式和数据对曲线的拟合程度。
- 要描述曲线参数可接受的范围。

在方法表征和验证试验中，准备标准曲线试验时，需要记住一些关键的问题。首先，要测试和绘制检测器对溶液或特定的溶剂中分析物的响应（校准函数），并且要测试并绘制检测器对基质中不同浓度被测物的响应（有干扰物存在，或分析函数）。记住，当观测到非线性响应时，需要更多的标准溶液和更多的校准点。如果校准标准物质中不包括空白样品，可能需要利用向上或向下外推分析范围来达到接近零点，但是不能强行使曲线通过原点。通常，食品中兽药残留的检测方法，由于存在背景响应，通过空白基质添加建立的标准曲线在0点之上通过y轴。使用添加方法的时候，采用外推也是比较合适的，但是在兽药残留检测方法中，没有普遍采用这个处理方式。

当校准点零散分布在回归线周围，而不是回归线通过大部分点时，标准可能会出现问题。当提取过程中没有明显的损失时，在没有基质效应存在的情况下，标准曲线和基质提取曲线应该是类似的。当标准溶液曲线和基质添加标准曲线平行或偏离时，潜在的原因包括从基质中提取被测物时有损失（分析回收率）或基质效应（抑制或增强）。在方法建立过程中，需要注意观察类似的偏离，这样才能采用合适的方法建立校准曲线。

验证试验的目的在于证明观测结果的一致性。评估标准曲线适应性的其他信息来源[64-66]，可参照欧洲分析化学组织指南文件[16]。

好的验证方法中很少使用非线性曲线，因此，要求校准试验具有线性。由 IUPAC 定义的线性范围是指[6,62]，在线性范围内产生的信号强度与浓度成正比。

在描述分析方法特性时应该测定线性范围。通常，在很多实验室要求可接受的标准曲线的线性回归 R 值$\geqslant 0.999$。值得注意的是，IUPAC 指出，通过线性回归确定相关系数是错误的，并且不适合用于线性测试，因此，不应该使用。相反，这个指南推荐通过线性回归评估残留物，而且，可以应用其他模式进行评估，比如说加权回归。欧洲分析化学组织关于分析方法适用性的指南也有类似的建议[16]。IUPAC 文件还指出，分析范围验证不需要验证整个可能进行校准的范围。对于监控方法，方法验证通常关注特定的浓度，比如法定容许限。2002/657/EC[35]决议定义特定的浓度水平为"样品中物质或分析物的浓度对于决定其是否遵守法规具有特殊意义"。CAC/GL72—2009 定义"线性"为[21]：

分析方法在一定范围内的能力是指，仪器响应或者结果与实验室样品测定的分析物的量成一定比例。这一比例用事先定义的数学表达式表示。线性范围是试验浓度范围，线性校准模型可以应用于已知的置信水平（通常被认为等于1%）。

还增加了与这个问题有关的定义：

校准：在规定的条件下，第一步，建立由测量标准所测量的不确定度值，与对应的指示参数测量不确定度之间关系的一组操作；第二步，使用此信息建立关系以从指示参数中获得测量结果。备注：

校准可由报表、校准函数、校准图、校准曲线或校准表表示。在某些情况下它可能包括与测量不确定度相关的附加或乘法校正指示因子。

校准不应与常误称为"自我校准"的测量系统的调整或校准核查混为一谈。往往按照上面的定义只将第一步作为校准[43]。

在实施法定容许限的方法验证中，监管实验室可能在一个相对狭窄的范围内专注于方法的性能，包括标准或执行限。这些方法通常在四个浓度水平下：0x，0.5x，1.0x 和 2.0x，在不同的 3d 内（其中 x 是常数，通常是建立的浓度，或采取执法的目标浓度）验证线性和其他性能特征。如果分析范围很宽，根据 IUPAC 和其他当局的建议，要使用六个或更多的校准点。在常规的目标范围之外进行分析时，应在验证报告中包含这个附加信息。为了更好地利用监管样品和实验室资源，监管当局利用残留和污染物方法的全部分析范围并不鲜见。这些方法的检测限和定量限，可能与法定容许限在同一个数量级或低于法定容许限，但使用全部分析范围时，可提供低于执法限的残留的附加信息，这可用于膳食暴露研究和进一步地风险评估。

8.7.2 灵敏度

灵敏度，作为与校准曲线相关的另一个特性，是一个经常被误用的术语。分析者们通常说的"高灵敏度"的方法，是指这个方法能够检测浓度非常低的目标分析物。然而，这不是方法的灵敏度。灵敏度定义是指，方法或仪器区分不同浓度的目标分析物的能力，通常根据以前定义的参数进行测量，如校准曲线的斜率。能够用方法定量测定的浓度变化越小，灵敏度就越高。定量测量的合适灵敏度，是指曲线的斜率既不太缓，也不太陡。

CAC/GL 72—2009[21]定义灵敏度为"测量系统指示的系数变化与被测量的量的值的变化一致性"，并指出"灵敏度可以依赖于被测量的量的值"，"与测量系统分辨率相比，目标物的量的值的变化必须大"，参考 VIM[43]定义。

测定残留方法校准曲线的适用性的关键步骤，如下所示：

①确定标准溶液的线性范围和标准曲线的斜率（灵敏度）。

②通过空白基质添加和空白基质提取制备标准曲线，确定线性范围和曲线的斜率。

③确定检测器的响应是否受存在的基质的影响。

④确定可用的全部线性范围是否包括（或超过）有意义的分析物范围，灵敏度是否足以区别目标化合物浓度（例如，是否有必要区别 1 μg/g 或 1 ng/g 的浓度差异）。

⑤选择的校准范围可用于方法的开发和确证过程。

⑥确定校准曲线是采用外标校准（标准溶液），还是基质添加。当标准溶液用于校准时，强烈建议采用内标法，以补偿提取或样品中存在基质现象时的分析物损失。

8.7.3 选择性

8.7.3.1 定义

科学杂志上很多分析化学文章和较早的论文常把"特异性"当作"选择性"来用，但是 IUPAC[67] 推荐使用"选择性"这个术语。在 CAC/GL 72—2009[21] 中选择性被定义为：

一种方法能够测定混合物或基质中特定的分析物而没有来自其他相似成分的干扰的程度。在分析化学中推荐用选择性这个术语，用来表达一种特定方法，在有其他组分干扰存在下测定分析物的程度。选择性也可以分级。而如果要用特异性表达同样的概念的话，易导致混淆。

简单地说，一种方法要么是"特异的"，要么是"非特异的"，因此，特异性没有分级。但是选择性却可以从"唯一的选择"到"无选择"之间变化。选择性可以针对一个特定化合物或元素，可能是一组化合物，可能是含有特定元素或官能团的化合物，也可能是具有一些共同特性的化合物。因此，选择性是有分级的，而特异性没有。

选择性试验应该随着方法的开发进行，若开始最初的校准试验，就应该使用纯标准品；当方法中使用的提取和净化程序确定后，应使用空白基质或潜在的干扰化合物进行基质加标试验。在验证过程中，试验中主要关注的是基质干扰，而不是来自于相关分析物或可能与目标分析物结合的其他化合物的潜在干扰。在验证阶段重复所有的选择性试验没有任何意义，只会增加试验成本，得到的仅是一些已经被证明的东西。在验证阶段，尽可能获得不同来源的代表性基质作为空白基质和用来制备添加样品。这对于在最后验证试验阶段，制备提供给分析者的盲样，以及提供验证方法的选择性和不受基质干扰的信息，是十分重要的。一个典型的建议是，在方法开发和验证阶段至少要使用 6 种不同来源的代表性基质[32]。

选择性试验应该具有这样的特征，方法是可选择的而且可以检测到除目标分析物之外的其他期望被检测的物质。选择性具有一定的特征，在一定程度上，可以了解和记录方法中各种步骤如何提供选择性[36]。例如，方法中的步骤可能会通过溶解度、极性分离、以特定功能基团为目标的衍生步骤，或者对特定元素、波长、质量具有响应的检测器的使用来引入选择性。因此，选择性试验不应该仅仅通过检测一些稳定的、结构与待测物相关或不相关的化合物来进行。当基质中存在干扰物时，应对分离和检测目标化合物方法的各步骤作用进行评估，选择性实验应该针对那些很有可能通过所有分析步骤并且干扰目标分析物检测的化合物。需要检测潜在的化合物，包括，来自同一化学类别的，或与目标化合物结合的，或在样品收集的环境中出现过的其他化合物，以及在样品基质中自然存在的干扰物。

8.7.3.2 选择性试验

首先，第一步就是测试其他的纯化学物质，如来自同一化学类的化合物，或结构相关的化合物。可能已经按照商品或者生产环境来管理的化学物质，或者潜在的环境污染物。然后，通过检测来自不同来源的代表性基质，确定目标基质中共提取物的干扰。仅检测单一来源的样品是不够的。还要检查已知代谢物和降解产物的干扰。

下面是选择性试验设计的关键考虑因素：

- 分析试剂空白和代表性的空白基质，确保无干扰物存在。
- 在不同的试验条件下（不同的分析原理和检测技术）测试方法的选择性。例如，如果这个方法使用 LC-UV 检测器，那么当 MS 检测器代替 UV 检测器使用时，就要检查有无干扰物的存在。
- 一种方法应该能够区分分析物和已知干扰物。例如，一个新建立的方法如果代替老方法，那么应该测试（不局限于）被其取代的方法已鉴别的已知干扰物。
- 通过试验确定，在基质提取液中添加分析物和

282 | 食品中抗菌药物残留的化学分析

提取前直接加入分析物到基质中，是否得到不同的结果。

- 核实没有来自于特定的实际样品中的化合物干扰，比如通用的或者辅助使用的化合物（如与目标分析物存在同一配方的化合物，或者批准作为兽药用于同一种动物的化合物），结构上相关的化合物，和已知的代谢物和降解产物。将生产规范知识与分析经验相结合来鉴别可能存在于样品中的其他化合物。

2002/657/EC决议建议进行以下的选择性试验[35]：

选择潜在的干扰物质，分析相关的空白样品，来检测可能存在的干扰物，以此来评估干扰物的影响。

- 选择一组化学结构相关的化合物（代谢物、衍生物等）或者可能与目标化合物同时存在于样品中的其他物质；
- 分析适当数量的有代表性的空白样品（$n \geqslant 20$），检查在目标分析物被洗脱的区域内的任何干扰物质（信号、峰、离子轨迹）；
- 此外，应在有代表性的空白样品中，添加相关浓度的可能干扰分析物确证和/或定量的有关物质；
- 分析之后，检查是否有：
  - 存在的干扰可能导致错误的确证；
  - 目标分析物的确证被一种或多种干扰物质所干扰；
  - 定量分析显著地受到影响。

Eurachem还提供其他的指南，建议开展以下试验，称为"分析物确证"和"选择性/特异性"[16]：

- 用备选方法和其他独立的方法来分析样品和对照品，使用确证技术的结果来评估方法的选择性和特异性。
- 在评估数据时，"确定需要多少证据才能支持可靠性"。对于这个调查，单一的试验是足够的（不要求重复试验，除非得到异常的结果而需要额外的确证）。
- "在目标分析物存在的情况下，分析样品中包含的各种可疑干扰物质"和"检查基质效应的影响——干扰物质的存在是增强还是抑制被测变量的检测或定量。"评估这些试验数据时，如果检测或定量被干扰物质所抑制，就需要进一步建立方法。同样，只需要进行单一的试验，除非需要额外的试验来验证特定的检测物。

不可能测试到所有潜在的干扰物质，有可能在后来分析不同来源的样品时遇到干扰物质。使用串联质谱仪检测，多反应监测或选择反应监测（MRM或SRM；参见第6章和第7章），可以减少遇到意外干扰物质的可能性，但不完全排除这种可能性。当验证方法投入日常使用后发现干扰，就可能需要通过改进方法（净化或色谱法）来消除干扰。这种修改如果涉及重大的改变，就可能需要对方法进行再验证。

8.7.3.3　质谱分析的其他选择性试验

质谱方法是基于检测结构特异的碎片离子，它们来源于母体化合物的原始结构，而不是来源于为了辅助分析而与目标分析物结合的衍生试剂的结构。此外，所有监测的碎片离子不应该来自分子的同一部分，但是，分子离子、特征加合物或碎片离子和同位素，被认为是选择离子监测或选择反应监测合适的选择[35]。非特征碎片，比如水和二氧化碳，在监控方法中被视为不可接受的碎片。验证报告中应该包括裂解模式，显示方法中监测的每个片段的化学结构。在验证报告中应该证实，监测识别的每一个碎片离子在结构上都与母体化合物相关。如果可以使用高分辨率质谱仪，其精确质量数测量是确定每个碎片离子的元素组成的基础（参见第6章）。然而，如果没有这些设备，已发表的文献也不能提供碎片离子的元素组成，通常根据标准品已知的元素组成和结构，并依据低分辨质谱获得的结果来推断碎片离子的元素组成。

同行评审的科学文献和参考文献等来源可以提供化合物质谱碎裂信息，从而减少通过开展试验来绘制裂解途径的需要。然而，对于先前文献报道的碎片结果，应使用方法验证和随后常规执行中将要使用的设备进行核实。在不同仪器上应该观察到相同的碎片和碎片离子，可能观察到离子比率的差异，尤其是当报道的研究与新方法建立和验证过程中使用的仪器的离子源几何结构不同时。当根据文献选择要监测的离子时，在验证报告中应该引用这些文献。

美国质谱协会（ASMS）[68]关于质谱方法适用性的指南包括一些基本的原则，这些原则可以在使用质谱确证分析的绝大多数文件中找到：

- 使用参考标准品和未知样品同时分析；
- 至少三个分析离子（精确质量测定除外）；
- 对于选择离子监测采用相对丰度匹配偏差。

ASMS还建议特征质谱峰的最低信噪比应不低于3:1。根据2002/657/EC决议[35]，"有机残留物或污染物的确证方法应提供关于分析物化学结构的信息"。对于使用SIM质谱分析方法，欧盟要求可接受的特征离子包括"分子离子、分子离子特征加合离子、特征碎片离子和同位素离子"，并且"选择的特征离子不应该来源于分子的相同部分"。在选择合适的碎片离子进行质谱确认的过程中，这些因素都应该被考虑到。

大多数残留控制实验室都有四极杆质谱仪，一些实验室有高分辨率磁质谱或飞行时间质谱仪，不论样品是通过直接接口还是通过加热接口进入气相色谱，产生的电子电离（EI）光谱通常是相似或一致的。当使用这些仪器时，通常也可以获得一致的或相似的化学电离质谱。气相色谱-质谱分析产生的EI谱和CI谱可与质谱谱库中的参考谱图进行比较，参考谱图可以通过商业质谱仪数据系统获得，或者通过在日常工作中使用仪器所产生的质谱图获得。这些谱库可以在不同仪器之间通用。

对于LC-MS和LC-MS/MS仪器上生成的质谱谱图，没有必要一致。对于每个仪器，离子源的几何结构和操作条件对某一天产生的谱图有显著的影响。绝大多数情况下应该产生相同的碎片离子，但相对离子丰度和碎片离子可能与在先前试验中所获得的有所不同，尤其是在不同仪器上进行的试验。虽然质谱库和已发表的论文可识别每一个化合物产生的特征碎片离子，但可能需要更多的工作来充分确定分析仪器在分析化合物的过程中需要的最优条件。目前推荐的规范建议是，采用LC-MS和LC-MS/MS进行确证可靠性研究时，应在同一分析批次内，同时测试样品和具有相同浓度的标准溶液，比较它们在确证分析中产生的质谱图[38]。

2002/657/EC决议[35]最低的确认准则，包括每种技术（也取决于仪器分辨率）监测的最小数量的离子和碎片离子，以及监测离子的离子比率和最小信号强度。在欧盟决议中，欧盟各成员的官方残留检测实验室是受法律约束的，同时也对负责欧盟市场出口产品检测实验室提出了要求。同时建议，当采用典型的低分辨率的四极杆质谱仪（GC-MS或LC-MS）进行分析时，至少应监测4个特征离子来确认每一种分析物。当产生足够多的碎片时，可以从一次单一的分析中获得这些碎片，或者结合几次不同的测定结果来获得。例如，可以结合使用不同电离方式得出分析结果，如一个化合物的碎片从EI分析中获得，继而可使用CI进行第二次分析。

当使用单四极杆质谱检测器检测时，每个特征离子指定一个"识别点"。高分辨率方法提供更精确的质量测量（使用扇形磁场和飞行时间仪器分析），因此，在确证时，每个离子指定2个识别点，通常认为识别2个特征离子就足够了。对于低分辨率的MS/MS方法（四极杆仪器），需要1个母离子和2个特征碎片离子，每个母离子指定1个识别点，每个特征碎片离子分配1.5个识别点。在2002/657/EC决议中[35]，实验室操作要求至少4个识别点才能满足确认标准，在ASMS指导性文件中[68]也发现类似的推荐规范。CAC/GL 71-2009[32]中也包含确认识别点系统。第6章有关于识别点更详细地讨论。

质谱方法验证的工作最初是用于致癌物质分析，它是1977年美国食品药品管理局制定的。1978年发表的一篇论文证明了从一个包含30 000种化合物[69]的GC-MS的EI谱图库中，可找到能够唯一识别已烯雌酚所需的最小数量的峰和每一个峰所需的相对离子丰度比例。1997年ASMS的一个课题组重复此项工作时，得到相同的结果，不过这一次是比较了包含270 000种GC-MS的EI谱图库[70]。从谱库首先寻找一个和m/z 268匹配的离子，270 000种图谱中有9 995种匹配。增加第2个离子，m/z 239，匹配数减少到5 536，然后要求m/z 268相对丰度为90%~100%和m/z 239相对丰度为10%~90%，匹配数减少至46。将m/z 239的相对丰度范围减少到50%~70%，从谱库中只匹配到9个。增加m/z 145匹配离子，并制定这些离子特定的相对丰度，m/z 268为90%~100%、m/z 239为50%~70%和m/z 145为45%~65%，2 70 000种谱图中只有DES谱图匹配。

2002/657/EC决议[35]和CAC/GL 71—2009补充了关于质谱方法性能的要求，用来确认食品中的兽药残留。应该指出的是，给出的性能规范中对使用EI谱的GC-MS方法要比使用CI的GC-MS、LC-MS和LC-MS/MS其他技术更严格。建议只有当离子强度大于基峰的10%时，才应该被当作用于确认的分析峰。EU和CAC对色谱系统和质谱的性能要求如下：

- 对于GC-MS方法，样品中目标分析物的保留时间应该与标准品的保留时间在±0.5%的范围内一致，然而对于以LC为基础的方法，要求分析物与标准样品的保留时间在±2.5%范围内。
- 质谱检测，对与 EI 联用的 GC-MS 方法要求如下，对于分析物质谱峰的丰度比率，一个相对丰度比率大于 50%的峰和标准品的匹配应该在±10%以内；峰的相对丰度比率范围为 20%~50%时，应该和标准品的匹配比率在±15%以内；当峰的相对丰度为 10%~20%时，与标准品的匹配比率应该在±20%以内。
- 对于其他技术，包括 CI 联用的 GC-MS 方法，当峰的相对比率大于 50%时，与标准品的匹配比率应该在±20%以内；峰的相对丰度比率范围为 20%~50%时，与标准品的匹配比率应该在±25%以内；当峰的相对丰度比率范围 10%~20%时，要求比率在±30%以内。

这些要求与其他建议可在指导性文件中获得，这构成了使用质谱检测残留方法的适用性要求[32,35,68,71]。在 2010 年的一篇论文中，有关于质谱方法性能的若干问题的精辟讨论，其中包括专业术语"灵敏度"的滥用和在日常分析的质谱方法中建立更低限量的挑战[72]。

值得注意的是，使用 GC-MS EI 谱图时，要求最少峰的数量和最低离子匹配比率的原始方法，是以对谱库中有意义的数据的评估为基础[69,70]，然而在 LC-MS/MS 方法中有关 2 个离子碎片就可以提供足够确证的建议，不是基于相同类型的评估得出的。至少有 1 篇文献报道了 2 个离子碎片作为确证基础的证明是不充分的，为了提供可靠的证明，需要优化色谱分离和监测第 3 个离子碎片[73]。关于方法的建立和验证，当使用低分辨率 LC-MS/MS 仪器建立个别确证方法适用性标准时，应该谨慎判断。除了考虑可能的干扰，同时也要考虑鉴别其他的碎片离子或者可选择的确证程序，来解决分析实际样品过程中可能产生的问题。

8.7.4 准确度

准确度的概念包括两个术语，"真实性"和"偏差"。CAC/GL 72—2009[32]在定义准确度的时候，注释为："当应用于测试方法的时候，准确度包括真实性和精密度两个方面"。真实性即无限重复的测量值的平均值与参考值的接近程度，而偏差是指测定结果的期望值或测量结果与真实值之间的差异。在实际应用中，约定的量值可代替真值。在进行残留分析时，我们几乎不可能得知样品中被分析物含量的真值，所以当分析参考标准物质时，通过比较典型的分析结果来获得偏差。如果可能的话，可以通过能力验证获得不同的分析者和实验室的一致量值，或与添加值比较。

定量分析的最基本目的是对大量的具有代表性的样品的某一物质的含量进行评估，以判断测定结果是否能准确反映样品中某一物质的纯度以及特定组成物或者残留物、污染物或其他痕量物质的含量。这个定义应该对所有的测定类型都适用。IUPAC 指南把"真实性"定义为测试结果与其公认参考值之间的相近程度[11]，与此同时 IUPAC 将"测量准确度"定义为"测量结果与被测物理量真实值之间的相近程度"[7]。IUPAC 将"被测量物"定义为"待测的特定数量的物质"[7]，JCGM 将其定义为"测得的数量"。因此，真实性就是利用一种测试方法对测试材料中被分析物浓度取得接近真值（公认值）能力的估量。对于国际食品法典委员会已经制定了标准的产品分析，CAC/GL 72—2009[32]在准确性的定义中又补充了当准确性应用到一系列测试或测量结果中时，就会涉及一些偶然因素和常见的系统误差或偏差因素的复杂情况。在 2002/657/EC 决议中的定义也是类似的，将准确度定义为测试结果与公认参考值之间的相近程度，而且准确度由真实性和精密度决定[35]。实际上，当我们确认一种分析方法的准确度的时候，特别是用以测定残留量或污染物含量时，CAC 程序手册提供的在单一实验室[25]用以确定准确度的实用方法，可以被视为与 IUPAC 所推荐的确定准确度[11]的程序一致。这些推荐的程序包括有证标准物质的分析，当缺少有证标准物质时，对其他的参考物质进行分析，应将分析结果与已验证的参考方法取得的结果进行比较，当这些方法都不能获得时，使用加标试验测定回收率。

验证方法应该说明准确度的两个方面：真实性（与期望值的一致性）和偏差（分析人员或实验室在一段时间中观察到的系统性的变化）。通常，在分析同一种物质时，同一个实验室里不同的分析人员也会得到不同的结果。有些人得到的结果总是比公认值低，而有些人得到的结果却通常比其他的高。这种现象就是所谓的分析人员偏差，反映分析人员进行试验分析操作的细微差异，如果使用了不同的试验仪器则偏差可能是仪器的不同造成的。在分析方法优化的过程中应尽可能探究引起这些差异的原因，进而减少或消除在分析操作的过程中引发显著分析偏差的潜在可能。

在实验室中当所有的分析人员不断的获得高于或低于期望值的结果时，那么这应该就是所谓的实验室偏差，这可能反映了所有分析人员在试验操作方式中的一个持续性的错误，也可能是分析标准的问题，或是仪器校准的问题，或者分析方法有着根本的错误。同时，我们应该调查偏差的来源，如果是和分析方法相关的话，那么应该开发更好的分析方法，或者对原有的方法进行改进和重新验证。

IUPAC 推荐了评估单一实验室的验证分析方法准确度的三种方法，按优先顺序排列如下[11]：

①分析有证标准物质；
②与公认参考方法得出的结果做比较；
③将已知含量的标准物质加到具有代表性的样品基质中，测定回收率。

关于食物中抗生素残留分析问题，仅有少数方法通过协同研究进行评估[13]，缺乏有证标准物质（特定分析方法和质量保证，详见其他章节）。因此，对于准确度的评估，是通过方法建立和验证时的加标回收率试验来获得。

8.7.5 回收率

回收率通常用分析物的百分比来表示，通过试验样品中添加已知浓度分析物来测定，并且应该对整个方法所覆盖的浓度范围进行评估。CAC/GL 72—2009[32]对回收率的定义如下：

回收率/回收率因子：在用于检测的测试样品中添加或存在的分析物的比例。

注释：

回收率通过观测到的浓度或分析过程得到的浓度 C_{obs} 与材料中含有的被测物参考浓度 C_{ref} 的比值（$R = C_{obs}/C_{ref}$）来评价。

C_{ref} 可能为：

a) 参考物质的值；
b) 通过替代方法测得；
c) 通过加标测定；
d) 临界回收率。

大多数监管机构要求兽药残留的分析结果用分析回收率校正。但是，不管这是否是一个正式的要求，定量该参数和汇报分析数据是很重要的。IUPAC[74]已经提供了关于回收率校正的指南，并且把回收率定义为"在分析和制备化学中使用的术语，用以表示在一个化学步骤之后物质回收总量的比例"[6]。回收率在数学上可表示为：

$$R(\%) = \frac{C_1 - C_2}{C} \times 100$$

R（％）代表回收率，C_1 是加标物质中的测量浓度，C_2 是不加标物质中的测量浓度（背景信号），C 是已知浓度中的增量（添加量）。

为了校正回收率的分析结果，公式可以变成：

$$C_{actual} = \frac{C_{det}}{R_{det}}$$

C_{actual} 是计算值或真实浓度，C_{det} 是分析中测定的浓度，R_{det} 是用于分析测定的回收因子。

在阐释食物中抗生素方法以及生物物质中痕量成分的其他分析方法的回收率时，我们要知道，添加到空白样品中的分析物是一个实际样品的替代品。替代样品中的分析物可能与实际样品中的分析物具有不同的性质。在兽药注册前常用放射性标记药物进行部分评价，对此方法进行调查显示，提取的实际残留物的数量（产量和回收部分）低于总的实际残留物（见JECFA 的残留专著[75]）。这可能是因为提取时的损失，或结合在细胞内的药物残留，或存在结合物，或者添加回收试验不能全部代表的其他因素。在相对高的浓度下，分析回收率应该达到100％。在低浓度下，尤其是使用大量提取、分离和浓缩步骤的方法时，回收率可能更低。不管平均回收率是多少，都要求回收率变异低，这样在需要的时候，可以通过回收率校正得到最终结果。回收率校正应该与IUPAC[74]和CAC[28]提供的指南相符。

8.7.6 精密度

所谓精密度，就是对重复测试相同样品的测量变量进行定量。在确定一个样品残留超过 MRL 或其他的执行限量时，精密度就是一个很重要的考虑因素。当已经通过多个实验室测试后，方法的精密度常常通过实验室内变异（重复性）和实验室间变异（再现性）来表示。对于单一实验室方法验证来说，精密度应该由在不同时间进行的试验，通过使用六种不同来源的组织，不同批次的试剂，甚至不同的设备，以及由不同的分析者进行试验来确定[32]。在单一实验室内，多位分析者的试验结果的重复性可以用中间精密度[16]这个术语来表示。方法的精度通常用标准偏差来表示。另一个有用的术语是相对标准偏差，或者是变异系数（标准偏差除以算数平均的绝对值再乘以100，用百分率表示）。

建立方法的实验室获得的精密度结果，往往会比之后使用这个方法的其他实验室获得的结果的变异系数小。如果一种方法在研发它的实验室不能得到一个符合要求的性能标准，那这个方法也不太可能在其他的实验室获得更好的数据。显然，在一个实验室确定的中间精密度会比由单一分析者确定的结果要高1%～2%，而在实验室间确定的精密度，或再现性，又会比在实验室内确定的精密度高出1%～2%。

8.7.7 回收率和精密度的测定

8.7.7.1 试验设计

分析回收率和方法精密度（单个结果的相对标准偏差）应该通过试验确定，这种试验遵循以下原则：
- 在不同时间；
- 使用不同的校正曲线；
- 使用不同批次的试剂；
- 使用不同来源的基质；
- 分析者尽可能不同。

这些试验被定为方法验证的"第二阶段和第三阶段"，或使用分析者熟悉的USDA/FSIS化学实验室指导手册上推荐的方法进行试验（见发布的方法的QA节）[76]。该结果为常规条件下使用该方法的回收率（真实性）和分析精密度提供了评估方法。此外，所产生的数据可用于计算结果可靠性的统计评估，包括MU的评估[11,17]。

当要求计算这些参数时，要同时结合校准曲线试验数据，在2002/657/EC35决议中描述的判定限（$CC\alpha$）和检测能力（$CC\beta$）也可以从这些试验产生的数据中计算得出。计算判定限（$CC\alpha$）的数据与用于计算检测限的数据相同，检测能力$CC\beta$的计算需要补充数据。在这些试验中每次分析产生的校准曲线都应评估灵敏度和线性。也应检查所有的结果是否存在干扰，以确证选择性。用相同方法得出的校准曲线数据（无论是使用外标校准曲线，还是基质加标曲线，包括第一阶段试验数据），当检测限和定量限是从校准曲线数据计算得出时，可能会引起检测限和定量限估计值增加。但是，不要混合使用从标准溶液试验和基质匹配标准曲线生成的数据来进行这些计算；所有的校准曲线应在相同的前提下制备。

最显著地问题在于，设计中应包括多少次重复试验和能够完成多少次分析。欧洲分析化学组织指南建议对于回收率（准确度）和精密度，至少需要10次重复[16]。建议进行协同研究时需要5个批次，至少3个浓度，重复2次，这意味着每个参与实验室对于每个浓度要产生10个数据。建议在验证食品中兽药残留方法时使用6个不同来源基质，验证应该包括在不同时间进行分析，包括分析者、仪器和试剂变异。很明显，在样品的浓度和来源不同的情况下，对于方法性能评估，10次重复不足以提供必要数据。

验证试验的基本概念是，对使用过一定时期的方法性能进行预测，而一个最小限度的数据集是无法满足这种预测的。因此，一个典型的验证设计将包括6个不同来源的基质，包括最大残留限量的3个浓度，分析者重复进行3～4次添加试验，随后增加1～2次盲样分析。对于最初的分析基质种类，需要对每种必需的基质进行重复试验（每种动物的不同组织），同样，日常分析中，若将方法应于其他种类的基质时，也可能需要对这些基质进行重复性试验。然而，当存在明显的共性时（如不同反刍动物的组织），根据经验，方法的扩展可能只需要测定很少的数据。

一个典型的、评估方法性能的试验设计，特别是建立具有法定容许限的分析物的回收率和可重复性，要包括以下试验：

- 加标样品。进行3次或4次分析（对于单个分析者方法验证，最好进行4次分析），在不同时间，每一次分析包含6个有代表性的空白基质（优选6个不同的来源），在6个有代表性的空白基质（测试部分）中添加MRL或执行限的0.5倍、1.0倍和2.0倍浓度，一个校准曲线。当该方法应用于一个更宽的分析范围时，比如可能用于膳食摄入研究，或是一些残留量预计可能含有超过最大残留量两倍的样品，或许要增加额外的添加浓度。如果一个分析批次无法容纳这么多的测试内容，那么就将其拆分为更多数量的分析批，最少$n=18$（优选$n=24$），包括空白基质以及每个测试浓度。允许真实的"异常值"数据点产生，该异常值区别于反映试验精密度的预期离散值结果，可以用适当的统计检验将其从精密度计算中除去。当将第二个分析者参与分析提供的数据用于计算中间精密度时，建议每位分析者进行的分析次数从 4 次减少到 3 次。

- 给分析人员提供盲样测试。每位分析人员最少应进行 2 次分析试验。每次试验应包括至少 3 次盲样测试（一式两份），浓度分别为最大残留量的 0.5 倍、1.0 倍和 2 倍（或在方法应用时可涉及的范围内其他有代表性的浓度）。如果可以得到适当的实际样品，试验设计应包括这些实际样品。实际样品可用相同的空白基质稀释，以获得试验所期望的分析物浓度（确保这些基质均匀混合）。这一阶段验证的样品可以通过质量管理员、监督员或其他的不参与验证的分析人员，提供给分析人员。

用于基质加标的具有代表性的物质，应包括在日常应用时验证方法中使用的各种典型样品物质。应用于动物组织的方法通常要验证指定目标组织，这些组织包括各个种类的调查样品，以及用于监测或验证检验常规分析时增加的组织。这些组织通常包括肌肉、肝脏、肾脏和脂肪，以及在使用该方法的国家里，作为正常饮食食用的其他组织器官。鱼通常作为方法验证的代表性物种，如脂肪含量低的鳍类（如罗非鱼）、脂肪含量高的鳍（鲑）和有代表性的贝类（如虾和扇贝）。CAC 指南建议农药残留分析要采用代表性基质来验证检测多种商品的多残留方法[77]，并且这些建议同样适用于其他残留物的测定，如抗生素。关于各类商品（残留确证）推荐的代表性基质的补充信息，可以参见 CAC 指导文件的表 5，文件还给出建议，即使用于某一类商品检测的方法中的代表性基质已经过验证，但当这种方法首次应用于检测新增加的基质时，如何判定该方法是否需要验证。

最终，根据测试程序所用方法的目的，验证设计应该证明该方法具有适用性。当有两个或更多分析人员提供数据时，计算中间精密度，并用于实验室内方法性能的评估更具有真实性。如果有机会与使用了相同方法的其他实验室进行抽样交换或合作试验，就可以测定再现性的精密度。由于缺乏这种多实验室（联合）试验，再现性的精密度可使用 Thompson 所描述的程序进行算术评估[78]。

当使用上述设计时，需要 1~2 周来完成每个样品基质的添加试验以获得典型的残留控制方法（假设一或两位分析者每天分析一次），并且需要增加一个星期来完成样品材料的盲样测试。更复杂的方法需要 3d 或更多次分析，这需要更多的时间去完成方法验证工作。

2002/657/EC 决议中已收录了一个类似的用来评估该方法重复性的试验设计[35]：

- 准备一组相同基质的样品，添加一定量的分析物，使浓度相当于最低要求执行限的 1 倍、1.5 倍和 2 倍，或者允许限的 0.5 倍、1 倍和 1.5 倍。
- 每个浓度至少应作 6 个平行测定。
- 分析样品。
- 计算每批样品的检测浓度。
- 计算加标样的平均浓度、标准差和变异系数（%）。
- 选择至少两种其他场合重复以上步骤。
- 计算加标样品的总平均浓度和变异系数。

在该设计里，每批样品 3 个浓度，进行 18 次重复，比上述建议分析数量少一批次分析人员-加标，在法定容许限进行方法靶标验证。

此外，2002/657/EC 决议中收录有中间精密度测定的试验设计，并被称为实验室内的重现性[35]：

- 准备一组特定的测试样品（基质相同或不同），添加一定量的分析物，使浓度相当于最低要求执行限的 1 倍、1.5 倍和 2 倍，或容许限的 0.5 倍、1 倍、1.5 倍。
- 每个浓度至少做 6 次平行测定。
- 如果可能，应在至少两个场合，由不同操作者重复以上步骤，不同场合的操作环境是指，不同批次的试剂、溶剂、不同的室温、不同仪器等。
- 分析样品。
- 计算每批样品的检测浓度。
- 计算加标样的平均浓度、标准差和变异系数（%）。

当进行的验证试验符合 2002/657/EC[35] 决议要求时，从这些试验得到的数据可用于计算判定限和检测能力。计算 $CC\alpha$ 要求在最高残留限量浓度（有 MRL 的物质）或等于 y 轴截距加 2.33 倍标准偏差的浓度（没有 MRL 的物质）进行 20 次重复。以上设计（由一位分析者进行 4 次试验或两个分析者进行 3 次试验，加上测定适当浓度的盲样）提供了有最高残留限量的分析物计算 $CC\alpha$ 所需要的数据。对于没有最高残留限量的物质，可能需要更多的试验。计算

CCβ需要对 20 个空白样品添加判定限浓度的分析物进行分析[35]。如果这个浓度不是上面的设计中所采用的浓度之一，则必须进行额外的分析，产生所必需的 20 个指定浓度数据点。然而，2002/657/EC 决议明确指出，其他的替代方法也可以被用来计算这些限量。

只要可行，建议在验证试验设计中增加中间精密度试验，根据 USDA/FSIS 模型，在验证设计中推荐使用盲样[76]，但是 2002/657/EC 决议没有指出[35]。然而，2002/657/EC 决议允许采用"替代方法"进行验证，并列举了一个例子，其中包括多种因素，如动物品种、性别、饲养条件以及分析者的经验。替代模型的作者在他的论文中引用 2002/657/EC 决议中的内容，并在论文中写道"这里没有被普遍认可的验证程序"来评价各种性能参数，如定量限，"这里也没有校准样品和重复次数的选择的一致意见"[79]。不幸的是，仍然没有普遍接受的准则可循，虽然在准备这章内容的过程中，IUPAC 开始计划建立试验设计的具体指南，用来支持单一实验室应用验证指南[80]。需要确定时的关键点是确保验证模型符合要求（如国家法规或政策），有足够的数据确保工作的可靠性，设计是记录在案的（在适当的时候可以引用），实验室的验证规范通常是保持不变且实时记录的。

总之，除了回收率和精密度这两个主要性能特征外，也应该对其他性能特征进行评估，包括：
- 每批次分析测定中使用的校准曲线应满足分析范围、线性和灵敏度的要求。
- 不应检测到干扰物质。
- 如果适用，应在每批次测定中验证 LOQ 或 LOD（或 CCα/CCβ）的性能。

8.7.7.2 校准曲线的基质影响

设计分析回收率试验时，重要的是将观察的回收率与已知的性能进行比较。但是几乎不选用放射性标记的实际样品得到绝对回收率。而是选择基质加标样品（基质匹配方法或提取前加标）或基质匹配（提取后加标）参考物质。在提取后添加，从分析样品得到提取物后，立即将已知浓度的目标分析物加入提取物中。因此，提取效率是未知的，继而又有一个不确定度引入到了分析过程中。

如果提取之前（提取前加标）在分析样品中加入一个已知量的分析标准品，可更准确地获得对提取效率的评估，虽然不能忽视组织-分析物结合造成损失的可能性，但是也将获得更准确的分析回收率。比较这些加标方法，提取前加标法在缺少放射性标记材料时还是给出了可接受的结果[81,82]。

当存在基质共提取物时会改变分析物的响应（与分析物标准品比较），使用提取前加标方法尤为重要。这在食品中兽药残留的分析方法中变得越来越普遍，这些方法是以在已知空白代表性基质中添加一系列恰当浓度（包括目标浓度）的标准品制作标准曲线为基础进行定量测定的。使用这种"组织的标准曲线"进行校准，在分析结果中引入了回收率校正。

所有的液相色谱-质谱技术往往受基质效应的影响，主要是抑制效应，也可能存在增强效应。因此，在使用液相色谱-质谱技术进行检测方法的建立和验证时，建议系统地进行基质效应调查[83]。首先，测定标准溶液，以确定在没有基质时分析物的响应。下一步，无论是用基质提取物制备标准溶液，还是将基质提取物中的标准物质注入质谱，测定是否存在与标准溶液不同的响应值。响应的差异，可能是基质抑制（或增强）的影响。最后，在空白组织中添加标准，进行方法提取和净化步骤，然后测定检测器响应。观察到基质提取物中加标的响应值与在提取和净化之前基质中加标的响应值的不同，就是方法的回收率。基质效应评价在第 6 章中有详细讨论。

作者用基质匹配来描述两种添加方法——空白基质制备的提取物加标和空白基质加标，两种方法产生的结果很不同。用基质-匹配校准曲线（MSCC）和方法基质-匹配校准曲线（MMSCC）来描述由空白提取物添加标准制备和空白基质添加标准制备的校准曲线[84]。这个问题在第 6 章也已讨论，这对使用 LC-MS 和 LC-MS/MS 的检测方法有重要意义。

定量确证可能需要使用标准添加方法或包含同位素标记的标准品，但是目前对于抗菌药物很少有这样的物质，这在 2009 年的一篇综述中有提及[85]。使用同位素标记内标的方法来检测抗菌药残留的例子，包括肉、鱼和其他生物基质中氯霉素的测定[86]；牛奶[88]和动物血浆[89]中硝基呋喃的残留检测。

8.7.8 测量不确定度

在 VIM 的早期版本中，MU 被定义为"和测量结果有关的参数，它描述了结果的离散性，可以被合理的归因于测量情况"[90]。这个定义出现在大量有关 MU 的文件中。然而在 VIM 的现行版本中，MU 则被定义为"建立在所用信息基础上的,一种归因于测量情况,用来描述量值的离散性的非负参数[43]。"

ISO 17025 规定被认可的实验室评估每个试验方法的参数必须是在认证范围内并且要对消费者公开信息。和分析方法有关的 MU 应该是新方法的验证试验的一部分,在 IUPAC 关于单一实验室分析方法的验证指南中有讨论[11]。CAC/GL 71—2009 也指出实验室应该根据消费者要求提供有关 MU 的信息,可以通过不同的途径评估 MU[32]。然而,有关 MU 测定的内容并没有在 2002/657/EC 决议[35]中提及,该决议认为 $CC\alpha$ 和 $CC\beta$ 的计算可对 MU 的测定提供可替代性的统计学性能指标。

MU 的信息可能包含在 SOP 方法和残留项目实施的备忘录中。测量不确定度主要包括两个因素:分析结果与真值的接近程度(真实性或者准确度)和测量过程的可变性(精密度)。有两个方法建立 MU,通常称为"自上而下"和"自下而上"[30]。"自上而下"方法直接测定影响方法性能参数的合成不确定度,例如回收率和精密度的变化,从方法验证试验中获取数据或者使用质控数据。"自下而上"方法,根据方法的流程,逐一鉴别可能影响不确定度的各个因素。每个影响不确定度的因素即使通常看来是非常小的因素,也要被量化。一些因素可能会不明显,不易被发现甚至在计算 MU 时可能被忽略。评估 MU 的详细指南和试验实例可以在指南文件[17]以及第 9 章中找到。

8.7.9 检测限和定量限

对基质中的分析物进行可靠的检测、定量或确证试验时获得的检测限量,通常会在验证兽药残留分析方法中应用。IUPAC 对检测限(分析试验)的定义如下[6]:

检测限,表示为浓度 c_L 或者质量 q_L,是指由特定的分析步骤能够合理地检出的最小测量值 x_L。公式是:

$$x_L = x_{bi^-} + k s_{bi},$$

x_{bi} 指空白平均值,s_{bi} 指空白标准偏差,k 指根据所需的置信度选定的数字因子。

这个定义与另一个关于"分析检测限"的定义交叉应用,定义为"单一结果的最小值,在规定的概率下,能够从合适的背景值中分辨出来。限量定义的这个点使分析方法成为可能,而这可能有别于可检测分析范围的最低检测限"。CAC/GL 72—2009[32]则对检测限做了如下定义:被分析的样品中分析物的真实浓度或质量,在概率(1−β)时,导致分析样品中分析物的浓度或者质量高于空白样品的结果。公式如下:

$$\Pr(Ł \leqslant L_C \mid L = LOD) = \beta$$

$Ł$ 指估计值,L 指期望值或者真值,而 L_C 指临界值。

在随后的注释中,CAC 指南表明最低检测限为:

$$LOD \approx 2 t_{1-\alpha v} \sigma_0 \ [\alpha = \beta],$$

这里 $t_{1-\alpha v}$ 是"t 检验",基于自由度 v,单侧置信区间 $1-\alpha$,σ_0 是真值(期望值)的标准偏差。同时也要注意到,正确评估 LOD 必须考虑到自由度,α 和 β 以及 L 分布受分析物的浓度、基质效应和干扰物等因素影响。

检测限在实际应用中可能被描述成样品中分析物能被检测的最低浓度。它可以使用上述所描述的试验中生成的校准曲线的线性回归分析所得的标准差($s_{y/x}$)来估算[91]。这个方法提供的是保守估计,最低检测限使用曲线 y 轴截距(假设为正值)加上 3 倍标准差来计算。检测限也可以用有代表性的试验材料的测量值来估算,使用色谱图中分析物测量值加上 3 倍标准差的背景信号。使用此方法时,通常需要向试验材料中添加几乎不产生检测信号浓度的物质,从而获得空白的相对标准差近似值。

测定从一个复杂基质中提取痕量分析物的方法检测限的根本问题是,在任何时间可能有很多变量影响结果。这些变量包括(但又不限于)提取基质的可变性、来源或检测响应的变化,检测池的清洁度,如果在实验室需要使用的仪器不只一台就会产生仪器差异(尤其是 LC-MS 和 LC-MS/MS 的问题)。在检测限测定中遇到的问题比最初提出这个概念时更加复杂,这些问题在 IUPAC 指南中关于单一实验室方法验证中进行过讨论,IUPAC 指南还建议,对于验证范围不包括检测限的分析系统,检测限没必要成为验证的一部分。然而,如果检测限对于结果控制是至关重要的,那么每一次分析试验中包括添加检测限浓度的样品就变得重要,以此来论证分析试验中的一系列样品,在要求的检测限水平可以获得正确的结果。为了证明检测限是真实的,20 个添加检测限浓度的样品中,19 个样品的检测结果应该是正确的。

定量限(LOQ)在 CAC/GL 72—2009 中被定义

如下[32]：

一种方法的性能特征通常用信号和测量（真实）值来表达，它们将产生一个有特定的相对标准偏差的估计值，一般是10%（或6%）。LOQ估算如下：

$$LOQ = k_Q \sigma_Q, \quad k_Q = 1/RSD_Q$$

式中，LOQ指定量限，σ_Q是某个点的标准差，k_Q是一个乘数，它的倒数等于选择的RSD（v自由度，近似RSD值σ是$1/\sqrt{2v}$）。

CAC定义也说明：

当σ是已知常数时，$\sigma_Q = \sigma_0$，由于标准差的估计值与浓度无关，代入$k_Q = 10\%$得：

$$LOQ = (10 * \sigma_Q) = 10\sigma_0$$

在这个例子中，LOQ刚好是检测限的3.04倍，给出常量$\alpha = \beta = 0.5$。

另外，"在定量限浓度，通过合理的置信限和（或）之前确定，对于特定的基质使用特定的分析方法确定的置信限，能够实现正确的确证。"

定量限可能由以上描述的验证试验建立，使用曲线的y截距加上10倍$s_{y/x}$[91]。对于由CAC建立的最高残留限量的方法，LOQ应该满足由CAC规定精密度和准确度（回收率）的标准，而且LOQ应小于或等于MRL的一半[32]。

然而，当方法的LOQ明显低于符合MRL的实际监测浓度时，实行最低校准水平（LCL）的验证试验可能更合适，通常为0.5×MRL[77,92]。在监控计划中，当方法被用来估计残留物的暴露量，需要检测低于MRL的残留物浓度，或对没有ADIs和MRLs值的物质进行分析时，检测限和定量限参数显得非常重要。当监测符合MRL的浓度时，将LCL包括在分析中是很重要的，LCL可以充分证实MRL的可靠性。用来支持MRL的方法中的LCL不应低于LOQ。

IUPAC指南中对单一实验室分析方法验证评论道，"检测限或定量限"有时"被武断地定义为10%的RSD"，有时被当作最低检测限的倍数[11]。然而，它建议不要指定一个最低定量限，而是将测量的不确定性描述为浓度的函数，并且将那个函数与实验室和客户或数据的最终使用人达成一致的适用性标准进行比较。

8.7.10 判定限（CCα）和检测能力（CCβ）

如上述，2002/657/EC决议中没有把检测限和定量限列入分析方法验证的必要条件，而把判断限和检测能力列为必要的性能指标[35]。2002/657/EC定义α误差指被测样品为阴性的概率，即得到的测量结果为阳性（假阳性判断）。判定限（CCα）指等于和高于此浓度限时，用α误差概率得出样品为阳性的结论。通常概率可接受的范围值是1%~5%。对于零处置限（AL）的物质，CCα指方法以$1-\alpha$置信度检出被测物的最低浓度。在某些定义下（通常$\alpha = 1\%$）CCα与检测限相等。对于建立AL的物质，CCα是测量的浓度，当高于这个浓度时，以$1-\alpha$统计概率可以确定被测物的含量高于AL。2002/657/EC决议定义检测能力CCβ指以误差率为β确定样品中物质能被检测、鉴别和/或定量的最小含量[35]。对于尚未建立允许限的物质，检测能力是指方法能以$1-\beta$置信度检出被污染的样品中该物质的最低浓度。对于已经建立了允许限的物质，检测能力是指方法能以$1-\beta$置信度检出的该物质的容许限浓度。换句话说，以误差率为β（假阴性），样品中被测物被检出、鉴定和定量的最低真实浓度。对于禁用物质，CCβ是指以$1-\beta$置信度检出污染样品中分析物的最低浓度。对于建立最高残留限量的物质，CCβ是指以$1-\beta$置信度方法能够检出样品中高于最高残留限量的浓度。

2002/657/EC决议为禁用物质和已经建立了最高残留限量的物质提供了计算判定限和检测能力的指南，并且在关于方法验证的各种后续报告中提供实例，包括质谱方法[93]：鸡蛋中的喹诺酮类[94]、肌肉组织中的四环素类和磺胺类[95]、组织中的四环素类[96]检测，以及基质匹配校准数据评估[97]。其他信息见第10章。

8.8 有效数字

作者报告的数字往往不能准确反映方法的实际性能。现代数据系统在小数点后面提供多个数字，但是分析者有责任确定应该报道的合适的有效数字。作为通用的方法，方法精密度应该反映报告结果。精密度表明存在不确定度的数字，这个就作为最后的报告数字[91]。例如，如果方法的标准差确定为0.1时，报告结果为1.463就不合适，结果应报告为1.5，因为在小数点后面增加额外的数字会给方法的测量能力带来假象。然而，非常重要的是，对结果不能进行四舍五入，因为这会导致最终的结果数据超出容许限或其他限量，这可能会在法庭上被质疑。

8.9 小结

方法验证本身并不是目的，而是有助于分析人员科学理解分析方法预期达到的常规性能。并不是保证没有误差，也并不是意味着在以后使用这个方法没有问题，尤其是在基质和初期验证条件改变时。方法验证是通过实验室质量保证计划保证方法性能的基础，也是评估分析者成功完成方法培训和能够使用方法进行日常分析的基础。

参考文献

[1] Pohland A, The Great Collaboration: 25 Years of Change, AOAC International, Gaithersburg, MD, 2009.

[2] International Standards Organization, General Requirements for the Competence of Calibration and Testing Laboratories, ISO/IEC 17025: 2005, Geneva, 2005.

[3] CAC/GL 27-1997, Guidelines for the Assessment of the Competence of Testing Laboratories Involved in the Import and Export Control of Food, Joint FAO/WHO Food Standards, Rome, 1997 (available at http://www.codexalimentarius.net/download/standards/355/CXG_027e.pdf; accessed 4/19/10).

[4] Thompson M, Wood R, International harmonized protocol for proficiency testing of (chemical) analytical laboratories, Pure Appl. Chem. 1993; 65: 2132-2144.

[5] Thompson M, Wood R, Harmonized guidelines for internal quality control in analytical chemistry laboratories, Pure Appl. Chem. 1993; 67: 649-666.

[6] IUPAC Compendium of Chemical Terminology—the Gold Book; International Union of Pure & Applied Chemistry, Research Triangle Park, NC, 2010 (available at http://goldbook.iupac.org/index.html; accessed 3/09/10).

[7] Compendium of Analytical Terminology, 3rd ed. (The Orange Book), International Union of Pure & Applied Chemistry, Research Triangle Park, NC, 1997 (available at http://old.iupac.org/publications/analytical_compendium/; accessed 3/10/10).

[8] Horwitz W, Nomenclature of interlaboratory analytical studies (IUPAC Recommendations 1994), Pure Appl. Chem. 1994; 66: 1903-1911.

[9] Horwitz W, Protocol for the design, conduct and interpretation of method performance studies, Pure Appl. Chem. 1995; 67: 331-343.

[10] Thompson M, Ellison SLR, Fajeglj A, Willetts P, Wood R, Harmonized guidelines for the use of recovery information in analytical measurement, Pure Appl. Chem. 1999; 71: 337-348.

[11] Thompson M, Ellison SLR, Wood R, Harmonized guidelines for single-laboratory validation of methods of analysis, Pure Appl. Chem. 2002; 74 (5): 835-855.

[12] Helrich K, The Great Collaboration, AOAC International, Gaithersburg, MD, 1984.

[13] Horwitz W, Latimer G Jr, eds., Offcial Methods of Analysis, 18th ed. (revised), AOAC International, Gaithersburg, MD, 2010.

[14] International Standards Organization, Control Charts for Arithmetic Average with Warning Limits, ISO 7873: 1993, Geneva, 1993.

[15] International Standards Organization, International Vocabulary of Metrology—Basic and General Concepts and Associated Terms (VIM), ISO/IEC Guide 99: 2007, Geneva, 2007.

[16] The Fitness for Purpose of Analytical Methods—a Laboratory Guide to Method Validation and Related Topics, Eurachem, 1998 (available at http://www.eurachem.org/guides/valid.pdf; accessed 3/24/09).

[17] Ellison SLR, Rosslein M, Williams A, eds., Eurachem/CITAC Guide CG4, Quantifying Uncertainty in Analytical Measurement, 2nd ed. (QUAM 2000: 1), Eurachem, 2000 (available at http://www.eurachem.org/guides/QUAM2000-1.pdf; accessed 3/09/10).

[18] CITAC/Eurachem Guide: Guide to Quality in Analytical Chemistry—an Aid to Accreditation, Eurachem, 2002 (available at http://www.eurachem.org/guides/pdf/CITAC%20EURACHEM%20GUIDE.pdf; accessed 10/22/10).

[19] Validation of Analytical Procedures: Defnition and Terminology, VICH GL1, International Cooperation on Harmonization of Technical Requirements for Registration of Veterinary Medicinal Products (VICH), Brussels, 1998 (available at http://www.vichsec.org/pdf/g101_st7.pdf; accessed 3/08/10).

[20] Validation of Analytical Procedures, VICH GL-2, International Cooperation on Harmonization of Technical Requirements for Registration of Veterinary Me-

dicinal Products (VICH), Brussels, 1998 (available at http://www.vichsec.org/pdf/g102_st7.pdf; accessed 3/08/10).

[21] CAC/GL 72-2009, Guidelines on Analytical Ter-minology, Codex Alimentarius Commission, Joint FAO/WHO Food Standards Program, 2009 (available at http://www.codexalimentarius.net/download/standards/11357/cxg_072e.pdf; accessed 1/28/10).

[22] Guidelines for the Nomination and Submission of New, Revised and Alternative Test Methods, Interagency Coordinating Committee on the Validation of Alternative Methods (ICCVAM), 2003 (available at http://iccvam.niehs.nih.gov/SuppDocs/SubGuidelines/SD_subg034 508.pdf; accessed 2/23/10).

[23] AOAC Guidelines for Single Laboratory Validation of Chemical Methods for Dietary Supplements and Botanicals, AOAC International, Gaithersburg, MD, 2002 (available at http://www.aoac.org/Official_Methods/slv_guide lines.pdf; accessed 2/25/10).

[24] Validation of analytical procedures: Text and methodology, ICH Harmonized Tripartite Guideline Q2 (R1), Proc. Intnatl. Harmonisation of Technical Requirements for Registration of Pharmaceuticals for Human Use, 2005 (available at http://www.ich.org/LOB/media/MEDIA417.pdf; accessed 2/25/10).

[25] Codex Alimentarius Commission Procedural Manual, 19th ed., Joint FAO/WHO Food Standards Program, 2009 (available at ftp://ftp.fao.org/codex/Publications/ProcManuals/Manual_19e.pdf; accessed 4/19/10).

[26] CAC/GL 64-1995, Protocol for the Design, Conduct and Interpretation of Method Performance Studies, Joint FAO/WHO Food Standards Program, 1995 (available at http://www.codexalimentarius.net/download/standards/10918/CXG_064e.pdf; accessed 2/23/10).

[27] CAC/GL 28-1995, Rev.1-1997, Food Control Laboratory Management: Recommendations, Joint FAO/WHO Food Standards Program, 1997 (available at http://www.codex alimentarius.net/download/standards/356/CXG_028e.pdf; accessed 3/08/10).

[28] CAC/GL 37-2001, Harmonized IUPAC Guiidelines for the Use of Recovery Information in Analytical Measurement, FAO/WHO Food Standards Program, 2001 (available at http://www.codexalimentarius.net/download/standards/376/CXG_037e.pdf; accessed 2/23/10).

[29] CAC/GL 65-1997, Harmonized Guidelines for Internal Quality Control in Analytical Chemistry Laboratories, Joint FAO/WHO Food Standards Program, 1997 (available at http://www.codexalimentarius.net/download standards/10920/CXG_065e.pdf; accessed 2/23/10).

[30] CAC/GL 59-2006, Guidelines on Estimation of Uncertaint of Results, Joint FAO/WHO Food Standards Program, 2006 (available at http://www.codexalimentarius.net/download/standards/10692/cxg_059e.pdf; accessed 2/23/10).

[31] CAC/GL 49-2003, Harmonized IUPAC Guidelines for Single-Laboratory Validation of Methods of Analysis, Joint FAO/WHO Food Standards Program, 2003 (available at http://www.codexalimentarius.net/download/standards/10256/CXG_049e.pdf; accessed 2/23/10).

[32] CAC/GL 71-2009, Guidelines for the Design and Implementation of National Regulatory Food Safety Quality Assurance Programme Associated with the Use of Veterinary Drugs in Food Producing Animals, Joint FAO/WHO Food Standards Program, 2009 (available at http://www.codexalimentarius.net/web/more_info.jsp?id_sta=11252; accessed 2/15/10).

[33] JECFA Introduction; Food and Agriculture Organization, Rome, 2010 (available at http://www.fao.org/ag/agn/agns/jecfa_index_en.asp; accessed 10/22/10).

[34] MacNeil JD, JECFA requirements for validation of analytical methods, in Residues of Some Veterinary Drugs in Foods, FAO Food and Nutrition Paper 41/14, Food and Agriculture Organization of the United Nations, Rome, 2002, pp. 95-101.

[35] Commission Decision 2002/657/EC, implementing Council Directive 96/23/EC concerning the performance of analytical methods and the interpretation of results, Off. J. Eur. Commun., 2002; L221: 8.

[36] Guidelines for the Implementation of Decision 2002/657/EC, SANCO/2004/2726-rev 4, European Commission, 2008 (availableat http://ec.europa.eu/food/food/chemicalsafety/residues/cons_2004-726rev4_en.pdf; eccessed 12/03/10).

[37] GFI, Guidance for Industry: General Principles for Evaluating the Safety of Compounds Used in Food-Producing

Animals, IV. Gui dance for Approval of a Method of Analysis for Residues, US Food and Drug Administration, Rockville, MD, 2005 (available at http://www.fda.gov/downloads/AnimalVeterinary/GuidanceComplianceEnforcement/GuidanceforIndustry/UCM052180.pdf; accessed 10/22/10).

[38] CVM GFI #118, Guidance for Industry: Mass Spectrometry for Confirmation of the Identity of Animal Drug Residues—Final Guidance, Center for Veterinary Medicine, US Food and Drug Administration, Rockville, MD, 2003 (available at http://www.fda.gov/downloads/AnimalVeterinary/GuidanceCompliance Enforcement/GuidanceforIndustry/UCM 052658.pdf; accessed 3/17/10).

[39] The Codex Alimentarius, Vol. 3, Residues of Veterinary Drugs in Foods, 2nd ed., Codex Alimentarius Commission, Joint FAO/WHO Food Standards Program, Food and Agriculture Organi-zation of the United Nations, Rome, 1994.

[40] Validation of Analytical Methods for Food Control, FAO Food and Nutrition Paper 68, Food and Agriculture Organization of the United Nations, Rome, 1998 (available at ftp://ftp.fao.org/docrep/fao/007/w8420e/w8420e00.pdf; accessed 10/22/10).

[41] Report of the Joint FAO/IAEA Expert Consultation on Practical Procedures to Validate Method Performance of Analysis of Pesticide and Veterinary Drug Residues, and Trace Organic Contaminants in Food, 2000 (available at http://www.iaea.org/trc/pest-qa_val2.htm; accessed 2/16/10).

[42] Project 2009-006-1-500, Experimental Requirements for Single-Laboratory Validation, Analytical Chemistry Division, International Union of Pure and Applied Chemistry, 2010 (available at http://www.iupac.org/web/ins/2009-006-1-500; accessed 1/19/10).

[43] International Vocabulary of Metrology—Basic and General Concepts and Associated Terms (VIM), 3rd ed., JCGM 200; Joint Committee on Guides on Metrology, 2008 (available at http://www.iso.org/sites/JCGM/VIM/JCGM_200e.html; accessed 10/23/10).

[44] Guidelines for the Validation and Verifcation of Chemical Test Methods, Technical Note 17, April 2009, National Association of Testing Authorities, Australia (NATA) (available at http://www.nata.asn.au/phocadownload/publications/Technical_publications/Technotes_Infopapers/technical_note_17_apr09.pdf; accessed 4/20/10).

[45] Method Validation and Quality Control Procedures for Pesticide Residues Analysis in Food and Feed, SANCO/10684/2009, Directorate General for Health and Consumers (SANCO), European Commission, Brussels, 2009 (available at http://ec.europa.eu/food/plant/protection/resources/qualcontrol_en.pdf; accessed 10/23/10).

[46] CAC/MSIC 5-1993 (amended 2003), Glossary of Terms and Defnitions (Veterinary Drugs in Foods), Codex Alimentarius Commission, Joint FAO/WHO Food Standards Program, Food and Agriculture Organization of the United Nations, Rome, 2003 (available at http://www.codexalimentarius.net/web/more_info.jsp?id_sta=348; accessed 10/23/10).

[47] Turnipseed SB, Clark SB, Karbiwnyk CM, Andersen WC, Miller KE, Madson MR, Analysis of aminoglycoside residues in bovine milk by liquid chromatography electrospray ion trap mass spectrometry after derivatization with phenyl isocyanate, J. Chromatogr. B 2009; 877: 1487-1493.

[48] Ang CYW, Luo W, Kiessling CR, McKim, K, Lochmann R, Walker CC, Thompson HC Jr, A bridging study between liquid chromatography and microbial inhibition assay methods for determining amoxicillin residues in catfish muscle, J. AOAC Int. 1998; 81 (1): 33-39.

[49] Stehly GR, Gingerich WH, Kiessllng CR, Cutting JH, A bridging study for oxytetracycline in the edible fillet of rainbow trout: Analysis by a liquid chromatographic method and the offcial microbial inhibition assay, J. AOAC Int. 1999; 82 (4): 866-870.

[50] International Standards Organization, Chemistry—Layouts for Standards, Part 2, Methods of Chemical Analysis, ISO 78-2: 1999, Geneva, 1999.

[51] Spisso BF, Goncalves de Araújo Júnior MA, Monteiro MA, Belém Lima AM, Ulberg Pereira M, Alves Luiz R, Wanderley da Nóbrega A, A liquid chromatography-tandem mass spectrometry confir matory assay for the simultaneous determination of several tetracyclines in milk considering keto-enol tautomerism and epimerization phenomena, Anal. Chim. Acta 2009; 656: 72-84.

[52] Committee for Medicinal Veterinary Medical Products, Oxytetracycline, Tetracycline, Chlortetracycline Summary Report, EMEA/MRL/023/95, European Medicines Agency, London, 1995 (available at http://www.ema.europa.eu/docs/en_GB/document_library/Maximum_Residue_Limits_Report/2009/11/WC500015378.pdf; accessed 10/24/10).

[53] Food Analysis Proficiency Assessment Scheme, The Food and Environment Research Agency, Sand Hutton, Yorks, UK, 2010 (available at http://www.fapas.com/; accessed 10/24/10).

[54] CAC/GL 70-2009, Guidelines for Settling Disputes over Analytical (Test) Results, Joint FAO/WHO Food Standards Program, 2009 (available at http://www.codexalimentarius.net/web/more_info.jsp?id_sta=11256; accessed 3/11/10).

[55] Codex Alimentarius Commission Procedural Manual, 18thed., Codex Alimentarius Commission, Joint FAO/WH Food Standards Program, Rome, 2008 (available at ftp://ftp.fao.org/codex/Publications/ProcManuals/Manual_18e.pdf; accessed 4/28/10).

[56] Youden WJ, Steiner EH, Statistical Manual of the Association of official Analytical Chemists, AOAC International, Gaithersburg, MD, 1975.

[57] Boison J, Lee S, Gedir R, Analytical determination of virginiamycin drug residues in edible porcine tissues by LC-MS with confirmation by LC-MS/MS, J. AOAC Int. 2009; 92: 329-339.

[58] Bohm DA, Stachel CS, Gowik P, Multi-method for the determination of antibiotics of different substance groups in milk and validation in accordance with Commission Decision 2002/657/EC, J. Chromatogr. A 2009; 1216: 8217-8223.

[59] Plackett RL, Burman JP, The design of optimal multifactorial experiments. Biometrika 1946; 33: 305-325.

[60] Engineering Statistics Handbook, Plackett-Burman Designs, National Institute of Standards & Technology, Dept. Commerce, United States of America, 2010 (available at http://www.itl.nist.gov/div898/hand-book/pri/section3/pri335.htm; accessed 7/02/10).

[61] Durden DA, Wotske J, Quantitation and validation of macrolide endectocides in raw milk by negative ion electrospray MS/MS, J. AOAC Int. 2009; 92: 580-596.

[62] Calvert JG, Glossary of atmospheric chemistry terms, Pure Appl. Chem. 1990; 62: 2167-2219.

[63] Currie LA, Nomenclature in evaluation of analytical methods including detection and quantication capabilities, Pure Appl. Chem. 1995; 67: 129-1723.

[64] Sahai H, Singh RP, The use of R2 as a measure of goodness of fit: An overview, Virginia J. Sci. 1989; 40 (1): 5-9.

[65] Analytical Methods Committee, Uses (proper and improper) of correlation coefficients, Analyst 1988; 113: 1469-1471.

[66] Miller JN, Basic statistical methods for analytical chemistry Part 2. Calibration and regression methods, a review, Analyst 1991; 116: 3-14.

[67] Vessman J, Stefan RI, Van Staden JF, Danzer K, Lidner W, Burns DT, Fajgelj A, Müller H, Selectivity in analytical chemistry (IUPAC Recommendations 2001), Pure Appl. Chem. 2001; 73 (8): 1381-1386.

[68] Bethem R, Boison J, Gale P, Heller D, Lehotay S, Loo J, Musser S, Price P, Stein S, J. Am. Soc. Mass Spectrom. 2003; 14: 528-541.

[69] Sphon J, Use of mass spectrometry for confirmation of animal drug residues, J. Assoc. Off. Anal. Chem. 1978; 61: 1247-1252.

[70] Baldwin R, Bethem RA, Boyd RK, Buddle WA, Cairns T, Gibbons RD, Henion JD, Kaiser MA, Lewis DL, Matusik JE, Sphon JA, 1996 ASMS Fall Workshop: Limits to confirmation, quantitation, and detection, J. Am. Soc. Mass Spectrom. 1997; 8: 1180-1190.

[71] Guidance for Industry #118, Mass Spectrometry for Confirmation of the Identity of Animal Drug Residues—final guidance, Center for Veterinary Medicine, US Food and Drug Administration, Rockville, MD, 2003 (available at http://www.fda.gov/downloads/AnimalVeterinary/GuidanceComplianceEnforcement/GuidanceforIndustry/UCM052658.pdf; accessed 3/17/10).

[72] Heller DN, Lehotay SJ, Martos PA, Hammack W, Férnandez-Alba AR, Issues in mass spectrometry between bench chemists and regulatory laboratory managers: Summary of the roundtable on mass spectrometry held at the 123rd AOAC International annual meeting, J. AOAC Int. 2010; 93 (5): 1625-1632.

[73] Schürmann A, Dvorak V, Crüzer C, Butcher P, Kaufmann A, False-positive liquid chromatography/tandem mass spectrometric confirmation of sebuthylazine residues using the identification points system ac-

cording to EU Directive 2002/657/EC due to a biogenic insecticide in tarragon, Rapid Commun. Mass Spectrom. 2009; 23: 1196-1200.

[74] Thompson M, Ellison SLR, Fajeglj A, Willetts P, Wood R, Harmonized guidelines for the use of recovery information in analytical measurement, Pure Appl. Chem. 1999; 71: 337-348.

[75] Residues of Some Veterinary Drugs in Foods and Animals, online edition, Food and Agriculture Organization of the United Nations, Rome, 2010 (available at http://www.fao.org/ag/agn/jecfa-vetdrugs/search.html; accessed 3/17/10).

[76] Chemistry Laboratory Guidebook, Food Safety & Inspection Service, US Dept. Agriculture, 2010 (available at, http://www.fsis.usda.gov/Science/Chemistry_Lab_Guide book/index.asp; accessed 1/04/10).

[77] CAC/GL 40-1993, Rev. 1-2003, Guidelines on Good Laboratory Practice in Residue Analysis, Codex Alimentarius Commission, Joint FAO/WHO Food Standards Program, Rome, 2003 (available at http://www.codexalimentarius.net/download/standards/378/cxg_040e.pdf; accessed 1/04/10).

[78] Thompson M, Recent trends in inter-laboratory precision at ppb and sub-ppb concentrations in relation to fitness for purpose criteria in proficiency testing, Analyst. 2000; 125: 385-386.

[79] Jülicher B, Gowik P, Uhlig S, Assessment of detection methods in trace analysis by means of a statistically based in-house validation concept, Analyst 1998; 123: 173-179.

[80] Project 2009-006-1-500, Experimental Requirements for Single-Laboratory Validation, Ellison SLR (chairman), International Union of Pure and Applied Chemistry, 2009 (available at http://www.iupac.org/web/ins/2009-006-1-500; accessed 2/01/10).

[81] Cooper AD, Tarbin JA, Farrington WHH, Shearer G, Aspects of extraction, spiking and distribution in the determination of incurred residues of chloramphenicol in animal tissues, Food Addit. Contam. A 1998; 15 (6): 637-644.

[82] Cooper AD, Tarbin JA, Farrington WHH, Shearer G, Effects of extraction and spiking procedures on the determination of incurred residues of oxytetracycline in cattle kidney, Food Addit. Contam. A 1998; 15 (6): 645-650.

[83] Matuszewski BK, Constanzer ML, Chavez-Eng CM, Strategies for the assessment of matrix effect in quantitative bioanalytical methods based on HPLC-MS/MS, Anal. Chem. 2003; 75: 3019-3030.

[84] Wang J, Cheung W, Grant D, Determination of pesticides in apple-based infant foods using liquid chromatography electrospray ionization tandem mass spectrometry, J. Agric. Food Chem. 2005; 53 (3): 528-537.

[85] Bogialli S, Di Corcia A, Recent applications of liquid chromatography-mass spectrometry to residue analysis of antimicrobials in food of animal origin, Anal. Bioanal. Chem. 2009; 395: 947-966.

[86] Rønning HT, Einarsen K, Asp TN, Determination of chloramphenicol residues in meat, seafood, egg, honey, milk, plasma and urine with liquid chromatography-tandem mass spectrometry, and the validation of the method based on 2002/657/EC, J. Chromatogr. A 2006; 1118: 226-233.

[87] Chu PS, Lopez MI, Determination of nitrofuran residues in milk of dairy cows using liquid chromatography tandem mass spectrometry, J. Agric. Food Chem. 2007; 55: 2129-2135.

[88] Cronly M, Behan P, Foley B, Malone E, Regan L, Rapid confirmatory method for the determination of 11 nitroimidazoles in egg using liquid chromatography tandem mass spectrometry, J. Chromatogr. A 2009; 1216: 8101-8109.

[89] Cronly M, Behan P, Foley B, Malone E, Regan L, Development and validation of a rapid method for the determination and confirmation of 10 nitroimidazoles in animal plasma using liquid chromatography tandem mass spectrometry, J. Chromatogr. B 2009; 877: 1494-1500.

[90] International Vocabulary of Basic and General Terms in Metrology, International Standards Organization, Geneva, 1993.

[91] Miller JC, Miller JN, Statistics for Analytical Chemistry, 3rd ed., Ellis Horwood, Chichester, UK, 1993.

[92] Alder L, Holland PT, Lantos J, Lee, M, MacNeil, JD, O'Rangers J, van Zoonen P, Ambrus A, Guidelines for single laboratory validation of analytical methods for trace-level concentrations of organic chemicals, in Fajgelj A, Ambrus A, eds., Principles and Practices of Method Validation, The Royal Society of Chemistry, Cambridge,

UK, 2002, pp. 179-248.

[93] Antignac J-P, Le Bizec B, Monteau F, Andre F, Validation of analytical methods based on mass spectrometric detection according to the "2002/657/EC" European decision: Guideline and application, Anal. Chim. Acta 2002; 483: 325-334.

[94] Bogialli S, D'Ascenzo G, Di Corcia A, Laganà A, Tramontana G, Simple assay for monitoring seven quinolone antibacterials in eggs: Extraction with hot water and liquid chromatography coupled to tandem mass spectrometry laboratory validation in line with the European Union Commission Decision 657/2002/EC, J. Chromatogr. A 2009; 1216: 794-800.

[95] McDonald M, Mannion C, Rafter P, A confirmatory method for the simultaneous extraction, separation, identification and quantification of tetracycline, sulphonamide, trimethoprim and dapsone residues in muscle by ultra-high-performance liquid chromatography-tandem mass spectrometry according to Commission Decision 2002/657/EC, J. Chromatogr. A 2009; 1216: 8110-8116.

[96] Nikolaidou KI, Samanidou VF, Papadoyannis IN, Development and validation of an HPLC confirmatory method for the determination of seven tetracycline antibiotics residues in bovine and porcine muscle tissues according to 2002/657/EC, J. Liq. Chromatogr. Rel. Technol. 2008; 31: 3032-3054.

[97] Steliopoulos P, Estimating the decision limit and the detection capability using matrix-matched calibration data, Accred. Qual. Assur. 2010; 15: 105-109.

9 测量不确定度

9.1 引言

与分析化学实验室和其他分析检测机构出具的测量结果一样,食品中抗菌药物残留的分析检测结果必须可靠且具有可比性。对于通过 ISO/IEC 17025 质量体系[1]认证的检测实验室来说,如果客户要求,在报告检测结果的同时还需提供测量不确定度结果。因为测量不确定度结果关系到检测结果的有效性,或可能影响对某一规范的符合性,例如,对于抗菌药物而言,是否符合最高残留限量(MRL)的规定。食品法典委员会(CAC)也建议检测实验室提供客户所要求的关于测量不确定度的信息或者与兽药残留检测量结果有关的信任声明[2]。ISO 17025 相关条款引述如下:

5.4.6.2 检测实验室应具有并可以应用的测量不确定度评定程序。某些情况下,检测方法的性质会妨碍测量不确定度计算的计量学和统计学的有效性。这种情况下,实验室至少应努力找出不确定度的所有分量且做出合理评价,并确保结果的报告形式不会影响不确定度的评价。合理的评价应依据对方法性能的理解和测量范围,并利用过去的经验和方法学验证数据。

5.4.6.3 在评定测量不确定度时,对给定条件下的所有重要不确定度分量,均应采用适当的分析方法加以考虑。

值得注意的是,ISO 17025 并没有规定一种特定的途径或方法来确定测量不确定度;只是建议采用的评价途径或方法应在相关技术原理上是有效的,并能对测量不确定度进行合理评定。测量不确定度评价的严密程度应取决于客户的需求、检测结果利用的风险水平以及基于检测结果所做出的决定。

本章主要介绍了抗菌药物残留检测中测量不确定度评价的基本原理和常用方法,并举例说明。

9.2 通用原则和方法

国际标准化组织(ISO)[3]对测量不确定度的定义为:表征合理地赋予被测量之值的分散性,与测量结果相联系的参数。不确定度表示测量真值所在的区间。实际上,测量不确定度可以被认为是测量结果质量的量度。它回答了"测量结果能在多大程度上代表被测量的实际值"问题。因此,与测量结果相关联的测量不确定度是量化结果的重要组成部分。根据其可追溯性,客户能够评价测量结果的可靠性,并将其与不同来源的测量结果或参考值进行比较。

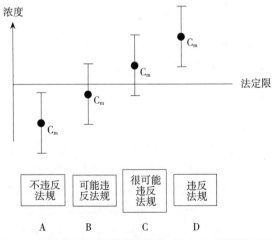

图 9.1 不确定度区间的测量结果(C_m)与法定限的比较
误差线代表不确定区间

对不确定度的认识可以合理解释接近法定限的测量结果。图 9.1 说明测量不确定度如何帮助解释测量结果。显然，A 和 D 的情况很明确。A 中测量结果低于法定限，不确定度区间与法定限不重叠；D 中测量结果高于法定限，不确定度区间与法定限也不重叠。B 和 C 的情况具有争议，两种情况中不确定度区间与法定限都有重叠。但是没有足够的把握说明这些测量结果超过法定限。B 中存在假阴性结果的风险很大，可能导致含有超过限量标准的药物随食品进入食物链。C 中存在假阳性结果的风险很大，可能导致食品生产者因产品不符合有关规定而面临法律制裁。因此，这些监管决定必须考虑测量结果及其测量不确定度而制定。

化学分析结果的测量不确定度来源包括许多方面，如抽样、样品制备、提取或净化不完全、基质效应和干扰、环境条件、天平和剂量器具的不确定度、仪器稳定性以及一些随机因素等。在诸如农药、霉菌毒素等化学残留物和污染物的检测中，抽样的不确定度是整个测量不确定度的主要来源。但是，对于抗菌药物或兽药残留检测，一般认为抽样的不确定度是无关紧要的，检测过程的不确定度才具有决定意义。然而，最近的研究表明，青霉素 G 的残留浓度与肌肉种类相关[4]，提示在今后的兽药残留检测中，抽样方法及其不确定度应受到密切关注。从方法性能角度来看，当采用气相色谱和液相色谱进行残留检测时，测量不确定度主要取决于总体精密度、方法回收率、不同基质和分析物浓度的回收率偏差。

测量总不确定度可以通过分析过程中各步骤的不确定度分量进行评定，而不确定度分量用标准偏差或者相对标准偏差表示。一般来说，测量结果的合成标准不确定度（或合成不确定度）由标准偏差表示，即所有不确定度分量的总方差的均方根[3]。扩展不确定度由合成不确定度乘以扩展因子 k 得到。在大多数时候，k 取值为 2，对应的置信水平为 95%。如果扩展因子 k 取 3，置信水平更高，测量值落在不确定区间的置信水平为 99.7%。扩展不确定度通常最适宜作为抗菌药物残留检测等化学分析结果的不确定度。

区分测量不确定度和误差这两个概念非常重要。误差是测量值与真值（一个无法得到的值）之差。原则上说，误差是一个用来校正测量结果的独立值。而测量不确定度，是包含测量值的一个范围或区间。误差分为随机误差和系统误差。随机误差是由诸如热效应或电噪声等影响因素引起的不可预测的变化。由于随机误差是不可预知的，因此，无法校正，但是可以通过增加测量次数来减小随机误差。系统误差或者称作偏差，是在一定的测量条件下，对同一被测组分进行多次重复测量时，保持不变或者按一定规律变化的误差。系统误差可以是常量，例如那些由于未进行空白试剂校准而引起的误差；也可以是变量，例如由于环境温度升高而引起测量结果的变化。测量结果可以通过确认的系统误差进行修正，然而，由于系统误差也存在一定的不确定度，因此，校正本身也是不精确的。

测量不确定度评定有多种途径。基本方法有两种，但每种方法内部也存在变化。GUM[3] 描述了一种自下而上的方法，通过 EURACHEM/CITAC[7] 和其他机构改进后应用于化学分析中，该方法考虑对测量结果有影响的所有因素的不确定度分量，获得测量结果的不确定度。这种方法最初用于物理或计量测量，耗时长，很难适用于食品中抗菌药物残留检测等化学分析方法。食品中抗菌药物检测通常非常复杂，除仪器测定外，还涉及各种提取、净化环节，因此难以识别和量化不确定度的来源。基于实验室间方法性能研究的重现性估算，自上而下的方法作为一种替代方法，在 20 世纪 90 年代中期被英国皇家化学协会分析方法委员会所采用[8]。北欧委员会进一步开发该方法，只运用实验室内数据，即可进行测量不确定度的评定[9]。该方法的优点是，如果验证方案设计合理，实验室内部在分析方法验证中获得的数据可以用来计算不确定度。Barwick 和 Ellison[10] 将试验验证设计的方法性能指标，即精密度、准确度、耐用性用于计算测量不确定度。这些方法的其他变化和组合在食品中抗菌药物残留分析的应用方面已有报道，如采用一个嵌套的试验设计，研究鸡蛋中大环内酯类抗菌药物残留检测方法的中间精密度和回收率，从而确定测量不确定度[11]；采用高效液相色谱法测定组织中磺胺类药物的残留量[12]，对采用重现性数据自上而下法和采用重复性数据自下而上法所确定的测量不确定度进行比较。

在某些情况下，在目标浓度水平粗略估算分析方法的测量不确定度是很有用的。例如，在进行完整的方法验证和确定测量不确定度之前，在兽药最高残留限量水平粗略估算测定方法的不确定度有助于确定该方法是否能够满足检测要求。这可以通过 Horwitz 公式计算得到一个实验室间重现性结果，或者经适当调整获得实验室内重复性结果[13,14]。作为最初用于实验室间重现性（R,%）计算，浓度 C 以质量分数表示的 Horwitz 公式如下：

$$RSD_R(\%) = 2 \times C^{-0.1505}$$

或者以标准偏差表示：

$$S_R = 0.02 \times C^{0.8495}$$

为了用实验室内重复性（r）表示，将 S_R 公式表达式除以 2 得到一个估算的标准不确定度；为了得到一个基于实验室内重复性的扩展不确定度，估算的标准不确定度需再乘以 2，即：

$$S_r = 0.02 \times C^{0.8495}$$

例如，一个抗菌药物的 MRL 为 100.0 μg/kg，利用上述方程可得到该检测方法的估计扩展不确定度为：

$$S_r = 0.02 \times (0.000\,000\,1)^{0.8495} = 2.26 \times 10^{-8}$$
$$S_r(\%) = 0.02 \times (0.000\,000\,1)^{-0.1505} = 22.6\%$$

上述结果表明，样品真值为 100.0 μg/kg 的测量结果在 77.4～122.6 μg/kg 之间的概率为 95%。

9.3 实例

9.3.1 EURACHEM/CITAC 方法

GUM 方法包含不确定度相关来源的识别和定量，以及所有单个不确定度分量的合成。一般应用不确定度传播规律，即一阶 Taylor 级数来计算，包含几个与合成不确定度 $u_c(y)$ 相关的参数[3]，$u_c(y)$ 的计算公式如下所示：

$$u_c(y) = \sqrt{\sum_{i=1}^{n}\left(\frac{\partial f}{\partial x_i}\right)^2 u^2(x_i) + 2\sum_{i=1}^{n-i}\sum_{j=i+1}^{n}\frac{\partial f}{\partial x_i}\frac{\partial f}{\partial x_i}u(x_i, x_j)}$$

其中 y 的测量值由参数 x_i 决定，每个 x_i 表示某个不确定度来源。$u(x_i)$ 是 x_i 的标准不确定度，$\partial f/\partial x_i$ 是 y 对 x_i 的偏微分。在抗生素残留检测的大多数情况下，假定各种影响相互独立。因此，上述等式的第二项，只与因变量的协方差有关，可以省略。测量不确定度一般用相对不确定度的平方和计算，公式如下：

$$u_c(y)/y = \sqrt{\sum_{i=1}^{n}\left(\frac{u(x_i)}{x_i}\right)^2}$$

GUM 法最容易通过步进法来实现，如下图所示，计算用 HPLC 法测定一种磺胺类抗菌药物的测量不确定度，例如，磺胺二甲嘧啶（SMT）在组织中的 MRL 为 100 μg/kg。该方法在进行不确定度评定时稍微进行了简化，步骤如图 9.2 所示。

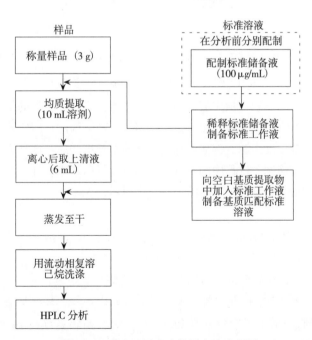

图 9.2 磺胺二甲嘧啶检测方法流程图

在这个例子中，不同来源的空白组织样品添加 100 μg/kg 的磺胺二甲嘧啶标准溶液，在实验室内重现性条件下，分 3 批，每批做 6 个重复，磺胺二甲嘧啶检测结果平均值为 83.0 μg/kg，标准偏差 s 为 5.4 μg/kg（相对标准偏差为 0.065 或 6.5%）。15 个重复测量的日内精密度（重复性），用标准偏差表示为 5.3 μg/kg。所有计算都基于 Leung 等的计算方法[17]。在此情况下，回收率校正以及回收率结果的报告均与 CAC 的要求一致[18]。

第一步要明确检测对象，建立被测量与其所依赖的输入量的关系。下列等式为这一步提供了很好的基础。

$$C = \frac{P-a}{b} \times \frac{1}{R} \quad (9.1)$$

其中，C 代表 SMT 的浓度，P 代表检测器响应值（SMT 的色谱峰面积），a 代表线性回归标准曲线的 y 轴截距，b 代表标准曲线的斜率，R 代表回收率因子（回收率校正因子）

第二步是确定或者列举出该方法中所有不确定度的可能来源，并且确保将同类不确定度来源分为一组，以避免评定时的重复计算。"因果"示意图是详细制定此步骤的有效工具。"因果"示意图（图9.3）最初是在计算分析结果的数学表达式（方程9.1）中各因素和方法步骤流程图（图9.2）的基础上制定的。表9.1列出了不确定度的各个分量。

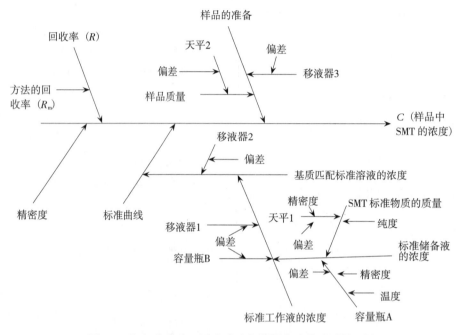

图9.3　组织中磺胺二甲嘧啶残留检测方法的"因果"图

在这个例子中，有3个主要的因素：响应值（用 $P-a$ 表示），斜率（b）和回收率因子（R）。然后是测定影响这三个主要分支的不确定度来源。例如，标准曲线斜率分支包含来自标准溶液制备过程中的不确定度，而峰面积分支的不确定度主要来源于样品的制备过程。

由于没有待测物在相应基质中的有证标准物质，在此例中，根据 Barwick 和 Ellison 的描述[19]，方法的回收率（R）采用空白添加回收样品获得。与回收率不确定度 $u(R)$ 相关的不确定度来源主要有两个；如 Leung 等所述[17]，回收率的不确定度主要包括样品制备方法产生的回收率不确定度 $u(R_m)$ 和样品基质差异产生的回收率不确定度 $u(R_s)$。此外，还应考虑一个额外的校正因子（R_{rep}）用于说明实际药物残留样品和空白添加样品之间可能的差异。但是，之前对不同的组织基质中有证标准物质 SMT 的分析经验表明，添加的组织样品可以代表实际的残留组织样品。因此，假定该基质加标样品也可以代表实际残留组织样品，这种替代的方法对该方法不确定度的贡献可以忽略不计。回收率的不确定度估算公式如下所示：

$$u(R) = \sqrt{[u(R_m)]^2 + [u(R_s)]^2} \quad (9.2)$$

该方法的回收率由下式计算所得：

$$\bar{R}_m = \frac{\bar{C}_{obs}}{C_{spike}} \quad (9.3)$$

其中，$\bar{C}_{obs}$ 表示加标样品重复测定的平均值，C_{spike} 表示药物的实际添加浓度。在此例中，$\bar{C}_{obs}$ 为 83.0 $\mu g/kg$，C_{spike} 为 100 $\mu g/kg$。

因此，回收率的标准不确定度按如下方程计算：

$$u(\bar{R}_m) = \bar{R}_m \times \sqrt{\left[\frac{S_{obs}^2}{n \times \bar{C}_{obs}^2}\right] + \left[\frac{u(C_{spike})}{C_{spike}}\right]^2} \quad (9.4)$$

其中 S_{obs} 指加标样品重复分析的标准偏差（此例

中为 5.4 μg/kg），n 指重复测定次数（$n=24$），$u(C_{spike})$ 指加标样品浓度水平下的标准不确定度，其计算方法与 u（cal）（表 9.1）相同，但是采用回收率研究程序中的不确定度来源进行评定，此例中 $u(C_{spike})$ 为 0.497 μg/kg（计算未列出）。

由样品基质差异产生的回收率不确定度 $u(R_s)$ 是不同空白加标样品平均回收率的标准偏差。在此例中，由于每一批都使用不同来源的空白基质，因此，可以使用重现性研究中的标准偏差。其他与方法精密度有关的不确定度来源主要有天平、容量瓶、移液管和其他设备的精密度。此例中，用于制备标准储备液的分析天平和容量瓶的精密度单独列出计算，因为储备液的配制是在分析测定前单独进行的。方法精密度的评价以重现性表示，由不同的人在一段时间（最好是几个月）里操作不同的仪器来计算。

不确定度评定程序的第三步是量化已识别的所有不确定度分量。重要的是所有不确定度分量须以标准偏差的形式量化，不管它们是来源于随机误差还是系统误差（偏差）。不论是由试验数据、方法性能的以往经验或者专业性判断得到的估算，都以相同方式对待，采用相同的权重，同样以标准偏差的形式进行表达。当不确定度不能够用标准偏差表示时，例如，移液管没有给定置信水平的范围，这时，可以通过 ISO 条例和 EURACHEM/CITAC 指南转化成标准偏差[3,7]。此例中，不确定度的来源、计算、标准不确定度 [$u(y)$] 以及相对标准不确定度（RSU）总结在表 9.1 中。

表 9.1　EURACHEM/CITAC 方法中用于计算不确定度的不确定度来源

因　素	计　算	标准不确定度 $u(y)$	相对标准不确定度（RSU）
来自标准溶液制备过程的不确定度 $u(cal)$			
分析天平的校正 u（bal₁ bias）	称量 10mg，天平性能限量值（出厂证书）= 0.140 mg	0.140 mg	—
称量的重复性 u（bal₁ prec）	重复 10 次称量 10 mg 标准品的 SD=0.024 mg	0.024 mg	—
u（bal₁）	$u(\text{bal}_1) = \sqrt{[u(\text{bal}_1\ \text{bias})^2 + u(\text{bal}_1-\text{prec})^2]} = 0.0142$ mg RSU$_{\text{bal1}}$ = 0.142 mg/10 mg = 0.014 2	0.142 mg	0.014 2
SMT 标准品纯度 u（pur）	假定使用有证标准物质，该项忽略不计	0	0
SMT 标准品的重量 u（weight）	RSU$_{\text{weight}} = \sqrt{(\text{RSU}_{\text{bal1}}^2 + \text{RSU}_{\text{pur}}^2)} = 0.0142$	—	0.014 2
容量瓶 A 的准确度 u（flask$_A$ bias）	容量瓶容积 100 mL，不确定度范围为 ±0.20 mL，由于给定的范围没有置信区间，因此假定矩形分布，SU = 范围的一半 / $\sqrt{3}$： $u(\text{flask}_A\ \text{bias}) = 0.20/\sqrt{3} = 0.1155$ mL	0.115 5 mL	—
容量瓶 A 的精密度 u（flask$_A$ prec）	100 mL 容量瓶 10 次重复装填称量的 SD=0.057 5 mL	0.057 5 mL	—
温度波动产生的容量不确定度 u（flask$_A$T）（见参考文献 6）	环境变化±2℃，甲醇的膨胀系数=1×10⁻³℃⁻¹；不确定度范围 = 100×2×(1×10⁻³) = 0.2 mL $u(\text{flask}_A T) = 0.2/\sqrt{3} = 0.1155$ mL	0.115 5 mL	—
u（flask$_A$）	$u(\text{flask}_A) = \sqrt{[u(\text{flask}_A\ \text{bias})^2 + u(\text{flask}_A\ \text{prec})^2 + u(\text{flask}_A T)^2]}$ = 0.173 mL RSU$_{\text{flask}A}$ = 0.173 mL/100 mL = 0.001 73	0.173 mL	0.001 73
SMT 标准储备溶液，u（stock）	RSU$_{\text{stock}} = \sqrt{(\text{RSU}_{f\text{laskA}}^2 + \text{RSU}_{\text{weight}}^2)} = 0.0143$	—	0.014 3

(续)

因　素	计　算	标准不确定度 $u(y)$	相对标准不确定度 (RSU)
移液管 1，$u(\text{pip}_1)$	1 000 μL，±8 μL，$u(\text{pip}_1) = 8/\sqrt{3} = 4.62$ μL $\text{RSU}_{\text{pip1}} = 4.62\ \mu\text{L}/1\ 000\ \mu\text{L} = 0.004\ 62$	4.62 μL	0.004 62
容量瓶 B（100 mL）的准确度，$u(\text{flask}_B)$	包含在容量瓶 A 偏差的计算中（精密度不确定性的分量）	0.115 5 mL	0.001 155
中间标准工作液，$u(\text{inter})$	$\text{RSU}_{\text{inter}} = \sqrt{\text{RSU}_{\text{stock}}^2 + \text{RSU}_{\text{pip1}}^2 + \text{RSU}_{\text{flask}B}^2} = 0.015\ 1$	—	0.015 1
移液管 2，$u(\text{pip}_2)$	40 μL，±1 μL，$u(\text{pip}_2) = 1/\sqrt{3} = 0.577$ μL $\text{RSU}_{\text{pip2}} = 0.577\ \mu\text{L}/40\ \mu\text{L} = 0.014\ 4$	0.577 μL	0.014 4
$u(\text{cal})$	$\text{RSU}_{\text{cal}} = \sqrt{(\text{RSU}_{\text{inter}}^2 + \text{RSU}_{\text{pip2}}^2)} = 0.020\ 9$	—	0.020 9
来自样品处理过程的不确定度 $u(\text{sample})$			
天平 2（偏差），$u(\text{bal}_2)$	3 g，最低限 0.005 g；SU=0.005 g $\text{RSU}_{\text{bal2}} = 0.005\ \text{g}/3\ \text{g} = 0.001\ 66$	0.005 g	0.001 66
移液管 3，$u(\text{pip}_3)$	6 mL，±0.05 mL，$u(\text{pip}_3) = 0.05/\sqrt{3} = 0.028\ 9$ mL $\text{RSU}_{\text{pip3}} = 0.028\ 9\ \text{mL}/6\ \text{mL} = 0.004\ 82$	0.028 9 mL	0.004 82
$u(\text{sample})$	$\text{RSU}_{\text{sample}} = \sqrt{(\text{RSU}_{\text{bal2}}^2 + \text{RSU}_{\text{pip3}}^2)} = 0.005\ 09$	—	0.005 09
方法精密度的不确定度			
	100 μg/kg 浓度水平添加的 24 个质控样品的平均值=83.0 μg/kg，SD=5.4 μg/kg $\text{RSU}_{\text{prec}} = \dfrac{5.4\ \mu\text{g/kg}}{83.0\ \mu\text{g/kg}} = 0.065$	5.4 μg/kg	0.065
回收率的不确定度，$u(R)$			
方法的回收率 $u(R_\text{m})$	从方程 9.4 可知，回收率的标准不确定度为： $u(\overline{R}_\text{m}) = \overline{R}_\text{m} \times \sqrt{\left(\dfrac{S_{\text{obs}}^2}{n \times \overline{C}_{\text{obs}}^2}\right) + \left[\dfrac{u(C_{\text{spike}})}{C_{\text{spike}}}\right]^2}$ 其中，S 是指加标样品重复分析的标准偏差（此例中为 5.4 μg/kg），n 为重复数（此例中为 24），$u(C_{\text{spike}})$ 为加标样品浓度的不确定度（此例中为 0.497 μg/kg） $u(R_\text{m}) = 0.83 \times \sqrt{\left(\dfrac{5.4^2}{24 \times 83^2}\right) + \left(\dfrac{0.497}{100}\right)^2} = 0.011\ 8$	0.011 8	
样品回收率 $u(R_\text{s})$	在 100 μg/kg 浓度水平的重现性研究，平均回收率的标准偏差=0.054	0.054	—
$u(R)$	$u(R) = \sqrt{[u(R_\text{m})]^2 + [u(R_\text{s})]^2}$ [Eq. (9.2)] $= 0.055\ 3$ 相对标准不确定度 $u(R)/R_\text{m} = 0.055\ 3/0.83 = 0.066\ 6$	0.055 3	0.066 6

不确定度评定程序的倒数第二步是，根据主要不确定度来源获得的标准不确定度，计算方法的合成不确定度，以相对不确定度表示。从表 9.1 可以看出，本例中，总相对标准不确定度的主要来源是标准溶液的配制（$RSU_{cal} = 0.020\ 9$）、样品的制备（$RSU_{sample} = 0.005\ 09$）、方法的精密度（$RSU_{prec} = 0.065$）以及回收率（$RSU_{rec} = 0.066\ 6$）。不确定度的主要分量为回收率的不确定度（RSU_{rec}）和方法精密度产生的不确定度（RSU_{prec}），它们均是在重现性条件下，通过添加浓度为 100 μg/kg 的 24 个平行样品的检测结果计算所得。

当相对标准不确定度的值低于最大 RSU 的 30% 时，该分量则被认为是无意义的，可以从总 RSU 计算中忽略[7]。因此，此例中的合成 RSU 为：

$$RSU_{combined} = \sqrt{(RSU_{cal}^2 + RSU_{prec}^2 + RSU_{rec}^2)}$$
$$= \sqrt{0.020\ 9^2 + 0.065^2 + 0.066\ 6^2}$$
$$= 0.095\ 38$$

合成标准不确定度 $u_c(y)$ 为：

$$u_c(y) = RSU_{combined} \times 83.0$$
$$= 0.095\ 38 \times 83.0$$
$$= 7.92\ \mu g/kg$$

不确定度测定的最后一步是使用扩展因子 k 获得扩展不确定度。此例中，k 值取 2，相当于 95% 置信水平：

$$U(y) = k \times u_c(y) = 15.8\ \mu g/kg$$

因此，采用本检测方法，组织中 SMT 添加浓度为 100 μg/kg（MRL），经回收率校正后，测量结果可报告为 100±15.8 μg/kg，在 95% 置信水平下，样品中 SMT 实际残留量为 84.2~115.8 μg/kg。

9.3.2 运用 Barwick-Ellison 方法和实验室内部验证数据评定测量不确定度

如前面示例所示（见 9.3.1 节），虽然自下而上法可以用于分析方法中不确定度的评定，但是在实际操作中困难很大。分析食品中残留物和污染物，对不确定度贡献最大的通常是一些很难预见的影响因素，如取样、基质效应和干扰，而这些影响主要与个体样本和分析步骤有关。并且与这些影响相关的不确定度只能通过试验测定。Barwick 和 Ellison 运用实验室内方法验证中的精密度、准确度（回收率）和耐用性三个要素，阐述了一种评定不确定度的方法[10,20]。该方法的基本原理是在精密度和准确度研究中尽可能多地考虑不确定度来源，并通过耐用性研究、已有数据（如校准证书）或者之前的研究来评定可能的其他来源。当有证据证明任何额外来源引起的不确定度比精密度和准确度相关因素产生的不确定度小很多（小于最大贡献者的 30%）时，则可不必评定这些来源。开展新方法验证研究时，若想同时评定该方法的不确定度，是很容易完成的。日常检测中正在使用的方法的不确定度评定也可以采用以往的方法验证数据进行计算。

正如 9.3.1 节所述，不确定度评定的第一步就是确定方法的不确定度来源。同样，用上述 HPLC 法测定 SMT 为例，不确定度的来源如表 9.1 和图 9.2 所示。每个不确定度来源分成若干个参数，用于合成不确定度的计算。Barwick-Ellison 方法中需考虑三个参数：

①精密度及其不确定度：此例中，精密度是通过实验室内方法重现性结果计算所得。如表 9.1 所示，以 100 μg/kg 浓度水平添加的 24 个质控样品测定结果的平均值为 83.0 μg/kg，标准偏差为 5.4 μg/kg。相对标准不确定度（相对标准偏差）为 0.065。

②回收率及其不确定度：不确定度的评定，包括因方法偏差引起的不确定度，必须考虑方法的准确度。Barwick-Ellison 报道了与准确度相关的用于不确定度评定的几种可能性[19]，包括使用代表性的有证标准物质的分析数据，与基准或标准方法进行比较，以及加标回收率研究。由于没有这种分析物-基质体系的典型有证标准物质，本试验的准确度采用加标回收试验研究进行评定。正如前一节所述，此例中，假定加标样品可以代表残留组织样品，二者之间产生的不确定度差异可以忽略不计。按照前面（9.3.1 节和表 9.1）所计算的回收率的标准不确定度为 0.055 3，相对标准不确定度为 0.066 6。

③耐用性及其不确定度：耐用性试验通过有意引入几个合理变量以及观察其引入后的结果，为同时研究几个参数对方法性能的影响提供了一种手段。首先识别对结果有潜在影响的各种因素，之后通过一系列调整，使其与实验室内或实验室间分析过程中合理出现的变量相匹配。示例中潜在的影响因素包括分析工作者、温度、试剂和标准品的来源和年代、各步骤的 pH、试剂或 SPE 柱的批号。

耐用性试验按照 AOAC 统计指南中的部分析因设计进行[21],这种试验设计可以最大限度地减少分析次数和分析时间,以及检测对测量不确定度的影响。欧盟委员会 2002/657/EC 决议[22]以及其他一些机构提倡耐用性试验应该成为食品中化学残留物分析方法验证的必须内容。部分析因设计方法如表 9.2 所示,大写字母 A、B、C、D、E、F、G 代表七个潜在影响因素的标称值,小写字母 a、b、c、d、e、f、g 则代表引入的合理变化因素。八次分析中每次的结果用大写字母 S 至 Z 表示。

表 9.2 耐用性试验的部分析因设计

参数值	1	2	3	4	5	6	7	8
A/a	A	A	A	A	a	a	a	a
B/b	B	B	b	b	B	B	b	b
C/c	C	c	C	c	C	c	C	c
D/d	D	D	d	d	d	d	D	D
E/e	E	e	E	e	e	E	e	E
F/f	F	f	f	F	F	f	f	F
G/g	G	g	g	G	g	G	G	g
试验结果	S	T	U	V	W	X	Y	Z

每个参数的影响大小等于标称值的平均值减去参数变化获得的平均值。例如,对于参数 A,差值 Dx_A 用公式 9.5 计算:

$$Dx_A = \frac{S+T+U+V}{4} - \frac{W+X+Y+Z}{4} \tag{9.5}$$

在此例的方法中,选取主要变量有:萃取时盐酸的摩尔浓度(0.1 mol/L 或 0.11 mol/L)及硫酸钠加入的量(2 g 或 2.1 g)、均质时间(45 s 或 55 s)、离心速度(650 g 或 680 g)、蒸发温度(55℃或 60℃)、正好蒸发干即取下与蒸干后在旋转蒸发器上再放置 5 min 比较,以及最后洗涤正己烷用量(2 mL 或 2.1 mL)。8 次试验结果如表 9.3 所示。

表 9.3 HPLC 法测定 SMT 的耐用性试验结果(μg/kg)

S	T	U	V	W	X	Y	Z
83	74.3	91.7	74.7	78.5	75.1	71.5	81.8

运用 t 检验分析每个参数对结果影响是否显著,t 检验公式如下:

$$t = \frac{\sqrt{n} \times |Dx_i|}{\sqrt{2} \times s} \tag{9.6}$$

公式中,s 是指批内方法精密度,n 是指每个参数的耐用性检测的实验次数(上述设计中 $n=4$),Dx_A 是利用方程 9.5 计算的参数 x_i 的差值。精密度 s 通过 15 次平行测定计算,得到的标准偏差为 5.3 μg/kg。每个参数的 t 值由方程 9.6 进行计算,结果如表 9.4 所示。

表 9.4 SMT 测定方法耐用性试验改变的参数和计算结果

参数	象征值		改变值		计算差值	t 值 ($t_{crit}=2.145$)	显著影响	$\delta_{真值}$	$\delta_{检测值}$	$\delta_{真值}/\delta_{检测值}$	$u[y(x_i)]$ (μg/kg)	相对 $u[y(x_i)]$
萃取的 HCl 摩尔数	A	0.1mol/L	a	0.11mol/L	Dx_A	4.2 1.120 7	无	0.002	0.01	0.2	0.820	0.009 88
无水 Na$_2$SO$_4$ 的用量	B	2 g	b	2.1 g	Dx_B	−2.2 0.587 0	无	0.05 g	0.1 g	0.5	2.051	0.024 70
均质时间	C	45s	c	55s	Dx_C	4.7 1.254 1	无	5 s	10 s	0.5	2.051	0.024 70
离心速度	D	650 g	d	680 g	Dx_D	−2.35 0.627 1	无	10 g	30 g	0.333	1.367	0.016 47
蒸发温度	E	55℃	e	60℃	Dx_E	8.15 2.174 8	有	2℃	5℃	—	1.882	0.022 68
蒸发时间	F	至干	f	+5 min	Dx_F	1.35 0.360 2	无	2 min	5 min	0.4	1.640	0.019 76
洗涤用正己烷量	G	2 mL	g	2.1 mL	Dx_G	−5.5 1.467 6	无	0.05 mL	0.1 mL	0.5	2.051	0.024 70

将每个参数计算得到的 t 值与置信度为 95%、自由度为 $N-1$ 的双侧检验的临界值(t_{crit})进行比较,这里 N(为 15)是用于计算批内的精密度 s。

从 t 分布表查得的 t_{crit} 值为 2.145。如果 t 小于 t_{crit},表示该参数的变化对分析方法的性能无显著影响。相反,如果 t 大于 t_{crit},表示该参数的变化对分析方法的性能有显著影响。两种情况下，都存在与参数相关的不确定度。这些与参数相关的不确定度的计算主要取决于该参数的变化是否会对试验结果产生较大影响。

耐用性试验结果表明，参数的变化对该分析方法没有显著的影响，因此，参数 x_i 相关的不确定度 y 按下面方程计算：

$$u[y(x_i)] = \frac{\sqrt{2} \times t_{\text{crit}} \times s}{\sqrt{n} \times 1.96} \times \frac{\delta_{\text{real}}}{\delta_{\text{test}}} \tag{9.7}$$

其中 δ_{real} 是指在正常条件下按方法操作的参数变化值，δ_{test} 是指耐用性试验中参数的变化值（表9.4）；n 是指每个参数的测量次数（典型耐用性试验设计 n 取4）。该不确定度的评定是在95%的置信水平上进行的，除以1.96后转化为标准偏差。此例中，t_{crit} 和 n 代入上述公式后 $u[y(x_i)]$ 则为：

$$u[y(x_i)] = \frac{\sqrt{2} \times 2.145 \times 5.3}{\sqrt{4} \times 1.96} \times \frac{\delta_{\text{real}}}{\delta_{\text{test}}} = 4.101 \times \frac{\delta_{\text{real}}}{\delta_{\text{test}}}$$

此例中耐用性的测量结果显示，七个参数中六个参数的变化对方法性能没有明显影响。这些参数的不确定度通过上面的公式进行计算，结果如表9.4所示。

对于那些对方法性能有明显影响的参数，其不确定度通过下面的方程9.8和9.9进行计算：

$$c_i = \frac{\text{观察到的结果的变化值}}{\text{参数的变化值}} \tag{9.8}$$

$$u[y(x_i)] = u(x_i) \times c_i \tag{9.9}$$

其中 c_i 是指灵敏系数，$u(x_i)$ 是指参数的不确定度，$u[y(x_i)]$ 是指最终结果的不确定度。

本例所考察的参数中，只有蒸发温度对方法有显著影响（表9.4）。如表9.4所示，观察结果的变化值（Dx_E）为8.15 μg/kg，而参数的变化为（60℃－55℃）＝5℃。由方程9.8计算可得灵敏系数为1.63 $\mu g\ kg^{-1}℃^{-1}$。参数 $u(x_E)$ 的不确定度根据蒸发温度的控制限度（±2℃）进行测定。假设其呈矩形分布，则 $u(x_E) = 2/\sqrt{3} = 1.1547℃$。运用方程9.9，由蒸发温度变化引起的最终结果的不确定度为 $u[y(x_E)] = 1.1547 \times 1.63 = 1.882$ μg/kg。

所有七个参数的标准不确定度如表9.4所示。实验所观察到的参数的影响与分析物浓度成一定比例。因此，每个因素的相对标准不确定度等于标准不确定度除以在重现性条件下，以100 μg/kg 浓度添加时测得的样品平均值（83.0 μg/kg）。

最后，合成不确定度用耐用性试验中每个参数的相对不确定度再加上精密度和准确度的相对不确定度的平方和根计算，具体计算方法如下方程9.10所示：

$$\frac{u(y)}{y} = \sqrt{\left[\frac{u(p)}{p}\right]^2 + \left[\frac{u(q)}{q}\right]^2 + \left[\frac{u(r)}{r}\right]^2 + \left[\frac{u(s)}{s}\right]^2 + \cdots} \tag{9.10}$$

在所给示例中，合成不确定度＝0.1085。合成标准不确定度 $u_c(y)$ 为：$u_c(y) = 0.1085 \times 83$ μg/kg = 9.00 μg/kg。

最后一步是使用扩展因子 k 获得扩展不确定度。此例中，k 值取2，相当于95%置信水平：$U(y) = k \times u_c(y) = 18.0$ μg/kg。

因此，采用本分析方法，组织中以100 μg/kg（MRL）浓度添加 SMT，经回收率校正后，测量结果可报告为 100±18.0 μg/kg，在95%置信水平下，样品中 SMT 实际残留量为 82.0~118.0 μg/kg。

9.3.3 运用嵌套试验设计和实验室内部验证数据评定不确定度

嵌套设计有时又称为分级设计，常用于包含一系列处理和亚级试验单元的试验（图9.4）。它已经成为一种实用性设计或者实用性方法，用于研究、评价方法的性能，方法的性能参数包括以总回收率表示的方法准确度、中间精密度以及测量不确定度[11,23-27]。为了解释统计分析和计算细节，以 LC/ESI-MS/MS 测定牛奶中大环内酯类药物残留的分析数据为例，该分析方法在其他文献已有报道[27]。

与实验室内部方法性能或不确定度相关的主要影响因素包括浓度或加标水平、基质效应、日间和日内变异（表9.5）。此例中，共设 5、40、50 和 70 μg/kg 四个浓度水平（$l=4$）。每个浓度水平的回收率通过分析三个不同批次牛奶基质（$p=3$）进行计算。而每个牛奶基质样品设三个重复（$r=3$），由2名分析人员使用不同试剂和色谱柱在 2d 内分别测定（$n=2$）。因此，共有六组试验结果。每个分析人员每天测定一种基质试样，设四个浓度添加水平，每个浓度重复3次。试验完成后，获得的方法验证数据根据嵌套试验设计图（图9.4）进行方差分析，计算总回收率和中间精密度，从而得到不确定度。表9.6列出了试验结果。一些 SAS 输出结果以及用于"PROC GLM"和"PROC VARCOMP"分析的 SAS 程序见图 9.1。

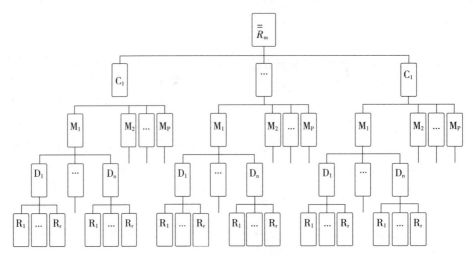

图 9.4 嵌套试验设计

与不确定度相关的主要因素包括：浓度（C）与添加水平编号（l），基质效应（M）与基质编号（p），日间变量（D）与天数（n），日内变量（R）与重复数（r）

表 9.5 嵌套试验设计和不确定度表达的 ANOVA 表

来源	水平	均方差（MS）	方差或不确定度的平方
浓度	$l=4$	MS_{conc}	$u(C)^2 = \dfrac{MS_{conc} - MS_m}{pnr}$
基质（浓度）	$p=3$	MS_m	$u(M)^2 = \dfrac{MS_m - MS_d}{nr}$
天数（浓度×基质）	$n=2$	MS_d	$u(D)^2 = \dfrac{MS_d - MS_i}{r}$
重复数	$r=3$	MS_i	$u(r)^2 = MS_i$

表 9.6 LC/ESI-MS/MS 测定牛奶中大环内酯类药物的试验结果

添加浓度	基质	天数	红霉素回收率	泰乐菌素回收率
L1（5 μg/kg）	M1	分析者 1	0.998	0.894
			0.998	0.924
			0.974	0.932
		分析者 2	1.110	0.978
			1.020	1.019
			1.000	0.984
	M2	分析者 1	1.038	1.086
			1.028	1.072
			1.032	1.076
		分析者 2	1.034	1.091
			1.019	1.009
			1.062	1.053

（续）

添加浓度	基质	天数	红霉素回收率	泰乐菌素回收率
L1（5 μg/kg）	M3	分析者1	0.976	0.934
			0.924	0.978
			0.950	0.954
		分析者2	1.016	0.971
			0.990	0.994
			0.992	0.948
L2（40μg/kg）	M1	分析者1	0.958	0.899
			0.986	0.937
			0.975	0.912
		分析者2	0.958	0.949
			1.031	1.014
			1.015	0.969
	M2	分析者1	1.010	1.052
			1.020	1.041
			1.009	1.030
		分析者2	1.023	0.991
			1.071	1.036
			1.094	1.090
	M3	分析者1	0.969	0.967
			0.917	0.931
			0.961	0.949
		分析者2	1.026	0.970
			1.042	0.999
			1.022	1.055
L3（50μg/kg）	M1	分析者1	0.960	0.907
			0.951	0.908
			0.995	0.931
		分析者2	0.979	0.933
			0.956	0.939
			0.981	0.953
	M2	分析者1	1.054	1.110
			1.003	1.020
			1.005	1.020
		分析者2	0.993	0.992
			1.004	1.088
			0.999	0.999
	M3	分析者1	0.967	0.953
			0.962	0.936
			0.952	0.963

(续)

添加浓度	基质	天数	红霉素回收率	泰乐菌素回收率
L3 (50μg/kg)	M3	分析者2	0.963	0.981
			0.988	0.935
			1.030	0.993
L4 (70μg/kg)	M1	分析者1	0.950	0.948
			0.946	0.913
			0.937	0.878
		分析者2	0.998	0.935
			0.960	0.930
			0.956	0.903
	M2	分析者1	1.033	1.001
			1.032	1.029
			1.058	1.043
		分析者2	1.027	1.078
			0.950	1.055
			0.981	1.076
	M3	分析者1	0.930	0.952
			0.906	0.942
			0.929	0.925
		分析者2	1.006	0.994
			1.028	1.011
			0.977	1.006

9.3.3.1 回收率（R）及其不确定度 [u（R）]

加标样品的回收率 R 由三部分组成，如下式9.11所示：

$$R = \bar{\bar{R}}_m + \Delta R_M + \Delta R_C \quad (9.11)$$

第一部分 $\bar{\bar{R}}_m$ 表示总回收率；第二部分 ΔR_M 表示由于基质不同，即基质效应引起的回收率的变化，这也是LC-MS定量分析中不确定度的最主要来源；最后一项 ΔR_C 表示由添加到样品中的分析物浓度不同引起的回收率变异。回收率的不确定度通过式9.12进行计算：

$$u(R) = \sqrt{u(\bar{\bar{R}}_m)^2 + u(M)^2 + u(C)^2} \quad (9.12)$$

其中，$u(\bar{\bar{R}}_m)$ 是指总回收率的不确定度，其偏差根据总回收率进行计算；$u(M)$ 和 $u(C)$ 是分别与基质效应（ΔR_M）和浓度变化（ΔR_C）相关的不确定度。$u(M)$ 和 $u(C)$ 的计算如表9.5所示，计算细节见流程图9.1。

总不确定度 $\bar{\bar{R}}_m$ 根据方法的回收率计算，由流程图9.1C得到大环内酯类药物回收率（四个添加浓度的平均值），通过方程9.13进行计算：

$$\bar{\bar{R}}_m = \frac{\sum_{i=1}^{l} \bar{R}_i}{l} \quad (9.13)$$

其中，$\bar{R}_i$ 是指分别加入到四组牛奶样品中分析物量 $X_{a,i}$ 的平均回收率，l 是指添加浓度水平。红霉素和泰乐菌素的总回收率分别为 0.994 和 0.984（表9.7），并且基于 t 检验法，通过方程9.14（流程图9.1C）计算，分析其是否具有统计学显著差异：

$$t = \frac{|1 - \bar{\bar{R}}_m|}{u(\bar{\bar{R}}_m)} \quad (9.14)$$

其中，$u(\bar{\bar{R}}_m)$ 是指总回收率的不确定度，由下面的方程9.15（流程图9.1）表示：

$$u(\bar{\bar{R}}_m) = \sqrt{\frac{\sum_{i=1}^{l} u(\bar{R}_i)^2}{l^2}} \quad (9.15)$$

平均回收率的不确定度 $u(\bar{R}_i)$ 由相对中间精密度通过方程9.16（流程图9.1 B1~B4）计算：

$$u(\bar{R}_i)^2 = \frac{u(R_I)^2}{pnr} \quad (9.16)$$

中间精密度 $u(R_I)$ 则通过方程9.17（流程图9.1 B1~B4）计算所得，其中，$u(D)$ 代表日间方差，$u(r)$ 代表三个重复的方差。$u(D)^2$ 和 $u(r)^2$ 都表示方差（流程图9.1 B1~B4），由SAS程序直接输出：

$$u(R_I)^2 = u(r)^2 + u(D)^2 \quad (9.17)$$

在总回收率的显著性测试中，因为与总不确定度[24]相关的自由度相当多,或者简单选择扩展因子 k(有代表性的 k 取 2)时,双边检测的 z 值($\alpha=0.05$;z 取 1.96)可以替代 t_{crit} 值($\alpha=0.05$)。表 9.7 列出了两个大环内酯类药物的 t 值。红霉素的 t 值为 1.28,小于 1.96,说明其回收率无显著差异。泰乐菌素的 t 值为 3.52(流程图 9.1C),大于 1.96,其回收率与统计学结果不同,方法有明显偏差,作为理论结果,引入表示回收率的校正因子用于对分析结果进行校正[24]。当分析结果没有用校正因子校正时,由方程 9.18(流程图 9.1C)计算所得的不确定度将增加。增加的不确定度 $u(\bar{\bar{R}}_m)''$ 则表示为:

$$u(\bar{\bar{R}}_m)'' = \sqrt{u(\bar{\bar{R}}_m)^2 + \left(\frac{1-\bar{\bar{R}}_m}{k}\right)^2} \quad (9.18)$$

其中,k 是用于扩展不确定度计算的扩展因子。在这种情况下,不是采用 $u(\bar{\bar{R}}_m)$,而是采用 $u(\bar{\bar{R}}_m)''$(流程图 9.1C)用于 $u(R)$ 的计算(流程图 9.1A)。红霉素和泰乐菌素回收率的不确定度 [$u(R)$](流程图 9.1A)列举在表 9.7 中。实际上,无论基质效应还是浓度影响都具有统计学意义($p<0.05$ 或者 $p\geqslant 0.05$),与基质效应和浓度变化相关的 $u(M)$ 和 $u(C)$ 都包含在不确定度计算中。

9.3.3.2 精密度及其不确定度 [$u(P)$]

方法精密度产生的不确定度用相对中间标准偏差表示,由方程 9.19(流程图 9.1A)进行计算,其值等于中间精密度除以总回收率:

$$u(P) = \frac{u(R_I)}{\bar{\bar{R}}_m} \quad (9.19)$$

结果如表 9.7 所示。红霉素和泰乐菌素的中间精密度 [$u(P)$] 分别为 4.0% 和 3.9%。

9.3.3.3 合成标准不确定度和扩展不确定度

添加一定量 $X_{a,i}$ 的样品的定量检测结果 $u(X_{a,i})$ 的合成标准不确定度通过方程 9.20(流程图 9.1)进行计算,这个由实验室内方法验证数据获得的不确定度可以用于将来样品的检测结果分析。

$$u(X_{a,i}) = \frac{1}{\bar{\bar{R}}_m} \times \sqrt{\frac{x_{a,i}^2 \times u(R_I)^2}{\bar{\bar{R}}_m^2} + x_{a,i}^2 \times u(R)^2} \quad (9.20)$$

方程 9.20 的要素中,第一项不确定度来自方法的实际情况不同,即添加浓度水平的中间精密度,第二项包含了基质效应和浓度变化引起的与回收率相关的不确定度。然后,扩展不确定度 U 可以通过扩展因子 $k=2$ 计算得到。U/X(%) 用方程 9.21(流程图 9.1)计算,结果列于表 9.7 中。

$$\frac{U}{X}(\%) = \frac{k \times u(X_{a,i})}{X_{a,i}} \times 100 \quad (9.21)$$

由于计算中没有包含不确定度的固定偏倚,所以在四个添加浓度水平上得到的相对不确定度 U/X(%)表观上是相同的。作为对比,本节也根据 Horwitz 方程,计算了实验室间相对标准偏差($RSDR$,%),而实验室内的相对标准偏差($RSDr$,%)应为 $1/2\sim2/3\ RSDR$(%)[28]。

A. 化合物=泰乐菌素

组-水平信息

组	级	值
浓度	$l=4$	L1 L2 L3 L4
基质	$p=3$	M1 M2 M3
天数	$n=2$	第一天 第二天
重复数	$r=3$	重复1 重复2 重复3

类型 1 方差的分析

来源	DF	平方和	平均平方值		期望的平均平方值
浓度	3	0.003 990	0.001 330	MS_{conc}	误差的方差+3 倍[天数(基质×浓度)]的方差+6 倍[基质(浓度)]的方差+18 倍浓度的方差

(续)

基质（浓度）	8	0.160 327	0.020 041	MS_m	误差的方差+3倍［天数（基质×浓度）］的方差+6倍［基质（浓度）］的方差
天数（浓度×基质）	12	0.033 014	0.002 751	MS_d	误差的方差+3倍［天数（基质×浓度）］的方差
误差	48	0.038 547	0.000 803	MS_i	误差的方差
校正总数	71	0.235 878			

类型1 估算

方差组分	估算值			
浓度的方差	−0.001 039 5	←	$u(C)^2 = \dfrac{MS_{conc} - MS_m}{pnr}$	Eq. (9.12) $u(R) = \sqrt{u(\bar{\bar{R}}_m)^2 + u(M) + u(C)^2}$ $= \sqrt{0.000\,084\,6 + 0.002\,881\,6 + 0}$ $= \sqrt{0.002\,966\,2}$
［基质（浓度）］的方差	0.002 881 6	←	$u(M)^2 = \dfrac{MS_m - MS_d}{nr}$	
［天数（基质×浓度）］的方差	0.000 649 4	←	$u(D)^2 = \dfrac{MS_d - MS_i}{r}$	Eq. (9.17) $u(R_I)^2 = u(r)^2 + u(D)^2$ $= 0.000\,649\,4 + 0.000\,803\,1$ $= 0.001\,452\,5$
误差的方差	0.000 803 1	←	$u(r)^2 = MS_i$	Eq. (9.19) $u(P) = \dfrac{u(R_I)}{\bar{\bar{R}}_m} = \dfrac{\sqrt{0.001\,452\,5}}{0.984} = 0.039$

B1. 化合物=泰乐菌素　　浓度=L1

组-水平信息

组	水平	值
基质	3	M1　M2　M3
天数	2	第一天　第二天

类型1方差的分析

来源	DF	平方和	平均平方值		期望的平均平方值
基质	2	0.044 572	0.022 286	MS_m	误差的方差+3倍［天数（基质）］的方差+6倍基质的方差
天数（基质）	3	0.010 355	0.003 452	MS_d	误差的方差+3倍［天数（基质）］的方差
误差	12	0.007 284	0.000 607	MS_i	误差的方差
校正总数	17	0.062 212			

类型1 估算

方差组分	估算值			
基质的方差	0.003 139 1	←	$u(M)^2 = \dfrac{MS_m - MS_d}{nr}$	
天数（基质）的方差	0.000 948 2	←	$u(D)^2 = \dfrac{MS_d - MS_i}{r}$	Eq. (9.17) $u(R_I)^2 = u(r)^2 + u(D)^2$ $= 0.000\,948\,2 + 0.000\,607\,0 = 0.001\,555\,2$
误差的方差	0.000 607 0	←	$u(r)^2 = MS_i$	Eq. (9.16) $u(\bar{\bar{R}}_1)^2 = \dfrac{u(R_I)^2}{pnr} = \dfrac{0.001\,555\,2}{3 \times 2 \times 3} = 0.000\,086\,4$

B2. 化合物＝泰乐菌素　　浓度＝L2

组-水平信息

组	水平	值
基质	3	M1 M2 M3
天数	2	第一天　第二天

类型1方差的分析

来源	DF	平方和	平均平方值		期望的平均平方值
基质	2	0.027 013	0.013 507	MS_m	误差的方差＋3倍［天数（基质）］的方差＋6倍基质的方差
天数（基质）	3	0.010 870	0.003 623	MS_d	误差的方差＋3倍［天数（基质）］的方差
误差	12	0.012 501	0.001 042	MS_i	误差的方差
校正总数	17	0.050 384			

类型1估算

方差组分	估算值			
基质的方差	0.001 647 2	←	$u(M)^2 = \dfrac{MS_m - MS_d}{nr}$	
天数（基质）的方差	0.000 860 6	←	$u(D)^2 = \dfrac{MS_d - MS_i}{r}$	Eq. (9.17) $u(R_I)^2 = u(r)^2 + u(D)^2$ $\quad = 0.000\,860\,6 + 0.001\,041\,7 = 0.001\,902\,3$
误差的方差	0.000 104 17	←	$u(r)^2 = MS_i$	Eq. (9.16) $u(\bar{\bar{R}}_2)^2 = \dfrac{u(R_I)^2}{pnr} = \dfrac{0.001\,902\,3}{3\times2\times3} = 0.000\,105\,7$

B3. 化合物＝泰乐菌素　　浓度＝L3

组-水平信息

组	水平	值
基质	3	M1 M2 M3
天数	2	第一天　第二天

类型1方差的分析

来源	DF	平方和	平均平方值		期望的平均平方值
基质	2	0.038 227	0.019 114	MS_m	误差的方差＋3倍［天数（基质）］的方差＋6倍基质的方差
天数（基质）	3	0.002 422	0.000 807	MS_d	误差的方差＋3倍［天数（基质）］的方差
误差	12	0.001 395 5	0.001 163	MS_i	误差的方差
校正总数	17	0.054 604			

类型1估算

方差组分	估算值			
基质的方差	0.003 051 0	←	$u(M)^2 = \dfrac{MS_m - MS_d}{nr}$	
天数（基质）的方差	−0.000 118 6	←	$u(D)^2 = \dfrac{MS_d - MS_i}{r}$	Eq. (9.17) $u(R_I)^2 = u(r)^2 + u(D)^2$ $\quad = 0 + 0.001\,162\,9 = 0.001\,162\,9$
误差的方差	0.000 116 29	←	$u(r)^2 = MS_i$	Eq. (9.16) $u(\bar{\bar{R}}_3)^2 = \dfrac{u(R_I)^2}{pnr} = \dfrac{0.001\,162\,9}{3\times2\times3} = 0.000\,064\,6$

B4. 化合物＝泰乐菌素　　浓度＝L4

组-水平信息

组	水平	值
基质	3	M1　M2　M3
天数	2	第一天　第二天

类型 1 方差的分析

来源	DF	平方和	平均平方值		期望的平均平方值
基质	2	0.050 514	0.025 257	MS_m	误差的方差＋3 倍［天数（基质）］的方差＋6 倍基质的方差
天数（基质）	3	0.009 367	0.003 122	MS_d	误差的方差＋3 倍［天数（基质）］的方差
误差	12	0.004 807	0.000 401	MS_i	误差的方差
校正总数	17	0.064 688			

类型 1 估算

方差组分	估算值		
基质的方差	0.003 689 1	←	$u(M)^2 = \dfrac{MS_m - MS_d}{nr}$
天数（基质）的方差	0.000 907 2	←	$u(D)^2 = \dfrac{MS_d - MS_i}{r}$
误差的方差	0.000 400 6	←	$u(r)^2 = MS_i$

Eq. (9.17)
$$u(R_I)^2 = u(r)^2 + u(D)^2 = 0.000\,907\,2 + 0.000\,400\,6 = 0.001\,307\,8$$

Eq. (9.16)
$$u(\bar{\bar{R}}_4)^2 = \dfrac{u(R_I)^2}{pnr} = \dfrac{0.001\,307\,8}{3 \times 2 \times 3} = 0.000\,072\,7$$

Eq. (9.15)
$$u(\bar{\bar{R}}_m) = \sqrt{\dfrac{\sum_{i=1}^{I} u(\bar{\bar{R}}_i)^2}{l^2}}$$
$$= \sqrt{\dfrac{0.000\,086\,4 + 0.000\,105\,7 + 0.000\,064\,6 + 0.000\,072\,7}{4^2}}$$
$$= \sqrt{0.000\,020\,6}$$

C. 四个添加水平的平均值

浓度	y 值
L1	0.994
L2	0.988
L3	0.976
L4	0.979
	0.984 ←

Eq. (9.13)
$$\bar{\bar{R}}_m = \dfrac{\sum_{i=1}^{I} \bar{\bar{R}}_i}{l} = \dfrac{0.994 + 0.988 + 0.976 + 0.979}{4} = 0.984$$

Eq. (9.14)
$$t = \dfrac{|1 - \bar{\bar{R}}_m|}{u(\bar{\bar{R}}_m)} = \dfrac{|1 - 0.984|}{0.004\,538\,7} = 3.52 > 1.96$$

Eq. (9.18)
$$u(\bar{\bar{R}}_m)^n = \sqrt{u(\bar{\bar{R}}_m)^2 + \left(\dfrac{1 - \bar{\bar{R}}_m}{k}\right)^2}$$
$$= \sqrt{0.000\,020\,6 + \left(\dfrac{1 - 0.984}{2}\right)^2}$$
$$= \sqrt{0.000\,846}$$

Eq. (9.20)
$X_{a,i} = 40.0\,\mu g/kg$
$$u(X_{a,i}) = \dfrac{1}{\bar{\bar{R}}_m} \times \sqrt{\dfrac{x_{a,i}^2 \times u(R_I)^2}{\bar{\bar{R}}_m^2} + x_{a,i}^2 \times u(R)^2}$$
$$= \dfrac{1}{0.984} \times \sqrt{\dfrac{40.0^2 \times 0.001\,452\,5}{0.984^2} + 40.2^2 \times 0.002\,966\,2}$$
$$= 2.717$$

Eq. (9.21)
$$U/X(\%) = \dfrac{k \times u(X_{a,i})}{X_{a,i}} \times 100 = \dfrac{2 \times 2.717}{40.0} \times 100 = 13.6$$

D. SAS 程序

```
option pagesize=90 linesize=90 formdlim='_';
filename sasm2 dde'Excel | C: \ My Documents \
[Marolides. xls] Experimental data! R3C4: R74C5';
    data sastx;
    infile sasm2;
        do concentration = 'L1', 'L2', 'L3', 'L4';
            do matrix = 'M1', 'M2', 'M3';
                do day = 'day1', 'day2';
                    do obs = 1 to 3;
                        do compounds = 'Erythromycin', 'Tylosin';
                            input ydata @;
                            nobs +1;
                            output;
                        end;
                    end;
                end;
            end;
        end;
    proc print;
    where nobs lt 21;
    title 'Analysis of macrolides in milk by proc glm and
varcomp with method=type I';
    title2 'Macrolides in milk';
    proc sort data=sastx;
        by compounds;
    proc glm data=sastx;
        by compounds;
        class concentration matrix day;
        lsmeans concentration matrix (concentration) day (matrix
concentration) /stderr;
        random concentration matrix (concentration) day
(matrix concentration) /test;
    proc sort data=sastx;
        by compounds concentration;
    proc glm data=sastx;
        by compounds concentration;
        class matrix day;
        model ydata = matrix day (matrix) /ss3;
        test h=matrix e=day (matrix);
        lsmeans matrix day (matrix) /stderr;
        random matrix day (matrix) /test;
    proc sort data=sastx;
        by compounds;
    proc varcomp method=type1 data=sastx;
        by compounds;
        class concentration matrix day;
        model ydata = concentration matrix (concentration)
day (matrix concentration);
    proc sort data=sastx;
        by compounds concentration;
    proc varcomp method=type1 data=sastx;
        by compounds concentration;
        class matrix day;
        model ydata = matrix day (matrix);
    quit;
```

流程图 9.1 SAS 输出，方法性能标准的详细计算和 SAS 程序

表 9.7 牛奶样品中添加两种大环内酯类药物的总回收率及准确度和精密度产生的测量不确定度

化合物	$\bar{R}_m$	t	$u(P)$	$u(R)$	添加浓度 (μg/kg)	$\dfrac{x_{a,i}^2 \times u(R_1)^2}{R_m=4}$	$\dfrac{x_{a,i}^2 \times u(R)^2}{R_m=2}$	U^a ($k=2$)	U/X (%)	RSDR[b] (%)	$\dfrac{1}{2}$RSDR (%)	$\dfrac{2}{3}$RSDR (%)
红霉素	0.994	1.28	4.0×10^{-2}	1.5×10^{-2}	5.0	0.040	0.006	0.4	8.6	35.5	17.8	23.7
					40.0	2.557	0.388	3.4	8.6	26.0	13.0	17.3
					50.0	3.995	0.605	4.3	8.6	25.1	12.6	16.7
					70.0	7.830	1.187	6.0	8.6	23.9	11.9	15.9
泰乐菌素	0.984	3.52	3.9×10^{-2}	5.4×10^{-2}	5.0	0.039	0.077	0.7	13.6	71.0	17.8	23.7
					40.0	2.476	4.899	5.4	13.6	51.9	13.0	17.3
					50.0	3.869	7.654	6.8	13.6	50.2	12.6	16.7
					70.0	7.583	15.003	9.5	13.6	47.8	11.9	15.9

注：[a] 根据 Dehouck 等人[25]的方法得到的中间精密度。
[b] 使用 Horwitz 方程[28]计算 RSDR（RSDR=$2^{(1-0.5\log C)}$，其中 C 用百分比表示）。

9.3.4 基于实验室间研究数据的测量不确定度评定

ISO 5725-2[29]和 ISO 21748[30]标准为进行实验室间方法参数统计分析及测量不确定度评定提供了指南[31]。ISO 5725-2 完全从实验室间研究数据评定测量不确定度，而 ISO 21748 在 ISO 5725-2 的基础上进行了扩展，不只利用实验室间研究数据，同时也使用 ISO 98-3[3]中描述的方法所提供的信息进行不确定度评定。ISO 21748 认识到，即使有合适的实验室间研究设计也不可能包括所有相关的不确定度分量，而需要加上那些相关因素。基于此，测量不确定度的评定模型如下所示：

$$u^2(y) = u^2(\hat{\delta}) + s_L^2 + \sum c_i^2 u^2(x_i) + s_r^2 \quad (9.22)$$

其中，s_L^2 是指实验室间方差；s_r^2 是指重复性方差；$u(\hat{\delta})$ 是指测量方法本身固有偏差的不确定度；$u(x_i)$ 是指与参数 x_i 相关的不确定度，通常是 ISO 98-3 中定义的"B 类"；c_i^2 是指与不确定度 $u(x_i)$ 相关的灵敏度系数。以下方程 9.23 至方程 9.45 以及其定义用于此例的计算。方程中的符号如下所示：

- y_{ijk}　研究中的数据点
- i　实验室名称
- p　参与研究的实验室总数
- j　添加浓度水平
- q　实验中浓度水平总数
- k　实验室 i 在 j 浓度水平的样品重复
- n_{ij}　实验室 i 在 j 浓度水平的样品重复总数
- h_{ij}　评价和比较实验室间结果一致性的 Mandel's h 统计，其计算方程 9.23 如下所示：

$$h_{ij} = \frac{\bar{y}_{ij} - \bar{y}_j}{\sqrt{\frac{1}{(p_j-1)}\sum_{i=1}^{p_j}(\bar{y}_{ij} - \bar{y}_j)^2}} \quad (9.23)$$

k_{ij} 项表示评价和比较实验室间结果一致性的 Mandel's k 统计，其计算方程 9.24 如下所示：

$$k_{ij} = \frac{s_{ij}\sqrt{p_j}}{\sqrt{\sum s_{ij}^2}} \quad (9.24)$$

C 项表示用于评价实验室内部一致性的 Cochran 检测统计参数，由方程 9.25 计算：

$$C = \frac{s_{\max}^2}{\sum_{i=1}^{p} s_{ij}^2} \quad (9.25)$$

G_p 和 G_1 项分别代表远离观察值的一个最大或最小的 Grubb 离群值，如方程 9.26 和方程 9.27 所示：

$$G_p = \frac{x_p - \bar{x}}{s} \quad (9.26)$$

$$G_1 = \frac{\bar{x} - x_1}{s} \quad (9.27)$$

G 项代表远离观察值的两个最大或最小的 Grubb 离群值。当 G 项代表两个远离观察值的最大值时，其定义如方程 9.28 所示，而其支持方程为方程 9.29 至方程 9.31：

$$G = \frac{s_{p-1,p}^2}{s_0^2} \quad (9.28)$$

其中，

$$s_0^2 = \sum_{i=1}^{p}(x_i - \bar{x})^2 \quad (9.29)$$

$$s_{p-1,p}^2 = \sum_{i=1}^{p-2}(x_i - \bar{x}_{p-1,p})^2 \quad (9.30)$$

$$\bar{x}_{p-1,p} = \frac{1}{p-2}\sum_{i=1}^{p-2}x_i \quad (9.31)$$

当 G 项代表两个远离观察值的最小值时，其定义如方程 9.32 所示，而其支持方程为 9.29、方程 9.33 和方程 9.34：

$$G = \frac{s_{1,2}^2}{s_0^2} \quad (9.32)$$

$$s_{1,2}^2 = \sum_{i=3}^{p}(x_i - \bar{x}_{1,2})^2 \quad (9.33)$$

$$\bar{x}_{1,2} = \frac{1}{p-2}\sum_{i=3}^{p}x_i \quad (9.34)$$

T_1、T_2、T_3、T_4、T_5 项表示运用 ISO 5725-2 计算，使方法的重复性以及实验室变异性的计算简便化，计算方法如方程 9.35 至方程 9.39 所示：

$$T_1 = \sum n_i \bar{y}_i \quad (9.35)$$

$$T_2 = \sum n_i (\bar{y}_i)^2 \quad (9.36)$$

$$T_3 = \sum n_i \quad (9.37)$$

$$T_4 = \sum n_i^2 \quad (9.38)$$

$$T_5 = \sum (n_i - 1)s_i^2 \quad (9.39)$$

s_r^2 项表示重复性方差，通过方程 9.40 进行计算：

$$s_r^2 = \frac{T_5}{T_3 - p} \quad (9.40)$$

s_L^2 项表示实验室间方差，通过方程 9.41 进行计算：

$$s_L^2 = \left[\frac{T_2 T_3 - T_1^2}{T_3(p-1)} - s_r^2\right]\left[\frac{T_3(p-1)}{T_3^2 - T_4}\right] \quad (9.41)$$

s_R^2 项表示重现性方差，通过方程 9.42 进行计算：

$$s_R^2 = s_L^2 + s_r^2 \quad (9.42)$$

$\hat{m}$ 表示给定水平的平均值，计算方法如下：

$$\hat{m} = \frac{T_1}{T_3} \quad (9.43)$$

v_i 表示不确定度分量 i 的自由度。当 v_i 代表 B 类的一个不确定度分量时，其定义见 ISO 98-3[3]，通过方程 9.44 进行计算：

$$v_i = \frac{1}{2} \left[\frac{\Delta u(x_i)}{u(x_i)} \right]^{-2} \quad (9.44)$$

其中，$\Delta u(x_i) / u(x_i)$ 是指来源于 B 类的相对不确定度分量。

v_{eff} 项表示由 Welch-Satterthwaite 公式[3]定义的不确定度的有效自由度：

$$v_{\mathrm{eff}} = \frac{u_c^4(y)}{\sum_{i=1}^{N} \frac{u_i^4(y)}{v_i}} \quad (9.45)$$

为了说明这个模型，示例中使用了假想的实验室间研究获得的某分析物测定结果的一组数据。假定所研究的分析物在牛肌肉中的最高残留限量（MRL）为 100 μg/kg。研究主管评价分析物在牛肌肉中的浓度范围为 0.5～2.0 倍 MRL（如 50～200 μg/kg）时的方法性能。研究数据根据以下假设，通过 Microsoft Excel 2002 的随机数生成函数产生。

①此研究包括 10 个实验室提交的数据。

②每个实验室在重复性条件下，需要提交 50 μg/kg、100 μg/kg 和 200 μg/kg 三个浓度水平上每个浓度水平四个平行样品的数据。

③假定实验室间的相对标准偏差（RSD）符合正态分布，50 μg/kg 和 100 μg/kg 浓度水平的相对标准偏差为 25%，而 200 μg/kg 浓度水平的相对标准偏差为 20%。这些假定均基于 Horwitz 方程[32]。RSD 的标称值和假定值输入随机数生成函数中得到各实验室的平均值。

④实验室内的 RSD（ISO 5725-2 定义的重复性标准偏差）为实验室间标准偏差的 0.5 倍，和前面得到的实验室平均值都输入随机数生成函数中，得到三个浓度水平下，四个平行样品的实验室值。假设实验室内标准偏差≤0.5 倍实验室间标准偏差是根据 Horwitz[32] 的出版物以及分析方法委员会[33] 得出的。Dehouck 等人[34,35] 的报道同样支持这种假设。

⑤实验室 5 所得的最小值和最大值分别降低和升高约 20%，这是为了故意增大样品的数据范围，减少数据中的理想数值。实验室报道的原始数据与 ISO 5725-2 获得的数据见表 9.8。在 j 水平下，实验室 i 的实验室的平均值和标准偏差分别见表 9.9 和表 9.10 所示。

表 9.8 根据 ISO 5725-2 "A 类" 建议整理的原始数据

实验室	添加浓度			实验室	添加浓度		
	50 μg/kg	100 μg/kg	200 μg/kg		50 μg/kg	100 μg/kg	200 μg/kg
1	49.7	80.1	216	5	71.4	166	253
	37.8	83.5	236		68.4	128	151
	50.5	80.0	251		52.3	107	196
	50.8	77.3	252		89.6	88.8	206
2	42.0	88.0	224	6	77.6	136	273
	28.4	93.8	178		64.7	136	256
	40.7	90.7	219		77.6	113	260
	35.4	91.0	222		70.8	128	221
3	49.7	123	149	7	18.9	94.8	223
	61.4	100	149		23.0	63.4	228
	46.6	95.1	167		26.4	104	194
	60.2	131	163		18.7	91.4	209
4	73.4	112	244	8	59.6	132	206
	73.3	118	255		41.4	112	234
	77.9	144	223		40.4	123	197
	72.6	130	234		51.7	98.0	193

实验室	添加浓度		
	50 μg/kg	100 μg/kg	200 μg/kg
9	56.2	107	150
	67.4	79.7	155
	48.2	104	162
	67.6	103	134

实验室	添加浓度		
	50 μg/kg	100 μg/kg	200 μg/kg
10	39.0	129	107
	36.2	116	128
	42.1	94.5	144
	41.0	96.0	128

表 9.9 根据 ISO 5725-2 "B 类"建议整理的平均值

实验室	添加浓度		
	50 μg/kg	100 μg/kg	200 μg/kg
1	47.20	80.22	238.8
2	36.63	90.88	210.8
3	54.48	112.3	157.0
4	74.30	126.0	239.0
5	70.42	122.4	201.5
6	72.68	128.2	252.5
7	21.75	88.40	213.5
8	48.28	116.2	207.5
9	59.85	98.42	150.2
10	39.58	108.9	126.8
总平均数	52.52	107.2	199.8
标准偏差	17.23	16.87	41.93

表 9.10 根据 ISO 5725-2 "C 类"建议整理的估算标准偏差

实验室	添加浓度		
	50 μg/kg	100 μg/kg	200 μg/kg
1	6.284	2.540	16.84
2	6.182	2.371	21.93
3	7.428	17.43	9.381
4	2.426	14.14	13.69
5	15.29	33.16	41.84
6	6.208	10.84	22.22
7	3.679	17.50	15.29
8	9.115	14.66	18.48
9	9.418	12.60	11.90
10	2.590	16.62	15.17

ISO 5725-2 标准推荐采用合适的方法测试和剔除实验数据中的离群值。在 ISO 5725-2 标准文件中，推荐的方法包括 Mandel 的 h 和 k 统计参数，分别用于实验室间和实验室内部一致性的整体评估与比较；Cochran 离群值测试用于实验室内部一致性的评估；Grubb 离群值的测试则用于实验数据的评估。本示例中也都采用了这些方法进行评价。方程 9.23 至方程 9.45 是其相关定义和表达式。表 9.11 和表 9.12 中 Mandel's 的 h 和 k 统计值分别由方程 9.23 和方程 9.24 计算。

表 9.11 Mandel's 的 h 统计

实验室	添加浓度		
	50 μg/kg	100 μg/kg	200 μg/kg
1	−0.31	−1.60	0.93
2	−0.92	−0.97	0.26
3	0.11	0.30	−1.02
4	1.26	1.12	0.94
5	1.04	0.90	0.04
6	1.17	1.25	1.26
7	−1.79	−1.11	0.33
8	−0.25	0.53	0.18
9	0.43	−0.52	−1.18
10	−0.75	0.10	−1.74

表 9.12 Mandel's 的 k 统计

实验室	添加浓度		
	50 μg/kg	100 μg/kg	200 μg/kg
1	0.81	0.15	0.82
2	0.80	0.14	1.07
3	0.96	1.06	0.46
4	0.31	0.86	0.66
5	1.97	2.02	2.03
6	0.80	0.66	1.08
7	0.47	1.07	0.74
8	1.17	0.89	0.90
9	1.21	0.77	0.58
10	0.33	1.01	0.74

Mandel's h 和 k 统计量是用图形指标表示实验室间和实验室内一致性的典型方法。以实验室或者浓度为自变量，h 或 k 值为因变量绘制曲线，通过目测

即可发现某个实验室或某浓度点的不一致。如果 Mandel's h 统计量（图略）显示，曲线图为在平均值附近（0）随机分布的散点图，就表明实验室间的一致性没有问题。Mandel's k 统计量（图略）显示，实验室 5（范围为 1.97～2.03）的 k 值与其他实验室（范围为 0.14～1.21）的 k 值不一致，说明实验室 5 内部一致性有问题。表 9.10 也显示实验室 5 在所有实验室的分析结果中，所有检测浓度水平的标准偏差最大。实验室 5 每个浓度的标准偏差的 Cochran 检验（方程 9.25）结果如表 9.13 所示。

表 9.13　Cochran 检验

实验室	添加浓度		
	50 µg/kg	100 µg/kg	200 µg/kg
5	0.388	0.409	0.414

注：Cochran 检验的临界值，$n=4$，$p=10$；1%：0.447，5%：0.373。

三个浓度水平的 Cochran 检验值均超过 5% 对应的临界值 0.373，但小于 1% 对应的临界值 0.447。ISO 5725-2 定义中将这些值归类为离散值，而不是离群值。实验室 5 的数据采用 Grubb 离群值检验（方程 9.26 和方程 9.27），显示没有统计学意义的离群值（表 9.14，其中 G 表示 Grubb 离群值检验量）。

表 9.14　实验室 5 数据中单个最小或最大异常值的 Grubb 离群值检验

G	添加浓度		
	50 µg/kg	100 µg/kg	200 µg/kg
最小值	1.19	1.01	1.21
最大值	1.25	1.31	1.23

注：单个最小或最大异常值的 Grubb 检验的临界值，$n=4$；1%：1.496，5%：1.481。

对所有实验室提交的分析数据进行 Grubb 离群值检验（方程 9.26 至方程 9.34）（表 9.15 至表 9.18）。统计表明，在 5% 临界值水平，所有检测结果的单元均值均无显著差异。

表 9.15　Grubb 离群值检验，最大异常值的平均值

G	添加浓度		
	50 µg/kg	100 µg/kg	200 µg/kg
4	1.27	—	—
6	—	1.24	—
6	—	—	1.26

注：单个最小或最大异常值的 Grubb 检验的临界值，$p=10$；1%：2.482，5%：2.290。

表 9.16　Grubb 离群值检验，最小异常值的平均值

实验室	添加浓度		
	50 µg/kg	100 µg/kg	200 µg/kg
7	1.79	—	—
1	—	1.60	—
10	—	—	1.74

注：单个最大或最小异常值的 Grubb 检验的临界值，$p=10$；1%：2.482，5%：2.290。

表 9.17　Grubb 离群值检验，两个最大异常值的平均值

实验室	添加浓度		
	50 µg/kg	100 µg/kg	200 µg/kg
4, 6	0.59	—	—
6, 4	—	0.61	—
6, 4	—	—	0.66
s_0^2	2 672	2 560	15 827
$s_{p-1, p}^2$	1 571	1 567	10 448

注：两个最大或最小异常值的 Grubb 检验的临界值，$p=10$；1%：0.115 0，5%：0.186 4。

表 9.18　Grubb 离群值检验，两个最小异常值的平均值

实验室	添加浓度		
	50 µg/kg	100 µg/kg	200 µg/kg
7, 2	0.45	—	—
1, 7	—	0.48	—
10, 9	—	—	0.39
s_0^2	2 672	2 560	15 827
$s_{1, 2}^2$	1 201	1 218	6 171

注：两个最大或最小异常值的 Grubb 检验的临界值，$p=10$；1%：0.115 0，5%：0.186 4。

实验室 5 实验数据的单元均值的离群值检验无统计学差异。然而，实际上，实验室 5 的 Mandel's k 检验与其他实验室的结果不一致，且实验室 5 在所有浓度水平的 Cochran 检验在 5% 的临界值差异显著，但在 1% 不显著，这引起大家对实验室 5 所报道的分析结果是否有问题产生疑问。虽然 ISO 5725-2 标准中第 7.3.3.2 小节规定在 5% 临界值差异显著，但 1% 不显著只作为离散值，但 ISO 5725-2 标准的第 7.3.3.6 小节也强调，如果一个特定实验室一直报告几个离散值，则应该剔除该实验室的所有数据。根据该建议，首先应该剔除实验室 5 的数据，方差计算才合适。运用方程 9.35 至方程 9.43 进行计算，得到实验室间来源的不确定度 s_L^2 和 s_r^2 分量，结果如表 9.19 所示。

表 9.19 方差的计算[a]

计算	添加浓度		
	50 μg/kg	100 μg/kg	200 μg/kg
T1	1 819	3 798	7 184
T2	101 173	409 919	1 497 060
T3	36	36	36
T4	144	144	144
T5	1 108	4 768	7 442
s_r	6.41	13.3	16.6
s_L	16.7	15.6	43.7
s_R	17.9	20.5	46.7
$\bar{m}$	50.5	106	200

注：[a] 不包括实验室 5 所有数据的计算结果。

对实验方法进行完整评估时，还应该测定其他的不确定度分量，并将这些分量分解，考察这些分量实际上是否已经包含在实验室间来源的不确定分量中。虽然可以做出一些基本假设，但是涉及这个过程的细节已超出本示例的目的：

① 假定研究和开发新方法时，$u^2(\delta)$ 和方法偏差的不确定度分量都不能测定，而只能够通过测定分析物浓度的相对测量"真值"进行评价。该真值可以通过测定一个不经常使用的有证标准物质，或与现行监控的兽药残留无关的良好分析方法进行比较获得。假设方法偏差主要采用基质匹配标准曲线、内标法或者添加回收试验等手段进行评价，这些手段可以对方法偏差的系统误差分量进行校正[16]。而随机误差是实验室间来源的不确定度分量的一部分。

② 假设计算方程 9.22 所定义的不确定度分量 $c_i^2 u^2(x_i)$ 时，抽样不确定度和标准物质不确定度是两个最主要的分量。

虽然 EURACHEM/CITAC 文件声明，抽样不确定度为被测量值不确定度的百分之几到 84%，但是本例中抽样的不确定度例外。药品级的标准物质纯度一般达到 99.5% 以上[37]。这样纯度的标准物质的不确定度一定低；Liu 和 Hu[38] 使用大环内酯类药物标准物质，测得其相对不确定度为 0~2%。如此低的不确定度对残留分析方法的总不确定度影响不会很大。

然而，就化学残留分析而言，标准物质，特别是以代谢物作为残留标示物的标准物质生产厂家很少，且产量也少，从而阻碍了严格净化后的使用以及不确定度信息的提供。根据 ISO 17025 的要求[1]，标准物质的最终用户也许需要自身通过对这些数据的长期保存和标准比较，得到这些信息。此示例的目的是假定此例中只需计算两个额外的不确定度分量：抽样不确定度和标准物质不确定度，抽样不确定度为 10%，而标准物质的不确定度为 2%。灵敏度系数假定为 1。

使用实验室间研究所得的不确定度分量以及额外的不确定度，通过方程 9.22 计算可得每个浓度的标准测量不确定度，结果如表 9.20 所示。为了得到扩展不确定度，假定要求的扩展因子为 95% 置信水平，运用方程 9.44 计算属于 B 类不确定度的抽样和标准物质不确定度的自由度，Welch-Satterthwaite 方程 9.45 则用来计算方程 9.22 的有效自由度。抽样的 s_r^2 和 s_L^2 的自由度分别为 27、8；而标准物质的 s_r^2 和 s_L^2 的自由度分别为 50、1 250。有效自由度，扩展因子 95% 置信水平双侧 t 检验值以及三个分析浓度下的扩展不确定度如表 9.20 所示。

（注：像本例这样简单的实验室间研究，实验室间获得的重复性方差不必进一步细分，用具有单因素 ANOVA 功能的诸如 Microsoft Excel 和 Corel Quattro 普通电子制表软件，或 OpenOffice.org 等免费下载软件都可以处理输出结果。）表 9.21 和方程 9.46 显示了单因素 ANOVA 如何输出结果。

因此，重复性方差 s_r^2 的测定可以直接通过组内输出获得，而实验室方差 s_L^2 如下公式所示，通过软件输出可得：

$$s_L^2 = \frac{MS_L - MS_r}{n} \quad (9.46)$$

表 9.20 不确定度和扩展不确定度的计算

计算	添加浓度		
	50 μg/kg	100 μg/kg	200 μg/kg
s_L	16.71	15.61	43.69
s_r	6.41	13.29	16.60
$u_{采样}$	5.05	10.55	19.96
$u_{参考标准}$	1.01	2.11	3.99
$u_c(y)$	18.62	23.15	50.98
v_{eff}	12.24	32.54	14.64
$t_{\alpha/2, 95\%}, v_{eff}$	2.178 8	2.036 9	2.144 8
$U_i(y) 95\%$	40.6	47.2	109

表 9.21 单因素方差分析表

方差来源	平均方差的误差	软件输出[a]	估算方差
实验室	$MS_L = \dfrac{n\sum_{i=1}^{p}(\bar{y}_{ij} - \bar{\bar{y}}_j)^2}{p-1}$	组间	$s_r^2 + ns_L^2$
重复性	$MS_r = \dfrac{\sum_{i=1}^{p}\sum_{k=1}^{n}(y_{ijk} - \bar{y}_{ij})^2}{p(n-1)}$	组内	s_r^2

注：[a]Microsoft Excel 输出值。准确的命名可能随着软件程序和版本号的变化而变化。

9.3.5 基于能力验证数据的测量不确定度评定

通过 ISO 17025 认证的实验室应该积极参与相关的能力验证（PT）测试活动[1]，以往的 PT 数据可以用于实验室内部的不确定度评定[39]。运用 PT 数据计算不确定度的方法各异，Horwitz 模型[40]、修改的 ISO 5725-2 方法[41]以及与 PT 实验室声明的不确定度可靠性关联的不确定度偏差传播模型[42]，这些方法均已在文献中报道。任何方法最主要的原则是要简单，基于国际认可准则，且利用数据得到尽可能多的信息。ISO 13528 算法 A 遵守这些原则[43]。简言之，算法 A 是一个迭代计算方法，用于计算数列组的稳健平均数和稳健标准偏差。如 ISO 13528 定义，稳健平均值和稳健标准偏差是通过稳健算法估算的统计数值。在稳健算法中，所有数据都用于统计计算，包括使用标准统计技术测定为离群值的数据。在算法 A 应用之前，Maroto 等为了完成方法一致性的估算，对数列组进行了简单的转化[39]。在样品各自的检测范围内，通过将单个 PT 结果除以一个约定值，简单地转化成一个比值。如 Maroto 和他的合作者所定义的，比值的平均值（一致性）作为"偏差"或"准确度"的近似值，并且在给定的 PT 范围内，该值也可作为所有 PT 参与实验室的平均值。

曾经有人提议应该加入 PT 中未考虑的其他不确定分量的研究[42]。但是，与经过精心设计的实验室间比对不同，保密通常是 PT 的基本条件[44]。单个实验室不大可能有可以确定其他不确定分量属性所需信息的途径。此外，假如参与者使用的分析方法不同，采用稳健统计，不确定度结果可能已经被高估。因此，实验过程中假定 PT 数据所获得的信息是合理的。

本例中的 PT 数据在下面假定条件下，通过 Microsoft Excel 2002 随机数生成函数计算获得：

①数据由 10 个 PT 实验室中单个实验室测定每个样品中单个分析物的结果组成（即一个数列组共 10 个结果）。每一个 PT 实验室，各自获得的样品分析结果除以一个约定值得到一个比值，用于进一步的计算。

②假定该比率呈正态分布，PT 样品中分析物的浓度范围为 50～200 μg/kg。在这些浓度条件下，Horwitz 方程预测的实验室间的相对标准偏差为 20%～25%[32]。假定平均比值为 1、各实验室之间相对标准偏差为 25%，都输入到随机数生成函数，可获得 10 个 PT 实验室中各个实验室测定分析物的比值。

所得的数据遵照 ISO 13528 中的算法 A，数据处理和计算过程如下：

①将数据以从小到大的顺序分成 p 项（见表 9.22 第 2 列"比率"）：

$x_1, x_2, \cdots x_i, \cdots x_p$

②分别将数据的稳健平均值和稳健标准偏差命名为 x^* 和 s^*。

③根据如下等式计算确定 x^* 和 s^* 的起始值：

$x^* = x_i$ 的中位数（表 9.22 第 2 列）

$(i = 1, 2 \cdots p)$

$s^* = 1.483 \times |x_i - x^*|$ 的中位数

（表 9.22 第 3 列）$(i = 1, 2 \cdots p)$

④更新 x^* 和 s^* 的值。首先，如下式 9.47 计算 φ：

$$\varphi = 1.5 \times s^* \tag{9.47}$$

然后，如式 9.48 更新每一个原始 x_i 的值 $(i = 1, 2 \cdots p)$：

$$x_i^* = \begin{cases} x^* - \varphi & \text{if } x_i < x^* - \varphi \\ x^* + \varphi & \text{if } x_i > x^* + \varphi \\ x_i & \text{其他} \end{cases} \tag{9.48}$$

⑤然后，按式 9.49 和式 9.50 计算由更新的 x_i^* 值得到新更新的 x^* 和 s^* 的值：

$$x^* = \frac{\sum_{i=1}^{p} x_i^*}{p} \tag{9.49}$$

$$s^* = 1.134 \times \sqrt{\frac{\sum_{i=1}^{p}(x_i^* - x^*)^2}{p-1}} \tag{9.50}$$

见第 4 列（"更新 1"）以及迭代法的推进。

⑥重复方程 9.47 至方程 9.50 中迭代法的计算和更新，直至 x^* 和 s^* 的值无限趋近。当稳健标准偏差

从一个迭代到下一个迭代的第三个显著图和稳健平均值的等效图不再变化时，可以假定 x^* 和 s^* 的值相等。

于是，Companyó 等人[41]提出了相对标准不确定度的计算，如方程 9.51 所示：

$$u_{\text{rel, lab}} = \frac{s^*}{x^*} \times \sqrt{1 + \frac{1}{p}} \quad (9.51)$$

即：

$$u_{\text{rel, lab}} = \frac{0.3625}{1.0123} \times \sqrt{1 + \frac{1}{10}} = 0.376$$

采用扩展因子计算相对扩展不确定度，扩展因子由在合适自由度下，在 95% 置信水平查双侧 t 值表获得，如方程 9.52 所示：

$$U_{\text{lab}} = t_{\alpha/2,\ p-1} \times c \times u_{\text{rel, lab}} \quad (9.52)$$

即：

$$U_{\text{lab}} = 2.2622 \times c \times 0.376 = 0.8506c$$

其中，c 指样品中分析物的估算浓度。因此，本示例中相对扩展不确定度约为 85%，适用于之后的结果中。

表 9.22　根据 ISO 13528 算法 A 计算稳健平均偏差和稳健标准偏差的迭代过程

次数	比率	$\|x_i -$ 中值$\|$	更新 1	2	3	4	5
7	0.454	0.5465	0.454	0.4625	0.4661	0.4676	0.4682
2	0.681	0.3195	0.681	0.681	0.681	0.681	0.681
10	0.728	0.2725	0.728	0.728	0.728	0.728	0.728
1	0.925	0.0755	0.925	0.925	0.925	0.925	0.925
8	0.941	0.0595	0.941	0.941	0.941	0.941	0.941
3	1.06	0.0595	1.06	1.06	1.06	1.06	1.06
9	1.27	0.2695	1.27	1.27	1.27	1.27	1.27
5	1.30	0.2995	1.30	1.30	1.30	1.30	1.30
4	1.32	0.3195	1.32	1.32	1.32	1.32	1.32
6	1.43	0.4295	1.43	1.43	1.43	1.43	1.43
x^*	1.0005	—	1.0109	1.0117	1.0121	1.0123	1.0123
s^*	—	0.4241	0.3656	0.3638	0.3630	0.3627	0.3625

来源：ISO 13528[43]。

9.3.6　基于质量控制数据和有证标准物质的测量不确定度评定

自上而下法假定质量控制（QC）的精密度和回收率数据是经过长期大量试验获得的，考虑了对结果有影响的所有因素的自然变化。这些因素包括不同的分析者、不同的分析仪器、不同批次的空白组织、不同批次的试剂以及标准溶液的制备。注意对分析结果有影响的其他因素，如方法偏差、样品基质变化、采样、样品储存和处理、二次抽样、均一性、标准物质纯度以及标准溶液的制备等不在本例中讨论。

利用 QC 数据之前，首先应采用诸如 Grubb 或 Dixon 准则等合适的统计学测试方法对离群值进行检测。在一定周期内，统计分析逸出的数据不应该包括在计算中。该方法也假定在一定的浓度范围内，各浓度点测量的相对不确定度保持恒定，浓度接近检测限或定量限的不确定度忽略不计，同时回收率也与浓度无关。

方法的总相对标准不确定度通过合并精密度和回收率的不确定度进行计算：

$$u_c(y) = \sqrt{\text{RSD}^2 + u_{\text{rel}}(\bar{R}_m)^2} \quad (9.53)$$

其中，$u_c(y)$ 指相对合成不确定度，RSD 是指样品重复测量的相对标准偏差，而 $u_{\text{rel}}(\bar{R}_m)$ 是指回收率的相对不确定度。在 9.3.6.1 小节和 9.3.6.2 小节，用两种情况来逐步解释 $u_c(y)$ 是如何计算而来的。

情况 A 中（见流程图 9.2），采用有证标准物质（CRMs）来计算精密度和回收率的不确定度，再合并这两个不确定度计算出相对不确定度 $u_c(y)$。情况 B 中（见流程图 9.3），采用 QC 样品（实际残留样品）和添加药物的空白样品进行精密度和回收率的不确定度的计算。这些案例都摘录于或部分基于已发表的文献方法[7,19,45-47]，尤其是 Gluschke 小组的方法[45]，它提供了一个实用性强和容易理解的工作实例用于从 QC 数据估算 MU。这些发表的实例中所用的一些数据作为实例的一部分有 Pantazopoulos 提交到 EURACHEM/CITAC 出版的[7]，也有 Ng 等人发表的[47]并获得其允许使用的一部分[46]。

9.3.6.1　用有证标准物质计算不确定度

①精密度及其不确定度　第一步计算 RSD（流程图 9.2B），它的定义为：

$$\text{RSD} = \frac{S_{\text{obs}}}{\bar{C}_{\text{obs}}} \quad (9.54)$$

其中，S_{obs} 是指一系列 QC 样品测量平均值 $\bar{C}_{\text{obs}}$ 的标准偏差。在此例中，RSD 通过对含 220±14 pg/mL

赭曲霉毒素 A 的 CRM 白酒分析计算获得。数据（流程图 9.2A）是随机产生的数字，代表 30 次独立的 CRM 白葡萄酒分析。这些分析经历了足够长时间，考察了各种因素包括批间（批内）变异，以及不同仪器和不同分析工作者等对测定结果影响的自然偏差。Dixon 离群判定准则应用到这组数据，在显著水平 α=0.01 没有离群值。从这组数据可以计算出测定的平均浓度 $\bar{C}_{obs}$ 为 187 pg/mL，其标准偏差 S_{obs} 为 21.0 pg/mL。所以通过方程 9.54 计算 RSD 为 0.113。

②回收率及其不确定度 第二步是估算回收率的不确定度（流程图 9.2C）。在这个 CRM 示例中，通过方程 9.55 计算的平均回收率为 0.850，如下：

$$\bar{R}_m = \frac{\bar{C}_{obs}}{C_{CRM}} \quad (9.55)$$

其中，$\bar{C}_{obs}$ 是指 30 次独立的 CRM 白葡萄酒分析测定的平均值，C_{CRM} 是指 CRM 中分析物的标示浓度。通过方程 9.56 计算的 CRMs 回收率的相对标准不确定度 $u_{rel}(\bar{R}_m)$ 为 0.029 5。

$$u_{rel}(\bar{R}_m) = \sqrt{\frac{S_{obs}^2}{n\bar{C}_{obs}^2} + \left[\frac{u(C_{CRM})}{C_{CRM}}\right]^2} \quad (9.56)$$

上面的方程包含了平均回收率的相对标准误差 $S_{obs}/(\sqrt{n} \times \bar{C}_{obs})$ 及在 CRM 中分析浓度的相对标准不确定度 $u(C_{CRM})/C_{CRM}$。CRM 中的分析物浓度的不确定度 $u(C_{CRM})$ 从 CRM 证书获得。在此例中，白酒 CRM 的标示浓度为 220±14 pg/mL。证书中声明置信区间由实验室间研究得到的重现性标准偏差的 3 倍获得。因此，若 CRM 的标准不确定度 $u(C_{CRM})$ 为 4.7，则置信区间（CI）可由方程 9.57 计算：

$$u(C_{CRM}) = \frac{CI}{3} \quad (9.57)$$

回收率的标准不确定度 $u(\bar{R}_m)$ 为 0.025 1，由方程 9.58 计算：

$$u(\bar{R}_m) = u_{rel}(\bar{R}_m) \times \bar{R}_m \quad (9.58)$$

当计算好 $\bar{R}_m$ 和 $u(\bar{R}_m)$ 后，使用显著性检验（如 t 检验）去检测是否回收率与 1 无显著差异。t 值的计算如方程 9.59 所示：

$$t = \frac{|1 - \bar{R}_m|}{u(\bar{R}_m)} \quad (9.59)$$

t 值与扩展因子 k（典型的 k 值为 2）进行比较。如果 $t \leqslant k$，则回收率没有显著差异的假定成立，$u(\bar{R}_m)$ 不变。然而，在此例中，t 值大于 k。这时需要考虑两种情况。如果报告的分析结果进行了回收率校正，则 $u(\bar{R}_m)$ 不需要乘以扩展因子。然而，在此例中，回收率结果没有校正。因此，$u(\bar{R}_m)$ 需要乘以扩展因子，以包括由于回收率没有校正引起的额外不确定度，额外项 $(1-\bar{R}_m)/k$ 如以下方程所示：

$$u(\bar{R}_m)'' = \sqrt{u(\bar{R}_m)^2 + \left(\frac{1-\bar{R}_m}{k}\right)^2} \quad (9.60)$$

合并各项，回收率的扩展标准不确定度 $u(\bar{R}_m)''$ 等于 0.079 1。扩展相对标准不确定度 $u_{rel}(\bar{R}_m)''$ 通过方程 9.61 计算为 0.093 0。

$$u_{rel}(\bar{R}_m)'' = \frac{u(\bar{R}_m)''}{\bar{R}_m} \quad (9.61)$$

由于未校正回收率影响显著，回收率的相对标准不确定度从 0.029 5 增加到了 0.093 0。最后，合成相对不确定度 $u_c(y)$ 通过方程 9.53（流程图 9.2D），用 $u_{rel}(\bar{R}_m)''$ 代替 $u_{rel}(\bar{R}_m)$，计算可得其值为 0.146。若扩展因子 k 取 2，则扩展相对标准不确定度 $U_{rel}(y)$ 通过方程 9.62 计算，其值为 0.292。

$$U_{rel}(y) = k \times u_c(y) \quad (9.62)$$

对于一个 200 pg/mL 测定浓度值，则其扩展不确定度 $U(y) = 200 \times 0.292 = 58$。这意味着，对于测定结果为 200 pg/mL 的赭曲霉素 A 的浓度应表示为："(200±58) pg/mL，其中，扩展因子为 2，大约相当于 95% 的置信区间计算的扩展不确定度。"

A. 数据

白葡萄酒 CRM 的标称浓度（pg/mL）	220
白葡萄酒 CRM 的置信区间（pg/mL）	14.0

CRM 的分析结果（n=30）（pg/mL）	158
	176
注意：数据由一个随机数发生器生成。	156
	225
	161

(续)

CRM 的分析结果（$n=30$）（pg/mL）	190
注意：数据由一个随机数发生器生长。	173
	201
	188
	194
	222
	160
	200
	204
	231
	189
	198
	194
	192
	158
	207
	198
	179
	160
	188
	187
	163
	212
	178
	168

B. 精密度及其不确定度

CRM 汇总结果

n	$\bar{C}_{obs}$ (pg/mL)	S_{obs} (pg/mL)	RSD
30	187	21	0.113

Eq. (9.54)
$$\text{RSD} = \frac{S_{obs}}{\bar{C}_{obs}} = \frac{21}{187} = 0.113$$

C. 回收率及其不确定度

CRM 数据	浓度 (pg/mL)	置信区间 (CI) (pg/mL)
	220	14

CRM 的标准不确定度	$u(C_{\text{CRM}})$	4.67

Eq. (9.57)
$$u(C_{\text{CRM}}) = \frac{CI}{3} = \frac{14}{3} = 4.7$$

平均回收率	$\bar{R}_m$	0.850

Eq. (9.55)
$$\bar{R}_m = \frac{\bar{C}_{obs}}{C_{\text{CRM}}} = \frac{187}{220} = 0.850$$

回收率的相对不确定度	$u_{\text{rel}}(\bar{R}_m)$	0.029 5

Eq. (9.56)
$$u_{\text{rel}}(\bar{R}_m) = \sqrt{\frac{S_{obs}^2}{n\bar{C}_{obs}^2} + \left[\frac{u(C_{\text{CRM}})}{C_{\text{CRM}}}\right]}$$
$$= \sqrt{\frac{21^2}{30 \times 187^2} + \left(\frac{4.7}{220}\right)^2} = 0.029\ 5$$

回收率的不确定度	$u(\bar{R}_m)$	0.025 1

Eq. (9.58)
$u(\bar{R}_m) = u_{rel}(\bar{R}_m) \times \bar{R}_m = 0.029\ 5 \times 0.850 = 0.025\ 1$

t 值的计算		5.98

Eq. (9.59)
$$t = \frac{|1-\bar{R}_m|}{u(\bar{R}_m)} = \frac{|1-0.850|}{0.025\ 1} = 5.98$$

回收率的扩展不确定度	$u(\bar{R}_m)''$	0.079 1

Eq. (9.60)
$$u(\bar{R}_m)'' = \sqrt{u(\bar{R}_m)^2 + \left(\frac{1-\bar{R}_m}{k}\right)^2}$$
$$\sqrt{0.025\ 1^2 + \left(\frac{1-0.850}{2}\right)^2} = 0.079\ 1$$

回收率的扩展相对不确定度	$u_{rel}(\bar{R}_m)''$	0.093 0

Eq. (9.61)
$$u_{rel}(\bar{R}_m)'' = \frac{u(\bar{R}_m)''}{\bar{R}_m} = \frac{0.079\ 1}{0.850} = 0.093\ 0$$

D. 合成不确定度

合成相对不确定度	$u_c(y)$	0.146

Eq. (9.53)
$$u_c(y) = \sqrt{RSD^2 + u_{rel}(\bar{R}_m)^2}$$
$$= \sqrt{0.113^2 + 0.093\ 0^2} = 0.146$$

扩展合成相对不确定度	$U_{rel}(y)$	0.292

Eq. (9.62)
$U_{rel}(y) = k \times u_c(y) = 2 \times 0.146 = 0.292$

200 pg/mL 的扩展不确定度	$U(y)$	58
结果报告		(200 ± 58) pg/mL

$U(y) = 200 \times 0.292 = 58$

流程图 9.2 根据 CRM 中精密度和回收率数据所得的测量不确定度

9.3.6.2 使用实际残留样品和空白添加样品计算不确定度

精密度及其不确定度：第一步是 RSD 的估算。在这种情况下，RSD 由两个 QC 样品的数据计算（流程图 9.3A），也就是从一个红葡萄酒 QC 样品和一个白葡萄酒 QC 样品的赭曲霉毒素 A 残留量结果计算。这些分析历经 9 个月以上，考虑了对结果有影响的所有因素的自然变异，这些因素的影响包括了批间变异，不同设备以及不同分析工作者的影响。分别计算红葡萄酒和白葡萄酒 QC 样品的平均值 $\bar{C}_{obs}$，标准偏差 S_{obs} 以及相对标准偏差 RSD（流程图 9.3B）。由于 RSD 的值非常接近，合并 RSD 应该是合适的，通过方程 9.63 汇总 RSD_{pool} 值为 0.084 2。

$$RSD_{pool} = \sqrt{\frac{RSD_1^2 \times (n_1-1) + RSD_2^2 \times (n_2-1)}{(n_1-1) + (n_2-1)}} \quad (9.63)$$

回收率及其不确定度：第二步是估算回收率产生的不确定度（流程图 9.3C）。回收率依据空白样品添加已知量的分析物测定结果进行计算而得。从 18 个单独回收率试验 QC 数据可得平均回收率 $\bar{R}_m$ 及其标准偏差 S_{rec} 分别为 0.908 和 0.109。回收率的标准不确定度 $u(\bar{R}_m)$ 通过方程 9.64 计算，其值为 0.025 7。

$$u(\bar{R}_m) = \frac{S_{rec}}{\sqrt{n}} \quad (9.64)$$

计算出 $\bar{R}_m$ 和 $u(\bar{R}_m)$ 后即可进行 t 检验，计算 t 值为 3.58，大于 k 值（=2）。假设回收率结果没有校正，将产生额外的不确定度，因此，$u(\bar{R}_m)$ 需乘以扩展系数，通过方程 9.65 计算。回收率的相对不确定度 $u(\bar{R}_m)''$ 计算值为 0.058 2。

$$u(\bar{R}_m)'' = \sqrt{\frac{S_{rec}^2}{n} + \left[\frac{(1-\bar{R}_m)}{k}\right]^2} \quad (9.65)$$

最后，通过方程 9.53 计算合成相对不确定度 $u_c(y)$，其值等于 0.102。若扩展因子 k 取 2，则扩展相对不确定度 $U_{rel}(y)$ 计算为 0.205。对于一个 200 pg/mL 测定浓度值，则其扩展不确定度 $U(y) = 200 \times 0.205 = 41$。这意味着，对于测定结果为 200 pg/mL 的赭曲霉素 A 的浓度应表示为："(200 ± 41) pg/mL，其中，扩展因子为 2，大约相当于 95% 的置信区间计算的扩展不确定度。"

324 | 食品中抗菌药物残留的化学分析

A. 数据

	分析结果 (pg/mL)
红葡萄酒的 QC 样品（实际残留样品）	634.5
	724.1
	768.0
	687.9
	700.2
	659.3
	644.6
	726.8
	580.6
白葡萄酒的 QC 样品（实际残留样品）	178.2
	215.1
	205.1
	196.2
	222.7

添加样品回收率	回收率
	0.74
	1.11
	1.03
	0.97
	0.89
	0.87
	1.01
	0.93
	0.8
	0.88
	0.79
	1.07
	0.89
	0.72
	0.9
	0.94
	0.98
	0.82

B. 精密度及其不确定度

葡萄酒 QC 样品	n	$\bar{C}_{obs}$(pg/mL)	S_{obs}(pg/mL)	RSD
红葡萄酒	9	680.7	57.0	0.083 7
白葡萄酒	5	203.5	17.3	0.085 1
合并质控样品的 RSD			RSD_{pool}	0.084 2

Eq. (9.63)

$$RSD_{pool} = \sqrt{\frac{RSD_1^2 \times (n_1-1) + RSD_2^2 \times (n_2-1)}{(n_1-1)+(n_2-1)}}$$

$$\sqrt{\frac{0.083\,7^2 \times (9-1) + 0.085\,1^2 \times (5-1)}{(9-1)+(5-1)}} = 0.084\,2$$

C. 回收率及其不确定度

分析次数	n	18
平均回收率	$\bar{R}_m$	0.908
回收率的标准偏差	S_{rec}	0.109
回收率的标准不确定度	$u(\bar{R}_m)$	0.025 7

$$\text{Eq. (9.64)}\quad u(\bar{R}_m) = \frac{S_{rec}}{\sqrt{n}} = \frac{0.109}{\sqrt{18}} = 0.025\,7$$

计算 t 值		3.58

$$t = \frac{|1-\bar{R}_m|}{u(\bar{R}_m)} = \frac{|1-0.908|}{0.025\,7} = 3.58$$

回收率的扩展不确定度	$u(\bar{R}_m)''$	0.052 8

$$\text{Eq. (9.65)}\quad u(\bar{R}_m)'' = \sqrt{\frac{S_{rec}^2}{n} + \left[\frac{(1-\bar{R}_m)}{k}\right]^2}$$
$$= \sqrt{\frac{0.109^2}{18} + \left[\frac{(1-0.908)}{2}\right]^2} = 0.052\,8$$

回收率相对不确定度的扩展不确定度	$u_{rel}(\bar{R}_m)''$	0.058 2

$$u_{rel}(\bar{R}_m)'' = \frac{u(\bar{R}_m)''}{\bar{R}_m} = \frac{0.052\,8}{0.908} = 0.058\,2$$

D. 合成不确定度

合成相对不确定度	$u_c(y)$	0.102 3

$$\text{Eq. (9.53)}\quad u_c(y) = \sqrt{\text{RSD}^2 + u_{rel}(\bar{R}_m)^2}$$
$$= \sqrt{0.084\,2^2 + 0.058\,2^2} = 0.102\,3$$

扩展合成相对不确定度	$U_{rel}(y)$	0.205

$$\text{Eq. (9.62)}\quad U_{rel}(y) = k \times u_c(y) = 2 \times 0.102\,3 = 0.205$$

200 pg/mL 的扩展不确定度	$U(y)$	41

$$U(y) = 200 \times 0.205 = 41$$

结果报告		(200±41) pg/mL

流程图 9.3 根据实际样品和添加样品的 QC 数据计算所得的测量不确定度

参考文献

[1] International Standards Organization, ISO/IEC 17025: 2005, General Requirements for the Competence of Testing and Calibration Laboratories, Geneva, 2005.

[2] Codex Alimentarius Commission, CAC/GL 71-2009, Guidelines for the Design and Implementation of National Regulatory Food Safety Assurance Programme Associated with the Use of Veterinary Drugs in Food Producing Animals, Rome, 2009.

[3] International Standards Organization, ISO Guide 98-3, Uncertainty of Measurement—Part 3: Guide to the Expression of Uncertainty in Measurement (GUM: 1995), Geneva, 2008.

[4] Schneider MJ, Mastovska K, Solomon MB, Distribution of penicillin G residues in culled dairy cow muscles: Implications for residue monitoring, J. Agric. Food Chem. 2010; 58 (9): 5408-5413.

[5] Barwick VJ, Ellison SLR, Estimating measurement uncertainty using a cause and effect and reconciliation approach. Part 2. Measurement uncertainty estimates compared with collaborative trial expectation, Anal. Commun. 1998; 35 (11): 377-383.

[6] Kolb M, Hippich S, Uncertainty in chemical analysis for the example of determination of caffeine in coffee, Accred. Qual. Assur. 2005; 10 (5): 214-218.

[7] EURACHEM/CITAC Guide CG4, Quantifying Uncertainty in Analytical Measurement, 2nd ed., 2000 (available at http://www.eurachem.org/guides/

QUAM 2000-1. pdf; accessed 8/11/10).

[8] Committee AM, Uncertainty of measurement: Implications of its use in analytical science, Analyst 1995; 120: 2303-2308.

[9] NMKL Procedure 5, Estimation and Expression of Measurement Uncertainty in Chemical Analysis, 1997 (available at http://www.nmkl.org/Engelsk/procedures.htm; accessed 6/02/10).

[10] Barwick VJ, Ellison SLR, The evaluation of measurement uncertainty from method validation studies—Part 1: Description of a laboratory protocol, Accred. Qual. Assur. 2000; 5 (2): 47-53.

[11] Wang J, Leung D, Butterworth F, Determination of five macrolide antibiotic residues in eggs using liquid chromatography/electrospray ionization tandem mass spectrometry, J. Agric. Food Chem. 2005; 53 (6): 1857-1865.

[12] Dabalus Islam M, Turcu MS, Cannavan A, Comparison of methods for the estimation of measurement uncertainty for an analytical method for sulphonamides, Food Addit. Contam. 2008; 25 (12): 1439-1450.

[13] Horwitz W, The certainty of uncertainty, J. AOAC Int. 2003; 86 (1): 109-111.

[14] Horwitz W, Albert R, The Horwitz ratio (HorRat): A useful index of method performance with respect to precision, J. AOAC Int. 2006; 89 (4): 1095-1109.

[15] Hund E, Massart DL, Smeyers-Verbeke J, Comparison of different approaches to estimate the uncertainty of a liquid chromatographic assay, Anal. Chim. Acta 2003; 2003: 39-52.

[16] Hund E, Massart DL, Smeyers-Verbeke J, Operational definitions of uncertainty, Trends Anal. Chem. 2001; 20 (8): 394-406.

[17] Leung GN, Ho EN, Kwok WH, et al., A bottom-up approach in estimating the measurement uncertainty and other important considerations for quantitative analyses in drug testing for horses, J. Chromatogr. A 2007; 1163 (1-2): 237-246.

[18] Codex Alimentarius Commission, CAC/GL 37-2001, Harmonized IUPAC Guidelines for the Use of Recovery Information in Analytical Measurement, Rome, 2001.

[19] Barwick V, Ellison SLR, Measurement uncertainty: Approaches to the evaluation of uncertainties associated with recovery, Analyst 1999; 124: 981-990.

[20] VAM Project 3.2.1, Development and Harmonisation of Measurement Uncertainty Principles. Part (d): Protocol for Uncertainty Evaluation from Validation Data, LGC/VAM/1998/088, 2000 (available at http://www.nmschembio.org.uk/GenericHub.aspx?m=33; accessed 8/10/05).

[21] Youden WJ, Steiner EH, Statistical Manual of the Association of Official Analytical Chemists, AOAC International, Gaithersburg; MD, 1975.

[22] European Commission, Commission Decision of 12 August 2002 implementing Council Directive 96/23/EC concerning the performance of analytical methods and the interpretation of results. 2002/657/EC, Off. J. Eur. Commun. 2002; L221: 8-36.

[23] International Standards Organization, ISO 5725-3, Accuracy (Trueness and Precision) of Measurement Methods and Results—Part 3: Intermediate Measures of the Precision of a Standard Measurement Method, Geneva, 1994.

[24] Maroto A, Boque R, Riu J, Rius FX, Measurement uncertainty in analytical methods in which trueness is assessed from recovery assays, Anal. Chim. Acta 2001; 440: 171-184.

[25] Dehouck P, Van Looy E, Haghedooren E, et al., Analysis of erythromycin and benzoylperoxide in topical gels by liquid chromatography, J. Chromatogr. B 2003; 794 (2): 293-302.

[26] Vander Heyden Y, De Braekeleer K, Zhu Y, et al., Nested designs in ruggedness testing, J. Pharm. Biomed. Anal. 1999; 20 (6): 875-887.

[27] Wang J, Leung D, Lenz SP, Determination of five macrolide antibiotic residues in raw milk using liquid chromatographyelectrospray ionization tandem mass spectrometry, J. Agric. Food Chem. 2006; 54 (8): 2873-2880.

[28] Boyer KW, Horwitz W, Albert R, Inter-laboratory variability in trace element analysis, Anal. Chem. 1985; 57 (2): 454-459.

[29] International Standards Organization, ISO 5725-2, Accuracy (Trueness and Precision) of Measurement Methods and Results—Part 2: Basic Method for the Determination of Repeatability and Reproducibility of a Standard Measurement Method, Geneva, 1994.

[30] International Standards Organization, ISO 21748, Guidance for the Use of Repeatability, Reproducibility and Trueness Estimates in Measurement Uncertainty Estima-

tion, Geneva, 2004.

[31] Robertson M, Chan TSS, APLAC interpretation and guidance on the estimation of uncertainty of measurement in testing, J. AOAC Int. 2003; 86 (5): 1070-1076.

[32] Horwitz W, Kamps LR, Boyer KW, Quality assurance in the analysis of foods and trace constituents, J. Assoc. Off. Anal. Chem. 1980; 63 (6): 1344-1354.

[33] Analytical Method Committee, Is My Uncertainty Estimate Realistic? AMC Technical Brief 15, Royal Society of Chemsty, Dec. 2003 (available at http://www.rsc.org/images/brief15_tcm18-25958.pdf; accessed 8/11/10).

[34] Dehouck P, Vander Heyden Y, Smeyers Verbeke J, et al., Determination of uncertainty in analytical measurements from collaborative study results on the analysis of a phenoxymethylpenicillin sample, Anal. Chim. Acta 2003; 481 (2): 261-272.

[35] Dehouck P, Vander Heyden Y, Smeyers Verbeke J, et al., Inter-laboratory study of a liquid chromatography method for erythromycin: Deter-mination of uncertainty, J. Chromatogr. A 2003; 1010 (1): 63-74.

[36] EURACHEM/CITAC Guide Measurement Uncertainty Arising from Sampling. A Guide to Methods and Approaches, 2007 (available at http://www.eurachem.org/guides/pdf/UfS_2007.pdf; accessed 8/11/10).

[37] World Health Organization, General Guidelines for the Establishment, Maintenance and Distribution of Chemical Reference Substances, WHO Technical Report Series 885, Part A, p.5, 1999 (available at http://apps.who.int/medicinedocs/en/d/Jwhozip21e/3.html; accessed 8/11/10).

[38] Liu SY, Hu CQ, A comparative uncertainty study of the calibration of macrolide antibiotic reference standards using quantitative nuclear magnetic resonance and mass balance methods, Anal. Chim. Acta 2007; 602 (1): 114-121.

[39] Maroto A, Boqué R, Riu J, Ruisánchez I, Òdena M, Uncertainty in aflatoxin B1 analysis using information from proficiency tests, Anal. Bioanal. Chem. 2005; 382 (7): 1562-1566.

[40] Alder L, Korth W, Patey AL, van der Schee HA, Schoeneweiss S, Estimation of measurement uncertainty in pesticide residue analysis, J. AOAC Int. 2001; 84 (5): 1569-1578.

[41] Companyó R, Rubio R, Sahuquillo A, Boqué R, Maroto A, Riu J, Uncertainty estimation in organic elemental analysis using information from proficiency tests, Anal. Bioanal. Chem. 2008; 392 (7-8): 1497-1505.

[42] Van der Veen AMH, Uncertainty evaluation in proficiency testing: state-of-the-art, challenges, and perspectives, Accred. Qual. Assur. 2001; 6 (6): 160-163.

[43] International Standards Organization, ISO 13528, Statistical Methods for Use in Proficiency Testing by Inter-laboratory Comparisons, Geneva, 2005.

[44] International Standards Organization, ISO 43-1, Proficiency Testing by Inter-laboratory Comparisons—Part 1: Development and Operation of Proficiency Testing Schemes, Geneva, 1997.

[45] Gluschke M, Wellmitz J, Lepom P, A case study in the practical estimation of measurement uncertainty, Accred. Qual. Assur. 2005; 10: 107-111.

[46] Pantazopoulos P, uncertainty estimate for Procedure ONT-FCL-0024, Determination of ochratoxin A in Wine and Grape Juice by High Performance Liquid Chromatography with Fluorescence Detection, 2001 (available at http://www.measurementuncertainty.org/mu/examples/pdf/EncertaintyEstimateExampleFood LaboratoryDivision OntarioRegion.pdf; accessed 8/11/10).

[47] Ng W, Mankotia M, Pantazopoulos P, Neil RJ, Scott PM, Ochratoxin A in wine and grape juice sold in Canada, Food Addit. Contam. 2004; 21(10):971-981.

10 质量保证与质量控制

10.1 引言

食品中抗生素残留的化学分析结果经常用于测试其是否符合法规限定。测试通常是执行验证项目的一部分,目的是提供一个适当的置信度来确保动物生产中的管理规范和质量控制,且在必要的限度内确保消费者的健康。置信度高的分析结果是至关重要的,因为它们可能关系到后果的严重性。对于不符合国家规定的结果,可能需要采取监管措施,包括调查违法残留物的原因以及可能对生产商的处罚。对于进口检测,食品中不符合规定的样品可能被拒绝托运,并可能产生一些后续影响,如对出口国产品增加检测频率。这些行为需要巨大的经济成本。分析结果表明,符合相关置信区间的产品,将进入市场供公众消费,在这种情况下,一旦出现了错误的检测结果,将可能严重影响消费者的健康。

越来越多的残留实验室采用质量保证原则,虽然不能保证结果是正确的,但是可以使数据更具有合理的科学性和适用性。实施质量体系能够向客户证实实验室具有合适的设施、设备和从事分析的技术经验,并使用文件、验证程序和方法,对此项工作实施控制。实验室通过权威机构的认证和认可实施质量体系,以进一步确保工作质量的可信性。

10.1.1 质量的定义

术语"质量"用在不同的语境,有着不同的含义或解释。例如,一个产品被贴上质量或有质量保证的标签,那么通常被认为质量上乘或具有更高的价值。

在质量保证的语境下,ISO 9000:2005[2]定义质量为"一系列固有的特性符合要求的程度"。质量也可能被视为"适用性"。必须知道用户或客户的要求,这样才能提供满足他们要求的服务,质量是以用户的需求为标准的。客户可能是向实验室支付抗菌药物残留检测费用的公司,也可能是主管机关、监管机构或动物食品管理部门。实验室可以通过实施质量体系来提高检测结果的准确性并确保测试结果的可靠性,包括质量保证和质量控制程序。

质量保证(QA)指的是实验室实施有计划性和系统性的活动和措施,以确保质量实施。除此之外,这些措施还包括质量体系的实施,合适的基础设施和实验室环境,训练有素的员工,校准和维护良好的设备,质量控制程序,文件和验证方法,以及参与能力验证的计划。

质量控制(QC)指的是为了达到质量要求所采取的操作技术和活动。内部质量控制包括日常规范程序,使化学分析者决定是否接受一个结果或一组结果以满足适用性,或者拒绝结果并重新分析。质量控制的工具包括使用参考标准物质和有证标准物质,使用阳性(添加或实际的)和阴性控制样品和控制图,重复分析和能力验证。实验室质量控制在本章第10.5节进行更详细地讨论。

10.1.2 实施质量体系的必要性

质量体系可以被定义为一个组织结构,包含了用于实施质量管理的程序、过程和资源。实验室实施质量体系的理由诸多。在实验室内部,实施质量体系可以提高试验操作的效率。实验室内的分析以及操作的记录有助于过程的标准化,增强透明度,掌握知识,改善工作环境和提高员工的道德,并降低成本。

对于从事食品中抗生素残留检测的实验室,可能需要实施质量体系以满足合同、法定或监管的要求,遵守国际规则或协议，实现第三方认证或认可，这在一些国际规则或协议情况下是强制性的（见 10.3.4 节）。

许多残留实验室工作的一个重要部分包括测试产品并为国际贸易提供国家之间对等的食品安全系统保障。如果实验室按照国际标准来执行，如 17025：2005，可以提高各国之间对测试结果的可接受性，特别是被其他机构认可，这些机构已与其他国家中对等的机构达成相互认可协议。

在为实施质量体系设计策略时，必须意识到质量保证的目标是为了控制质量缺陷的频率，努力越大，质量缺陷的次数越少。但是，必须权衡质量保证的费用与降低质量缺陷费用达到可以接受的程度。由于一些因素的存在，如测量不确定度引起的不可避免的误差和差异（见第 9 章），不可能保证所有结果都是可靠的。质量保证应关注的关键问题是测定质量结果、成本和时效性。

10.1.3 实验室质量体系要求

如上所述，实验室质量体系是基于质量保证和质量控制的概念。虽然人们往往分开考虑质量保证和质量控制活动，但它们是紧密联系的，共同形成一个完整的体系。

实验室可以决定设计并遵循自己的质量保证体系。但是遵循已经确定的体系能更容易且更好地为客户提供保证。具有与分析实验室相关的几个国际公认的质量保证标准。根据其目的分为不同的体系，例如：

①ISO/IEC 17025：2005[3]，为实验室质量管理和技术能力提供了一个进行试验和校准的框架。这可能是从事抗生素残留试验的监管实验室最适合的标准。更详细的讨论见 10.4.3 节。

②OECD 良好实验室管理规范（GLP），为组织程序和文件定义了一个体系，用以确保研究中数据的质量、可靠性及其有效性，尤其是以提交给监管机构进行危害评估以获得监控产品批准为目的的非临床健康和环境安全研究。GLP 主要关注记录获得结果的过程，并涉及一些特定研究，而 ISO/IEC 17025：2005 描述的是检测和校准实验室必须满足的普遍性要求，证明其能实施质量体系，技术上具有竞争力，而且能够获得技术上有效的结果。

③ISO 9000 体系[2]，代表着达成国际共识的良好的管理规范。它旨在确保组织能够提供的产品或服务，能够满足客户的质量要求和适用的法律法规要求，增加客户满意度，并在追求上述目标时实现性能的持续的提高。在 ISO 9000 定义中，质量是指客户对一个产品或者一种服务所要求的所有特征。ISO 9000 体系并不证明产品本身的质量，但规定组织必须对影响产品或服务的质量程序进行管理。ISO 9001：2008[6]标准为质量管理体系提供了一系列的标准化要求，不考虑用户的职能和规模，是私人的或公共部门的。它是组织被认证的唯一标准，尽管认证不是标准的强制性要求。

基于已建立的体系或者标准，实施质量体系的实验室可以选择声明非正式的服从，由第三方机构进行独立的评估或认可。在任何情况下，遵守一定的标准必须被独立的组织管理核实。应该建立质量保证部门负责内部评估，并审查是否符合标准，并任命一名工作人员作为拥有明确责任和权利的质量经理来保证质量管理体系的实施。

不管建立标准的依据是什么，建立实验室质量体系的一些基本要求如下：

①管理承诺和资源。引入一个质量体系是一个漫长并占用大量资源的过程。它必须认真规划且需要所有成员的全部承诺，特别是管理部门。一旦成立，质量体系必须被不断维护，这也需要管理和人力资源。

②技术主管人员。员工具有必要技能和培训，包括质量保证/质量控制问题。

③适于进行分析的基础设施和条件。实验室、设备和仪器仪表必须符合目标且必须得到正确维护和校准，且使用的分析方法必须经过适用性验证且在连续的质量控制下。

④正确的"心态"。管理者和员工必须了解质量体系的必要性和目标，以及建立和维护系统的程序。员工必须作为系统中利益相关者和承担者参与其中。

质量体系，以一个客观和透明的方式证明结果的可靠性、代表性以及重现性，从而实现商定的标准。使用的科学技术，包括选择适当的分析步骤，在残留实验室是另一个非常重要的方面。在许多情况下，使用的分析方法是与客户指定的需求相一致的。对于监管测试、标准或参考方法可能是强制性的，但在大多数情况下使用的方法必须经过验证并满足规定的性能标准，如第 8 章所述，质量控制将在 10.5.2 节中讨论。

当质量体系不能为试验的类型提供科学的判断时，文件中记录的所用的分析方法的程序，可以用于证明方法是有效的和可控的，可以确保使用该试验方法的实验室人员是经过充分培训且能熟练地进行分析。

10.2 质量管理

质量管理比通过检验和纠正终产品来控制产品或者服务的质量意义更广泛。一个进行有效的质量管理的完整体系是基于"预防胜于治疗"的原则，它包含对管理体系进行有意识的分析来纠正任何可能出现质量失误的原因。质量保证是质量管理体系的一部分，可为满足客户质量要求提供保障。质量管理体系不局限于技术实验室的活动，但必须包括实验室或公司的所有领域，这些领域涉及符合目标并满足客户需求的服务。

质量管理的关键部分概括如下。更多细节见文档资料如 ISO/IEC 17025：2005 标准。

10.2.1 全面质量管理

全面质量管理（TQM）的概念指出了对所提供服务的质量做出贡献的所有部门及个人的重要性，并支持和培养了一种"一个团队"的方法。为了优化质量输出，必须保证员工训练有素，在工作中能贡献自己的技能和想法，并为其提供给必要的资源来使他们有效和高效的工作。所有的雇员，从高层管理人员到技术人员和支持人员，必须了解实验室的职能，包括他们所承担的职责和特定的任务，能与其他人员以及实验室客户和谐工作来实现组织的目标。

在这样的一个体系中，质量是一个动态问题，错误和失败是不可避免的。应从已经出现的过失中获得经验教训从而不断地改进提供的服务。强调持续改进，这种观念，即在技术层面上，分析质量保证良好规范是独立于正式采用的质量保证体系的。

10.2.2 质量体系的组成要素

10.2.2.1 流程管理

正如上面所讨论的，质量取决于用户的要求。同样，客户给实验室提供样品并提出分析的要求，可以认为客户对整个试验过程也是有贡献的，也是分析结果的最后接受者。整个试验过程可以被分为三组，虽然它们之间有一些交叉：管理流程、核心操作流程和支持流程。这些过程之间的关系见图10.1。

典型的管理功能包括设定组织的战略、方针和目标，提供适当的人力资源和设备，管理监控和审查，质量体系的管理和审核。典型的核心操作流程包括样品接收、性能的测试、方法开发和验证、设备的日常维护和校准、报告的准备和问题。支持流程包括金融服务（账户、采购）等功能、信息技术支持、档案管理、建筑/基础设施的维护，设备维修和培训。

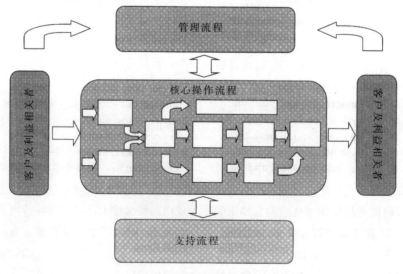

图10.1 实验室管理流程

10.2.2.2 质量手册

虽然没有一个通用的质量标准或体系，但是 ISO/IEC 17025：2005 规定，质量手册需要制定包括质量方针声明在内的实验室质量管理体系。质量手册是一个描述整个质量体系的正式文件，用来保证工作人员（包括管理人员）在任何时候都遵守实验室质量方针。质量手册经实验室管理者批准，分发给实验室相关人员，实验室日常工作必须严格按照质量手册开展。

质量手册的主要目的是描述质量管理体系，同时作为体系的实施和维护方面的永久的参考。当制定质量手册时，建议提供一个高效并有效的方法，使它可以随着体系时间的变化而变化。

质量手册的结构在不同的实验室可能会存在差异。许多组织按照质量管理标准的要求建立其质量手册，在这种情况下，手册为实验室质量体系操作提供了一个详细的指标。按这种方法构建的质量手册可以帮助简化审核过程。

10.2.2.3 文档

有效的质量体系另一个非常重要的方面是文档资料。需要所有关于活动的准确和完整的文档资料，用以确保实验室数据的完整性。应该准备标准操作程序和工作细则并将其用于实验室流程，而且所有此类文档资料都应被控制。任何标识、计算或更改程序都应被记录，如果有必要并附解释。使用有用的短语，如"若不记录，相当于没做"。数据应直接、及时、准确，清晰地记录（不是从草稿抄录），然后应该在文件上签名并注明日期。任何修改必须解释，并且不应该删除原来的记录，只能划掉但要保持清晰可读。所有的报告和数据必须存档，确保数据长期、安全存储以及快速的检索。归档的文件应该包含所有的原始科学数据、主控文件、报告以及其他资料，以便可追溯到与分析结果有关的所有事件。有关分析样品文档的存储，将在10.5.1.6小节讨论。

10.2.3 质量体系的技术要素

建立一个质量体系，所有有关的程序都要以系统化的方式进行工作。一个有效的方法是遵循实验室过程的每一步，从样品到达实验室开始，到出报告时结束。在样品到达实验室那刻开始，需要以确定的顺序操作，以保证分析和报告的实验室程序的一致性和完整性。实验过程首先是收集样品，然后是数据归档和后续分析样品的存储。样品收集可以不直接受控于实验室。但是，样品的状况对分析结果的质量有影响，因此实验室应尽力确保所接收的样品都在最佳状态，包括指定样本数量，容器的类型和运输条件。分析后样品的储存期限必须与客户要求一致，并且实验室有义务保证样品在这段时间内的同一性和完整性。

广泛的技术要求对实验室质量体系是非常重要的。这些方面包括：选择适当的合格和有经验的人员；取样，样品处理和制备；实验室环境条件；设备和试剂；校准；参考标准和参考物质；可追溯性（标准和样品）；选择或建立、验证以及质控方法；评估测量不确定度，结果的报告；质量控制和能力验证。

关于质量体系的技术要素的详细的指南可从一些发表的指南和标准获得。一些相关的残留实验室的技术要素将在本章接下来的部分进行讨论。

10.3 合格评定

合格评定是指，与产品、流程或体系有关的规定要求，其符合特定要求或标准的证明。合格评定有助于确保标准的一致性、兼容性、有效性和安全性的要求得到满足。这些要求的符合性可以通过定期审核和检查等机制证明，最好是通过第三方认证或认可来证明。

10.3.1 审核和检查

审核的目的是收集客观证据，从而对质量管理体系进行客观的判断。一般来说，主要有两种形式的质量管理体系审核：外部审核和内部审核。

一个独立的外部机构进行的审核，通常作为初始认可流程的一部分，或者维持或扩大认可范围，经常被称为评定或检查。

内部审核是实验室内部进行的检查，以确保质量程序是适当的，且得以完全准确地实施。内部审核应该涵盖管理体系的所有要素，包括管理、核心以及支持流程。其目的是确保记录系统能够提供足够的证据来证明其实施的有效性或突出需要整改的环节。审核应该由实验室的质量经理根据预定的计划和程序来安排，应由经过培训且培训合格的人实施审核。当内部审核发现实验室操作或验证结果存在问题时，必须启动纠正措施。如果出现已报告的结果可能受到影响的情况，必须书面通知客户。

内部审核或检查的第二个类型，通常称为评审，是由实验室高级管理者进行检查，以确保质量体系是有效的，能够实现其目标，鉴别改进体系的时机。随着时间的推移，客户的要求和实验室的需求可能会改变,质量体系必须足够灵活,能不断地发展来实现其目标。评审通常每年由管理层来实施并由实验室质量经理来协调。很多不同来源的信息都可以用于评审,包括来自内审、外部评估、能力验证、质控记录、客户反馈和投诉的信息。

10.3.2 认证和认可

为了满足监管机构的要求和法律义务,或者客户需求和市场规律,需要对实验室资质进行独立确认。认证(或注册)和认可是确保符合质量标准具体要求的正式程序,根据 ISO 指南 2:2004[7] 的定义的描述如下:

- 认证是一个第三方机构对产品、程序或者服务符合规定的要求给出书面保证的过程。认证注重质量管理,但对技术能力未具体说明。实验室和组织要根据 ISO 9000 系列或 OECD GLP 标准进行认证。
- 认可是一个权威机构对实验室从事特定任务能力的正式承认的过程。在残留实验室,认可是对一个实验室有能力进行特定分析检测或分析类型的正式承认。认可的核心要求已列于 ISO/IEC 17025:2005 中,这是抗生素残留实验室最相关的标准。权威机构以及国家和地区的立法和指南越来越需要在此标准下的认可,尤其是关于国际贸易中的食品的检测。关于 ISO/IEC 17025:2005 更详细的讨论见本章节 10.4.3。

10.3.3 认可的优势

和实验室合作的客户希望能确保该实验室有能力得到可靠的结果。而实验室希望能证明客户对其的信任是没错的。独立授权机构的认可是实验室维护质量标准的清晰的证明,对于客户这是实验室开展工作的质量保证。

国家和当地政府的监管机构可能会要求对产品进行分析,确保产品符合食品中抗生素或其他物质残留的法定容许限。根据 ISO/IEC 17025:2005,由第三方认可的实验室可以保证实验室得到的结果是可靠且"符合目标"的,可用于确保食品安全。

授权机构的认可还有其他的好处,即它可以减少国家主管部门对规范企业和行业的需求,这是因为,对于可能影响公众信心或国家声誉的行为,它提供了确保其可靠性的替代方法。

监管机构进行评审的优势已有陈述,更重要的是企业可以认识到其也受益于认可实验室。涉及食品生产加工的企业都希望证明其已尽职调查,监测不符合残留标准的产品。选择已认可的实验室承担分析,企业可以合理地声称已经选用一个适当的实验室分析其样品。然而,必须牢记,分析结果的相关性和实用性不仅取决于样品分析,也取决于抽样计划的合理性和实施。如果抽样不是在认可机构实施的,仍可能被问到关于抽样计划实施的问题。

10.3.4 食品法典委员会和欧盟法规的要求

CAC 指南(CAC/GL71—2009)[1] 第 11 段陈述如下:

实验室结果的可靠性对于主管部门的决策是非常重要的。因此,根据国际公认的(例如 ISO 17025)质量管理原则,官方实验室应使用已验证适用性的方法并根据国际上认可的质量管理原则工作。

这将在指南的第 147(c)部分作进一步说明,特别要求实验室必须符合 ISO/IEC 17025:2005 检测实验室通用标准。CAC 指南并没有指定必须使用认可实验室,因为实验室有可能符合 ISO/IEC 17025:2005 的要求但没有通过正式认可。但是,如果来自未经认可的实验室的结果受到质疑,且该实验室没有被独立的权威机构评估,这可能很难让实验室客户相信他们已经选择了适当的检测实验室。

欧盟对此作了更进一步说明。其委员会指南 882/2004[8] 第十二条规定,需在官方控制下进行以确保其符合饲料和食品法以及动物健康和动物福利规则,要求所有承担残留分析的官方食品检测实验室根据 ISO/IEC 17025:2005 进行操作、评估和认可。如果不合格的分析结果被报道,将减少生产商或者出口商一些潜在的质疑。这项规定也为权威机构提供了一个选择,如果其不符合以上要求,权威机构就可以取消指派实验室的"官方实验室"名称。

10.4 指南和标准

科学界早已认识到,继续建立比以往更加复杂和灵敏的用于动物性食品中抗生素或其他兽药残留的分析方法是不够的。开发的方法用于确保兽药使用要符合国家法规,保护生产国和产品进口国的消费者。同时，还用于进口国家的残留监控程序。在任何情况下，监管机构都要确保根据监控程序获得的结果是合理和可靠的。这反过来又促进了指南和标准的发展，起初只有少数几个国家，但最后发展为主要的国际机构。这将在下面进行详细的讨论。

10.4.1 食品法典委员会

食品法典委员会是关于食品、食品生产和食品安全的国际公认标准、守则，指南和其他推荐规范。1963 年联合国粮农组织（FAO）及世界卫生组织（WHO）通过了创建食品法典委员会（CAC）的决议。其宗旨是保护消费者的健康和确保国际食品贸易的公平。CAC 是被世界贸易组织（WTO）公认的解决关于食品安全和消费者保护争议的国际参考点[9]。

虽然在食品法典系统中食品法典委员会是最终的决策机构，但 CAC 所采用的草案和建议是由各委员会承担的专项工作。许多委员会对食品中抗生素残留领域有兴趣，特别是食品兽药残留法典委员会（CCRVDF）以及小规模的农药残留法典委员会（CCPR），因为少数的植物和农作物也会产生一定的抗菌活性。

AOAC、FAO 和国际原子能机构于 1999 年在匈牙利米什科尔茨举办了一个国际研讨会。其目的是讨论残留检测和定量分析方法验证要求，此次研讨会涵盖了农药和兽药，因为最终可能在食品中检测到这两者的残留。这次讨论通过了关于农药和兽药的详细准则，且由 Fajgelj 和 Ambrus[10] 发表。这些准则随后被 CCPR 考虑，且被残留分析良好实验室规范指南收录，由 CAC 发表于 CAC/GL 40—1993，Rev，1—2003[11]。

以上准则可以确保在国际贸易中监测符合最高残留限量的分析结果报告的可靠性。这些指南基本上分为三个部分，分析人员、实验室所需基本资源（包括设备和用品）和分析。本卷第 8 章将详细讨论分析方法的验证要求，本章不再赘述。然而，在这里分析人员的重要性和更详细的基本资源值得讨论。

分析人员在生成可靠数据的过程和必要步骤中起着重要的作用。参与分析的分析人员应了解分析步骤，并且在他们进行分析前应得到适当的培训和能力的证明。在理想情况下，他们也将对残留分析有广泛的理解，知道分析质量保证体系。

CAC/GL 40—1993，Rev．1—2003[11]，记载有残留分析实验室工作的具体要求。实验室必须经过专门设计以保证人员操作安全，并且避免因员工工作的设施引起可疑结果的污染。例如，样品接收、存储和制备应在专用区域中，以消除外源的潜在污染。分析中所使用的用于确保残留物定性和定量的分析标准，应在区别于常规分析工作的安全区域准备。

分析中使用的设备应定期保养和校准。这包括所有使用的设备，从用于存放样品和分析标准品的冰箱到色谱和光谱设备。溶剂和试剂应适当保存且应以适当浓度保存。在必要的情况下，他们应该附有分析证书且应该在保质期内使用。实验室也应该独立地对分析质量保证（AQA）和质量控制（QC）体系进行审核，以确保报告给客户的数据是稳定可靠的。

10.4.2 与食品动物兽药使用相关的国家监管食品安全保证计划的设计和实施指南

Ellis[12] 详细回顾了 CCRVDF（兽药残留法典委员会）从 1985 年建立之初至今在兽药残留控制方面的工作。在形成之初，CCRVDF 的当务之急包括考虑检测和测定兽药残留所使用的分析方法验证的必要性，这种方法用于评估最高残留限量。CCRVDF 认为设计指南和国家监管食品安全评估机构，有必要与控制兽药使用相联系。因此，1993 年公布了控制食品中兽药残留监管程序的法典准则[13]。

CAC/GL 71—2009.1 在 2009 年更新和替换了这个文件。新文件对以往的规范进行了多项重大修改，特别是提出了分析方法性能标准和单一实验室验证原则。在早期的文档中，分析方法只有通过了多实验室合作试验的充分验证才能被 CCRVDF 接受。CCRVDF 的经验表明，组织此类试验越来越难，因此，许多实验室都采用性能标准来验证分析方法。

性能标准的使用使实验室不再受使用规定分析方法的约束，包括其指定过程中使用的所有的分析步骤、设备/试剂和仪器类型。也就是，允许实验室使用任何能够定性和/或定量的残留分析方法，只要该方法被证明具有适应性并且符合实验室规定的最低性能标准。采用这种方法的必然结果是需要耐用的 AQA 和 QC 体系，这在 CAC/GL 71—2009 中进行详细的讨论。

为了满足标准方法的要求，指南规定，分析方法必须符合分析方法选择性的一般标准。分析方法必须同时满足以下要求：

- 方法必须根据国际认可的协议进行验证。
- 使用的方法必须符合 ISO/IEC 17025：2005 标准或良好实验室规范的质量管理体系。
- 分析方法应补充准确性证明信息，比如：
—在适用情况下，定期参与能力验证计划；
—在适用情况下，用有证标准物质进行校准；
—对分析物预期的浓度进行回收率研究；
—在适用的情况下，用另一种验证方法核实结果。

10.4.3　ISO/IEC 17025：2005

ISO/IEC 17025 标准取代了 1999 年首次公布的 ISO/IEC 准则 25[14]，并于 2005 年 5 月修改和再版。这个标准详细说明了对实验室检测和/或校准能力的一般性要求。它包括使用标准方法、非标准方法以及实验室研制的方法进行检测和校准。虽然 ISO/IEC 指南 25 是国际上广泛使用的文件，但它并不包括 ISO 9001 概括的管理要求。ISO/IEC 17025：2005 现在包括 ISO 9001 所有的管理要求。

ISO/IEC 17025：2005 共包含 15 个管理要求和 10 个技术要求，这是实验室被认可的必备条件。其中管理要求主要涉及实验室内质量管理体系的运作和有效性。技术要求针对员工的能力、分析方法和测试/校准设备。

该标准要求实验室记录其方针、体系、计划、程序和指标，在必要的情况下要满足客户的要求，同时又能保证质量以及测量的可追溯性，这意味着实验室决定了文件详细的程度。该实验室还必须能够用客观证据证明在其质量体系文件中所呈现的详细程度产生了想要的和需要的结果。文件必须提供一个可复制的文档，通常是书面或电子形式。

实验室应有一个系统的质量控制程序，用于检查或监控所有方法和测量过程的结果的可靠性或准确性。由于该标准不仅仅涵盖了残留检测实验室，根据各个实验室的校准和检测不同，其特定的质量控制计划和统计技术会有所变化。统计质量控制图或等效的表格，被期望可用于监控质量控制检测的准确度和精密度（如参考测试材料/标准和重复性测试相同来源的材料）。依靠这些数据，通过单独评价数据或者回归分析可以发现趋势。

ISO/IEC 17025：2005 管理规定要求实验室明确的一系列问题，包括：

- 组织
—组织结构、管理者和职员的职责和义务应明确；
—组织结构应使有利益冲突的部门不影响实验室的工作质量；
—任命质量经理；
—所有人员应不受可能对校准质量和检测结果有不利影响的商业和金融压力的影响。
- 管理体系
—管理体系应能够实施、维护和不断改进；
—应有方针、标准程序和工作说明，以确保检测结果的质量；
—应有包含质量方针的质量手册，由管理人员向所有员工分发和传达；
—管理体系的有效性必须持续改进。
- 文件控制
—应授权和控制所有正式文件；
—文件应定期评审，并在必要时更新，评审频率取决于文件；
—文件的变更应与评审过程同步。
- 要求、标书和合同的评审
—实验室监督人员的评审应确保实验室有技术能力和资源来满足要求；
—合同的变更应按照合同生成相同的程序。

ISO/IEC 17025：2005 标准要求实验室实施日常的内部和外部审核。内审由实验室任命的质量经理负责。内部审核的目的是为了验证实验室是否符合标准的要求，与公司方针、过程和程序是否相适应。这些审核对于外部审核的准备也有用。外部审核人员来自于客户或认可机构，他们的目的是为了验证实验室操作是否符合 ISO/IEC17025：2005 的要求。

实验室必须符合 ISO/IEC 17025：2005 的要求，才能成为在特定分析程序上被认可的实验室。由一个公认的国家或国际机构进行的外部评审是这个过程的先决条件。例如，在英国，认可是由英国认可服务（UKAS）授予的；在加拿大，认可是由加拿大标准委员会授予的。认可的优势将在下面进行更详细地讨论，公认的认可机构对该实验室一个特定功能的认可意味着该实验室已被国际公认的标准进行了评估，以证明其能力、公正性和执行能力。

应该清晰概述参与内部和外部评审过程（包括评审之前、期间和之后）的所有人员职责的程序。应确定起关键作用的人员，定义他们的职责，所有可能会受到评审影响的员工应接受适当的培训。

10.4.4 食品和饲料中农药残留分析的方法验证和质量控制程序

在欧盟，数年以来分析人员一直在考虑建立农药残留分析的指南。本指南最新的草案见文件SANCO/10684/2009[15]。本文件包含的有价值的和通用的材料，可以很容易应用到任何残留检测实验室，无论是检测农药残留还是抗生素的残留。

10.4.5 分析化学中EURACHEM/CITAC的质量指南

分析化学中EURACHEM/CITAC的质量指南，为实验室提供了实施分析操作的最佳指导。该指南旨在帮助实施实验室质量保证的管理人员和员工，并且对于从事认可、认证或其他符合特定质量要求的实验室的工作是非常有用的。该文件对ISO/IEC 17025，ISO 9000以及OECD GLP进行了交叉引用。

该指南专注于质量保证的技术方面，尤其强调对化学检测有特定解释要求的领域，不包括一般质量保证的问题，如质量体系、报告和记录。

10.4.6 OECD良好实验室规范

1978年，由经济合作和发展组织（OECD）的环境健康和安全部门首次制订了良好实验室规范的原则[16]，以解决用于测定化学原料及化学产品安全的数据的质量、可靠性和验证的问题。迄今为止，不良规范引起关注的最重要方面是缺乏适当的管理和组织来完成档案的监管。按照OECD理事会在1981年[17]的决议，在实施递交给成员的以保护人类健康和环境的化学评估为目的的研究时，检测条件应服从良好实验室规范（GLP）原则。良好实验室规范的一个重要方面是在研究中按照GLP原则产生的数据将能够被其他OECD成员接受。

良好实验室规范是一个管理的概念，定义了实验室及其研究的计划、执行、监控、记录和报告的组织过程和条件。目的是确保采样和分析过程和结果是完整的并有质量记录。如果一项研究符合GLP的要求，任何审核员，监管者，或分析员应该能够在该研究完成若干年后被评审时，轻松地确定做了什么样的工作，何时、何地、由谁、用什么设备和方法完成；谁监督了研究；获得什么样的结果，以及是否有遇到任何问题，如果有问题，是如何处理的。在规划、支持和实施中需要尽最大努力以达到文件的标准和对细节的关注。GLP的成功实施为已知的精密度、准确性、可比性和完整性提供了可靠的数据。

开展非临床健康和环境安全的危害性评估研究时，包括抗生素和其他兽药、食品和饲料添加剂的研究，实验室应遵循GLP原则。虽然与ISO/IEC 17025有很多相同之处，在实验室进行日常或监管检测时，与ISO标准相比，GLP原则较少用于日常监管测试。

因体现了技术和科学的发展，OECD的良好实验室规范和合规监控原则得以详细阐述和发展。1998年出版的最新修订的良好实验室规范[16]（OECD系列：良好实验室规范和合规监控原则，Vol.1）在全世界被公认为确保高质量数据的可行方案。

10.5 实验室质量控制

这一节主要关注分析流程的特定环节，这些环节对实验室质量至关重要。经过认可的食品安全实验室必须确保样品分析结果的质量，特别是根据ISO/IEC 17025：2005第5.9节的要求来监测试和校准的结果。标准化方法不能系统地用于食品分析领域的实验室。实验室必须建立（或复核）、验证和记录，用于检测禁用物质、有最大残留限量的化合物，或者有最大容许限的污染物的方法。实验方法必须要经过选择和验证以满足适用性。内部质量控制是一系列严格的措施之一，分析人员可以通过内部质量控制来确保实验室所产生的数据达到他们的预期目的。内部质量控制涵盖了分析过程的许多方面，从样品接收到最终结果，但其本身不足以保证结果的质量。从样品接收到最终的报告，每个阶段都应该采用多种预防措施，以确保分析过程的总体质量。

10.5.1 样品的接收、储存和分析过程中的可追溯性

分析实验室工作流程中的典型步骤如图10.2所示。每个样品在检测流程的各个步骤都必须是可追溯的。

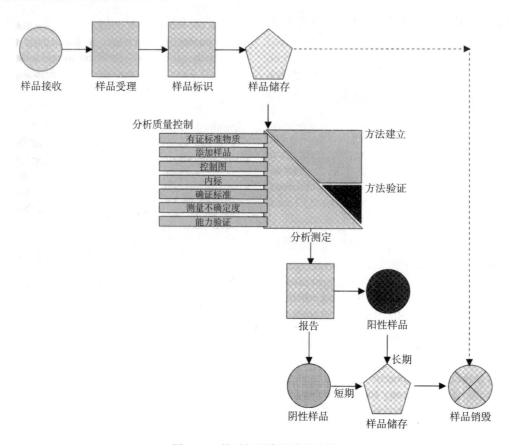

图 10.2 按时间顺序的分析步骤

10.5.1.1 样品接收

在 ISO/IEC 17025 的允许范围之内，样品可以通过任何可接受的方式获得。在接收时，必须先检查运输容器的完整性或有无任何违规记录。快递样品或其他人提供样品时，样品的转接情况必须被记录，至少包括日期、接收的时间以及接收样品的实验室代表的姓名和签名。这些信息通常包含在实验室内部的保管记录上，它可以被看作是样品从接收到最终处置的维持控制和责任的关键。

10.5.1.2 样品受理

实验室必须观察和记录样品在接收时存在的条件和对样品的完整性可能产生的不利影响。应注意不符合规定的现象，如收到未封口的样品容器，样品无任何标识代码，登记的样品数量与实际的样品数量不一致，体积/重量不足的样品，不寻常状态的样品（例如，颜色，气味或溶血）。这可能需要按照主管部门和/或客户的指示或要求来决定样品是否应该被拒绝，并且在任何情况下异常样品都应该被记录在样品日志上，以便日后用作参考。

10.5.1.3 样品标识

实验室必须有一个系统唯一的标识样本，并将每一个样本和相关文档或其他外部的监管链进行链接。通常，每个样品会分配到一个独特的数字或字母代码。所有信息应该被储存在一个安全的计算机数据系统里，并且受到访问限制和密码的保护。理想的情况是，电脑系统应该联网，并且每天将信息备份到外部介质如磁盘驱动器、区域信息协议（ZIP）盘或者外部计算机服务器。备份的副本应该存储在防火区域，第二个副本应保存在不同场所。强烈建议工作人员对数据库进行维护和备份。人工传递信息总是容易出错，人工传递的信息越少，效果越好。理想情况下，在样品注册到数据库时，具有所有样品细节的印刷标签应该由计算机生成。许多实验室使用条形码打印机和扫码器来记录样品和跟踪样品的分析进度，以提高样品的可追溯性，减少潜在的错误及其他可能与人工信息传递相关的问题。

10.5.1.4 样品储存（分析前）

根据样品和待测试分析物的性质，必须采取不同的储存条件。无论怎样选择储存温度，都应该能够保持样品和被测量参数的完整性。稳定的样品可储存于室温环境，如头发（头发经常作为禁用物质的靶组织，例如欧盟理事会决议 96/23/EC 中列于 A 组的物质）。冰箱（+4℃）适合于待分析的饲料或者正在分析而临时保存的样品。大多数样品存储在-20℃冰箱（尿液、可食性组织、牛奶等），而-80℃冰箱适合于保存需要所有信息绝对稳定的敏感样品（如进行代谢组学分析的血或尿）。应注意尽量减少反复冻融的次数，这可能会影响分析物的稳定性。

10.5.1.5 报告

理想情况下，所有的报告一般应由两个合格的工作人员独立检查。实验室应该实施提供意见和解释数据的相关方针。必须记录相关意见。这可能包括但不仅限于以下几点：如何使用结果的建议；与某种物质的药理、代谢、药物代谢动力学相关的信息。这对于某些类的化合物尤其重要，通常情况下客户或监管机构可能没有意识到该类化合物在此领域的最新发展或最新的知识。例如，天然激素，如用于饲养动物的勃地酮和诺龙；新发现的自然存在的化合物，如硫脲嘧啶；残留标示物可能是不可靠的，如氨基脲作为呋喃西林滥用的标示物。

10.5.1.6 样品记录保存

经过客户或监管机构同意后，阴性样本的分析记录应安全存储一段时间。在许多情况下，一年的时间是合理的，适合年度监测计划和认可周期，并且官方实验室通常也是如此实施的。阳性样本的分析记录必须安全地保留一段较长的时间，在有些实验室这可能是无限期的。支持这些分析结果的原始数据必须至少保留相同的安全储存期。

10.5.1.7 样品储存（出具报告后）

在最后的分析报告传递给主管机关之后，实验室必须短期保留并冷冻存储（通常是1~3个月）阴性样品。在向当局报告后，阳性样品必须冷冻储存更长一段时间，通常是1~5年。如果分析结果存在质疑，样品和档案的存储持续时间可能都会延长。如果实验室希望以其他目的使用这些样品，如用于研究，在获得样品所有者的同意后（如有必要），通常都给予新的标识使其匿名。

10.5.2 分析方法的要求

10.5.2.1 简介

影响最终结果质量的一个主要因素，是所使用分析方法的适用性。确保方法的适用性是最基本的质量控制标准。重要的是，实验室应该限制选择那些已经被定性为适合用于特定的靶组织、分析物和检测浓度的分析方法。在欧盟和其他许多国家和地区，批准使用的兽药产品的法定容许限是最大残留限量（MRL），污染物则为最大允许限量。对于禁止或未经批准的分析物，常常有一个阈值或行动限设置；例如，在欧洲，合适的法定容许限是方法性能的最低要求执行限（MRPL），或者干预基准点（RPA），由 2002/657/EC[21] 第四条，2005/34/EC[22] 第二条，以及 470/2009/EEC[23] 第十八和第十九条等法规定义。

10.5.2.2 筛选方法

正如第5章中所讨论的，筛选方法能够实现高通量，用来鉴别大量的样品中那些潜在的不符合规定的样品。筛选方法的关键要求，无论定性还是定量，是能够在选定的筛选靶浓度可靠地检测出有问题的分析物，并避免假阴性结果。筛选目标浓度应该足够低，以确保可以检测到样品中在法定容许限水平的有问题的分析物，样品将被归类为"可疑样品"。只有那些假阴性率（β误差）小于5%的方法才适用于筛选目的。对于疑似的假阴性结果，必须使用确证方法检测（第6章和第7章）。筛选目标浓度是筛选方法能够检测出筛选阳性样品（潜在的不符合规定的）的浓度。对于批准使用的药物，筛选目标浓度等于或小于最高残留限量（MRL），最好应尽可能地设定在0.5倍MRL。对禁止和未经批准的分析物，筛选目标浓度必须等于或小于阈值或行动限（MRPL或RPA）。

10.5.2.3 确证方法

对于确证方法，正如第6章和第7章中讨论的，质量控制的一个主要要素是证明该方法的选择性和特异性。法典指南 CAC/GL 71—2009 指出，方法的选择性，即能明确的识别与一个特定的化合物相关联的信号响应，是确证方法的首要目标。在欧盟，根据 2002/657/EC 决议，有机残留物或污染物的确证方法应该提供分析物的化学结构信息。因此，仅仅基于色谱分析而不使用光谱检测的方法不适合作为确证方法。然而，如果一个单一的技术缺乏足够的特异性，可通过联合运用分析过程中的净化、色谱分离和光谱检测来实现。确证方法的关键要求是能够可靠地在筛选靶浓度（至少在禁用物质的 MRPL 或批准物质的 MRL）时鉴别分析物并且可以用来避免假阳性结果。术语"确证方法"是指提供全部或补充信息，使目标物质被明确的鉴别，并能够定量的方法。只有当该方法以可追溯的方式进行验证，并且假阳性率<1%（α误差误），才可以用于确证目的。质谱与气相色谱

或液相色谱（GC 或 LC）联用可以作为禁用物质、禁用物质的代谢物或残留标示物的确证分析技术。气相色谱或高效液相色谱与串联质谱（MS/MS）联用既可用于初筛，也可用于确证分析。

10.5.2.4 判定限、检测能力、执行限及样品合规

在欧盟以及其他采用欧盟相关规定的国家，分析结果的解释和监管决策的制定是以方法性能特征中的检测能力和判定限为基础的，这些结果取决于被称为检测能力和判定限的方法的性能特征。检测能力（CCβ）的定义见于欧盟决议 2002/657/EC 的附件的 1.12。CCβ 是可以用 β 误差概率能检测、鉴定和/或定量的样品中被分析物的最低含量。β 误差是指测试样品确为阳性的概率，即使获得的测量结果为阴性。对于筛选检测的 β 误差（假阴性率）应该小于 5%。

对于没有法定容许限的分析物，CCβ 是能以 1-β 置信度检出确被污染的样品中该物质的最低浓度。在这种情况下，CCβ 必须尽可能地低，如果有推荐的浓度，则必须低于该浓度。

对于建立了法定容许限的分析物，CCβ 为方法能以 1-β 置信度检出的该物质的容许限浓度；换句话说，CCβ 是保持假阴性率≤5% 的浓度。在此情况下，CCβ 必须小于或等于法定容许限。

判定限（CCα）的定义见欧盟决议 2002/657/EC 的附件的 1.11。判定限（CCα）意味着大于或等于此浓度时可以用 α 误差概率得出样品为阳性的判断。在筛选过程中，被检测出高于 CCβ 的物质应判断为可疑或者筛选阳性。在一些实验室，CCα 用来作为建立可疑点的一个阈值，尤其是对被禁止的物质。在确证过程中，一旦被检测出高于 CCα，并且运用了适当的鉴别标准，如 2002/657/EC 和 CAC/GL 71—2009 中所描述的识别点系统，那么该样品即为阳性。

对于批准使用的物质和禁用物质的检测，分析方法的判定限和检测能力见图 10.3 和图 10.4。

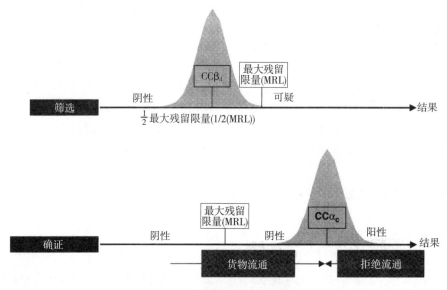

$CC\beta_d$：更灵敏的信号（筛选过程中的检测）
$CC\alpha_c$：用于鉴别的不灵敏的信号（确证过程中）

图 10.3　批准使用物质的阳性判定

10.5.3　分析标准和有证标准物质

10.5.3.1　简介

ISO/IEC 17025：2005 标准要求实验室需要有质量控制程序，用于监控检测和校准的有效性。ISO/IEC 17025：2005 第 5.9 节适用于认可的范围内的每一个测试、技术和/或参数，因此，实验室必须根据此准则进行以内部检测性能为基础的质量控制检查，以此来证明符合认可的要求。在分析每一批样品时，应该同时包括含有已知数量且浓度达到或接近残留限量或判定限分析物的参考物质或添加样品（阳性质控样品），以及阴性质控样品和试剂空白。理想的情况下，质控样品也应该非常类似于测试样品并且能稳定一段时间。实验室应该保持足够的适当浓度的质控样品并持续一段足够长的时间（最好是数年）。

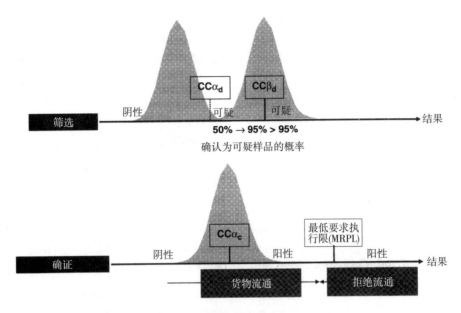

图 10.4　禁用物质的阴性判定

10.5.3.2　有证标准物质

有证标准物质由相关机构制备，如参考物质与测量研究所（IRMM），该研究所是欧盟委员会联合研究中心（EC-JRC，Geel，比利时）的一部分。实验室可以用有证标准物质来验证分析方法，评估测量结果的质量，并证明可追溯性至规定标准，如国际标准单位。有证标准物质最常见的应用之一，是用于验证测量程序。对有证标准物质进行分析并且将其结果与认证的标准值相比较。这种比较往往是一种定性的方式，但是也有定量的方法。这种方法综合考虑了认证的标准值、测量结果以及各自的不确定度。这些不确定度合并后，扩展的不确定度再与这些差异进行比较。如果实际情况和经济条件允许，应该尽量多的使用有证标准物质。不过，有证标准物质不能满足所有基质和浓度范围的要求。

10.5.3.3　空白样品

空白样品是为了确保在数据收集过程中样品不被污染。对于某分析物，空白溶液（试剂空白）应没有信号，而如果在空白样品中检测到了信号，通常被认为是由于污染造成的。许多类型的空白样品，被用来控制完整的数据收集过程中的不同环节，包括采样、过滤、保存、存储、运输和分析。空白溶剂中没有分析物。这样的空白溶剂被用于建立特定类型的空白样品。例如，仪器空白，是指通过所有的用于收集和处理样品的仪器的溶液。真实空白，与实际样品一样，是指经过样品采集、现场处理、保存、运输、实验室处理的所有过程的溶液。

10.5.3.4　有证标准物质和质控样品的使用

应该连续记录从样品中得到的结果，这些数据用来核实检测工作的可靠性。常规 QC 样品中分析物的选择应该与初始或简化的方法验证工作中的分析物一致，即选择方法范围中最难分析的化合物和国家监控计划中最相关的化合物。尽管阳性加标样品作为 QC 是可以接受的，但在可能的情况下，应尽量使用实际样品。QC 样品应该储存一段时间，该时间段长短由实验室根据分析物/基质的稳定性数据决定。只要该方法一直在实验室中使用，就应该储存 QC 样品所获得的数据并保持其可追溯性。从质控样品中获得的结果可用于补充方法验证数据。

10.5.4　能力验证（PT）

除了实验室自身的质量控制以外，对所有实验室应有一个独立而明确的要求，即参与相关的和可能的能力验证（PT）。能力验证是实验室和认可机构使用的一种重要的工具之一，用于监控检测和校准结果以及用于核实认可过程的有效性。能力验证的结果是实验室能力的一种象征，也是评估和认可过程中不可或缺的部分。当缺乏能力验证程序或者能力验证与认证的范围不相关时，应该按照 ISO/IEC 17025：2005 第 5.9.1 条，进行基于质量控制检查的性能评估。

另一个标准，ISO/IEC 17043：2010[24]，是对能力验证组织者的能力和组织能力验证的一般要求。这些要求一般可用于所有类型的能力验证计划，并可被用来作为特定应用领域的具体技术要求的基础。ISO/IEC 17043：2010 将能力验证定义为利用实验室间的比对，来检查实验室开展某项具体检测工作的能力，并监控实验室长期的检测能力。能力验证可以定期评估个别实验室和一类实验室的检测能力，由独立测试机构分配测试样品，参与实验室进行无监督的分析。能力验证可以被视为一个常规但频率相对较低的分析误差检查。

ISO/IEC 17025：2005 要求，如果有合适的能力验证，实验室应该积极参与该能力验证计划。作为实验室日常程序的一部分，能力验证为各个实验室提供了一个外部质量检测样品，允许实验室与其他实验室比较分析结果。

重要的是要理解当衡量一个实验室的检测能力时，这种外部质量评估手段存在统计局限性。通常情况下，样品化学分析的结果将会有一个正态的分布。这意味着大部分结果将集中在一个平均值，但不可避免的是，一些结果将位于正态分布的极端部位。正态分布的统计数据意味着约 95% 的数据点的 z 比分数为 -2 到 $+2$。因此，如果参与者的 z 比分数位于此范围内，能力验证的结果就是合格的。另外，如果一个参与者的 z 比分数超出这个范围，即 $|z|>2$，从极端的分布来说，其结果有约 5% 的概率事实上是一个可以接受的结果。如果参与者的 z 比分数大于 3（$|z|>3$），其结果实际上可以接受的概率只有约 1/300。一个典型的能力验证 z 比分数分布如图 10.5 所示。

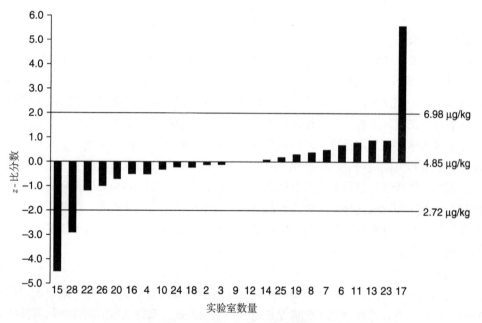

图 10.5　能力验证 z-比分数分布图

统计程序的目的是获得一个简单和透明的结果，使参与者和其他权益相关各方容易接受。IUPAC/ISO/AOAC 国际协调协议推荐了分析实验室的能力验证程序。z 比分数计算为：

$$z = \frac{(x - \hat{X})}{\sigma_p}$$

其中 x 是参与者的报告结果，$\hat{X}$ 是定值，σ_p 是目标标准偏差。

定值对应于分析物真实浓度的最佳估值，由所有参与实验室提交的结果共同决定。能力验证的目标标准偏差 σ_p，来源于 Horwitz 方程[25]，是实验室间结果一致性的指标。目标相对标准偏差的判断如下：

● z 比分数介于 0~2.0，包括 2.0，结果合格。
● z 比分数大于 2.0，但低于 3.0，结果可疑。
● z 比分数等于或大于 3.0，结果不合格。

实验室处理和检测能力验证样品的所有程序应尽可能地与检测常规样品的方式一致。在分析能力验证样品之前，不应该特异地优化仪器（如：清洗离子源、改变倍增器）或改善方法性能。应该使用在常规检测中使用的方法。实验室将会知道样品是能力验证样品，但并不知道样品的内容。

10.5.5 实验室仪器和方法质控

根据 ISO/IEC 17025：2005，实验室必须有恰当的质量控制程序，用于监测检测工作的有效性。应该记录由此产生的数据，即可以预测将来的趋势，且在可行的情况下，统计技术可应用于评审结果。监测应包括例行的内部质量控制。分析质量控制的数据，如果出现标准之外的结果，应采取有计划的措施来纠正问题和防止报告错误的结果。化学分析实验室的内部质量控制是对实验室自有的分析方法和工作程序持续的且重要的评估。质量控制贯穿整个分析过程，从样品进入实验室到最后的分析报告。质控图是质量控制中最重要的工具之一。

一般来说，有3种类型的质控图用于实验室质量控制：X控制图，加标样品控制图，精密度控制图（也称为范围或R图）。质控图是用来描述多批次分析中的数据变量或数据，帮助确定趋势以指示分析结果出现的偏差或其他异常，这些偏差或者异常可能需要调查和修正。X控制图和加标样品控制图长期监控整个过程，以一系列的观察值的平均值为基础，称为子组。精密度控制图显示重复观察子组中随时间的推移出现的差异。

X控制图必须使用标准的参考物质进行分析，最好每一批有未知样。在分析合理数量（通常是$n>20$）的参考物质样品后，计算平均值和标准偏差的数据，得出控制图。中心线代表平均值，两个外线代表了上、下控制限（UCL和LCL），或99%置信限，接近平均值的两线是95%置信限，或上、下警告限（UWL和LWL）。一个分析结果落在95%置信限外可以忽视，如果两个连续的分析结果落在平均线同一侧的95%置信限和99%置信限之间，则必须调查原因。控制图在显现趋势方面非常有用。（图10.6）。

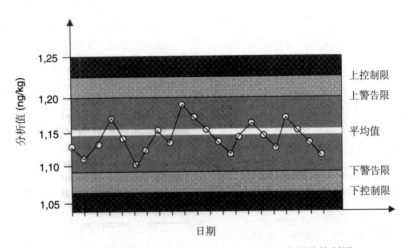

图10.6 可食性组织中二噁英和d，l-PCB分析的控制图

当不易制备或获得含有适当分析物浓度的检查样品时，经常使用加标样品控制图。加标样品控制图类似X控制图，但是它没有使用参考标准，而是检测一个未知的样品，添加已知量的分析物作为标准。计算回收率的百分比，并标注在控制图上。加标样品控制图的线对应平均回收率，从回收率数据的标准偏差中计算95%和99%置信限，其使用和解读方式与X控制图一致。

质控图也可以用同样的方式由盲样控制样品获得，盲样控制样品即空白的（或之前检测的）样品，经第三方添加适当浓度的分析物，对于分析人员是未知的。盲样控制样品的使用增加了质量控制额外的保障，由于分析人员不知道预期结果而预防其有意或者无意的偏见。盲样控制样品的使用越来越多，美国的一些官方检测实验室要求必须有盲样控制样品。在英国，很多实验室在日常分析中使用盲样控制样品用于确证分析，在某些情况下也用于筛选分析。

在精密度控制图中（范围图或R图），用到两份平行样品的数据，纵坐标单位为百分比，横坐标用批号或者时间作单位。一般得出两份平行样品的平均值，检查两个平行样的差异或偏差范围以判断是否合格。平均值和标准偏差从数据中计算得到。分析实验室经常运行平行样品以监测精密度,检查出现离群数值的情况。在没有合适的对照样品或者参考物质的情况下,经常进行此类分析。

当控制值在警告限之间,或者在警告限与控制限之间并且前两个控制值在警告限之间,表明方法可控,分析者可以报告分析结果。

如果所有的控制值在警告限内(最后三个数据点中最大的值在控制限和警告限之间)以及7个连续的控制值逐渐升高或者降低,或者11个连续数据点中有10个居于中间线的同一侧,那么这个方法在控制范围之内,但被视为脱离统计控制。在这种情况下,分析人员可以汇报数据分析结果,但是问题可能会进一步扩大。因此应该尽早的发现引起这些趋势的原因以避免未来出现严重的问题。

如果控制值是在控制限之外,或者在警告限和控制限之间且之前两个控制值中至少有一个同样是在警告限和控制限之间,那么这个方法是脱离控制的,不能报告分析结果。所有结果结果都是可疑的,这些样品必须重新分析。

10.6 小结

为了保证数据质量能够达到客户的要求,残留分析实验室必须执行实验室质量体系。在当今全球市场的日益发展下,经认证机构正式认可的实验室质量体系能够提供可靠的数据,在贸易伙伴间建立一个互通的食品安全标准,从而有助于国际贸易。这样的质量体系应用于监控和监督食品中的抗生素残留的实验室,可以确保国内市场的食品安全。

在实施一个质量体系时,为了能够平衡体系的收支,确定实验机构以及消费者的需求是很重要的。建立并维持一个质量体系需要管理层和职员共同努力并且需要相应的资源,诸如基础设施、设备、以及受过充分训练、经验丰富的工作人员。一个关键的因素就是正确心态的培养,实验室人员需要接受这个体系,并且意识到这个程序的必要性,以及它给机构和客户带来的利益,而且能够按照规章制度来完成必要的日常工作。体系应该是建立在实验室做了什么,而不是实验室应该做什么的基础上,应该有效、简便地控制实验室程序。质量体系需要保持足够的灵活性,以便应对不同的客户需求,并且使体系可以持续地发展。

参考文献

[1] Codex Alimentarius Commission, CAC/GL 71-2009, Guidelines for the Design and Implementation of National Regulatory Food Safety Assurance Programme Associated with the Use of Veterinary Drugs in Food Producing animals, Rome, 2009.

[2] International Standards Organization, ISO 9000: 2005, Quality Management Systems—Fundamentals and Vocabulary, Geneva, 2005.

[3] International Standards Organization, ISO/IEC 17025, General Requirements for the Competence of Testing and Calibration Laboratories, 2nd ed., Geneva, 2005.

[4] EURACHEM/CITAC, Guide to Quality in Analytical Chemistry—an Aid to Accreditation, 2002.

[5] Organisation for Economic Cooperation and Development, Good Laboratory Practice (available at http://www.oecd.org/department/0, 3355, en_2649_34381_1_1_1_1_1, 00.html; accessed 8/12/10).

[6] International Standards Organization, ISO 9001: 2008, Quality Management Systems—Requirements, Geneva, 2008.

[7] International Standards Organization. ISO Guide 2: 2004, Standardization and related activities-General vocabulary. Geneva; 2004.

[8] European Commission. Regulation (EC) 882/2004 of the European Parliament and of The Council of 29 April 2004, on official controls performed to ensure the verification of compliance with feed and food law, animal health and animal welfare rules, Off. J. Eur. Commun. 2004; L65: 1.

[9] World Health Organization and Food and Agriculture Organization of the United Nations, Understanding the Codex Alimentarius, Rome, 2005 (available at http://www.fao.org/docrep/008/y7867e/y7867e00.htm; accessed 6/20/10).

[10] Fajgelj A, Ambrus A, eds., Principles and Practices of Method Validation, Royal Society of Chemistry, Cambridge, UK, 2000.

[11] Codex Alimentarius Commission, CAC/GL 40-1993, Rev. 1-2003, Guidelines on Good Laboratory Practice in Residue Analysis, Rome, 2003.

[12] Ellis RL, Development of veterinary drug residue controls by the Codex Alimentarius Commission: A re-

view, Food Addit. Contam. 2008; 25: 1432-1438.

[13] Codex Alimentarius Commission, CAC/GL 16-1993, Codex Guidelines for the Establishment of a Regulatory Programme for Control of Veterinary Drug Residues in Foods, Rome, 1993.

[14] International Standards Organization, ISO/IEC Guide 25, General Requirements for the Competence of Calibration and Testing Laboratories, Geneva, 1990.

[15] European Commission. SANCO/10684/2009, Method Validation and Quality Control Procedures for Pesticide Residues Analysis in Food and Feed (available at http://ec.europa.eu/food/plant/protection/resources/qual control_en.pdf; accessed 6/14/10).

[16] Organisation for Economic Cooperation and Development, OECD Series on Principles of Good Laboratory Practice and Compliance Monitoring, Vol. 1, Principles on Good Laboratory Practice (as revised in 1997), Paris; 1998.

[17] Organisation for Economic Cooperation and Development, Council Decision—Concerning the Mutual Acceptance in the Assessment of Chemicals [C (81) 30 (final)], Appendix A, Part 2, Paris, 1981.

[18] European Commission. Council Directive 96/23/EC of 29 April 1996 on measures to monitor certain substances and residues thereof in live animals and animal products and repealing Directives 85/358/EEC and 86/469/EEC and Decisions 89/187/EEC and 91/664/EEC, Off. J. Eur. Commun. 1996; L125: 10.

[19] Pinel G, Mathieu S, Cesbron N, et al., Evidence that urinary excretion of thiouracil in adult bovine submitted to a cruciferous diet can give erroneous indications of the possible illegal use of thyrostats in meat production, Food Addit. Contam. 2006; 10: 974-980.

[20] Bendall J, Semicarbazide is non-specific as a marker metabolite to reveal nitrofurazone abuse as it can form under Hofmann conditions, Food Addit. Contam. 2009; 26: 47-56.

[21] European Commission. Commission Decision 2002/657/EC of 12 August 2002 implementing Council Directive 96/23/EC concerning the performance of analytical methods and the interpretation of results, Off. J. Eur. Commun. 2002; L221: 8.

[22] European Commission. Commission Decision 2005/34/EC of 11 January 2005 laying down harmonised standards for the testing for certain residues in products of animal origin imported from third countries, Off. J. Eur. Commun. 2005; L16: 61.

[23] European Commission. Regulation (EEC) No 470/2009 of 6 May 2009 laying down Community procedures for the establishment of residue limits of pharmacologically active substances in foodstuffs of animal origin, repealing Council Regulation (EEC) No 2377/90 and amending Directive 2001/82/EC of the European Parliament and of the Council and Regulation (EC) No 726/2004 of the European Parliament and of the Council, Off. J. Eur. Commun. 2009; L152: 11.

[24] International Standards Organization, ISO/IEC 17043: 2010, Conformity Assessment—General Requirements for Proficiency Testing, Geneva, 2010.

[25] Thomson M, Recent trends in interlaboratory precision at ppb and sub-ppb concentrations in relation to fitness for purpose criteria in proficiency testing, Analyst 2006; 125: 385-386.

图书在版编目（CIP）数据

食品中抗菌药物残留的化学分析／（加）王简（Wang，J.），（加）麦克尼尔（MacNeil，J.D.），（英）凯伊（Kay，J.F.）编著；于康震，沈建忠主译．—北京：中国农业出版社，2017.6

（世界兽医经典著作译丛）
ISBN 978-7-109-21053-0

Ⅰ.①食… Ⅱ.①王…②麦…③凯…④于… Ⅲ.①食品污染－药物－抗菌素－农药残留量分析 Ⅳ.①TS207.5

中国版本图书馆CIP数据核字（2015）第255872号

Chemical Analysis of Antibiotic Residues in Food
By Jian Wang，James D. MacNeil，Jack F. Kay
ISBN：978-0-470-49042-6
© 2012 by John Wiley & Sons,Inc.
All Rights Reserved. This translation published under license. Authorized translation from the English language edition published by John Wiley & Sons. No part of this book may be reproduced in any form without the written permission of the original copyrights holder. Copies of this book sold without a Wiley sticker on the cover are unauthorized and illegal.

本书简体中文版由John Wiley & Sons公司授权中国农业出版社独家出版发行。本书内容的任何部分，事先未经出版者书面许可，不得以任何方式或手段复制或刊载。

北京市版权局著作权合同登记号：图字01-2015-8396号

中国农业出版社出版
（北京市朝阳区麦子店街18号楼）
（邮政编码100125）
责任编辑 邱利伟 刘玮

北京通州皇家印刷厂印刷 新华书店北京发行所发行
2017年6月第1版 2017年6月北京第1次印刷

开本：889mm×1194mm 1/16 印张：23
字数：600千字
定价：128.00元

（凡本版图书出现印刷、装订错误，请向出版社发行部调换）